Das neue Planungsrecht der Übertragungsnetze: Vorgaben des deutschen und europäischen Rechts

Veröffentlichungen des Instituts für Energie- und Regulierungsrecht Berlin

Herausgegeben von Franz Jürgen Säcker

Band 60

PL ACADEMIC RESEARCH

Matthias Schöpf

Das neue Planungsrecht der Übertragungsnetze: Vorgaben des deutschen und europäischen Rechts

PL ACADEMIC RESEARCH

Bibliografische Information der Deutschen Nationalbibliothek
Die Deutsche Nationalbibliothek verzeichnet diese Publikation in der Deutschen Nationalbibliografie; detaillierte bibliografische Daten sind im Internet über http://dnb.d-nb.de abrufbar.

Zugl.: Bayreuth, Univ., Diss., 2017

D 703
ISSN 2363-684X
ISBN 978-3-631-72524-5 (Print)
E-ISBN 978-3-631-72525-2 (E-PDF)
E-ISBN 978-3-631-72526-9 (EPUB)
E-ISBN 978-3-631-72527-6 (MOBI)
DOI 10.3726/b11254

PL Academic Research ist ein Imprint der Peter Lang GmbH.

Peter Lang - Frankfurt am Main · Bern · Bruxelles · New York · Oxford · Warszawa · Wien

Diese Publikation wurde begutachtet.

www.peterlang.com

Vorwort

Die Rechts- und Wirtschaftswissenschaftliche Fakultät der Universität Bayreuth hat die vorliegende Arbeit im Oktober 2016 als Dissertation angenommen. Zum Zwecke der Veröffentlichung wurde sie aktualisiert und entspricht dem Rechtsstand zum 31. Dezember 2016.

Die Dissertation wurde durch ein Begabtenstipendium der Hanns-Seidel-Stiftung aus Mitteln des Bundesministeriums für Bildung und Forschung (BMBF) gefördert.

Mein besonderer Dank gilt Herrn Prof. Dr. Gundel für die Förderung im Studium, die wohlwollende Betreuung der Dissertation wie auch das Anfertigen des Erstgutachtens. Ebenso bedanke ich mich bei Herrn Prof. Dr. Wolff für die zügige Erstellung des Zweitgutachtens. Weiterhin möchte ich Herrn Prof. Dr. Säcker für die Aufnahme in seine Schriftenreihe danksagen.

Besonders sind an dieser Stelle auch meine Eltern zu nennen, die meine Ausbildung umfassend ermöglicht und gefördert haben. Bei Ihnen darf ich mich hierfür in tiefer Verbundenheit auf diesem Wege bedanken.

Des Weiteren möchte ich meinen Schwiegereltern für die Unterstützung der vergangenen Jahre meine große Anerkennung aussprechen.

Schließlich danke ich meiner geliebten Ehefrau, auf die ich mich immer verlassen kann, und unserer Tochter, die Freude und Motivation zugleich ist.

Nürnberg, im März 2017 Matthias Schöpf

Inhaltsverzeichnis

Einleitung

Das Planungsrecht für Übertragungsnetze steht vor großen Herausforderungen, für die es in den nächsten Jahren befriedigende Antworten liefern muss. Die Vorgabe ist, dass sowohl innerhalb Deutschlands als auch an seinen Grenzen mehr Übertragungskapazitäten notwendig sind.

In der nationalen öffentlichen Wahrnehmung wird dieses Thema regelmäßig vor der im Jahr 2011 erfolgten Entscheidung über die sogenannte Energiewende betrachtet. Aufgrund jener Entscheidung wird die nationale Stromerzeugung nicht mehr nur von einigen wenigen Großkraftwerken in der Nähe des Verbrauchs stattfinden. Vielmehr wird dies auch durch abgelegenere Anlagen der erneuerbaren Energien erfolgen, deren Strom über lange Strecken an die Verbrauchsorte zu transportieren sein wird. Ein Teil dieser Entwicklung ist die Integration von Onshore- und Offshore-Windparks aus Norddeutschland in das Stromnetz, mit dem Ziel die Industrieregionen und Ballungszentren in West- sowie in Süddeutschland zu versorgen. Dabei muss die Diskussion einbeziehen, dass die Netzplanung auch der Errichtung eines EU-Binnenmarktes für Strom dient.

Der Unionsgesetzgeber hat durch das 3. Binnenmarktpaket im Jahr 2009 versucht, die Netzplanung – vornehmlich zum Zwecke des Wettbewerbs – neu zu strukturieren; diese Bemühung wird durch die Verordnung (EU) Nr. 347/2013 (TEN-E-VO 2013) für die transeuropäische Energieinfrastruktur verstärkt. Der Bundesgesetzgeber hat daran seit dem Jahr 2011 – teilweise zur Umsetzung der Binnenmarktgesetzgebung – durch mehrere Reformen des Energiewirtschaftsgesetzes (EnWG) und den Erlass des Netzausbaubeschleunigungsgesetz Übertragungsnetz (NABEG) angeknüpft.

Zwei Aspekte dieser Gesetzgebungsakte sind von besonderer Bedeutung: Der erste Aspekt behandelt die Wahl der richtigen Planungsinstrumente, beispielsweise der Bedarfsplanung und der Genehmigung von Netzen, sowie deren Verhältnis zur Öffentlichkeitsbeteiligung und zum Umweltrecht. Beim zweiten Aspekt handelt es sich um die Wahl der richtigen Planungsebenen, also die Planungszuständigkeiten, und deren Koordination. Dabei kommt einem weiteren Aspekt eine zunehmende Bedeutung zu, nämlich die Abstimmung mit der Stromerzeugung einschließlich ihrer Standorte und möglichen Formen einer zukünftigen Erzeugungsplanung.

Die Frage nach der Effektivität des vorhandenen Planungssystems und nach notwendigen Reformen soll Gegenstand der vorliegenden Arbeit sein.

1. Kapitel: Grundlagen und Fragestellung

I. Terminologie und Eingrenzung der Arbeit

1. Der Begriff des „Planungsrechts der Übertragungsnetze"

Der Begriff des „Planungsrechts der Übertragungsnetze" im Sinne dieser Arbeit behandelt die Planung, die auf die physische Weiterentwicklung des Übertragungsnetzes gerichtet ist und umfasst die Frage nach den richtigen Planungsinstrumenten und nach den richtigen Planungsebenen wie auch die Koordination dieser Ebenen. Unter physischer Weiterentwicklung soll nicht nur der Netzausbau als Zubau von Trassen verstanden werden. Dies lässt sich bereits aus den Vorgaben des Energiewirtschaftsgesetzes (EnWG)[1] zum nationalen Netzentwicklungsplan und Offshore-Netzentwicklungsplan ableiten. In diesen Plänen werden „Maßnahmen ..., die... für einen sicheren und zuverlässigen Netzbetrieb erforderlich sind"[2] aufgelistet. So fallen gemäß besagter Vorgaben unter die Maßnahmen der (Offshore-)Netzentwicklungspläne sowohl der bedarfsgerechte[3] Ausbau als auch die bedarfsgerechte Optimierung und Verstärkung von bestehenden Netzen.[4]

a) Die Bedeutung von Netzausbau, -optimierung und -verstärkung

Die schwächste Ausformung der soeben aufgeführten Maßnahmen liegt in der Netzoptimierung, da hierunter etwa die Erneuerung der Leitungsbeseilung[5] einer bestehenden Trasse fällt und damit in der Folge keine Planfeststellung erforderlich sein dürfte.[6] Anders verhält sich dies freilich bei einer Verstärkungs- oder Ausbaumaßnahme. So kann im Rahmen einer Verstärkungsmaßnahme die Spannungsebene einer vorhandenen Trasse erhöht und im Zuge des Ausbaus eine weitere,

1 Gesetz über die Elektrizitäts- und Gasversorgung (Energiewirtschaftsgesetz – EnWG) vom 07. Juli 2005, (EnWG), BGBl. 2005, I, S. 1970, 3621.

2 § 12b Abs. 1 S. 2 EnWG; ähnlich für den Offshore-Netzentwicklungsplan § 17b Abs. 1 S. 2 EnWG. Wörtliche Gesetzeswiedergaben werden in dieser Arbeit nur ausnahmsweise durch eine Hervorhebung kenntlich gemacht, um den Lesefluss zu vereinfachen; jedenfalls wird stets ein Hinweis auf das zitierte Gesetz erfolgen.

3 Zur Erstreckung des Tatbestandsmerkmals „bedarfsgerecht" auf alle drei aufgeführten Varianten ausdrücklich die Gesetzesbegründung der *BT-Drucks. 17/6072*, Gesetzentwurf zur Neuregelung energiewirtschaftsrechtlicher Vorschriften, S. 68.

4 § 12b Abs. 1 S. 2 bzw. § 17b Abs. 1 S. 2 EnWG.

5 Dies als Beispiel für eine Optimierungsmaßnahme aufführend *BNetzA*, Bestätigung des NEP 2012, S. 18.

6 Vgl. *Scheuten*, in: de Witt / Scheuten (Hrsg.), NABEG-Kommentar, § 18 NABEG Rn. 69.

noch nicht bestehende Trasse errichtet werden,[7] was in beiden Fällen am Ende des Planungsverfahrens regelmäßig eine Planfeststellung bedingt;[8] dies wird implizit schon durch § 12e Abs. 4 EnWG deutlich, der für im Bundesbedarfsplan ausgewiesene Vorhaben verbindliche Feststellungen über ihre energiewirtschaftliche Notwendigkeit und ihren vordringlichen Bedarf für die Planfeststellung trifft. Im Rahmen dieser Arbeit soll aus sprachlichen Gründen grundsätzlich für alle vorbezeichneten Maßnahmen von „Ausbaumaßnahmen" und „Netzausbau" die Rede sein, sofern nicht eine weitere Differenzierung notwendig ist.

Der Bundesgesetzgeber hat die Unterscheidung von Ausbau- und Verstärkungsmaßnahmen zwar für die einzelnen Vorhaben des Bundesbedarfsplangesetzes[9] im parlamentarischen Prozess zu Grunde gelegt,[10] doch hat er die abschließende Entscheidung über die Realisierung als Ausbau- oder Verstärkungsmaßnahme aus Flexibilitätsgründen bewusst in die Zuständigkeit der nachfolgenden Planungsstufen gelegt.[11] Dabei wird die Praxis zeigen müssen, ob gegebenenfalls diese Planungsfreiheit entweder eindeutig normiert werden oder durch die gesetzliche Ausweisung der jeweiligen Vorhaben als Verstärkungs- oder Ausbaumaßnahme ersetzt werden sollte. Denn hinsichtlich der geltenden Gesetzeslage bestehen durchaus Unsicherheiten: So findet sich in der Gesetzesbegründung zum Bundesbedarfsplangesetz und in den Äußerungen der Bundesnetzagentur (BNetzA) einerseits die Annahme, dass ein sogenanntes „NOVA-Prinzip" existiere, welches zunächst eine Netzoptimierung, sodann eine Netzverstärkung und als letztes Mittel einen Netzausbau vorsehe.[12] Doch ist dieses Prinzip andererseits in keiner gesetzlichen Regelung niedergelegt, auch wenn seine Anwendung in der Planungspraxis vorkommen kann. Dementsprechend gesteht die Rechtsprechung einem solchen Prinzip keine Rechtsverbindlichkeit zu.[13]

---

7 *BNetzA,* Bestätigung des NEP 2012, S. 18f.

8 Dabei kann es hier dahinstehen, ob erstens das Planfeststellungsverfahren gemäß dem EnWG oder dem Netzausbaubeschleunigungsgesetz Übertragungsnetz (NABEG) vom 28. Juli 2011, (NABEG), BGBl. 2011, I, S. 1690 erfolgt und ob zweitens eine Plangenehmigung anstatt der Planfeststellung möglich ist.

9 Gesetz über den Bundesbedarfsplan (Bundesbedarfsplangesetz – BBPlG) vom 23. Juli 2013, (BBPlG), BGBl. 2013, I, S. 2543.

10 Siehe dazu die Erläuterungen zu den jeweiligen Vorhaben des Bundesbedarfsplans bei der Gesetzesbegründung der *BT-Drucks. 17/12638,* Gesetzentwurf zum zweiten Gesetz zur Beschleunigung des Netzausbaus, S. 18–22.

11 So die Gesetzesbegründung bei der *BT-Drucks. 17/12638,* Gesetzentwurf zum zweiten Gesetz zur Beschleunigung des Netzausbaus, S. 15, 18.

12 Siehe ausdrücklich den Begriff „NOVA-Prinzip" und dessen Beschreibung zunächst verwendend *BNetzA,* Bestätigung des NEP 2012, S. 18f., sodann die Gesetzesbegründung bei *BT-Drucks. 17/12638,* Gesetzentwurf zum zweiten Gesetz zur Beschleunigung des Netzausbaus, S. 12.

13 Siehe dazu *BVerwG,* Beschluss vom 24. Mai 2012 – 7 VR 4.12, NuR 2012, 710 (712). In diesem Beschluss führte das BVerwG aus, dass sich aus den allgemeinen energierechtlichen Regelungen keine Vorrangregel ergebe und verwies für den konkreten Fall überdies auf die „ausdrückliche[...] Differenzierung zwischen dem Neubau und

b) *Begrenzung auf nationale und unionsrechtliche Vorgaben für das deutsche Übertragungsnetz*

Um das Thema der vorliegenden Arbeit zu begrenzen, sollen die nationalen und unionsrechtlichen Vorgaben des Planungsrechts nur bezüglich deutscher Übertragungsnetze untersucht werden. Wichtig ist es hierbei zu beachten, dass unionsrechtliche Vorgaben weder gleichbedeutend sind mit einer Netzplanung durch EU-Institutionen noch, dass eine vom Unionsrecht betroffene Ausbaumaßnahme zwingend grenzüberschreitend sein muss. Vielmehr werden erstens die unionsrechtlichen Vorgaben weitgehend durch nationale Stellen vollzogen[14] und zweitens können einzelne Vorhaben auch nur das Gebiet eines Mitgliedstaates betreffen, sofern sie eine grenzüberschreitende Bedeutung haben. Beim zuletzt genannten Punkt herrscht weitgehende Einigkeit darüber, für die Kompetenz über Transeuropäische Netze in den heutigen Art. 170–172 AEUV auf die wirtschaftliche Bedeutung eines Übertragungsvorhabens für den Binnenmarkt abzustellen und nicht auf dessen physische Grenzüberschreitung.[15] Als Beispiel kann auf die Entscheidung Nr. 1364/2006/EG (TEN-E-Entscheidung 2006)[16] verwiesen werden, welche die Verbindungsleitung von Halle / Saale nach Schweinfurt als Vorhaben von europäischem Interesse einstuft.[17] Konsequenterweise wird dies in der Nachfolgeverordnung dieser Entscheidung,

---

der Umrüstung von Höchstspannungsleitungen" des anzuwendenden Bedarfsplans im Gesetz zum Ausbau von Energieleitungen (Energieleitungsausbaugesetz – EnLAG) vom 21. August 2009, (EnLAG), BGBl. 2009, I, 2870, welche einer solchen Vorrangregel ohnehin entgegenstünde. Siehe zur weitgehenden Übernahme dieser Argumentation im Hauptsacheverfahren *BVerwG*, Urteil vom 18. Juli 2013 – 7 A 4.12, BVerwGE 147, 184 (194–198) – Thüringer Strombrücke.

14 So etwa die Stellung der nationalen Regulierungsbehörden bei der Bedarfsplanung von Übertragungsnetzen in Art. 22 Richtlinie 2009/72/EG des Europäischen Parlaments und des Rates vom 13. Juli 2009 über gemeinsame Vorschriften für den Elektrizitätsbinnenmarkt und zur Aufhebung der Richtlinie 2003/54/EG, (Elektrizitäts-RL 2009), ABl. EU 2009 L 211/55; siehe aber zum zunehmenden direkten Verwaltungsvollzug der EU im Energierecht *Gundel*, EWS 2011, 25 (29–29).

15 So schon *Koenig / Scholz*, EWS 2003, 223 (223f.); zustimmend *Rodi*, in: Vedder / von Heinegg (Hrsg.), UnionsR-Kommentar, Art. 170 AEUV Rn. 4 und *Lecheler*, in: Grabitz / Hilf / Nettesheim, EUV/AEUV-Kommentar, Band II, Art. 170 AEUV Rn. 23 [Stand: Oktober 2011]. Zur Gegenansicht, die einen physischen grenzüberschreitenden Bezug fordert *Ronellenfitsch*, Transeuropäische Netze, in: Blümel u.a. (Hrsg.), Aktuelle Probleme des EisenbahnR IV, 111 (120); eine solche Ansicht findet sich in jüngerer Zeit allerdings nicht mehr.

16 Entscheidung Nr. 1364/2006/EG des Europäischen Parlaments und des Rates vom 6. September 2006 zur Festlegung von Leitlinien für die transeuropäischen Energienetze und zur Aufhebung der Entscheidung 96/391/EG und der Entscheidung Nr. 1229/2003/EG, (TEN-E-Entscheidung 2006), ABl. EU 2006 L 262/1.

17 Art. 7 Abs. 1 i.V.m. Anhang I, EL.7. TEN-E-Entscheidung 2006.

der TEN-E-VO 2013,[18] fortgesetzt.[19] Dort wird es ermöglicht, ein Vorhaben von gemeinsamen Interesse auszuweisen, selbst wenn dieses nur „im Hoheitsgebiet *eines* (Hervorhebung durch Verf.) Mitgliedstaats" liegt, sofern es „erhebliche grenzüberschreitende Auswirkungen"[20] hat.

c) Bedeutung des Unionsrechts für das Planungsrecht

Das Unionsrecht übt in mehrfacher Hinsicht einen erheblichen Einfluss auf das Planungsrecht aus. Dies ist zunächst der Fall bei Vorgaben, die sich ausdrücklich mit der Netzplanung beschäftigen. So wurde etwa der nationale Netzentwicklungsplan der §§ 12a–12d EnWG vom 3. Binnenmarktpaket und dort von den Vorgaben des Art. 22 Elektrizitäts-RL 2009 über den „zehnjährigen Netzentwicklungsplan"[21] initiiert.[22] Die Umsetzung der Elektrizitäts-RL 2009 in das EnWG[23] ist dabei nur ein Ausschnitt des relevanten Rechts. Denn viele Regelungen, welche nicht direkt für den Netzausbau geschaffen wurden, spielen in die Planung herein. Beispielsweise beanspruchen die Umweltprüfungen des UVPG, die auf unionsrechtliche Richtlinien zurückgehen, im Planungsprozess für Übertragungsnetze einen großen Stellenwert;[24] eng verbunden hiermit sind die unionsrechtlichen Vorgaben über Umweltrechtsbehelfe, die auch im Netzausbau relevant sind.[25] Neben diesem Einfluss auf das nationale Planungsrecht sind weiterhin solche unionsrechtliche

---

18 Gemäß Art. 23 S. 1 Verordnung (EU) Nr. 347/2013 des Europäischen Parlaments und des Rates vom 17. April 2013 zu Leitlinien für die transeuropäische Energieinfrastruktur und zur Aufhebung der Entscheidung Nr. 1364/2006/EG und zur Änderung der Verordnungen (EG) Nr. 713/2009, (EG) 714/2009 und (EG) 715/2009, (TEN-E-VO 2013), ABl. EU 2013 L 115/39 wurde die TEN-E-Entscheidung 2006 zum 1. Januar 2014 aufgehoben.

19 Siehe zur Bedeutung der TEN-E-VO 2013 als Planungs- und Förderungsinstrument sogleich das „2. Kapitel IV. 2." bzw. „5. Kapitel I. 1. a)".

20 Beide Gesetzeszitierungen von Art. 4 Abs. 1 lit. c, ii) TEN-E-VO 2013; beachte, dass in der Vorschrift näher definiert wird, was unter „erhebliche[n] grenzüberschreitende[n] Auswirkungen" zu verstehen ist.

21 Zu Inhalt und Zweck des zehnjährigen Netzentwicklungsplans Art. 22 Abs. 1, 2 Elektrizitäts-RL 2009.

22 Dabei ist zu erwähnen, dass die Vorgabe der Elektrizitäts-RL 2009 zur Erstellung des zehnjährigen Netzentwicklungsplans nicht für alle ÜNBs gilt, sondern von der jeweiligen Entflechtungsart abhängt, dazu „2. Kapitel II. 1. b)". Der deutsche Gesetzgeber hat diese Vorgaben auf alle ÜNBs erweitert, da die §§ 12a ff. EnWG unterschiedslos und damit für sämtliche ÜNBs anwendbar sind.

23 Siehe zur Umsetzung der Elektrizitäts-RL 2009 in das EnWG den amtlichen Hinweis zum Gesetz zur Neuregelung energiewirtschaftsrechtlicher Vorschriften vom 26. Juli 2011, BGBl. 2011, I, S. 1554.

24 Siehe zu den unionsrechtlichen Vorgaben der Umweltprüfungen und ihrer Anwendbarkeit in der Netzplanung „2. Kapitel III.", „3. Kapitel III." und „4. Kapitel III.".

25 Dazu „5. Kapitel II. 5.".

Regelungen zu beachten, welche die Netzplanung berühren und direkt auf Unionsebene vollzogen werden. In diese Kategorie fällt auch die Ausweisung der „Unionsliste der Vorhaben von gemeinsamen Interesse“ durch die EU-Kommission nach der TEN-E-VO 2013,[26] was in der Folge unter anderem Konsequenzen für die Dauer des nationalen Genehmigungsverfahrens eines dort ausgewiesenen Vorhabens hat.[27]

Ein Vorhaben kann daher von der Bedarfsplanung bis zur Planfeststellung einschließlich der folgenden Planungsdurchsetzung, also während des gesamten Planungsprozesses, gleichzeitig nationalen wie auch umfangreichen unionsrechtlichen Planungsvorgaben unterliegen. Das Unionsrecht beansprucht daher eine weitreichende Geltung.

Besonderer Bedeutung für das Planungsrecht dürfte der TEN-E-VO 2013 zukommen. Denn als eine Verordnung im Sinne des AEUV kommt ihr eine weitreichende Befolgungspflicht durch die Mitgliedstaaten zu.[28] Eine explizite Vorgabe dieses Rechtsaktes an die Mitgliedstaaten ist beispielsweise die Überprüfung der nationalen Gesetzgebung auf mögliche Maßnahmen zur Straffung und kohärenten Durchführung von Umweltverträglichkeitsprüfungen und eine darauffolgende Anpassungspflicht.[29] Überdies müssen sich die Mitgliedstaaten bei der Umsetzung der Vorhaben von gemeinsamen Interesse für eines von drei vorgegebenen Planungsregimen entscheiden und dieses entsprechend umsetzen.[30] Im Vorgriff auf diese Tätigkeiten des deutschen Gesetzgebers möchte die vorliegende Arbeit erste Gesetzgebungsvorschläge unterbreiten.

2. Die Begriffe „Planungsinstrumente“ und „Planungsebenen“

Grundsätzlich lässt das Planungsrecht verschiedene Kategorisierungen zu. Möglich wäre es beispielsweise, eine Unterscheidung nach formellen und materiellen Gesichtspunkten vorzunehmen. Für die Zwecke der vorliegenden Arbeit soll das Planungsrecht in Planungsinstrumente und Planungsebenen unterteilt werden. Die Planungsinstrumente sollen Handlungsmöglichkeiten der Planung beschreiben, beispielsweise die Bedarfsplanung. Die Planungsebenen stehen für die Planungszuständigkeiten und deren Verknüpfungen miteinander. Beide Punkte haben gemein, dass sie nationalen und unionsrechtlichen Vorgaben unterliegen, auf welche jeweils einzugehen ist.

---

26 Gesetzeszitat und Zuständigkeit der EU-Kommission finden sich in Art. 3 Abs. 4 UntAbs. 1 S. 1 TEN-E-VO 2013; diese Regelung betont freilich deklaratorisch den Zustimmungsvorbehalt der von dem Vorhaben betroffenen Mitgliedstaaten des Art. 172 Abs. 2 Vertrag über die Arbeitsweise der Europäischen Union (konsolidierte Fassung), (AEUV), ABl. EU 2012 C 326/01.

27 Siehe hierfür die zeitlichen Vorgaben des Art. 10 TEN-E-VO 2013.

28 Siehe dazu „2. Kapitel IV. 2. b) cc)“.

29 Art. 7 Abs. 5, 7 TEN-E-VO 2013.

30 Art. 8 Abs. 3 TEN-E-VO 2013.

3. Die nationalen und europäischen Planungsbeteiligten

Untrennbar verbunden mit den Planungsebenen sind die Planungsbeteiligten. Letztere sollen im Folgenden – in alphabetischer Reihenfolge – kurz vorgestellt werden. Dies ist zunächst auf die wichtigsten betrieblichen und behördlichen Planungsbeteiligten zu beschränken:

- *ACER*: Dies ist die englische Abkürzung der „Agentur für die Zusammenarbeit der [nationalen] Energieregulierungsbehörden".[31] Sie ist durch das 3. Binnenmarktpaket errichtet worden und nimmt neben einer Regulierungs- und Koordinierungsfunktion[32] auch eine Rolle bei der Bewertung[33] des „‚gemeinschaftsweite[n] Netzentwicklungsplan[s]'"[34] und dessen Abstimmung[35] mit nationalen Netzentwicklungsplänen ein. Sie wurde als eine Rechtsperson der Gemeinschaft und folglich der heutigen EU geschaffen.[36]
- *BNetzA*: Die „Bundesnetzagentur"[37] ist seit dem Jahr 2011 die zentrale Bedarfsplanungsbehörde für das Übertragungsnetz.[38] Zudem führt sie die Bundesfachplanung für das Bundesgebiet, einschließlich dem Küstenmeer, für länderübergreifende und grenzüberschreitende Ausbauvorhaben wie auch für Anbindungsleitungen von Offshore-Windpark-Umspannwerken durch, sofern diese in einem Bundesbedarfsplan entsprechend gekennzeichnet sind;[39] für diese Vorhaben kann sie in dem genannten räumlichen Gebiet überdies mit der Planfeststellung betraut werden.[40]

---

31 Art. 1 Abs. 1 Verordnung (EG) Nr. 713/2009 des Europäischen Parlaments und des Rates vom 13. Juli 2009 zur Gründung einer Agentur für die Zusammenarbeit der Energieregulierungsbehörden, (ACER-VO), ABl. EU 2009 L 211/1.

32 Zur Gründung und den benannten Funktionen siehe Art. 1 Abs. 1, 2 ACER-VO.

33 Siehe zu dieser Rolle etwa Art. 6 Abs. 4 UntAbs. 1 ACER-VO und Art. 8 Abs. 11, Art. 9 Abs. 1 UntAbs. 1, Abs. 2 Verordnung (EG) Nr. 714/2009 des Europäischen Parlaments und des Rates vom 13. Juli 2009 über die Netzzugangsbedingungen für den grenzüberschreitenden Stromhandel und zur Aufhebung der Verordnung (EG) Nr. 1228/2003, (Stromhandels-VO 2009), ABl. EU 2009 L 211/15.

34 Die Definition dieses Plans findet sich bei Art. 8 Abs. 3 lit. b Stromhandels-VO 2009. Im Folgenden wird dieser als „gemeinschaftsweiter NEP" bezeichnet.

35 Art. 22 Abs. 5 S. 2 Elektrizitäts-RL 2009 und Art. 8 Abs. 11 Stromhandels-VO 2009.

36 Art. 2 Abs. 1 ACER-VO.

37 Dieser Name ist die gesetzliche Abkürzung der genauen Behördenbezeichnung, siehe dazu und zu ihrer Rechtsform § 1 Gesetz über die Bundesnetzagentur für Elektrizität, Gas, Telekommunikation, Post und Eisenbahnen vom 7. Juli 2005, (BNetzAG), BGBl. 2005, I, S. 1970.

38 Siehe dazu §§ 12a–12e und §§ 17b f., jeweils i.V.m. § 54 Abs. 1 EnWG.

39 § 4 S. 1 i.V.m. § 2 Abs. 1, 5 und § 31 Abs. 1 NABEG.

40 § 18 Abs. 1 i.V.m. § 31 Abs. 2 und § 2 Abs. 2 NABEG. Beachte dazu § 1 Verordnung über die Zuweisung der Planfeststellung für länderübergreifende und grenzüberschreitende Höchstspannungsleitungen auf die Bundesnetzagentur (Planfeststellungszuweisungverordnung – PlfZV) vom 23. Juli 2013, (PlfZV), BGBl. 2013, I, S. 2582.

- *BSH*: Das Bundesamt für Seeschifffahrt und Hydrographie[41] ist für den Bundesfachplan Offshore[42] und die Planfeststellung[43] von Ausbauvorhaben im Bereich der ausschließlichen Wirtschaftszone der Bundesrepublik Deutschland (AWZ) zuständig.
- *ENTSO (Strom)*: Beim „ENTSO (Strom)"[44] handelt es sich um ein vom 3. Binnenmarktpaket vorgegebenes Gremium,[45] in dem sämtliche europäische Übertragungsnetzbetreiber (ÜNBs) vertreten sind.[46] Eine der Hauptaufgaben besteht in der Erstellung des gemeinschaftsweiten NEPs in zweijährigen Abständen.[47]
- *EU-Kommission*: Die EU-Kommission ist schon deshalb bedeutsam, da sie die bereits beschriebene[48] Ausweisung der Unionsliste der Vorhaben von gemeinsamen Interesse vornimmt.[49] Des Weiteren ist sie von ACER über bestimmte Themen bezüglich der nationalen und gemeinschaftsweiten NEPs zu informieren,[50] etwa in Form von Stellungnahmen und Empfehlungen, falls – nach Ansicht von ACER – der gemeinschaftsweite NEP nur ungenügend dem Wettbewerbsziel

---

41 Zur Eigenschaft als Bundesoberbehörde und Zuordnung zum Bundesministerium für Verkehr und digitale Infrastruktur (BMVI) siehe § 5 Abs. 1 S. 1 Gesetz über die Aufgaben des Bundes auf dem Gebiet der Seeschifffahrt (Seeaufgabengesetz – SeeAufgG) in der Fassung der Bekanntmachung vom 17. Juni 2016, (SeeAufgG), BGBl. 2016, I, S. 1489. Beachte auch die im Jahr 2013 erfolgte Umbenennung des Bundesministerium für Verkehr, Bau und Stadtentwicklung (BMVBS) in Bundesministerium für Verkehr und digitale Infrastruktur (BMVI) durch Ziffer I., Nr. 4 Organisationserlass der Bundeskanzlerin vom 17. Dezember 2013, (BKOrgErl 2013), BGBl. 2013, I, S. 4310.

42 § 17a Abs. 1 S. 1 EnWG.

43 § 2 Abs. 2 i.V.m. den § 2 Abs. 1 und § 1 Abs. 2 S. 1 Nr. 2 Verordnung über Anlagen seewärts der Begrenzung des deutschen Küstenmeeres (Seeanlagenverordnung – SeeAnlV), (SeeAnlVO), BGBl. 1997, I, S. 57. Beachte, dass die SeeAnlVO zum 1. Januar 2017 außer Kraft tritt, Artikel 25 Abs. 2 Gesetz zur Einführung von Ausschreibungen für Strom aus erneuerbaren Energien und zu weiteren Änderungen des Rechts der erneuerbaren Energien vom 13. Oktober 2016, BGBl. 2016, I, S. 2258. Die Planfeststellung von Offshore-Anbindungsleitungen zur Stromübertragung von Windenergieanlagen auf See in der AWZ durch das BSH erfolgt dann nach §§ 44 f. Gesetz zur Entwicklung und Förderung der Windenergie auf See (Windenergie-auf-See-Gesetz – WindSeeG) vom 13. Oktober 2016, BGBl. 2016, I, S. 2258; im Übrigen werden ab diesem Zeitpunkt die Offshore-Anbindungsleitungen zur Stromübertragung von sonstigen Erzeugungsarten (Wasser und Strömung) in der AWZ durch das BSH planfestgestellt nach den Regelungen der §§ 1 f. Seeanlagengesetz (SeeAnlG) vom 13. Oktober 2016, (SeeAnlG), BGBl. 2016, I, S. 2258.

44 Den Begriff ausdrücklich verwendend etwa Art. 4 Stromhandels-VO 2009.

45 Zur Gründung dieses Gremiums Art. 5 Stromhandels-VO 2009.

46 Dies anordnend Art. 4 Stromhandels-VO 2009.

47 Art. 8 Abs. 3 lit. b Stromhandels-VO 2009.

48 „1. Kapitel I. 1. c)".

49 Art. 3 Abs. 4 UntAbs. 1 S. 1 TEN-E-VO 2013.

50 Siehe beispielsweise Art. 8 Abs. 11 S. 3 Stromhandels-VO 2009.

Rechnung trägt.[51] Am wichtigsten ist freilich die Rolle der EU-Kommission als überwiegende Initiatorin der unionsrechtlichen Gesetzgebung[52] und als Koordinatorin zwischen den Mitgliedstaaten.[53]

- *ÜNB*: Die Definition des Übertragungsnetzbetreibers (ÜNB) ist weitgehend durch das Unionsrecht vorgegeben[54] und findet sich mit gewissen Modifikationen im EnWG wieder.[55] Bedeutsam ist, dass seit dem 3. Binnenmarktpaket eine Trennung der ÜNBs von der Stromerzeugung durch die Mitgliedstaaten sichergestellt werden muss und dafür verschiedene mögliche Entflechtungsarten (Komplettentflechtung, Independent System Operator / ISO, Independent Transmission Operator / ITO)[56] vorgegeben sind.[57] Der Unionsgesetzgeber ordnete in der Elektrizitäts-RL 2009 die Erstellung des „zehnjährigen Netzentwicklungsplan[s]"[58] auf nationaler Ebene zwar nur für die nach den ITO-Vorgaben entflochtenen ÜNBs an.[59] Doch hat der Bundesgesetzgeber diese Pflicht in § 12b Abs. 1 S. 1 und § 17b Abs. 1 S. 1 EnWG für „[d]ie Betreiber von Übertragungsnetzen"[60] und damit für alle ÜNBs – unabhängig von ihrer Entflechtungsart – festgelegt: Sie erarbeiten daher gemeinsam sowohl den Netzentwicklungsplan (NEP) als auch speziell für die AWZ und das Küstenmeer, einschließlich der Netzverknüpfungspunkte an Land, den Offshore-Netzentwicklungsplan (Offshore-NEP).

---

51 Siehe Art. 6 Abs. 4 UntAbs. 1 ACER-VO, der noch andere Fälle aufzählt, in denen ACER eine Stellungnahme und Empfehlung unter anderem an die EU-Kommission zu übermitteln hat.

52 So liegt das Vorschlagsrecht des ordentlichen Gesetzgebungsverfahrens gemäß Art. 289 Abs. 1 S. 1 AEUV bei der EU-Kommission. Anderen EU-Organen steht ein solches Initiativrecht nur in ausdrücklich festgelegten Fällen zu, was Art. 289 Abs. 4 AEUV verdeutlicht.

53 Die Koordinierungsfunktion der EU-Kommission ausdrücklich bei Transeuropäischen Netzen – zu denen gemäß Art. 170 Abs. 1 AEUV auch Stromnetze gehören – festhaltend Art. 171 Abs. 2 AEUV.

54 Art. 2 Nr. 4 Elektrizitäts-RL 2009.

55 § 3 Nr. 10 EnWG.

56 Zu den verschiedenen Entflechtungsarten und ihrer Entstehung *Gundel / Germelmann*, EuZW 2009, 763 (764–766).

57 Siehe dazu die Bestimmungen der Art. 9 Abs. 1 und Art. 9 Abs. 8 i.V.m. Art. 13, 17–23 Elektrizitäts-RL 2009.

58 Art. 22 Abs. 1 S. 1 Elektrizitäts-RL 2009.

59 Art. 22 Abs. 1 S. 1 Elektrizitäts-RL 2009 ist systematisch betrachtet, unter dem Kapitel über den ITO zu finden.

60 Dieselbe Formulierung auch in der Vorschrift über den im Vorfeld zu erstellenden Szenariorahmen, § 12a Abs. 1 S. 1 EnWG, zu finden.

4. Der Begriff des „Übertragungsnetzes"

Das deutsche Übertragungsnetz wird traditionell mit einer Nennspannung von 220 kV und 380 kV, der sogenannten Höchstspannungsebene, betrieben.[61] Es zielt als Transportnetz auf eine Belieferung mit Elektrizität ab, allerdings nicht auf die Belieferung von Kunden im Sinne des EnWG.[62] Dieses ist vom Verteilernetz[63] der Hochspannungsebene (110 kV)[64] abzugrenzen, welches zwar einerseits als Teil des Verbundnetzes – bestehend aus Übertragungs- und Elektrizitätsverteilernetzen –[65] auch der Übertragung dient.[66] Andererseits wiederum ist das Verteilernetz eine eigenständige Netzkategorie[67] und ist überdies regelmäßig anderen Betreibern zugeordnet,[68] als das Übertragungsnetz, welches in den Händen der ÜNBs liegt.[69]

Das Übertragungsnetz wird europaweit durch eine Hochspannungs-Drehstrom-Übertragung (HDÜ) betrieben,[70] doch weist das Bundesbedarfsplangesetz, welches energiewirtschaftliche Feststellungen zu einzelnen Übertragungsvorhaben trifft,[71] bereits mehrere Vorhaben der Hochspannungs-Gleichstrom-Übertragung (HGÜ)[72] aus.[73] Diese werden an Land, nach Einschätzung der BNetzA, voraussichtlich mit 400 kV betrieben werden.[74] Auch der Gesetzgeber geht implizit von anwachsenden Spannungsebenen aus, indem etwa die Stromnetzentgeltverordnung[75] von Höchstspannungsfreileitungen „ab 380 Kilovolt"[76] spricht.

---

61 Siehe die Ausführungen und Darstellung in der Gesetzesbegründung der *BT-Drucks. 17/6073*, Gesetzentwurf zur Beschleunigung des Netzausbaus, S. 17f.

62 § 3 Nr. 32 EnWG. Siehe zur Definition des „Kunden" § 3 Nr. 24 EnWG.

63 Das Verteilernetz besteht gemäß seiner gesetzlichen Definition in § 3 Nr. 37 Hs. 1 Alt. 1 EnWG zudem aus der Mittelspannungs- und Niederspannungsebene.

64 Zur Einordnung der 110 kV-Ebene unter die Hochspannung im Sinne des § 3 Nr. 32 EnWG *Theobald*, in: Danner / Theobald (Hrsg.), EnergieR-Kommentar, Bd. 1, § 3 EnWG Rn. 45 [Stand: Januar 2007].

65 § 3 Nr. 35 Alt. 1 EnWG.

66 § 3 Nr. 32 i.V.m. Nr. 35 Alt. 1 und Nr. 37 Hs. 1 Alt. 1 EnWG.

67 § 3 Nr. 37 Hs. 1 Alt. 1 EnWG.

68 § 3 Nr. 3 EnWG.

69 § 3 Nr. 10 EnWG.

70 *BNetzA*, Begleitdokument zur Konsultation des überarbeiteten NEP 2012, S. 47 (Glossar).

71 § 1 Abs. 1 BBPlG. Zu diesen Feststellungen ausführlich unter „2. Kapitel I. 3.".

72 Prägnant zu den Begriffen „HDÜ" und „HGÜ" *BNetzA*, Begleitdokument zur Konsultation des überarbeiteten NEP 2012, S. 47f. (Glossar).

73 Vorhaben Nr. 1–5, 29, 30, 33 der Anlage (zu § 1 Absatz 1) BBPlG.

74 So die Einschätzung bei *BNetzA*, Bestätigung des NEP 2013, S. 430f.

75 Verordnung über die Entgelte für den Zugang zu Elektrizitätsversorgungsnetzen (Stromnetzentgeltverordnung – StromNEV) vom 25. Juli 2005, (StromNEV), BGBl. 2005, I, S. 2225.

76 § 5 Abs. 4 S. 2 Nr. 1 StromNEV.

Als Sonderfall des Übertragungsnetzes sind erstens grenzüberschreitende Verbindungsleitungen im Sinne des § 3 Nr. 32 EnWG (Interkonnektoren)[77] und zweitens Anbindungsleitungen für Offshore-Windpark-Umspannwerke zu den Netzverknüpfungspunkten an Land im Sinne des § 12e Abs. 2 S. 1 EnWG zu nennen, auf die im Folgenden kurz einzugehen ist.

a) Grenzüberschreitende Verbindungsleitungen

Der deutsche Gesetzgeber ordnet grenzüberschreitende Verbindungsleitungen stets als Bestandteil des Übertragungsnetzes ein, unabhängig davon, ob diese auf der Höchstspannungsebene (220 kV oder 380 kV) oder Hochspannungsebene (>60 kV <220 kV)[78] betrieben werden. Zur Begründung wird der erleichterte Zugang zu Investitionsmitteln der ÜNBs („Baukostenzuschüsse ... Netzentgelte") wie auch die mögliche Regulierungsfreistellung gemäß Art. 17 Verordnung (EG) Nr. 714/2009 angeführt.[79] Dies hat zur Folge, dass ein Interkonnektor unterhalb der Höchstspannungsebene zwar nicht zu einem ÜNB, sondern zu einem anderen Netzbetreiber gehört, aber zugleich Bestandteil des Übertragungsnetzes ist.[80] Jedoch ist davon auszugehen, dass die Kapazität von Interkonnektoren der Hochspannungsebene, im Verhältnis zur Kapazität von Interkonnektoren der Höchstspannungsebene, relativ gering ist. Ansonsten hätten diese wohl Eingang in die Bedarfsplanung der §§ 12a ff. und §§ 17b ff. EnWG gefunden.[81] Dasselbe gilt für den Anwendungsbereich des NABEG[82] bezüglich der Bundesfachplanung und Planfeststellung. Gemäß § 2 Abs. 1 NABEG beschränkt sich der Anwendungsbereich des Gesetzes hinsichtlich von grenzüberschreitenden Leitungen nur auf solche der Höchstspannungsebene.

Ähnlich ist das Bild in den unionsrechtlichen Planungsvorgaben nach dem 3. Binnenmarktpaket. Die europäischen ÜNBs, die im ENTSO (Strom) zusammenarbeiten,[83] müssen einen gemeinschaftsweiten NEP erarbeiten, der auch grenzüberschreitende Verbindungsleitungen beinhaltet.[84] Als Verbindungsleitung in diesem Sinne wird eine Übertragungsleitung mit physischer Grenzüberschreitung unter gleichzeitiger

77 Den Begriff von „Interkonnektoren" hierfür verwendend die Gesetzesbegründung der *BT-Drucks. 17/6073,* Gesetzentwurf zur Beschleunigung des Netzausbaus, S. 33.

78 Siehe zur Definition der soeben aufgeführten Spannungsebenen die Darstellung in der Gesetzesbegründung der *BT-Drucks. 17/6073,* Gesetzentwurf zur Beschleunigung des Netzausbaus, S. 18.

79 Siehe zu Aussage und Zitat die Gesetzesbegründung in der *BT-Drucks. 17/6073,* Gesetzentwurf zur Beschleunigung des Netzausbaus, S. 33.

80 So ausdrücklich die Gesetzesbegründung, *BT-Drucks. 17/6073,* Gesetzentwurf zur Beschleunigung des Netzausbaus, S. 33.

81 Siehe insbesondere § 12e Abs. 2 S. 1 EnWG, der diesbezüglich nur von „grenzüberschreitenden Höchstspannungsleitungen" spricht.

82 Netzausbaubeschleunigungsgesetz Übertragungsnetz (NABEG) vom 28. Juli 2011, (NABEG), BGBl. 2011, I, S. 1690.

83 Art. 4 Stromhandels-VO 2009.

84 Art. 8 Abs. 10 UntAbs. 1 lit. b Stromhandels-VO 2009.

Interkonnektion der Übertragungsnetze der Mitgliedstaaten definiert.[85] Der Unionsgesetzgeber hatte hierbei erkennbar nur die Netze der ÜNBs im Sinn, da nur diese die Planungspflicht trifft und verlangte damit nicht die Erweiterung des mitgliedstaatlichen Rechts auf sämtliche grenzüberschreitende Verbindungsleitungen. Interkonnektoren, die nicht von ÜNBs betrieben werden, sollen daher nicht Gegenstand dieser Arbeit sein.

b) Anbindungsleitungen für Offshore-Windpark-Umspannwerke zu den Netzverknüpfungspunkten an Land

Der zweite Sonderfall des Übertragungsnetzes sind die Anbindungsleitungen für Offshore-Windpark-Umspannwerke zu den Netzverknüpfungspunkten an Land. Sie weichen in der Nennspannungsebene von den traditionellen Übertragungsnetzen ab, was unter anderem auf die Vorgaben des Bundesamtes für Seeschifffahrt und Hydrographie (BSH) zurückgeht.[86] Zwischen den Offshore-Windpark-Umspannwerken und den Konverterplattformen in der Nordsee-AWZ sollen dementsprechend die Anbindungsleitungen mit 155 kV und sodann in Richtung des Küstenmeers mit 320 kV betrieben werden.[87] Eigentlich wäre zumindest die 155 kV-Spannungsebene in die Hochspannungsebene und damit unterhalb des Übertragungsnetzes einzuordnen,[88] weshalb grundsätzlich die Zuordnung zu einem ÜNB ausscheiden würde. Allerdings bestimmte der Gesetzgeber bereits im Jahr 2006, dass die Anbindungsleitungen von Umspannwerken der Offshore-Anlagen durch die ÜNBs errichtet werden müssen, was allerdings nur als eine zeitlich begrenzte Pflicht der ÜNBs gedacht war.[89] Diese Begrenzung wurde im Jahr 2011 bewusst aufgehoben,[90] um die Anbindungspflicht den

---

85 Art. 2 Abs. 1 Stromhandels-VO 2009.

86 Siehe zur Befugnis des BSH, solche Vorgaben zu machen § 17a Abs. 1 S. 2 Nr. 7 EnWG. Der Gesetzgeber hatte ausweislich der Gesetzesbegründung dabei unter anderem die „Standardisierung ... der Anbindungsleitungen in der AWZ“ im Sinn, siehe dazu *BT-Drucks. 17/10754,* Gesetzentwurf eines Dritten Gesetzes zur Neuregelung energiewirtschaftlicher Vorschriften, S. 24.

87 Siehe die Vorgaben des *BSH,* Bundesfachplan Offshore für die AWZ-Nordsee 2012, S. 41f., 56.

88 Siehe dazu die Gesetzesbegründung bei der *BT-Drucks. 17/6073,* Gesetzentwurf zur Beschleunigung des Netzausbaus, S. 17f., dort wird die Hochspannungsebene, welche unterhalb der Höchstspannungsebene liegt, mit einer Nennspannung von > 60 bis < 220 kV angegeben.

89 § 17 Abs. 2a S. 1 Hs. 1 i.V.m. § 118 Abs. 7 EnWG a.F. Die Einführung dieser Bestimmungen in das EnWG erfolgte im Jahr 2006 durch Art. 7 Gesetz zur Beschleunigung von Planungsverfahren für Infrastrukturvorhaben vom 9. Dezember 2006, BGBl. 2006, I, S. 2833.

90 Die zeitliche Begrenzung des ursprünglichen § 118 Abs. 7 EnWG a.F. wurde zwischenzeitlich verlängert und ging auf in § 118 Abs. 3 EnWG a.F., bevor sie schließlich aufgehoben wurde durch Art. 2 Gesetz über Maßnahmen zur Beschleunigung des Netzausbaus Elektrizitätsnetze vom 28. Juli 2011, BGBl. 2011, I, S. 1690.

ÜNBs dauerhaft zuzuweisen,[91] wodurch die Anbindungsleitungen nunmehr rechtlich den Höchstspannungsleitungen als Teil des Übertragungsnetzes gleichgestellt sind.[92] Ihre faktische Bedeutung lässt sich etwa aus der Regelung des § 12e EnWG ableiten, die bei der EnWG-Reform des Jahres 2011 in das Gesetz aufgenommen wurde.[93] Demnach sind die Anbindungsleitungen von Offshore-Windpark-Umspannwerken zu den Netzverknüpfungspunkten an Land, neben den länderübergreifenden und grenzüberschreitenden Höchstspannungsleitungen, in dem Entwurf für den Bundesbedarfsplan zu kennzeichnen[94] – womit implizit eine Aufnahme in den Entwurf vorausgesetzt wird – und sie können dadurch ein Teil des Bundesbedarfsplans werden, der als Gesetz erlassen wird.[95] Insofern wird die Bedeutung ersichtlich, welche der Bundesgesetzgeber diesen Anbindungsleitungen beimisst. Daher sollen sie auch Gegenstand der nachfolgenden Betrachtungen sein.

c) Das „Übertragungsnetz" im Rahmen der vorliegenden Arbeit

Aus den voranstehenden Ausführungen ergibt sich, dass die vorliegende Arbeit das Übertragungsnetz betrachtet, welches von ÜNBs betrieben wird, unabhängig von der Spannungsebene oder sonstigen technischen Ausführungen der einzelnen Leitungen. Dadurch ist eine Betrachtung möglich, welche erstens räumlich umfassend ist und zweitens die ÜNBs als wesentliche Planungsbeteiligte in der Gesamtheit ihres Netzes umfasst.

5. Zusammenfassung

Die vorliegende Arbeit beschäftigt sich mit den nationalen und unionsrechtlichen Planungsvorgaben, die auf die physische Weiterentwicklung desjenigen deutschen Übertragungsnetzes gerichtet sind, welches durch Gesetz den ÜNBs zugeordnet ist. Weitere Eingrenzungen werden für die Fachplanung und Planfeststellung vorgenommen werden; dies erfolgt im Hinblick auf die seit dem Jahr 2011 erlassenen

91 So die Intention der Gesetzesbegründung, *BT-Drucks. 17/6073,* Gesetzentwurf zur Beschleunigung des Netzausbaus, S. 22, 35.

92 Gemäß § 17d Abs. 1 S. 3 EnWG zählen sie – ab Fertigstellung – zum Energieversorgungsnetz, welches gemäß § 3 Nr. 4 Alt. 1, Nr. 2 Alt. 1 EnWG im Elektrizitätsbereich auf Übertragungsebene den ÜNBs zugeordnet ist. Siehe die Gesetzesbegründung für eine Kontinuität der Zuordnung dieser Anbindungsleitungen zum Energieversorgungsnetz nach alter und neuer Rechtslage *BT-Drucks. 17/10754,* Gesetzentwurf eines Dritten Gesetzes zur Neuregelung energiewirtschaftlicher Vorschriften, S. 25.

93 Die Aufnahme der Regelung in das EnWG erfolgte durch Art. 1 Gesetz zur Neuregelung energiewirtschaftsrechtlicher Vorschriften vom 26. Juli 2011, BGBl. 2011, I, S. 1554.

94 § 12e Abs. 2 S. 1 EnWG.

95 Siehe zum Erlass als Gesetz den § 12e Abs. 4 S. 1 EnWG. Siehe zur Bedeutung des Bundesbedarfsplans „2. Kapitel I. 3.".

Gesetzgebungsakte, welche in der Zukunft maßgeblich die Planungspraxis prägen werden und vornehmlich das NABEG wie auch Teile des EnWG sind.

II. Der technische Fortschritt und seine Auswirkung auf das Planungsrecht

1. Vorhandene Regelungen im Planungsrecht

Die unionsrechtlichen und deutschen Planungsvorgaben gehen seit geraumer Zeit auf den technischen Fortschritt in der Übertragungstechnik ein und versuchen diesen zu fördern. Dies geschieht mit zunehmender Intensität, was gleichzeitig eine abnehmende Bedeutung der traditionellen 220 kV / 380 kV-Spannungsebene[96] und Drehstromtechnik bedeuten wird.

a) Vorhandene unionsrechtliche und nationale Regelungen

Auf europäischer Ebene wurden bereits im 2. Binnenmarktpaket Begünstigungen für neue Gleichstrom-Verbindungsleitungen festgelegt. Darunter fiel etwa die Regulierungsfreistellung der Verwendung von Einnahmen aus dem Engpassmanagement, sofern die Gleichstrom-Verbindungsleitung ansonsten wirtschaftlich zu risikobehaftet wäre und demnach eine Investition unterbliebe.[97] Unter anderem wurde diese Regelung im 3. Binnenmarktpaket beibehalten.[98] In der nationalen Gesetzgebung lässt sich die Berücksichtigung des technischen Fortschritts beispielsweise mit Erlass des Gesetzes zur Beschleunigung des Ausbaus der Höchstspannungsnetze im Jahr 2009[99] verdeutlichen. Mit diesem Gesetz wurde unter anderem das Energieleitungsausbaugesetz (EnLAG)[100] erlassen, welches seinerseits schon von Netzen mit einer Nennspannung von „380 Kilovolt oder mehr“[101] sprach. Zugleich war die Anreizregulierungsverordnung (ARegV)[102] betroffen, welche die Zugangsentgelte

---

96 Siehe zur absehbaren Erhöhung der Nennspannungsebene in einzelnen Trassen bereits „1. Kapitel I. 4.“.

97 Art. 7 Abs. 1 Verordnung (EG) Nr. 1228/2003 des Europäischen Parlaments und des Rates vom 26. Juni 2003 über die Netzzugangsbedingungen für den grenzüberschreitenden Stromhandel, (Stromhandels-VO 2003), Abl. EU 2003 L 176/1.

98 Art. 17 Abs. 1 Stromhandels-VO 2009.

99 Gesetz zur Beschleunigung des Ausbaus der Höchstspannungsnetze vom 21. August 2009, BGBl. 2009, I, S. 2870.

100 Gesetz zum Ausbau von Energieleitungen (Energieleitungsausbaugesetz – EnLAG) vom 21. August 2009, (EnLAG), BGBl. 2009, I, 2870.

101 § 1 Abs. 1 EnLAG am Anfang.

102 Verordnung über die Anreizregulierung der Energieversorgungsnetze (Anreizregulierungsverordnung – ARegV) vom 29. Oktober 2007, (ARegV), BGBl. 2007, I, S. 2529.

für Energieversorgungsnetze durch ein regulatorisches Verfahren der Anreizsetzung ermittelt.[103] Die ARegV wurde dahingehend geändert, dass nunmehr behördlich genehmigte Investitionsbudgets für HGÜ-Leitungen eingeführt wurden,[104] die dadurch bei der Entgeltregulierung zu berücksichtigen waren; mittlerweile werden HGÜ-Leitungen als Investitionsmaßnahmen genehmigt und[105] können anstatt der bisher nachgelagerten Geltendmachung sofort bei den regulatorischen Erlösobergrenzen der Entgeltberechnung in Ansatz gebracht werden.[106]

Auf nationaler Ebene ist das Planungsrecht bezüglich der Übertragungstechnik durch die Gesetzgebung seit dem Jahr 2011 noch detaillierter geworden. Nunmehr sind die ÜNBs verpflichtet, in ihrem NEP Angaben über Netzausbaumaßnahmen als Pilotprojekte für eine verlustarme Übertragung hoher Leistungen über große Entfernungen zu machen.[107] Beispielsweise nennt die Gesetzesbegründung hier die Hochspannungsgleichstromübertragung (HGÜ).[108] Der NEP der ÜNBs muss zudem Angaben über den Einsatz von Hochtemperaturleiterseilen (HTLS)[109] enthalten.[110] Die stetig engmaschigeren Vorgaben lassen mehrere Schlüsse zu: Dies ist erstens die Entschlossenheit des Gesetzgebers, den Um- und Ausbau des Übertragungsnetzes zu forcieren und dabei sowohl das „Ob“ als auch das „Wie“ zu beeinflussen. Zweitens verdeutlicht es eine gewisse Abhängigkeit staatlicher Stellen vom Informationsvorsprung der ÜNBs in technischen Fragen.

Allerdings sind die nationalen und unionsrechtlichen Vorgaben auf diesem Gebiet teilweise nicht kohärent. So macht das EnWG konkrete Vorgaben, wonach Pilotprojekte für neue Übertragungstechnologien im NEP darzustellen sind.[111] In der Elektrizitäts-RL 2009, welche die nationalen NEPs vorschreibt, ist dies nicht

---

103 § 1 Abs. 1 S. 1 ARegV.

104 Die Änderung findet sich in § 23 Abs. 1 S. 2 Nr. 9 ARegV. Sie wurde eingefügt durch Art. 4 Gesetz zur Beschleunigung des Ausbaus der Höchstspannungsnetze vom 21. August 2009, BGBl. 2009, I, S. 2870.

105 § 23 Abs. 1 S. 1, 2 Nr. 9 ARegV. Die Änderung von genehmigten Investitionsbudgets hin zu genehmigten Investitionsmaßnahmen erfolgte durch Art. 1 Verordnung zur Änderung der Anreizregulierungsverordnung vom 14. März 2012, BGBl. 2012, I, S. 489.

106 § 4 Abs. 3 Nr. 2 Hs. 3 i.V.m. § 11 Abs. 2 S. 1 Nr. 6 und § 23 ARegV; siehe zur Gesetzesänderung Art. 1 Verordnung zur Änderung der Anreizregulierungsverordnung vom 14. März 2012, BGBl. 2012, I, S. 489. Siehe für die Gründe zum vorgezogenen Zeitpunkt der Geltendmachung einer genehmigten Investitionsmaßnahme *BRat-Drucks. 860/11,* Verordnung zur Änderung der Anreizregulierungsverordnung, S. 5ff.

107 § 12b Abs. 1 S. 4 Nr. 3. a) EnWG.

108 *BT-Drucks. 17/6072,* Gesetzentwurf zur Neuregelung energiewirtschaftsrechtlicher Vorschriften, S. 68.

109 Siehe zur Abkürzung „HTLS“ *BNetzA,* Bestätigung des NEP 2013, S. 500 (Glossar).

110 § 12b Abs. 1 S. 4 Nr. 3 b) EnWG.

111 § 12b Abs. 1 S. 4 Nr. 3 EnWG.

vorgesehen.[112] Ähnlich ist das Bild bei der Vorgabe der Stromhandels-VO 2009, welche ENTSO (Strom) zur Erarbeitung von Forschungsplänen verpflichtet, ohne deren Inhalt zu konkretisieren.[113] Hier gilt es kritisch zu beobachten, ob die weitgehend selbstgestaltete Forschungstätigkeit von ENTSO (Strom) mit den ambitionierten Zielen der EU hinsichtlich der zu verwendenden Übertragungstechnologien[114] schritthalten wird.

b) Die Pflicht zur Forschungs- und Entwicklungstätigkeit der ÜNBs und die Gewährleistung der Finanzierung

Im Übrigen erwarten zwar der deutsche Gesetzgeber und die Unionsgesetzgebung eine gewisse Forschungs- und Entwicklungstätigkeit der ÜNBs, doch existiert kein umfassender Regelungsansatz, wie eine solche Tätigkeit finanziell zu fördern wäre; eine einzelne Normierung findet sich beispielsweise in der Vorgabe des Art. 37 Abs. 8 Elektrizitäts-RL 2009,[115] gemäß welcher nationale Regulierungsbehörden die Forschungstätigkeiten der ÜNBs durch Anreizsetzungen zu unterstützen haben. So stellt auch ENTSO (Strom) fest, dass es verbesserter regulatorischer Ansätze und weiterer Fördermaßnahmen der EU und der Mitgliedstaaten für die Forschungstätigkeit der ÜNBs bedürfe.[116] Ein umfassender Förderungsansatz zu Gunsten der ÜNBs in diesem Bereich scheint allerdings von der EU-Kommission zumindest momentan nicht beabsichtigt zu sein. Diese scheint vielmehr die Fördermechanismen im Energiesektor – unter anderem bei Netzen –, auf mehrere Beteiligte wie etwa die Industrie und Forschungseinrichtungen verteilen zu wollen[117] und damit offensichtlich nicht die Förderung einer einzelnen Unternehmensgruppe anzustreben. In Deutschland war die Situation zunächst uneinheitlich. Hier versuchte der Bundesrat im Jahr 2011 den § 23 Abs. 1 S. 2 ARegV um eine Nr. 10 zu ergänzen, nach der

112 Siehe den insoweit relevanten Art. 22 Elektrizitäts-RL 2009.

113 Die Pflicht von ENTSO (Strom), Forschungspläne zu erarbeiten, ist niedergelegt in Art. 8 Abs. 3 lit. a Hs. 1 Stromhandels-VO 2009.

114 Siehe dazu etwa *EU-Kommission,* Ein funktionierender Energiebinnenmarkt, COM (2012) 663 final, S. 7: „Der Europäische Verbund der Übertragungsnetzbetreiber (ENTSO-E) ... sowie die Agentur für die Zusammenarbeit der Energieregulierungsbehörden leisten einen wichtigen Beitrag dazu, dass ... neue Infrastrukturen ... unter Einsatz der besten verfügbaren Technologien optimal geplant und entwickelt werden."

115 Auf diese Regelung hinweisend auch *ENTSO (Strom),* A new regulatory framework for TSO R&D in ENTSO-E countries, 2011, S. 4.

116 *ENTSO (Strom),* Research & Development Plan, 2011, S. 10, 35f., mit Verweis auf die eigenen Forderungen in *ENTSO (Strom),* A new regulatory framework for TSO R&D in ENTSO-E countries, 2011, siehe dort die S. 3ff.

117 So etwa hinsichtlich der Förderung intelligenter Netze *EU-Kommission,* Ein funktionierender Energiebinnenmarkt, COM (2012) 663 final, S. 20. Siehe umfassend *EU-Kommission,* Technologien und Innovationen im Energiebereich, COM (2013) 253 final.

Investitionsbudgets für ÜNBs zu genehmigen gewesen wären, welche Forschung und Entwicklung von neuen Übertragungstechnologien für den Netzausbau betreiben.[118] Dieser Vorschlag konnte sich allerdings im weiteren Gesetzgebungsverfahren nicht durchsetzen und wurde durch die Bundesregierung abgelehnt, da die Entwicklungstätigkeit in der Praxis vornehmlich durch andere Unternehmen als die ÜNBs erfolge und es zu Überschneidungen mit sonstigen Förderprogrammen kommen könne.[119] Allerdings kam es im Jahr 2013 zur Einführung des § 25a ARegV,[120] der es jetzt zulässt, bestimmte Kosten von Forschung und Entwicklung der Netzbetreiber bei der regulatorischen Entgeltermittlung in Ansatz zu bringen.[121]

Einerseits ist aus ordnungspolitischer Sicht grundsätzlich nichts gegen die beschriebene, teilweise Zurückhaltung der unionsrechtlichen und nationalen Gesetzgebung einzuwenden. Andererseits ist es jedoch nicht ersichtlich, wieso und zu welchem Grad die ÜNBs zu einer Forschungs- und Entwicklungstätigkeit verpflichtet werden, ohne zeitgleich Art und Umfang des finanziellen Ausgleichs zu regeln. Dies birgt die Gefahr einer entsprechend geringen Tätigkeit der ÜNBs auf diesem Gebiet und sowohl die unionsrechtliche als auch die nationale Gesetzgebung sollten daher entweder die Erwartungen an die Forschungs- und Entwicklungstätigkeit wie auch die Mittelherkunft für die ÜNBs umfassend regeln oder die Forschung und Entwicklung klar aus deren Verantwortungsbereich entlassen.

2. Wichtige Übertragungstechniken im Überblick

a) Verlustarme Übertragung hoher Leistungen über große Entfernungen:[122] *Die HGÜ-Technik als Sonderfall*

Soweit das Planungsrecht von den neuen technischen Möglichkeiten abhängt, ist zunächst die HGÜ-Technik zu betrachten, welche eine verlustarme

---

118 Stellungnahme des Bundesrates, *BT-Drucks. 17/6249,* Gesetzentwurf zur Beschleunigung des Netzausbaus, S. 16. An dieser Stelle ist anzumerken, dass die *BT-Drucks. 17/6249,* Gesetzentwurf zur Beschleunigung des Netzausbaus im Gesetzgebungsverfahren für erledigt erklärt wurde; allerdings wurde die bezüglich des vorgeschlagenen Gesetzestextes wortgleiche *BT-Drucks. 17/6073,* Gesetzentwurf zur Beschleunigung des Netzausbaus, im Gesetzgebungsverfahren zu Ende geführt. Siehe zur Wortgleichheit *BT-Drucks. 17/6249,* Gesetzentwurf zur Beschleunigung des Netzausbaus, S. 9.

119 Gegenäußerung der Bundesregierung, *BT-Drucks. 17/6249,* Gesetzentwurf zur Beschleunigung des Netzausbaus, S. 19.

120 Eingeführt wurde die Regelung durch Art. 4 Verordnung zur Änderung von Verordnungen auf dem Gebiet des Energiewirtschaftsrechts vom 14. August 2013, BGBl. 2013, I, S. 3250.

121 Nach dem Wortlaut des § 25a Abs. 1 S. 1 ARegV handelt es sich dabei um die Geltendmachung in der „Erlösobergrenze für das jeweilige Kalenderjahr".

122 § 12b S. 4 Nr. 3. a) EnWG.

Übertragungstechnik im Sinne von § 12b Abs. 1 S. 4 Nr. 3 a) EnWG darstellt.[123] Diese Technik wird voraussichtlich neben das bestehende Höchstspannungsnetz der Drehstromtechnik treten, anstatt dieses zu ersetzen und wird dabei ein Bestandteil des Übertragungsnetzes sein.[124] Ihre Bedeutung liegt darin, dass sie einige Vorteile gegenüber der Drehstromtechnik bietet: Erstens eignen sich HGÜ-Leitungen für längere Übertragungswege am Meeresboden und somit auch für die Anbindung von entlegenen Offshore-Windparks.[125] Zweitens sind HGÜ-Leitungen bei langen Übertragungswegen an Land der Drehstromtechnik der 220 kV/ 380 kV-Ebene überlegen, da sie Strom verlustärmer transportieren.[126] Allerdings geben die ÜNBs zu bedenken, dass – zumindest bei Freileitungen – diese Technik nur bei einer Distanz von mehr als 400 km rentabel sei.[127] Zwar ist der großflächige Einsatz der HGÜ-Technik in Deutschland neu,[128] die Technologie wird jedoch bereits teilweise eingesetzt[129] und dürfte daher relativ zügig verwendbar sein.

Die praktische Relevanz der HGÜ-Technik wird etwa durch den Bundesbedarfsplan aus dem Jahr 2013 deutlich,[130] der bereits mehrere Vorhaben mit HGÜ-Technik aufführt.[131] So entspricht die Gesamtlänge der Gleichstromvorhaben des Bundesbedarfsplans, wie auch der aktuellen Netzentwicklunsplanungen, beinahe der Gesamtlänge der geplanten Drehstromvorhaben.[132]

---

123 Siehe hierfür die Gesetzesbegründung bei der *BT-Drucks. 17/6072,* Gesetzentwurf zur Neuregelung energiewirtschaftsrechtlicher Vorschriften, S. 68.

124 Siehe dazu bereits „1. Kapitel I. 4.".

125 *Heuck u. a.,* Elektrische Energieversorgung, S. 81. Siehe als Beispiel für die Anbindung von Offshore-Windparks durch die Gleichstromtechnik in der See: *Niedersächsische Landesbehörde für Straßenbau und Verkehr,* Planfeststellungsbeschluss vom 30.06.2011, Netzanbindung DolWin1 der Offshore- Plattform DolWin alpha mittels einer 600kV- Gleichstromleitung, Seetrasse. Allerdings kommt hier mitunter auch die Drehstromtechnik zum Einsatz, siehe als Beispiel hierzu: *Niedersächsische Landesbehörde für Straßenbau und Verkehr,* Planfeststellungsbeschluss vom 28.06.2011, Netzanbindung der Offshore-Windkraftanlage Riffgat mittels einer 155kV-Wechselstromleitung, Seekabelabschnitt.

126 Siehe für den verlustärmeren Transport durch die HGÜ-Technik *Heuck u. a.,* Elektrische Energieversorgung, S. 81.

127 *50Hertz Transmission GmbH u. a.,* NEP 2012, 2. Entwurf der ÜNBs, S. 92.

128 Siehe hierzu nur § 23 Abs. 1 S. 2 Nr. 9 ARegV, der HGÜ-Leitungen als „Pilotprojekte" bezeichnet.

129 Dazu und zu den verschiedenen Ausführungsarten der HGÜ *BNetzA,* Bestätigung des NEP 2012, S. 327–329. Siehe als Beispiele für HGÜ-Kabel an Land und in der See: *Heuck u. a.,* Elektrische Energieversorgung, S. 81.

130 Zur rechtlichen und praktischen Bedeutung des Bundesbedarfsplans „2. Kapitel I. 3.".

131 Unter anderem die Vorhaben Nr. 1–5 der Anlage (zu § 1 Absatz 1) BBPlG.

132 Siehe dazu die Übersicht bei *BNetzA,* Bestätigung des NEP 2013, S. 418; beachte, dass dort die englischen Abkürzungen für Dreh-/Wechselstrom ("AC", alternating current) und Gleichstrom ("DC", direct current) verwendet werden, siehe dazu

b) Neue Übertragungsnetze durch Hochtemperaturleiterseile (HTLS)

Der deutsche Gesetzgeber fordert in § 12b Abs. 1 S. 3 Nr. 3 b) EnWG explizit, die HTLS-Technik im NEP zu berücksichtigen; nach dieser Bestimmung soll in einem Pilotprojekt deren technische Durchführbarkeit und Wirtschaftlichkeit bewertet werden. Das Wirkungsprinzip der HTLS-Technik besteht in ihrer hohen Hitzebeständigkeit und damit einhergehend einer höheren Übertragungsleistung.[133] In den Bundesbedarfsplan ist ein Vorhaben mit dieser Technik bereits aufgenommen.[134] Jedoch weisen die ÜNBs darauf hin, dass Hochtemperaturleiterseile zwar grundsätzlich auf bestehende Masten montiert werden könnten, dies aber aus technischen Gründen den Bedarf an Trassenneubau nicht völlig ersetzen werde.[135]

Der Bundesrat wollte bei der Änderung des EnWG im Jahr 2011 durchsetzen, dass sowohl die HTSL-Technik als auch die HGÜ-Technik im NEP des § 12b Abs. 1 S. 3 Nr. 3 EnWG (jetzt § 12b Abs. 1 S. 4 Nr. 3 EnWG) nicht den Status von Pilotprojekten bekommen sollten, um ihnen stattdessen denselben Stellenwert wie anderen Übertragungstechniken zu gewähren.[136] Begründet wurde dies mit dem technologischen Fortschritt während den langen Planungsphasen der Übertragungsnetze.[137] In der Tat wäre es sinnvoll, das EnWG an dieser Stelle im Sinne des Bundesratsvorschlages zu ergänzen, da eine Beschränkung neuer Techniken in der frühen Planungsphase sowohl die ÜNBs als auch die BNetzA unnötig einschränkt. Sollte sich eine Technik später dennoch als nicht geeignet erweisen, so könnte eine Änderung noch rechtzeitig erfolgen, beispielsweise im NEP des nächsten ungeraden

---

BNetzA, Bestätigung des NEP 2013, S. 493ff., (Glossar). Nicht berücksichtigt sind dabei die Vorhaben des Offshore-NEPs; siehe hierfür *BNetzA,* Bestätigung des Offshore-NEP 2013, S. 71–91.

133 *BNetzA,* Umweltbericht 2013 zum NEP 2013 und Offshore-NEP 2013, S. 419; siehe aus der technischen Literatur *Heuck u. a.,* Elektrische Energieversorgung, S. 216f., 357.

134 Vorhaben Nr. 21 der Anlage (zu § 1 Absatz 1) BBPlG, welches die für ein HTLS-Pilotprojekt notwendige Markierung „D" im Sinne des § 2 Abs. 4 S. 1 BBPlG aufweist.

135 *50Hertz Transmission GmbH u. a.,* NEP 2013, 1. Entwurf der ÜNBs, S. 25.

136 Siehe die Stellungnahme des Bundesrates in der *BT-Drucks. 17/6248,* Gesetzentwurf zur Neuregelung energiewirtschaftsrechtlicher Vorschriften, S. 12f. An dieser Stelle ist anzumerken, dass die *BT-Drucks. 17/6248,* Gesetzentwurf zur Neuregelung energiewirtschaftsrechtlicher Vorschriften, im Gesetzgebungsverfahren für erledigt erklärt wurde; allerdings wurde die bezüglich des vorgeschlagenen Gesetzestextes wortgleiche *BT-Drucks. 17/6072,* Gesetzentwurf zur Neuregelung energiewirtschaftsrechtlicher Vorschriften, im Gesetzgebungsverfahren zu Ende geführt. Siehe zur Wortgleichheit *BT-Drucks. 17/6248,* Gesetzentwurf zur Neuregelung energiewirtschaftsrechtlicher Vorschriften, S. 9.

137 So die Stellungnahme des Bundesrates in der *BT-Drucks. 17/6248,* Gesetzentwurf zur Neuregelung energiewirtschaftsrechtlicher Vorschriften, S. 13.

Kalenderjahres[138] oder in der folgenden Fachplanung. Eine solche Fehlplanung dürfte allerdings ohnehin selten sein, da in den NEP der Sachverstand sowohl der ÜNBs als auch der BNetzA einfließt.[139] Aufgrund der bereits beschriebenen[140] Bedeutung der HGÜ-Technik im erlassenen Bundesbedarfsplan zeigt sich, inwiefern der Status von Pilotprojekten zumindest für diese Übertragungstechnik nicht mehr gerechtfertigt ist. Daher sollte der Gesetzgeber den technischen Fortschritt bei der HTLS-Technik genau beobachten, um die Bedarfsplanungsvorgaben rechtzeitig anpassen zu können.

c) *Alternativen zu Übertragungsnetzen, insbesondere durch das Gasnetz*

Das Planungsrecht der Übertragungsnetze setzt grundsätzlich voraus, dass ein Netz optimiert, verstärkt oder ausgebaut werden soll.[141] Auch wenn kurzfristig und damit momentan ein Bedarf an diesen Maßnahmen besteht, so stellt sich dennoch die Frage, inwieweit der technische Fortschritt mittel- bis langfristig das elektrische Übertragungsnetz und folglich dessen Planungsrecht obsolet machen könnte.

Ein solches Szenario wäre etwa infolge einer dezentralen Stromerzeugung nahe am Stromverbrauch möglich.[142] Nach dem absehbaren Stand der Energieversorgung wird es jedoch eine erhebliche Erzeugung fernab der Verbrauchsorte geben,[143] was einen hohen Übertragungsbedarf nach sich zieht.[144] Dabei gibt es allerdings Überlegungen, welche den Stromtransport nicht nur über das Stromübertragungsnetz, sondern teilweise auch auf anderem Wege durchführen wollen. Den Ausgangspunkt hierfür liefert die Diskussion einer möglichen gasförmigen Speicherung für Strom: Demnach wird Strom zuerst mittels Wasserstoff und anschließend als SNG (synthetic natural gas / synthetisches Methan) gespeichert, über

138 Der NEP war zunächst jährlich zu erstellen, § 12b Abs. 1 S. 1 EnWG a.F. Dies wurde geändert durch Art. 2 Erstes Gesetz zur Änderung des Energieverbrauchskennzeichnungsgesetzes und zur Änderung weiterer Bestimmungen des Energiewirtschaftsrechts vom 10. Dezember 2015, BGBl. 2015, I, S. 2194. Stattdessen erfolgt nun eine Bestätigung des NEP durch die BNetzA spätestens bis zum 31. Dezember eines jeden ungeraden Kalenderjahrs, § 12c Abs. 4 S. 1 EnWG.

139 Siehe bezüglich der ÜNBs § 12b Abs. 1 S. 1 EnWG und hinsichtlich der BNetzA § 12c Abs. 1, Abs. 4 S. 1 i.V.m. § 54 Abs. 1 EnWG.

140 Soeben „1. Kapitel II. 2. a)".

141 Siehe zu diesen drei Varianten in der Netzentwicklungsplanung § 12b Abs. 1 S. 2, § 17b Abs. 1 S. 2 EnWG.

142 Siehe zur Kontroverse über eine zentrale vs. dezentrale Stromerzeugung und die Vor- und Nachteile einer solchen Erzeugung *BNetzA*, Genehmigung des Szenariorahmens für den NEP 2014 und Offshore-NEP 2014, S. 40–42.

143 Beispielsweise ist hier die prognostizierte Leistung von Windenergieanlagen im Küstenmeer und der deutschen AWZ zu erwähnen, siehe etwa *BNetzA*, Genehmigung des Szenariorahmens für den NEP 2014 und Offshore-NEP 2014, S. 86f.

144 So auch die Folgerung der Gesetzesbegründung der *BT-Drucks. 17/12638*, Gesetzentwurf zum zweiten Gesetz zur Beschleunigung des Netzausbaus, S. 11.

das vorhandene Gasnetz transportiert und anschließend bei Bedarf in Kraftwerken zu Strom rückgewandelt;[145] zudem besteht die Möglichkeit als Speichermedium nur auf Wasserstoff, also ohne eine weitere Verarbeitung zu SNG, zurückzugreifen.[146] Sofern die Rückverstromung in der Nähe des Verbrauchs stattfände, würde sich die Frage stellen, inwieweit das Elektrizitätsverteilernetz hierfür ausreichen würde, welches als niedrigere Spannungsebene dem Übertragungsnetz nachgelagert ist. Überdies wird die Speicherkapazität des bestehenden deutschen Erdgasnetzes für den Transport – zumindest hinsichtlich des Speichermediums Wasserstoff – als sehr groß eingeschätzt.[147]

Die hier vorgestellten Überlegungen sind nicht nur abstrakter Art, sondern werden auch in der praktischen Netzplanung erörtert. So wurde etwa von behördlicher Seite in Planfeststellungsverfahren zu Übertragungsleitungen von Offshore-Windparks bereits diskutiert, ob die Speicherung von Strom in Wasserstoff als Ausführungsalternative des Stromtransports vorzugswürdig sei, was aber aufgrund des geringen technischen Reifegrades abgelehnt wurde.[148] Freilich kommt das Verfahren einer gasförmigen Speicherung auch an Land in Betracht, beispielsweise durch die Zusammenführung von Strom aus erneuerbaren Energien mit Biogasanlagen, da bei Biogasanlagen das zum Umwandlungsprozess für die Methanisierung notwendige Kohlendioxid anfällt.[149]

Insgesamt ist aber festzuhalten, dass ein Rückgriff auf das Gasnetz auch auf längere Sicht das Stromübertragungsnetz nicht ersetzen wird. Diese Einschätzung wird nicht nur von den ÜNBs geteilt, welche eine fehlende Infrastruktur für die gasförmige Stromspeicherung[150] und einen geringen Gesamtwirkungsgrad[151] anführen, oder von den soeben erwähnten Planfeststellungsbehörden. Auch die BNetzA bezieht

---

145 *Trost u. a.*, ZfE (2012) 36, 173 (177f.); diese weisen darauf hin, dass durch das Verfahren ein Netzausbau nicht überflüssig aber flankiert werden könne.

146 Zu dieser Möglichkeit *International Electrotechnical Commission,* Electrical Energy Storage, White Paper, Dezember 2011, S. 25–27.

147 So der Befund bei *International Electrotechnical Commission,* Electrical Energy Storage, White Paper, Dezember 2011, S. 56–58.

148 *Niedersächsische Landesbehörde für Straßenbau und Verkehr,* Planfeststellungsbeschluss vom 30.06.2011, Netzanbindung DolWin1 der Offshore- Plattform DolWin alpha mittels einer 600kV- Gleichstromleitung, Seetrasse, S. 27; ähnlich *Niedersächsische Landesbehörde für Straßenbau und Verkehr,* Planfeststellungsbeschluss vom 28.06.2011, Netzanbindung der Offshore-Windkraftanlage Riffgat mittels einer 155kV-Wechselstromleitung, Seekabelabschnitt, S. 30, dort wurde die Ablehnung neben mangelnder technischer Reife auch mit einer fehlenden Verankerung dieser Technologie in der Planfeststellungsnorm des § 43 EnWG begründet.

149 Siehe zu den verschiedenen Möglichkeiten, EE-Strom mit Biogasanlagen zusammenzuführen *Trost u. a.,* ZfE (2012) 36, 173 (179–181).

150 *50Hertz Transmission GmbH u. a.,* NEP 2013, 1. Entwurf der ÜNBs, S. 26f.

151 *50Hertz Transmission GmbH u. a.,* NEP 2012, 1. Entwurf der ÜNBs, S. 19–21, dabei wurden noch andere ablehnende Gründe – etwa eine mangelnde technische Infrastruktur – angeführt. Diese Äußerungen fanden sich allerdings im

dieses Verfahren momentan nicht in die Netzplanung ein, da seine technische Reife noch nicht gegeben sei.[152] Zudem gibt es einen stetigen Fortschritt in der Technik des Stromübertragungsnetzes, beispielsweise durch die bereits aufgeführten HGÜ- oder HTLS-Techniken, weshalb die Schwelle für eine Abkehr von kabelgeführten Übertragungsleitungen hoch angelegt sein dürfte. Daher ist davon auszugehen, dass es mittel- bis langfristig weiterhin ein Stromübertragungsnetz geben wird und somit ein Planungsrecht hierfür notwendig ist.

3. Die notwendigen Regelungen im Planungsrecht

Festzuhalten ist, dass die Übertragungsnetze nicht nur einem Ausbau im traditionellen 220 kV / 380 kV-Bereich unterliegen, sondern auch einen Ausbau durch neue Techniken erleben werden. Die Übertragungsnetze werden zudem Konkurrenz, insbesondere aufgrund der Wasserstofftechnik, bekommen. Es ist aber davon auszugehen, dass diese Technik auch langfristig das Übertragungsnetz nicht ersetzen wird. Somit wird es erstens weiterhin ein Planungsrecht für Übertragungsnetze geben und dieses wird zweitens flexibel genug sein müssen, verschiedenartige neue Übertragungstechniken einzubinden.

III. Energiewirtschaftliche Ziele als Maßstab für ein Planungsrecht

1. Die Ziele des deutschen Gesetzgebers

Das maßgebliche Planungsrecht des deutschen Gesetzgebers findet sich im EnWG und NABEG wieder, wobei die Planungsvorgaben des EnWG teilweise in der Umsetzung von Unionsrecht bestehen.[153] Durch die Verankerung des Planungsrechts im EnWG und seiner weiteren Ausformung im NABEG[154] ist der Bezug zu den allgemeinen energiewirtschaftlichen Zielen des § 1 EnWG statuiert. Es nimmt für diese Ziele somit eine dienende Funktion ein. Zudem verfolgt der deutsche Gesetzgeber mit den seit dem Jahr 2011 erlassenen Planungsvorgaben die sogenannte

---

überarbeiteten Entwurf nicht mehr, siehe *50Hertz Transmission GmbH u. a.*, NEP 2012, 2. Entwurf der ÜNBs, S. 33–35.

152 *BNetzA*, Bestätigung des NEP 2013, S. 476.

153 Siehe zur allgemeinen Umsetzung der Elektrizitäts-RL 2009 in das EnWG den amtlichen Hinweis zum Gesetz zur Neuregelung energiewirtschaftsrechtlicher Vorschriften vom 26. Juli 2011, BGBl. 2011, I, S. 1554. Siehe speziell zur Umsetzung der unionsrechtlichen Vorgabe, einen nationalen Netzentwicklungsplan zu erstellen – wobei die Umsetzung durch den deutschen Gesetzgeber erweitert wurde die Gesetzesbegründung der *BT-Drucks. 17/6072*, Gesetzentwurf zur Neuregelung energiewirtschaftsrechtlicher Vorschriften, S. 68.

154 § 1 S. 1 NABEG stellt ausdrücklich die Verbindung zu den Planungsvorschriften des EnWG her.

Energiewende, welche sich grob skizziert als die Abkehr von der Kernenergie hin zu einer in Deutschland stattfindenden Stromerzeugung und -versorgung insbesondere aus erneuerbaren Energien beschreiben lässt.[155]

Als Gesetzeszweck nennt § 1 Abs. 1 EnWG die Ziele der Sicherheit, Preisgünstigkeit, Verbraucherfreundlichkeit, Effizienz und Umweltverträglichkeit bei der leitungsgebundenen Elektrizitätsversorgung.[156] Ursprünglich kannte § 1 Abs. 1 EnWG nur die Ziele der Sicherheit, Preisgünstigkeit, und Umweltverträglichkeit.[157] Die später angefügten Ziele der Verbraucherfreundlichkeit und Effizienz[158] sind nach verbreiteter Ansicht in den zuerst genannten Zielen bereits enthalten,[159] so dass sie vorliegend nicht gesondert behandelt werden sollen.

Zusätzlich ist § 1 Abs. 2 EnWG zu erwähnen, der sich mit den Regulierungszielen des EnWG beschäftigt. Demnach ist es die Aufgabe der Regulierung von Elektrizitätsversorgungsnetzen, den Wettbewerb auf dem Elektrizitätsmarkt sicherzustellen und die Sicherung des Betriebs von Energieversorgungsnetzen zu gewährleisten.[160] Hierbei wird durchaus argumentiert, dass das Wettbewerbsziel letztlich die Ziele des § 1 Abs. 1 EnWG fördere und das Ziel der Sicherung von Energieversorgungsnetzen eine „Infrastruktursicherung“ bedeute, welche sowohl für die Ziele des § 1 Abs. 1 EnWG bedeutsam als auch für den Wettbewerb konstitutiv sei.[161] Für das Planungsrecht ist dies insofern relevant, da die maßgeblichen Planungsvorschriften für Übertragungsnetze im EnWG, die §§ 12a–12e und §§ 17a–17d EnWG, unter der amtlichen Überschrift „Regulierung des Netzbetriebs“[162] zu finden sind. Die Netzplanung und der Netzausbau sind daher von umfassender Bedeutung für

---

155 Siehe dazu etwa die Gesetzesbegründung der *BT-Drucks. 17/6073,* Gesetzentwurf zur Beschleunigung des Netzausbaus, S. 17; siehe weiterhin die Gesetzesbegründung bei der *BT-Drucks. 17/12638,* Gesetzentwurf zum zweiten Gesetz zur Beschleunigung des Netzausbaus, S. 11.

156 Der Vollständigkeit wegen ist darauf hinzuweisen, dass die erwähnten Ziele neben der Elektrizitätsversorgung auch der Gasversorgung dienen, was sich ausdrücklich aus dem Wortlaut der Vorschrift ergibt.

157 § 1 Abs. 1 Gesetz über die Elektrizitäts- und Gasversorgung (Energiewirtschaftsgesetz – EnWG) vom 24. April 1998, (EnWG 1998), BGBl. 1998, I, S. 730. Siehe zur Historie der Gesetzesziele des EnWG *Gundel,* Nachhaltigkeit und Energieversorgung, in: Kahl (Hrsg.), Nachhaltigkeit als Verbundbegriff, 443 (444).

158 Die Aufnahme dieser Gesetzesziele erfolgte im Jahr 2005 durch Art. 1 Zweites Gesetz zur Neuregelung des Energiewirtschaftsrechts vom 7. Juli 2005, BGBl. 2005, I, S. 1970.

159 So *Gundel,* Nachhaltigkeit und Energieversorgung, in: Kahl (Hrsg.), Nachhaltigkeit als Verbundbegriff, 443 (444 m.w.N.); ähnlich *Britz,* § 9 – Energierecht, in: Fehling / Ruffert (Hrsg.), Regulierungsrecht, Rn. 30f.

160 Diese Ziele des § 1 Abs. 2 EnWG sind nicht nur für Elektrizitäts-, sondern auch für Gasversorgungsnetze festgelegt.

161 Aussage und Zitat von *Britz,* § 9 – Energierecht, in: Fehling / Ruffert (Hrsg.), Regulierungsrecht, Rn. 7f., 24.

162 Siehe dazu die amtliche Überschrift zum „Teil 3“ des EnWG.

die Zielsetzungen des EnWG. Bestimmend bleiben dabei die drei Leitmotive des § 1 Abs. 1 EnWG, welche für das Planungsrecht der Übertragungsnetze näher zu erläutern sind.

a) Das Ziel der Sicherheit bzw. Versorgungssicherheit

Das Ziel der Sicherheit der Elektrizitätsversorgung des § 1 Abs. 1 EnWG wird auch als Ziel der Versorgungssicherheit bezeichnet.[163] Vor dem Hintergrund der Energiewende und der damit verbundenen Änderungen der Erzeugungsarten und -standorte, sah der Gesetzgeber im Jahr 2011 diese Versorgungssicherheit durch zu geringe Kapazitäten im Übertragungsnetz als gefährdet an, was er in der gesetzgeberischen Begründung des NABEG anführte.[164] Eine solche Befürchtung dürfte kurz darauf auch hinsichtlich von Erzeugungsanlagen entstanden sein, da im Jahr 2012 etwa die §§ 13a–13c EnWG erlassen wurden,[165] die im Jahr 2016 reformiert wurden.[166] Diese regeln den Betrieb von Erzeugungs- und Speicheranlagen ab einer gewissen Größenordnung, was beispielsweise ein Stilllegungsverbot beinhalten kann.[167] Eine Bestätigung dieser Besorgnisse findet sich in der Praxis. So weist ein Monitoring-Bericht des Bundesministeriums für Wirtschaft und Energie (BMWi) darauf hin, dass während des Winters des Jahres 2012 auf 2013 von Seiten der ÜNBs Maßnahmen zur Systemsicherheit erfolgen mussten, um Knappheiten im Netz begegnen zu können.[168] Hieraus wird deutlich, dass ein Planungsrecht der Übertragungsnetze notwendig ist, das erstens mit den teilweise raschen Entwicklungen der Energiewende

---

163 So beispielsweise *Britz*, § 9 – Energierecht, in: Fehling / Ruffert (Hrsg.), Regulierungsrecht, Rn. 27.

164 Siehe die Gesetzesbegründung der *BT-Drucks. 17/6073*, Gesetzentwurf zur Beschleunigung des Netzausbaus, S. 17.

165 Diese Regelungen sollten zum 1. Januar 2018 aufgehoben werden, was bereits bei ihrem Erlass festgelegt wurde; siehe dazu Art. 8 Abs. 2 i.V.m. Art. 2 Drittes Gesetz zur Neuregelung energiewirtschaftsrechtlicher Vorschriften vom 20. Dezember 2012, BGBl. 2012, I, S. 2730. Diese „Aufhebungsvorgaben" wurden mittlerweile ihrerseits aufgehoben durch Art. 11 Gesetz zur Weiterentwicklung des Strommarktes (Strommarktgesetz) vom 26. Juli 2016, (Strommarktgesetz), BGBl. 2016, I, S. 1786.

166 Art. 1 Strommarktgesetz.

167 Ein solches Stilllegungsverbot fand sich in § 13a Abs. 2 S. 1 EnWG a.F. und ist jetzt in § 13b Abs. 4 S. 1 EnWG.

168 *Bundesministerium für Wirtschaft und Energie (BMWi)*, Zweiter Monitoring-Bericht „Energie der Zukunft", März 2014, S. 6. Der Bericht geht bezüglich von Knappheiten im Übertragungsnetz auch auf die soeben im Text erwähnten Regelungen zu den Stilllegungsverboten ein; diese behandelt er im Rahmen des sogenannten „Wintergesetz[es]", darunter versteht der Bericht den Art. 1 Drittes Gesetz zur Neuregelung energiewirtschaftsrechtlicher Vorschriften vom 20. Dezember 2012, BGBl. 2012, I, S. 2730, siehe dazu *Bundesministerium für Wirtschaft und Energie (BMWi)*, Zweiter Monitoring-Bericht „Energie der Zukunft", März 2014, S. 6, 53f.

Schritt halten und zweitens den Koordinierungsbedarf[169] zwischen der Netzplanung mit den vorhandenen und potentiellen Anlagenbetreibern bewältigen kann. Denn ein Planungsrecht, welches einzig auf das Übertragungsnetz und dessen Betreiber ausgerichtet wäre, könnte alleine keine Versorgungssicherheit gewährleisten. Dies kann nur gelingen, wenn Erzeugung und Übertragung von Elektrizität zusammen betrachtet und geregelt werden.

b) Das Ziel der Preisgünstigkeit

Die Gewährleistung einer preisgünstigen Stromversorgung, das zweite Ziel des § 1 Abs. 1 EnWG, birgt hinsichtlich des Übertragungsnetzes ein Dilemma in sich. Denn sowohl der Nichtausbau als auch der Ausbau des Übertragungsnetzes erhöhen zunächst die Netzentgelte, die einen Teil des Strompreises ausmachen.

aa) Steigende Netzentgelte ohne Netzausbau

Die Situation von höheren Netzentgelten ohne Netzausbau lässt sich anhand eines Beispiels aus dem Fördersystem des Erneuerbare-Energien-Gesetzes 2014[170] verdeutlichen: Die Ausgangslage ist dabei, dass es den Netzbetreibern einschließlich der ÜNBs[171] im Wege eines „Einspeisemanagement[s]“[172] gestattet ist, die Stromeinspeisung von Erzeugungsanlagen im Sinne des EEG und Kraft-Wärme-Kopplungsgesetzes[173] zu regeln, um Netzengpässe zu verhindern.[174] In diesem Fall sind die betroffenen Erzeugungsanlagenbetreiber mit bis zu 100% der entgangenen Einnahmen von dem sie anschließenden Netzbetreiber zu entschädigen,[175] was diesem Netzbetreiber wiederum vom Netzbetreiber des ursächlichen Netzengpasses zu erstatten ist.[176] Der ÜNB kann seinerseits diese Entschädigung gemäß § 15 Abs. 2 S. 1 EEG 2014 bei den Netzentgelten geltend machen, falls die Reduzierung der Einspeisung erforderlich war und er diese nicht zu vertreten hat. Nach dem Willen des Gesetzgebers liegt ein Vertretenmüssen der Einspeisereduzierung etwa vor, sofern der Netzbetreiber einer Optimierung, Verstärkung oder einem Ausbau des Netzes nicht vollumfänglich nachgekommen

---

169 Siehe zur Einbindung der Stromerzeugung in die Netzplanung „2. Kapitel II. 2.“.

170 Gesetz für den Ausbau erneuerbarer Energien (Erneuerbare-Energien-Gesetz – EEG 2014) vom 21. Juli 2014, (EEG 2014), BGBl. 2014, I, S. 1066.

171 Siehe zur im EEG 2014 gebräuchlichen Definition des „Netzbetreiber[s]“ den § 5 Nr. 27 EEG 2014.

172 So die amtliche Überschrift zu § 14 EEG 2014.

173 Gesetz für die Erhaltung, die Modernisierung und den Ausbau der Kraft-Wärme-Kopplung (Kraft-Wärme-Kopplungsgesetz – KWKG) vom 21. Dezember 2015, (KWKG), BGBl. 2015, I, S. 2498.

174 Die Abwendung eines Netzengpasses ist nur eine von mehreren Voraussetzungen für eine solche Maßnahme, die in § 14 Abs. 1 EEG 2014 geregelt sind.

175 Siehe zur Entschädigungspflicht und ihrem Umfang § 15 Abs. 1 S. 1, 2 EEG 2014.

176 § 15 Abs. 1 S. 3 EEG 2014.

ist.[177] Daher wäre dies abzulehnen, falls ein fehlender Netzausbau beispielsweise auf Verzögerungen im Verantwortungsbereich der behördlichen Planungsaufgaben oder auf Klagen gegen Planfeststellungsbeschlüsse zurückgeführt werden könnte. Dementsprechend würde eine Abwälzung der Entschädigungszahlungen auf die Netzentgelte stattfinden,[178] wodurch schließlich ein Dritter den Preis für die zu geringe Netzinfrastruktur zu zahlen hat. Eine ähnliche Regelung findet sich speziell für Windenergieanlagen auf See,[179] sofern diese aufgrund von Mängeln in der Netzanbindung nicht in das Netz eines ÜNBs einspeisen können;[180] gemäß den Regelungen des § 17f Abs. 1 S. 1, 2 i.V.m § 17e EnWG werden in diesen Fällen die von den anbindungspflichtigen ÜNBs zu leistenden Entschädigungen[181] zunächst auf sämtliche ÜNBs verteilt, welche diese sodann auf die Netzentgelte der Letztverbraucher[182] hinzuaddieren dürfen.

Die voranstehenden Beispiele verdeutlichen die Notwendigkeit einer zügigen Netzplanung und ihrer Umsetzung, um eine preisgünstige Elektrizitätsversorgung im Sinne von § 1 Abs. 1 EnWG zu erreichen, was etwa durch die planungsrechtlichen Vorgaben des NABEG[183] angestrebt ist. Es ist zwar festzuhalten, dass die soeben genannte Geltendmachung beziehungsweise Abwälzung[184] von Entschädigungen bei den Netzentgelten nur für die jeweils im Gesetz spezifizierten Erzeugungsarten gilt. Doch nehmen gerade bei den erneuerbaren Energien, die weitgehend unter diese Regelungen fallen, die Erzeugungskapazitäten stetig zu,[185]

---

177 § 15 Abs. 2 S. 2 EEG 2014.

178 Siehe zur praktischen Umsetzung der dem § 15 Abs. 2 S. 1 EEG 2014 wortgleichen Vorgängerregelung des § 12 Abs. 2 S. 1 Gesetz für den Vorrang Erneuerbarer Energien (Erneuerbare-Energien-Gesetz – EEG) vom 25. Oktober 2008, (EEG), BGBl. 2008, I, S. 2074, bei der Abwälzung von Entschädigungen auf die Netzentgelte *BNetzA*, Leitfaden zum EEG-Einspeisemanagement, 07.03.2014, S. 20f.; dabei wird auch auf die einschlägigen Vorschriften der ARegV eingegangen.

179 Das EnWG greift für den Begriff der „Windenergieanlage auf See" auf das EEG 2014 zurück, so explizit § 17a Abs. 1 S. 2 Nr. 1 EnWG i.V.m. § 5 Nr. 36 EEG 2014.

180 Die verschiedenen Konstellationen der diesbezüglichen Nichteinspeisung sind festgehalten in § 17e Abs. 1–3 EnWG.

181 Bei den zu leistenden Entschädigungen sind für die Verrechnung unter den ÜNBs gewisse Posten einzubeziehen beziehungsweise herauszurechnen, dazu § 17f Abs. 1 S. 1 EnWG. Näheres zum Belastungsausgleich ist in den Verweisungen des § 17f Abs. 1 S. 3 EnWG geregelt.

182 Den Begriff des „Letztverbraucher[s]" definierend § 3 Nr. 25 EnWG.

183 Siehe dazu die Befürchtung der Gesetzesbegründung über drohende Preisgefälle in Deutschland, die ohne entsprechenden Netzausbau entstehen könnten, *BT-Drucks. 17/6073*, Gesetzentwurf zur Beschleunigung des Netzausbaus, S. 17.

184 Von einer „Wälzung" spricht ausdrücklich auch § 17f Abs. 5 S. 4 EnWG.

185 Siehe zum Beispiel *Bundesministerium für Wirtschaft und Energie (BMWi)*, Zweiter Monitoring-Bericht „Energie der Zukunft", März 2014, S. 31f., der Bericht verweist dabei zugleich auf die unterschiedlichen Kapazitätsentwicklungen der einzelnen Erzeugungsarten der erneuerbaren Energien. Siehe zudem *BNetzA /*

was eine vom Gesetzgeber gewollte Entwicklung ist.[186] Damit würden ohne Netzausbau zugleich die Entschädigungen und damit die Netzentgelte steigen oder sich zumindest nicht wesentlich verringern – auch wenn sich die Entschädigungen an den vom Gesetzgeber festgelegten und von diesem stetig reduzierten[187] Einspeisevergütungen orientieren[188] – und das Ziel der Preisgünstigkeit gefährden.

Andererseits lässt sich durchaus die Frage stellen, ob die momentanen Vergütungsregelungen für Strom der erneuerbaren Energien gerechtfertigt sind. Denn diese Schaffen den Anreiz für einen Erzeugungsausbau, der mitunter höher ist als die Geschwindigkeit[189] des für die Stromableitung notwendigen Netzausbaus.[190] Das Ziel der preisgünstigen Stromversorgung könnte daher auch durch die Absenkung der Vergütungen des EEG 2014 erreicht werden. Dementsprechend würde auch der Bedarf des Netzausbaus geringer ansteigen, so dass hierdurch ebenso die Netzentgelte entlastet würden.

bb) Steigende Netzentgelte mit Netzausbau

Andererseits werden die Entgelte für den Zugang zu Energieversorgungsnetzen,[191] zu denen die Netze der ÜNBs gehören,[192] über mehrere Jahre hinweg durch den Netzausbau ebenso steigen. Verdeutlichen lässt sich dies anhand der ARegV, welche die

---

Bundeskartellamt, EnWG- und GWB-Monitoringbericht 2013, S. 34f.; zuletzt auch *BNetzA / Bundeskartellamt,* EnWG- und GWB-Monitoringbericht 2016, S. 55–60.

186 Siehe zur angestrebten Erhöhung des Stroms aus erneuerbaren Energien etwa die Gesetzesbegründung der *BT-Drucks. 17/6073,* Gesetzentwurf zur Beschleunigung des Netzausbaus, S. 17.

187 Auch auf fallende Einspeisvergütungen hinweisend *Bundesministerium für Wirtschaft und Energie (BMWi),* Zweiter Monitoring-Bericht „Energie der Zukunft", März 2014, S. 27.

188 Zur Orientierung der Entschädigungen bei Windenergieanlagen auf See an den gesetzlichen Einspeisevergütungen des Erneuerbare-Energien-Gesetzes ausdrücklich § 17e Abs. 1 EnWG.

189 Vgl. zur unterschiedlichen Geschwindigkeit des Ausbaus von Übertragungsnetz und Windkraftanlagen *Franke,* Aktuelle Tätigkeitsschwerpunkte der Bundesnetzagentur im Energiebereich, in: Weyer (Hrsg.), Energienetze, EEG und Energiewende, 9 (9).

190 Siehe zum Zusammenhang der Vorgaben des EEG und der Reichweite der Netzplanung *Franke,* Aktuelle Tätigkeitsschwerpunkte der Bundesnetzagentur im Energiebereich, in: Weyer (Hrsg.), Energienetze, EEG und Energiewende, 9 (15–17).

191 Siehe für die Formulierung „Entgelte für den Zugang zu den Energieversorgungsnetzen" den § 1 Abs. 1 S. 1 ARegV.

192 Dies ergibt sich aus § 3 Nr. 16 i.V.m. Nr. 2 EnWG. Die Bestimmungen des EnWG sind insofern heranzuziehen, da auf diesem Gesetz die für die Netzentgelte relevante ARegV fußt; siehe zu den Ermächtigungsnormen die Präambel der Verordnung zum Erlass und zur Änderung von Rechtsvorschriften auf dem Gebiet der Energieregulierung vom 29. Oktober 2007, BGBl. 2007, I, S. 2529.

Erlösobergrenzen[193] für Netzentgelte bestimmt.[194] So können die Erlösobergrenzen der ÜNBs zu ihren Gunsten etwa bei Kosten geändert werden, welche durch Zahlungen an Kommunen für die Errichtung neuer Trassen mit Freileitungen auf ihrem Gemeindegebiet entstehen.[195] Hierzu dürfen einmalig Kosten von bis zu 40.000 € pro Kilometer in Ansatz gebracht werden.[196] Zusätzlich können in den Erlösobergrenzen die Kosten für Investitionsmaßnahmen in das Übertragungsnetz berücksichtigt werden, welche für die Systemstabilität, die Einbindung in das Verbundnetz und den bedarfsgerechten Ausbau des Energieversorgungsnetzes im Sinne von § 11 EnWG getätigt werden.[197] Beispielsweise betrifft dies die Netzanbindung von Windenergieanlagen auf See[198] oder die neue Technologie der Hochtemperaturleiterseile[199] sowie Pilotprojekte der HGÜ-Technik.[200] Die Einstellung dieser Kosten in die Netzentgelte erfolgt durch die behördliche Festlegung der Erlösobergrenze,[201] wobei ein ÜNB zur Anpassung der Erlösobergrenze und damit zur Erhöhung seiner Netzentgelte bei genehmigten Investitionsmaßnahmen berechtigt ist.[202]

Problematisch ist insbesondere, dass die hohen Investitionskosten für die Übertragungsnetze[203] nicht gleichmäßig auf die ÜNBs und dadurch im nächsten Schritt nicht gleichmäßig auf die Letztverbraucher im Wege der Netzentgelte verteilt werden. Stattdessen sind die meisten Ausbaukosten einzig durch den ÜNB zu tragen, in dessen Gebiet der Ausbau stattfindet. Dieser gibt die Kosten dann ausschließlich über seine Netzentgelte weiter. Einen Ausgleichsmechanismus für Vorhaben des Netzausbaus unter den ÜNBs und sodann über die Netzentgelte gibt es nur punktuell in den gesetzlich vorgesehenen Fällen. Zu nennen sind hier etwa die

193 Eine Legaldefinition der „Erlösobergrenze" findet sich in § 4 Abs. 1 ARegV.

194 Siehe weiterführend zur Umsetzung dieser Erlösobergrenzen in Netzentgelte § 17 Abs. 1 ARegV.

195 § 4 Abs. 3 S. 1 Nr. 2 Hs. 1 i.V.m. § 11 Abs. 2 S. 1 Nr. 8b ARegV und § 5 Abs. 4 StromNEV.

196 § 5 Abs. 4 S. 2 StromNEV.

197 § 4 Abs. 3 S. 1 Nr. 2 Hs. 1 i.V.m. § 11 Abs. 2 S. 1 Nr. 6 und § 23 Abs. 1 S. 1 ARegV.

198 § 23 S. 2 Nr. 5 ARegV.

199 § 23 S. 2 Nr. 8 Alt. 2 ARegV.

200 § 23 S. 2 Nr. 9 ARegV.

201 Siehe dazu § 17 Abs. 1 i.V.m. § 32 Abs. 1 Nr. 1 sowie § 4 Abs. 1, § 11 Abs. 2 S. 1 Nr. 6, § 23 Abs. 1 S. 1, 2 ARegV.

202 § 17 Abs. 2 S. 2 i.V.m. § 4 Abs. 3 S. 1 Nr. 2 sowie § 11 Abs. 2 S. 1 Nr. 6, § 23 Abs. 1 ARegV. Siehe vertiefend hierzu *Franke,* Aktuelle Tätigkeitsschwerpunkte der Bundesnetzagentur im Energiebereich, in: Weyer (Hrsg.), Energienetze, EEG und Energiewende, 9 (21–24).

203 Siehe dazu *BNetzA / Bundeskartellamt,* EnWG- und GWB-Monitoringbericht 2013, S. 285; demnach stellten die deutschen ÜNBs im Jahr 2012 Anträge in Höhe von 12,3 Mrd. € gemäß § 23 ARegV, bei deren Genehmigung das soeben beschriebene Recht zur Erhöhung der Netzentgelte durch den ÜNB zum Tragen kommt. Neuanträge von ÜNBs zum 31. März 2016 beliefen sich auf 3,79 Mrd. €, siehe *BNetzA / Bundeskartellamt,* EnWG- und GWB-Monitoringbericht 2016, S. 93.

Anbindungskosten von Windenergieanlagen auf See[204] oder die Kosten für Erdkabelprojekte des EnLAG.[205] Ein Vorschlag des Bundesrates zur gleichmäßigen Verteilung der Kosten für Maßnahmen des NEPs auf alle ÜNBs zur Verhinderung abweichender Netzentgelte[206] konnte sich im Gesetzgebungsverfahren der EnWG-Reform im Jahr 2011 nicht durchsetzen.[207] Jedoch wäre es empfehlenswert, erstens einen bundesweiten Ausgleichsmechanismus zwischen den ÜNBs für sämtliche Ausbauvorhaben in Betracht zu ziehen und diesen zweitens mit den bereits etablierten Möglichkeiten der ARegV zur Abwälzung in den Netzentgelten zu flankieren, um die Kosten des Netzausbaus gleichmäßig zu verteilen und dadurch eine breite Akzeptanz in der Bevölkerung zu erreichen.[208] Doch selbst in diesem Fall wäre von zunächst steigenden Netzentgelten auszugehen. In jedem Fall ist beim Netzausbau kurz- bis mittelfristig das Ziel einer preisgünstigen Stromversorgung des § 1 Abs. 1 EnWG nicht erreichbar.

Insgesamt ist also festzuhalten, dass sich der Gesetzgeber bewusst entschieden hat, das Ziel der Preisgünstigkeit erst langfristig zu verwirklichen. Diesem Ergebnis liegt die gesetzgeberische Priorisierung zu Gunsten des Zubaus von Erzeugungsanlagen der erneuerbaren Energien und des Netzausbaus zu Grunde.

c) Das Ziel der Umweltverträglichkeit

Das Ziel der umweltverträglichen Elektrizitätsversorgung des § 1 Abs. 1 EnWG findet sich auch in der Netzplanung wieder. So wird in § 1 S. 2 NABEG festgehalten, dass das NABEG unter anderem einen umweltverträglichen Übertragungsnetzausbau ermöglichen soll. Die Frage nach der Umweltverträglichkeit von Netzplanung und -ausbau ist dabei stets im Zusammenhang mit der Frage zu sehen, wie die umweltverträgliche Elektrizitätsversorgung gestaltet sein soll, da hiervon die Erzeugungsstandorte und damit die Netzstandorte abhängen.

Bei der Beurteilung einer umweltverträglichen Elektrizitätserzeugung lassen sich im Zeitablauf durchaus erhebliche Schwankungen ausmachen. So wurde etwa

---

204 Der Ausgleich unter den ÜNBs ist in § 17d Abs. 7 S. 1 EnWG geregelt. Die sich anschließende Berücksichtigung in den Erlösobergrenzen für die Netzentgelte findet statt gemäß § 4 Abs. 1 bzw. Abs. 3, jeweils i.V.m. § 11 Abs. 2 S. 1 Nr. 15 ARegV.

205 Für den Ausgleich unter den ÜNBs ist § 2 Abs. 5 EnLAG heranzuziehen. Bei der darauffolgenden Einstellung in die Erlösobergrenze ist § 4 Abs. 1 bzw. Abs. 3, jeweils i.V.m. § 11 Abs. 2 S. 1 Nr. 14 ARegV anwendbar.

206 Siehe die Stellungnahme des Bundesrates in der *BT-Drucks. 17/6248,* Gesetzentwurf zur Neuregelung energiewirtschaftsrechtlicher Vorschriften, S. 12–14.

207 Die Bundesregierung lehnte dies, allerdings ohne Begründung, in ihrer Gegenäußerung ab: *BT-Drucks. 17/6248,* Gesetzentwurf zur Neuregelung energiewirtschaftsrechtlicher Vorschriften, S. 22.

208 Vgl. auch die Stellungnahme des Bundesrats zu seinem bereits erwähnten Gesetzgebungsvorschlag *BT-Drucks. 17/6248,* Gesetzentwurf zur Neuregelung energiewirtschaftsrechtlicher Vorschriften, S. 14.

in den 1980er Jahren zu bedenken gegeben, „ob Kernenergie nicht doch ein sehr, sehr umweltfreundlicher Energieträger...ist.“[209] Zwar war zu diesem Zeitpunkt das Umweltziel noch nicht im EnWG vorhanden,[210] doch zeigt die Aussage, wie weit sich der Begriff Umweltverträglichkeit interpretieren lässt. Als das Gesetzesziel der Umweltverträglichkeit sodann bereits vorhanden war, wurde die sogenannte Laufzeitverlängerung[211] für Kernkraftwerke beschlossen.[212] Diese Maßnahme wurde zwar in der Gesetzesbegründung nicht explizit als umweltverträglich eingestuft, jedoch wurde sie als vorübergehender Beitrag zum Klimaschutz bezeichnet[213] und kam damit dem Ziel der Umweltverträglichkeit zumindest sehr nahe. Die Laufzeitverlängerung wurde durch den Gesetzgeber jedoch kurz darauf im Jahr 2011 revidiert.[214] Dadurch erloschen noch im selben Jahr die Betriebsberechtigungen für mehrere Kernkraftwerke, beispielsweise Biblis A und B.[215] Bei der gleichzeitig stattfindenden Reform des EnWG wollte der Gesetzgeber das Ziel der Umweltverträglichkeit nun durch Erzeugungsanlagen der erneuerbaren Energien, gepaart mit konventionellen Kraftwerken, erreichen.[216] Insofern lässt sich auch die Erweiterung der Zielbestimmung des § 1 Abs. 1 EnWG erklären, nach der die Elektrizitätsversorgung „zunehmend auf erneuerbaren Energien beruht“[217]. Eine hieran ausgerichtete Netzplanung

---

209 *Engelmann,* Zielkonflikte in der Energiewirtschaft – Sichere und billige oder sparsame Versorgung?, in: Harms (Hrsg.), Zielkonflikte in der Energiewirtschaft, 21 (31).

210 Dieses wurde eingeführt durch Art. 1 Gesetz zur Neuregelung des Energiewirtschaftsrechts vom 24. April 1998, BGBl. 1998, I, S. 730.

211 Siehe zum Begriff der „Laufzeitverlängerung“ die Gesetzesbegründung der *BT-Drucks. 17/3051,* Gesetzentwurf zum Elften ÄnderungsG des AtomG, S. 9.

212 Art. 1 Elftes Gesetz zur Änderung des Atomgesetzes vom 8. Dezember 2010, BGBl. 2010, I, S. 1814.

213 So die Gesetzesbegründung der *BT-Drucks. 17/3051,* Gesetzentwurf zum Elften ÄnderungsG des AtomG, S. 6.

214 Dies geschah durch Art. 1 Dreizehntes Gesetz zur Änderung des Atomgesetzes vom 31. Juli 2011, BGBl. 2011, I, S. 1704. Allerdings ist diese Regelung teilweise unvereinbar mit dem Grundgesetz für die Bundesrepublik Deutschland vom 23. Mai 1949, (GG), BGBl. 1949, S. 1, *BVerfG,* Urteil vom 6. Dezember 2016 – 1 BvR 2821/11, 1 BvR 321/12 und 1 BvR 1456/12, BGBl. 2016, I, S. 3451.

215 § 7 Abs. 1a S. 1 Nr. 1 Gesetz über die friedliche Verwendung der Kernenergie und den Schutz gegen ihre Gefahren (Atomgesetz) in der Fassung der Bekanntmachung vom 15. Juli 1985, (AtomG), BGBl. 1985, I, S. 1565. Diese Vorschrift ist nach Maßgabe der Urteilsgründe des BVerfG mit dem GG unvereinbar, bleibt bis zur gesetzlichen Neuregelung aber anwendbar, *BVerfG,* Urteil vom 6. Dezember 2016 – 1 BvR 2821/11, 1 BvR 321/12 und 1 BvR 1456/12, BGBl. 2016, I, S. 3451.

216 Siehe die Gesetzesbegründung der *BT-Drucks. 17/6072,* Gesetzentwurf zur Neuregelung energiewirtschaftsrechtlicher Vorschriften, S. 67.

217 § 1 Abs. 1 EnWG a.E. Dieser Passus wurde eingeführt durch Art. 1 Gesetz zur Neuregelung energiewirtschaftsrechtlicher Vorschriften vom 26. Juli 2011, BGBl. 2011, I, S. 1554.

zum Abtransport von Strom aus erneuerbaren Energien ist allerdings nur möglich, wie sich aus dem Voranstehenden ergibt, wenn der Gesetzgeber zunächst verlässliche und langfristige Vorgaben zur umweltverträglichen Erzeugungsstruktur macht.

2. Europäische Ziele: Der Binnenmarkt als Ausgangspunkt

Bis vor kurzem wurden wesentliche Energierechtsakte der EU auf die Bestimmungen der heutigen Art. 114 AEUV[218] (Binnenmarkt) und Art. 172 AEUV[219] (Transeuropäische Netze) gestützt. Diesen Bestimmungen ist gemeinsam, dass sie eine primäre Fokussierung auf den Binnenmarkt beinhalten. Mit der vom Vertrag von Lissabon eingeführten Bestimmung des Art. 194 AEUV[220] ist nunmehr eine primärrechtliche Kompetenznorm im Energiebereich geschaffen, welche ausdrücklich die Ziele einer europäischen Energiepolitik benennt und zunehmend für den Erlass von Sekundärrecht herangezogen wird.[221] Diese Norm verzichtet zwar bei ihrer Zielaufzählung nicht auf eine Einbettung des Binnenmarkts, doch verfolgt sie klar die „Sicherstellung des Funktionierens des Energiemarkts“, die „Gewährleistung der Energieversorgungssicherheit in der Union“, eine „Förderung der Energieeffizienz und von Energieeinsparungen sowie Entwicklung neuer und erneuerbarer Energiequellen“ wie auch die „Förderung der Interkonnektion der Energienetze“[222]. Inhaltlich stehen diese unionsrechtlichen Ziele den Hauptzielen des § 1 Abs. 3 EnWG weitgehend nahe;[223] ihren Eingang in das deutsche Energierecht finden sie unter anderem über § 1 Abs. 3 EnWG, welcher als einen Zweck des Energiewirtschaftsgesetzes die Umsetzung und Durchführung des Unionsrechts[224] angibt. Für die praktische Erreichung der Ziele des Unionsgesetzgebers ist ein Netzausbau notwendig,[225] wofür

---

218 So zum Beispiel die Richtlinie 96/92/EG des Europäischen Parlaments und des Rates vom 19. Dezember 1996 betreffend gemeinsame Vorschriften für den Elektrizitätsbinnenmarkt, (Elektrizitäts-RL 96/92/EG), ABl. EU 1997 L 27/20.

219 Etwa Entscheidung Nr. 1364/2006/EG des Europäischen Parlaments und des Rates vom 6. September 2006 zur Festlegung von Leitlinien für die transeuropäischen Energienetze und zur Aufhebung der Entscheidung 96/391/EG und der Entscheidung Nr. 1229/2003/EG, (TEN-E-Entscheidung 2006), ABl. EU 2006 L 262/1.

220 Eingefügt durch Art. 2 Vertrag von Lissabon zur Änderung des Vertrags über die Europäische Union und des Vertrags zur Gründung der Europäischen Gemeinschaft, (Vertrag von Lissabon), ABl. EU 2007 C 306/1.

221 Zur zunehmenden Bedeutung des Art. 194 Abs. 1 AEUV in der Gesetzgebung bereits *Gundel*, EWS 2011, 25 (29).

222 Gesetzeszitate von Art. 194 Abs. 1 lit. a-d AEUV.

223 Siehe *Gundel*, EWS 2011, 25 (26 m.w.N.).

224 § 1 Abs. 3 EnWG spricht noch vom „Europäischen Gemeinschaftsrecht[...]“.

225 *Wegner*, Regulierungsfreistellungen für neue Elektrizitäts- und Erdgasinfrastrukturen, S. 7–20, der dies hinsichtlich der energiepolitischen Ziele „Wettbewerb, Versorgungssicherheit und Nachhaltigkeit“ erläutert. Für die Einordnung dieser drei Ziele unter die Ziele des Art. 194 Abs. 1 lit. a-d AEUV *Gundel*, EWS 2011, 25 (26).

insbesondere die Interkonnektion der mitgliedstaatlichen Netze bedeutsam ist, die nicht nur ein Ziel des Art. 194 Abs. 1 AEUV ist, sondern auch eine grundlegende Bedingung für die anderen dort aufgeführten Ziele darstellt.[226] Eine Bekräftigung haben die Ziele des Art. 194 Abs. 1 AEUV jüngst in der TEN-E-VO 2013 gefunden[227] – obwohl dieser Rechtsakt schwerpunktmäßig auf Art. 172 AEUV gestützt wurde.[228]

Einerseits fächert sich die Zielsetzung des Unionsenergierechts mithin weitgehend auf, doch verharrt sie andererseits stets bei einer Orientierung am Binnenmarkt. Dies relativiert die beschriebene – zumindest abstrakte – Ähnlichkeit der unionsrechtlichen Zielsetzungen mit den deutschen gesetzgeberischen Zielen. Verstärkt wird dieser rechtliche Befund durch die Möglichkeiten der politischen Gestaltung im Gesetzgebungsprozess, eine unterschiedliche Zielpriorisierung im unionsrechtlichen Sekundärrecht beziehungsweise deutschen Fachrecht vorzunehmen.

3. Die unterschiedliche Ausrichtung nationaler und unionsrechtlicher Zielsetzungen

Die soeben beschriebene Möglichkeit von unterschiedlichen Prioritäten der nationalen und unionsrechtlichen Gesetzgebung kann zu einer Situation führen, in welcher der Netzausbau jedenfalls faktisch konterkariert wird. Denn zunächst wird jede Ebene, die nationale[229] wie auch die europäische[230], die energiewirtschaftlichen Ziele entsprechend ihrer eigenen politischen Vorstellungen ausrichten und gegebenenfalls priorisieren; dies hat dann zumindest faktische Auswirkungen auf die jeweils andere Ebene. Aufgrund dieser Komplexität sind diesbezügliche Konflikte unvermeidbar, was im Folgenden kurz zu veranschaulichen ist.

Die deutsche energiewirtschaftliche Gesetzgebung der letzten Jahre ist vornehmlich vom Leitbild einer umweltverträglichen und heimischen Elektrizitätserzeugung geprägt und geht daher von einem erheblichen Ausbau des Übertragungsnetzes innerhalb Deutschlands aus; die Kategorisierung dieser Ausrichtung als Energieautarkie ist insofern nicht fernliegend.[231] Dieser Zielsetzung scheint sich etwa auch das

226 Zu dieser Bedeutung des Ziels aus Art. 194 Abs. 1 lit. d AEUV *Gundel*, EWS 2011, 25 (26).

227 17. ErwGr. der TEN-E-VO 2013. Dort werden zwar nur die „energiepolitischen Ziele des Vertrags über die Arbeitsweise der Europäischen Union“ genannt und sodann einzeln aufgezählt, ohne ausdrücklich Art. 194 Abs. 1 AEUV zu benennen, doch ist der Bezug auf ihn evident.

228 Siehe zur Kompetenzgrundlage die Präambel der TEN-E-VO 2013.

229 Siehe beispielsweise zum Spannungsverhältnis und einer notwendigen Priorisierung der Ziele des Wettbewerbs und der Umweltverträglichkeit nach der Reform des Energiewirtschaftsrechts im Jahr 1998 *Kühne / Scholtka*, NJW 1998, 1902 (1908).

230 *Gundel*, EWS 2011, 25 (26) beschreibt die Bemühung der europäischen Ebene, ihre Ziele weitgehend harmonisch zu behandeln.

231 Zur Situation in Deutschland ausführlich „2. Kapitel IV. 3.“.

Wettbewerbsziel des § 1 Abs. 2 EnWG momentan unterordnen zu müssen. Denn der normative Vorrang insbesondere von Anlagen der erneuerbaren Energien – beispielsweise beim Netzanschluss, der Abnahme und Übertragung[232] – erschwert einen hohen Wettbewerbsgrad auf dem Elektrizitätsmarkt. Dieser normative Vorrang ist zwar zu einem erheblichen Teil auf unionsrechtliche Vorgaben zurückzuführen,[233] doch tritt dessen erhebliche Auswirkung auf den Wettbewerb erst in Verbindung mit den weitreichenden nationalen Ausbauzielen der Erzeugungskapazitäten von erneuerbaren Energien ein.[234] Freilich wird im Gesetzgebungsprozess zu planungsrechtlichen Vorgaben für den Netzausbau auch auf das Wettbewerbsziel Bezug genommen, doch erscheint dies tendenziell beiläufig.[235] Die Zielerreichung des Wettbewerbs dürfte daher auf nationaler Ebene insgesamt gering ausfallen.

Allerdings ist es gerade der Wettbewerb und die Schaffung eines Elektrizitätsbinnenmarkts, welcher die unionsrechtliche Gesetzgebung zu einem großen Teil prägt. Dies stellt etwa die Elektrizitäts-RL 2009 heraus, da eines ihrer Gesetzesziele „die Verbesserung und Integration von durch Wettbewerb geprägte Strommärkte“[236] darstellt und auch ihr Gesetzesvollzug durch die nationalen Regulierungsbehörden wesentlich an diese Vorstellungen gebunden ist.[237] Diese Ausrichtung findet sich in jüngster Vergangenheit auch in der TEN-E-VO 2013.[238]

Vor dem Hintergrund dieser Ausführungen stellt sich die Frage, ob die EU in einer Koordinierungsrolle verharren sollte, um keine Konflikte mit den vorhandenen unterschiedlichen Planungszielen zu provozieren oder ob eine andere Art der Zusammenarbeit zwischen europäischer und nationaler Ebene notwendig ist.[239]

---

232 Siehe § 8 Abs. 1 S. 1 Hs. 1 EEG 2014 bezüglich des vorrangigen Netzanschlusses bzw. § 11 Abs. 1 S. 1 EEG 2014 bezüglich der vorrangigen Abnahme und Übertragung.

233 Insbesondere auf Art. 16 Abs. 2 lit. b, c Richtlinie 2009/28/EG des Europäischen Parlaments und des Rates vom 23. April 2009 zur Förderung der Nutzung von Energie aus erneuerbaren Quellen und zur Änderung und anschließenden Aufhebung der Richtlinien 2001/77/EG und 2003/30/EG, (Erneuerbare-Energien-RL), ABl. EU 2009 L 140/16.

234 Siehe nur die Ausbauziele in § 1 Abs. 2 EEG 2014.

235 So etwa die Erwähnung bei der Gesetzesbegründung in der *BT-Drucks. 17/12638*, Gesetzentwurf zum zweiten Gesetz zur Beschleunigung des Netzausbaus, S. 15. In der gesetzgeberischen Begründung zum NABEG findet sich beispielsweise überhaupt kein Verweis auf den Wettbewerb, vgl. *BT-Drucks. 17/6073*, Gesetzentwurf zur Beschleunigung des Netzausbaus, S. 17–33.

236 Art. 1 S. 1 a.E. Elektrizitäts-RL 2009.

237 Siehe dazu etwa die Vorgaben in Art. 36 lit. a-c Elektrizitäts-RL 2009, welche auch die Interkonnektion der Netze beinhalten.

238 8. ErwGr. der TEN-E-VO 2013. Dort wurden freilich auch die übrigen Ziele der EU eingebunden, siehe etwa den 17. ErwGr. der TEN-E-VO 2013.

239 Hierzu ausführlich „2. Kapitel IV.“.

IV. Fazit: Die notwendige Beschaffenheit des Planungsrechts

Aus dem bisher Gesagten lassen sich erste, grobe Aussagen für das Planungsrecht der deutschen Übertragungsnetze machen. Das Planungsrecht muss als Gesamtheit der nationalen und unionsrechtlichen Vorgaben betrachtet werden. Nur wenn diese zusammen effektiv sind, können die Planungsinstrumente und Planungsebenen funktionieren. Denn die Ziele des deutschen Gesetzgebers, insbesondere in § 1 Abs. 1 EnWG, wie auch die energierechtlichen Ziele der Unionsgesetzgebung werden sich nur durch ein gewisses Maß an Interkonnektion erreichen lassen.

Sowohl das 3. Binnenmarktpaket als auch die EnWG-Reformen seit dem Jahr 2011 und das NABEG werfen Fragen bezüglich der Effektivität ihrer Regelungen auf. Dies ist schon deshalb von aktuellem Interesse, da viele Vorschriften des 3. Binnenmarktpaketes für die Übertragungsnetze erst seit dem Jahr 2011 gelten[240] oder bis zu diesem Zeitpunkt in nationales Recht umzusetzen waren und nunmehr anzuwenden sind.[241]

Im Verhältnis von Unionsrecht zum nationalem Recht ist derweil eine Entwicklung möglich, die in eine faktische Divergenz der Planungsgeschwindigkeit resultiert. Denn die materiellen Planungsvorgaben des Unionsrechts beschränken sich hauptsächlich auf die nationalen NEPs[242] und den gemeinschaftsweiten NEP.[243] Über diese Vorgaben hinaus mündet jedoch der NEP in Deutschland nahtlos in einen Bundesbedarfsplan,[244] anschließend in die Bundesfachplanung[245] und sodann in die Planfeststellung[246]. Ein Sonderfall ist der Offshore-NEP, welcher zwar auch in den Bundesbedarfsplan mündet, aber der Fachplanung des Bundesfachplan Offshore für die AWZ nachgelagert ist.[247] Praktisch betrachtet, könnte dies bei der Interkonnektion der Übertragungsnetze bewirken, dass die Planungen in einem Mitgliedstaat fertig gestellt sind, sich aber im angrenzenden Mitgliedstaat noch im Anfangsstadium befinden.

240 So etwa die Stromhandels-VO 2009, siehe dazu Art. 26 UntAbs. 2 Stromhandels-VO 2009.

241 Siehe etwa Art. 49 Abs. 1 UntAbs. 1 S. 1, UntAbs. 2 Elektrizitäts-RL 2009.

242 Art. 22 Elektrizitäts-RL 2009.

243 Art. 8 Abs. 3 lit. b, Abs. 10 Stromhandels-VO 2009.

244 §§ 12a-12e i.V.m. §§ 17b f. EnWG.

245 Dies ist insofern nahtlos, da die BNetzA einen ÜNB als Vorhabenträger zur Antragstellung auf Bundesfachplanung eines im BBPlG aufgenommenen Vorhabens verpflichten kann, § 6 S. 1, 2 NABEG i.V.m. §§ 11 f. EnWG.

246 Nach Abschluss der Bundesfachplanung ist die BNetzA befugt, den als Vorhabenträger fungierenden ÜNB zu verpflichten, den Antrag auf Planfeststellung des jeweiligen Vorhabens zu stellen, § 12 Abs. 2 S. 4 NABEG i.V.m. §§ 11 f. EnWG.

247 Siehe dazu „3. Kapitel I.“.

2. Kapitel: Bedarfsplanung

I. Die nationale Bedarfsplanung des EnWG seit dem Jahr 2011

Gegen eine teilweise staatliche Bedarfsplanung kann stets eingewendet werden, dass sie in eine Staatswirtschaft übergehen und dementsprechend ineffiziente Ergebnisse nach sich ziehen werde. Eine solche undifferenzierte Einschätzung wäre allerdings im vorliegenden Fall verfehlt, da die vor der Liberalisierung bestehende einheitliche betriebliche Planung durch die Trennung von Stromnetz und Stromerzeugung nicht mehr gegeben ist[1] und dadurch eine erhebliche Koordinierungsleistung zwischen beiden Bereichen erfolgen muss. Die Instrumente der Bedarfsplanung sind daher zwischen einer unerwünschten Staatswirtschaft einerseits und der Wahrung öffentlicher, privater und wirtschaftlicher Belange andererseits zu positionieren. Folglich kommt es auf die konkrete Ausprägung der hoheitlich vorgegebenen Planung an, um zu beurteilen ob diese sinnvoll ist.

1. Die Ausgangslage der Bedarfsplanung im Jahr 2011

Eine staatlich induzierte Bedarfsplanung für das gesamte Übertragungsnetz fand in Deutschland bis zur EnWG-Reform im Jahr 2011 nicht statt. Zwar gab es einzelne Bedarfsplanungen auf Bundes- und Landesebene, diese waren aber überwiegend für politische Entscheidungsträger oder für verwaltungsinterne Zwecke gedacht.[2] Zu dieser Reihe rechtlich unverbindlicher Planungen zählte auch ab dem Jahr 2005 die Pflicht der ÜNBs, alle zwei Jahre einen Bericht über den Netzzustand und die Netzausbauplanung zu erstellen und der BNetzA auf ihr Verlangen vorzulegen.[3] Diesen Berichten lagen durchaus Bedarfsprognosen der ÜNBs zugrunde, welche aber nicht publiziert werden mussten.[4] Einzig die Berichtsauswertung wurde alle zwei Jahre veröffentlicht und wurde dabei gegebenenfalls durch eigene Erkenntnisse

---

1 Siehe hierzu sogleich „2. Kapitel I. 2.".

2 So seinerzeit die Situation darstellend *Hermes*, § 7. Planung von Erzeugungsanlagen und Transportnetzen, in: Schneider / Theobald (Hrsg.), Recht der Energiewirtschaft, 2. Aufl., Rn. 45.

3 § 12 Abs. 3a i.V.m. § 54 Abs. 1 EnWG a.F. Diese Berichtspflicht wurde gestrichen durch Art. 1 Gesetz zur Neuregelung energiewirtschaftsrechtlicher Vorschriften vom 26. Juli 2011, BGBl. 2011, I, S. 1554.

4 Zwar sollte die Bedarfsprognose ursprünglich explizit als Teil der Berichte vorgeschrieben werden, doch sei dieser Vorschlag im Gesetzgebungsverfahren nicht weiter verfolgt worden, so den Verlauf nachzeichnend *Salje*, EnWG-Kommentar, § 12 EnwG Rn. 15f.

der BNetzA ergänzt.[5] Zwar wurde die Berichtspflicht sodann vom Gesetzgeber verschärft[6] – zeitgleich mit dem Erlass des EnLAG als erster gesetzlicher Bedarfsplan für Übertragungsnetze.[7] Jedoch entfalteten die Berichte und die ihnen zu Grunde liegenden Bedarfsprognosen auch weiterhin keinerlei Rechtswirkung für die Netzplanung. Obwohl der Staat mit dem Erlass des EnLAG im Jahr 2009 nun eine gesetzliche und für die Planfeststellung verbindliche[8] Bedarfsplanung forcierte, so enthielt dieses Gesetz nur einzelne Vorhaben und stellte keine fortwährende und staatlich beeinflussbare Bedarfsplanung für das gesamte Übertragungsnetz dar.[9] Neben dem EnLAG existierte eine rechtlich verbindliche Bedarfsprüfung nur bei der einzelfallbezogenen Prüfung in der Planfeststellung.[10] Daher erfolgte diese erst am Ende des gesamtem Planungsprozesses, also zu einem Zeitpunkt bei dem Änderungen kaum mehr möglich waren.

2. Die Bedarfsplanung nach geltendem Recht

Die nationale Bedarfsplanung hat sich nun aufgrund der Gesetzgebung seit dem Jahr 2011 grundlegend geändert. Ausgehend von einem gemeinsamen Szenariorahmen,[11] der die energiepolitischen Ziele der Bundesregierung einzubinden hat,[12] werden ein Offshore-Netzentwicklungsplan (Offshore-NEP) für die

---

5 § 63 Abs. 4a EnWG a.F. Diese Norm wurde ersatzlos gestrichen durch Art. 1 Gesetz zur Neuregelung energiewirtschaftsrechtlicher Vorschriften vom 26. Juli 2011, BGBl. 2011, I, S. 1554. Siehe zum geringen Einfluss, den die BNetzA zunächst auf die Bedarfsplanung hatte *Hermes,* § 7. Planung von Erzeugungsanlagen und Transportnetzen, in: Schneider / Theobald (Hrsg.), Recht der Energiewirtschaft, 3. Aufl., Rn. 40.

6 Dies bestand im Erlass des § 12 Abs. 3a S. 2 EnWG a.F., mit dem folgenden Inhalt: „Der Bericht der Netzausbauplanung hat auch konkrete Maßnahmen zur Optimierung, zur Verstärkung und zum Ausbau des Netzes und den geplanten Beginn und das geplante Ende der Maßnahmen zu enthalten."

7 Die Verschärfung der Berichtspflicht und der Erlass des EnLAG erfolgten durch dasselbe Artikelgesetz, Art. 2 bzw. Art. 1 Gesetz zur Beschleunigung des Ausbaus der Höchstspannungsnetze vom 21. August 2009, BGBl. 2009, I, S. 2870.

8 Siehe zum verbindlichen Charakter dieser Vorhaben für die Planfeststellung § 1 Abs. 2 EnLAG.

9 So vor der im Jahr 2011 erfolgten Reform des EnWG *Hermes,* § 7. Planung von Erzeugungsanlagen und Transportnetzen, in: Schneider / Theobald (Hrsg.), Recht der Energiewirtschaft, 3. Aufl., Rn. 11, 44–52, welcher dabei auch auf die schon absehbare Stärkung des Staates im Gefolge des 3. Binnenmarktpaketes einging.

10 Dazu *Hermes,* § 7. Planung von Erzeugungsanlagen und Transportnetzen, in: Schneider / Theobald (Hrsg.), Recht der Energiewirtschaft, 3. Aufl., Rn. 88–91. Siehe ausführlich zur Bedarfsprüfung im Rahmen der Planfeststellung „4. Kapitel II. 1.".

11 § 12a EnWG.

12 Eine Übersicht dieser Ziele findet sich bei *Heimann,* in: Steinbach (Hrsg.), NABEG/EnLAG/EnWG-Kommentar, § 12a EnWG Rn. 17. Zur notwendigen Beschaffenheit des Szenariorahmens sogleich „2. Kapitel II. 2. d)".

ausschließliche Wirtschaftszone der Bundesrepublik Deutschland (AWZ), das Küstenmeer einschließlich der Netzverknüpfungspunkte an Land,[13] sowie ein Netzentwicklungsplan (NEP) für das restliche Bundesgebiet[14] erstellt, welche in einen rechtsverbindlichen Bundesbedarfsplan münden.[15] Dies bedeutet nunmehr ein formalisiertes Verfahren, welches für das gesamte Bundesgebiet und die deutsche AWZ den Bedarf an Übertragungsnetzen einheitlich ermittelt. Es stellt dabei Überlegungen zur Erzeugung, Versorgung sowie dem Verbrauch von Strom in der Zukunft an und berücksichtigt den zukünftigen Austausch mit anderen Ländern sowie geplante Investitionsvorhaben in europäische Netze.[16] Nach den Vorgaben des EnWG sind sowohl beim Szenariorahmen als auch bei den darauf aufbauenden NEPs und Offshore-NEPs zunächst die ÜNBs zur Erarbeitung verpflichtet, woraufhin die BNetzA sodann die Inhalte der Pläne prüft und letztlich eine Genehmigung beziehungsweise Bestätigung ausspricht.[17]

Grundsätzlich ist das neue Verfahren der Netzplanung zu begrüßen, da in den §§ 12a–12e und §§ 17b–17c EnWG detaillierte Vorgaben zu den Zuständigkeiten, zum zeitlichen Ablauf und dem Inhalt der verschiedenen Planungsstufen hin zum Bundesbedarfsplan gemacht werden. Aus der Sicht der Rechtspraxis dürfte die dort niedergelegte Pflicht zur regelmäßigen Durchführung der Bedarfsplanung bemerkenswert sein, da somit eine Eigeninitiative der ÜNBs als Planungsbeteiligte nicht mehr erforderlich ist. Oftmals sind nämlich die inhaltlichen Vorgaben eines Gesetzes nicht das Hauptproblem für eine Planung, sondern es besteht ein Vollzugsdefizit bei der notwendigen Bereitschaft oder Erkenntnis eines Beteiligten, mit der Planung zu beginnen. Ein solches Umsetzungsproblem kann immer dann entstehen, wenn das Gesetz einen zeitlichen Spielraum hinsichtlich der Planung gewährt. Hier schaffen die §§ 12a ff. und §§ 17b f. EnWG durch ihre zeitlichen Vorgaben nun Abhilfe. Ebenso bemerkenswert ist es, dass im EnWG sämtliche ÜNBs an der Bedarfsplanung mitwirken müssen. Dies geht über die ursprünglichen Vorgaben der Elektrizitäts-RL 2009 hinaus, nach denen nur die nach dem ITO-Modell entflochtenen ÜNBs der Pflicht zur Erstellung des nationalen zehnjährigen NEPs unterworfen sind.[18]

---

13 So ausdrücklich die Gebietsbeschreibung in § 17b Abs. 1 S. 1 EnWG.

14 §§ 12b-12c EnWG.

15 Siehe für dieses System §§ 12a-12e und §§ 17b-17c EnWG. Beachte, dass in diesen Vorschriften zwar eine Planung alle zwei Jahre vorgesehen ist, für die Vorlage eines Bundesbedarfsplanentwurfs aber von größeren zeitlichen Abständen ausgegangen wird.

16 Siehe für die Anforderungen an den Szenariorahmen § 12a Abs. 1 S. 4 EnWG.

17 Siehe zu diesen Verfahrensschritten für den Szenariorahmen § 12a EnWG, den NEP §§ 12b–12c EnWG sowie den Offshore-NEP §§ 17b–17c i.V.m. §§ 12b-12c EnWG.

18 Siehe zu dieser Pflicht Art. 22 Abs. 1 i.V.m. Art. 9 Abs. 8 lit. b Elektrizitäts-RL 2009 und bereits „1. Kapitel I. 3.". Der deutsche Gesetzgeber hat sich darüber hinaus bewusst entschieden, alle ÜNBs zur Erstellung des NEPs heranzuziehen, siehe dazu die Gesetzesbegründung der *BT-Drucks. 17/6072,* Gesetzentwurf zur Neuregelung energiewirtschaftsrechtlicher Vorschriften, S. 68.

3. Rechtliche und praktische Bedeutung des Bundesbedarfsplans

a) Bedeutung für die ÜNBs

Die Ausweisung eines Vorhabens in den Bundesbedarfsplan ändert zunächst nichts an den grundlegenden Pflichten der ÜNBs. So sind diese als Betreiber eines Energieversorgungsnetzes grundsätzlich zur Optimierung, Verstärkung und einem bedarfsgerechten Ausbau ihres Netzes verpflichtet.[19] Diese Pflicht wird konkretisiert, indem die BNetzA als Regulierungsbehörde einen bestimmten ÜNB zur Durchführung einer solchen Maßnahme verpflichten kann, sobald sie im NEP ausgewiesen ist.[20] Eine solche Durchführungspflicht besteht ebenso bezüglich von Anbindungsleitungen des Offshore-NEPs und trifft denjenigen ÜNB, in dessen Regelzone[21] eine Windenergieanlage auf See[22] anzuschließen ist.[23] Diese Pflichten können von der BNetzA zwangsweise durchgesetzt werden.[24]

Zwar besteht eine Ausbaupflicht unabhängig vom Bundesbedarfsplan, aber dieser hat dennoch erhebliche Auswirkungen auf die ÜNBs. Denn die BNetzA kann den gemäß §§ 11 f. EnWG ausbauverpflichteten ÜNB zu einer Antragstellung auf Bundesfachplanung als Vorhabenträger auffordern, sofern ein entsprechendes Vorhaben im Bundesbedarfsplan ausgewiesen ist[25] und der Anwendungsbereich der Bundesfachplanung eröffnet ist.[26]

Vor dem Hintergrund der voranstehenden Darstellungen ist es verständlich, weshalb ÜNBs ein erhebliches Interesse an der Mitgestaltung der Bedarfsplanung haben dürften.

---

19 § 11 Abs. 1 S. 1 i.V.m. § 3 Nr. 4 Alt. 1, Nr. 2 EnWG. Siehe dazu auch die Ergänzung speziell für ÜNBs in § 12 Abs. 3 S. 1 EnWG.

20 § 12c Abs. 4 S. 3 i.V.m. § 54 Abs. 1 EnWG. Im Folgenden soll weitgehend nur von der BNetzA und nicht der Regulierungsbehörde gesprochen werden.

21 Zur Definition der Regelzone § 3 Nr. 30 EnWG.

22 Für die Definition einer Windenergieanlage auf See verweisen die Vorschriften des EnWG, etwa § 17a Abs. 1 S. 2 Nr. 1 EnWG, regelmäßig auf § 5 Nr. 36 EEG 2014; demnach ist darunter „jede Anlage zur Erzeugung von Strom aus Windenergie“ seewärts der Küstenlinie mit bestimmten geographischen Spezifikationen zu verstehen.

23 § 17d Abs. 1 S. 1 EnWG.

24 Ausführlich zur Durchsetzung der aufgeführten Pflichten „5. Kapitel I. 1.“.

25 Zur Aufforderung und deren Voraussetzungen siehe § 6 S. 1, 2 NABEG i.V.m. §§ 11 f. EnWG.

26 Siehe zur Eröffnung des Anwendungsbereichs der Bundesfachplanung des NABEG „3. Kapitel II. 2. a)“.

b) *Bedeutung für den Planungsprozess einschließlich der Planfeststellung*

Die rechtliche Bedeutung des Bundesbedarfsplans für die Planung ist bereits im EnWG festgeschrieben: Vorhaben des Bundesbedarfsplans entsprechen demnach den Zielen des § 1 EnWG, so dass für diese ihre energiewirtschaftliche Notwendigkeit und ihr vordringlicher Bedarf festgestellt werden.[27] Diese Aussagen sind für eine spätere auf dem EnWG und NABEG fußende Planfeststellung bzw. Plangenehmigung verbindlich[28] und folglich ist es der Planfeststellungsbehörde verwehrt, eine abweichende Einschätzung vorzunehmen.[29]

Vor diesem Hintergrund verwundert es nicht, dass die Verschiebung der Planrechtfertigung auf Gesetzesebene teilweise als Vereinfachung der Planfeststellung empfunden wird.[30] Andere hingegen verweisen auf niedrige Anforderungen gegenüber der Planrechtfertigung durch die Gerichte, so dass gesetzliche Bedarfspläne bei behördlichen Entscheidungen kaum einen Beschleunigungseffekt hätten.[31] Jedoch ist auch die Überlegung zu bedenken, welche auf langwierige Bedarfsgutachten verweist, die ohne gesetzliche Bedarfsfeststellung notwendig seien.[32] Zwar wird sich dies nun in der Planfeststellung erübrigen, doch werden dafür die Bedarfsprüfungen im Vorfeld des Bundesbedarfsplans, also im Szenariorahmen, den NEPs und Offshore-NEPs sowie im Gesetzgebungsprozess erfolgen. Daher hängt es wohl von

---

27 § 12e Abs. 2 S. 3, Abs. 4 S. 1 EnWG; hinsichtlich der Notwendigkeit und des Bedarfs bekräftigend § 1 Abs. 1 BBPlG.

28 § 12e Abs. 4 S. 2 EnWG.

29 *Heimann,* in: Steinbach (Hrsg.), NABEG/EnLAG/EnWG-Kommentar, § 12e EnWG Rn. 23; ebenso *Scheuten,* in: de Witt / Scheuten (Hrsg.), NABEG-Kommentar, § 18 NABEG Rn. 75

30 So beispielsweise *Heimann,* in: Steinbach (Hrsg.), NABEG/EnLAG/EnWG-Kommentar, § 12e EnWG Rn. 23. Siehe überdies zur problematischen Bedarfsprüfung im Planfeststellungsverfahren von Leitungsvorhaben ohne gesetzliche energiewirtschaftliche Bedarfsfestlegungen *Hermes,* § 7. Planung von Erzeugungsanlagen und Transportnetzen, in: Schneider / Theobald (Hrsg.), Recht der Energiewirtschaft, 2. Aufl., Rn. 46, der die Situation noch vor Erlass des EnLAG-Bedarfsplans darstellt.

31 Hinsichtlich niedriger Anforderungen der Gerichte zunächst *Schiller,* UPR 2009, 245 (245f.), der auf diese Weise die Rechtsprechung des BVerwG interpretiert; diesen aufgreifend *Naujoks,* DVBl. 2010, 1450 (1450f.), welcher dementsprechend im Bedarfsplan des EnLAG wohl keinen Beschleunigungseffekt erkennen will. Einschränkend *Greinacher,* ZUR 2011, 305 (308), der zwar die Bedingungen des BVerwG für die Planrechtfertigung ebenso als gering ansieht, jedoch den Bedarfsplan des EnLAG als positiv bewertet.

32 Zu diesen Gutachten *Greinacher,* ZUR 2011, 305 (308–308), welcher zugleich im Hinblick auf das EnLAG die nach seiner Ansicht erprobten Bedarfspläne des Fernstraßenrechts anführt. Siehe dazu auch *Schirmer,* DVBl. 2010, 1349 (1351), der die Infragestellung des Bedarfs durch die Widersacher eines Ausbauvorhabens als eine gängige Schwierigkeit benennt.

der praktischen Umsetzung der §§ 12a ff., § 17b f. EnWG ab, ob die Bedarfsplanung tatsächlich schneller erfolgt als früher. Für eine Beschleunigung sprechen die zeitlichen Vorgaben des Gesetzgebers. Der Szenariorahmen, der NEP und Offshore-NEP sind alle zwei Jahre zu erarbeiten.[33] Zusätzlich sind der NEP und Offshore-NEP mindestens alle vier Jahre von der BNetzA als der zuständigen Regulierungsbehörde[34] an die Bundesregierung als Entwurf eines Bundesbedarfsplans zu übergeben, die ihn sodann dem Bundesgesetzgeber unterbreitet.[35] Insofern liegt ein Beschleunigungseffekt zweifellos in den verbindlichen zeitlichen Vorgaben für die Bedarfsplanung einschließlich des Bundesbedarfsplanentwurfs. Damit gibt es keine Abhängigkeit mehr von unternehmerischen Initiativen und der eventuell zeitintensiven Abstimmung von ÜNBs untereinander.

c) Erfahrungen mit dem EnLAG-Bedarfsplan

Fraglich ist aber dennoch, ob der Bundesbedarfsplan zur erwünschten Beschleunigung auf der letzten Planungsebene, dem Planfeststellungsverfahren, führen wird. Zweifel entstehen durch den Vergleich zum EnLAG. Das EnLAG enthält nämlich einen Bedarfsplan, welcher dieselbe rechtliche Bedeutung wie die gemäß dem EnWG zu erstellenden und im BBPlG[36] ausgewiesenen Bundesbedarfspläne hat.[37] Aus diesem EnLAG-Bedarfsplan waren im Jahr 2011 bereits die Hälfte aller Vorhaben um teilweise mehrere Jahre verzögert,[38] im Jahr 2012 hatten sogar 15 der 24 Vorhaben einen Verzug von bis zu fünf Jahren.[39] Sicherlich lässt sich nicht sagen, ob es ohne den Bedarfsplan des EnLAG zu noch mehr Verzögerungen bei den dort behandelten Vorhaben gekommen wäre. Jedoch war dieser Bedarfsplan als zeitliche Verkürzung der gesamten Planungsphase für die in ihm aufgelisteten Leitungen gedacht,[40] was im gewünschten Ausmaß unzweifelhaft nicht erfolgt ist.

---

33 § 12a Abs. 1 S. 1, § 12b Abs. 1 S. 1 und § 17b Abs. 1 S. 1 EnWG.

34 Zur Zuständigkeit der BNetzA hierfür § 12e Abs. 1 S. 1 i.V.m. § 54 Abs. 1 EnWG.

35 § 12e Abs. 1 S. 1, 2 EnWG.

36 Siehe die Anlage (zu § 1 Absatz 1) BBPlG.

37 Siehe zur gleichen Rechtswirkung dieser Bedarfspläne § 1 Abs. 2 EnLAG bzw. § 12e Abs. 2 S. 3, Abs. 4 EnWG.

38 *BNetzA,* EnWG-Monitoringbericht 2011, S. 7f.

39 *BNetzA / Bundeskartellamt,* EnWG- und GWB-Monitoringbericht 2012, S. 44. Im BBPlG sind Leitungsvorhaben mit einer Länge von insgesamt 6.100 km vorgesehenen, davon bestand gegen Ende des Jahres 2016 für 400 km eine Genehmigung und Abschnitte von 80 km waren errichtet, siehe *BNetzA / Bundeskartellamt,* EnWG- und GWB-Monitoringbericht 2016, S. 22.

40 So die Gesetzesbegründung der *BT-Drucks. 16/10491,* Gesetzentwurf zum EnLAG, S. 14f.

4. Beteiligung der Öffentlichkeit

Auf dem Weg zum Bundesbedarfsplan ist die Öffentlichkeit[41] auf drei Stufen einzubeziehen, einmal durch die ÜNBs und zweimal durch die BNetzA.[42] Die Einführung dieser Vorschriften im Jahr 2011 fällt zeitlich mit den Erfahrungen aus dem „Stuttgart 21" – Projekt zusammen, bei dem viele Bürger meinten, dass ein Infrastrukturprojekt gegen ihren Willen verwirklicht würde. Insofern erklärt sich wohl der Wille des Gesetzgebers, durch die Öffentlichkeitsbeteiligung eine erhöhte Akzeptanz für die Netzplanung zu schaffen.[43] In der Literatur wie auch in der Praxis gibt es Bedenken, ob diese Art der Beteiligung zielführend ist. Angeführt wird, dass Betroffene in der Bedarfsplanung noch nicht konkretisierbar seien[44] und dass eine zügigere Netzplanung kaum mit einer verstärkten Beteiligung der Öffentlichkeit in Einklang gebracht werden könne.[45] Dem ersten Einwand ist zunächst zuzugestehen, dass ein Großteil der Öffentlichkeit sich in der Praxis nur dann beteiligt, wenn sie konkret von einem Thema betroffen ist. Jedoch bestätigt der NEP mitunter den Neubau in bereits bestehenden Trassen oder zwischen vorhandenen Umspannwerken und damit sehr genauen Anfangs- und Endpunkten.[46] Auch wenn der NEP und Offshore-NEP unter einer Trasse eine gewisse Spannweite verstehen und keine Parzellenschärfe, so sind Betroffene zumindest nahe der Umspannwerke bereits relativ genau zu ermitteln. Dies verdeutlicht den Bedarf einer Öffentlichkeitsbeteiligung, welche schon im frühen Stadium der Netzentwicklungsplanungen einsetzt. Denn es war gerade das Ohnmachtsgefühl von Bürgern, welches zu den Protesten bei der Umsetzung des „Stuttgart 21" – Projektes führte. Insofern ist die Öffentlichkeit notwendigerweise in die Planungen einzubeziehen und dies zu einem möglichst frühen Zeitpunkt. Gleichwohl kann dies nicht schrankenlos gelten, da die personellen Ressourcen der ÜNBs und insbesondere der BNetzA begrenzt sind. Ein erster Schritt hierzu ist die Beschränkung der Öffentlichkeitsbeteiligung auf Änderungen

41 Vorliegend soll zunächst die allgemeine Öffentlichkeit behandelt werden und sodann die Netznutzer, welche nach dem Gesetz eine Teilgruppe der Öffentlichkeit sind. Siehe zu dieser Begrifflichkeit § 12a Abs. 2 S. 2 EnWG.

42 Siehe für die Öffentlichkeitsbeteiligung durch die ÜNBs § 12b Abs. 3 S. 1 EnWG, durch die BNetzA § 12a Abs. 2 S. 2, § 12c Abs. 3 S. 1, 5 EnWG. Die genannten Vorschriften gelten gemäß § 17b Abs. 3 und § 17c Abs. 1 S. 2 EnWG entsprechend für den Offshore-NEP, mit Ausnahme des § 12a Abs. 2 S. 2 EnWG, welcher für den NEP wie auch Offshore-NEP direkt anwendbar ist.

43 *BT-Drucks. 17/6072,* Gesetzentwurf zur Neuregelung energiewirtschaftsrechtlicher Vorschriften, S. 2.

44 *Durner,* NuR 2012, 369 (377).

45 So die wiedergegebene Äußerung des Senators für Umwelt, Bau, Verkehr und Europa der Freien Hansestadt Bremen bei *Stadermann / Seemann,* ZUR 2012, 66 (66); dabei bezog sich die Aussage auf das „Ziel eines beschleunigten Netzausbaus" und somit nicht speziell auf die Bedarfsplanung.

46 Siehe als Beispiel *BNetzA,* Bestätigung des NEP 2012, Projekt 21, Maßnahme: 51, S. 157–159.

in der Bedarfsplanung gegenüber dem Vorjahr, § 12 c Abs. 6 S. 1 EnWG. Überdies empfiehlt es sich, die Öffentlichkeitsbeteiligung strikt auf Fragen mit Bezug zur konkreten Bedarfsplanung zu beschränken, etwa zu relevanten Umweltthemen[47] oder den Netzverknüpfungspunkten. Besonders der zuletzt genannte Aspekt entscheidet in der weiteren Planung über den Trassenverlauf, welcher einer der wesentlichen Fragen bei Streckenplanungen ist[48] und dessen Bedeutung sich zu einem großen Teil bereits in der Konsultation zum Entwurf des ersten NEP im Jahr 2012 bestätigt hat. Dort zeigte sich, dass die Gestaltung des Netzausbaus und dort besonders der Trassenverlauf einen wesentlichen Teil der abgegebenen Stellungnahmen ausmachten.[49] Zwar ergibt sich aus den §§ 12a ff. EnWG, dass eine Beschränkung auf konkrete Fragen der Netzplanung im Sinne des Gesetzgebers ist. Doch gab es im soeben erwähnten Konsultationsverfahren etliche Stellungnahmen ohne Relevanz für die Bedarfsplanung,[50] da sie entweder politischer Art waren und daher in einen parlamentarischen Prozess gehören oder mitunter als rechtserhebliche Einwendungen („Einspruchsverfahren“[51]) formuliert wurden, welche in der Bundesfachplanung oder im Planfeststellungsverfahren vorzubringen sind.[52] Ähnlich war die Situation im darauffolgenden Beteiligungsverfahren des § 12c Abs. 3 S. 1 EnWG im Vorfeld des Entwurfs zum Bundesbedarfsplans.[53] Eine Ergänzung der Vorschriften über die Öffentlichkeitsbeteiligungen der §§ 12a ff. EnWG ist daher empfehlenswert, welche deren Inhalt konkretisiert und die Rechtsnatur der Verfahren deklaratorisch festhält.

5. Einbindung von Netznutzern, nachgelagerten Netzbetreibern, Behörden und Trägern öffentlicher Belange

Durch die Bedarfsplanung soll technisch gesehen eine bestimmte Größe, namentlich die zukünftige Übertragungsnachfrage,[54] ermittelt werden. Daher verwundert es nicht, dass tatsächliche und potentielle Netznutzer, die als Elektrizitätseinspeisende

---

47 Siehe hierzu sogleich die Öffentlichkeitsbeteiligung in der Strategischen Umweltverträglichkeitsprüfung (SUP), „2. Kapitel III. 3. b)“.

48 Zum Trassenverlauf als wesentlichen Aspekt *Durner*, NuR 2012, 369 (372), der „Fehler in der Grobtrassierung“ als den grundlegenden Diskussionspunkt aller „linienförmigen Planungen“ identifiziert.

49 *50Hertz Transmission GmbH u. a.*, NEP 2012, 2. Entwurf der ÜNBs, S. 174–176.

50 Siehe zu diesen Stellungnahmen *50Hertz Transmission GmbH u. a.*, NEP 2012, 2. Entwurf der ÜNBs, S. 176.

51 So die Begrifflichkeit von *50Hertz Transmission GmbH u. a.*, NEP 2012, 2. Entwurf der ÜNBs, S. 176, worunter wohl rechtserhebliche Einwendungen zu verstehen sind.

52 Zur Behandlung von Einwendungen gegen NABEG-Vorhaben „5. Kapitel II. 5.“.

53 Siehe beispielsweise die Zusammenfassung bei *BNetzA*, Bestätigung des NEP 2012, S. 94f.

54 Die „Nachfrage nach Übertragung von Elektrizität zu befriedigen“ ist gemäß § 12 Abs. 3 S. 1 EnWG eine von den ÜNBs zu erfüllende Pflicht.

und -beziehende definiert sind,[55] sowie nachgelagerte Netzbetreiber ausdrücklich in den Beteiligungsregeln der §§ 12a ff. EnWG genannt werden. Ihnen kommt folglich eine Schlüsselrolle bei der Datenerhebung zu. Ebenso wichtig für die Planung sind die Behörden und Träger öffentlicher Belange.[56] Die Letztgenannten sind besonders wichtig, da sie eine Mittlerrolle spielen können zwischen der zentralisierten Bedarfsplanung der BNetzA und dem Wissen um konkrete Umstände und Vorstellungen in der Fläche.

Für die Netzplanung sind die tatsächlichen und potentiellen Anlagenbetreiber die vielleicht wichtigste Gruppe der Netznutzer. Denn durch das Betriebsende der Kernkraftwerksanlagen müssen etliche neue Anlagen errichtet und folglich in die Bedarfsplanung der Übertragungsnetze integriert werden. Neben der Frage der Wirtschaftlichkeit neuer Anlagen hat sich hier die Gesetzgebung der letzten Jahre zu einem großen Problem entwickelt. So hat die Trennung von Energieerzeugung und Energietransport durch das zweite und vor allem das dritte EU-Binnenmarktpaket[57] faktisch eine betriebsinterne Planungskoordination abgeschafft. Dies wurde jedoch nicht durch eine gesetzlich vorgegebene Bedarfsplanung für Erzeugungsanlagen kompensiert, die ein Instrument analog zur Bedarfsplanung der Übertragungsnetze eingeführt hätte. Überdies haben die Bundesländer oftmals eigene Vorstellungen zur zukünftigen Energieerzeugung in ihren Hoheitsgebieten[58] und verfügen zudem durch die Planungsinstrumente der Raumordnung über eine unabhängige und erhebliche geographische Lenkungsoption für Erzeugungsanlagen.[59] Die Bedarfsplanung der BNetzA kann dem nichts Wesentliches entgegensetzen. Zwar werden die Anlagenbetreiber im Konsultationsverfahren eingebunden und es findet ein Monitoring der BNetzA statt, welches unter anderem geplante Stilllegungen und Investitionen in Erzeugungskapazitäten darstellt.[60] Doch wird damit die Bedarfsplanung für das Übertragungsnetz nur ungenügend flankiert. Hier besteht daher ein Korrekturbedarf, auf den sogleich einzugehen ist.[61] Für die Bedarfsplanung gemäß der geltenden Rechtslage bedeutet dies einen notwendigerweise sehr hohen Kommunikations- und Abstimmungsaufwand. Dabei muss die BNetzA hochflexibel sein, um die sich stetig ändernden Erzeugungsplanungen bewältigen zu können.

Bei der Beteiligung der nachgelagerten Netzbetreiber bestehen hingegen weniger Probleme. Denn die unmittelbar nachgelagerten Betreiber von Elektrizitätsverteilernetzen der 110 kV-Ebene müssen jedes Jahr einen Bericht über ihre Netze erstellen

---

55 Siehe zu diesen Definitionen § 3 Nr. 28 EnWG.
56 Diese sind in den Beteiligungsvorgaben der §§ 12a–12c EnWG genannt.
57 Dazu vertiefend *Gundel / Germelmann*, EuZW 2009, 763 (764–766).
58 Siehe dazu „2. Kapitel II. 2. c)".
59 Zur räumlichen Verteilung von Erzeugungsanlagen im Wege der Raumordnung der Länder – vornehmlich durch Raumordnungspläne – *Erbguth*, NVwZ – Extra 15/2013, 1 (3f.), dieser geht dabei allerdings auch auf die entsprechenden Möglichkeiten eines Bundesraumordnungsplans ein.
60 Zum genauen Inhalt des Monitorings § 35 Abs. 1 Nr. 11 EnWG.
61 „2. Kapitel II. 2.".

und können überdies dazu verpflichtet werden, einen eigenen Netzentwicklungsplan zu erstellen, § 14 Abs. 1b EnWG. Insofern ist diesbezüglich von einer sehr guten Datenlage auszugehen. Im Übrigen haben sie den ÜNBs, auf deren Anforderung, solche Informationen zu übermitteln, die für deren NEP notwendig sind, § 12b Abs. 3 S. 4 Hs. 2 EnWG.

Für den Gesetzgeber war es sicherlich eine Herausforderung, diesen großen Kreis an Beteiligten in die Bedarfsplanung zu integrieren. Dennoch sind sie nun über die verschiedenen Konsultationsverfahren in die Planung integriert. Wie bereits erwähnt,[62] bindet dies Personal der BNetzA und kann die Planung verzögern, so dass vom Ermessen des § 12c Abs. 6 S. 1 EnWG Gebrauch gemacht werden sollte. Demnach muss ein Konsultationsverfahren für den Szenariorahmen und die (Offshore-) NEPs nur alle vier Jahre oder bei wesentlichen Änderungen des NEP durchgeführt werden und kann sich ansonsten auf die Veränderungen gegenüber dem zuletzt genehmigten Szenariorahmen / bestätigten NEP beschränken.[63]

Mit den zu konsultierenden Netznutzern sollte nicht lediglich die Einholung von Stellungnahmen oder Äußerungen und damit ein einseitiger Informationsfluss stattfinden. Zu berücksichtigen ist nämlich auch der technische Fortschritt, der sich durch eine bessere Anpassung des Energieverbrauchs an die Energieerzeugung[64] oder durch zukünftige Energieeinsparungen bei Verbrauchsgeräten ergibt.[65] Diese Themen finden über den Szenariorahmen, und dort über die Verbrauchsannahmen[66] Eingang in die Bedarfsplanung. Ihre Bedeutung ergibt sich aus dem Potential, die Übertragungsnachfrage erheblich zu senken. Daher besteht für den Netzausbau ein hoher Bedarf an diesen Informationen, die im Dialog mit den Konsultationsteilnehmern zum Teil erhoben werden könnten und denen sodann besondere Beachtung geschenkt werden sollte.[67]

62 So schon das „2. Kapitel I. 4.".

63 § 12c Abs. 6 i.V.m. § 12e Abs. 1 S. 3 EnWG. Siehe hinsichtlich des Offshore-NEPs § 17c Abs. 1 S. 2 i.V.m. §12c Abs. 6 EnWG.

64 Siehe dazu vertieft die Diskussion über technische Innovationen und ihre Auswirkungen auf die Planrechtfertigung „4. Kapitel II. 1. b)".

65 Zwar sind diese Maßnahmen nicht Gegenstand dieser Arbeit, werden aber der Vollständigkeit wegen hier kurz erwähnt. Siehe weiterführend zur Entwicklung von Energieeffizienzmaßnahmen des Unionsgesetzgebers und der deutschen Gesetzgebung, unter anderem bezüglich von Verbrauchsgeräten, *Jesse,* Die Entwicklung des Instrumentenverbundes im Energieeffizienzrecht, in: Britz u.a. (Hrsg.), Energieeffizienzrecht, 15 (15ff.).

66 § 12a Abs. 1 S. 4 EnWG.

67 Weitergehend – allerdings ohne direkten Bezug zu den Beteiligungsverfahren – *Schneider,* EnZW 2013, 339 (341 m.w.N.), der aufgrund der Trennung von Netzen und Erzeugung, eine gesetzliche Vorgabe „für ein (reintegrierendes) Informationsmanagement der Übertragungsnetzbetreiber" fordert.

6. Zwischenfazit

Bisher ist das Fehlen einer Bedarfsplanung als ein wesentliches Problem der Übertragungsnetze identifiziert worden.[68] Dies ist nun durch die §§ 12a ff. und §§ 17b f. EnWG behoben worden. Dadurch wurde ein Systemwechsel von einer unternehmerischen zur teilweise staatlichen Bedarfsplanung endgültig vollzogen.

Ein nächster Schritt wäre zwar die komplette staatliche Bedarfsplanung, analog zu anderen Netzwirtschaften wie im Schienen- und Straßennetz.[69] Doch wäre dies aus mehreren Gründen abzulehnen: Denn erstens folgt die staatliche Bedarfsplanung in diesen Netzwirtschaften aus der Stellung des Staates als Mittelgeber und Vorhabenträger der Ausbaumaßnahmen.[70] Zweitens müsste die Einführung einer solchen Planung, gepaart mit einer Ausbauverpflichtung gegenüber den ÜNBs zu erheblichen verfassungsrechtlichen Bedenken bezüglich Art. 12 Abs. 1 S. 1 und Art. 14 Abs. 1 S. 1 GG führen.[71]

Würde sich das nunmehr geltende System der Bedarfsplanung als gänzlich ineffektiv erweisen und nicht nur in einzelnen behebbaren Punkten, so würde sich dann erneut die Frage nach einer „Netz-AG" stellen, welche das deutsche Stromübertragungsnetz in einem halbstaatlichen Unternehmen vereinen würde.[72] Hier wäre sodann eine komplett staatliche Bedarfsplanung nicht mehr fernliegend.

II. Vorschläge zur Beschaffenheit der nationalen Bedarfsplanung

Die Bedarfsplanung der geltenden Rechtslage wirft zwei wesentliche Fragen auf, für die im Folgenden Lösungsvorschläge vorgestellt werden sollen:

---

68 So schon hinsichtlich von „Transportkapazitäten" *Hermes,* Staatliche Infrastrukturverantwortung, S. 431f., der zugleich das seinerzeit fehlende Planfeststellungsverfahren für Energieleitungsvorhaben als ein weiteres erhebliches Problem einstufte.

69 Die Bedarfsplanungen dieser Netze noch vor den energierechtlichen Gesetzgebungsakten seit dem Jahr 2011 gegenüberstellend *Hermes,* § 7. Planung von Erzeugungsanlagen und Transportnetzen, in: Schneider / Theobald (Hrsg.), Recht der Energiewirtschaft, 3. Aufl., Rn. 40.

70 Zu diesem Unterschied in den genannten Netzwirtschaften *Hermes,* § 7. Planung von Erzeugungsanlagen und Transportnetzen, in: Schneider / Theobald (Hrsg.), Recht der Energiewirtschaft, 3. Aufl., Rn. 46; dieser äußert zudem die Befürchtung einer nicht objektiven Bedarfsprüfung im Übertragungsnetz, welche durch das Zusammenspiel einer teilweise staatlichen Bedarfsplanung mit einem Unternehmen in privater Hand entstehen könne.

71 Zur ähnlichen verfassungsrechtlichen Diskussion einer staatlich angeordneten HGÜ-Netzgesellschaft, die aus den vier deutschen ÜNBs gebildet würde *Salje,* RdE 2012, 359 (362–365).

72 Den Begriff der „Netz-AG" verwendend und deren Gründung vorschlagend die Initiative bei *BT-Drucks. 17/12681,* Parlamentarischer Antrag zur Gestaltung des Netzausbaus, S. 2.

Zunächst betrifft dies die Frage nach dem Zusammenspiel von betrieblicher und teilweise staatlicher Bedarfsplanung im vorhandenen Planungsregime. Da die Optimierung, Verstärkung und der Ausbau von Übertragungsnetzen weiterhin dem Primat der wirtschaftlichen Zumutbarkeit unterliegen,[73] ist es konsequent, die Bedarfsplanung als Grundlage dieser Maßnahmen überwiegend beim ÜNB zu belassen.[74] Hierbei ist allerdings zu beachten, dass die Kosten von Netzausbaumaßnahmen durch die BNetzA regelmäßig als Investitionsmaßnahmen im Sinne der ARegV genehmigt und auf diesem Wege in die Netzentgelte hinzuaddiert werden.[75] Dadurch erhalten die ÜNBs einen gesicherten Mittelrückfluss. Deshalb ist der Netzausbau einem ÜNB fast ausnahmslos wirtschaftlich zumutbar. Dies relativiert allerdings nicht die Überlegung, die Planungskompetenz zu einem weitgehenden Teil bei den ÜNBs einzuordnen. Denn sie weisen zu Leitungsvorhaben und damit dem Planungsobjekt eine größere Sachnähe auf, als dies bei der BNetzA der Fall ist. Insofern ist das genaue Verhältnis der betrieblichen und staatlichen Planungsbeteiligten klärungsbedürftig.

Als weitere Herausforderung der Bedarfsplanung ist die Integration und Abstimmung mit der Stromerzeugung zu sehen. Aufgrund der Trennung von Stromerzeugung und -transport durch das 3. Binnenmarktpaket und das Aufkommen vieler Betreiber von mengenmäßig relativ kleinen Erzeugungsanlagen der erneuerbaren Energien ist es notwendig, die verschiedenen Planungen zusammenzubringen. Ein erhebliches Augenmerk ist diesbezüglich auf die staatlichen Vorgaben zu richten, beispielsweise die energiepolitischen Ziele der Bundesregierung, welche den Szenariorahmen des § 12a Abs. 1 S. 2 EnWG erheblich beeinflussen.

1. Das notwendige Verhältnis von betrieblichen Interessen zur teilweise staatlichen Bedarfsplanung

Grundsätzlich ist es nicht unproblematisch, eine Planung durchzuführen, welche primär durch private Unternehmen erfolgt, sodann aber in ein Gesetz über den Bundesbedarfsplan mündet. Schon bei Verabschiedung des EnLAG wurde der objektive Bedarf an den im Gesetz aufgeführten Vorhaben kritisch hinterfragt, da ein nicht

73 Siehe zur wirtschaftlichen Zumutbarkeit bei Optimierungs-, Verstärkungs- und Ausbaumaßnahmen von Energieversorgungsnetzbetreibern § 11 Abs. 1 S. 1 EnWG; zu diesen Betreibern gehören auch ÜNBs gemäß § 3 Nr. 4 Alt. 1 i.V.m. Nr. 2 EnWG.

74 Ähnlich die Darstellung für die deutsche und europäische Ebene: *Weyer*, Wer plant die Energienetze?, in: Baur u.a. (Hrsg.), FS Kühne, 423 (427f.).

75 Dies geschieht, indem die Investitionsmaßnahmen als nicht beeinflussbare Kosten in die Erlösobergrenze einbezogen werden, welche die Grundlage der Netzentgelte bildet, siehe hierzu § 17 Abs. 1 i.V.m. § 32 Abs. 1 Nr. 1 sowie § 4 Abs. 1, § 11 Abs. 2 S. 1 Nr. 6, § 23 Abs. 1 S. 1, 2 ARegV.

unwesentlicher Einfluss der ÜNBs vermutet wurde.[76] So ist es auch in der geltenden Bedarfsplanung durchaus zweifelhaft, ob eine teilweise staatliche Planung, gepaart mit einer betrieblichen Ausbaupflicht, zu einer gänzlich objektiven Darstellung von Daten und Informationen seitens der ÜNBs führt.[77] Dieses Problem wird zwar im Wesentlichen erst auf nationaler Ebene sichtbar, namentlich im gesetzlichen Bundesbedarfsplan, doch ist dabei auch die Unionsebene zu berücksichtigen, welche den gemeinschaftsweiten NEP erstellt und dadurch einen gewissen Einfluss auf nationale Planungen ausübt.

a) Die Gewährleistung einer objektiven Bedarfsplanung durch die BNetzA

In der Tat mutet es seltsam an, dass in der Bedarfsplanung zunächst die ÜNBs die energiepolitischen Ziele der Bundesregierung im Szenariorahmen berücksichtigen und damit faktisch ein Stück weit konkretisieren sollen[78] und dies erst nachgelagert durch die BNetzA überprüft wird.[79] Alternativ zum geltenden Recht wäre es zu überlegen, die Vorgabe eines Szenariorahmens einschließlich der Interpretation[80] der energiepolitischen Ziele der Bundesregierung durch die BNetzA vorgeben zu lassen; auf diesem Szenariorahmen würden sodann weiterhin die von den ÜNBs zu erstellenden (Offshore-)NEPs aufbauen. Dadurch wäre erstens die Objektivität des Szenariorahmens gewahrt und zweitens ein Eingriff in die wirtschaftliche Freiheit der ÜNBs kaum gegeben, da die Netzentwicklung in diesem Stadium noch äußerst abstrakt ist.

Freilich lässt dies noch die Frage unberücksichtigt, inwieweit ein inhaltlich stimmiges Energiekonzept der Bundesregierung existiert[81] und wie dieses rechtlich beschaffen sein sollte.[82] Jedenfalls lässt sich schon jetzt festhalten, dass das Energiekonzept der Bundesregierung und damit einhergehend die „energiepolitischen Ziele

76 Eine solche Vermutung äußernd *Hermes*, § 7. Planung von Erzeugungsanlagen und Transportnetzen, in: Schneider / Theobald (Hrsg.), Recht der Energiewirtschaft, 3. Aufl., Rn. 47.

77 Vgl. schon *Wegner*, Regulierungsfreistellungen für neue Elektrizitäts- und Erdgasinfrastrukturen, S. 112.

78 § 12a Abs. 1 S. 1, 2 EnWG.

79 Die BNetzA genehmigt als Regulierungsbehörde den Szenariorahmen gemäß § 12a Abs. 3 i.V.m. § 54 Abs. 1 EnWG.

80 Kritisch zur Frage, inwieweit die BNetzA eigenständig energiepolitische Überlegungen anstellen darf *Hermes*, EnZW 2013, 395 (400).

81 Siehe zu verschiedenen Vorstellungen in den Fachressorts, welche an dem Energiekonzept mitwirken und zu einer nur bedingten Aktualität des 2010 erstellten Energiekonzeptes *Durner*, NuR 2012, 369 (371f.).

82 Siehe auch zur notwendigen Beschaffenheit des Szenariorahmens und der energiepolitischen Ziele der Bundesregierung hinsichtlich der Energieerzeugung „2. Kapitel II. 2. b)".

der Bundesregierung" im Sinne des § 12a Abs. 1 S. 2 EnWG weitgehend konkret sein sollten, da sie ansonsten der Planung der ÜNBs einen möglicherweise ungewollten Gestaltungsspielraum geben könnten. Denn verständlicherweise müssen die ÜNBs zunächst die Interessen ihrer Eigentümer vertreten. So läge ein Interessenkonflikt bei der betrieblichen Auslegung der energiepolitischen Ziele der Bundesregierung beispielsweise auf der Hand, falls die Bundesregierung von den Verbrauchszentren abseits gelegene Erzeugungsanlagen bevorzugen würde und dadurch wesentlich längere Leitungen erforderlich wären, als die ÜNBs zu finanzieren bereit sind. Dies unterstreicht erstens die Notwendigkeit genauer energiepolitischer Ziele und zweitens die notwendige Flankierung der Kontrollmöglichkeiten dieser Ziele durch die BNetzA. Eine Voraussetzung für den zuletzt genannten Punkt ist nicht zuletzt eine ausreichende Ausstattung der Behörde mit fachkundigem Personal.[83] Sollte dennoch eine objektive Kontrolle nicht möglich sein, so käme tatsächlich die oben beschriebene staatliche Vorgabe eines Szenariorahmens in Betracht.

Die genannten energiepolitischen Ziele der Bundesregierung müssen zudem nicht nur weitgehend konkret sein, sondern bedürfen ebenso einer Verlässlichkeit in zeitlicher Hinsicht. Der Leitungsausbau, der oftmals zehn Jahre dauert und auf vier bis fünf Jahre verkürzt werden soll,[84] braucht aufgrund seiner Dauer verlässliche Bezugsgrößen. Sofern dies möglich ist, sollten die energiepolitischen Ziele einer Bundesregierung daher aus einem parteiübergreifenden Konsens resultieren, um bei einem Regierungswechsel die Bedarfsplanung im Wesentlichen zu erhalten.[85] Eine vorausschauende gesicherte Bedarfsplanung ist aufgrund der komplexen Materie ohnehin schwierig. Dafür kann beispielsweise auf das Vorhaben Nr. 22 des EnLAG-Bedarfsplans aus dem Jahr 2009 hingewiesen werden, welches die Umrüstung der Leitung Weier-Villingen betraf. Im Verfahren zur Aufstellung des NEP 2012 und damit bereits drei Jahre später wurde dieses Vorhaben von den ÜNBs als nicht mehr notwendig für die weitere Netzentwicklung erachtet.[86] In der Folge reagierte der Bundesgesetzgeber und es wurde aus dem EnLAG-Bedarfsplan gestrichen.[87]

---

83 Der Bundesgesetzgeber hat ausweislich der Gesetzesbegründung den personellen Mehrbedarf der BNetzA als Regulierungsbehörde erkannt – zumindest bei dem durch das Unionsrecht vorgegebenen nationalen NEP – *BT-Drucks. 17/6072,* Gesetzentwurf zur Neuregelung energiewirtschaftsrechtlicher Vorschriften, S. 47.

84 So die Absicht der Gesetzesbegründung in der *BT-Drucks. 17/6073,* Gesetzentwurf zur Beschleunigung des Netzausbaus, S. 22.

85 *Hermes,* ZUR 2014, 259 (266) sieht dieses Problem in ähnlicher Weise und fordert unter anderem die energiepolitischen Ziele der Bundesregierung als bindenden Beschluss etwa gegenüber der BNetzA zu erlassen.

86 *50Hertz Transmission GmbH u. a.,* NEP 2012, 1. Entwurf der ÜNBs, S. 96, 148. Siehe zudem die gemäß § 3 EnLAG erfolgte Unterrichtung des Deutschen Bundestages *BT-Drucks. 17/11871,* Bericht nach § 3 EnLAG, S. 2.

87 Art. 3 Zweites Gesetz über Maßnahmen zur Beschleunigung des Netzausbaus Elektrizitätsnetze vom 23. Juli 2013, BGBl. 2013, I, S. 2543.

Neben der Auslegung der energiepolitischen Ziele der Bundesregierung und deren Überprüfung ist es in der Bedarfsplanung ebenso wichtig, eine objektive behördliche Kontrolle von Anträgen, welche durch die ÜNBs eingereicht werden und auf die Aufweisung der Systemrelevanz von Erzeugungs- und Speicherungsanlagen gerichtet sind, zu gewährleisten.[88] Da eine solche genehmigte Ausweisung bei einer geplanten endgültigen Stilllegung zu einer Pflicht des Betreibers zur Sicherstellung der Weiterverfügbarkeit der Anlage führt,[89] haben die ÜNBs hier – eine nicht nur vorübergehende[90] – indirekte Möglichkeit der Bedarfssteuerung. Dadurch könnten sich Bedarfsausweisungen der Netzplanung verringern, da vorhandene Erzeugungs- und Speicherungsanlagen bereits an das Netz angeschlossen sind, und folglich eine geringere Ausbauverpflichtung nach sich ziehen. Daher ist eine genaue Prüfung durch die für die Antragsgenehmigung zuständige BNetzA[91] notwendig; dies ist im Übrigen schon deshalb angezeigt, weil die ÜNBs dabei eventuell als staatlich Beliehene auftreten[92] und ihren Angaben daher besonderes Gewicht zukommen kann.

Im Ergebnis lässt sich nunmehr feststellen, dass fundierte energiepolitische Vorgaben der Politik für die Bedarfsplanung und den vom Bundesgesetzgeber nach § 12e Abs. 4 S. 1 EnWG als Gesetz zu erlassenden Bundesbedarfsplan entscheidend sind. Denn eine wesentliche Änderung des Entwurfs für den Bundesbedarfsplan ist im Gesetzgebungsverfahren unwahrscheinlich.[93] Zugleich sind objektive Kontrollen der BNetzA bei den Angaben der ÜNBs in den aufgezeigten Bereichen zu gewährleisten.

b) Die Gewährleistung eines objektiven gemeinschaftsweiten NEPs durch die EU-Kommission und ACER

Eine wesentliche Herausforderung für die nationale Bedarfsplanung ist der gemeinschaftsweite NEP. Dieser wird im ENTSO (Strom)[94] alle zwei Jahre als zehnjähriger

88 Diese Anträge, ihre Prüfung und Rechtsfolgen sind geregelt in § 13b Abs. 5 EnWG.

89 § 13b Abs. 5 S. 11 EnWG.

90 Diese Möglichkeit ist nicht mehr nur vorübergehend. Zwar sollte die Vorgängerregelung des § 13a EnWG a.F. zum 1. Januar 2018 aufgehoben werden, siehe dazu Art. 8 Abs. 2 i.V.m. Art. 2 Drittes Gesetz zur Neuregelung energiewirtschaftsrechtlicher Vorschriften vom 20. Dezember 2012, BGBl. 2012, I, S. 2730. Diese „Aufhebungsvorgaben" wurden mittlerweile ihrerseits aufgehoben durch Art. 11 Strommarktgesetz.

91 § 13a Abs. 2 S. 2 EnWG.

92 Die Rolle der ÜNBs so einordnend *Wolfers / Wollenschläger*, N&R 2013, 251 (253f.), die dies auch hinsichtlich der Befugnisse der ÜNBs aus § 13 EnWG annehmen.

93 So zunächst schon *Durner*, NuR 2012, 369 (372). Im Ergebnis auch *Hermes*, EnZW 2013, 395 (400), der den Gesetzgeber im geltenden Planungsgefüge in einer reinen Gesetzeserlassfunktion mit wenig eigenem Gestaltungsspielraum am Ende des Planungsprozesses sieht.

94 Zur Rolle von ENTSO (Strom) detaillierter „2. Kapitel IV. 1. a)".

Netzentwicklungsplan erarbeitet[95] – bei ENTSO (Strom) handelt es sich um den unionsrechtlich vorgegebenen Zusammenschluss[96] sämtlicher europäischer ÜNBs in einem „Europäische[n] Netz der Übertragungsnetzbetreiber (Strom)“[97] zur Erfüllung bestimmter netzbezogener Tätigkeiten.[98]

Der gemeinschaftsweite NEP beruht zwar unter anderem auf Ausbauverpflichtungen der nationalen ÜNBs,[99] die sich etwa aus den zehnjährigen NEPs[100] der nach den Vorschriften über den ITO (Independent Transmission Operator) entflochtenen ÜNBs ergeben.[101] Doch unterliegen die Planungen der nationalen ÜNBs nur teilweise hoheitlichen Änderungsanordnungen ihrer heimischen Regulierungsbehörden, was von der jeweiligen Entflechtungsart des ÜNB abhängt.[102] Auch im weiteren Verlauf kann ACER,[103] die europäische „Agentur für die Zusammenarbeit der [nationalen] Energieregulierungsbehörden“[104], hinsichtlich des gemeinschaftsweiten NEPs nur Änderungsempfehlungen abgeben.[105] Dies ist insofern bedenklich, da der gemeinschaftsweite NEP wiederum in den nationalen zehnjährigen NEPs der ITOs zu berücksichtigen ist.[106] Denn auch wenn der gemeinschaftsweite NEP nicht bindend ist,[107] so wird die nationale Bedarfsplanung letztlich von einer europäischen Bedarfsplanung beeinflusst, welche betriebswirtschaftlicher Art ist und keiner durchgängigen behördlichen Kontrolle unterliegt. Neben der besagten

95 Art. 8 Abs. 3 lit. b Stromhandels-VO 2009.

96 Siehe zur Gründung dieser Institution Art. 5 Stromhandels-VO 2009. Siehe dazu schon „1. Kapitel I. 3.“.

97 So die amtliche Überschrift des Art. 4 Stromhandels-VO 2009. Diese Norm legt zugleich fest, dass „[a]lle Übertragungsnetzbetreiber“ am ENTSO (Strom) beteiligt sind.

98 Die „Aufgaben“ von ENTSO (Strom) sind in Art. 8 Stromhandels-VO 2009 aufgelistet.

99 Art. 8 Abs. 10 UntAbs. 1 lit. b Stromhandels-VO 2009 (ÜNBs fallen in dieser Vorschrift unter den Begriff „Investoren“) i.V.m. Art. 13, 22 Elektrizitäts-RL 2009.

100 Der zehnjährige NEP des ITO ist in Art. 22 Elektrizitäts-RL 2009 geregelt.

101 Zu dieser Entflechtungsart Art. 17–23 Elektrizitäts-RL 2009.

102 Dazu *Gundel,* § 23 Europäisches Energieverwaltungsrecht, in: Terhechte (Hrsg.), VerwR der EU, Rn. 44, 51, der diese Situation kritisch betrachtet.

103 Siehe vertieft zur Rolle von ACER im Planungsgefüge „2. Kapitel IV. 1. b)“. Eine Auflistung der Aufgaben von ACER findet sich in den Art. 5–11 ACER-VO.

104 Art. 1 Abs. 1 ACER-VO.

105 ACER kann bei mangelnder Kohärenz eine Änderungsempfehlung sowohl für den gemeinschaftsweiten Netzentwicklungsplan wie auch den nationalen NEP aussprechen, Art. 8 Abs. 11 S. 2 Stromhandels-VO 2009.

106 Art. 22 Abs. 5 S. 1 Elektrizitäts-RL 2009.

107 Siehe zur Unverbindlichkeit des gemeinschaftsweiten Netzentwicklungsplans Art. 8 Abs. 3 lit. b Stromhandels-VO 2009.

Berücksichtigungspflicht ist dies schon deshalb bemerkenswert, weil der gemeinschaftsweite NEP bereits konkrete Netzverknüpfungspunkte nennt.[108]

Einerseits wäre es zwar grundsätzlich möglich, die beschriebene Situation als vernachlässigbar zu betrachten, da das Unionsrecht die nationalen Regulierungsbehörden nur verpflichtet, die Übereinstimmung des nationalen zehnjährigen NEPs mit dem gemeinschaftsweiten NEP zu prüfen nicht aber diese herbeizuführen[109] – obwohl der nationale Gesetzgeber dies als strengere Anforderung bei der Umsetzung von Art. 22 Abs. 5 Elektrizitäts-RL 2009 einführen könnte. Diese Vernachlässigbarkeit könnte auch deshalb angenommen werden, weil ein nationaler zehnjähriger NEP durch das Unionsrecht nur für den ITO und damit nicht unbedingt flächendeckend für alle nationalen ÜNBs angeordnet ist. Andererseits ist ein zumindest faktischer Einfluss des gemeinschaftsweiten NEPs auf den nationalen NEP und damit letztlich auf den Bundesbedarfsplan nicht von der Hand zu weisen. Aus der Sicht der deutschen Bedarfsplanung wäre es daher notwendig, eine Änderungsbefugnis des gemeinschaftsweiten NEPs durch ACER oder die EU-Kommission zu etablieren, welche sich an der entsprechenden Befugnis der nationalen Regulierungsbehörden hinsichtlich des ihnen vorgelegten nationalen NEPs aus Art. 22 Abs. 5 S. 3 Elektrizitäts-RL 2009 orientieren könnte. Dadurch ließe sich eine mögliche Konterkarierung der nationalen Bedarfsplanung durch den gemeinschaftsweiten NEP auf effektivere Weise verhindern. Selbstverständlich würde der gemeinschaftsweite NEP sodann weiterhin unverbindlich gegenüber den nationalen NEPs bleiben.

2. Die Einbindung der Stromerzeugung

Die Ausbauplanung der Stromerzeugung ist gegenüber der Netzplanung vergleichsweise gering ausgeprägt. Ein Grund hierfür kann in der Ansicht liegen, „eine Bedarfsplanung für Energieerzeugungsanlagen [stelle] in einem wettbewerblich organisierten Markt einen Fremdkörper dar[...]"[110]. Diese Überlegung konnte vor Erlass des Entflechtungsregimes des 3. Binnenmarktpakets (Trennung von Erzeugung und Netz) und vor der nationalen EnWG- und NABEG-Gesetzgebung seit dem Jahr 2011 zu einem gewissen Teil überzeugen, doch stößt sie bei der geltenden

108 Siehe zur Ausweisung dieser Netzverknüpfungspunkte *ENTSO (Strom)*, Gemeinschaftsweiter Netzentwicklungsplan 2012, S. 98–171.

109 Siehe Art. 22 Abs. 5 Elektrizitäts-RL 2009, der nur eine Prüfpflicht vorschreibt und bei Zweifeln über die Vereinbarkeit der beiden Pläne die Anrufung von ACER bestimmt – abgesehen von dem in der Regelung vorgesehen Änderungsverlangen, welches die nationale Regulierungsbehörde an die ÜNBs richten kann.

110 So zunächst *Hermes*, § 7. Planung von Erzeugungsanlagen und Transportnetzen, in: Schneider / Theobald (Hrsg.), Recht der Energiewirtschaft, 3. Aufl., Rn. 40; diese Überlegungen erfolgten allerdings noch vor den energierechtlichen Gesetzgebungsakten seit dem Jahr 2011.

Bedarfsplanung des Netzes an ihre Grenzen, unter anderem da der Netzplanung verlässliche Bezugsgrößen fehlen.[111]

So verwundert es nicht, dass im Szenariorahmen des § 12a EnWG zunächst Annahmen über die zukünftige Erzeugung zu treffen sind.[112] Für diese kann freilich auf gewisse staatlich gewünschte Ziele zurückgegriffen werden, etwa auf die im EEG[113] und nunmehr im EEG 2014[114] anvisierten Versorgungsquoten aus erneuerbaren Energien. In einem nächsten Schritt wird im NEP[115] eine „Regionalisierung"[116] der angenommenen Erzeugungsleistungen[117] getroffen, um den geographischen Bedarf des Übertragungsnetzes ermitteln zu können.[118] Aufgrund einer fehlenden länderübergreifenden raumordnerischen Planung von Erzeugungsanlagen in Deutschland müssen in der Praxis „Prognoseverfahren"[119] verwendet werden und es wird auf

111 So nunmehr *Hermes,* EnZW 2013, 395 (401f.); ausführlicher *Hermes,* ZUR 2014, 259 (260f.).

112 § 12a Abs. 1 S. 4 EnWG. Siehe für die Praxis *BNetzA,* Genehmigung des Szenariorahmens für den NEP 2012, S. 2f.

113 Siehe dazu *BNetzA,* Genehmigung des Szenariorahmens für den NEP 2014 und Offshore-NEP 2014, S. 50 mit Verweis auf die Ziele des § 1 Abs. 2 EEG. Die Schwächen des EEG hinsichtlich einer Erzeugungsplanung aufzeigend *Hermes,* ZUR 2014, 259 (263).

114 Siehe *BNetzA,* Genehmigung des Szenariorahmens für den NEP 2015 und Offshore-NEP 2015, S. 109–112 mit Verweis auf die Ziele in § 1 Abs. 2 EEG 2014.

115 Für den Meeresbereich wird bereits in den Szenariorahmen eine gewisse Regionalisierung vorgenommen, indem eine Zuteilung der Erzeugung für die Küstengebiete und die AWZ der Nord- und Ostsee erfolgt, siehe *BNetzA,* Genehmigung des Szenariorahmens für den NEP 2014 und Offshore-NEP 2014, S. 86f. Aufgreifend *BNetzA,* Bestätigung des Offshore-NEP 2013, S. 32–35.

116 So die gängige Bezeichnung durch die BNetzA, beispielsweise bei *BNetzA,* Genehmigung des Szenariorahmens für den NEP 2014 und Offshore-NEP 2014, S. 86.

117 In Zukunft könnte das für das Jahr 2017 geplante und nach § 111e f. EnWG zu errichtende Marktstammdatenregister eine Erleichterung bringen, da darin öffentlich-rechtliche Zulassungen für Anlagen – § 111f Nr. 3 EnWG – aufzunehmen sind, noch bevor diese Strom erzeugen und sie dadurch für die Planung schon sichtbar sind. Siehe hierzu *BT-Drucks. 18/7317,* Gesetzentwurf zum Strommarktgesetz, S. 128–131.

118 Siehe dazu etwa die Darstellung und Ablaufbeschreibung bei *BNetzA,* Bestätigung des NEP 2012, S. 15–17. Auf die Vornahme einer Regionalisierung erst im Rahmen der Netzentwicklungsplanung hinweisend *BNetzA,* Genehmigung des Szenariorahmens für den NEP 2014 und Offshore-NEP 2014, S. 87.

119 *BNetzA,* Bestätigung des NEP 2013, S. 17.

diesbezügliche „Ertragspotentiale“[120] wie auch vorhandenes Datenmaterial, etwa „ausgewiesene Flächennutzung“[121], Bezug genommen.

Die vorhandenen Regelungen können für keinen der beiden Planungsschritte überzeugen, da sie weder für die zukünftige Erzeugung noch für die nachfolgende Regionalisierung verlässliche Vorgaben machen, die zumindest ein bestimmtes Maß an Planungssicherheit für die Bedarfsplanung des Übertragungsnetzes zu gewährleisten vermögen.

a) *Überlegungen zu Marktdesign und Kapazitätsmechanismen*

Die Ermittelbarkeit der zukünftigen Erzeugungsleistung und -struktur ist eng verbunden mit der Diskussion über vorhandene und notwendige Marktstrukturen, ihre rechtliche Beschaffenheit und der Rolle des Staates. Für diese Diskussion wird häufig der Begriff des „Marktdesigns“ herangezogen,[122] der zwar nicht rechtlich definiert ist, auf den aber vorliegend zurückgegriffen werden soll.

Eine wesentliche Frage dreht sich dabei um die Schaffung gesicherter Erzeugungsleistungen in der Zukunft.[123] Dies resultiert erstens aus dem erhöhten Anteil von erneuerbaren Energien an der Stromversorgung, der mit natürlichen Unwägbarkeiten verbunden ist,[124] und zweitens aus den gesetzlich festgelegten Stilllegungen von Kernkraftwerken.[125] Zur Lösung des Problems werden sogenannte Kapazitätsmechanismen vorgeschlagen, was systematisch betrachtet eine Teilmenge

---

120 Die BNetzA erwartet von den ÜNBs, diesen Aspekt in Zukunft verstärkt bei der Netzentwicklungsplanung zu berücksichtigen, dazu *BNetzA*, Genehmigung des Szenariorahmens für den NEP 2014 und Offshore-NEP 2014, S. 89. Zu beachten ist zugleich die sukzessive Ausschreibung der finanziellen Förderung von Grubengas- und EE-Strom nach § 2 Abs. 5 EEG 2014. Die mit den Ausschreibungen einhergehenden unterschiedlichen Ertragspotentiale bedingen für sich bereits mittel- und langfristig eine regionale Steuerung von Erzeugungsanlagen. Das System der Ausschreibungen erweiternd § 2 Abs. 3 S. 1 Gesetz für den Ausbau erneuerbarer Energien (Erneuerbare-Energien-Gesetz – EEG 2017) vom 21. Juli 2014, (EEG 2017), BGBl. 2014, I, S. 1066.

121 *BNetzA*, Bestätigung des NEP 2013, S. 17.

122 Siehe als Beispiel der Verwendung des Begriffs in der parlamentarischen Diskussion *BT-Drucks. 18/281*, Sondergutachten des Sachverständigenrates für Umweltfragen, S. 39, und als Beispiel in der wirtschaftswissenschaftlichen Literatur *Maurer u. a.*, ET 2012, 32 (32).

123 Zu den vorhandenen gesetzlichen Regelungen der Versorgungssicherheit *Hofmann*, EnZW 2014, 51 (51–53).

124 *BT-Drucks. 18/281*, Sondergutachten des Sachverständigenrates für Umweltfragen, S. 28.

125 § 7 Abs. 1a S. 1 AtomG. Siehe dazu auch *BT-Drucks. 18/281*, Sondergutachten des Sachverständigenrates für Umweltfragen, S. 46. Beachte, dass § 7 Abs. 1a S. 1 AtomG nach Maßgabe der Urteilsgründe des BVerfG mit dem GG unvereinbar ist, aber bis zur gesetzlichen Neuregelung anwendbar bleibt, *BVerfG*, Urteil vom

des zukünftigen Marktdesigns darstellt. Der Sachverständigenrat für Umweltfragen sieht einen (vorübergehenden)[126] Bedarf an einem „Kapazitätsmechanismus", den er „als Oberbegriff für verschiedene Instrumente zur finanziellen Unterstützung von Kraftwerken" beschreibt[127] – auch diese Beschreibung soll im Rahmen der vorliegenden Arbeit zu Grunde gelegt werden. Dabei identifiziert er zwei grundlegende Ansichten in der Diskussion, erstens „Kapazitätsmärkte", bei denen „allein die Bereitstellung von Kapazität honoriert wird", und zweitens „strategische Reserven", welche „eine Ausschreibung für die Bereitstellung von Reservekapazität" darstellen;[128] diesbezüglich empfiehlt er vorerst die zuletzt genannte Option als ein weniger einschneidendes Mittel in den Markt, welches durch andere Instrumente ergänzt werden solle.[129] Der Gesetzgeber hat sich mit dem „Strommarktgesetz"[130] für eine sogenannte Kapazitätsreserve entschieden.[131] Dies ist eine Kapazitätsbeschaffung durch wettbewerblich organisierte Ausschreibungen oder gleichwertige wettbewerbliche Verfahren, § 13e Abs. 2 S. 1 EnWG.[132] Zeitgleich wurden die Regelungen zur sogenannten Netzreserve entfristet und erweitert, durch welche bestimmte Erzeugungsanlagen nicht stillgelegt werden dürfen.[133]

Unabhängig von der Art des Marktdesigns wie auch der möglichen Einführung und Auswahl konkreter Kapazitätsmechanismen wird die Notwendigkeit einer gesetzgeberischen Flankierung des Erzeugungsausbaus und der Erzeugungsstruktur deutlich. Diesbezüglich stellt sich die Frage nach der erforderlichen Beschaffenheit solcher Vorgaben.

b) Die Beschaffenheit einer teilweise staatlichen Erzeugungsplanung

Für eine Erzeugungsplanung wird etwa in der Wissenschaft der folgende – hier leicht vereinfachte – Ansatz unterbreitet: Demnach müsste zunächst die Erstellung eines Szenariorahmens durch die Bundesregierung unter Berücksichtigung ihrer energiepolitischen Ziele erfolgen und darauf aufbauend die Erarbeitung eines

6. Dezember 2016 – 1 BvR 2821/11, 1 BvR 321/12 und 1 BvR 1456/12, BGBl. 2016, I, S. 3451.

126 Zu den Gründen eines vorübergehenden Bedarfs *BT-Drucks. 18/281,* Sondergutachten des Sachverständigenrates für Umweltfragen, S. 45.

127 Zitate von *BT-Drucks. 18/281,* Sondergutachten des Sachverständigenrates für Umweltfragen, S. 50.

128 Zitate von *BT-Drucks. 18/281,* Sondergutachten des Sachverständigenrates für Umweltfragen, S. 50f.

129 *BT-Drucks. 18/281,* Sondergutachten des Sachverständigenrates für Umweltfragen, S. 51f.

130 Gesetz zur Weiterentwicklung des Strommarktes (Strommarktgesetz) vom 26. Juli 2016, (Strommarktgesetz), BGBl. 2016, I, S. 1786.

131 *BT-Drucks. 18/7317,* Gesetzentwurf zum Strommarktgesetz, S. 4.

132 Die Details werden durch Rechtsverordnung nach § 13h EnWG festgelegt.

133 §§ 13a-d EnWG, entfristet bzw. reformiert durch Art. 1, 11 Strommarktgesetz.

„Erzeugungsentwicklungsplan[s]“ durch die BNetzA vorgenommen werden;[134] dieser Erzeugungsentwicklungsplan würde zugleich mit dem NEP angefertigt werden, sodann in einen gesetzgeberischen „Bundesbedarfsplan Energie“ münden und anschließend – unter anderem – durch „Kapazitätsmechanismen“ und eine „Standortplanung“ der Länder ergänzt werden.[135]

Der große Vorteil der voranstehenden Überlegung läge in der einheitlichen Erarbeitung der Bedarfsplanungen von Stromerzeugung und Stromübertragung. Nach geltendem Recht geschieht dies zwar bereits im Rahmen des Szenariorahmens für die NEPs, allerdings nur in beschränktem Maße.[136] Ein weiterer Vorteil könnte in der Konkretisierung des Szenariorahmens durch die Bundesregierung gesehen werden, da es die bereits angesprochene Schwäche einer Interpretation der energiepolitischen Ziele der Bundesregierung durch die ÜNBs[137] weitgehend unterbinden würde, auch wenn diese weiterhin an der Erarbeitung des Szenariorahmens beteiligt blieben.[138]

Jedoch würde durch den vorliegenden Vorschlag ein wesentliches Problem des Erzeugungsmarktes nicht gelöst werden, namentlich die Frage nach einem Ausbauverpflichteten oder zumindest Ausbauwilligen als Planungsadressaten.[139] Im Gegensatz zum Übertragungsnetz[140] gibt es nämlich bei der Anlagenplanung keine natürliche oder juristische Person, welche zum Ausbau verpflichtet wäre. Einerseits könnte man nur die bestehenden und größeren Anlagenbetreiber einbeziehen, um eine zügige und zu bewältigende Bedarfsplanung mit der Aussicht auf die tatsächliche Umsetzung der Planung zu erhalten. Andererseits könnte dies zu einer ungewollten Marktkonzentration und der Verdrängung kleinerer Anlagenbetreiber führen.[141] Daher ist es notwendig, erstens tatsächliche und potentielle Anlagenbetreiber in die Erzeugungsplanung einzubeziehen[142] und zweitens auf einen Verbändezusammenschluss kleiner Anlagenbetreiber hinzuwirken, so dass die zuletzt genannten im selben Maße an der Planung mitarbeiten können. Eine Schwäche dieser Überlegung ist allerdings, dass bei einem Verbändezusammenschluss stets

134 Überlegung und Zitate von *Hermes,* ZUR 2014, 259 (269).

135 Überlegung und Zitate von *Hermes,* ZUR 2014, 259 (269).

136 Siehe bereits oben „2. Kapitel II. 2.“.

137 Zu dieser Problematik „2. Kapitel II. 1. a)“.

138 Zur Ausgestaltung der Erstellung des Szenariorahmens *Hermes,* ZUR 2014, 259 (269).

139 Auf dieses Problem seines Vorschlags selbst hinweisend und dabei auch auf die fehlende Ausbaupflicht von Energieversorgungsunternehmen eingehend *Hermes,* ZUR 2014, 259 (267).

140 Siehe dazu bereits „2. Kapitel I. 3. a)“.

141 Siehe zu ähnlichen Überlegungen bei der Einbindung der Erzeugungsplanung auf Unionsebene „2. Kapitel IV. 5. b) aa)“.

142 Dies zumindest hinsichtlich der Ausgestaltung des von ihm vorgeschlagenen Szenariorahmens fordernd *Hermes,* ZUR 2014, 259 (269).

kartellrechtliche Probleme auftreten können und daher die Ausschreibung von Erzeugungskapazitäten eine ernsthafte Alternative darstellt.

Im Ergebnis ist eine teilweise staatliche Bedarfsplanung für die Stromerzeugung empfehlenswert, die in ihrem Verlauf zu einem gewissen Zeitpunkt durch die BNetzA mit der Netzentwicklungsplanung abgestimmt werden sollte.

c) Einfluss der Unionsebene

Die Unionsebene übt rechtlich wie auch faktisch einen Einfluss auf das nationale Marktdesign und eine mögliche Erzeugungsplanung aus.

So schreibt bereits die Elektrizitäts-RL 2009 mitgliedstaatliche Ausschreibungsverfahren für neue Erzeugungskapazitäten zum Zwecke der Versorgungssicherheit vor, sofern dies durch andere Instrumente nicht möglich ist;[143] der entsprechenden Umsetzungsnorm des § 53 EnWG wurde allerdings in der jüngeren Vergangenheit bescheinigt, in der Praxis noch keine Bedeutung erlangt zu haben.[144] Trotz vorhandener Regelungen ist der rechtliche Einfluss der EU dennoch gering. Schon aufgrund des Souveränitätsvorbehalts des Art. 194 Abs. 2 UntAbs. 2 AEUV zu Gunsten der Mitgliedstaaten bei der Nutzung ihrer Energieressourcen, ihrer Energiequellenwahl und Versorgungsstruktur könnte die Unionsgesetzgebung nur bedingt die Bedarfsplanung der Stromerzeugung beeinflussen.[145] Dem nationalen Gesetzgeber verbleibt daher ein weitreichender Spielraum.[146]

Faktisch wird der inländische Erzeugungsbedarf durch den Grad der mitgliedstaatlichen Netzinterkonnektion beeinflusst. So wird durchaus argumentiert, dass die Versorgungssicherheit gewährleistet werden könne, sofern die Problematik auf europäischer und nicht auf nationaler Ebene bearbeitet und dabei das Übertragungsnetz mit einbezogen würde, was Kapazitätsmechanismen letztendlich obsolet

143 Art. 8 Elektrizitäts-RL 2009; in der Bestimmung ist alternativ zum Ausschreibungsverfahren die mitgliedstaatliche Einführung eines „gleichwertige[n] Verfahren[s]" eröffnet. Die Vorschrift war im Wesentlichen bereits in den vorangegangenen Binnenmarktpaketen vorhanden, siehe Art. 7 Richtlinie 2003/54/EG des Europäischen Parlaments und des Rates vom 26. Juni 2003 über gemeinsame Vorschriften für den Elektrizitätsbinnenmarkt und zur Aufhebung der Richtlinie 96/92/EG, (Elektrizitäts-RL 2003), ABl. EU 2003 L 176/37 und – allerdings ohne eine Subsidiarität gegenüber anderen Instrumenten – davor Art. 4, 6 Elektrizitäts-RL 96/92/EG.

144 So der Befund bei *Däuper / Voß*, ZNER 2012, 119 (121). Eine mögliche Anwendung in der Zukunft für „Offshore-Windkraft" diskutieren *Schulte-Beckhausen u. a.*, RdE 2014, 101 (106).

145 Dazu ausführlicher „2. Kapitel IV. 5. b) aa)". Siehe allgemein zur Reichweite dieser Bestimmung des AEUV *Gundel*, EWS 2011, 25 (27f.).

146 Zu den unionsrechtlichen Einschränkungen der mitgliedstaatlichen Energiepolitik *Ludwigs*, EnZW 2013, 483 (483ff.).

machen würde.[147] Einem solchen weitreichenden Ansatz stehen zwar erhebliche praktische Bedenken gegenüber, insbesondere die starken nationalen Interessen in diesem Bereich;[148] die EU-Kommission versucht nunmehr durch die Koordinierungsgruppe „Strom" diesbezüglich eine gewisse Moderation zu erreichen.[149] Doch selbst bei abweichenden Vorstellungen in der Energiepolitik zwischen den Mitgliedstaaten und der EU, welche auf längere Sicht, keinen umfassenden Energiebinnenmarkt ermöglichen dürften, kann eine verstärkte Netzinterkonnektion zu einem niedrigeren Bedarf an nationalem Erzeugungsausbau hinsichtlich der Versorgungssicherheit führen.[150] Dies ist freilich bei einer möglichen nationalen Strombedarfsplanung zu berücksichtigen.

d) Die notwendige Beschaffenheit des Szenariorahmens und der energiepolitischen Ziele der Bundesregierung

aa) Zusammenführung der energiepolitischen Ziele

Eine gelungene Bedarfsplanung der Stromerzeugung, welche mit der Bedarfsplanung der Netze abzustimmen wäre, erfordert zunächst eine weitreichende Reform des Szenariorahmens und der zu Grunde liegenden energiepolitischen Ziele der Bundesregierung. Zwar sind die „mittel- und langfristigen energiepolitischen Ziele der Bundesregierung" gemäß § 12a Abs. 1 S. 2 EnWG für den Szenariorahmen verbindlich.[151] Doch sind diese in keinem einheitlichen Plan oder Gesetz zusammengefasst. Stattdessen teilen sie sich auf verschiedene Konzepte und Gesetzgebungsakte auf.[152] Dies ist aus mehreren Gründen problematisch: Zunächst fehlt es

---

147 *Maurer u. a.*, ET 2012, 32 (32f., 36); diese merken an, dass als Voraussetzung hierfür die „Nachfrageseite robuster (elastischer)" werden müsse und es institutioneller Reformen auch auf europäischer Ebene bedürfe.

148 So verweisen auch *Maurer u. a.*, ET 2012, 32 (36) auf die „vorherrschende[...] Forderung nach nationaler Autarkie", welche einer europäischen Lösung entgegenstehe. Siehe vertiefend „2. Kapitel IV. 3.".

149 Siehe zur Einsetzung der Koordinierungsgruppe „Strom" und ihren Aufgaben die Art. 1 f. *EU-Kommission*, Beschluss zur Einsetzung der Koordinierungsgruppe „Strom", ABl. EU C 353/2. Dieses Gremium in den Kontext unterschiedlicher nationaler Vorstellungen zur Energieerzeugung setzend *Gundel*, Europäisches Energierecht, in: Danner / Theobald (Hrsg.), EnergieR-Kommentar, Bd. 2, Rn. 73 [Stand: Dezember 2013].

150 *BT-Drucks. 18/281*, Sondergutachten des Sachverständigenrates für Umweltfragen, S. 56f.

151 Problematisch ist, dass es sich hierbei um eine dynamische Verweisung des Gesetzgebers auf die Ziele der Bundesregierung handelt, ohne diese mit konkreten zeitlichen und inhaltlichen Vorgaben zu verknüpfen. Dies ist unter anderem hinsichtlich der verfassungsrechtlichen Anforderung des Wesentlichkeitsvorbehalts, welche zu Gunsten des Gesetzgebers besteht, kritisch zu betrachten.

152 Siehe die Übersicht bei *BNetzA*, Genehmigung des Szenariorahmens für den NEP 2014 und Offshore-NEP 2014, S. 50.

an der notwendigen Abstimmung der Ziele untereinander. Dies kann nicht durch den behördlichen Einfluss der BNetzA auf den Szenariorahmen der ÜNBs ausgeglichen werden.[153] Insofern verwundert es nicht, dass mitunter gefordert wird, die für den Szenariorahmen maßgeblichen Entscheidungen durch politische Akteure verabschieden zu lassen.[154] Überdies fehlt es bei einer Zersplitterung der energiepolitischen Ziele der Bundesregierung an Aktualität.[155] Daher ist es in einem ersten Schritt notwendig, die nationalen energiepolitischen Ziele zusammenzuführen, welche auf die Erzeugung und das Übertragungsnetz auszurichten sind.

bb) Die Frage nach der Zuständigkeit für den Szenariorahmen und die energiepolitischen Ziele

In einem zweiten Schritt ist zu klären, wie die Zuständigkeiten für den Szenariorahmen und die energiepolitischen Ziele zu verteilen sind. So wird beispielsweise vorgeschlagen, die Formulierung der energiepolitischen Ziele bei der Bundesregierung zu belassen und dieser zugleich die Zuständigkeit für den Szenariorahmen zu übertragen.[156] Die vorliegende Arbeit möchte stattdessen vorschlagen, die energiepolitischen Ziele durch den Bundesgesetzgeber verabschieden zu lassen und den Szenariorahmen – als Grundlage der Bedarfsplanung für die Erzeugung und das Netz – weiterhin in der Verantwortung der BNetzA zu belassen. Die Präferenz einer Verabschiedung der energiepolitischen Ziele durch den Bundesgesetzgeber lässt sich mit dem verfassungsrechtlich gebotenen Wesentlichkeitsvorbehalt zu Gunsten des parlamentarischen Gesetzgebers hinsichtlich der Bedeutung der zu treffenden Vorgaben erklären. Die Erstellung der energiepolitischen Ziele durch die Bundesregierung ist diesbezüglich nicht unproblematisch.

Dementsprechend sollte der Bundesgesetzgeber etwa die in der Öffentlichkeit kontrovers diskutierte Frage klären, ob die zukünftige Versorgung zentral oder dezentral zu gewährleisten ist.[157] Dabei wäre die Bundesregierung freilich nicht von der Planung ausgeschlossen. Denn hinsichtlich der auch für die Energieerzeugung

153 Ähnlich *Schneider*, EnZW 2013, 339 (341).

154 So etwa die Forderung von *Hermes*, EnZW 2013, 395 (400), der dies maßgeblich mit demokratischen Aspekten begründet. Ähnlich die Kritik bei *Durner*, NuR 2012, 369 (371f.).

155 Zur Problematik der Aktualität schon *Durner*, NuR 2012, 369 (371 m.w.N.), der dabei aber nicht auf die Zersplitterung der energiepolitischen Ziele abstellt. Zur Problematik – unter anderem – der Aktualität auch *Hermes*, EnZW 2013, 395 (400).

156 *Hermes*, ZUR 2014, 259 (266).

157 Siehe zu dieser Diskussion *BNetzA*, Genehmigung des Szenariorahmens für den NEP 2014 und Offshore-NEP 2014, S. 40–42; die BNetzA weist diesbezüglich darauf hin, dass die Entscheidung für eine dezentrale Erzeugung, das heißt nahe am Verbrauchsort, von der Politik zu treffen wäre. Allgemein auf die Kontroversen im Rahmen der Szenariorahmen und der Notwendigkeit diesbezüglicher politischer Entscheidungen hinweisend *Hermes*, EnZW 2013, 395 (400); erneut *Hermes*, ZUR 2014, 259 (266).

relevanten Raumordnungspläne des Bundesministeriums für Verkehr und digitale Infrastruktur für das Bundesgebiet und die AWZ[158] sollte eine frühzeitige Abstimmung zwischen der Bundesregierung und dem Bundesgesetzgeber stattfinden. Diesbezüglich ist die Diskussion beachtenswert, welche die Bedeutung einer frühzeitigen Abstimmung von Erzeugungsbedarfsplanung und Raumordnung herausstellt und sodann im Wege von Bundesraumordnungsplänen eine Vorgabe der benötigten Erzeugungskapazitäten und -standorte gegenüber den Bundesländern vorschlägt.[159] Für die Beibehaltung des Szenariorahmens in der Zuständigkeit der BNetzA spricht sodann, dass jene bereits mit diesem Instrument vertraut ist und eine erneute Zuständigkeitsänderung mit gleichzeitiger Auswirkung auf die Netzplanung vermieden werden sollte, um den erhofften Beschleunigungseffekt nicht zu gefährden.

e) Die Abstimmung der Erzeugungs- und Netzplanung zwischen Bund und Ländern

In einem nächsten Schritt wäre anschließend eine Regionalisierung der benötigten Erzeugungskapazitäten notwendig, welche für die Netzplanung herangezogen werden könnte. Diese sollte aus Gründen der Kontinuität und Wissenskonzentration weiterhin im Szenariorahmen der ÜNBs unter Genehmigungsvorbehalt der BNetzA einschließlich einer Öffentlichkeits- und Behördenbeteiligung stattfinden.[160]

Eine Regionalisierung der Erzeugungskapazitäten einzig im Szenariorahmen hätte zunächst keine Rechtswirkung gegenüber den Ländern. Eine solche Wirkung wäre zu einem gewissen Grad allerdings notwendig, um der BNetzA für die Netzplanung wie auch den Investoren für Erzeugungsanlagen ein bestimmtes Maß an Planungssicherheit zu gewährleisten. Hier sind zunächst die unterschiedlichen Interessenlagen des Bundes und vor allem der Länder zu betrachten und im Anschluss erste Lösungsansätze zu erörtern.

aa) Die Interessenlagen von Bund und Ländern

Da der Bund die Bedarfsplanungskompetenz für das Übertragungsnetz inne hat[161] und die Erzeugungsplanung bereits teilweise – unter anderem – im Wege des

---

158 Die Zuständigkeit des BMVI / BMVBS für diese Raumordnungspläne ist in § 17 Abs. 1 S. 1 bzw. Abs. 3 S. 1 Raumordnungsgesetz vom 22. Dezember 2008, (ROG), BGBl. 2008, I, S. 2986 festgehalten. Siehe zu diesen Plänen auch „3. Kapitel II. 1. a)".

159 Die verschiedenen Überlegungen zusammenfassend und weiterentwickelnd *Erbguth*, NVwZ – Extra 15/2013, 1 (2–6). Hierzu sogleich „2. Kapitel II. 2. e) bb)".

160 Siehe dazu erneut die Regelung des § 12a EnWG.

161 Die vorliegende Arbeit nimmt dies über die konkurrierende Gesetzgebungskompetenz des Art. 72 i.V.m. Art. 74 Abs. 1 Nr. 11 GG an. Demnach hat der Bund mit den §§ 12a ff. EnWG die Gesetzgebungskompetenz über die energiewirtschaftliche Bedarfsplanung des Netzes abschließend und unter Beachtung des Art. 72 Abs. 2

EEG 2014 erheblich beeinflussen kann,[162] ist es für ihn bedeutsam, keine Konterkarierung durch abweichende Landesplanungen zu erfahren. Hierunter fallen erstens konzeptionelle oder raumplanerische Abweichungen und zweitens solche landesplanerische Anforderungen, die über den reinen Vollzug von Bundesvorgaben hinausgehen und in eigenständige Vorgabenausweisungen umschlagen.[163]

Aus Sicht der Länder ist freilich eine gewisse Bedarfsausweisung von Erzeugungskapazitäten auf ihrem Hoheitsgebiet vorteilhaft, da mit heimischen Erzeugungsanlagen sowohl Beschäftigung, als auch Gewerbesteuereinnahmen und – zumindest bei verbrauchsnaher Erzeugung – vor allem ein geringerer Übertragungsnetzausbau und damit weniger Konflikte verbunden sind. Allerdings wird auch die Errichtung von Erzeugungsanlagen von Konflikten begleitet, weshalb jedes Bundesland ab einem gewissen Punkt keine weiteren Erzeugungsanlagen bei sich akzeptieren dürfte.

Insgesamt zeichnet sich ein Bild von durchaus unterschiedlichen Interessenlagen. Insofern ist der Befund verständlich, welcher mitunter divergierende Bundes- und Landesplanungen beim Ausbau von Erzeugungsanlagen sieht.[164] Dabei darf jedoch nicht übersehen werden, inwieweit der Bund und die Länder auch gemeinsame Ziele verfolgen. So herrscht etwa bei der Frage der Abkehr von Kernkraftwerken auf eine Umstellung hin zu erneuerbaren Energien ein weitgehender politischer Konsens dieser Ebenen.

bb) Die notwendigen Mittel der Raumordnung zwischen Bund und Ländern

Wie bereits erwähnt, gibt es Überlegungen über Raumordnungspläne des Bundes, verbindliche Kapazitäten (im Wege des § 17 Abs. 1 i.V.m § 2 Abs. 2 Nr. 6 S. 8 ROG) oder Standorte (im Wege des § 17 Abs. 2 ROG) der Energieerzeugung gegenüber den Ländern durch Bundesraumordnungspläne festzulegen und dafür etwa die Vorschrift des § 17 Abs. 2 ROG zu reformieren.[165] Ein Reformbedarf wäre angezeigt, da nach geltender Rechtslage dem zuerst genannten Plan nur eine relative

---

GG ausgeübt. Folglich wird vorliegend den Gesetzesbegründungen hinsichtlich der in Rede stehenden Gesetzgebungskompetenz zugestimmt, siehe *BT-Drucks. 17/6072,* Gesetzentwurf zur Neuregelung energiewirtschaftsrechtlicher Vorschriften, S. 46f., sowie *BT-Drucks. 17/10754,* Gesetzentwurf eines Dritten Gesetzes zur Neuregelung energiewirtschaftlicher Vorschriften, S. 18.

162 Auf den Umstand des bereits bestehenden Einflusses des Staates – einschließlich der Länder – auf die Stromerzeugung hinweisend auch *Hermes,* EnZW 2013, 395 (402).

163 Siehe beispielsweise zur Problematik des zweiten Punktes die Erörterungen bei *Appel,* UPR 2011, 161 (167f.).

164 Siehe einen solchen Befund bei *Spannowsky,* NuR 2013, 773 (775f.).

165 Die Ansätze zusammenfassend und weiterentwickelnd *Erbguth,* NVwZ – Extra 15/2013, 1 (3–6, 8f.).

Verbindlichkeit[166] und dem zuletzt genannten Plan keinerlei Bindungswirkung[167] gegenüber den Ländern zukommt.[168]

Der Vorteil einer solchen Vorgehensweise läge einerseits in einer stärkeren Kohärenz zwischen Bundes- und Landesplanung bei der Stromerzeugung und damit in verlässlichen Bezugsgrößen der Netzplanung. Dies würde auch durch eine Beteiligung der BNetzA und ihrer Expertise gewährleistet werden.[169] Andererseits stünde stets die Frage im Raum, ob die Länder von der raumordnungsrechtlichen Abweichungskompetenz des Art. 72 Abs. 3 S. 1 Nr. 4 GG Gebrauch machen könnten und würden.[170] Daher erscheint es durchaus praktikabel, auf die vorhandene Möglichkeit des § 17 Abs. 1 i.V.m § 2 Abs. 2 Nr. 6 S. 8 ROG für eine ungefähre Kapazitätsverteilung auf die Länder zurückzugreifen und einen politischen Konsens nicht durch verbindliche bundesrechtliche Vorgaben oder sogar Standortausweisungen zu gefährden.[171] Sofern ein politischer Konsens bestünde, wie er zudem bei der tiefgreifenden Veränderung der Erzeugung und des Netzes in Deutschland notwendig ist, dürften sich die Länder an einen folgenden – nicht strikt verbindlichen – Raumordnungsplan im Wesentlichen halten.[172] Daher kann und sollte das bestehende Mittel der Raumordnung angewendet werden. Hierzu wäre die BNetzA heranzuziehen, um eine Abstimmung mit der Netzplanung zu erreichen und die ihr möglicherweise zukommende Bedeutung in der Erzeugungsplanung zu stärken.

cc) Die Notwendigkeit eines politischen Konsens auf allen Planungsebenen

Die Flankierung rechtlicher Instrumente durch einen politischen Konsens konnte soeben hinsichtlich der Raumordnung im Verhältnis von Bund zu Ländern gezeigt werden. Eine solches Vorgehen wird darüber hinaus auf allen Ebenen notwendig sein. So verweist auch die BNetzA in der Genehmigung des Szenariorahmens 2013 auf die „‚Plattform Erneuerbare Energien'" – die sich unter anderem aus Bund und Ländern zusammensetzt –[173] und auf deren Arbeit hinsichtlich der Regionalisierung

166 Siehe zu dessen Eigenschaft als nicht abwägungsfest die Diskussion bei „3. Kapitel II. 1. a)".

167 Explizit § 17 Abs. 2 S. 2 ROG. *Runkel,* in: Spannowsky u.a. (Hrsg.), ROG-Kommentar, § 17 ROG Rn. 9, geht aber von einer gewissen „faktische[n] Wirkung" der Regelung aus.

168 Die Rechtswirkungen zusammenfassend *Erbguth,* NVwZ – Extra 15/2013, 1 (5f.).

169 Die Einbindung des Wissens der BNetzA wird auch vorgeschlagen von *Erbguth,* NVwZ – Extra 15/2013, 1 (9).

170 Vgl. *Erbguth,* NVwZ – Extra 15/2013, 1 (5 m.w.N.). Allgemein zu dieser Problematik bei § 17 Abs. 1 ROG-Raumordnungsplänen *Spannowsky,* UPR 2013, 54 (60).

171 Ablehnend gegenüber einer Heranziehung der ROG Instrumente *Hermes,* ZUR 2014, 259 (267f.), der dies unter anderem mit einer Präferenz für den weiteren Ausbau des Fachplanungsrechts im Energiebereich begründet.

172 Vgl. die ähnliche Einschatzung von *Spannowsky,* UPR 2013, 54 (60).

173 Detailliert zur Ausgestaltung *Bundesministerium für Wirtschaft und Energie,* Struktur und Konzept der Plattform Erneuerbare Energien, S. 1ff.

von Erzeugungskapazitäten.[174] Eine solche Initiative wäre freilich nicht notwendig, sofern die Planung durch einen schlichten Gesetzgebungsakt zu bewältigen wäre. Dieser Dialogprozess dürfte bei einem entsprechendem politischen Willen auf den verschiedenen Planungsebenen durchaus zielführend sein. Dabei lässt sich auf die Erfahrungen im Rahmen der Netzplanung zurückgreifen. Dort wurde von der BNetzA die Zusammenarbeit zwischen ihr und den Ländern bei der Entwurfserstellung zum ersten Bundesbedarfsplan als positiv bewertet[175] – dies schließt selbstverständlich gewisse Spannungen zwischen dem Bund und den Ländern bei der konkreten Vorhabenumsetzung in der nachfolgenden Bundesfachplanung nicht aus.[176] Es ist anzunehmen, dass eine solche Beurteilung bei divergierenden Ansichten über die Bedarfsplanung zwischen den föderalen Akteuren anders ausgefallen wäre, da die Länder hier weniger oder auch zeitlich verzögerter zugearbeitet hätten.

Der Versuch einer politischen Konsensfindung sollte nicht nur zwischen Bund und Ländern, sondern auch im Verhältnis der Länder untereinander bei der Bedarfsplanung von Erzeugungsanlagen stattfinden. Denn es wird durchaus argumentiert, dass es aufgrund der verschiedenen konzeptionellen Ausrichtungen der Länder in Energiefragen nur noch schwerlich zu einer raumplanerischen Abstimmung zwischen ihnen kommen könne.[177] Insofern ist eine politische Abstimmung der Energiekonzepte – zumindest hinsichtlich der Erzeugungskapazitäten – eine Voraussetzung, um das Abstimmungsgebot für Raumordnungspläne benachbarter Planungsräume des § 7 Abs. 3 ROG nicht nur partiell verwirklichen zu können.

Im Ergebnis ist die Notwendigkeit eines politischen Konsens zwischen den Planungsebenen von Bund und Ländern wie auch den Ländern untereinander festzuhalten. Damit dürfte die Bedeutung des Dialogs und der Koordinierung zunehmen.[178] Diese Folgerungen gelten in der Bedarfsplanung sowohl bezüglich Erzeugungskapazitäten als auch Übertragungsnetzen, die ohnehin beinahe untrennbar miteinander verbunden sind. Bei Erreichung des beschriebenen Konsens wären die rechtlichen Instrumente wesentlich einfacher zu erlassen und in der Praxis leichter umzusetzen.

---

174 Siehe – einschließlich des Zitats – *BNetzA*, Genehmigung des Szenariorahmens für den NEP 2014 und Offshore-NEP 2014, S. 87f.

175 *BNetzA*, Umweltbericht zum Bundesbedarfsplan-Entwurf 2012, S. 1.

176 Siehe dazu und zu den entsprechenden Lösungsansätzen „3. Kapitel II. 2. d)".

177 So der Befund von *Spannowsky*, NuR 2013, 773 (784).

178 Ähnlich *Plattform Erneuerbare Energien*, Bericht an die Bundeskanzlerin und die Ministerpräsidenten/innen, 2012, S. 4f.

III. Die Strategische Umweltprüfung (SUP)[179] in der Bedarfsplanung

Anders als noch beim Bedarfsplan des EnLAG geschehen, wird nunmehr eine SUP mit Umweltbericht[180] für den NEP und Offshore-NEP durchgeführt, sofern diese Pläne den Bundesbedarfsplan einleiten.[181] Da sich die obligatorische Durchführung dieses Verfahrens aus dem Unionsrecht ergibt,[182] wird dies im EnWG und UVPG lediglich umgesetzt und der deutsche Gesetzgeber kann die SUP nicht zur Disposition stellen. Ebenso ist ihre Abschaffung auf europäischer Ebene nicht vorstellbar, da das Unionsumweltrecht dort einen hohen Stellenwert einnimmt. Somit kommt es wesentlich auf die konkrete Ausgestaltung der einschlägigen Vorschriften an, wie diese gegebenenfalls verbessert und effizienter in die Planung integriert werden können.

1. Die SUP-Pflicht des Bundesbedarfsplans: Ablauf und Inhalt

Die BNetzA ist bereits vor der Fertigstellung des NEP und Offshore-NEP gehalten, im Rahmen der Strategischen Umweltprüfung einen Umweltbericht zu erstellen, § 12c Abs. 2 S. 1 EnWG, welcher den NEP und Offshore-NEP sowie damit einhergehend den Entwurf des Bundesbedarfsplans von Anfang an beeinflusst. Dieser Einfluss ergibt sich aus dem insoweit anwendbaren § 14k Abs. 2 UVPG,[183] der bei der Planaufstellung die Berücksichtigung des Umweltberichts anordnet. Das Verfahren einer SUP läuft typischerweise gemäß folgender Verfahrensschritte ab:[184]

1. Festlegung des Untersuchungsrahmens für die SUP und deren Umweltbericht
2. Erstellung des Umweltberichts unter Ermittlung, Beschreibung und Bewertung der voraussichtlichen erheblichen Umweltauswirkungen bei Plandurchführung und der vernünftigen Alternativen
3. Behörden- und Öffentlichkeitsbeteiligung am Plan und dessen Umweltbericht, gegebenenfalls grenzüberschreitend
4. Überprüfung des Umweltberichts anhand der Behörden- und Öffentlichkeitsbeteiligung
5. Berücksichtigung des überprüften Umweltberichts in der Planerstellung und bei Planänderung

---

179 Siehe für diese Abkürzung die Überschrift des Teil 3 aus dem Gesetz über die Umweltverträglichkeitsprüfung (UVPG) in der Fassung der Bekanntmachung vom 24. Februar 2010, (UVPG), BGBl. 2010, I, S. 94.

180 Siehe zum Umweltbericht § 12c Abs. 2 S. 1 EnWG i.V.m. § 14g UVPG.

181 Ausdrücklich die SUP-Pflicht des Bundesbedarfsplans festhaltend § 14b Abs. 1 Nr. 1 i.V.m. Anlage 3 Nr. 1.10 UVPG.

182 So ausdrücklich die Gesetzesbegründung der *BT-Drucks. 17/6072*, Gesetzentwurf zur Neuregelung energiewirtschaftsrechtlicher Vorschriften, S. 69.

183 Da das EnWG keine anderen Regelungen bereithält, ist § 14k Abs. 2 UVPG i.V.m. der Subsidiaritätsklausel des § 14e UVPG anwendbar.

184 Siehe für die folgenden Verfahrensschritte die §§ 14f-14m UVPG.

6. Bekanntgabe des Plans und bei dessen Umsetzung die Überwachung seiner erheblichen Umweltauswirkungen

Zu beachten ist, dass der NEP und Offshore-NEP zwar – wie eingangs erwähnt – alle zwei Jahre erstellt werden müssen, jedoch eine SUP nur zur Vorbereitung eines Bundesbedarfsplans notwendig ist,[185] welcher im Regelfall alle vier Jahre entworfen wird.[186] Eine Ausnahme von dieser SUP-Pflicht besteht bei nur geringfügigen Änderungen am Bedarfsplan, die keine erheblichen Umweltauswirkungen erwarten lassen.[187]

In diesem Zusammenhang ist auch die Pflicht der ÜNBs zu erwähnen, der BNetzA die relevanten Informationen für die Erstellung des Umweltberichts zur Verfügung zu stellen.[188] Mit dieser Pflicht korrespondiert notwendigerweise eine gewisse Steuerungsmöglichkeit des Verfahrens in inhaltlicher Hinsicht durch die ÜNBs, was die Frage nach der behördlichen Gewährleistung einer objektiven SUP aufwirft.[189]

Der Inhalt der Umweltprüfung in der Bedarfsplanung ist faktisch begrenzt durch den Detaillierungsgrad des Bundesbedarfsplans. Auch wenn es dem Gesetzgeber grundsätzlich möglich sein dürfte, in einem Gesetz mit Bedarfsfestlegungen gleichzeitig Trassenkorridore aufzunehmen,[190] so würde dies die eigens geschaffenen Instrumente der Bundesfachplanung aus den §§ 4 ff. NABEG und des Bundesfachplan Offshore aus § 17a EnWG vorwegnehmen. Konsequenterweise sind im ersten Bundesbedarfsplangesetz auch nur sogenannte Netzverknüpfungspunkte aufgeführt.[191] Da es sich hierbei um eine vornehmlich punktuelle Planung handelt, kann die SUP nur oberflächlich für das gesamte in Frage kommende Gebiet der Verbindungsleitungen erfolgen.[192] Bestätigt wird diese Sichtweise durch einen Blick in den Umweltbericht zum Entwurf des ersten auf den §§ 12b ff. EnWG beruhenden

185 § 12c Abs. 2 S. 1 EnWG.

186 § 12e Abs. 1 S. 1 EnWG.

187 § 12e Abs. 5 S. 1 EnWG i.V.m. § 14d S. 1 Alt. 1 UVPG. Die zweite Alternative des § 14d S. 1 UVPG, die Befreiung von der SUP-Pflicht für Pläne und Programme bei der Nutzung kleiner Gebiete auf lokaler Ebene, schließt sich bei einem „Bundes" bedarfsplan wohl regelmäßig von selbst aus.

188 § 12c Abs. 2 S. 3 EnWG.

189 Siehe hierzu sogleich „2. Kapitel III. 7.".

190 So hat der Bundesgesetzgeber in der Vergangenheit sogar schon ein Vorhaben parzellenscharf festgestellt, siehe dazu das Gesetz über den Bau der „Südumfahrung Stendal" der Eisenbahnstrecke Berlin-Oebisfelde vom 29. Oktober 1993, (Gesetz über den Bau der „Südumfahrung Stendal"), BGBl. 1993, I, S. 1906. Ein solches Vorgehen wird vom BVerfG unter gewissen Bedingungen als verfassungskonform eingestuft, *BVerfG*, Beschluss vom 17. Juli 1996 – 2 BvF 2/93, BVerfGE 95, 1 (14–27) – „Südumfahrung Stendal". Vertiefend dazu im Rahmen der Planfeststellung „4. Kapitel II. 3.".

191 § 1 Abs. 2 S. 2 i.V.m. Anlage (zu § 1 Absatz 1) BBPlG.

192 *Heimann*, in: Steinbach (Hrsg.), NABEG/EnLAG/EnWG-Kommentar, § 12c EnWG Rn. 23.

Bundesbedarfsplans. In diesem Umweltbericht werden Netzverknüpfungspunkte durch ellipsenförmige Gebietsstreifen verbunden, in denen eine Trasse verlaufen kann und für die eine im Maßstab entsprechend größere Umweltprüfung erfolgt.[193] Eine solche Betrachtungsweise erfolgte dort nicht nur für den geplanten Neubau einer gänzlich neuen Trasse, sondern auch für Netzverstärkungen in der Form eines Neubaus innerhalb bestehender Trassen.[194] Dies bedeutet, dass trotz des angestrebten Neubaus in bestehenden Trassen eine flächenmäßig umfassendere Umweltprüfung stattfindet. Sie erleichtert es den nachfolgenden Planungsebenen eine möglicherweise notwendige Ausweichtrasse zu realisieren, das heißt die Verlegung einer bestehenden Trasse.

Im Übrigen herrscht bei der SUP ein nahtloser Übergang zwischen der Bedarfsplanung des Bundesgebiets einschließlich dem Küstenmeer mit der Bedarfsplanung in der AWZ. Denn für beide Planungsgebiete findet eine gemeinsame SUP statt,[195] was vom Standpunkt der inhaltlichen Abstimmung wie auch der Verfahrensökonomie begrüßenswert ist. Wichtig ist dabei zu erwähnen, dass der Bundesfachplan Offshore für die AWZ und seine SUP vorgelagert sind und dementsprechend die SUP der Bedarfsplanung hinsichtlich der AWZ beeinflussen.[196]

2. SUP-Pflicht bei parlamentarischen Änderungen

In der Bedarfsplanung stellt sich durchaus die Frage, ob eine erneute SUP-Pflicht bei parlamentarischen Änderungen am Entwurf des Bundesbedarfsplangesetzes entsteht. Zwar wird in der Praxis durchaus eine Kongruenz zwischen behördlichen Bedarfsplanungen – namentlich dem Bundesverkehrswegeplan – und den sich anschließenden Bedarfsplangesetzen angenommen,[197] doch ist es dem Gesetzgeber selbstverständlich freigestellt, ein Bedarfsplangesetz nach seinen eigenen Vorstellungen zu gestalten. Insofern ist zu klären, wie sich solche Änderungen im parlamentarischen Prozess hinsichtlich der SUP-Pflicht der Bedarfsplanung und des erhofften beschleunigten Netzausbaus auswirken würden.

Zunächst ist festzuhalten, dass dieses Problem nicht den Großteil der Bedarfsplanung bestimmen wird. Denn bereits der Szenariorahmen der ÜNBs hat sich an

193 *BNetzA,* Umweltbericht zum Bundesbedarfsplan-Entwurf 2012, S. 9. An dieser Stelle verwendet der Umweltbericht explizit den Begriff der „Ellipse" als Synonym für den „Untersuchungsraum".

194 Siehe als Beispiel für den kompletten Trassenneubau die Maßnahme Nr. 1 *BNetzA,* Umweltbericht zum Bundesbedarfsplan-Entwurf 2012, S. 156–159. Siehe als Beispiel für Netzverstärkungen die Maßnahme Nr. 51 *BNetzA,* Umweltbericht zum Bundesbedarfsplan-Entwurf 2012, S. 186–189.

195 § 17c Abs. 1 S. 2 i.V.m. § 12c Abs. 2, Abs. 3 EnWG.

196 Siehe dazu § 12c Abs. 2 S. 2 EnWG.

197 So etwa *Leidinger,* in: Hoppe / Beckmann, UVPG-Kommentar, Anlage 3 UVPG Rn. 7, der eine „nahezu unveränder t[e]" Adaption des Bundesverkehrswegeplans feststellt.

den „energiepolitischen Ziele[n] der Bundesregierung“[198] zu orientieren, welcher sodann als Grundlage des NEP wie auch des Offshore-NEP dient, wodurch letztlich der Entwurf des Bundesbedarfsplangesetzes erheblich vorbestimmt wird.[199] Damit dürfte zumindest die parlamentarische Zustimmung der Abgeordneten der Regierungspartei(en) weitgehend sicher sein. Allerdings sind Änderungsanträge stets denkbar, sei es durch die Bundesregierung, Bundestagsabgeordnete oder den Bundesrat. Dabei erscheint eine SUP-Pflicht in einem laufenden Gesetzgebungsverfahren unangemessen, weil es dieses erheblich verzögern könnte. Dieser praktischen Erwägung könnte aber entgegenstehen, dass eine SUP-Pflicht gegeben ist, sofern eine Behörde durch Rechts- oder Verwaltungsvorschrift an der Mitwirkung der Planung verpflichtet ist,[200] was bei der Entwurfserstellung des Bundesbedarfsplans durch die BNetzA grundsätzlich der Fall ist. Jedoch wird aus der Formulierung der hier relevanten Vorschrift des § 2 Abs. 5 S. 1 UVPG und der ihr zu Grunde liegenden SUP-Richtlinie klar, dass zumindest rein parlamentarische Prozesse nicht einbezogen werden sollen.[201] Ähnlich gelagert dürfte der Fall liegen, wenn der Schwerpunkt der behördlichen Tätigkeit in der formellen anstatt der inhaltlichen Arbeit am Gesetz liegt und die Behörde lediglich parlamentarische Änderungen in den Gesetzentwurf einfügt, wodurch eine SUP-Pflicht ausscheidet.[202] Ein anderes Ergebnis wäre auch kaum vorstellbar. So würde eine SUP-Pflicht im parlamentarischen Prozess unter anderem eine Öffentlichkeitsbeteiligung nach sich ziehen[203] und würde damit die repräsentative Demokratie ad absurdum führen.

Es wäre aber verfehlt zu befürchten, dass aufgrund des beschriebenen Entfallens der SUP eine reduzierte Bedarfsprüfung durch die BNetzA erfolgen und die Einführung und Prüfung vieler Ausbauvorhaben erstmals im Gesetzgebungsverfahren zum Bundesbedarfsplan stattfinden würde. Denn hinsichtlich der Tragweite und des komplexen Inhalts der Festlegungen im Bundesbedarfsplan werden die Gesetzgebungsorgane wohl kaum auf die vorausgehende Expertise der BNetzA und der von ihr zu konsultierenden Behörden verzichten wollen und gänzlich selbständige Bedarfsfestlegungen nur in Ausnahmefällen vornehmen.

---

198 § 12a Abs. 1 S. 2 EnWG.

199 Der Einfluss des Szenariorahmens auf den NEP und Offshore-NEP bzw. der Einfluss dieser Pläne auf den Entwurf des Bundesbedarfsplans ergibt sich aus § 12b Abs. 1 S. 1, § 17b Abs. 1 S. 1 bzw. § 12e Abs. 1 S. 1, 2 EnWG.

200 § 2 Abs. 5 S. 1 UVPG.

201 Siehe § 2 Abs. 5 S. 1 UVPG bzw. die Vorgabe des Art. 2 lit. a Spiegelstr. 1 Richtlinie 2001/42/EG des Europäischen Parlaments und des Rates vom 27. Juni 2001 über die Prüfung der Umweltauswirkungen bestimmter Pläne und Programme, (SUP-RL), ABl. EU 2001 L 197/30. Beide Regelungen betonen die Rolle der Behörde in der Ausarbeitung der Pläne und Programme, welche sodann in den Anwendungs- bzw. Geltungsbereich der SUP fallen.

202 Eine solche Differenzierung vertretend *Hendler*, DVBl. 2003, 227 (230f.).

203 Insofern wäre § 2 Abs. 4 i.V.m. § 2 Abs. 1 S. 3 UVPG anwendbar.

3. Behörden- und Öffentlichkeitsbeteiligung

In der SUP der Bedarfsplanung gibt es durchaus eine Unterscheidung zwischen der Behördenbeteiligung und der Beteiligung der Öffentlichkeit. Während Behörden, deren umwelt- und gesundheitsbezogener Aufgabenbereich durch die Planung berührt wird, bereits an der Festlegung des Untersuchungsrahmens zur SUP (oftmals auch nur als „‚Scoping'"[204] bezeichnet) teilnehmen[205] und sodann Stellungnahmen zum NEP wie auch Offshore-NEP und zum Entwurf des Umweltberichts abgeben,[206] nimmt die Öffentlichkeit beim Scoping nicht teil, sie kann sich erst im Beteiligungsverfahren zum (Offshore-)NEP und dem Entwurf des Umweltberichts äußern.[207] Hierfür hat die betroffene Öffentlichkeit insgesamt acht Wochen Zeit.[208] Eine dritte Gruppe bilden unter anderem betroffene Gemeinden, Behörden anderer Staaten[209] und Umweltvereinigungen im Sinne des § 3 UmwRG,[210] deren Beteiligung am Scoping im Ermessen der SUP-Behörde steht.[211]

a) Die Beteiligung der Behörden, insbesondere Länderbehörden

Zunächst werden Behörden mit einem betroffenen umwelt- und gesundheitsbezogenen Aufgabenbereich am Scoping beteiligt[212] und können sich anschließend nach der Erstellung des Umweltberichts zu diesem äußern.[213] Bei dem praxiserprobten UVP-Verfahren, also der Umweltverträglichkeitsprüfung für konkrete Vorhaben, wird aufgrund der Beteiligung der genannten Behörden mitunter eine Verbesserung der Prüfungsergebnisse in qualitativer Sicht angenommen,[214] so dass dies in der Tendenz

---

204 Den Begriff hierfür verwendend etwa *Wulfhorst,* in: Landmann / Rohmer, UmweltR-Kommentar, Bd. I, § 14g UVPG Rn. 11 [Stand: April 2011].

205 § 14f Abs. 4 S. 1 UVPG.

206 § 12c Abs. 3 S. 1–3 EnWG i.V.m. § 14h S. 1 UVPG, hinsichtlich des Offshore-NEP gelten diese Regelungen über § 17c Abs. 1 S. 2 EnWG.

207 Eine Öffentlichkeitsbeteiligung beim Scoping ist weder im EnWG noch im UVPG angeordnet. Die Äußerungsrechte ergeben sich aus § 12c Abs. 3 EnWG i.V.m. § 14i UVPG und hinsichtlich des Offshore-NEP auch aus § 17c Abs. 1 S. 2 EnWG.

208 § 12c Abs. 3 S. 4–5 EnWG.

209 Zu dieser Gruppe „2. Kapitel III. 10."

210 Gesetz über ergänzende Vorschriften zu Rechtsbehelfen in Umweltangelegenheiten nach der EG-Richtlinie 2003/35/EG (Umwelt-Rechtsbehelfsgesetz – UmwRG) vom 7. Dezember 2006, (UmwRG), BGBl. 2006, I, S. 2816. Auf Umweltvereinigungen soll vertieft im Rahmen des Rechtsschutzes eingegangen werden, „5. Kapitel II. 1.".

211 § 14f Abs. 4 S. 3 UVPG.

212 Dies ergibt sich aus § 14e S. 1 i.V.m. § 14f Abs. 4 S. 1 UVPG.

213 § 12c Abs. 3 S. 1 EnWG i.V.m. § 14h UVPG, hinsichtlich des Offshore-NEP auch i.V.m. § 17c Abs. 1 S. 2 EnWG.

214 So etwa der Befund bei *Führ u. a.,* Evaluation des UVP-Gesetzes des Bundes, S. 87–91.

grundsätzlich auch bei vorgelagerten SUP-Verfahren anzunehmen sein dürfte. Dies berücksichtigt aber noch nicht die speziellen Ausformungen der Planungsverfahren für Übertragungsnetze, in denen Bundes- wie auch Länderbehörden in der SUP zusammenwirken und Unterschiede in politischen Interessen, Organisationsstrukturen und Fachwissen bestehen.

Der Inhalt einer Behördenbeteiligung muss auch vor dem Hintergrund der möglichen Aufteilung von Prüfungsfragen auf verschiedene Planungsebenen gemäß § 14f Abs. 3 UVPG gesehen werden („Abschichtungsgedanke"). Denn ein vorausschauend gestalteter Untersuchungsrahmen ist geeignet, das Planungsverfahren zu beschleunigen.[215] Voraussetzung dieses Beschleunigungseffekts ist es, auf der ersten Planungsstufe abzugrenzen, welche Aspekte der Umweltprüfung schon jetzt und welche auf den nachfolgenden Planungsstufen zu behandeln sind. Diese Aufgabe ist also vorliegend bei der SUP der Bedarfsplanung zu bewältigen. Dabei ist die beabsichtigte Entlastungwirkung der Abschichtung nicht begrenzt auf das Verhältnis von der SUP eines Plans zur Umweltverträglichkeitsprüfung (UVP)[216] des konkreten Vorhabens, sondern kann auch zwischen aufeinanderfolgenden SUPs eintreten.[217] Vorliegend käme dies im Verhältnis der SUP für den Bundesbedarfsplan zur SUP der nachfolgenden Bundesfachplanung[218] zum Tragen. Allerdings gibt es Erhebungen, nach denen sich in der praktischen Durchführung von Abschichtungen teilweise erhebliche Defizite zeigen würden, was bei Trassenplanungen mitunter sehr deutlich zum Vorschein komme.[219]

Zudem muss die BNetzA bei der vorliegenden Behördenbeteiligung darauf achten, dass die SUP nicht zu einem Einfallstor von raumordnerischen Belangen wird, da die Länder ursprünglich die Bedarfsplanung des EnWG mit landesplanerischen Fragen anreichern wollten[220] und die Planung der Übertragungsnetze politisch sehr sensibel ist. Fragen der Raumordnung sind nach dem Willen des Gesetzgebers nämlich erstmals im Rahmen der nachgelagerten Bundesfachplanung zu berücksichtigen.[221] Jedoch kann die BNetzA als Bundesbehörde diesen Bedenken durchaus etwas entgegensetzen. Denn obwohl sie erst seit kurzem für die Durchführung

215 Zur Bedeutung und Vornahme einer durchdachten Abschichtung für eine effiziente Planung *Sangenstedt,* in: Landmann / Rohmer, UmweltR-Kommentar, Bd. I, § 1 UVPG Rn. 9 [Stand: September 2010].

216 Siehe für diese Abkürzung die amtliche Überschrift des Teil 2 UVPG.

217 Vgl. *Sauthoff,* ZUR 2006, 15 (17), der von einer solchen Wirkung („kein wesentlich zusätzlicher Aufwand") zwischen der SUP des Bundesverkehrswegeplans und der SUP darauffolgender Bedarfspläne ausgeht.

218 Zur SUP in der Bundesfachplanung „3. Kapitel III.".

219 So etwa aus der Perspektive der UVP im Zulassungsverfahren *Führ u. a.,* Evaluation des UVP-Gesetzes des Bundes, S. 165.

220 Siehe hierzu die Stellungnahme des Bundesrats in der *BT-Drucks. 17/6248,* Gesetzentwurf zur Neuregelung energiewirtschaftsrechtlicher Vorschriften, S. 13f.

221 Siehe schon den Gesetzesauftrag des § 4 S. 1 NABEG, welcher für die NABEG-Fachplanung die Bestimmung von Trassenkorridoren vorsieht.

einer SUP zuständig ist, so kann sie diesbezüglich bei anderen Bundesbehörden auf eine gewisse Expertise zurückgreifen. Beispielsweise ist hier die Aufstellung der Raumordnungspläne für die AWZ in der Nord- und Ostsee zu nennen,[222] deren SUPs vom Bundesamt für Seeschifffahrt und Hydrographie (BSH) bereits durchgeführt wurden.[223] Da das BSH mit der BNetzA bei der Bedarfs- und Fachplanung in der AWZ eng zusammenarbeitet,[224] ist von einem Wissensaustausch im Bereich der SUPs auszugehen, der aufgrund der Nähe im Planungsverfahren sehr zügig ausfallen dürfte. Zudem ist anzunehmen, dass die Länderbehörden die BNetzA unterstützen werden. Dafür muss man sich erstens die Vorwirkung des Bundesbedarfsplans für die folgenden Planungsstufen[225] und zweitens die alle zwei Jahre erfolgende behördliche Bestätigung der zu Grunde liegenden (Offshore-)NEPs[226] vergegenwärtigen. Beides erzeugt einen faktischen Druck auf die Länder, möglichst früh und umfassend ihre umwelt- und gesundheitsbezogenen Anliegen zu melden, da Auslassungen oder Unrichtigkeiten im späteren Verfahren nur schwerlich zu beheben sind. Überdies ist hier der Abschichtungsgedanke des § 14f Abs. 3 UVPG zu bedenken. Dieser kommt nicht nur bei den im Bundesbedarfsplan als länderübergreifend, grenzüberschreitend oder als Anbindungsleitungen von Offshore-Windpark-Umspannwerken zu Netzverknüpfungspunkten an Land gekennzeichneten Übertragungsleitungen zur Anwendung.[227] Er kann auch bei sonstigen Übertragungsleitungen greifen (beispielsweise bezüglich nur innerhalb eines Landes gelegener Übertragungsleitungen), da Letztere grundsätzlich auch in den Bundesbedarfsplan aufgenommen

222 Die Pflicht zur Durchführung einer SUP bei Raumordnungsplänen in der AWZ ergibt sich aus § 14b Abs. 1 Nr. 1 i.V.m. Anlage 3 Nr. 1.6 UVPG. Für die Nord- und Ostsee wurden dementsprechend SUPs durchgeführt und Umweltberichte erstellt, siehe *BMVBS/BSH*, Umweltbericht zum Raumordnungsplan für die AWZ-Nordsee, Stand: 21.08.2009 sowie *BMVBS/BSH*, Umweltbericht zum Raumordnungsplan für die AWZ-Ostsee, Stand: 31.10.2009.

223 Da die SUP ein unselbständiger Verfahrensbestandteil der Planaufstellung ist, § 2 Abs. 4 S. 1 UVPG, richtet sich die behördliche Zuständigkeit für sie nach den Zuständigkeitsregelungen des zu Grunde liegenden Plans. Vorliegend ist der Raumordnungsplan für die AWZ gemäß § 17 Abs. 3 S. 3, Abs. 5 S. 1 i.V.m. § 9 Abs. 1 S. 1 Hs. 1 ROG vom BMVI / BMVBS aufzustellen. Dieses handelt dabei durch das BSH, siehe *Runkel*, in: Spannowsky u.a. (Hrsg.), ROG-Kommentar, § 17 ROG Rn. 49; demnach ist das BSH neben dem BMVI / BMVBS für die SUP verantwortlich.

224 Siehe nur die Einvernehmens- bzw. Abstimmungserfordernisse zwischen diesen Behörden gemäß § 17a Abs. 1 S. 1 bzw. § 17c Abs. 1 S. 1 EnWG.

225 Siehe etwa hinsichtlich der Planfeststellung § 12e Abs. 4 S. 2 EnWG.

226 Die zweijährige Erstellungspflicht dieser Pläne durch die ÜNBs korrespondiert mit einer zeitgleichen Bestätigung durch die BNetzA, § 12c Abs. 4 S. 1 bzw. § 17c Abs. 1 S. 2 i.V.m. § 12c Abs. 4 S. 1 EnWG.

227 Siehe zu den verschiedenen Kennzeichnungsmöglichkeiten des Entwurfs zum Bundesbedarfsplan § 12e Abs. 2 S. 1 EnWG.

werden können.[228] Zwar sind sie dann nicht Gegenstand der im NABEG geregelten anschließenden Bundesfachplanung und Planfeststellung,[229] allerdings wird für sie im weiteren Verlauf ein Raumordnungsverfahren und eine Planfeststellung durch Landesbehörden stattfinden.[230] Dabei müssen die Landesbehörden beim Raumordnungsverfahren – es sei denn das Landesrecht schließt dies bei Raumordnungsverfahren aus –[231] wie auch der Planfeststellung eine UVP durchführen.[232] Den dabei anfallenden Aufwand können die Länder durch eine vernünftige Zusammenarbeit mit der BNetzA beim Untersuchungsrahmen der SUP beeinflussen.

Bemerkenswert an der Behördenbeteiligung ist auch, dass es seit dem Jahr 2013 ausdrücklich möglich ist, die von einem Plan betroffenen Gemeinden zum Scoping der SUP heranzuziehen.[233] Dies hat einerseits den Vorteil genaue Ortskenntnisse zu bekommen, könnte aber andererseits zu unnötigen Doppelstrukturen mit den sowieso zu beteiligenden Umwelt- und Gesundheitsbehörden der Länder führen. Überdies ist die SUP der Bedarfsplanung eine sehr großflächige Betrachtung. Damit ist die „Betroffenheit" einer Gemeinde in diesem Stadium ohnehin schwer feststellbar und dürfte nur auf Gemeinden zutreffen, die im NEP und Offshore-NEP als Netzverknüpfungspunkte benannt sind oder die in einer bestehenden Trasse liegen, für welche in den genannten Plänen eine Verstärkungs- oder Ausbaumaßnahme

---

228 Im aktuellen Bundesbedarfsplan befinden sich viele Leitungsvorhaben, die weder als länderübergreifend oder grenzüberschreitend noch als Anbindungsleitungen von Offshore-Windpark-Umspannwerken zu Netzverknüpfungspunkten an Land gekennzeichnet sind, siehe hierfür die Anlage (zu § 1 Absatz 1) BBPlG.

229 Siehe zum eingeschränkten Anwendungsbereich dieser NABEG-Planungsinstrumente § 2 Abs. 1 NABEG.

230 Zwar kann die BNetzA einen ÜNB zur Errichtung etwa einer nur innerhalb eines Landes gelegenen Leitung verpflichten, sofern diese im NEP aufgeführt ist, § 12c Abs. 4 S. 1, 3 EnWG. Doch wird daraufhin regelmäßig durch die Landesbehörden ein Raumordnungsverfahren stattfinden, dieses richtet sich dann nach § 15 Abs. 1 S. 1 ROG i.V.m. § 1 Nr. 14 Alt. 1 der Verordnung zu § 6a Abs. 2 des Raumordnungsgesetzes (Raumordnungsverordnung – RoV) vom 13. Dezember 1990, (RoV), BGBl. 1990, I, S. 2766; sodann wird voraussichtlich ein Planfeststellungsverfahren der zuständigen Landesbehörde gemäß § 43 S. 1 Nr. 1 EnWG durchgeführt werden.

231 Siehe für die Anwendbarkeit der UVP auf Übertragungsleitungen im Raumordnungsverfahren § 16 Abs. 1 i.V.m. Anlage 1 Nr. 19.1 UVPG; die Möglichkeit der Befreiung hiervon durch Landesrecht ist in § 16 Abs. 1 a.E. UVPG festgehalten.

232 Die grundsätzliche Pflicht zur Durchführung einer UVP im Planfeststellungsverfahren für Übertragungsnetze ergibt sich aus § 3b Abs. 1 UVPG i.V.m. Nr. 19.1 der Anlage 1 zu § 3 Abs. 1 S. 1 UVPG; dazu genauer „4. Kapitel III. 1. a)".

233 Diese in § 14f Abs. 4 S. 3 UVPG festgehaltene Beteiligungsmöglichkeit wurde durch Art. 6 Gesetz zur Umsetzung der Richtlinie über Industrieemissionen vom 8. April 2013, BGBl. 2013, I, S. 734, eingeführt.

aufgeführt ist.[234] In diesen Orten kann eine Einbindung der Gemeinden in das Scoping sinnvoll sein, wenn auch nicht unbedingt zur Klärung von Fachfragen. Denn eine Gemeinde ist grundsätzlich geeignet, als Mittler zwischen Bürgern und Bürgerinitiativen[235] vor Ort und der Planungsbehörde aufzutreten und damit frühzeitig widerstreitende Interessen sinnvoll in Einklang zu bringen. Schließlich war auch der die Gesetzesänderung einbringende Bundestagsausschuss davon überzeugt, durch die verstärkte kommunale Beteiligung etwaige Differenzen zügig beilegen zu können und damit Planungen insgesamt zu erleichtern.[236] Sofern in einer Region ein hohes Konfliktpotential besteht, sollten die Gemeinden also neben den Umwelt- und Gesundheitsbehörden am Scoping teilnehmen, um den Befürchtungen der Bevölkerung vor Ort besonderes Gehör zu verschaffen. Eine dem § 14f Abs. 4 S. 3 UVPG entsprechende Privilegierung von Gemeinden wäre folgerichtig auch bei der nachfolgenden Behördenbeteiligung des § 14h UVPG sinnvoll, welche darin bestehen würde, betroffenen Gemeinden von Gesetzes wegen stets den Plan und Umweltbericht zu übermitteln.

Vor dem Hintergrund des Gesagten stellt sich die momentane Ausformung der Behördenbeteiligung in der SUP als ein im Wesentlichen unproblematischer Punkt der Bedarfsplanung dar, welcher allerdings einen entsprechenden Wissens- und Personalaufbau bei der BNetzA voraussetzt.

b) Die Beteiligung der Öffentlichkeit

aa) Allgemeine Bedeutung der Öffentlichkeitsbeteiligung

Die Öffentlichkeitsbeteiligung am Entwurf des Bedarfsplans mag aufgrund des großen Maßstabs der Planung keine erhebliche inhaltliche Bedeutung haben. Umso wichtiger ist sie hingegen für die Akzeptanzsteigerung. Hierfür mag man sich nur vor Augen führen, dass im Umweltbericht des Jahres 2012 zum Entwurf des ersten Bundesbedarfsplangesetzes bereits sogenannte „Bündelungsoptionen" mit vorbelasteten Flächen, beispielsweise „Übertragungsnetze[,]...Bahnstromnetz DB Energie, [und] Bundesautobahnen", für geplante Ausbaumaßnahmen aufgezeigt werden.[237]

---

234 Siehe als Beispiel zu den besagten Netzverknüpfungspunkten sowie den Verstärkungs- und Ausbaumaßnahmen die Liste der bestätigten Maßnahmen bei *BNetzA*, Bestätigung des NEP 2012, S. 3–5.

235 Siehe zur großen Anzahl der Stellungnahmen von Bürgern und Bürgerinitiativen *BNetzA*, Umweltbericht zum Bundesbedarfsplan-Entwurf 2012, S. 1f.; dort entfielen 94% der Stellungnahmen auf Privatpersonen und im Rahmen der übrigen 6%, die von Institutionen stammen, entfielen 9% auf Bürgerinitiativen.

236 Siehe zu den Beweggründen für die Regelung *BT-Drucks. 17/11394*, Beschlussempfehlung des Umweltausschusses zum Gesetzentwurf zur Umsetzung der Richtlinie über Industrieemissionen, S. 45f.; beachte, dass sich diese Gründe in einem Änderungsantrag befinden, der seinerseits vom Ausschuss angenommen wurde.

237 Siehe für diese Aussage und die soeben gemachten Zitierungen *BNetzA*, Umweltbericht zum Bundesbedarfsplan-Entwurf 2012, S. 150.

Zwar gibt die BNetzA für mögliche Bündelungen keine wertende Stellungnahme im Umweltbericht ab und die im NEP aufgeführten Netzverstärkungsmaßnahmen einer Bestandstrasse sagen noch nichts über den konkreten Trassenverlauf aus,[238] so dass eine Verlagerung der zu verstärkenden Trasse grundsätzlich noch möglich ist. Doch kann trotz dieser neutralen Darstellungen leicht der Eindruck einer Vorfestlegung, abseits der im Bedarfsplan ausgewiesenen Anfangs- und Endpunkte, entstehen. Dem kann eine verstärkte Beteiligung der Öffentlichkeit entgegenwirken.

bb) Geltende Rechtslage

Vor dem Hintergrund des öffentlichen Interesses an Umweltfragen beim Neubau von Übertragungsleitungen wäre es grundsätzlich sinnvoll, eine Öffentlichkeitsbeteiligung bereits am Scoping in Betracht zu ziehen. Wie eingangs erwähnt, ist dies nach geltendem Recht in der Bedarfsplanung nicht vorgesehen. Es könnte auch nicht dadurch umgangen werden, dass die BNetzA von der – bereits aufgeführten – behördlichen Ermessensregel des UVPG Gebrauch macht, welche das Hinzuziehen von „Umweltvereinigungen“[239] oder „Dritten“[240] zum Scoping ermöglicht. Denn erstens müssen die genannten Vereinigungen über eine Anerkennung im Sinne des UmwRG verfügen,[241] so dass ihr Kreis begrenzt ist und zweitens ist unter dem Begriff eines Dritten nicht jedermann zu verstehen, sondern nach dem gesetzgeberischen Willen ein Beteiligter, der geeignet ist das Verfahren in fachlicher Hinsicht zu bereichern.[242] Auch wenn die breite Öffentlichkeit momentan nicht direkt einbezogen wird, so können zumindest von ihr getätigte und der Behörde „bekannte Äußerungen“[243] im Scoping zum Umweltbericht berücksichtigt werden.[244] In Übereinstimmung mit diesem Wortlaut, muss allerdings kein Aufruf an die Öffentlichkeit ergehen, Äußerungen abzugeben.[245] Einerseits ist der Ausschluss einer breiten Öffentlichkeit beim Scoping verständlich, da dieses Verfahren der Behörde zur eigenen Planung dient und kein Instrument der Akzeptanzsteigerung ist.[246] Andererseits erregt die Netzentwicklungsplanung zumindest bei der vom Netzausbau voraussichtlich betroffenen Öffentlichkeit frühzeitig den Wunsch, sich bei umweltrelevanten Aspekten einzubringen.

---

238 Siehe hierzu *BNetzA*, Umweltbericht zum Bundesbedarfsplan-Entwurf 2012, S. 14f.

239 § 14f Abs. 4 S. 3 Var. 4 UVPG.

240 § 14f Abs. 4 S. 3 Var. 5 UVPG.

241 § 14f Abs. 4 S. 3 Var. 4 UVPG i.V.m. § 3 UmwRG.

242 *BT-Drucks. 15/3441*, Gesetzentwurf zur Einführung einer Strategischen Umweltprüfung, S. 32, demnach muss der Beteiligte „qualifiziert[...]“ sein.

243 § 14f Abs. 2 S. 2 UVPG.

244 Zur Berücksichtigung im Scoping *Kment*, in: Hoppe / Beckmann, UVPG-Kommentar, § 14f UVPG Rn. 27.

245 *Kment*, in: Hoppe / Beckmann, UVPG-Kommentar, § 14f UVPG Rn. 27.

246 Diese Interpretation ergibt sich aus dem Aufbau des § 14f UVPG.

cc) Verbesserungsvorschläge

Insofern böte es sich an, den § 14f Abs. 2 S. 2 UVPG dahingehend zu erweitern, dass die Öffentlichkeit über die im Gesetz bereits niedergelegte Berücksichtigung ihrer Äußerungen im Rahmen des Scoping informiert wird. Die vorliegende Arbeit schlägt daher die Aufnahme eines zusätzlichen „Satz 3" im Anschluss an § 14f Abs. 2 S. 2 UVPG vor, welcher die Öffentlichkeit ausdrücklich zu Äußerungen für das Scoping ermutigt und folgenden Wortlaut haben sollte:

„Die Öffentlichkeit wird über die Berücksichtigung der von ihr gemachten Äußerungen bezüglich des Bundesbedarfsplans der Anlage 3 Nr. 1.10 informiert; die zuständige Behörde veröffentlicht dafür die Unterlagen, welche zur Festlegung des Untersuchungsrahmens vorhanden sind und nimmt die Informierung entsprechend dem § 7 Absatz 2 Satz 3 Halbsatz 2 des Netzausbaubeschleunigungsgesetz Übertragungsnetz vor."

Aus den Vorgaben der SUP-Richtlinie ergeben sich gegen eine solche Regelung keine Bedenken. Zwar sieht dieser europäische Gesetzgebungsakt keine permanente Beteiligung der Öffentlichkeit im Verfahren der SUP vor,[247] doch kann der nationale Gesetzgeber zulässigerweise ein höheres Schutzniveau im Umweltbereich einführen,[248] worunter auch eine weitergehende Öffentlichkeitsbeteiligung fallen dürfte.[249]

Eine weitergehende Frage ist die Beteiligung der Öffentlichkeit beim Scoping, falls ein konkreter Trassenverlauf sich bereits in der Bedarfsplanung als wahrscheinlich herausstellt und deshalb die SUP bereits zu diesem Zeitpunkt sehr detailliert erfolgen könnte.[250] Im Sinne der Verfahrenseffizienz ist hier eine Prüfungsabschichtung nach § 14f Abs. 3 UVPG vorteilhaft und kann daher die folgende

---

247 *Kment*, in: Hoppe / Beckmann, UVPG-Kommentar, Einl. Rn. 29.

248 Siehe Art. 193 S. 1 AEUV zur Kompetenz des nationalen Gesetzgebers für höhere Schutzmaßnahmen im Umweltbereich und zu ihren Ausübungsvoraussetzungen. Diese Norm ist vorliegend insofern einschlägig, als die SUP-RL gemäß ihrer Präambel insbesondere auf den heutigen Art. 192 AEUV gestützt ist, welcher sich seinerseits auf Art. 193 AEUV bezieht. Die Kompetenz der „Mitgliedstaaten nach Art. 193 AEUV verstärkte Schutzmaßnahmen [zu] ergreifen" wird ausdrücklich bestätigt bei *EuGH*, Urteil vom 21. Juli 2011 – C-2/10 (Azienda Agro-Zootecnica Franchini Sarl, Eolica di Altamura Srl / Regione Puglia), Slg. 2011, I-6561 (Rn. 50 mit Verweis auf die eigene Rspr.).

249 So wird schon in der Präambel der Richtlinie 2003/35/EG des Europäischen Parlaments und des Rates vom 26. Mai 2003 über die Beteiligung der Öffentlichkeit bei der Ausarbeitung bestimmter umweltbezogener Plane und Programme und zur Änderung der Richtlinien 85/337/EWG und 96/61/EG des Rates in Bezug auf die Öffentlichkeitsbeteiligung und den Zugang zu Gerichten, (ÖffBeteil-RL 2003), ABl. EU 2003 L 156/17 insbesondere auf die heutige Umweltkompetenz des Art. 192 Abs. 1 AEUV, Bezug genommen.

250 Siehe zu einer solchen Situation bereits „2. Kapitel I. 4.".

SUP der Bundesfachplanung[251] entlasten (dieses Argument ist freilich schwächer bezüglich der Bedarfsplanung für die AWZ, da sie der Fachplanung des Bundesfachplan Offshore für dieses Gebiet nachgelagert ist)[252]. In diesem Fall sollte die betroffene Öffentlichkeit zu einer Besprechung des Scopings entsprechend den § 7 Abs. 2 S. 3 i.V.m. § 7 Abs. 1 S. 4 NABEG und der dort geregelten Unterrichtung der Öffentlichkeit hierüber geladen werden. Der Grund dafür ist, dass eine hohe Detailprüfung der bedarfsplanerischen SUP der fachplanerischen SUP relativ nahe kommen könnte. Daher sollte keine Diskrepanz in der Beteiligung der Öffentlichkeit zwischen diesen Verfahrensschritten bestehen. Gleichzeitig braucht die BNetzA einen Beurteilungsspielraum, ob ein öffentlicher Scoping-Termin stattfinden soll, da nur sie als gleichzeitige Bedarfs- und Fachplanungsbehörde die Realisierungswahrscheinlichkeit eines konkreten Trassenkorridors beurteilen kann (dies gilt nicht bezüglich der AWZ, für welche zwar die BNetzA als Bedarfsplanungsbehörde fungiert, aber das BSH die Fachplanungsbehörde ist)[253]. Demzufolge könnte ein „Satz 4“ im Anschluss an den obigen Vorschlag eines „Satz 3“ für § 14f Abs. 2 UVPG verabschiedet werden:

„Wird ein außergewöhnlicher Umfang oder Detaillierungsgrad für Teile der in Satz 3 benannten Pläne angestrebt, so ist die Besprechung des Absatz 4 Satz 2 öffentlich; die Unterrichtung der betroffenen Öffentlichkeit erfolgt entsprechend dem § 7 Absatz 2 Satz 3 Halbsatz 2 des Netzausbaubeschleunigungsgesetz Übertragungsnetz.“

Aus den oben genannten Gründen der Mindestharmonisierung des europäischen Umweltrechts steht die SUP-Richtlinie auch diesem Normvorschlag nicht entgegen.

4. Die Bedeutung des Umweltberichts für staatliche Stellen und die Öffentlichkeit

Die Ergebnisse des Umweltberichts zum Entwurf des Bundesbedarfsplangesetzes im Jahr 2012 machen klar, inwiefern die SUP-Pflicht in einem frühen Verfahrensstadium dem Vorsorgegedanken des UVPG[254] gerecht wird. Verdeutlichen lässt sich dies etwa anhand der Angaben zur Übertragungstechnologie. So benennt der Umweltbericht die durchaus vorhandenen kritischen Aspekte der Erdverkabelung gegenüber einer Kabelführung des Übertragungsnetzes an der Oberfläche: Größere Auswirkungen auf bestimmte Boden- und Wassergebiete,[255] ebenfalls größere Natureingriffe in der

251 § 5 Abs. 3 NABEG.

252 Dies zeigt sich gemäß § 12c Abs. 2 S. 2 EnWG auch bei der Erstellung des Umweltberichts für den Bundesbedarfsplan, der den Umweltbericht des Bundesfachplan Offshore berücksichtigt.

253 Siehe zum BSH als Fachplanungsbehörde in der AWZ den § 17a Abs. 1 S. 1 EnWG und „3. Kapitel II. 3.“.

254 Siehe zum Gesetzeszweck des Vorsorgegedankens den § 1 UVPG.

255 *BNetzA*, Umweltbericht zum Bundesbedarfsplan-Entwurf 2012, S. 38.

Bauphase[256] und teilweise höherer Flächenverbrauch für notwendige technische Einrichtungen[257] – mitunter führt ein Teil dieser Punkte bereits in der Praxis der Planfeststellung von EnLAG-Vorhaben zu einem Vorzug von Freileitungen.[258] Für die späteren Planungsstufen verhindern die genannten Feststellungen des Umweltberichts die Annahme, Erdkabel seien der Königsweg, um das Netz umweltverträglich und zugleich mit möglichst wenig öffentlichem Widerstand auszubauen. Eine derartige Fehlvorstellung scheint nämlich die Grundlage eines Teils der Gesetzgebung und der öffentlichen Meinung zu sein. Dies lässt sich etwa anhand des EnLAG belegen, welches mögliche Erdverkabelungen für gleich mehrere Projekte zu Testzwecken vorsieht und den zuständigen Behörden explizit die Gelegenheit gibt, dies in der Nähe einer Wohnbebauung gegenüber dem ÜNB durchzusetzen.[259] Die Anordnung einer solchen Maßnahme war ebenso für einzelne Pilotprojekte des Bundesbedarfsplans vorgesehen,[260] was jedoch bei HGÜ-Leitungen im Gesetz sukzessive zum Regelfall erweitert worden ist.[261] Selbst der Bundesrat äußerte die pauschale Meinung, dass Erdkabel dem „Umweltschutz[...],...Akzeptanz und der Beschleunigung von Verfahren“[262] dienen. Ebenso werden in der Öffentlichkeitsbeteiligung zum Umweltbericht oftmals Erdkabel für die Leitungsführung in der Nähe von Siedlungsflächen gefordert.[263] Vor diesem Hintergrund ist es wichtig, die Erkenntnisse des Umweltberichts konsequent an die politischen Entscheidungsträger und die Öffentlichkeit

256 *BNetzA,* Umweltbericht zum Bundesbedarfsplan-Entwurf 2012, S. 78.

257 *BNetzA,* Umweltbericht zum Bundesbedarfsplan-Entwurf 2012, S. 79f.

258 Siehe dazu etwa *BVerwG,* Urteil vom 17. Dezember 2013 – 4 A 1.13, BVerwGE 148, 353 (372) – 380-kV-Höchstspannungsfreileitung, Abschnitt Fellerhöfe-Sankt Tönis, das Gericht sah keinen Abwägungsfehler darin, eine Freileitung unter anderem wegen der höheren Belastung der „Schutzgüter Biotope, Boden und Wasser“ durch Erdkabel zu bevorzugen.

259 § 2 Abs. 1 bzw. Abs. 2 S. 1 EnLAG.

260 § 12e Abs. 3 EnWG a.F.

261 Zunächst wurden durch Art. 6 bzw. Art. 11 Gesetz zur grundlegenden Reform des Erneuerbare-Energien-Gesetzes und zur Änderung weiterer Bestimmungen des Energiewirtschaftsrechts vom 21. Juli 2014, BGBl. 2014, I, S. 1066, der § 12e Abs. 3 EnWG gestrichen und für Pilotprojekte eine entsprechende Regelung in § 2 Abs. 2 BBPlG a.F. eingefügt. Schließlich hat Art. 7 Gesetz zur Änderung von Bestimmungen des Rechts des Energieleitungsbaus vom 21. Dezember 2015, BGBl. 2015, I, S. 2490, eine Ausdehnung in § 2 Abs. 5 BBPlG hervorgebracht, die sich nicht mehr auf Pilotprojekte bezieht und Erdkabel als Regelfall anordnet.

262 Stellungnahme des Bundesrates, *BT-Drucks. 17/6249,* Gesetzentwurf zur Beschleunigung des Netzausbaus, S. 16. Die dort getätigte Aussage erfolgte im Zusammenhang mit dem Wunsch des Bundesrates, die ARegV zugunsten des Ausbaus von Erdkabeln auf der 110 kV-Ebene zu beeinflussen.

263 Siehe *BNetzA,* Umweltbericht zum Bundesbedarfsplan-Entwurf 2012, S. 22. Dort wurden in mehreren Stellungnahmen jedoch gleichzeitig Bedenken hinsichtlich der Wechselwirkungen dieser Übertragungstechnologie mit der menschlichen Gesundheit geäußert.

zu kommunizieren, auch wenn der vom Gesetzgeber beabsichtigte Hauptaspekt des Umweltberichts in der Berücksichtigung der Planung im engeren Sinne liegt.[264] Allerdings verhilft eine großzügige Verbreitung der erhobenen Information dazu, den Netzausbau durch sachliche Argumente voranzutreiben und zu vermitteln. Damit beeinflusst der Umweltbericht dann auch die Akzeptanz der Planung.

5. Die notwendige Reichweite der Alternativenprüfung in der SUP

a) Der Umfang der Alternativenprüfung

Geht man von der überragenden Bedeutung des Trassenverlaufs in der Planung von Netzen aus,[265] so ist die zunehmende Diskussion um die Alternativenprüfung in der SUP der Bedarfsplanung verständlich.[266] Im Kern geht es dabei um die Frage, inwieweit die Prüfpflicht „vernünftiger Alternativen"[267] des § 14g Abs. 1 S. 2 UVPG für den Umweltbericht zu verstehen ist. Diesbezüglich wird einerseits eine Interpretation vertreten, welche die unionsrechtlichen Vorgaben heranzieht und dadurch einen weiten Prüfungsrahmen verlangt, wohingegen andererseits eine Interpretation annimmt, dass sich die Prüfung an den bisherigen Anforderungen der Abwägungsentscheidungen des deutschen Fachrechts zu orientieren habe.[268]

Die Diskussion um die Reichweite der umweltrechtlichen Alternativenprüfung hat sich bereits in der Vergangenheit bei anderen Netzwirtschaften ergeben, beispielsweise in der Bedarfsplanung des Bundes für Verkehrsnetze und der dort einschlägigen SUP-Regelung des § 19b UVPG.[269] Im Hinblick auf den Wortlaut des

264 Siehe zu dieser Aufgabe des Umweltberichts den § 14k Abs. 2 UVPG.

265 Vgl. *Durner*, NuR 2012, 369 (372). Gestützt wird diese Annahme in der Praxis beispielsweise durch die Öffentlichkeitsbeteiligung des § 12b Abs. 3 S. 1 EnWG, bei welcher die größte Einzelposition von Äußerungen den „Trassenverlauf" betraf, so die Auflistung bei *50Hertz Transmission GmbH u. a.*, NEP 2012, 2. Entwurf der ÜNBs, S. 175f.

266 Siehe beispielsweise für die Diskussion: *Niedersächsisches Ministerium für Ernährung, Landwirtschaft und Verbraucherschutz*, Stellungnahme zum ersten Entwurf für den Offshore-NEP 2013, S. 2–4; siehe auch die Zusammenfassung der öffentlichen Stellungnahmen bei *BNetzA*, Umweltbericht zum Bundesbedarfsplan-Entwurf 2012, S. 8–11; für die Diskussion in der Literatur *Calliess / Dross*, ZUR 2013, 76.

267 § 14g Abs. 1 S. 2 UVPG.

268 Für eine weitreichende Alternativenprüfung aufgrund unionsrechtlicher Vorgaben plädierend *Kment*, in: Hoppe / Beckmann, UVPG-Kommentar, § 14g UVPG Rn. 21–23. Zur Gegenansicht *Appold*, in: Hoppe / Beckmann, UVPG-Kommentar, § 2 UVPG Rn. 100f., der hierbei auch die abweichende Meinung von Hoppe erwähnt.

269 Siehe für diese Diskussion bei der Einführung der SUP für die Bundesverkehrswegeplanung über die Auslegung „vernünftige[n] Alternativen" im Sinne der diesbezüglich speziellen SUP-Norm des § 19b Abs. 2 UVPG *Sauthoff*, ZUR 2006, 15 (16).

§ 19b Abs. 2 UVPG, die Vorgaben der SUP-RL und des BVerwG werden mitunter für die Verkehrsnetzplanung solche Alternativen in Betracht gezogen, die hinsichtlich der Planungsziele und des örtlichen Bezugs des Plans durchführbar wären.[270] Konkret bedeute dies, dass Überlegungen unter anderem zu „Standort- bzw. Trassenalternativen...[und]...technische[n] Alternativen“ anzustellen seien.[271] In der Literatur[272] und in der behördlichen Vollzugspraxis der BNetzA[273] wird diese Gesetzesinterpretation weitgehend identisch für die Erstellung des Umweltberichts nach § 12c Abs. 2 S. 1 EnWG i.V.m. § 14g Abs. 1 S. 2 UVPG vertreten. Für die Alternativenbetrachtung des Umweltberichts in der Bedarfsplanung bedeutet dies also eine an den Zielen des § 1 EnWG[274] orientierte, technische und geographische Alternativenprüfung für das gesamte Bundesgebiet einschließlich des Küstenmeers sowie für die deutsche AWZ.

Vor dem Hintergrund des soeben skizzierten erheblichen Prüfungsumfangs ist die Haltung der BNetzA zum Umweltbericht für den Entwurf des ersten Bundesbedarfsplangesetzes seit der Institutionalisierung der Bedarfsplanung im EnWG im Jahr 2011 zunächst nicht verwunderlich. In diesem Umweltbericht geht sie einzig auf Alternativen des Szenariorahmens und des technischen Netzaufbaus ein, während sie keine alternativen NEPs oder Netzverknüpfungspunkte diskutiert.[275] Eine Betrachtung der zuletzt genannten Punkte wurde durch die BNetzA als unzumutbarer Ermittlungsaufwand im Sinne des § 14f Abs. 2 S. 2 UVPG abgelehnt.[276] Im Ergebnis könnte dies zu der paradoxen Situation führen, in der „vernünftige[...] Alternativen“[277] wegen eines nicht „zumutbaren Aufwand[s]“[278] ungeprüft bleiben. Daher verwundert es nicht, dass die Vollzugspraxis der BNetzA in der Umweltprüfung hinsichtlich der von ihr nicht dargestellten alternativen NEPs wie auch Netzverknüpfungspunkte kritisiert wird,[279] obwohl eine gewisse Ermittlung dieser

---

Beachte, dass gemäß Anlage 3 Nr. 1.1 UVPG unter der Verkehrswegeplanung des Bundes auch diesbezügliche Bedarfspläne verstanden werden.

270 Zusammenfassend *Hünnekens,* in: Hoppe / Beckmann, UVPG-Kommentar, § 19b UVPG Rn. 23.

271 Aussage und Zitat *Hünnekens,* in: Hoppe / Beckmann, UVPG-Kommentar, § 19b UVPG Rn. 25.

272 So etwa die Gesetzesinterpretation bei *Heimann,* in: Steinbach (Hrsg.), NABEG/EnLAG/EnWG-Kommentar, § 12c EnWG Rn. 26–29.

273 *BNetzA,* Umweltbericht zum Bundesbedarfsplan-Entwurf 2012, S. 52–55.

274 So – zumindest für die Bedarfsplanung im Bundesgebiet – auch *Heimann,* in: Steinbach (Hrsg.), NABEG/EnLAG/EnWG-Kommentar, § 12c EnWG Rn. 26.

275 *BNetzA,* Umweltbericht zum Bundesbedarfsplan-Entwurf 2012, S. 52–55.

276 *BNetzA,* Umweltbericht zum Bundesbedarfsplan-Entwurf 2012, S. 54f.

277 § 14g Abs. 1 S. 2 UVPG.

278 § 14f Abs. 2 S. 2 UVPG.

279 Siehe für die Kritik an fehlenden alternativen NEPs wie auch Netzverknüpfungspunkten im Umweltbericht zum Bundesbedarfsplan-Entwurf *Calliess / Dross,* ZUR 2013, 76 (78); diese aufgreifend und weitgehend ähnlich *Antweiler,* NZBau 2013, 337

Punkte durch die ÜNBs stattgefunden habe.[280] Da es bei den Netzverknüpfungspunkten um den Beginn- bzw. Schlusspunkt eines konkreten Leitungsvorhabens geht,[281] zielt die Kritik auf die faktische Steuerung des zukünftigen Leitungsverlaufs durch die behördlichen Punktfestlegungen ab.[282] Ihr ist insofern zuzustimmen, als Netzverknüpfungspunkte vom Bundesbedarfsplan umschlossen werden[283] und damit für die nachfolgenden Planungsebenen verbindlich sind.[284] Überdies muss sich der behördliche Ermittlungsaufwand am Umfang der voraussichtlichen Umweltauswirkungen orientieren und kann dementsprechend aufwendiger sein.[285] Da der Bundesbedarfsplan die weitgehende Umstellung der deutschen Energieversorgung flächendeckend begleiten soll und zusätzlich die Interkonnektion der europäischen Netze davon betroffen sein wird, ist von erheblichen und flächendeckenden Umweltauswirkungen auszugehen, so dass ein hoher behördlicher Aufwand zu fordern sein muss. Dafür spricht auch, dass der Umweltbericht im Gegensatz zum NEP und Offshore-NEP nicht alle zwei Jahre, sondern grundsätzlich[286] alle vier Jahre zu erstellen ist,[287] und damit genügend Zeit für alternative Betrachtungen vorhanden

---

(339f.); andere Ansicht *Heimann,* in: Steinbach (Hrsg.), NABEG/EnLAG/EnWG-Kommentar, § 12c EnWG Rn. 33.

280 *Calliess / Dross,* ZUR 2013, 76 (78), die sich diesbezüglich auf die Aussage von einem Vertreter eines ÜNBs beziehen (siehe dort Fn 28). Es sei angemerkt, dass die Existenz von alternativen Berechnungen der ÜNBs im Umweltbericht zum Bundesbedarfsplan-Entwurf 2012 erwähnt wird, da diese verschiedene Netzentwicklungspläne der BNetzA vorgelegt hätten, *BNetzA,* Umweltbericht zum Bundesbedarfsplan-Entwurf 2012, S. 52f.

281 So kommt etwa der „Standort des Umspannwerks" als möglicher Netzverknüpfungspunkt in Betracht, *BNetzA,* Umweltbericht zum Bundesbedarfsplan-Entwurf 2012, S. 51. Mit der Umspannung auf eine andere Spannungsebene dürfte auch der Anfang / das Ende eines Leitungsvorhabens des Übertragungsnetzes einhergehen.

282 *Calliess / Dross,* ZUR 2013, 76 (78), welche diese Problematik anhand der früheren Rechtslage ohne SUP-Pflicht verdeutlichen, als die Alternativenprüfung erst auf der Zulassungsebene stattfand und viele Vorentscheidungen nicht mehr abänderbar waren. Kritik übend auch *Niedersächsisches Ministerium für Ernährung, Landwirtschaft und Verbraucherschutz,* Stellungnahme zum ersten Entwurf für den Offshore-NEP 2013, S. 1–3, die dort vorgebrachten Einwände richten sich auf die Endpunkte der Anbindungsleitungen von Offshore-Windparks an Land.

283 Die Netzverknüpfungspunkte sind explizit als Anfangs- und Endpunkte der Vorhaben des Bundesbedarfsplans festgehalten in § 1 Abs. 2 S. 2 BBPlG.

284 Siehe zur Verbindlichkeit der Festlegungen des Bundesbedarfsplans, etwa für das abschließende Planfeststellungsverfahren, den § 12e Abs. 4 S. 2 EnWG.

285 So zum Kriterium des „zumutbare[n] Aufwand[s]" aus § 14f Abs. 2 S. 2 UVPG *Gärditz,* in: Landmann / Rohmer, UmweltR-Kommentar, Bd. I, § 14f UVPG Rn. 10 m.w.N. [Stand: Juli 2011].

286 Eine Erstellung des Umweltberichts vor Ablauf der vier Jahre findet bei einer wesentlichen Änderung des NEP statt, § 12c Abs. 2 S. 1 i.V.m. § 12e Abs. 1 S. 3 EnWG.

287 Die Erstellungspflicht in jedem vierten Jahr ergibt sich aus § 12c Abs. 2 S. 1 i.V.m. § 12e Abs. 1 S. 1 EnWG. Nach Ansicht der BNetzA ist die geringe

ist. Durch die momentane Vollzugspraxis kann leicht der Eindruck entstehen, die Bedarfsplanung solle ohne gründliche Abwägungen vollendete Tatsachen schaffen, welche auf späterer Ebene unumstößlich sind. Dies wird auch durch die gesetzlichen Regelungen verstärkt, welche nicht schon das Scoping der Bedarfsplanung öffentlich machen,[288] sondern erst das der Bundesfachplanung und des Bundesfachplan Offshore.[289] Aufgrund dieser rechtlichen und praktischen Überlegungen empfiehlt es sich, alternative Netzverknüpfungspunkte und Netzentwicklungspläne zu entwickeln und im Umweltbericht zu behandeln.[290] Schon im Hinblick auf Überprüfungen der rechtlichen Anforderungen in späteren Klageverfahren ist dies empfehlenswert.[291] Die BNetzA hatte zunächst Alternativenprüfungen bei nachfolgenden Bedarfsplanungen indirekt in Aussicht gestellt und dies mit einer zunehmenden Vereinfachung solcher Betrachtungen begründet.[292] In der Tat ist, trotz des erörterten Ermittlungsaufwands, den man von der BNetzA erwarten kann, bei der ersten Bedarfsplanung aufgrund des geographischen Ausmaßes und der schieren Größe der technischen Alternativberechnungen die Zumutbarkeit der hier strittigen Alternativenprüfungen wohl noch vertretbar abgelehnt worden.[293] Nunmehr hat die BNetzA in der SUP für den NEP 2013 und Offshore-NEP 2013 aber bereits alternative Netzverknüpfungspunkte geprüft.[294]

Für spätere Alternativenprüfungen empfiehlt es sich, diese nur für Leitungen durchzuführen, bei denen noch keine technischen Einrichtungen vorhanden sind, wie etwa Umspannwerke.[295] Denn eine vorhandene Infrastruktur gibt faktisch einen gewissen Netzverknüpfungspunkt bereits vor[296] und eine Verlagerung

Alternativenprüfung unter anderem mit einem hohen Schwierigkeitsgrad zu erklären, der sich aus den technischen Bedingungen eines zusammenhängenden Netzes ergebe, *BNetzA*, Umweltbericht zum Bundesbedarfsplan-Entwurf 2012, S. 52.

288 Siehe schon „2. Kapitel III. 3. b)“.

289 Dazu „3. Kapitel III. 4. b)“.

290 Im Ergebnis auch *Calliess / Dross,* ZUR 2013, 76 (76–79).

291 Ebenso *Calliess / Dross,* ZUR 2013, 76 (79–81).

292 *BNetzA,* Umweltbericht zum Bundesbedarfsplan-Entwurf 2012, S. 52.

293 Explizit bei *BNetzA,* Umweltbericht zum Bundesbedarfsplan-Entwurf 2012, S. 54f.; ähnlich wohl *Heimann,* in: Steinbach (Hrsg.), NABEG/EnLAG/EnWG-Kommentar, § 12c EnWG Rn. 33, die die geforderten Alternativenprüfungen auch wegen der Unzumutbarkeit der Ermittlung der damit einhergehenden Umweltauswirkungen ablehnt.

294 *BNetzA,* Umweltbericht 2013 zum NEP 2013 und Offshore-NEP 2013, S. 310.

295 Siehe für ein Umspannwerk als möglichen Netzverknüpfungspunkt *BNetzA,* Umweltbericht zum Bundesbedarfsplan-Entwurf 2012, S. 11.

296 Siehe als Beispiel hierfür einen HGÜ-Korridor, für den bestehende Umspannwerke als Netzverknüpfungspunkte ausgewählt wurden, *BNetzA,* Bestätigung des NEP 2012, S. 135–147. Von den dort bestätigten vier Netzverknüpfungspunkten haben alle Eingang in den Bundesbedarfsplan gefunden, siehe Vorhaben Nr. 3 und Nr. 4 der Anlage (zu § 1 Absatz 1) BBPlG.

dieser technischen Einrichtungen würde einzig Kontroversen am neuen Standort hervorrufen.[297] Ebenso deuten vorhandene Raumordnungspläne auf den politischen Wunsch hin, Energievorhaben auf Flächen zu konzentrieren, bei denen „Vorbelastungen“ oder eine „Bündelung mit vorhandener technischer Infrastruktur“ möglich ist.[298] Insgesamt würde erstens die Beschränkung der Alternativenprüfung auf Netzverknüpfungspunkte, für welche noch keine Anbindungsinfrastruktur besteht, eine Prüfung „vernünftiger Alternativen“ im Sinne des § 14g Abs. 1 S. 2 UVPG darstellen. Zweitens wäre dies dann ein zumutbarer Aufwand im Sinne des § 14f Abs. 2 S. 2 UVPG.

Es stellt sich nämlich durchaus die Frage, wieso die Errichtung eines neuen Netzverknüpfungspunktes, anstatt der möglichen Nutzung einer vorhandenen Einrichtung, eine vernünftige Alternative im Sinne des § 14g Abs. 1 S. 2 UVPG sein sollte – dies gilt selbstverständlich nur, sofern vorhandene Netzverknüpfungspunkte weiterhin sinnvoll für das Übertragungsnetz sind. Im Ergebnis würde dies freilich teilweise der Prüfpraxis der BNetzA im Umweltbericht des Jahres 2012 für den Entwurf des ersten Bundesbedarfsplans entsprechen, der überhaupt keine alternativen Netzverknüpfungspunkte auswies.[299] Eine solche Beschränkung wäre jedoch, wie eingangs aufgezeigt, einiger Kritik mit durchaus erheblichen Argumenten ausgesetzt.[300]

b) Die Gewährleistung einer objektiven behördlichen Alternativenprüfung

Auch wenn letztlich der Umfang der Alternativenprüfung zu bewältigen sein mag, so stellt sich für die SUP in der Vollzugspraxis die Frage, ob die BNetzA die behördliche Objektivität gewährleisten kann. Dies geht auf die Problematik zurück, dass die BNetzA einerseits die SUP durchzuführen hat, welche gegebenenfalls einen Konflikt mit Ausbauvorhaben verursachen kann, und sie andererseits als zentrale

297 Siehe zu diesem Argument auch „4. Kapitel III. 3. c)“.

298 Siehe zu den Zitaten, die sich explizit auf Stromleitungen beziehen, den Abschnitt 4.2 Ziffer 07 S. 20 der Anlage 1 (zu § 1 Abs. 1) i.V.m. Anlage 2 (zu § 1 Abs. 1) Verordnung über das Landes-Raumordnungsprogramm Niedersachsen (LROP) in der Fassung vom 8. Mai 2008, (LROP Niedersachsen), Nds. GVBl. 2008 S. 132. Ähnlich für die Errichtung von Erzeugungsanlagen, hier Photovoltaik, Ziffer 6.2.3 der Anlage (zu § 1) Verordnung über das Landesentwicklungsprogramm Bayern (LEP) vom 22. August. 2013, (LEP Bayern 2013), GVBl. 2013, S. 550.

299 Siehe für die Prüfpraxis *BNetzA,* Umweltbericht zum Bundesbedarfsplan-Entwurf 2012, S. 54; anders nunmehr *BNetzA,* Umweltbericht 2013 zum NEP 2013 und Offshore-NEP 2013, S. 310.

300 Siehe nur *Calliess / Dross,* ZUR 2013, 76 (77–79).

Bedarfsplanungsbehörde wie auch Fachplanungs-[301] und Planfeststellungsbehörde[302] für einige Vorhaben den Netzausbau zu forcieren hat.[303] Insofern ist dieser innerbehördliche Konflikt systemimmanent, da er schon im Gesetz angelegt ist. Darüber hinaus besteht er nicht nur in der gleichzeitigen Zuständigkeit der BNetzA für die Bedarfsplanung und die Durchführung der SUP, sondern auch darin, dass die SUP kein echtes Vorsorgeinstrument ist und vielmehr auf bereits konkret ins Auge gefasste Planungen angewendet wird.[304] Daraus ließe sich zunächst der Schluss ziehen, die Darstellungen wie auch die Bewertungen der SUP[305] und damit einhergehend die Alternativenprüfung seien einzig auf die Realisierbarkeit des Vorhabens ausgelegt. Zwar kann dies teilweise entkräftet werden, da im Rahmen des Umweltberichts eine Aussage über den „Umweltzustand[...] sowie dessen voraussichtliche Entwicklung bei Nichtdurchführung des Plans“[306] zu treffen ist. Doch wird mitunter die Nichtdurchführung der Vorhaben der Bundesbedarfsplanung – trotz ihrer Darstellung im Umweltbericht – als „keine vernünftige Alternative“ eingestuft, da die Nichtdurchführung im Gegensatz zur Bedarfsplanung nicht auf die Verwirklichung der energiewirtschaftlichen Ziele gerichtet sei.[307] Somit liegt der SUP doch eine gewisse Tendenz der Planverwirklichung inne.

Allerdings steht dieser Tendenz ein erhebliches Korrektiv gegenüber. So ist es eine Stärke der SUP, den politischen Entscheidungsträgern und der Legislative bei erheblichen Umweltbedenken die Änderung oder Nichtdurchführung der Planung

301 Die BNetzA ist gemäß § 31 Abs. 1 und § 5 Abs. 1 S. 1 NABEG für die Bundesfachplanung zuständig, die im Bundesgebiet einschließlich dem Küstenmeer stattfindet – letzteres ergibt sich aus § 2 Abs. 5 NABEG. Überdies ist ihr Einvernehmen bei der Erstellung des Bundesfachplan Offshore für die AWZ notwendig, § 17a Abs. 1 S. 1 EnWG.

302 § 31 Abs. 2 NABEG i.V.m. § 1 PlfZV.

303 Vgl. zu diesem Konflikt die Situation von Kommunen, die im UVP-Verfahren für Bebauungspläne einerseits objektiv über das Planvorhaben und UVP-Gesichtspunkte zu befinden haben, aber andererseits ein sehr starkes Eigeninteresse an der Planverwirklichung besitzen *Führ u. a.*, Evaluation des UVP-Gesetzes des Bundes, S. 176f.

304 Siehe zur „anlassbezogen[en]“ Anwendung der SUP *Stelkens*, NuR 2005, 362 (363).

305 Siehe zum abschließenden SUP-Verfahrensschritt der Darstellung und Bewertung § 14k Abs. 1 UVPG.

306 § 14g Abs. 2 S. 1 Nr. 3 UVPG.

307 Aussage und Zitat von *Heimann*, in: Steinbach (Hrsg.), NABEG/EnLAG/EnWG-Kommentar, § 12c EnWG Rn. 26 – beachte, dass der Begriff „vernünftiger Alternativen“ aus den gesetzlichen Anforderungen an den Umweltbericht aus § 14g Abs. 1 S. 2 UVPG stammt. Ähnlich wie die Literatur die *BNetzA*, Umweltbericht 2013 zum NEP 2013 und Offshore-NEP 2013, S. 272–274; dort wird zugleich auf die Schwierigkeit der Darstellung einer Nichtdurchführung des Bundesbedarfsplans verwiesen, die sich etwa aufgrund dessen großflächiger Betrachtungsweise ergebe.

in einem frühen Stadium mitzuteilen und zu ermöglichen.[308] Dieser Funktion der SUP dürfte sich auch die BNetzA bewusst sein. Daher ist von einer grundsätzlich ausgewogenen Alternativenprüfung in der behördlichen Praxis auszugehen.

6. Diskussion einer weitergehenden Umweltprüfung schon in der Bedarfsplanung

Die skizzierte SUP wirft die Frage auf, ob eine weitere Beschleunigung des Netzausbaus durch eine vertiefte Umweltprüfung schon in der Bedarfsplanung sinnvoll wäre, da sie dort momentan nur eine geringe Prüfungstiefe besitzt. Dieser geringe Detaillierungsgrad ist sicherlich nicht zu beanstanden, wenn es sich um den Neubau einer Trasse handelt, da der spätere Trassenverlauf noch völlig unklar ist.

Anders mag die Lage bei der Verstärkung von Bestandstrassen aussehen. Hier kann sich frühzeitig zeigen, dass die Verstärkung in der bestehenden Leitungsführung erfolgen sollte und eine Verstärkung bei gleichzeitiger Verlegung der Leitungsführung ausscheidet. Die Gründe hierfür können vielschichtig sein. Zunächst kommt in Frage, dass die Umweltauswirkungen bei einer Verlegung wesentlich nachteiliger sind, als bei der Beibehaltung des Trassenverlaufs und dies bereits in der Bedarfsplanung offensichtlich ist.[309] Dies kann etwa der Fall sein, wenn durch die Trassenverlegung eine von Übertragungsnetzen und sonstiger Infrastruktur unbelastete Fläche beansprucht und dabei ein Natura 2000-Gebiet gekreuzt werden würde,[310] selbst wenn dabei eine belastete Fläche freigegeben wird. Möglich ist auch ein sich abzeichnender erheblicher Widerstand gegen eine Trassenverlegung in der Behörden- und Öffentlichkeitsbeteiligung[311] – dies ist freilich ein eher rechtspraktisches Argument. Letztlich ist auch die Benachrichtigung durch einen Nachbarstaat vorstellbar, mit dem Inhalt, nur einem bestimmten Übergangspunkt für eine Netzinterkonnektion zustimmen zu wollen. In den genannten Fällen böte es sich an, die SUP auf den betroffenen Trassen umfangreicher zu gestalten als bei anderen Trassen. Dies kann die sich anschließende Bundesfachplanung entlasten, da sich Umweltprüfungen bei mehrstufigen Planungs- und Zulassungsprozessen auf noch nicht geprüfte Umweltauswirkungen, Aktualisierungen und Vertiefungen

---

308 So wohl *Sauthoff*, ZUR 2006, 15 (16).

309 Siehe weiterführend *BNetzA*, Umweltbericht zum Bundesbedarfsplan-Entwurf 2012, S. 33–35; demnach wird im Umweltbericht der Bedarfsplanung ein Gesamtraum untersucht, der für beinahe alle Trassenalternativen in Betracht kommt und es bleibt in dieser Planungsebene offen, ob eine Verlegung oder Beibehaltung der Trasse bei Netzverstärkungen stattfinden sollte.

310 Siehe zu den strengen Anforderungen bei der Querung von Natura 2000-Gebieten die Verträglichkeitsprüfung und Ausnahmevorschriften des § 34 Gesetz über Naturschutz und Landschaftspflege (Bundesnaturschutzgesetz – BNatSchG) vom 29. Juli 2009, (BNatSchG), BGBl. 2009, I, S. 2542.

311 § 12c Abs. 3 S. 1, 2 EnWG i.V.m. §§ 14h f. UVPG.

gegenüber den Umweltprüfungen voriger Planungsstufen beschränken können.[312] In der Literatur wird eine umfangreichere SUP in der Bedarfsplanung für Trassen, deren Heranziehung als sicher angenommen wird, durchaus befürwortet.[313] Nach der geltenden Gesetzeslage ist dies auch zulässig, weil der die SUP anordnende § 12c EnWG keine besonderen Prüfungsvorgaben macht und dementsprechend die Abschichtungsmöglichkeit des § 14f Abs. 3 UVPG freie Anwendung findet. Diese Norm überlässt es gerade der zuständigen Behörde, vorliegend der BNetzA, welchen Detaillierungsgrad sie bei der jeweiligen Umweltprüfung anlegt.

Diese Vorarbeit wäre zudem sinnvoll, falls Ausbauprojekte trotz ihrer Wichtigkeit zunächst nicht in den Bundesbedarfsplan aufgenommen werden.[314] Wenn die BNetzA derartige Projekte identifiziert und ihr Trassenverlauf vorhersehbar ist, sollte bereits in der Bedarfsplanung eine detailliertere SUP erfolgen. Schließlich liegen zwischen den Entwürfen der Bundesbedarfspläne regelmäßig drei Jahre,[315] welche für derartige Prüfungen genutzt werden könnten. Dies würde bei einer späteren Aufnahme in den Bundesbedarfsplan und bei einer entsprechenden Kennzeichnung[316] in diesem eine zügige Bundesfachplanung unterstützen. Überdies könnte ein folgendes Raumordnungsverfahren von Länderbehörden für solche Vorhaben entlastet werden, die zwar von der BNetzA bestätigt werden und zu deren Ausbau ein ÜNB verpflichtet ist,[317] die aber im Bundesbedarfsplan keine zur Durchführung der Bundesfachplanung notwendige Kennzeichnung haben.

Interessant wäre dies auch für die Verwirklichung der europäischen Vorhabenausweisung aufgrund der TEN-E-VO 2013, welche unter anderem grenzüberschreitende Höchstspannungsleitungen beinhaltet.[318] Höchstspannungsleitungen, welche die Grenze überschreiten, können grundsätzlich in den Entwurf des

---

312 Siehe zu abgeschichteten Umweltprüfungen bzw. zu den Prüfungsdetails auf den nachgelagerten Prüfungsebenen § 14f Abs. 3 S. 1 bzw. S. 3 UVPG.

313 *Heimann*, in: Steinbach (Hrsg.), NABEG/EnLAG/EnWG-Kommentar, § 12c EnWG Rn. 23 m.w.N.

314 Vgl. die Gesetzesbegründung der *BT-Drucks. 17/12638*, Gesetzentwurf zum zweiten Gesetz zur Beschleunigung des Netzausbaus, S. 13, dort erachtete es der Gesetzgeber für durchaus möglich, dass bei Vorhaben, für die von der BNetzA zunächst keine Bestätigung im NEP erfolgte, in Zukunft eine solche Ausweisung vorgenommen wird.

315 § 12e Abs. 1 S. 1 EnWG.

316 Siehe zur Voraussetzung einer entsprechenden Kennzeichnung für die Eröffnung des Anwendungsbereichs des NABEG den § 2 Abs. 1 NABEG. Siehe sodann die §§ 4 ff. NABEG für die Bundesfachplanung.

317 Siehe zur Bestätigung des NEP sowie der damit einhergehenden Ausbauverpflichtung eines von der Regulierungsbehörde zu bestimmenden ÜNBs § 12c Abs. 4 S. 1, 3 EnWG. Siehe hierzu für den Offshore-NEP § 17c Abs. 1 S. 2 i.V.m. § 12c Abs. 4 S. 1, 3, § 17d Abs. 1 S. 1 EnWG.

318 Siehe zu den Vorhabenausweisungen aufgrund dieses Rechtsaktes „2. Kapitel IV. 2. b)".

Bundesbedarfsplans aufgenommen werden[319] und sodann kann die Bundesfachplanung für diese gegebenenfalls in Betracht kommen.[320] Andererseits geht es auf europäischer Ebene vornehmlich um den Neubau von Interkonnektoren[321] und weniger um die Verstärkung von Leitungen in bestehenden Trassen. Insofern ist eine Beschleunigung auf dieser Ebene durch den gemachten Vorschlag nur bedingt realisierbar.

Letztendlich bietet es sich nunmehr an, schon in der Bedarfsplanung eine hohe Detailtiefe der SUP durchzuführen, sofern die betreffende Ausbaumaßnahme örtlich bestimmbar und ihre Realisierung wahrscheinlich ist. Nachdem die Untersuchung gezeigt hat, dass dies nach der derzeitigen Gesetzeslage möglich ist, wäre für die Umsetzung dieses Vorschlages eine Verwaltungsvorschrift für die Behördenpraxis ausreichend. Aufgrund des Mehraufwands wäre allerdings eine hinreichende Personalausstattung der Behörde notwendig, was sich selbstverständlich einer energierechtlichen Regelung entzieht.

7. Der Einfluss der ÜNBs auf die SUP

Da die ÜNBs privatwirtschaftlich organisiert sind, steht bei ihnen die Gewinnerzielungsabsicht im Vordergrund. Folglich sind die betrieblichen Netzplanungen primär auf dieses Ziel und nicht auf Umweltbelange ausgelegt. Ein Ausfluss des zuerst genannten Prinzips ist die Vorgabe in § 11 Abs. 1 S. 1 EnWG, welche die Pflicht zum Netzausbau durch die wirtschaftliche Zumutbarkeit begrenzt.[322] Aus betriebswirtschaftlicher Sicht ist für die ÜNBs der Ausgang von Umweltprüfungen insofern wichtig, als diese Prüfungen bei den hoheitlichen Planungs- bzw. Zulassungsentscheidungen zu berücksichtigen sind.[323] Daher ist es verständlich und legitim, dass die ÜNBs Umweltprüfungen in ihrem Sinne beeinflussen wollen. Parallel dazu muss natürlich von behördlicher Seite auf eine objektive Durchführung dieser Verfahren geachtet werden, woraus sich ein gewisses Spannungsfeld zwischen den Beteiligten entwickeln kann.

a) Der Einfluss auf die SUP bezüglich des NEP

Im Rahmen der Bedarfsplanung ist es den ÜNBs möglich, den Umweltbericht über den NEP sowie das zusätzlich von ihnen vorzulegende Datenmaterial zu beeinflussen. Beim NEP ist es schon deshalb der Fall, da er von den ÜNBs erstellt und

---

319 § 12e Abs. 2 S. 1 EnWG.

320 Voraussetzung ist, dass diese im Bundesbedarfsplan aufgenommen und entsprechend gekennzeichnet sind, § 4 S. 1 NABEG.

321 Siehe nur Art. 194 Abs. 1 lit. d AEUV oder etwa den 8. ErwGr. der TEN-E-VO 2013.

322 Siehe aber zur Annahme, dass eine wirtschaftliche Zumutbarkeit wohl stets zu bejahen ist „2. Kapitel II.".

323 Siehe zur Berücksichtigung der SUP in der Planerstellung den § 14k Abs. 2 UVPG und zur Berücksichtigung der UVP bei Zulassungsentscheidungen den § 12 UVPG.

zwischen einer ersten behördlichen Überprüfung[324] und der abschließenden behördlichen Bestätigung[325] als Grundlage für den Umweltbericht herangezogen wird. Weil die ÜNBs hier die Netzverknüpfungspunkte festlegen[326] und die BNetzA für diese keine Alternativen im Umweltbericht 2012 zum Entwurf des ersten Bundesbedarfsplan untersucht hat[327] – im Gegensatz zum Umweltbericht 2013[328] –, zeigt sich eine erhebliche Steuerungsmöglichkeit der ÜNBs in diesem Punkt. Zusätzlich dazu wirken die deutschen ÜNBs über ENTSO (Strom) am gemeinschaftsweiten NEP mit,[329] der weder von ACER noch einer anderen Behörde geändert werden kann und der dennoch von den nationalen NEPs berücksichtigt werden muss.[330] Zwar ist hervorzuheben, dass diesbezüglich keine rechtsverbindliche Befolgungspflicht hinsichtlich des gemeinschaftsweiten NEP besteht,[331] von diesem aber zumindest eine faktische Wirkung ausgeht. Mangelhaften Netzplanungen von ENTSO (Strom) kann also nur mit einem gewissen Aufwand begegnet werden,[332] so dass dessen Planungen letztlich die SUP beeinflussen können. Im Ergebnis würde dies beispielsweise die Durchführung einer SUP bezüglich von Vorhaben in Gebieten bedeuten, die viele erhebliche Umweltauswirkungen im Sinne des § 14g Abs. 1 S. 2 UVPG aufweisen und die bei neutraleren Bedarfsüberlegungen in Gebieten mit geringeren erheblichen Umweltauswirkungen vorzunehmen wäre.

Eine weitere betriebliche Steuerungsmöglichkeit ergibt sich aus der Pflicht der ÜNBs, der BNetzA die zur Erstellung des Umweltberichts notwendigen Informationen zu übermitteln.[333] Die BNetzA hat daher nur ein begrenztes eigenes Datenmaterial, dessen Neutralität von Beginn an feststeht. Für die SUP ist dies nicht weniger

---

324 § 12c Abs. 1 S. 1 EnWG.

325 Die abschließende Bestätigung erfolgt nach der Behörden- und Öffentlichkeitsbeteiligung zu den Entwürfen des NEP und des Umweltberichts, § 12c Abs. 4 S. 1 EnWG.

326 Die Festlegungen fallen unter die Erstellungspflicht des NEP-Entwurfs des § 12b EnWG.

327 Siehe für die ablehnende Begründung der BNetzA, eine Alternativenprüfung durchzuführen, *BNetzA*, Umweltbericht zum Bundesbedarfsplan-Entwurf 2012, S. 54f. Siehe zu diesem Thema bereits die vorangegangenen Ausführungen bei „2. Kapitel III. 5. a)".

328 *BNetzA*, Umweltbericht 2013 zum NEP 2013 und Offshore-NEP 2013, S. 309–313, 345–373.

329 Siehe zur Erstellung dieses Plans Art. 8 Abs. 3 lit. b, Abs. 10 Stromhandels-VO 2009.

330 Siehe zu dieser Problematik und Lösungsansätzen hierfür „2. Kapitel II. 1. b)".

331 Siehe zur rechtlichen Unverbindlichkeit den Art. 8 Abs. 3 lit. b Stromhandels-VO 2009. Dementsprechend findet nur eine Kohärenzprüfung mit dem nationalen NEP statt, wobei die nationalen Regulierungsbehörden eine diesbezügliche Änderung des nationalen NEP verlangen können, Art. 22 Abs. 5 Elektrizitäts-RL 2009.

332 ACER kann lediglich eine Änderung des gemeinschaftsweiten NEPs empfehlen, Art. 8 Abs. 11 S. 2 Stromhandels-VO 2009.

333 Diese Pflicht ist in § 12c Abs. 2 S. 3 EnWG statuiert.

bedeutsam, als für die UVP der nachfolgenden Zulassungsentscheidung. Dies lässt sich etwa aus einer – nicht speziell auf die Energiewirtschaft bezogenen – Erhebung ablesen, nach der umweltbezogene Unterlagen von Vorhabenträgern[334] in den ersten Planungsebenen weniger Qualität besäßen als in späteren Planungsebenen und dies wegen der faktischen Vorwirkung von Alternativbetrachtungen in den frühen Umweltprüfungen für den späteren Standort eines Vorhabens bedenklich sei.[335] Letztlich wird dadurch die Notwendigkeit verdeutlicht, von den ÜNBs bereits in der Bedarfsplanung hochwertige Informationen zu erhalten und von behördlicher Seite darauf hinzuwirken.

b) Der Einfluss auf die SUP bezüglich des Offshore-NEP

Die voranstehenden Überlegungen gelten für die SUP hinsichtlich des Offshore-NEP in ähnlicher Weise, wenn auch mit gewissen Unterschieden. Sie sind insofern übertragbar, als neben dem NEP auch der Offshore-NEP den Bundesbedarfsplan vorbereitet und damit derselben SUP unterliegt.[336] Folglich gelten hier ebenso die vorstehenden Informationspflichten der ÜNBs gegenüber der BNetzA,[337] welche für die Erstellung des Umweltberichts zuständig ist.[338] Ein wesentlicher Unterschied zum NEP besteht allerdings in der Ausformung des Offshore-NEP als zweiter Planungsstufe für die AWZ, da ihm der Bundesfachplan Offshore mit einer eigenen SUP vorgeschaltet ist.[339] In Fortführung des Abschichtungsgedankens bei Umweltprüfungen,[340] kann die SUP des Bundesbedarfsplans bezüglich des Offshore-NEP auf diejenigen erheblichen Umweltauswirkungen beschränkt werden, welche bei der SUP des Bundesfachplan Offshore nicht geprüft wurden.[341] Der Einfluss der ÜNBs dürfte beim Offshore-NEP also geringer sein, da im Bundesfachplan Offshore beispielsweise schon Trassen oder Trassenkorridore und standardisierte Technikvorgaben festgelegt werden.[342] Daher ist den ÜNBs eine Steuerung dieser Aspekte in der SUP des Offshore-NEP weitgehend verbaut. Für die ÜNBs fällt dies freilich ins Gewicht, da aus betrieblicher Sicht besonders der Trassenverlauf eine

---

334 Freilich ist der ÜNB in der Bedarfsplanung noch nicht Vorhabenträger, was vorliegend zu berücksichtigen ist.

335 *Führ u. a.*, Evaluation des UVP-Gesetzes des Bundes, S. 71.

336 Die Erstreckung der SUP auch auf den Offshore-NEP folgt aus § 12c Abs. 2 S. 1 EnWG.

337 § 12c Abs. 2 S. 3 EnWG.

338 Die BNetzA ist hier als Regulierungsbehörde im Sinne des § 12c Abs. 2 S. 1 i.V.m. § 54 Abs. 1 EnWG zuständig.

339 Siehe zur SUP-Pflicht des Bundesfachplan Offshore § 17a Abs. 3 S. 1 EnWG und § 14b Abs. 1 Nr. 1 i.V.m. Anlage 3 Nr. 1.14 UVPG. Die Rangordnung des Bundesfachplan Offshore vor dem Offshore-NEP ergibt sich aus § 17b Abs. 1 S. 2 EnWG; demnach muss die Bedarfsplanung die Bundesfachplanung berücksichtigen.

340 Seine Grundlage hat der Abschichtungsgedanke in § 14f Abs. 3 S. 1 UVPG.

341 Siehe zu dieser Möglichkeit § 12c Abs. 2 S. 2 EnWG.

342 Siehe zu diesen Festlegungen § 17a Abs. 1 S. 2 Nr. 2, Nr. 7 EnWG.

sehr wichtige finanzielle Frage ist. Dementsprechend werden sie wohl ein gesteigertes Interesse an der SUP im Bundesfachplan Offshore haben, an der sie nicht nur mitwirken können, sondern überdies zur Mitarbeit durch die Vorlage von Informationen verpflichtet[343] sind.[344]

c) *Die Gewährleistung einer objektiven SUP durch die BNetzA*

Die beschriebenen Einflussmöglichkeiten der ÜNBs auf die SUP können durch die BNetzA durchaus bewältigt werden. Deutlich wird dies zunächst aus der Informationspflicht der ÜNBs aus § 12c Abs. 2 S. 3 EnWG gegenüber der BNetzA, wodurch die Übermittlung von solchen Informationen vorgeschrieben wird, welche für die SUP erforderlich sind. Der Wortlaut dieser Norm legt es nahe, sie als Herausgabepflicht zu interpretieren, welche die Bereitschaft eines ÜNBs zur Mitwirkung nicht voraussetzt. Mit der Regelung wird eine Lücke im UVPG geschlossen, wo derartige Informationsanforderungen an Private nur für Vorhabenträger im Rahmen der UVP normiert sind, nicht aber in der SUP[345] – erklärbar ist dies sicherlich durch die Konzeption der SUP für Pläne und Programme hoheitlicher Art,[346] bei denen Private als Planungsbeteiligte bisher nicht vorgesehen waren und die SUP zugleich von der Planungsbehörde durchgeführt wurde. Gleichzeitig wird dadurch auf analoge Art und Weise die vom Unionsrecht bei UVPs angestoßene Entwicklung fortgesetzt, welche von Dritten ein erhebliches Zutun bei Sachverhaltsermittlungen einfordert.[347] Sollten die erforderlichen Informationen nicht übermittelt werden, so könnte die BNetzA zur Maßnahme des Zwangsgeldes nach § 94 S. 1 EnWG i.V.m. den Vorschriften des VwVG greifen. Das übliche Instrumentarium zur Durchsetzung des Verwaltungsrechts stünde demnach zur Verfügung. Die praktische Relevanz dieser Mittel dürfte allerdings gering sein, was sich aus der Betrachtung der Interessenlage eines ÜNBs schließen lässt. Sieht dieser eine zügige Planung mit einem erfolgreichen Ausgang als gewiss an und rechnet mit einem hohen wirtschaftlichen Ertrag, beispielsweise durch Fördermöglichkeiten der TEN-E-VO 2013,[348] so wird

---

343 Diese Pflicht ergibt sich aus § 17a Abs. 3 S. 2 EnWG.

344 Siehe zu ihrem Einfluss auf die SUP des Bundesfachplan Offshore „3. Kapitel III. 5. b)".

345 Siehe für die Informationspflichten eines Vorhabenträgers in der UVP den § 6 UVPG. Eine ähnliche Regelung fehlt für die SUP in den §§ 14a ff. UVPG.

346 Siehe hierzu nur die Auflistung „‚SUP-pflichtiger Pläne und Programme'" in Anlage 3 UVPG.

347 Zu diesem Einfluss des Unionsrechts auf den Amtsermittlungsgrundsatz *Ramsauer*, in: Kopp / Ramsauer, VwVfG-Kommentar, § 24 VwVfG Rn. 3c.

348 Zu den finanziellen Fördermöglichkeiten für Vorhaben von gemeinsamen Interesse im Sinne der TEN-E-VO 2013 und der Relevanz für den deutschen Netzausbau „5. Kapitel I.". Skeptisch zur Heranziehbarkeit dieser Fördermöglichkeiten wegen der vorhandenen Regulierungsvorgaben im deutschen Recht *Ruge*, Bedeutung der Infrastruktur-Verordnung der EU, in: Weyer (Hrsg.), Energienetze, EEG und Energiewende, 35 (44f.).

er sich frühzeitig und positiv in die SUP einbringen.[349] Im Hinblick auf die spätere Gerichtsfestigkeit seiner Vorhaben wird er zudem von sich aus an einer objektiven Tatsachendarstellung und -bewertung im Umweltbericht interessiert sein.

Neben dem aufgezeigten Informationsanspruch bestehen noch weitere Möglichkeiten, die Angaben der ÜNBs zu hinterfragen. Insbesondere hat die BNetzA im Zuge der Alternativenprüfung der SUP einen Beurteilungsspielraum, inwieweit sie alternative Netzverknüpfungspunkte in den Umweltbericht aufnimmt[350] und kann zudem bei der Festlegung des Untersuchungsrahmens – unter anderem – Sachverständige hinzuziehen.[351]

Insgesamt lässt sich nunmehr von einem ausgewogenen System aus unternehmerischen und behördlichen Einfluss auf den Umweltbericht der SUP sprechen. Bei den Beteiligten herrscht sozusagen Waffengleichheit, was in einem zwischen Unternehmen und Staat geteilten Planungssystem sinnvoll ist. Nach vorstehenden Darstellungen und Überlegungen hat die BNetzA ausreichend rechtliche Mittel, unerwünschten Steuerungsmöglichkeiten der ÜNBs zu begegnen. Diese theoretische Betrachtung muss freilich noch durch die Praxis bestätigt werden, da erstens die institutionalisierte energiewirtschaftliche Bedarfsplanung und ihre SUP neu sind und es zweitens kaum Erfahrungen für die Einbindung von Privaten in diese Art der netzwirtschaftlichen Planungen gibt.

8. Zentraler vs. dezentraler Vollzug der SUP auf Bundes- und Länderebene

Aufgrund der Nähe der Länder zu den örtlichen Gegebenheiten wäre es zunächst überlegenswert, die SUP nicht gänzlich durch eine Bundesbehörde, sondern von den Ländern in Abstimmung mit der BNetzA durchzuführen, oder die Zuständigkeit zwischen der BNetzA und den Länderbehörden aufzuteilen. Auch wenn die SUP auf Bedarfsplanebene noch relativ abstrakt gehalten ist,[352] könnte so dennoch eine gewisse Entlastungswirkung für die BNetzA eintreten. Eine ähnliche Konstellation findet sich in der Verordnungsermächtigung des § 19b Abs. 4 UPVG, welche es dem Bund ermöglicht, die Länder mit einzelnen Aufgaben zur Vorbereitung der vom

349 Vgl. für die Motivationslage des Vorhabenträgers, wenn dieser einen positiven Planungsausgang erwartet, und ihre Auswirkung auf die Vorlage weitreichender Unterlagen bei den ersten Umweltprüfungen *Steinberg u. a.*, Fachplanung, § 7 Mehrstufige Planungen Rn. 43.

350 Die Ermittlung vernünftiger Alternativen, sofern dies mit zumutbarem Aufwand geschehen kann, ergibt sich aus § 14g Abs. 1 S. 2 i.V.m. § 14f Abs. 2 S. 2 UVPG. Siehe vertiefend dazu die obenstehende Diskussion im „2. Kapitel III. 5.".

351 Siehe § 14f Abs. 4 S. 3 UVPG.

352 Siehe zur Abstraktheit der Bedarfsplanung *BNetzA*, Umweltbericht zum Bundesbedarfsplan-Entwurf 2012, S. 42.

Bund durchzuführenden SUP für die Bundesverkehrswegeplanung zu betrauen.[353] Neben der Überlegung, die SUP zwischen Bund und Ländern auf diese Weise aufzuteilen, ist es ebenso zu diskutieren, ob die SUP bei der BNetzA als Planungsbehörde sinnvoll gebündelt ist, oder ob die Zuständigkeit einer anderen Bundesbehörde effektiver wäre.

a) Bundes- vs. Ländervollzug

Für einen dezentralen Vollzug durch die Länder unter der gleichzeitigen Federführung der BNetzA sprächen zunächst mehrere Argumente: Zu nennen sind hier die erwähnte Nähe der Landesbehörden zu den örtlichen Gegebenheiten und überdies ihre Unabhängigkeit gegenüber der Entwurfserstellung für den Bundesbedarfsplan. Gleichzeitig könnte einer möglichen Zersplitterung der SUP, die aufgrund von unterschiedlichen Prüfpraktiken in den Ländern entstehen könnte, durch einheitliche Anforderungen in der Form einer Rechtsverordnung des Bundes und der Ermächtigung zum Erlass einer solchen in Anlehnung an § 19b Abs. 4 UVPG begegnet werden. Allerdings wurde von dieser Ermächtigungsgrundlage in der Verkehrswegeplanung bisher kein Gebrauch gemacht, weshalb für eine Aufteilung der SUP zwischen Bund und Ländern bei der Bedarfsplanung für linienförmige Netze noch keine Erfahrungswerte vorliegen. Einer Einführung dieses Systems für die Planung der Übertragungsnetze sollte also zunächst zurückhaltend begegnet werden, zumindest bis das Mittel in der Verkehrswegeplanung erprobt wurde oder die Bedarfsplanung der Übertragungsnetze in einer Weise etabliert ist, welche das Wagnis eines teilweise dezentralen Vollzugs durchführbar erscheinen lässt.

Einer möglichen Dezentralisierung zu Gunsten der Länder stehen noch weitere Bedenken entgegen: So könnte eine Vermengung von Raumordnungs- mit Umweltfragen durch die Landesbehörden stattfinden,[354] obwohl raumordnerische Belange erst in der folgenden Bundesfachplanung zu prüfen sind.[355] Zugleich müsste wegen des hohen Koordinierungsaufwandes zwischen der BNetzA und den Ländern eine zeitliche Verzögerung befürchtet werden. Insbesondere bei der ersten Entwurfserstellung eines Bundesbedarfsplans hätte dies nachteilig werden können. So hatten die ÜNBs ihren ersten NEP am 3. Juni 2012 vorzulegen[356] und der erste Bundesbedarfsplan wurde schon im Juli 2013 erlassen.[357] Folglich wurde in diesem

353 Zu den Gründen dieser Regelung *BT-Drucks. 15/3441*, Gesetzentwurf zur Einführung einer Strategischen Umweltprüfung, S. 40; dort wird unter anderem auch mit der „projektnäheren Ebene“ der Länder in manchen Prüfungspunkten argumentiert.

354 Siehe zu dieser Befürchtung schon „2. Kapitel III. 3. a)“.

355 Siehe für die Prüfung von Belangen der Raumordnung in der Bundesfachplanung § 5 Abs. 1 S. 4 NABEG und § 17a Abs. 1 S. 4 Nr. 1 EnWG.

356 § 12b Abs. 1 S. 1 EnWG a.F.

357 Gesetz über den Bundesbedarfsplan (Bundesbedarfsplangesetz – BBPlG) vom 23. Juli 2013, (BBPlG), BGBl. 2013, I, S. 2543.

Zeitraum der Umweltbericht erstmalig erstellt. Es ist fraglich, ob diese knappe zeitliche Abfolge auch bei einem dezentralen Vollzug hätte erfolgen können. Aufgrund der dargestellten diversen Vor- und Nachteile und fehlender Praxiserfahrungen ist momentan eine klare Aussage zugunsten eines zentralen oder dezentralen Vollzugs nicht möglich. Schließlich wäre auch fraglich, inwieweit eine Kooperation/ Arbeitsteilung zwischen der BNetzA und den Länderbehörden verfassungsrechtlich zulässig wäre, da für die BNetzA als selbständige Bundesoberbehörde im Sinne des Art. 87 Abs. 3 S. 1 GG kein faktischer Verwaltungsunterbau entstehen darf.[358]

Die vorliegende Diskussion wurde in ähnlicher Weise bereits im Gesetzgebungsprozess zur energiewirtschaftlichen Bedarfsplanung im Jahr 2011 geführt, bei welcher der Bundesrat eine Abstimmung der SUP mit den Länderbehörden forderte und dafür deren Kenntnisse über lokale Gegebenheiten anführte.[359] Hingegen lehnte die Bundesregierung eine Abstimmungspflicht mit Hinweis auf den abstrakten Planungsgrad der Bedarfsplanung ab,[360] die in der Folge auch nicht in das Gesetz aufgenommen wurde. Anscheinend folgte der Gesetzgeber dem Ansatz, mit einer möglichst zentralisierten Planung dem erklärten Ziel einer beschleunigten Netzplanung[361] näher zu kommen. Dementsprechend ist die jetzige Mitwirkung der Länder an der SUP zwar einerseits eine Möglichkeit, ihre Vorstellungen einzubringen, andererseits aber auch eine Pflicht, relevantes Wissen zu übermitteln.[362] Dies ähnelt damit mehr einem Über-/ Unterordnungsverhältnis als der vom Bundesrat geforderten Abstimmungspflicht mit kooperativem Charakter.

---

358 Siehe zu dieser verfassungsrechtlichen Frage die Ausführungen zur Zusammenarbeit von BNetzA und Länderbehörden in der Bundesfachplanung „3. Kapitel II. 6. a) aa)".

359 So die Stellungnahme des Bundesrates bei der *BT-Drucks. 17/6248,* Gesetzentwurf zur Neuregelung energiewirtschaftsrechtlicher Vorschriften, S. 13f.

360 Siehe die Gegenäußerung der Bundesregierung in der *BT-Drucks. 17/6248,* Gesetzentwurf zur Neuregelung energiewirtschaftsrechtlicher Vorschriften, S. 22. Zwar argumentierte die Bundesregierung mit dem Abstraktheitsgrad der Planung, machte dies aber nur unter dem Aspekt der Raumordnung, obwohl sich der Bundesrat in seiner Forderung neben raumordnerischen Belangen auch auf die SUP bezog. Da sich die Gegenäußerung der Bundesregierung allerdings auf die gesamte Forderung des Bundesrates bezog, wird man wohl die ablehnende Haltung, die mit der abstrakten Planung begründet wurde, auch auf die SUP beziehen müssen.

361 Siehe für dieses Ziel bezüglich der SUP in der Bedarfsplanung die Gesetzesbegründung der *BT-Drucks. 17/6072,* Gesetzentwurf zur Neuregelung energiewirtschaftsrechtlicher Vorschriften, S. 69.

362 So etwa beim Scoping-Termin gemäß § 14f Abs. 4 S. 4 i.V.m. S. 1 UVPG, wonach zu den zu „beteiligenden Behörden" alle Behörden gehören, „deren umwelt- und gesundheitsbezogener Aufgabenbereich...berührt wird" und demnach auch die entsprechenden Landesbehörden umfasst sind.

b) *Vollzug durch mehrere Bundesbehörden*

Mit der Konzentration der SUP auf Bundesebene stellt sich die Frage nach der dortigen Behördenzuständigkeit. Unter diesem Aspekt wäre die Aufgabenzuweisung an eine Umweltbehörde des Bundes anstatt der BNetzA überlegenswert, beispielsweise an das Bundesamt für Naturschutz, welches im Bundesfachplan Offshore und somit im Planungssystem für Übertragungsnetze bereits eine Rolle spielt.[363] Für eine solche Lösung spräche die Expertise dieser Behörde in Umweltfragen, ihre Unabhängigkeit von der Bedarfsplanung[364] und die Annahme, dass Umweltbehörden mittlerweile eine zunehmend bedeutende Stellung gegenüber Planungsbehörden zukomme.[365] Gerade Letzteres wäre zu beachten, sofern man die SUP außerhalb der eigentlichen Planungsbehörde durchführen würde. Denn nur die Anerkennung einer behördlichen Tätigkeit als gleichwertig verhindert, dass ihre Umweltprüfungen als reine Pflichtübung durch die Öffentlichkeit oder innerhalb staatlicher Institutionen wahrgenommen wird.[366]

Spiegelbildlich zu den Bedenken bei der soeben diskutierten Länderbeteiligung wäre allerdings eine weitergehende Verlagerung der SUP auf Bundesbehörden außerhalb der BNetzA ähnlich kritisch zu betrachten. Zu nennen ist hier ein möglicherweise erhöhter zeitlicher Aufwand durch verstärkte Koordinierungsmaßnahmen, da die übergeordneten Bundesministerien durchaus verschiedene Ansätze bei der Verwirklichung energiepolitischer Ziele verfolgen,[367] was letztlich die Netzplanung beeinflussen kann. Natürlich spielt dabei auch die jeweilige Behördenkultur eine Rolle und somit die Frage, ob nachgelagerte Behörden traditionell einem hohen oder geringen Einfluss des jeweils übergeordneten Ministeriums unterliegen.[368] Aufgrund dieser Überlegungen empfiehlt es sich, die SUP zentral bei der BNetzA zu belassen. Auf die Expertise von Bundesbehörden muss dennoch nicht verzichtet werden, da sie über die vorhandenen UVPG-Beteiligungsverfahren des Scopings bzw. der Stellungnahmen zum Umweltbericht beteiligt sind, sofern ihr Aufgabenbereich betroffen ist.[369]

---

363 Mit dieser muss der Bundesfachplan Offshore abgestimmt werden, § 17a Abs. 1 S. 1 EnWG. Siehe weiterführend zur Rolle des BfN in der Bundesfachplanung „3. Kapitel II. 3. e) aa)".

364 Vgl. *Führ u. a.*, Evaluation des UVP-Gesetzes des Bundes, S. 211.

365 Diese Annahme äußernd *Stelkens*, NuR 2005, 362 (368).

366 Vgl. *Stelkens*, NuR 2005, 362 (368).

367 Siehe zu den divergierenden Vorstellungen in den Ministerien *Durner*, NuR 2012, 369 (371f.); siehe zu diesem Thema in der Bundesfachplanung und dem Bundesfachplan Offshore „3. Kapitel II. 3. e)" und „3. Kapitel II. 4"

368 Vgl. zum Verhältnis vor- und nachgelagerter Verwaltungseinrichtungen bezüglich des UVP-Verfahrens *Führ u. a.*, Evaluation des UVP-Gesetzes des Bundes, S. 209.

369 Siehe zu diesen Verfahren § 14f Abs. 4 UVPG bzw. § 12c Abs. 3 S. 1, 2 EnWG i.V.m. § 14h UVPG.

Wichtig ist daher die Gewinnung von qualifiziertem Personal bei der BNetzA, welches die SUP inhaltlich bewältigen kann und es zugleich versteht, Behörden der Bundes- und Länderebene zur eigenen Wissensergänzung einzubinden.[370] Für die Praxis ist dies ein sehr relevanter Punkt, da etwa das Thema der Qualifikation des Behördenpersonals zumindest bei UVP-Verfahren in der Vergangenheit mitunter als ein Problem in der Verfahrensdurchführung identifiziert wurde.[371] Überdies sind die relevanten Strukturen bei der BNetzA gerade erst geschaffen worden und die entsprechenden Verfahren müssen sich noch etablieren. Schwierigkeiten bei der Durchführung der SUP sollten unter diesen Aspekten betrachtet werden, so dass kritisch zu prüfen ist, ob zunächst Änderungen innerhalb der BNetzA notwendig sind oder tatsächlich die Zuständigkeiten zwischen den Behörden neu geregelt werden müssten.

9. Diskussion einer Integration der Raumverträglichkeitsprüfung in die SUP und Bedarfsplanung

Aus dem Voranstehenden ergibt sich, dass die Bedarfsplanung im Wesentlichen aus der Planung von Netzverknüpfungspunkten und einer Umweltprüfung für ellipsenförmige Verbindungsflächen zwischen diesen besteht. Diese Planung wäre sinnlos, wenn die Behörde nicht implizit von einer Raumverträglichkeit der geplanten Ausbaumaßnahmen innerhalb dieser Flächen ausgehen würde. In der Konsequenz stellt sich dann die Überlegung, wieso eine Raumverträglichkeitsprüfung nicht bereits in die Bedarfsplanung integriert werden sollte, um Unvereinbarkeiten auf späteren Planungsstufen zu vermeiden. In ähnlicher Weise wurde dies bereits im Jahr 2009 durch den Sachverständigenrat für Umweltfragen erwogen, der die Bedarfs- und Trassenplanung in einem einzigen Planungsschritt zusammenfassen und auf Verwaltungsebene durchführen lassen wollte;[372] in einem nächsten Schritt sollte dann die Planfeststellung erfolgen.[373] Ebenfalls in diese Richtung deutet die Stellungnahme des Bundesrates im Gesetzgebungsprozess der EnWG-Reform im Jahr 2011, welche

370 Ähnlich für das UVP-Verfahren *Führ u. a.*, Evaluation des UVP-Gesetzes des Bundes, S. 173f.

371 Siehe zu dieser Problematik *Führ u. a.*, Evaluation des UVP-Gesetzes des Bundes, S. 174f., die dabei auch Verbesserungsvorschläge der befragten Behördenmitarbeiter aufführen.

372 *BT-Drucks. 17/4890*, Sondergutachten des Sachverständigenrates für Umweltfragen, S. 306f. Dort wurde allerdings auch die Idee eingebracht, in diesem einheitlichen Planungsschritt eine behördeninterne Abschichtung zwischen der Bedarfsplanung einerseits und der Fachplanung in Form einer Trassenführung andererseits durchzuführen.

373 *BT-Drucks. 17/4890*, Sondergutachten des Sachverständigenrates für Umweltfragen, S. 308.

landesplanerische Aspekte in die Bedarfsplanung einfügen wollte.[374] Mit der Umsetzung dieser Vorstellungen wäre die Bundesfachplanung des NABEG letztlich obsolet.

Unter dem Aspekt der SUP erscheint die Zusammenfassung der beiden Planungsschritte zunächst nicht fernliegend. Denn ein dadurch entstehender raumverträglicher Bundesbedarfsplan wäre schon begrifflich nur ein Plan im Sinne des § 2 Abs. 4 S. 1 i.V.m. Abs. 5 S. 1 UVPG, der nur eine einzige SUP erfordern würde. Dies steht im Gegensatz zur momentanen Rechtslage, die eine SUP sowohl für die Bedarfs-[375], wie auch die Fachplanung (Bundesfachplanung und Bundesfachplan Offshore)[376] vorsieht. Selbstverständlich wäre dann eine Prüfungsabschichtung der SUP nur noch im Verhältnis der SUP zur Umweltverträglichkeitsprüfung (UVP) der Planfeststellung möglich und notwendig.[377] Zwar wäre diese eine SUP sehr umfangreich, doch würde keine zweimalige Behörden- und Öffentlichkeitsbeteiligung anfallen und dadurch ergäbe sich ein gewisses Beschleunigungspotential.

Zumindest unter verfassungsrechtlichen Aspekten wäre eine gesetzliche Festlegung von Trassenkorridoren bereits im Bundesbedarfsplan grundsätzlich möglich. Dem liegt das Gesetz zur „Südumfahrung Stendal“[378] und die diesbezügliche Entscheidung des BVerfG[379] zu Grunde. In dem Gesetz ging es zwar nicht um die Ausweisung eines Korridors, sondern vielmehr um eine parzellenscharfe Feststellung einer Zugtrasse,[380] was unter bestimmten Voraussetzungen als verfassungsgemäß eingestuft wurde.[381] Doch wenn eine gesetzliche Festlegung nun grundsätzlich schon für einen Plan mit parzellenscharfem Trassenkorridor und Außenwirkung gilt, so müsste dies erst recht für eine rein verwaltungsintern bindende Fachplanung gelten, die überdies nur ungefähre Korridore festlegt. Für das Industrieland Deutschland dürften unter dem Aspekt des Energiebinnenmarkts und dem politischen Ziel der sogenannten Energiewende, welches eine beispiellose Umstellung der Energieversorgung darstellt, die verfassungsrechtlichen Anforderungen[382] für ein solches Gesetz nicht offensichtlich ausgeschlossen sein – insbesondere da dieses seinerzeit für den noch gravierenderen Fall einer gesetzlichen Planfeststellung

---

374 Stellungnahme des Bundesrates, *BT-Drucks. 17/6248*, Gesetzentwurf zur Neuregelung energiewirtschaftsrechtlicher Vorschriften, S. 13f.

375 § 14b Abs. 1 Nr. 1 i.V.m. Anlage 3 Nr. 1.10 UVPG.

376 § 14b Abs. 1 Nr. 1 i.V.m. Anlage 3 Nr. 1.11, Nr. 1.14 UVPG.

377 Siehe zur Abschichtung den § 14f Abs. 3 UVPG.

378 Gesetz über den Bau der „Südumfahrung Stendal“ der Eisenbahnstrecke Berlin-Oebisfelde vom 29. Oktober 1993, (Gesetz über den Bau der „Südumfahrung Stendal“), BGBl. 1993, I, S. 1906.

379 *BVerfG*, Beschluss vom 17. Juli 1996 – 2 BvF 2/93, BVerfGE 95, 1 – „Südumfahrung Stendal“.

380 § 1 Gesetz über den Bau der „Südumfahrung Stendal“.

381 *BVerfG*, Beschluss vom 17. Juli 1996 – 2 BvF 2/93, BVerfGE 95, 1 (14–27) – „Südumfahrung Stendal“. Näher dazu im Rahmen der Planfeststellung „4. Kapitel II. 3.“.

382 Vgl. zu den abstrakten Anforderungen *BVerfG*, Beschluss vom 17. Juli 1996 – 2 BvF 2/93, BVerfGE 95, 1 (17f., 21–23) – „Südumfahrung Stendal“.

entwickelt wurde. Sicherlich wäre eine gesetzliche Regelung auch im Hinblick auf Rechtsschutzverfahren gegen die nachgelagerte Planfeststellung vorteilhaft. Die Feststellung der Raumverträglichkeit von Trassenkorridoren in einem förmlichen Bundesbedarfsplangesetz könnte nämlich im verwaltungsgerichtlichen Verfahren, mit Ausnahme eines Vorlageverfahrens beim BVerfG,[383] nicht angegriffen werden. Diese Wirkung gilt selbstverständlich auch für die jetzt schon aufzunehmenden konkreten Bedarfsfestlegungen in dem als Gesetz erlassenen Bundesbedarfsplan im Sinne des § 12e EnWG, was mitunter als positiv für einen zügigen Netzausbau angesehen wird.[384] Eine Erweiterung auf die Raumverträglichkeit wäre unter diesem Aspekt also begrüßenswert.

Bezüglich einer Integration der Raumverträglichkeit in die Bedarfsplanung und das Bundesbedarfsplangesetz gilt es auch einige Nachteile einer solchen Maßnahme zu erwähnen. Zunächst müsste in der Vorbereitung der Gesetzgebung eine wie auch immer geartete Raumverträglichkeitsprüfung stattfinden, selbst wenn dabei auf den inhaltlichen Umfang der §§ 4 ff. NABEG zu Gunsten einer später flexiblen Planfeststellung verzichtet würde. Daher würde der Verfahrensschritt der Fachplanung in zeitlicher Hinsicht nicht komplett wegfallen, sondern die Bedarfsplanung verlängern. Darüber hinaus wären die politischen, öffentlichen und organisatorischen Auswirkungen einer solchen tiefgreifenden Änderung des Planungsrechts zu bedenken: Wäre ein entsprechender Gesetzesvorschlag vorhanden, so kämen auf der politischen Ebene erneut Diskussionen über die Beteiligung der Länder, Behörden und der Öffentlichkeit auf.[385] Der Ausgang und die Effektivität einer Gesetzesänderung wären bei dieser sensiblen Materie daher fraglich. In der öffentlichen Wahrnehmung würden zudem durchaus Zweifel aufkommen, ob die Netzplanung bisher professionell verlaufen ist, wenn eine erneute tiefgreifende Reform erfolgen würde. Damit stünde zugleich die Akzeptanz des Netzausbaus in Frage. Schließlich wäre auch die Auswirkung auf die Verwaltung zu bedenken. Die diversen Änderungen des Planungsrechts im EnWG seit dem Jahr 2011 und die Einführung des NABEG im selben Jahr haben zu erheblichen Anpassungen in der inhaltlichen Arbeit der BNetzA geführt. Eine erneute und weitreichende Änderung des Planungsverfahrens in der beschriebenen Art würde eine erneute Anpassung erfordern. Dies würde aber die Netzplanung verzögern und damit das genaue Gegenteil der erhofften Wirkung der momentanen Gesetzgebung erreichen. Allerdings empfiehlt es sich, Fragen der Raumverträglichkeit bei der Bedarfsplanung nicht gänzlich außer Acht zu lassen. So sind Fälle möglich, bei denen raumordnerische Belange einer Ausbaumaßnahme

---

383 Vgl. für diese Ausnahme, welche sich aufgrund von Art. 100 Abs. 1 S. 1 Alt. 2 GG, bei Klagen gegen eine Planfeststellung mit gesetzlicher Bedarfsfestlegung eröffnet *Schmidt,* ZUR 2012, 210 (213); einem solchen Vorlageverfahren bescheinigt er allerdings nur geringe Aussicht auf Erfolg.

384 *Heimann,* in: Steinbach (Hrsg.), NABEG/EnLAG/EnWG-Kommentar, § 12e EnWG Rn. 2.

385 Siehe zu diesen Diskussionen nur die Frage der Mitwirkungsrechte der Länder in der Fachplanung, etwa bei „3. Kapitel II. 6.“.

offensichtlich im Wege stehen und schon in der Bedarfsplanung angesprochen werden sollten. Hier sind freilich die Länder gefragt, rechtzeitig Bedenken insbesondere bezüglich ihrer Raumordnungspläne an die BNetzA mitzuteilen. Eine solche Abstimmung erscheint unproblematisch, da die Länder schon in den Planungen für den ersten Bundesbedarfsplan bereitwillig mitgewirkt haben.[386] Noch einfacher dürfte dies für die Planung innerhalb der AWZ sein, da hier der Bund neben der Bedarfsplanung zugleich für die Raumordnung[387] zuständig ist und daher widerstreitende Interessen tendenziell geringer sind als im Bundesgebiet.

10. Grenzüberschreitende Behördenbeteiligung und die Rolle der EU

Aufgrund der großflächigen Betrachtungsweise der SUP in der Bedarfsplanung stellt sich die Frage, ob die grenzüberschreitende Behördenbeteiligung des § 14j Abs. 1 UVPG durch die Einbindung von EU-Institutionen ergänzt werden sollte. Eine solche Vorstellung wäre nicht völlig neu, da sich die Verwaltungsebene der EU schon heute mit Umweltaspekten beschäftigt, die konkrete Planungen in den Mitgliedstaaten beeinflussen können. So verfolgt die Europäische Umweltagentur[388] (EUA) mit Sitz in Kopenhagen[389] unter anderem das Ziel, den Mitgliedstaaten Informationen für einen wirksamen Umweltschutz zugänglich zu machen.[390] Diese Dienstleisterfunktion wird etwa durch die zusammenfassende Darstellung von Natura 2000-Gebieten deutlich,[391] welche den nationalen Planungsbehörden

386 So über die Mitwirkung der Länder *BNetzA,* Umweltbericht zum Bundesbedarfsplan-Entwurf 2012, S. 1.

387 Siehe für die raumordnerische Zuständigkeit des Bundes in der AWZ den § 17 Abs. 3 S. 1 ROG.

388 Siehe zur Gründung dieser Agentur den Art. 1 Abs. 1 Verordnung (EWG) Nr. 1210/90 des Rates vom 7. Mai 1990 zur Errichtung einer Europäischen Umweltagentur und eines Europäischen Umweltinformations- und Umweltbeobachtungsnetzes, ABl. EU 1990 L 120/1; mittlerweile ersetzt durch Art. 1 Abs. 1 Verordnung (EG) Nr. 401/2009 des Europäischen Parlaments und des Rates vom 23. April 2009 über die Europäische Umweltagentur und das Europäische Umweltinformations- und Umweltbeobachtungsgesetz, ABl. EU 2009 L 126/13, siehe dazu die Entsprechungstabelle im Anhang III dieser Verordnung.

389 Art. 1 lit. a Einvernehmlicher Beschluss der auf Ebene der Staats- und Regierungschefs vereinigten Vertreter der Regierungen der Mitgliedstaaten über die Festlegung des Sitzes bestimmter Einrichtungen und Dienststellen der Europäischen Gemeinschaften sowie des Sitzes von Europol, ABl. EU 1993 C 323/1.

390 Art. 1 Abs. 2 lit. a Verordnung (EG) Nr. 401/2009 des Europäischen Parlaments und des Rates vom 23. April 2009 über die Europäische Umweltagentur und das Europäische Umweltinformations- und Umweltbeobachtungsgesetz, ABl. EU 2009 L 126/13.

391 Siehe etwa *EUA,* Darstellung von Natura 2000-Gebieten, Stand: 14. Juli 2014, Angaben auf Internetseite.

einen ersten Eindruck vermitteln kann, auf welchen Gebieten im Nachbarstaat die Realisierung eines Interkonnektors schwierig werden könnte.[392] Verstärkt werden diese Bemühungen der Informationsweitergabe durch die Etablierung eines „Gemeinsame[n] Umweltinformationssystem[s] der EU (SEIS)“[393]. Der Vorteil einer schon im Zeitpunkt der Planung vorhandenen Informationssammlung in Umweltfragen wäre die Erleichterung für Untersuchungen von alternativen Netzverknüpfungspunkten zwischen Deutschland und dem benachbarten Ausland.[394]

Über diese Informationssammlung und -weitergabe hinaus gibt es keine bedeutende weitere Einbindung von europäischen Einrichtungen bei Umweltfragen in der Netzplanung. Vielmehr wird beispielsweise im gemeinschaftsweiten NEP darauf vertraut, dass die relevanten SUPs in den Mitgliedstaaten durchgeführt wurden[395] und dabei wohl auch die notwendigen Beteiligungen der Nachbarstaaten an den sie betreffenden Bestandteilen der nationalen NEPs und Umweltberichte erfolgt sind. Insofern bleibt es den Mitgliedstaaten überlassen, ob ihre NEPs in Umweltbelangen ausreichend abgestimmt sind. Dass es hier in der Praxis zu Problemen kommen kann, zeigt das Ausbauprojekt zwischen Boboras in Spanien und Recarei in Portugal. Der ursprünglich vorgesehene Interkonnektor dieses Projektes musste in der fortgeschrittenen Planungsphase aus Umweltschutzgründen verlegt werden.[396] Daher stellt sich die Frage, wie eine größere Rolle europäischer Behörden aussehen sollte. In Betracht kommt eine Koordination der SUPs zwischen den Mitgliedstaaten und damit eine Mittlerrolle. Ebenso denkbar ist die Prüfung auf Abgestimmtheit der nationalen Umweltprüfungen, sei es die SUP oder eine erste FFH-Verträglichkeitsprüfung, was im Gleichklang mit der bestehenden Prüfung der Vereinbarkeit von nationalen und gemeinschaftsweiten NEPs rechtlich unverbindlich sein müsste.[397] Eine Mittler- und Prüfrolle wäre rechtlich wie auch institutionell möglich. Schon heute hat etwa ACER die Zuständigkeit die nationalen Regulierungsbehörden zu

---

392 Siehe zu den hohen Zulässigkeitsanforderungen bei der Querung von Natura 2000-Gebieten den Art. 6 Richtlinie 92/43/EWG des Rates zur Erhaltung der natürlichen Lebensräume sowie der wildlebenden Tiere, (FFH-RL), ABl. EU 1992 L 206/7.

393 Siehe zum Namen, der Historie und aktuellen Entwicklungen dieses Systems *EU-Kommission,* Arbeitsunterlage der Kommissionsdienststellen zum Gemeinsamen Umweltinformationssystem der EU (SEIS), SWD (2013) 18 final.

394 Vgl. zu diesem Effekt einer „anlassunabhängigen Umweltkartierung“ auf die „Alternativenprüfung“ *Stelkens,* NuR 2005, 362 (367f.).

395 ENTSO (Strom) verweist etwa in seinem gemeischaftsweiten NEP auf die mitgliedstaatlichen SUPs zu den Vorhaben, *ENTSO (Strom),* Gemeinschaftsweiter Netzentwicklungsplan 2012, S. 28, Fn. 1; dabei macht ENTSO (Strom) zu den Umweltauswirkungen kaum eigenständige Ausführungen, siehe dort S. 75–77.

396 *ENTSO (Strom),* Gemeinschaftsweiter Netzentwicklungsplan 2012, Projektnr. 4, Investitionsnr. 4.18 der Anlage 1.

397 Siehe zum unverbindlichen Charakter der Überprüfung der Vereinbarkeit von nationalen NEPs mit dem gemeinschaftsweiten NEP den Art. 8 Abs. 11 S. 2 Stromhandels-VO 2009.

unterstützen, ihre Tätigkeiten zu koordinieren[398] und die Aufgabe, deren Zusammenarbeit zu fördern.[399] Allerdings dürfte die Fachkompetenz von ACER in Umweltfragen geringer sein, als bei der EUA. Letztere könnte daher das erforderliche Wissen zur Verfügung stellen.[400] Eine eigenständige SUP europäischer Institutionen wäre damit freilich nicht verbunden, da es ansonsten zu Doppelprüfungen mit den SUPs der Mitgliedstaaten käme – abgesehen von der fehlenden Rechtsgrundlage einer solchen Maßnahme. Auch sollte ACER nur dann tätig werden, wenn es offensichtliche Probleme in den Mitgliedstaaten gäbe oder dort das notwendige Personal und die entsprechende Expertise in der Netzplanung fehlen würde. Dies ist bereits eine Konsequenz des Subsidiaritätsgedanken des Art. 5 Abs. 1 S. 2, Abs. 3 AEUV. Zugleich widerspräche es der Zielrichtung der SUP-RL und UVP-RL 2011, welche es bewusst den Mitgliedstaaten überlassen, eigenständig miteinander die grenzüberschreitende Behördenbeteiligung – wie auch die Öffentlichkeitsbeteiligung – auszugestalten.[401] Deutschland hat hier bereits reagiert und beispielsweise eine solche Übereinkunft mit den Niederlanden für die UVP geschlossen.[402] Solche auf die UVP bezogene Übereinkünfte sollen, gemäß eines im Auftrag des Umweltbundesamtes erstellten Leitfadens, auch für die Verfahren der SUP angewendet werden.[403] Zudem kann die unnötige Einbindung mehrerer Behörden zu Verzögerungen führen und sich dementsprechend als nachteilig erweisen.[404]

398 Art. 1 Abs. 2 ACER-VO.

399 Art. 7 Abs. 3 S. 2 ACER-VO.

400 Diese Möglichkeit ergibt sich aus Art. 2 lit. e Verordnung (EG) Nr. 401/2009 des Europäischen Parlaments und des Rates vom 23. April 2009 über die Europäische Umweltagentur und das Europäische Umweltinformations- und Umweltbeobachtungsgesetz, ABl. EU 2009 L 126/13; demnach nutzt die EU-Kommission Informationen der EUA, welche für die Durchführung des Unionsumweltrechts relevant sind.

401 Siehe hierzu Art. 7 Abs. 2 UntAbs. 2 SUP-RL und Art. 7 Abs. 5 Hs. 1 Richtlinie 2011/92/EU des Europäischen Parlaments und des Rates vom 13. Dezember 2011 über die Umweltverträglichkeitsprüfung bei bestimmten öffentlichen und privaten Projekten, (UVP-RL 2011), ABl. EU 2012 L 26/1.

402 So zunächst *Ministerium für Wohnungswesen, Raumordnung und Umwelt des Königreichs der Niederlande und Bundesministerium für Umwelt, Naturschutz und Reaktorsicherheit der Bundesrepublik Deutschland unter Beteiligung der Umweltministerien des Landes Nordrhein-Westfalen und des Landes Niedersachsen*, Gemeinsame Erklärung zur grenzüberschreitenden UVP, 2005; abgelöst durch *Ministerium für Infrastruktur und Umwelt der Niederlande und Bundesministerium für Umwelt, Naturschutz und Reaktorsicherheit der Bundesrepublik Deutschland unter Beteiligung der Umweltministerien des Landes Nordrhein-Westfalen und des Landes Niedersachsen*, Gemeinsame Erklärung zur grenzüberschreitenden UVP und SUP, 2013.

403 *Balla u. a.*, Leitfaden zur Strategischen Umweltprüfung, März 2010, S. 41.

404 Vgl. zum Problem einer hohen Beteiligtenzahl in der Netzregulierung *Gundel / Germelmann*, EuZW 2009, 763 (766–768).

Sinnvoll ist eine Unterstützung durch die europäischen Institutionen jedenfalls dann, wenn mehrere Mitgliedstaaten von einem Interkonnektor betroffen sind und bei ihnen der politische Umsetzungswille für diesen besteht. In anders gelagerten Fällen wären die vorliegend diskutierten Hilfsangebote der EU wenig nützlich, da sie ja gerade auf die Beschleunigung eines Ausbaus abzielen. Eine verstärkte Rolle der EU setzt daher das entsprechende Interesse der Mitgliedstaaten voraus.

IV. Die Planungsvorgaben auf Unionsebene seit dem 3. Energiebinnenmarktpaket und der TEN-E-VO 2013

Die deutsche Bedarfsplanung wird zwar primär vor dem Hintergrund der im Jahr 2011 beschlossenen Energiewende diskutiert, doch gehen die geltenden Regelungen des EnWG zu einem großen Teil auf das 3. Binnenmarktpaket zurück[405] und die nationale Planung steht im Zusammenhang mit europäischen Strukturen. Insofern stellt sich als wesentliche Frage, wie die europäische und nationale Ebene zusammenarbeiten und ob es diesbezüglich einer Reform bedarf.

1. Das Verhältnis von Koordination zu Planung im gemeinschaftsweiten NEP

a) Die Rolle von ENTSO (Strom)

Für die Unionsebene sah das 3. Binnenmarktpaket zunächst die Gründung von ENTSO (Strom) als ein Gremium sämtlicher europäischer ÜNBs vor.[406] Diese Institution muss „alle zwei Jahre einen nicht bindenden gemeinschaftsweiten zehnjährigen Netzentwicklungsplan (‚gemeinschaftsweiter Netzentwicklungsplan')"[407] erarbeiten. Dieser wird nach seiner Verabschiedung veröffentlicht und ihm liegen unter anderem Annahmen über die zukünftige Stromerzeugung zu Grunde.[408] Das Verfahren ähnelt dem System des Art. 22 Elektrizitäts-RL 2009, welches die nach dem ITO-Modell entflochtenen nationalen ÜNBs zu Erarbeitung eines Szenariorahmens und eines darauf aufbauenden nationalen NEPs verpflichtet und durch Teile der §§ 12a ff. EnWG in Deutschland umgesetzt wurde.[409]

405 Siehe allgemein zur Umsetzung der Elektrizitäts-RL 2009 im EnWG den amtlichen Hinweis zum Gesetz zur Neuregelung energiewirtschaftsrechtlicher Vorschriften vom 26. Juli 2011, BGBl. 2011, I, S. 1554.

406 Siehe zur Gründung von ENTSO (Strom) den Art. 5 Stromhandels-VO 2009.

407 Art. 8 Abs. 3 lit. b Stromhandels-VO 2009.

408 Art. 8 Abs. 10 UntAbs. 1 Stromhandels-VO 2009.

409 Siehe erneut zur Umsetzung der Elektrizitäts-RL 2009 durch das EnWG den amtlichen Hinweis zum Gesetz zur Neuregelung energiewirtschaftsrechtlicher Vorschriften vom 26. Juli 2011, BGBl. 2011, I, S. 1554.

Der gemeinschaftsweite NEP ist weder eine Bedarfsplanung noch ein isoliertes, eigenständiges Planungsinstrument. Vielmehr „beruht“[410] er auf den folgenden Planungen und Erfordernissen:[411] Nationale und regionale Investitionspläne, die TEN-E-VO 2013 (zuvor die TEN-E-Entscheidung 2006)[412], Bedürfnisse der Netznutzer bei grenzüberschreitenden Verbindungsleitungen, sowie Investitionsverpflichtungen der ÜNBs wie auch bestimmter Energieerzeuger und Investoren von Energieeffizienz-/Nachfragesteuerungsmaßnahmen.

Die Berücksichtigung der nationalen NEPs im gemeinschaftsweiten NEP ist nicht einseitig. Denn in der entgegengesetzten Richtung muss der nationale NEP seinerseits den gemeinschaftsweiten NEP einbeziehen,[413] was durch ACER begutachtet wird.[414] Diese gegenseitige Berücksichtigung ähnelt dem Gegenstromprinzip des ROG[415] und, ebenso wie dieses, würde sie idealerweise auf eine gleichberechtigte Abstimmung hinauslaufen. Eine ähnliche Regelung gibt es bei den innerhalb des ENTSO (Strom) stattfindenden Regionalplanungen des Art. 12 Stromhandels-VO 2009, für die zunächst eine gewisse Abwägung mit den nationalen Investitionsplänen erfolgt, bevor sie ein Teil des gemeinschaftsweiten NEPs werden.[416]

Aufgrund der gezeigten Struktur des gemeinschaftsweiten NEP kann von einer echten Bedarfsplanung nicht die Rede sein und es ergibt sich stattdessen das Bild einer grenzüberschreitenden Bedarfszusammenfassung mit einer gewissen Koordinierungsfunktion nationalstaatlicher Planungen.

b) Die Rolle der europäischen Institutionen, insbesondere der EU-Kommission und ACER

Ein sehr ähnliches Bild ergibt sich hinsichtlich der Rolle der europäischen Institutionen. So kann die „Agentur für die Zusammenarbeit der Energieregulierungsbehörden (‚Agentur‘)“[417] – hinsichtlich der englischen Bezeichnung auch „ACER“

410 So wörtlich Art. 8 Abs. 10 UntAbs. 1 lit. a, b Stromhandels-VO 2009.

411 Die folgende Aufzählung ergibt sich aus Art. 8 Abs. 10 UntAbs. 1 lit. a-b Stromhandels-VO 2009 i.V.m Art. 8, 13, 22 Elektrizitäts-RL 2009. Überdies sind „Investitionslücken“ im gemeinschaftsweiten NEP aufzuzeigen, Art. 8 Abs. 10 UntAbs. 1 lit. c Stromhandels-VO 2009.

412 Der Art. 8 Abs. 10 UntAbs. 1 lit. a Stromhandels-VO 2009 beinhaltete in seiner Aufzählung zunächst die TEN-E-Entscheidung 2006. Da diese Entscheidung mittlerweile aufgehoben wurde, wurde zugleich die ihr nachfolgende TEN-E-VO 2013 in die Aufzählung des Art. 8 Abs. 10 UntAbs. 1 lit. a Stromhandels-VO 2009 integriert, siehe dazu Art. 23 S. 1 bzw. Art. 21 Nr. 1 lit. b TEN-E-VO 2013.

413 Art. 22 Abs. 5 S. 1 Elektrizitäts-RL 2009.

414 Art. 8 Abs. 11 S. 1 Stromhandels-VO 2009.

415 § 1 Abs. 3 ROG.

416 Siehe Art. 8 Abs. 10 UntAbs. 1 S. 2 lit. a Stromhandels-VO 2009: „Er beruht auf den nationalen Investitionsplänen – unter Berücksichtigung der in Artikel 12 Absatz 1 genannten regionalen Investitionspläne –“.

417 Art. 1 Abs. 1 ACER-VO.

genannt – nur empfehlen, den nationalen oder den gemeinschaftsweiten NEP zu ändern, falls diese nicht zusammenpassen.[418] Dies gilt weitgehend auch, sofern der gemeinschaftsweite NEP nicht zufriedenstellend die Ziele der Nichtdiskriminierung, des wirksamen Wettbewerbs und des effizienten Funktionieren des Marktes verfolgt oder nur ungenügend Kapazitäten grenzüberschreitender Verbindungsleitungen bietet.[419] ACER gibt in dieser Situation lediglich Stellungnahmen und Empfehlungen an ENTSO (Strom) und die EU-Organe (Europäisches Parlament, der Rat und die EU-Kommission) ab.[420] Da auch die EU-Kommission gegenüber ENTSO (Strom) keine weiteren Befugnisse hat, besteht für die EU-Institutionen keine Möglichkeit, den gemeinschaftsweiten NEP zu beeinflussen und damit eine eigenständige Bedarfsplanung zu betreiben. Die mangelnden kompetenzrechtlichen Eingriffsbefugnisse werden durch die verschiedenen Entflechtungsregime für ÜNBs verschärft. So sind nur die ÜNBs des ITO-Entflechtungsmodells verpflichtet, einen zehnjährigen NEP im Sinne der Elektrizitäts-RL 2009 zu erstellen und auch nur diese Pläne müssen von den nationalen Regulierungsbehörden überprüft werden, so dass die Pläne anderer ÜNBs ungehindert den gemeinschaftsweiten NEP beeinflussen können.[421] Für Deutschland ist dies insofern relevant, da beispielsweise der ÜNB „Energinet.dk" in seinem Nachbarstaat Dänemark nicht nach dem ITO-Modell entflochten ist[422] und solche ÜNBs nunmehr weitgehend selbständig die Planungen von Interkonnektoren erarbeiten werden, die über den gemeinschaftsweiten NEP gegebenenfalls in den deutschen NEP Eingang finden. Aufgrund dieser Situation wäre es nicht verwunderlich, wenn die nationalen Behörden bei der Bedarfsplanung vornehmlich auf heimische Pläne zurückgreifen. Dies würde freilich die vorhandene Stellung der europäischen Institutionen verfestigen, die wie auch bei ENTSO (Strom) vor allem in einer Abstimmungs- und Koordinierungsfunktion zwischen den verschiedenen Planungen besteht. Diesbezüglich ist es dann fraglich, ob es der Einrichtung von ACER bedurfte, da nunmehr neben der ohnehin komplexen Koordination zwischen der vertikalen Ebene von Mitgliedstaaten und EU auch noch ein zusätzlicher Beteiligter auf Unionsebene eingeführt wurde;[423] verschärft wird diese institutionelle

---

418 Art. 8 Abs. 11 S. 2 Stromhandels-VO 2009.

419 Art. 6 Abs. 4 UntAbs. 1 ACER-VO, Art. 9 Abs. 2 UntAbs. 2 Stromhandels-VO 2009.

420 Art. 6 Abs. 4 UntAbs. 1 ACER-VO; ähnlich Art. 9 Abs. 2 UntAbs. 2 Stromhandels-VO 2009, der allerdings nur ENTSO (Strom) und die EU-Kommission als Adressaten benennt.

421 Kritsch dazu *Gundel,* § 23 Europäisches Energieverwaltungsrecht, in: Terhechte (Hrsg.), VerwR der EU, Rn. 44, 51 mit den entsprechenden Nachweisen der Elektrizitäts-RL 2009.

422 Siehe zur eigentumsrechtlichen Entflechtung von Energinet.dk die Mitteilung der dänischen Regierung gemäß Artikel 10 Absatz 2 der Richtlinie 2009/72/EG zur Benennung von Energinet.dk als Übertragungsnetzbetreiber, ABl. EU 2013 C 264/10.

423 Kritisch hinsichtlich der verschiedenen Zuständigkeiten auch *Gundel / Germelmann,* EuZW 2009, 763 (768).

Problematik durch die zusätzlich von der EU-Kommission geschaffene Koordinierungsgruppe „Strom", welche sich sowohl mit Fragen der Stromerzeugung als auch -übertragung beschäftigt.[424]

c) *Die Rolle des Konsultationsverfahrens*

Die von ENTSO (Strom) zu konsultierenden Gruppen des gemeinschaftsweiten NEP entsprechen im Wesentlichen denen des EnWG[425] und umfassen unter anderem die nationalen Behörden einschließlich der Regulierungsbehörden, Versorgungs- und Erzeugungsunternehmen sowie die vor- und nachgelagerten Netznutzer.[426] Diese Konsultation dient dem umfassenden Erkenntnisgewinn über „die Standpunkte und Vorschläge aller relevanten Kreise"[427] und ACER ist über das Konsultationsverfahren zu informieren, um eine – vorliegend bereits beschriebene – Stellungnahme abzugeben.[428] Einerseits korrespondiert dies mit dem unverbindlichen Charakter des gemeinschaftsweiten NEPs.[429] Andererseits dürften potentielle Konsultationsteilnehmer davon absehen, an dem Verfahren teilzunehmen, da keine Behörde mit der Befugnis zur Einarbeitung von Einwänden in den gemeinschaftsweiten NEP vorhanden ist. Damit würde zugleich die Bedeutung des gemeinschaftsweiten NEP sinken oder schon überhaupt nicht entstehen. Selbst die vorhandene Koordinierungsrolle der europäischen Ebene gegenüber den nationalen Planungsbehörden könnte dadurch beeinträchtigt werden.

2. Das Verhältnis von Koordination und Planung in der TEN-E-Entscheidung 2006 und der TEN-E-VO 2013

a) *Das Verhältnis in der TEN-E-Entscheidung 2006*

Die schwache Position der Unionsebene in der Netzentwicklung relativiert sich teilweise bei Betrachtung der bis zum 01. Januar 2014 geltenden TEN-E-Entscheidung 2006[430]. Diese stellte unter anderem die finanzielle Förderungswürdigkeit

---

424 Siehe zu den Aufgaben den Art. 2 *EU-Kommission,* Beschluss zur Einsetzung der Koordinierungsgruppe „Strom", ABl. EU C 353/2.

425 Siehe zum Beispiel die Auflistung in § 12b Abs. 3 S. 1 EnWG.

426 Art. 10 Abs. 1 S. 2 Stromhandels-VO 2009.

427 Aussage und Zitat von Art. 10 Abs. 1 S. 3 Stromhandels-VO 2009.

428 Art. 9 Abs. 2 UntAbs. 1 Stromhandels-VO 2009.

429 Siehe zur Unverbindlichkeit den Art. 8 Abs. 3 lit. b Stromhandels-VO 2009.

430 Entscheidung Nr. 1364/2006/EG des Europäischen Parlaments und des Rates vom 6. September 2006 zur Festlegung von Leitlinien fur die transeuropäischen Energienetze und zur Aufhebung der Entscheidung 96/391/EG und der Entscheidung Nr. 1229/2003/EG, (TEN-E-Entscheidung 2006), ABl. EU 2006 L 262/1. Die Entscheidung wurde zum 1. Januar 2014 aufgehoben, Art. 23 S. 1 TEN-E-VO 2013; beachte auch die Übergangsbestimmung für bestimmte Vorhaben der TEN-E-Entscheidung 2006 in Art. 19 UntAbs. 1 TEN-E-VO 2013.

einiger für die EU besonders wichtiger Netzausbauprojekte fest.[431] Dabei wurden Gebiete für förderungswürdige Vorhaben und teilweise schon konkrete Vorhaben mit Erlass der Entscheidung festgelegt.[432] Somit konnte eine flexible und umfassende Anpassung an die NEPs der nationalen und europäischen Ebene nicht stattfinden. Zwar stellte die TEN-E-Entscheidung 2006 dadurch eine gewisse Form der Bedarfsausweisung dar, doch war damit erstens keine institutionalisierte Bedarfsplanung verbunden und die Entscheidung über das „Ob“ der Vorhabenverwirklichung verblieb in betrieblicher und nationaler Verantwortung.[433]

Die TEN-E-Entscheidung 2006 enthielt eine gewisse Balance zwischen Bedarfsausweisung und Koordinierungsfunktion. Letzteres erfolgte insbesondere durch die Schaffung eines europäischen Koordinators,[434] was sich anhand seiner praktischen Arbeit verdeutlichen lässt: So wurde eines der durch die TEN-E Entscheidung 2006 ausgewiesenen Vorhaben, die Verbindungsleitung St. Peter (AT) – Tauern (AT),[435] auf einem Abschnitt durch einen Europäischen Koordinator begleitet.[436] Dieser identifizierte dabei unter anderem die mangelnde Transparenz des ÜNBs gegenüber der Öffentlichkeit als ein erhebliches Problem in der Vorhabenplanung.[437] Überdies verwies er anhand dieses Vorhabens und der Planung der in Deutschland gelegenen und ebenso in der TEN-E Entscheidung 2006 ausgewiesenen Verbindungsleitung der Region Halle / Saale – Region Schweinfurt[438] generell auf die Bedeutung der öffentlichen Meinung bezüglich von Ausbauvorhaben und stellte dabei die Notwendigkeit heraus, den klimapolitisch veranlassten Netzausbaubedarf stärker zu kommunizieren.[439] Zwar verlieh die TEN-E Entscheidung 2006 dem europäischen Koordinator keine Entscheidungskompetenzen, wie die Amtsbezeichnung bereits zum Ausdruck bringt, doch zeigen voranstehende Äußerungen, dass er allgemeine und vorhabenspezifische Problematiken der Planungsverfahren als ein objektiver Dritter ansprechen und auf europäischer Ebene herausstellen konnte. Dies ist insofern relevant, als

431 Art. 6 Abs. 3, Art. 7 Abs. 1, Art. 8 Abs. 2 TEN-E-Entscheidung 2006.

432 Siehe für die Gebiete bzw. konkrete Vorhaben den Anhang II bzw. Anhang I und III TEN-E-Entscheidung 2006.

433 Ähnlich *Gundel,* § 23 Europäisches Energieverwaltungsrecht, in: Terhechte (Hrsg.), VerwR der EU, Rn. 38f. m.w.N.

434 Art. 10 TEN-E-Entscheidung 2006. Auf den europäischen Koordinator hinweisend und seine Kompetenzen im Gefüge der EU darstellend *Gundel,* § 23 Europäisches Energieverwaltungsrecht, in: Terhechte (Hrsg.), VerwR der EU, Rn. 39.

435 Anhang I El.2. TEN-E-Entscheidung 2006.

436 Siehe für den relevanten Abschnitt und die Heranziehung eines europäischen Koordinators *Adamowitsch,* Abschlussbericht des europäischen Koordinators zur „Salzburgleitung“, Juli 2009, S. 4, 7.

437 *Adamowitsch,* Abschlussbericht des europäischen Koordinators zur „Salzburgleitung“, Juli 2009, S. 26, 28.

438 Anhang III, Nr. 3.49. TEN-E-Entscheidung 2006.

439 *Adamowitsch,* Dritter Jahresbericht des europäischen Koordinators, Dezember 2009 – Oktober 2010, S. 20f.

dass eine gelungene Netzplanung nicht nur von der Kompetenz einer verbindlichen Bedarfsfestlegung, deren Durchsetzbarkeit oder von ihrer Koordinierung abhängt. Vielmehr ist auch die öffentliche Meinung zu berücksichtigen, worauf gegebenenfalls durch einen Dritten hinzuwirken ist. Eine solche Position konnte die EU-Ebene durch den europäischen Koordinator der TEN-E-Entscheidung 2006 einnehmen.

b) Das Verhältnis in der TEN-E-VO 2013

Bestimmte Änderungen sind nunmehr durch die TEN-E-VO 2013 erfolgt, welche seit dem 1. Juni 2013 gilt[440] und die TEN-E-Entscheidung 2006 zum 01. Januar 2014 aufgehoben hat.[441] Fraglich ist dabei, ob ein Systemwechsel von der Koordinierung und Moderation hin zu einer echten Bedarfsplanung erfolgt ist.

aa) Struktur und Einordnung in das Planungsgefüge

Der TEN-E-VO 2013 lässt sich nicht entnehmen, dass sie in Konkurrenz zu den nationalen NEPs und dem gemeinschaftsweiten NEP stehen soll, sondern es wird eine Ergänzung dieser Pläne angestrebt.[442] Sie behandelt die Identifizierung besonders wichtiger Netzausbauprojekte, Regelungen der Zulassungsverfahren, Fragen von Kosten- und Anreizmaßnahmen sowie finanzielle Förderungsbedingungen.[443] Ein wesentlicher Unterschied zur TEN-E-Entscheidung 2006 liegt in der geänderten Ermittlung der Vorhaben von gemeinsamen Interesse. So erarbeiten nunmehr „regionale Gruppen"[444] nach bestimmten Kriterien die Vorschläge zu den Vorhaben von gemeinsamen Interesse, für welche ein Billigungsvorbehalt der jeweils betroffenen Mitgliedstaaten besteht,[445] was sich schon aus Art. 172 Abs. 2 AEUV ergibt. Hierbei erarbeitet ACER eine Stellungnahme für die EU-Kommission, welche ihrerseits sodann die Vorhaben in eine Art Bedarfsplan („Unionsliste")[446] zusammenführt und dabei ein gewisses Auswahlermessen hat.[447] Allerdings ist es wichtig festzuhalten,

440 Art. 24 UntAbs. 2 TEN-E-VO 2013.
441 Art. 23 S. 1 TEN-E-VO 2013.
442 Siehe etwa hinsichtlich der Ergänzung dieser Pläne Art. 3 Abs. 6, Art. 21 Nr. 1 lit. b und Anhang III Nr. 2. Abs. 3 TEN-E-VO 2013.
443 Art. 1 Abs. 2 lit. a-d TEN-E-VO 2013.
444 Zur Ausweisung der Vorhaben von gemeinsamen Interesse bilden sich die „regionale[n] Gruppen" aus Vertretern der Mitgliedstaaten, der nationalen Regulierungsbehörden, der ÜNBs sowie der EU-Kommission, der Agentur und ENTSO (Strom), Art. 3 Abs. 1 S. 1 i.V.m. Anhang III Nr. 1 Abs. 1 UntAbs. 1 TEN-E-VO 2013.
445 Siehe zum Billigungsvorbehalt bei der regionalen Liste Art. 3 Abs. 3 UntAbs. 2 lit. a Hs. 1 TEN-E-VO 2013. Ein entsprechender Vorbehalt findet sich auch bei der darauffolgenden Erstellung der Unionsliste gemäß Art. 3 Abs. 4 TEN-E-VO 2013, indem dort ausdrücklich auf Art. 172 Abs. 2 AEUV verwiesen wird.
446 Siehe zur Legaldefinition Art. 3 Abs. 4 UntAbs. 1 S. 1 TEN-E-VO 2013.
447 Art. 3 Abs. 4–5 TEN-E-VO 2013.

dass das Initiativrecht zur Einführung von geeigneten Vorhaben in das Verfahren beim Vorhabenträger verbleibt,[448] welcher regelmäßig der ÜNB sein dürfte.

Mit der Aufnahme eines Vorhabens in die Unionsliste – die erste Unionsliste trat erstmals im Herbst 2013 in Kraft[449] und wurde als „Anhang VII" in die TEN-E-VO 2013 integriert –[450] findet es zugleich Eingang in die regionalen Investitionspläne im Sinne der Stromhandels-VO 2009,[451] die ihrerseits den gemeinschaftsweiten NEP von ENTSO (Strom) beeinflussen.[452] Überdies sind Vorhaben der Unionsliste in die gemäß der Elektrizitäts-RL 2009 zu erstellenden nationalen NEPs aufzunehmen.[453] Mit dem Erlass der TEN-E-VO 2013 wurde zugleich die Vorschrift der Stromhandels-VO 2009 über den gemeinschaftsweiten NEP dahingehend geändert, dass der gemeinschaftsweite NEP – neben anderen Planungen – „gegebenenfalls auf den unionsbezogenen Aspekten der Netzplanung gemäß der Verordnung (EU) Nr. 347/2013"[454] beruht. Zudem wird in den gemeinschaftsweiten NEP von ENTSO (Strom) ein Vorhaben bereits aufgenommen, das noch nicht auf der Unionsliste steht, aber für die Aufnahme in diese vorgeschlagen ist, vorausgesetzt das Vorhaben betrifft eine Hochspannungsfreileitung ≥ 220 kV, ein Erd- oder Seekabel ≥ 150 kV.[455]

---

448 Art. 3 Abs. 3 UntAbs. 1 i.V.m. Anhang III Nr. 2 Abs. 1 TEN-E-VO 2013.

449 Delegierte Verordnung (EU) Nr. 1391/2013 der Kommission vom 14. Oktober 2013 zur Änderung der Verordnung (EU) Nr. 347/2013 des Europäischen Parlaments und des Rates zu Leitlinien für die transeuropäische Energieinfrastruktur in Bezug auf die Unionsliste der Vorhaben von gemeinsamen Interesse, (Delegierte Verordnung über die Unionsliste im Sinne der TEN-E-VO 2013), ABl. EU 2013 L 349/28. Mittlerweile ersetzt durch die Delegierte Verordnung (EU) 2016/89 der Kommission vom 18. November 2015 zur Änderung der Verordnung (EU) Nr. 347/2013 des Europäischen Parlaments und des Rates in Bezug auf die Unionsliste der Vorhaben von gemeinsamem Interesse, (Delegierte Verordnung über die zweite Unionsliste im Sinne der TEN-E-VO 2013), ABl. EU 2016 L 19/1.

450 Siehe allgemein zum Erlass der Unionsliste als ein delegierter Rechtsakt der EU-Kommission und zur Integrierung in den Anhang der TEN-E-VO 2013 die Bestimmungen des Art. 3 Abs. 4 UntAbs. 1 TEN-E-VO 2013. Siehe speziell zur Einfügung der ersten Unionsliste als „Anhang VII" in die TEN-E-VO 2013 den Art. 1 Delegierte Verordnung über die Unionsliste im Sinne der TEN-E-VO 2013. Nunmehr ist die zweite Unionsliste als „Anhang VII" in Kraft, Art. 1 Delegierte Verordnung über die zweite Unionsliste im Sinne der TEN-E-VO 2013.

451 Art. 3 Abs. 6 S. 1 TEN-E-VO 2013 i.V.m. Art. 12 Stromhandels-VO 2009.

452 Art. 8 Abs. 10 UntAbs. 1 lit. a Stromhandels-VO 2009.

453 Art. 3 Abs. 6 S. 1 TEN-E-VO 2013 i.V.m. Art. 22 Elektrizitäts-RL 2009. Daneben ordnet Art. 3 Abs. 6 S. 1 TEN-E-VO 2013 die Aufnahme eines Vorhabens der Unionsliste in sonstige innerstaatliche „Infrastrukturpläne" an.

454 Diese Änderung von Art. 8 Abs. 10 UntAbs. 1 lit. a Stromhandels-VO 2009 wurde eingeführt durch Art. 21 Nr. 1 lit. b TEN-E-VO 2013. Siehe dazu bereits „2. Kapitel IV. 1. a)".

455 Anhang III Nr. 2 Abs. 3 i.V.m. Anhang II Nr. 1 lit. a TEN-E-VO 2013 und i.V.m. Art. 8 Stromhandels-VO 2009; dies gilt gemäß des Gesetzeswortlauts erst für nach dem Erlass der ersten Unionsliste vorgeschlagene Vorhaben.

bb) Flexibilität der TEN-E-VO 2013 und ihre rechtlichen Grenzen

Aufgrund der im Abstand von zwei Jahren stattfindenden Erarbeitung der Unionsliste[456] bietet die TEN-E-VO 2013 eine flexible Vorhabenausweisung. Hier lohnt der Vergleich zum Verhältnis von EnLAG und nationalem Netzentwicklungsplan. So zeigte sich bei der Erstellung des nationalen NEP 2012, dass ein Vorhaben des EnLAG Bedarfsplans bereits drei Jahre nach Gesetzeserlass nicht mehr notwendig war.[457] Daher sind solche Vorhabenausweisungen kritisch zu betrachten, für welche das Gesetz keine Möglichkeit einer Überprüfung und Änderung vorsieht. In diese Richtung deuten auch die Erwägungsgründe der TEN-E-VO 2013, wonach die vorangegangene TEN-E-Entscheidung 2006 ein zu starres Instrument war.[458] Daher sind die zeitbezogenen Vorgaben der TEN-E-VO 2013 begrüßenswert.

Die Notwendigkeit flexibler Vorhabenausweisungen[459] wird überdies bei Betrachtung der energiepolitischen Entwicklungen in den EU-Mitgliedstaaten offenkundig. So änderte etwa Deutschland seine Energiepolitik in den letzten Jahren mehrfach und grundlegend. Im Jahr 2010 wurden zunächst die Betriebsberechtigungen einiger Atomkraftwerke um mehrere Jahre verlängert,[460] was bereits im Jahr 2011 zurückgenommen wurde, so dass für einige Kernkraftwerke noch im selben Jahr ihre Betriebsberechtigung erlosch.[461] Möglich ist ebenso die entgegengesetzte Richtung, nämlich der Nichtausbau geplanter Erzeugungsanlagen und die Beibehaltung bestehender Anlagen. Ein solcher Fall ergab sich im Zuge der seit dem Jahr 2008 bestehenden Finanzkrise, in deren Folge manche europäische Staaten die Mittel für Erzeugungsanlagen der erneuerbaren Energien zurückgefahren haben.[462] Mit jeder Entscheidung von einer solchen Tragweite verändern sich der zu erwartende Einspeiseort der Stromerzeugung in das Übertragungsnetz und der Transportbedarf erheblich, wodurch die langfristig ausgelegte Vorhabenausweisung erschwert wird. Dies könnte beispielsweise auf europäischer Ebene zur Folge haben, dass geplante

---

456 Art. 3 Abs. 4 UntAbs. 2 TEN-E-VO 2013.

457 Siehe dazu bereits im Rahmen der nationalen Bedarfsplanung „2. Kapitel II. 1. a)“.

458 6. ErwGr. TEN-E-VO 2013.

459 Siehe zur Begrifflichkeit auch den 6. ErwGr. TEN-E-VO 2013, der hinsichtlich der TEN-E-Entscheidung 2006 („aktuelle[r] TEN-E-Rahmen[...]“) von fehlender „Flexibilität“ spricht.

460 Art. 1 Elftes Gesetz zur Änderung des Atomgesetzes vom 8. Dezember 2010, BGBl. 2010, I, S. 1814.

461 Art. 1 Dreizehntes Gesetz zur Änderung des Atomgesetzes vom 31. Juli 2011, BGBl. 2011, I, S. 1704. Beachte *BVerfG,* Urteil vom 6. Dezember 2016 – 1 BvR 2821/11, 1 BvR 321/12 und 1 BvR 1456/12, BGBl. 2016, I, S. 3451: Demnach ist die vorbezeichnete Änderungsregelung in Teilen mit dem GG unvereinbar; die entsprechende Vorschrift des § 7 Abs. 1a S. 1 Nr. 1 AtomG ist dadurch nach Maßgabe der Urteilsgründe des BVerfG mit dem GG ebenso unvereinbar, bleibt bis zur gesetzlichen Neuregelung aber anwendbar.

462 *Fischer,* Die Energiewende in Europa, in: Hanns-Seidel-Stiftung (Hrsg.), Politische Studien, 70 (77).

Netzausbaumaßnahmen zwischen Deutschland und anderen Mitgliedstaaten mit wechselnder Energiepolitik überflüssig werden. Die flexible Vorhabenausweisung der TEN-E-VO 2013 ist daher ein sinnvoller Schritt, mit dem langwierige europäische Gesetzgebungsprozesse bei notwendigen Vorhabenanpassungen vermieden werden können. Damit wird ein Weg beschritten, der in jüngerer Zeit auch für das europäische Energieregulierungsrecht angemahnt wurde, namentlich die Schaffung eines Wettbewerbs im Energiebinnenmarkt durch anpassungsfähige anstatt strikter und engmaschiger Vorgaben.[463] Nichtsdestotrotz wird auch eine flexible Vorhabenausweisung nicht ohne ein gewisses Maß an Kontinuität in der europäischen und mitgliedstaatlichen Energiepolitik auskommen, da Übertragungsnetze mehrere Jahre der Planung benötigen. Daher müssten die EU-Mitgliedstaaten ihre Energieerzeugung langfristig ausrichten und sich dabei untereinander koordinieren.

Eine solche Kontinuität entzieht sich freilich weitgehend der europäischen Gesetzgebung, was ein Blick auf die Art. 192 Abs. 2 UntAbs. 1 lit. c AEUV und Art. 194 Abs. 2 UntAbs. 2 AEUV verdeutlicht. Sie fordern Einstimmigkeit bei Maßnahmen der Umweltpolitik, welche die Energiequellen oder Energieversorgungsstruktur der Mitgliedstaaten erheblich berühren,[464] beziehungsweise belassen die Kompetenz für die Auswahl der Energieerzeugungsarten – zumindest bei strenger Auslegung des Wortlauts -[465] vollständig bei den Mitgliedstaaten.[466] Insofern könnte die Unionsebene einzig durch eine Koordinierungsfunktion der EU-Kommission, im Rahmen des Art. 171 Abs. 2 AEUV für transeuropäische Netze, aktiv werden und damit verlässliche Erzeugungsprognosen für die Netzausweisungen teilweise bewirken.

cc) Bindungswirkung in den Mitgliedstaaten und Leitliniencharakter

Wie bereits gezeigt, werden die Vorhaben der Unionsliste zum Bestandteil der nationalen Netzentwicklungspläne. Überdies gibt die TEN-E-VO 2013 sanktionsähnliche Durchführungsinstrumente für diese Vorhaben vor, etwa durch die Auswahl eines Dritten als Vorhabenträger,[467] sofern die Inbetriebnahme durch den ursprünglichen Vorhabenträger nicht termingerecht erfolgt.[468] Die besagten Instrumente orientieren sich dabei im Wesentlichen an Maßnahmen der Elektrizitäts-RL 2009, welche

463 Die Probleme und Ursachen einer engen Reglementierung im Energieregulierungsrecht der EU darstellend *Lecheler / Recknagel,* Das Netzwerk der Regulierungsbehörden in Europa nach dem 3. Binnenmarktpaket, in: Gundel / Lange (Hrsg.), Die Umsetzung des 3. Energiebinnenmarktpakets, 77 (84).

464 Art. 192 Abs. 2 UntAbs. 1 lit. c AEUV.

465 Zur Reichweite der Bestimmung und möglichen Auslegungen *Gundel,* EWS 2011, 25 (27f.).

466 Art. 194 Abs. 2 UntAbs. 2 AEUV.

467 Siehe zur Liste der Durchführungsinstrumente den Art. 5 Abs. 7 lit. a-e TEN-E-VO 2013.

468 Siehe zu den genauen Voraussetzungen bzw. zur Definition der „Inbetriebnahme" Art. 5 Abs. 7 bzw. Art. 2 Nr. 11 TEN-E-VO 2013.

ihrerseits bereits in innerstaatliches Recht umzusetzen waren.[469] Insofern ist die Verbindlichkeit gegenüber den ÜNBs als relativ hoch einzustufen.

Etwas komplexer ist die Frage der Verbindlichkeitsreichweite gegenüber den Mitgliedstaaten. Eine weitverbreitete Meinung sieht keine Umsetzungspflicht der Mitgliedstaaten für Vorhaben, die aufgrund einer Leitlinie aus den Art. 171 f. AEUV ausgewiesen sind.[470] Darunter fällt auch die auf Art. 172 AEUV gestützte TEN-E-VO 2013[471] mit der ihr anhängenden Unionsliste der Vorhaben von gemeinsamen Interesse. Vielmehr wird etwa angenommen, dass die Mitgliedstaaten eine Pflicht „zur Mitarbeit an der Realisierung der in den Leitlinien aufgeführten Korridore"[472] hätten oder sie „auf die Verwirklichung des Netzes und der entsprechenden Vorhaben hinzuwirken"[473] haben. Andere gehen indes weiter und fordern mit Verweis auf die Verwirklichung des Binnenmarktes eine Pflicht der Mitgliedstaaten, die von Leitlinien der Art. 171 f. AEUV ausgewiesenen Vorhaben zwingend zu realisieren.[474] Für die Annahme einer echten mitgliedstaatlichen Befolgungs- und Realisierungspflicht spricht auch die Existenz des Art. 172 Abs. 2 AEUV, welcher den Zustimmungsvorbehalt des von einem Vorhaben einer Leitlinie betroffenen Mitgliedstaates konstituiert. Diesen Vorbehalt bräuchte es nicht, sofern nur eine Hinwirkungspflicht bestünde. Überdies muss beachtet werden, dass eine Verordnung gemäß Art. 288 Abs. 2 AEUV ein verbindlicher Rechtsakt ist. Eine Relativierung seiner Wirkung im Rückgriff auf die Formulierung der „Leitlinie" in Art. 171 f. AEUV erscheint daher nicht möglich. Vielmehr scheint auch der Unionsgesetzgeber einer Interpretation des Primärrechts zu Gunsten einer Realisierungspflicht gefolgt zu sein. Diese Schlussfolgerung lässt sich aus der Anordnung des Art. 3 Abs. 6 TEN-E-VO 2013 ziehen, welcher die Vorhaben von gemeinsamen Interesse der Unionsliste zu einem festen Bestandteil nationaler Infrastrukturpläne erklärt, welche überdies innerhalb dieser Pläne die höchstmögliche Priorität zu erhalten haben; in Deutschland würde sich hieraus wohl die Aufnahme in den Bedarfsplan des BBPlG ergeben. Insgesamt bedeutet dies allerdings nicht, dass mit der Annahme einer Realisierungspflicht automatisch und notwendigerweise die planerischen Anforderungen eines Planfeststellungsbeschluss zu bejahen sind. Denn die Art. 171 f. AEUV und die TEN-E-VO 2013 beanspruchen

---

469 Art. 5 Abs. 7 lit. a TEN-E-VO 2013 i.V.m. Art. 22 Abs. 7 lit. a-c Elektrizitäts RL 2009. In Deutschland ist dementsprechend § 65 Abs. 2a EnWG anwendbar, der im Zuge der Elektrizitäts-RL 2009 erlassen wurde und – zulässigerweise – nur einen Teil der dort aufgelisteten Instrumente umsetzt; siehe dazu die Gesetzesbegründung der *BT-Drucks. 17/6072*, Gesetzentwurf zur Neuregelung energiewirtschaftsrechtlicher Vorschriften, S. 92f.

470 So etwa *Neumann*, in: Lenz / Borchardt (Hrsg.), EU-Verträge Kommentar, Art. 171 AEUV Rn. 3.

471 Siehe zur Kompetenzgrundlage die Präambel der TEN-E-VO 2013.

472 *Frey*, ZEuS 2013, 19 (42), siehe dort auch (26 m.w.N.).

473 *Lecheler*, in: Grabitz / Hilf / Nettesheim, EUV/AEUV-Kommentar, Band II, Art. 171 AEUV Rn. 3 [Stand: Oktober 2011].

474 So *Vrana*, Interkonnektoren im Europäischen Binnenmarkt, S. 51f.

für sich nicht eine solche Geltung.[475] Folglich wäre es auch weiterhin möglich, den Planfeststellungsbeschluss eines Vorhabens von gemeinsamen Interesse aufgrund entgegenstehender Belange abschlägig zu bescheiden. Jedoch wäre in diesem Falle der Mitgliedstaat sodann verpflichtet, das Vorhaben in einer anderen und letztlich planfeststellungsfähigen Trasse zur Realisierung zu verhelfen. Damit bleiben zwar selbst bei der Annahme einer Realisierungspflicht der Mitgliedstaaten die genauen Konturen der Gewichtung in der Abwägung einer Planfeststellung unklar.[476] Doch steht mit der Ausweisung eines Vorhabens in der Unionsliste der TEN-E-VO 2013 fest, dass dieses am Ende der Planung, gegebenenfalls nicht im ersten Planfeststellungsverfahren, zugelassen und errichtet werden muss.

dd) Bewertung der TEN-E-VO 2013

Ein zunächst kritischer Punkt der TEN-E-VO 2013 ist die betriebliche Mitwirkung, welche in einer ersten Erarbeitung von Vorschlägen für die auszuweisenden Vorhaben besteht. So wird ein ÜNB selbstverständlich nur dann willentlich am Ausbau mitwirken, wenn seine Entgelte durch den Ausbau profitabler werden, als der Gewinn aus dem bestehenden Kapazitätsmangel.[477] Es ist aber auch möglich, dass die ÜNBs bei einer selbständigen Bedarfsplanung schlicht den Ausbaubedarf verkennen.[478] In beiden Fällen wäre die Autorität einer Behörde mit echten Überprüfungs- und Änderungsbefugnissen wichtig, wie dies etwa im 3. Binnenmarktpaket für die nationalen Regulierungsbehörden bei der Kontrolle der nationalen NEPs vorgesehen ist.[479] Im geltenden Recht der TEN-E-VO 2013 fehlen ACER wie auch der EU-Kommission solche Befugnisse, was demnach über die Ausweisung der Vorhaben von gemeinsamen Interesse auf die nationale Planung durchschlagen kann. Daher wäre es in der Tat schwerlich einzusehen, wieso sich eine in Deutschland und den anderen Mitgliedstaaten rechtsverbindliche Bedarfsplanung an eine europäische Planung anlehnen sollte, die nur einer geringen behördlichen Kontrolle unterliegt. Freilich wird dies dadurch abgeschwächt, dass die Mitgliedstaaten vor der Aufnahme eines Vorhabens auf ihrem Staatsgebiet in die Unionsliste zustimmen müssen.

---

475 Ähnlich, aber ohne Annahme einer Realisierungspflicht, *Geber,* Die Netzanbindung von Offshore-Anlagen im europäischen Supergrid, S. 87; *Strobel,* ZEuS 2013, 167 (201–205).

476 Siehe zur Frage, wie Vorhaben von gemeinsamen Interesse in der Abwägung der Planfeststellung zu gewichten sind „4. Kapitel II. 2. e)".

477 Den Zusammenhang darstellend *Kühling / Pisal,* ZNER 2011, 13 (16).

478 So etwa *Kühling / Pisal,* ZNER 2011, 13 (18f.) hinsichtlich der Notwendigkeit, alle ÜNBs ohne Rücksicht auf die Entflechtungsart eine Bedarfsplanung in Erweiterung der Vorgaben der Elektrizitäts-RL 2009 vornehmen zu lassen.

479 Art. 22 Abs. 5 S. 3 Elektrizitäts-RL 2009 bzw. § 12c Abs. 1 EnWG für den NEP und § 17c Abs. 1 S. 2 i.V.m. § 12c Abs. 1 EnWG für den Offshore-NEP. Kritisch zur Problematik, die ÜNBs als private Unternehmen zur Umsetzung einer hoheitlich vorgegebenen Planung zu verpflichten *Kühling / Pisal,* ZNER 2011, 13 (19).

Die TEN-E-VO 2013 ist insofern positiv zu bewerten, da sie einige Schwächen der vorangegangenen TEN-E-Entscheidung 2006 beseitigt. Dennoch ist sie weit davon entfernt eine echte Bedarfsplanung darzustellen, da sie über punktuelle Vorhabenausweisungen nicht hinausgeht.[480] Vom Standpunkt einer politischen Fokussierung ist dies sicherlich sinnvoll. Es verhindert aber nicht, dass die Mitgliedstaaten eigenständige Bedarfsplanungen auf den Weg bringen werden. Von der Errichtung „eines europäischen Bedarfsermittlungsverfahrens"[481] kann daher nur teilweise gesprochen werden. Allerdings führt die TEN-E-VO 2013 durchaus zu einer Stärkung der EU-Kommission im Planungsgefüge. Denn diese hat nicht nur ein gewisses Auswahlermessen bei der Frage, welche der vorgeschlagenen Vorhaben auf die Unionsliste gesetzt werden, sondern verabschiedet die Unionsliste auch eigenständig in der Form eines delegierten Rechtsakts[482] im Sinne von Art. 290 AEUV. Zwar wäre es dem Europäischen Parlament und dem Rat möglich, Einwände zu erheben und dadurch ein Inkrafttreten der Unionsliste zu verhindern.[483] Doch dürfte dies aufgrund der vorherigen Beteiligung – zumindest der Mitgliedstaaten – wenig wahrscheinlich sein. Diese Überlegung entspricht dann auch dem Befund, welcher eine wachsende Bedeutung des von der EU-Kommission zu erlassenden Tertiärrechts im Energierecht erkennt und damit eine überwiegend unbemerkte Stärkung der EU-Kommission annimmt.[484] Diese könnte somit durch eine geschickte Schwerpunktsetzung in der Unionsliste und mit Vorgaben im weiteren zu erlassenden Energietertiärrecht eine gewisse eigenständige Energiepolitik betreiben und dabei Einfluss auf die Bedarfsplanung nehmen.

3. Unterschiede der Energiepolitik von EU und Mitgliedstaaten

Aus den voranstehenden Überlegungen ergibt sich, dass die EU-Kommission eine Koordinierungsfunktion für die mitgliedstaatlich geprägten Bedarfsplanungen übernimmt. Dabei kann der Anspruch einer eigenständigen europäischen Energiepolitik nicht übersehen werden, was zu gewissen Friktionen mit den nationalen

480 Siehe zum Charakter einer punktuellen Planung den Art. 3 Abs. 5 lit. d TEN-E-VO 2013; demnach „ist die Kommission bestrebt, dass die Gesamtzahl an Vorhaben von gemeinsamem Interesse auf der Unionsliste überschaubar bleibt und bewältigt werden kann."

481 Diesen Begriff hinsichtlich des Entwurfs der TEN-E-VO 2013 verwendend *Vogt / Maaß*, RdE 2013, 151 (152); das Zitat aufgreifend und wohl zustimmend *Strobel*, ZEuS 2013, 167 (194).

482 Siehe zum Auswahlermessen und der Unionsliste als delegierten Rechtsakt Art. 3 Abs. 4–5 TEN-E-VO 2013. Die Befugnis zum Erlass der delegierten Rechtsakts ist zunächst auf vier Jahre begrenzt und widerruflich, Art. 16 Abs. 1–3 TEN-E-VO 2013.

483 Art. 16 Abs. 5 TEN-E-VO 2013.

484 Einen solchen Befund ausstellend *Gundel*, EWS 2011, 25 (31f.).

Energiepolitiken führen muss.[485] Daher verwundert auch nicht der Befund von divergierenden energiepolitischen Zielsetzungen, welche in Deutschland den Ausbau erneuerbarer Energien betreffen und auf der EU-Ebene die Verfolgung des Binnenmarktgedankens umfassen.[486] So fokussiert schon die EEG-Gesetzgebung[487] mit der erheblichen Förderung heimischer Erzeugungsanlagen tendenziell eine nationale Energieautarkie.[488] Insofern sind auch Äußerungen des ehemaligen Bundeswirtschaftsminister verständlich, nach denen es „in erster Linie darum [gehe], Strom von den Erneuerbaren-Erzeugungsgebieten im Norden zu den Verbrauchszentren im Süden und Westen zu transportieren"[489]. Die fortwährende Gültigkeit dieser Aussage bestätigt ein Blick in den Bundesbedarfsplan des BBPlG, in dem überwiegend Vorhaben innerhalb Deutschlands und Interkonnektoren nur in geringer Anzahl aufgeführt sind.[490] Wesentliche Bedeutung ließ der Gesetzgeber hierbei der Versorgungssicherheit zukommen.[491]

Die Unterschiede in den nationalen und europäischen Energiepolitiken lassen sich nicht nur inhaltlich, sondern auch geographisch beschreiben. So fokussiert der deutsche Gesetzgeber in der Bedarfsplanung momentan überwiegend Nord-Süd-Trassen innerhalb der nationalen Grenzen, um den zumeist im Norden erzeugten Windstrom in den Süden abzuleiten.[492] Anders ist dies freilich im Rahmen der europäischen Gesetzgebung, die in der TEN-E-VO 2013 auf eine Netzinterkonnektion durch Nord-Süd- wie auch West-Ost-Verknüpfungen setzt.[493] Zugleich ist

---

485 Dazu schon „1. Kapitel III. 3.".

486 Siehe dazu auch *BT-Drucks. 18/281,* Sondergutachten des Sachverständigenrates für Umweltfragen, S. 77–79.

487 Gesetz für den Ausbau erneuerbarer Energien (Erneuerbare-Energien-Gesetz – EEG 2014) vom 21. Juli 2014, (EEG 2014), BGBl. 2014, I, S. 1066.

488 Bei der EEG-Förderung sind erst seit kurzem europaweite Ausschreibungen vorgesehen (mind. 5%), § 2 Abs. 6 EEG 2014.

489 *Rösler,* EnZW 2013, 193 (193).

490 Siehe die Anlage (zu § 1 Absatz 1) BBPlG.

491 Siehe zur Bedeutung dieses Aspekts die Gesetzesbegründung der *BT-Drucks. 17/12638,* Gesetzentwurf zum zweiten Gesetz zur Beschleunigung des Netzausbaus, S. 11f.; gleichzeitig wurde dort im Rahmen des Netzausbaus auch auf die Relevanz des Binnenmarkts für die Versorgungssicherheit hingewiesen.

492 Siehe nur die mehrere 100 km langen HGÜ-Trassen zwischen Norddeutschland und den weiter südlich gelegenen Verbrauchszentren der Vorhaben Nr. 1–4 der Anlage (zu § 1 Absatz 1) BBPlG. Zum beschriebenen Zweck der Ableitung von norddeutschem Windstrom siehe die Gesetzesbegründung der *BT-Drucks. 17/12638,* Gesetzentwurf zum zweiten Gesetz zur Beschleunigung des Netzausbaus, S. 18f.

493 Siehe Anhang I Nr. 1 Abs. 2, 3 TEN-E-VO 2013; dort sind Nord-Süd- wie auch Ost-West-Verbindungen vorgesehen, von denen jeweils Deutschland betroffen ist. Siehe auch *BT-Drucks. 17/12638,* Gesetzentwurf zum zweiten Gesetz zur Beschleunigung des Netzausbaus, S. 11f., dort interpretiert der Gesetzgeber die Planungen von ENTSO (Strom) dahingehend, dass – abgesehen von sonstigen Planungen mit Bezug zu Deutschland in der Nordsee – weitgehend deutsche Nord-Süd-Verbindungen

hervorzuheben, dass das europäische Ziel der Errichtung des Binnenmarktes primär nicht auf eine von Solidarität getragene Erhaltung der nationalen Versorgungssicherheit beruht, auch wenn die Frage der Solidarität in der Zielbestimmung des Art. 194 Abs. 1 AEUV niedergelegt ist. Diese These lässt sich anhand der Situation sogenannter Kreisflüsse (teilweise auch als „Ringflüsse" bezeichnet)[494] verdeutlichen. Darunter wird die Umleitung des im Inland erzeugten und dort ebenso zu verbrauchenden Stroms über ein ausländisches Netz verstanden, was durch heimische Kapazitätsmängel im Netz bedingt ist.[495] Diese Flüsse sind vom europäischen Gesetzgeber nicht gewollt[496] und dementsprechend versucht etwa die deutsche Netzplanung, solche Flüsse über die Nachbarstaaten zu vermeiden.[497] Aus Gründen der Solidarität wäre es zwar angezeigt, diese Flüsse zu Gunsten des anderen Mitgliedstaates zu billigen und dafür gegebenenfalls das eigene Netz auszubauen. Doch scheint dies momentan von den Mitgliedstaaten und der EU nicht gewollt zu sein. Daher darf vermutet werden, dass ein die EU betreffender Netzausbau nur soweit gehen wird, wie es den mitgliedstaatlichen Interessen dienlich ist, was sich damit ebenso auf den Binnenmarkt auswirkt.

Das Vergegenwärtigen der diversen nationalen Interessenlagen hilft daher beim Verständnis der vorhandenen Rechtslage und bei den Überlegungen, inwieweit notwendige unionsrechtliche Vorgaben durchsetzbar wären. Folglich ist die Netzplanung zwischen den Mitgliedstaaten nicht nur als die Errichtung eines gemeinsamen Binnenmarktes zu sehen, sondern auch als politisches Tauschgeschäft zur Durchsetzung sehr national ausgerichteter Politikziele. So ist etwa anzunehmen, dass sich Deutschland als räumlicher Kreuzungspunkt in der EU nur dann als Quasi-Umschlagplatz des europäischen Strommarktes zur Verfügung stellen wird,[498] falls die anderen Mitgliedstaaten beispielsweise eigene Speicherkapazitäten für

---

benötigt würden. Etwas anders noch die Einschätzung von *Durner*, NuR 2012, 369 (371), der in den Überlegungen der europäischen Institutionen vornehmlich binnenmarktorientierte Interkonnektionen zwischen Ost-West erkannte und dabei verwies auf *EU-Kommission*, Energieinfrastrukturprioritäten bis 2020 und danach, KOM (2010) 677 endg.

494 So etwa die Bezeichnung bei *BNetzA*, Bestätigung des NEP 2012, S. 106.

495 Siehe die Gesetzesbegründung der *BT-Drucks. 17/12638*, Gesetzentwurf zum zweiten Gesetz zur Beschleunigung des Netzausbaus, S. 12.

496 Dies zeigt sich etwa bei der Frage der Kostenteilung von Vorhaben von gemeinsamen Interesse zwischen den ÜNBs in Art. 12 Abs. 4 UntAbs. 5 TEN-E-VO 2013.

497 So beispielsweise die Gesetzesbegründung in der *BT-Drucks. 17/12638*, Gesetzentwurf zum zweiten Gesetz zur Beschleunigung des Netzausbaus, S. 19, hinsichtlich des Vorhaben Nr. 5 der Anlage (zu § 1 Absatz 1) BBPlG a.F.

498 Eine solche Annahme für die zukünftige Rolle Deutschlands treffend *Busch*, N&R 2011, 226 (230); wohl ähnlich die Aussagen von *Kindler*, Vernetzung der europäischen Strommärkte – Realität oder Chimäre?, in: Ehricke (Hrsg.), Energiewirtschaftsrecht im Spannungsfeld von marktlicher Freiheit und hoheitlichen Einschränkungen, 47 (50f.).

überschüssige deutsche Stromerzeugung zur Verfügung stellen[499] oder entsprechende Durchleitungsgebühren bezahlt werden.

4. Auswirkung auf zukünftige Planungen der Unionsebene

Zwar lassen sich einerseits aus den beschriebenen Unterschieden der europäischen und nationalen Energiepolitiken unumgängliche Reibungsverluste ableiten. Doch rechtfertigt dies nicht die Annahme einer gegenseitigen Blockade von europäischen und mitgliedstaatlichen Planungen. So dürfte es schon im elementaren Interesse einiger Mitgliedstaaten liegen, eine Netzinterkonnektion zu erreichen. Dies könnte beispielsweise in der Erwartung fallender Strompreise für die heimische Industrie liegen, welche durch einen Elektrizitätsbinnenmarkt erreicht werden könnten. Für diese Mitgliedstaaten werden der vorhandene institutionelle Zuschnitt der Netzplanung auf EU-Ebene und der rechtliche Rahmen kaum befriedigend sein. Insofern würden sie wohl einer stärkeren Rolle einer unionsweiten Planung aufgeschlossen gegenüberstehen.

Speziell in Deutschland dürfte die Interkonnektion der Netze letztlich durch die faktische wie auch rechtliche Situation getrieben werden. Aus faktischen Gesichtspunkten ist eine Interkonnektion gegenüber der heimischen Öffentlichkeit wohl einfacher durchzusetzen, falls die Interkonnektion eine kürzere Strecke benötigt und geringere Landschaftseinschnitte verursacht, als dies bei lediglich innerhalb Deutschlands verlaufenden Leitungen der Fall wäre. In rechtlicher Hinsicht ist anzuführen, dass aufgrund der Zulassungsvoraussetzungen für Übertragungsnetze eine Situation eintreten kann, in der beispielsweise nicht sämtliche der in Deutschland vorgesehenen Nord-Süd-Trassen genehmigungsfähig sind und daher stattdessen eine verstärkte mitgliedstaatliche Interkonnektion notwendig wird. In diesem Fall käme es weder zu einer völligen nationalen Energieautarkie, noch zu einem umfassenden Elektrizitätsbinnenmarkt; insofern käme es im Ergebnis stattdessen zu einer Vermengung der unterschiedlichen Ansätze der deutschen und europäischen Energiepolitiken. So würde schließlich ein bestimmter Grad an Selbstversorgung, gepaart mit einer gewissen Versorgung durch den Strombinnenmarkt, eintreten.

5. Lösungsvorschläge zur besseren Interkonnektion der Übertragungsnetze

Im Folgenden will die vorliegende Arbeit einzelne Lösungsvorschläge zur verbesserten Interkonnektion der Übertragungsnetze in der EU erarbeiten; dabei ist auch auf Ansätze der Literatur und Praxis zurückzugreifen.

---

499 Vgl. dazu *Kindler*, Vernetzung der europäischen Strommärkte – Realität oder Chimäre?, in: Ehricke (Hrsg.), Energiewirtschaftsrecht im Spannungsfeld von marktlicher Freiheit und hoheitlichen Einschränkungen, 47 (51), der eine Interkonnektion des deutschen Netzes mit dem nicht EU-Mitglied Schweiz auch hinsichtlich dessen „Pumpspeicherkraftwerke" als vorteilhaft erachtet.

a) *Bedarfsplanungen ausbauwilliger Mitgliedstaaten in einer Verstärkten Zusammenarbeit der Art. 20 EUV, Art. 326–334 AEUV*

Da eine gemeinschaftsweite Bedarfsplanung momentan und auf absehbare Zeit politisch ungewollt sein dürfte und eine Änderung der europäischen Verträge diesbezüglich unwahrscheinlich ist,[500] ließe sich auf die Überlegung zurückgreifen, eine europäische Energiepolitik zwischen integrationswilligen[501] Mitgliedstaaten auf der Basis einer Verstärkten Zusammenarbeit im Sinne der Europäischen Verträge zu verwirklichen.[502] Der Ansatz einer Zusammenarbeit, die zumindest geographisch auf einzelne Mitgliedstaaten beschränkt ist, besteht bei Übertragungsnetzen schon länger.[503] So findet schon heute eine „regionale Zusammenarbeit"[504] im Rahmen von ENTSO (Strom) bei der Erstellung des gemeinschaftsweiten NEPs statt.[505] Diese regionale Zusammenarbeit der Stromhandels-VO 2009 ist institutionell unabhängig[506] von den regionalen Gruppen der TEN-E-VO 2013,[507] welche ihrerseits nach einem eigenen geographischen Zuschnitt gebildet werden.[508] Eine Verstärkte Zusammenarbeit, die gemäß Art. 20 AEUV und Art. 326–334 AEUV zu gründen wäre, müsste diesen bestehenden Strukturen natürlich Rechnung tragen.

aa) *Gestaltungsspielräume und Grenzen einer Verstärkten Zusammenarbeit*

Eine Verstärkte Zusammenarbeit der Mitgliedstaaten für transeuropäische Netze und die Interkonnektion der Netze wäre insofern zulässig, als sich die genannten Regelungsbereiche erstens in der Zuständigkeit der EU befinden[509] und zweitens

500 Vgl. *Ahner u. a.*, 39 LIEI 2012, 249 (251).

501 Siehe zur Funktion einer Verstärkten Zusammenarbeit als Integrationsinstrument Art. 20 UntAbs. 2 S. 1 Vertrag über die Europäische Union (Konsolidierte Fassung), (EUV), ABl. EU 2012 C 326/01.

502 Eine solche Überlegung anstellend *Ahner u. a.*, 39 LIEI 2012, 249 (252–256).

503 So auch, unter Verweis auf vorangegangene unverbindliche Regionalinitiativen, *Ahner u. a.*, 39 LIEI 2012, 249 (252, 256).

504 So die Bezeichnung in Art. 12 Abs. 1 S. 1 Stromhandels-VO 2009.

505 Zum Einfluss der regionalen Zusammenarbeit auf den gemeinschaftsweiten Netzentwicklungsplan Art. 8 Abs. 10 UntAbs. 1 lit. a i.V.m. Art. 12 Abs. 1 Stromhandels-VO 2009.

506 Die geographische Bestimmung der regionalen Zusammenarbeit von ENTSO (Strom) kann von der EU-Kommission gemäß Art. 12 Abs. 3 UntAbs. 1 S. 1 Stromhandels-VO 2009 festgelegt werden.

507 Siehe zu den Beteiligten einer regionalen Gruppe Art. 3 Abs. 1 S. 1 i.V.m. Anhang III Nr. 1 Abs. 1 UntAbs. 1 TEN-E-VO 2013.

508 Der geographische Zuschnitt der regionalen Gruppen folgt aus Art. 3 Abs. 1 S. 2 i.V.m. Anhang I Nr. 1, Nr. 4 Abs. 10, 11 TEN-E-VO 2013.

509 Art. 4 Abs. 2 lit. h und lit. i i.V.m. Art. 170–172 bzw. Art. 194 AEUV.

es sich nicht um ausschließliche Zuständigkeiten der EU – was einer Verstärkten Zusammenarbeit entgegensteht -[510] handelt.[511]

In diesem Fall könnte, ähnlich der Vorgaben in der Elektrizitäts-RL 2009, den ÜNBs im geographischen Gebiet der Verstärkten Zusammenarbeit eine Bedarfsplanungspflicht auferlegt werden. Dabei müssten sämtliche ÜNBs, also unabhängig von ihrer Entflechtungsart, zur Mitarbeit verpflichtet werden, um eine flächendeckende Bedarfsplanung als gemeinsame Grundlage zu haben. Diese müssten sodann durch die nationalen Behörden in einer für die ÜNBs verbindlichen Form überprüfbar sein, so dass die bereits erörterte Schwäche einer nur für manche ÜNBs verpflichtenden und hoheitlich abänderbaren Bedarfsplanung behoben wäre.[512] Eine Koordinierungsfunktion käme dabei der EU-Kommission oder ACER zu.[513] Überdies wäre der Erlass von mit der TEN-E-VO 2013 vergleichbaren Leitlinien für das räumliche Gebiet der Verstärkten Zusammenarbeit möglich.

Eine erhebliche Restriktion läge freilich in den begrenzten Befugnissen einer Verstärkten Zusammenarbeit. So darf im Rahmen dieses Instrumentes nur zu denjenigen Mitteln gegriffen werden, welche der EU auch ansonsten in den Europäischen Verträgen zugewiesen sind.[514] Allerdings wäre eine verbindliche Bedarfsausweisung von Vorhaben von gemeinsamen Interesse im Wege der Art. 170 ff. AEUV[515] zulässig. Hierzu könnte etwa in Anlehnung an die TEN-E-VO 2013 das Mittel einer Verordnung des Art. 288 Abs. 2 AEUV gewählt werden.[516]

bb) Verhältnis zum gemeinschaftsweiten NEP, der TEN-E-VO 2013 und dem Binnenmarkt

Der weiterhin bestehende gemeinschaftsweite NEP und die TEN-E-VO 2013 könnten in die Planungen einfließen, die innerhalb der Verstärkten Zusammenarbeit erfolgen, welche ihrerseits die beiden zuerst genannten Instrumente beeinflussen würden. Dadurch würden die unterschiedlichen Planungen im besten Falle eine Kohärenz aufweisen oder zumindest nicht zu weit voneinander abdriften. Aus Sicht der europäischen Integration wäre eine Verstärkte Zusammenarbeit prinzipiell

---

510 Art. 20 Abs. 1 UntAbs. 1 EUV, Art. 329 Abs. 1 UntAbs. 1 S. 1 AEUV.

511 Siehe zu diesen Voraussetzungen einer Verstärkten Zusammenarbeit *Ahner u. a.,* 39 LIEI 2012, 249 (254); siehe dazu auch *Hatje,* in: Schwarze (Hrsg.), EU-Kommentar, Art. 20 EUV Rn. 22.

512 Siehe zu dieser Schwäche „2. Kapitel IV. 1. b)“.

513 Die Verstärkte Zusammenarbeit bedient sich der EU-Organe, Art. 20 Abs. 1 UntAbs. 1 EUV.

514 *Ahner u. a.,* 39 LIEI 2012, 249 (254 m.w.N.).

515 Für die Nichtheranziehbarkeit des Art. 194 AEUV bei konkreten Vorhaben in jüngster Zeit erneut argumentierend *Gundel,* EnZW 2012, 30 (31 m.w.N.).

516 Zur Zulässigkeit der Wahl einer Verordnung für Leitlinien der Art. 170 ff. AEUV *Geber,* Die Netzanbindung von Offshore-Anlagen im europäischen Supergrid, S. 72f.

unbedenklich, da sie erstens in manchen Bereichen bereits praxiserprobt ist[517] und zweitens andere Mitgliedstaaten jederzeit beitreten können,[518] so dass zumindest eine schrittweise Errichtung des Binnenmarkts möglich erscheint. Voraussetzung ist dabei die strikte Vermeidung einer Marktabschottung, welche durch die Verstärkte Zusammenarbeit entstehen könnte, falls etwa Interkonnektoren nur noch zwischen den beteiligten Mitgliedstaaten errichtet würden. Dieser Befürchtung ist allerdings der europäische Gesetzgeber bereits in den Regelungen zur Verstärkten Zusammenarbeit entgegengetreten. So bestimmt schon Art. 326 UntAbs. 2 AEUV, dass eine Verstärkte Zusammenarbeit – unter anderem – zu keiner Beeinträchtigung des Binnenmarkts oder zu Wettbewerbsverzerrung führen darf. Zudem achten der Rat wie auch die Kommission auf den Einklang zwischen den Maßnahmen der Verstärkten Zusammenarbeit und der Unionspolitik.[519]

Da kein formalisierter Prozess zur Einhaltung des Einklangs von Maßnahmen der Verstärkten Zusammenarbeit und der Unionspolitik vorhanden ist,[520] könnte eine Situation eintreten, in welcher durch die Mitgliedstaaten der Verstärkten Zusammenarbeit in der Tat gegenläufige Maßnahmen beschlossen werden; beispielsweise wäre dies die Ausweisung von Verbindungsleitungen zwischen ihnen, die trotz der Bereitschaft zur Interkonnektion eines nicht an der Verstärkten Zusammenarbeit teilnehmenden Mitgliedstaates bewusst an diesem vorbeigeführt würden. Ein solcher Beschluss – der als Leitlinie im Sinne der Art. 170 ff. AEUV erlassen werden könnte – würde durch den Rat erfolgen, der als Entscheidungsgremium der Verstärkten Zusammenarbeit fungiert und bei dem insoweit ausschließlich die beteiligten Mitgliedstaaten stimmberechtigt sind.[521] Hiergegen dürfte etwa der EU-Kommission eine Nichtigkeitsklage gemäß Art. 263 UntAbs. 1, 2 AEUV offen stehen, mit welcher sie die in Frage stehende Maßnahme als nicht vereinbar mit dem primärrechtlichen

517 Diese Bereiche aufzählend *Ahner u. a.*, 39 LIEI 2012, 249 (253); siehe auch die Aufzählung bei *Hatje*, in: Schwarze (Hrsg.), EU-Kommentar, Art. 20 EUV Rn. 29. Beide weisen zugleich auf mögliche Gründe der bisher geringen Heranziehung der Verstärkten Zusammenarbeit hin.

518 Die Verstärkte Zusammenarbeit steht jedem Mitgliedstaat zu jedem Zeitpunkt offen, Art. 20 Abs. 1 UntAbs. 2 S. 2 EUV sowie Art. 328 Abs. 1 UntAbs. 1 AEUV. Dabei sind die EU-Kommission und die bereits an der Verstärkten Zusammenarbeit beteiligten Mitgliedstaaten gemäß Art. 328 Abs. 1 UntAbs. 2 AEUV gehalten, auf die Teilnahme einer Vielzahl von weiteren EU-Mitgliedstaaten hinzuwirken. Das Verfahren zur Beteiligung eines Mitgliedstaates ist in Art. 331 i.V.m. Art. 330 UntAbs. 2 AEUV niedergelegt.

519 Art. 334 AEUV.

520 Auf das Fehlen eines solchen Prozesses hinweisend *Hatje*, in: Schwarze (Hrsg.), EU-Kommentar, Art. 334 AEUV.

521 Zum Teilnahmerecht aller EU-Mitgliedstaaten an den Beratungen und dem Stimmrecht der Mitgliedstaaten, welche an der Verstärkten Zusammenarbeit beteiligt sind, Art. 20 Abs. 3 S. 1 EUV, Art. 330 UntAbs. 1 AEUV.

Kohärenzgebot des Art. 334 AEUV überprüfen lassen könnte.[522] Die letztendliche Ausrichtung einer Verstärkten Zusammenarbeit auf den Binnenmarkt wäre folglich im Wege des gerichtlichen Rechtsschutzes durchsetzbar.

Auch aus politischer Sicht wäre der Vorteil einer Verstärkten Zusammenarbeit nicht von der Hand zu weisen. So würden die nicht teilnehmenden EU-Mitgliedstaaten zu keiner Marktintegration gedrängt werden, für welche sie sich momentan nicht bereit fühlen. Durch den Verzicht hierauf ließen sich dabei politische Stimmen in den Mitgliedstaaten vermeiden, welche ein „Weniger" an europäischer Integration fordern. Im Ergebnis entspräche dies dem Befund zur Entwicklung des europäischen Energierechts, welcher aufgrund nationaler Vorbehalte nur ein allmähliches Zusammenwachsen des Energiebinnenmarktes als möglich erachtet.[523]

cc) Bedeutung für die deutsche Bedarfsplanung

Deutschland könnte von der vorgeschlagenen Lösung mehrfach profitieren. Seine zentrale Lage erhöht grundsätzlich die Chance, Mitgliedstaaten zu finden, welche an der skizzierten Lösung einer Verstärkten Zusammenarbeit mitarbeiten wollen. Gerade darin läge ein Beschleunigungseffekt der Netzplanung. Im Übrigen würden sich aufwendige nationale Planungen nicht im Planungs- und Genehmigungsrecht von weniger ausbauwilligen Mitgliedstaaten verlaufen. Zu bedenken ist freilich, dass die Bedarfsplanung einen erhöhten Koordinationsaufwand erfordern würde, da Deutschland auf EU-Ebene in mehrere Planungsgruppierungen (Verstärkte Zusammenarbeit, TEN-E-VO 2013 und die Arbeit der nationalen Regulierungsbehörde bei Erstellung des gemeinschaftsweiten NEPs) eingebunden wäre. Allerdings dürfte dieser Aufwand – eine ausreichende Personalausstattung der nationalen Behörden vorausgesetzt – beherrschbar sein und wäre durch den Vorteil eines zügigeren zwischenstaatlichen Netzausbaus gerechtfertigt.

Jedoch könnte die momentane Ausrichtung der deutschen Energiepolitik auf erneuerbare Energien ein Problem darstellen, andere Mitgliedstaaten von einer Verstärkten Zusammenarbeit zu überzeugen. Denn diese dürften kaum ein Interesse daran haben, ihr Übertragungsnetz auszubauen, um die deutsche Netzstabilität bei hohem fluktuierenden Aufkommen von Strom aus erneuerbaren Energien zu gewährleisten.[524] Die Verstärkte Zusammenarbeit ist insofern als eine zukünftige Option zu

---

522 Siehe allgemein zur Möglichkeit, durch die Nichtigkeitsklage des Art. 263 AEUV eine „Verletzung höherrangigen Rechts" geltend zu machen *Schwarze,* in: Schwarze (Hrsg.), EU-Kommentar, Art. 263 AEUV Rn. 80.

523 Einen solchen Befund zur Zeit des 2. Binnenmarktpakets abgebend *Danwitz,* Der europäische Elektrizitätsbinnenmarkt zwischen Wettbewerbsorientierung und Wettbewerbsbeschränkung, in: Löwer (Hrsg.), Wettbewerb und Versorgungssicherheit, 15 (16).

524 Siehe hierzu bereits die Frage mit dem Umgang von Ringflüssen in der Unionsgesetzgebung „2. Kapitel IV. 3.".

verstehen, falls sich die energiepolitischen Vorstellungen zwischen Deutschland und seinen Nachbarstaaten zu einem späteren Zeitpunkt angleichen.

b) Die notwendige Einbindung der Energieerzeugung

Für eine gelungene Netzplanung ist grundsätzlich ein Mindestmaß an Steuerungsmöglichkeit der Energieerzeugung notwendig, da beides sinnvollerweise nur gemeinsam geregelt werden kann. Daher verwundert es nicht, dass im unionsrechtlichen Vorbehalt[525] des Art. 194 Abs. 2 UntAbs. 2 AEUV zu Gunsten der Mitgliedstaaten bei der Energieerzeugung mitunter die Begründung für differenziertere Integrationsformen eines europäischen Energiemarktes gesehen werden.[526]

Freilich ist sich auch die EU-Kommission dieses Defizits bewusst. Insofern lässt sich wohl erklären, dass sie etwa im Wege von Beihilfenverfahren gegen nationale Fördersysteme von Anlagen der erneuerbaren Energien versucht, nationale Erzeugungsmärkte zu verändern,[527] was als Ergebnis durchaus in der Notwendigkeit einer verstärkten Netzinterkonnektion münden kann. Eine solche Notwendigkeit könnte sich in naher Zukunft auch mittelbar aus der Warenverkehrsfreiheit der Art. 34 ff. AEUV ergeben, welche die besagten Fördersysteme möglicherweise in Frage stellt.[528] Zwar ist die Stärke eines solche Ansatzes das Aufbrechen nationaler Energieautarkien, doch beseitigt dies nicht die Schwäche einer fehlenden

---

525 Zur Inhaltsbestimmung dieses Vorbehalts *Gundel*, EWS 2011, 25 (27f.); hierauf verweisend *Gundel*, EnZW 2012, 30 (31).

526 So die Einschätzung von *Gundel*, EnZW 2012, 30 (31), der hierbei auch auf die Überlegungen bei *Ahner u. a.*, 39 LIEI 2012, 249 zurückgreift

527 Siehe beispielsweise die gegen das deutsche EEG 2012 gerichtete Beihilfenentscheidung *EU-Kommission*, Beschluss (EU) 2015/1585 vom 25. November 2015 über die Beihilferegelung SA.33995 (2013/C) (ex 2013/NN) [Deutschlands zur Förderung erneuerbaren Stroms und stromintensiver Unternehmen], ABl. EU 2015 L 250/122. Dieser Beschluss wurde zunächst erfolglos angegriffen, *EuG*, Urteil vom 10. Mai 2016 – T-47/15 (Bundesrepublik Deutschland / Europäische Kommission), EnWZ 2016, 409. Hiergegen ist mittlerweile das Rechtsmittel anhängig: C-405/16 P (Bundesrepublik Deutschland / Kommission).

528 Dazu ausführlich *Gundel*, EnZW 2014, 99 (99ff.). Die seinerzeit anstehenden und nunmehr ergangenen Entscheidungen in Sachen Ålands Vindkraft und Essent Belgium sahen in der Förderung heimischen EE-Stroms noch einen gerechtfertigten Eingriff in den freien Warenverkehr, *EuGH*, Urteil vom 1. Juli 2014 – C–573/12 (Ålands Vindkraft AB / Energimyndigheten), NVwZ 2014, 1073 (1076–1079) und *EuGH*, Urteil vom 11. September 2014 – verb. Rs. C-204-208/12 (Essent Belgium NV / Vlaamse Reguleringsinstantie voor de Elektriciteits- en Gasmarkt), EnWZ 2014, 511 (516f.). Anders ist dies in einer jüngeren Entscheidung, Essent Belgium II, welche heimische EE-Stromförderung an der Verhältnismaßigkeit der Rechtfertigung scheitern ließ, *EuGH*, Urteil vom 29. September 2016 – C-492/14 (Essent Belgium NV / Vlaams Gewest and Others), EnWZ 2016, 508 (512f.). Siehe vertiefend hierzu *Gundel*, RdE 2016, 511 (511f.).

Koordination/Planung von Erzeugungsanlagen im Zusammenhang mit den Netzen. Das insofern einzig verfügbare Instrument der EU-Kommission könnte in der Unionsliste gesehen werden, welche sie aufgrund der TEN-E-VO 2013 erarbeitet. Durch die darin auszuweisenden Vorhaben von gemeinsamen Interesse[529] könnte die EU-Kommission eine Politik betreiben, die zunächst Netzvorhaben festlegt und davon ausgeht, dass sich Anlagenbetreiber räumlich an diesen Festlegungen orientieren. Allerdings sind dies nur punktuelle Festlegungen. Eine umfassende Problembewältigung wäre dadurch nicht zu erreichen.

aa) Verstärkte Zusammenarbeit und Erzeugungsplanung

Die Einbindung der Erzeugungsebene wäre zunächst im Rahmen der bereits diskutierten Verstärkten Zusammenarbeit möglich. Wie gezeigt, müssten dabei die Grenzen der EU-Verträge eingehalten werden. Daher könnte auf diesem Wege keine räumliche Standortpolitik betrieben werden und es käme stattdessen eine intensive Koordinierung zwischen den beteiligten Mitgliedstaaten in Frage. Für diese Koordinierung wäre es überlegenswert, eine auf Art. 194 Abs. 1, 2 AEUV[530] gestützte Bedarfsplanung für Erzeugungsanlagen einzuführen.[531] Diese könnte, in Anlehnung an Art. 22 Elektrizitäts-RL 2009, von den Energieerzeugern[532] in den Mitgliedstaaten unter Einbindung der nationalen Regulierungsbehörden erfolgen; insofern hätte die nationale Regulierungsbehörde sowohl die Aufsicht über die Netzplanung als auch die Erzeugungsplanung und damit einen umfassenden Informationsüberblick.[533] Selbstverständlich müsste diese Planung unverbindlich gegenüber den Mitgliedstaaten sein, um dem Vorbehalt des Art. 194 Abs. 2 UntAbs. 2 AEUV zu genügen. Sie würde vielmehr als Grundlage einer Koordinierung von Netzen und Erzeugung dienen. Die Verantwortung für den tatsächlichen Bau und den Standort einer Erzeugungsanlage verbliebe – zumindest hinsichtlich der unionsrechtlichen Vorgaben – bei den Anlagenbetreibern.

Der vorliegenden Überlegung sind allerdings gewisse Schwächen immanent. So könnte die Erzeugungsplanung, um bewältigbar zu sein, im Wesentlichen nur durch bestehende Anlagenbetreiber mit einer bestimmten Größe durchgeführt werden. Dies würde eine Konzentration auf dem Erzeugungsmarkt begünstigen. Überdies

529 Zu Inhalt und Aufstellung der Unionsliste siehe Art. 3 TEN-E-VO 2013.

530 Vgl. zur Heranziehung des Art. 194 AEUV – bei der Netzplanung – „zur Verbesserung der ‚Planungsbedingungen'" *Gundel,* EWS 2011, 25 (30).

531 Zwar käme grundsätzlich auch die Binnenmarktkompetenz in Frage, doch tritt diese hinter Art. 194 AEUV zurück; siehe zu diesem Verhältnis zusammenfassend *Gundel,* EWS 2011, 25 (29f.).

532 Für den Begriff des Erzeugers könnte auf die Definition des Art. 2 Nr. 2 Elektrizitäts-RL 2009 zurückgegriffen werden.

533 Schon jetzt liegen der Netzentwicklungsplanung gewisse Überlegungen der voraussichtlichen Erzeugung zu Grunde, was sich aus Art. 22 Abs. 3 Elektrizitäts-RL 2009 ergibt.

liefe eine teilweise staatliche Erzeugungsplanung dem Liberalisierungsgedanken der vergangenen Binnenmarktpakete ein Stück weit entgegen. Insofern müsste der Unionsgesetzgeber eine priorisierende Wertung zwischen den Zielen der Versorgungssicherheit und des Wettbewerbs vornehmen.

Überdies sollte die Heranziehung einer Verstärkten Zusammenarbeit gründlich abgewogen werden. Denn eine engere Zusammenarbeit zwischen einzelnen Mitgliedstaaten ist bereits momentan über die regionalen Gruppen der TEN-E-VO 2013 möglich und könnte hinsichtlich der Stromerzeugung ausgebaut werden. Überdies dürfte Deutschland mit seiner maßgeblichen Ausrichtung auf die Erzeugungsart der erneuerbaren Energien nur schwerlich andere Mitgliedstaaten mit gleichgerichteten energiepolitischen Vorstellungen für eine Verstärkte Zusammenarbeit finden.[534]

bb) Diskussion der Erzeugungsplanung über weitgehende Marktmechanismen

Überlegenswert wäre es auch, bei der Erzeugung weitgehend auf wirtschaftliche Mechanismen des Marktes zu setzen. Demnach würden sich Stromerzeuger an den für sie wirtschaftlich günstigsten Standorten ansiedeln und eine auf Unionsebene forcierte wie auch koordinierte Netzplanung könnte sich auf diese ausrichten.[535] Als wesentliche Voraussetzungen hierfür bedürfte es erstens einer – aus Sicht der Betreiber – angemessenen Rentabilität der Erzeugung und zweitens einer weitgehenden Freiheit von staatlichen Markteingriffen einschließlich Beihilfen;[536] hinsichtlich von Beihilfen müsste allerdings bei Anlagen der erneuerbaren Energien differenziert werden.[537] Beide Punkte können auf Unionsebene beeinflusst werden. So kann der Unionsgesetzgeber etwa regulatorische Entgeltverordnungen erlassen und der EU-Kommission ist es möglich, eine restriktive Anwendung des Beihilfenrechts der Art. 107–109 AEUV herbeizuführen.[538]

---

534 So auch schon die Überlegung zur Verstärkten Zusammenarbeit bei der Netzplanung, „2. Kapitel IV. 5. a) cc)".

535 Vgl. zur Heranziehung des „Ertragspotentials" für die Regionalisierung von Erzeugungskapazitäten in der Netzplanung *BNetzA,* Genehmigung des Szenariorahmens für den NEP 2014 und Offshore-NEP 2014, S. 89. Zur Einbindung der Stromerzeugung schon „2. Kapitel II. 2.".

536 Vgl. die Überlegungen der EU-Kommission hinsichtlich der Frage, ob und wie staatliche Eingriffe bei der binnenmarktrelevanten Energieerzeugung erfolgen sollten, *EU-Kommission,* Delivering the internal electricity market and making the most of public intervention, C (2013) 7243 final, S. 12–15.

537 Die EU-Kommission erkennt an, dass staatliche Eingriffe bei Anlagen der erneuerbaren Energien grundsätzlich gerechtfertigt sein können, siehe dazu die Empfehlungen bei *EU-Kommission,* Delivering the internal electricity market and making the most of public intervention, C (2013) 7243 final, S. 15f.; siehe speziell für Beihilfen in diesem Bereich *EU-Kommission,* Leitlinien für staatliche Umweltschutz- und Energiebeihilfen 2014–2020, ABl. EU 2014 C 200/1.

538 Siehe hinsichtlich von Beihilfen *EU-Kommission,* Leitlinien für staatliche Umweltschutz- und Energiebeihilfen 2014–2020, ABl. EU 2014 C 200/1.

Einem solchen Modell stehen natürlich rechtliche Bedenken gegenüber. So dürften beispielsweise viele Erzeugungsstandorte, obwohl sie rentabel wären, an rechtlichen Gebietsbeschränkungen scheitern, etwa aufgrund entgegenlaufender Raumplanungen oder aufgrund von umweltrechtlich geschützten Gebieten. Überdies könnten vorliegende Überlegungen zu einer nicht unerheblichen Verschiebung der Stromerzeugung zwischen den Mitgliedstaaten führen. Diesbezüglich ist auch der politische Aspekt zu bedenken, ob etwa die Bundesregierung das § 1 Abs. 1 EnWG-Ziel der (heimischen) Versorgungssicherheit durch die Erzeugung in anderen Mitgliedstaaten als gewährleistet betrachtet.[539] Daher ist generell bei einer Planung/ Steuerung der Erzeugung auf EU-Ebene davon auszugehen, dass die Mitgliedstaaten einen gewissen Versorgungsgrad stets durch inländische Erzeugung aufrechterhalten wollen; dies gilt dann auch, bei einer – wie vorliegend diskutierten – weitgehend marktbasierten Erzeugungssteuerung. Die Gewährleistung der Versorgungssicherheit durch eine teilweise inländische Stromerzeugung widerspricht dabei nicht der Warenverkehrsfreiheit, da mit der öffentlichen Sicherheit des Art. 36 S. 1 AEUV ein zulässiger Rechtfertigungsgrund[540] für eine diskriminierende Maßnahme vorliegt.[541] Unabhängig davon wäre es über die unionsrechtliche Sicherstellung eines weitgehend marktwirtschaftlichen und wettbewerbsorientierten Erzeugungsmarktes zumindest partiell möglich, die geographische Ausrichtung der Erzeugung für die Netzplanung auch innerhalb eines Mitgliedstaates berechenbar zu machen.

c) Empfehlung eines Instrumentenbündels

Die vorangegangenen Überlegungen haben gezeigt, dass zwar eine umfassende verbindliche Bedarfsplanung gegenüber den Mitgliedstaaten nicht erreichbar ist, jedoch einzelne Instrumente durchaus zu erheblichen Planungsverbesserungen beitragen können. Ihre Stärke dürfte vor allem in der Kombination der verschiedenen Ansätze liegen, in anderen Worten durch die Einführung eines Instrumentenbündels.

---

539 Vgl. zu einer solchen Überlegung bei der Gestaltung des europäischen Energiemarktes *Maurer u. a.*, ET 2012, 32 (36).

540 Die Versorgungssicherheit mit Strom unter den Rechtfertigungsgrund der öffentlichen Sicherheit des Art. 36 AEUV einordnend *Gundel*, EnZW 2014, 99 (103), siehe dort die Rspr.-Nachweise zur Versorgungssicherheit mit Erdöl.

541 Da die in Frage stehende Maßnahme gerade auf die Bevorzugung der inländischen Erzeugung abstellt und damit nicht unterschiedslos auf in- und ausländische Waren anwendbar wäre, ist dies nur hinsichtlich eines geschriebenen Rechtfertigungstatbestandes des Art. 36 S. 1 AEUV zulässig, vgl. dazu schon *EuGH*, Urteil vom 17. Juni 1981 – Rs. 113/80 (Kommission / Irland), Slg. 1981, 1625 (Rn. 7–11). Die Entscheidung im Kontext des Rechtfertigungsgrundes Umweltschutz diskutierend, der soeben aufgeführte *Gundel*, EnZW 2014, 99 (101).

V. Fazit

Die Vorgaben für die Bedarfsplanung des Übertragungsnetzes durch den Bundesgesetzgeber haben mittlerweile ein Niveau erreicht, von dem eine echte Beschleunigung für den Netzausbau ausgehen kann. Für eine weitere Verbesserung der Planung und des Planungsverfahrens wurden vorliegend einige Vorschläge unterbreitet. Ein Augenmerk sollte hinsichtlich weiterer Gesetzgebungsakte auf der Einbindung der Stromerzeugung liegen, da dies eine wesentliche und notwendige Bezugsgröße des Übertragungsnetzes darstellt.

Für die europäische Ebene hat sich ein Bild ergeben, welches aufgrund primärrechtlicher und politischer Überlegungen eine unionsweite Bedarfsplanung ausschließt, sofern europäische Institutionen verbindliche Bedarfsausweisungen gegenüber den Mitgliedstaaten vornehmen würden. Ein Ansatz zur verbesserten Netzinterkonnektion in der Zukunft dürfte daher erstens in einer unterschiedlichen Integrationstiefe zwischen den Mitgliedstaaten und zweitens in der vornehmlichen Koordinierungsfunktion der Unionsebene liegen; auch hier ist eine Einbindung der Erzeugungsseite notwendig.

3. Kapitel: Fachplanung des Bundes

I. Einordnung und Verfahren

Die Fachplanung des Bundes für Übertragungsnetze unterteilt sich in die Bundesfachplanung für das Bundesgebiet einschließlich dem Küstenmeer,[1] in den §§ 4 ff. NABEG, und den Bundesfachplan Offshore in § 17a EnWG, welcher die Fachplanung für die ausschließliche Wirtschaftszone der Bundesrepublik Deutschland (AWZ) darstellt. Die Bundesfachplanung des NABEG schließt sich unmittelbar an die Bedarfsplanung des Bundes an, sofern der Bundesbedarfsplan Höchstspannungsleitungen als länderübergreifend oder grenzüberschreitend kennzeichnet.[2] Dasselbe gilt für die Küstenabschnitte von Leitungen, welche Erzeugungsanlagen von Windenergie auf der See zu den Netzen an Land anbinden, wenn diese Anbindungsleitungen als solche im Bundesbedarfsplan gekennzeichnet sind.[3] Anders verhält sich dies bei der Fachplanung in der AWZ, welche unabhängig von gesetzlichen Bedarfsfeststellungen erfolgt[4] und stattdessen dem Offshore-NEP und damit der Bedarfsplanung vorgelagert ist.[5]

Geprägt ist die neugeordnete Bundesfachplanung von der Linienbestimmung für Trassen und Trassenkorridore durch Behörden des Bundes.[6] Mit diesem Verfahren führte der Gesetzgeber im Jahr 2011 ein Novum ein,[7] obwohl

---

1 Die Begrenzung auf das Küstenmeer ergibt sich aus § 2 Abs. 5 NABEG.

2 § 4 S. 1 NABEG.

3 § 4 S. 1 i.V.m. § 2 Abs. 5 NABEG. Zur Klärung der Begrifflichkeiten: Das Gesetz behandelt in § 4 S. 1 NABEG „Anbindungsleitungen von den Offshore-Windpark-Umspannwerken zu den Netzverknüpfungspunkten an Land"; das Gesetz geht also vom Umspannwerk der Windenergieanlage als Beginn der Anbindungsleitung aus, anstatt von der Anlage selbst. Aus Gründen der Einfachheit soll vorliegend, in Bezug auf die Anbindungsleitung, nicht mehr auf die Umspannwerke, sondern auf die Windenergieanlage abgestellt werden. Dies steht in Einklang mit den gesetzlichen Regelungen für den Bundesfachplan Offshore in der AWZ. Für diesen bestimmt § 17a Abs. 1 S. 2 Nr. 2 EnWG, dass als Anbindungsleitung auch die Leitung bis zur einzelnen Windenergieanlage auf See selbst gelten kann; so auch die Gesetzesbegründung der *BT-Drucks. 17/10754*, Gesetzentwurf eines Dritten Gesetzes zur Neuregelung energiewirtschaftlicher Vorschriften, S. 23.

4 Dies ergibt sich aus § 17a EnWG, bei dem keine derartige Restriktion niedergelegt ist.

5 Gemäß § 17b Abs. 1 S. 2 EnWG muss sich der Offshore-NEP am Bundesfachplan Offshore ausrichten.

6 Diese grundsätzliche Ausrichtung ergibt sich aus § 5 Abs. 1 S. 1 NABEG („Trassenkorridore") bzw. § 17a Abs. 1 S. 1–2 EnWG („Trassen oder Trassenkorridore[...]").

7 Das NABEG wurde im Jahr 2011 durch Art. 1 Gesetz über Maßnahmen zur Beschleunigung des Netzausbaus Elektrizitätsnetze vom 28. Juli 2011, BGBl. 2011, I, S. 1690

die Linienbestimmung für Übertragungsnetze im Rahmen eines vorgelagerten Planungsverfahrens nicht gänzlich neu ist.[8] Aufgrund des bisher langsam verlaufenden Ausbaus dieser Netze[9] verwundert es nicht, dass eine Neuordnung stattgefunden hat und nun ein neues Instrument erprobt und eingesetzt wird. Ohne bereits hier auf die Details einzugehen, ist die Bedeutung der Linienbestimmung als ein elementarer Punkt der Bundesfachplanung in dieser Netzwirtschaft hervorzuheben.[10]

Bei der Diskussion über die Linienbestimmung ist es wichtig, nicht einzig auf den Neubau von Trassen in unberührten Gebietsstreifen abzustellen, da der Gesetzgeber in den Vorschriften des NABEG ebenso von Ausbaumaßnahmen in oder neben bestehenden Trassen ausgeht und überdies für einige von diesen ein „Vereinfachtes Verfahren"[11] möglich ist.[12] Die Praxisrelevanz der Heranziehung bestehender Trassen für die Planung verdeutlicht ein Blick in die Bestätigung der BNetzA für den NEP 2012. Ein hoher Anteil der dort bestätigten Maßnahmen sind Verstärkungen, die sich an solchen Trassen orientieren.[13] Mithin findet eine Bundesfachplanung für alle diejenigen physischen Maßnahmen statt, für die ein selbständiges Planungsverfahren ohne Außenwirkung[14] im Anschluss an die Bundesbedarfsplanung vorgesehen ist.

Die Bundesfachplanung des NABEG lässt sich zeitlich in zwei Schritte aufteilen:[15] Der erste Schritt ist das Antragsverfahren mit öffentlicher Antragskonferenz und Festlegung des Untersuchungsrahmens, wobei dem ÜNB als Vorhabenträger Maßgaben über die vorzulegenden Unterlagen gemacht werden; der zweite Schritt erfolgt im Anschluss an die Abgabe der Unterlagen und beinhaltet das Entscheidungsverfahren unter Beteiligung der Behörden und Öffentlichkeit und mit einem Erörterungstermin. Inhaltlich findet dabei im Wesentlichen die Prüfung der Raum- sowie der Umweltverträglichkeit statt.[16] Diese Systematisierung ergibt sich in ähnlicher

---

erlassen. Durch Art. 2 desselben Gesetzes wurde erstmals die Fachplanung in der AWZ ins EnWG aufgenommen, indem – die mittlerweile aufgehobenen – § 17 Abs. 2a S. 3–4, Abs. 2b S. 1 EnWG erlassen wurden.

8 Siehe hierzu sogleich im Rahmen der Raumordnung „3. Kapitel II. 1.".

9 Siehe nur *BT-Drucks. 17/11871,* Bericht nach § 3 EnLAG, S. 2.

10 Vgl. *Durner,* NuR 2012, 369 (372).

11 So die amtliche Überschrift des § 11 NABEG.

12 Das vereinfachte Verfahren für Vorhaben in oder neben bestehenden Trassen ist geregelt in § 11 Abs. 1 S. 1 Nr. 1 bzw. Nr. 2 NABEG.

13 *BNetzA,* Bestätigung des NEP 2012, S. 3–5; ebenso *BNetzA,* Bestätigung des NEP 2013, S. 2–4.

14 Siehe zum Merkmal der fehlenden Außenwirkung der Fachplanung § 15 Abs. 3 S. 1 NABEG und § 17a Abs. 5 S. 1 EnWG.

15 Diese Einteilung lässt sich aus den §§ 6–10 NABEG vornehmen.

16 Dies ergibt sich aus § 5 Abs. 1 S. 3–5, Abs. 3 und § 12 Abs. 2 S. 1 NABEG. Siehe zur Bedeutung dieser Punkte für die Findung des Trassenkorridors die Gesetzesbegründung der *BT-Drucks. 17/6073,* Gesetzentwurf zur Beschleunigung des Netzausbaus, S. 19.

Weise bei der EnWG-Fachplanung des Bundesfachplan Offshore für die AWZ,[17] für die allerdings kein Antrag eines ÜNBs notwendig ist[18] und auch kein Erörterungstermin stattfindet.

Am Ende der Bundesfachplanung steht der Bundesnetzplan, in welchen die Trassenkorridore aufgenommen werden.[19]

II. Raumverträglichkeit und Zuständigkeiten auf nationaler Ebene

1. Geringe Effizienz einer Fachplanung durch die Raumordnung von Bund und Ländern

Vor dem Jahr 2011 gab es keine eigenständige Fachplanung zur Linienbestimmung von Übertragungsnetzen, anders als etwa bei Bundesfernstraßen durch § 16 FStrG. Als einziges förmliches Planungsverfahren zur Grobtrassierung verblieben nur die Mittel der Raumordnung, beispielsweise in Form des Raumordnungsverfahrens.[20] Diese Mittel standen sowohl dem Bund als auch den Ländern zur Verfügung, wobei zwischen beiden Planungsträgern erhebliche Kompetenzunterschiede im Detailgrad für Festlegungen bestanden.[21] In der Praxis wurde die Raumordnung regelmäßig zur Planung von Übertragungsnetzen herangezogen, was sehr detaillierte Aussagen in Raumordnungsplänen zur Folge haben konnte und auch nach geltendem Recht weiterhin möglich ist.[22] So sind in der aktuellen Verordnung über das Landes-Raumordnungsprogramm Niedersachsen (LROP)[23] als Ziele der Raumordnung, welche für viele nachfolgende Planungen und Entscheidungen verbindlich sind,[24] bereits konkrete Linienbestimmungen für Übertragungsnetze vorgenommen worden und

17 Die Festlegung eines Untersuchungsrahmens findet in einem Anhörungstermin gemäß § 17a Abs. 2 EnWG statt. Eine Behörden- und Öffentlichkeitsbeteiligung ist sodann für den Entwurf des Bundesfachplan Offshore und dessen Umweltbericht vorgesehen, § 17a Abs. 4 S. 1 EnWG.

18 Dennoch hat der ÜNB bestimmte Informationen zum Umweltbericht gemäß § 17a Abs. 3 S. 2 EnWG beizubringen. Siehe zu den Einflussmöglichkeiten, welche den ÜNBs dadurch eröffnet sind „3. Kapitel III. 5. b)".

19 Siehe zum Bundesnetzplan auch „3. Kapitel IV.".

20 Ein Raumordnungsverfahren für Übertragungsleitungen ist gemäß § 15 Abs. 1 S. 1 ROG i.V.m. § 1 Nr. 14 Alt. 1 RoV möglich.

21 Hierzu sogleich in den folgenden Unterkapiteln.

22 Siehe zur Rolle der Raumordnung für die Fachplanung im Bundesgebiet und Küstenmeer sowie in der AWZ „3. Kapitel II. 2. und 3.".

23 Verordnung über das Landes-Raumordnungsprogramm Niedersachsen (LROP) in der Fassung vom 8. Mai 2008, (LROP Niedersachsen), Nds. GVBl. 2008 S. 132.

24 Siehe zu dieser Rechtsnatur sowie den hierdurch gebundenen Planungen, Maßnahmen und Entscheidungen den § 4 Abs. 1 S. 1 Hs. 1, S. 2 i.V.m. § 3 Abs. 1 Nr. 2 ROG.

es wird die primäre Verwendung bestehender Trassen(korridore) festgelegt.[25] Vor diesem Hintergrund stellt sich die Frage, ob eine selbständige Fachplanung für Übertragungsnetze überhaupt notwendig ist oder besser in der Raumordnung, zusammen mit anderen flächenbeanspruchenden Planungen, stattfinden sollte.

a) Die Raumordnungskompetenz des Bundes, § 17 Abs. 1, 3 ROG

aa) Raumordnungskompetenz im Bundesgebiet einschließlich dem Küstenmeer

Der Bund hätte gegebenenfalls bereits bisher die Möglichkeit gehabt, die Linienführung über Raumordnungspläne nach § 17 Abs. 1 S. 1 ROG zu beeinflussen.[26] Nach dieser Vorschrift darf der Bund mit eigenen Raumordnungsplänen „einzelne" Grundsätze der Raumordnung im Sinne des § 2 Abs. 2 ROG konkretisieren.[27] Zu diesen Grundsätzen gehören unter anderem der Ausbau von Energienetzen[28] sowie der Ausbau und die Gestaltung von transeuropäischen Netzen,[29] welche ihrerseits Energienetze einschließen.[30] Überdies wird angeführt, dass Grundsätze der Raumordnung nicht nur textlich, sondern auch zeichnerisch dargestellt werden dürften.[31] Daher ergibt sich zunächst das Bild eines verhältnismäßig umfassenden planerischen Instrumentariums für den besagten Raumordnungsplan, auch hinsichtlich von Übertragungsnetzen. Allerdings relativiert sich dieses bei genauerer Betrachtung seiner rechtlichen Verbindlichkeit. Denn einerseits werden die im Raumordnungsplan des § 17 Abs. 1 S. 1 ROG enthaltenen Konkretisierungen als Grundsätze der Raumordnung im Sinne des § 3 Abs. 1 Nr. 3 ROG niedergelegt,[32] doch ist dies

---

25 Die erfolgte Linienbestimmung wird durch die Festlegung von Vorranggebieten garantiert, Abschnitt 4.2 Ziffer 07 S. 1 der Anlage 1 (zu § 1 Abs. 1) i.V.m. Anlage 2 (zu § 1 Abs. 1) LROP Niedersachsen; die primäre Verwendung bestehender Trassen(korridore) ist als Festlegung in Abschnitt 4.2 Ziffer 07 S. 5 der Anlage 1 (zu § 1 Abs. 1) LROP Niedersachsen niedergeschrieben.

26 Ähnlich *Durner,* DVBl. 2011, 853 (862), der dieses Mittel der Raumordnung, trotz der NABEG-Gesetzgebung, als ebenso wichtig für die weitere Planung der Übertragungsleitungen erachtet.

27 § 17 Abs. 1 S. 1 ROG.

28 § 2 Abs. 2 Nr. 4 S. 5 ROG.

29 § 2 Abs. 2 Nr. 8 S. 1 ROG.

30 Die Einordnung von Energienetzen unter den Begriff der transeuropäischen Netze ergibt sich zwar nicht ausdrücklich aus dem Gesetz, lässt sich aber der Gesetzesbegründung entnehmen, siehe *BT-Drucks. 16/10292,* Gesetzentwurf zur Neufassung des ROG, S. 22.

31 So *Hendler,* in: Cholewa u.a., Raumordnung, Bd. 1, 5. Aufl., § 3 ROG Rn. 59 [Stand: März 2016]; dieser merkt zwar an, dass eine ausdrückliche textliche oder zeichnerische Darstellung nur für die Ziele der Raumordnung in § 3 Abs. 1 Nr. 2 ROG festgehalten ist, hält dies aber auch für die Grundsätze der Raumordnung möglich.

32 Für diese Einordnung *Runkel,* in: Spannowsky u.a. (Hrsg.), ROG-Kommentar, § 17 ROG Rn. 5; ebenso *Hellriegel,* NVwZ 2013, 111 (112), der im Raumordnungsplan des

andererseits nur mit einer Berücksichtigungspflicht in nachfolgenden Abwägungs- und Ermessensentscheidungen[33] verbunden.[34]

Überdies bestehen einige weitere Restriktionen, welche die Reichweite möglicher Festlegungen eines Plans aus § 17 Abs. 1 S. 1 ROG begrenzen. So gibt § 17 Abs. 1 S. 1 ROG nur das Recht, raumordnerische Grundsätze des § 2 Abs. 2 ROG zu „konkretisieren", ohne dies näher zu definieren oder weiterführende Kompetenzen zu verleihen.[35] Diese Konkretisierungsmöglichkeit wird mitunter so interpretiert, dass gebietsbezogene Darstellungen zwar zulässig seien,[36] jedoch keine „Ersatzplanung oder Planungsvorgabe für die Landesplanung" erfolgen dürfe.[37] In der Tat wäre es mit dem Wortlaut der Norm kaum vereinbar, konkrete Planungen für Trassenkorridore vorzunehmen. Eine weitere Problematik besteht in der nicht eindeutigen Bestimmung des geographischen Anwendungsbereichs von § 17 Abs. 1 S. 1 ROG. Denn nach dem Gesetzeswortlaut ist die Bestimmung einschlägig „für die räumliche Entwicklung des Bundesgebietes unter Einbeziehung der raumbedeutsamen Planungen und Maßnahmen der Europäischen Union und deren Mitgliedstaaten"[38]. Bei Trassen, welche sich einzig innerhalb eines Landes befinden, könnten sich daher Zweifel ergeben, ob der Anwendungsbereich zu bejahen ist. Gleichwohl kann eine Trasse, die nur innerhalb des Landes A liegt, zugleich dem Land B nutzen, falls dadurch beispielsweise der Bedarf für eine Leitung entfällt, welche ansonsten das Gebiet des Landes B queren würde. Das Erfordernis einer physischen Überschreitung der Ländergrenzen sollte daher nicht in § 17 Abs. 1 S. 1 ROG hineingelesen werden.[39] Dennoch kann die unterschiedliche Gesetzesinterpretation in der behördlichen Praxis zu einer Zurückhaltung bei den räumlichen Inhalten des Raumordnungsplans führen. An dieser Stelle ist bereits zu erwähnen, dass der Gesetzgeber im NABEG klare räumliche Vorgaben erlassen hat, indem die Bundesfachplanung – abgesehen von Vorhaben mit der Kennzeichnung

---

§ 17 Abs. 1 ROG ein mögliches Planungsinstrument – unter anderem – für Energieerzeugungsarten unter Tage wie beispielsweise Druckluftspeicherung sieht.

33 § 4 Abs. 1 S. 1 Hs. 2 i.V.m. § 3 Abs. 1 Nr. 3 ROG. Weitergehende Bindungswirkungen sind – unter anderem auch für die Grundsätze der Raumordnung – gemäß § 4 Abs. 1 S. 3, Abs. 2 ROG möglich, sofern dies durch fachgesetzliche Regelungen vorgegeben ist.

34 Auf die geringe Verbindlichkeit auch hinweisend *Hellriegel*, NVwZ 2013, 111 (112 m.w.N.); ähnlich *Runkel*, in: Spannowsky u.a. (Hrsg.), ROG-Kommentar, § 17 ROG Rn. 5.

35 Anders ist dies bei der Raumordnungskompetenz des Bundes für die AWZ. Für Festlegungen in Raumordnungsplänen der AWZ verweist § 17 Abs. 3 ROG explizit auf die Kompetenzen des § 8 Abs. 7 ROG. Siehe zur Raumordnung in der AWZ sogleich das folgende Unterkapitel.

36 *Runkel*, in: Spannowsky u.a. (Hrsg.), ROG-Kommentar, § 17 ROG Rn. 16.

37 Aussage und Zitat *Runkel*, in: Spannowsky u.a. (Hrsg.), ROG-Kommentar, § 17 ROG Rn. 8.

38 § 17 Abs. 1 S. 1 ROG.

39 So aber wohl *Runkel*, in: Spannowsky u.a. (Hrsg.), ROG-Kommentar, § 17 ROG Rn. 8.

als Anbindungsleitung für Offshore-Windpark-Umspannwerke zu den Netzverknüpfungspunkten an Land -[40] nur für als länderübergreifend oder grenzüberschreitend gekennzeichnete Höchstspannungsleitungen durchzuführen ist.[41] In diesem Fall wird also regelmäßig eine physische Grenzüberschreitung vorliegen.

Vor dem Hintergrund der voranstehenden Ausführungen wird verständlich, wieso es keinen auf § 17 Abs. 1 S. 1 ROG gestützten Raumordnungsplan des Bundes gibt, welcher Aussagen für Energienetze treffen könnte.[42] Zugleich wird deutlich, dass eine sinnvolle Fachplanung für Übertragungsnetze im Bundesgebiet nicht durch Raumordnungspläne des Bundes realisiert werden kann. Folglich dürfte die Regelung des § 17 Abs. 1 S. 1 ROG für Übertragungsnetze in der Zukunft weitgehend unbedeutend sein.

bb) Die Raumordnungskompetenz in der AWZ

Die Raumordnungskompetenz des Bundes in der deutschen ausschließlichen Wirtschaftszone (AWZ) richtet sich nach § 17 Abs. 3 ROG, welcher einen größeren rechtlichen Gestaltungsspielraum als § 17 Abs. 1 S. 1 ROG bereithält. So werden im geltenden Raumordnungsplan für die AWZ in der Nordsee[43] unter anderem mehrere Trassenkorridore als Ziele der Raumordnung ausgewiesen,[44] welche die Übergänge von Anbindungsleitungen für Offshore-Windanlagen aus der AWZ in das

---

40 Für diese Leitungen ist gemäß § 4 S. 1 Var. 3 NABEG eine Bundesfachplanung vorgesehen, allerdings endet der diesbezügliche räumliche Anwendungsbereich des NABEG mit der seewärtigen Begrenzung des Küstenmeers, § 2 Abs. 5 NABEG.

41 § 4 S. 1 Var. 1, 2 NABEG. Siehe zur Frage einer notwendigen Erweiterung des Anwendungsbereichs des NABEG auf Übertragungsleitungen, die nur innerhalb eines Landes verlaufen „3. Kapitel II. 2. b)“.

42 Siehe für die Nichtexistenz von Raumordnungsplänen des Bundes – zumindest bis Ende des Jahres 2011 – und ersten Vorüberlegungen für diese *Bäumler,* in: Cholewa u.a., Raumordnung, Bd. 1, 5. Aufl., § 17 ROG Rn. 4 [Stand: November 2011].

43 Der vorliegend erörterte und nach wie vor existente Raumordnungsplan in der AWZ stammt aus dem Jahr 2009 und daher aus einer Zeit vor der Einführung der Fachplanung im NABEG und dem EnWG. Die hier gemachten Aussagen sind vor diesem Hintergrund zu betrachten.

44 Die Trassenkorridore werden dort als „Zielkorridore“ bezeichnet, siehe Kapitel 3.3.1 Ziffer 10 der Anlage (zu § 1) Verordnung über die Raumordnung in der deutschen ausschließlichen Wirtschaftszone in der Nordsee (AWZ Nordsee-ROV) vom 21. September 2009, (AWZ Nordsee-ROV), BGBl. 2009, I, S. 3107. Die Bezeichnung „Zielkorridore“ ist unabhängig von der Eigenschaft der ausgewiesenen Trassenkorridore als Ziel der Raumordnung im Sinne des § 3 Abs. 1 Nr. 2 ROG, welche sich aus der entsprechenden Kennzeichnung im Sinne von Kapitel 3. der Anlage (zu § 1) AWZ Nordsee-ROV ergibt.

Küstenmeer bestimmen.[45] Mit der Ausweisung als Ziele der Raumordnung gelten sie als abschließend abgewogen und sind für weitere Planungen verbindlich.[46]

Allerdings könnte es bei der besagten Festlegung von Korridoren für Anbindungsleitungen zwischen der AWZ und dem Küstenmeer zu einem gewissen Reibungsverlust mit den Raumordnungsplänen der Länder kommen, da durch den Bund und die Länder unterschiedliche Planungsträger mit jeweils eigenen Vorstellungen vorhanden sind. Zwar ist das BMVI verpflichtet, ein Benehmen mit den Ländern bei der Aufstellung des AWZ-Raumordnungsplans herzustellen[47] – zusätzlich zur allgemeinen und insoweit nicht verdrängten Abstimmungspflicht zwischen benachbarten Planungsräumen des § 7 Abs. 3 ROG.[48] Dies ist allerdings noch kein Garant für eine kohärente Planung zwischen den einzelnen Raumordnungsplänen. Ohne eine Kohärenz wäre ein Raumordnungsplan für die AWZ gleichwohl sinnlos.

Es ist also schon deshalb problematisch eine Fachplanung für die AWZ durch die Mittel der Raumordnung zu bewirken, da verschiedene Planungsträger vorhanden sind. Ein ebenso wichtiger Punkt ist die fehlende Möglichkeit, im Rahmen des ROG über die Einbindung der letztendlich Verantwortlichen für die Umsetzung der zu planenden Vorhaben zu entscheiden. So ist es etwa dem BMVI / BMVBS mit den Mitteln des ROG nicht möglich, von den ÜNBs für die Planung erhebliche Informationen zu erhalten, beispielsweise über technische Ausführungsmöglichkeiten von Übertragungsleitungen. Eine effiziente und umfassende Fachplanung im Wege des ROG müsste daher auch an dessen mangelnden Instrumenten scheitern.

b) Die Raumordnungskompetenz der Länder

Im Gegensatz zu den raumordnerischen Möglichkeiten des Bundes sah die Lage in den Bundesländern bisher anders aus. Da sie umfassendere Raumordnungspläne als der Bund aufstellen dürfen und sie zudem über das Instrument des Raumordnungsverfahrens verfügen, können Übertragungsnetze in Planungen auf Landesebene wesentlich detaillierter berücksichtigt werden.[49]

Durch ihre Raumordnungspläne vermögen es die Länder erstens, Grundsätze der Raumordnung textlich oder zeichnerisch aufzustellen;[50] diese Grundsätze fließen

45 Kapitel 3.3.1 Ziffer 10 der Anlage (zu § 1) AWZ Nordsee-ROV. Siehe dazu auch die Ausschnitte A-C im Kartenteil der AWZ Nordsee-ROV.

46 § 4 Abs. 1 S. 1 i.V.m. § 3 Abs. 1 Nr. 1 ROG.

47 § 17 Abs. 3 S. 4 ROG.

48 Für eine Anwendbarkeit dieser Norm bei der Erarbeitung des Raumordnungsplans in der AWZ auch *Runkel*, in: Spannowsky u.a. (Hrsg.), ROG-Kommentar, § 7 ROG Rn. 43.

49 Siehe für die Raumordnungspläne bzw. das Raumordnungsverfahren auf Landesebene § 8 Abs. 1 S. 1 bzw. § 15 Abs. 1 S. 1 ROG.

50 Textliche oder zeichnerische Darstellungen sind zwar explizit nur für die Ziele der Raumordnung in § 3 Abs. 1 Nr. 2 ROG niedergelegt, beide Möglichkeiten sollen aber ebenso für die Grundsätze der Raumordnung im Sinne des § 3 Abs. 1 Nr. 3 ROG

sodann in nachfolgende Abwägungs- und Ermessensentscheidungen ein.[51] Weitergehend hierzu ist es den Ländern möglich, durch die Ziele der Raumordnung verbindliche Vorgaben für raumbedeutsame Planungen und Maßnahmen zu machen,[52] ebenso textlich wie zeichnerisch. Die landesplanerischen Gestaltungsmöglichkeiten für Übertragungsnetze werden auch in § 8 Abs. 5 S. 1 Nr. 3 Hs. 1 ROG verdeutlicht. In dieser Soll-Vorschrift sind für Raumordnungspläne der Länder unter anderem Festlegungen zu Trassen für Infrastruktur vorgesehen,[53] welche es zu sichern gilt. Festlegungen im Sinne des ROG können dabei sowohl als Ziele der Raumordnung wie auch als Grundsätze der Raumordnung ergehen.[54] Gleichzeitig besteht die Abstimmungspflicht benachbarter Planungsräume untereinander,[55] womit eine länderübergreifende Planung auch von Trassenkorridoren intendiert ist.

Das zweite Mittel, welches der Landesplanung eine gewisse Bestimmung des Trassenverlaufs für Übertragungsnetze ermöglicht, ist das Raumordnungsverfahren für „Hochspannungsfreileitungen“[56]. Dieses wurde vor Erlass des NABEG mitunter als „Quasi-Fachplanung“[57] bezeichnet, was mit der Stellung begründet wurde, die es in der Praxis inne habe.[58] Darüber hinaus wurde ihm zugeschrieben, dass es ungeachtet seiner geringen rechtlichen Bedeutung, die nur in einer Berücksichtigungspflicht[59] für die spätere Planungsstufe der Vorhabenentscheidung besteht, dennoch eine erhebliche Beeinflussung auf die nachfolgende Planfeststellung ausübe.[60] Das

eröffnet sein, so *Hendler,* in: Cholewa u.a., Raumordnung, Bd. 1, 5. Aufl., § 3 ROG Rn. 59 [Stand: März 2016].

51 § 4 Abs. 1 S. 1 Hs. 2 i.V.m. § 3 Abs. 1 Nr. 3 ROG.

52 § 4 Abs. 1 S. 1 Hs. 1 i.V.m. § 3 Abs. 1 Nr. 2 ROG.

53 Zwar nennt das Gesetz nicht ausdrücklich Übertragungsnetze, doch sind die in § 8 Abs. 5 Nr. 3 Hs. 2 ROG genannten Möglichkeiten der Infrastruktur nicht abschließend, so dass Übertragungsnetze durchaus unter die Regelung des § 8 Abs. 5 Nr. 3 Hs. 1 ROG fallen können. Siehe zum nicht abschließenden Charakter des § 8 Abs. 5 Nr. 3 Hs. 2 ROG *Goppel,* in: Spannowsky u.a. (Hrsg.), ROG-Kommentar, § 8 ROG Rn. 57.

54 § 3 Abs. 1 Nr. 2, 3 ROG.

55 § 7 Abs. 3 ROG.

56 § 15 Abs. 1 S. 1 ROG i.V.m. § 1 Nr. 14 Alt. 1 RoV. Demnach muss die Leitung eine „Nennspannung von 110 kV oder mehr“ aufweisen, was bei Übertragungsleitungen regelmäßig der Fall ist; siehe zur Einordnung der verschiedenen Spannungsebenen in das Übertragungsnetz „1. Kapitel I. 4.“.

57 *BT-Drucks. 17/4890,* Sondergutachten des Sachverständigenrates für Umweltfragen, S. 303.

58 *BT-Drucks. 17/4890,* Sondergutachten des Sachverständigenrates für Umweltfragen, S. 303.

59 Das Ergebnis eines Raumordnungsverfahrens ist als ein sonstiges Erfordernis der Raumordnung nur „in Abwägungs- oder Ermessensentscheidungen zu berücksichtigen“, § 4 Abs. 1 S. 1 Hs. 2 i.V.m. § 3 Abs. 1 Nr. 4 ROG.

60 *Goppel,* in: Spannowsky u.a. (Hrsg.), ROG-Kommentar, § 15 ROG Rn. 21.

Raumordnungsverfahren lässt sich daher weitgehend als ein faktisches Steuerungsinstrument einordnen.

aa) Probleme einer Grobtrassierung durch den landesweiten Raumordnungsplan

Bei Betrachtung der aufgeführten Planungsinstrumente der Länder könnte man zunächst annehmen, dass eine Grobtrassierung bisher relativ einfach im Rahmen der Raumordnung möglich gewesen wäre. Wie allerdings schon für die Bundesebene aufgezeigt, ergaben sich diesbezüglich auch auf Länderebene Umsetzungsprobleme. Dem liegt nicht zuletzt die gesetzgeberische Ausrichtung der Raumordnung als ein ressortübergreifendes Instrument zu Grunde, welches nicht für einzelne Fachplanungen geschaffen ist.[61] Zudem gab es in der Praxis mehrere Schwächen, die einer sinnvollen Fachplanung in der Raumordnung entgegenstanden. So führte die bis zum Jahr 2011 fehlende bundesweite Bedarfsplanung für Übertragungsnetze zu eigenständigen Planungen dieser Art durch die jeweiligen Länder.[62] Daher ist es verständlich, dass unterschiedliche Bedarfsprognosen zu unterschiedlichen Vorstellungen über Trassenverläufe führten. Beispielsweise ging der aus dem Jahr 2006 stammende landesweite Raumordnungsplan in Bayern (Landesentwicklungsprogramm)[63] von einer möglichst verbrauchsnahen Stromerzeugung aus,[64] was mit politischen Überlegungen aus den Bereichen der Energie, Umwelt und Wirtschaft begründet wurde.[65] Diese politisch angestrebte Nähe von Erzeugung und Verbrauch vermag eventuell zu erklären, wieso im besagten Landesentwicklungsprogramm keine konkreten Trassenkorridore für neuzubauende Übertragungsleitungen festgehalten sind; stattdessen wurde dort ein vage formulierter raumplanerischer Grundsatz niedergelegt, welcher den Fortbestand eines produktiven Übertragungsnetzes auch im liberalisierten Binnenmarkt fordert.[66] Denn bei einer verbrauchsnahen Erzeugung besteht nur ein geringer Bedarf an Leitungen der Übertragungsebene, und die insofern kurzen Streckenlangen für Trassen lassen sich durch die Regionalplanung nicht minder effektiv bewältigen, als durch landesweite Raumordnungspläne. Zwar wird in dem seit September 2013 geltenden bayerischen Landesentwicklungsprogramm[67]

61 Ähnlich *Ronellenfitsch,* in: Marschall, FStrG-Kommentar, § 16 FStrG Rn. 46.

62 Vgl. *Runkel,* in: Spannowsky u.a. (Hrsg.), ROG-Kommentar, § 1 ROG Rn. 52.

63 Siehe zum Inhalt des Landesentwicklungsprogramms den Art. 19 Abs. 1 S. 1 Bayerisches Landesplanungsgesetz (BayLPlG) vom 25. Juni 2012, (BayLPlG), GVBl. 2012, S. 254, wodurch seine Funktion als Raumordnungsplan für das Landesgebiet im Sinne des § 8 Abs. 1 S. 1 Nr. 1 ROG deutlich wird.

64 Teil B Abschnitt V Ziffer 3.2.1 der Anlage zur Verordnung über das Landesentwicklungsprogramm Bayern (LEP) vom 8. August 2006, (LEP Bayern 2006), GVBl. 2006, S. 471.

65 *Bayerische Staatsregierung,* Begründung zum Landesentwicklungsprogramm Bayern (LEP) 2006, Zu B V, Zu 3.2.1.

66 Teil B Abschnitt V Ziffer 3.2.4 der Anlage zu LEP Bayern 2006.

67 Gemäß § 4 LEP Bayern 2013 trat das neue Landesentwicklungsprogramm am 1. September 2013 in Kraft und löste zugleich den LEP Bayern 2006 ab.

keine verbrauchsnahe Energieerzeugung mehr gefordert,[68] doch wird weiterhin keine landesweite Trassenplanung vorgenommen. Diese wird vielmehr den nachfolgenden Planungsebenen überlassen[69] und damit faktisch auf diese heruntergezont. Als Gegenbeispiel für sehr detaillierte Trassenplanungen in Raumordnungsplänen eines Landes kann auf das niedersächsische Landes-Raumordnungsprogramm[70] verwiesen werden. Dieses beinhaltet etwa den Gesetzeszweck des § 1 EnWG als Grundsatz der Raumordnung[71] und weist eigenständige energiepolitische Überlegungen als Ziele der Raumordnung aus.[72] Ebenso als raumordnerisches Ziel werden dort konkrete Leitungstrassen des Übertragungsnetzes jeweils als Vorranggebiet zeichnerisch dargestellt, die für den Netzausbau an Land zu sichern sind.[73] Ähnliche Vorgaben finden sich hinsichtlich von Anbindungsleitungen für Strom von Offshore-Windenergieanlagen,[74] welche ebenso vom Begriff des Übertragungsnetzes im Sinne dieser Arbeit umfasst sind.[75]

Im Ergebnis zeigt sich, dass die Länder zusätzlich zu den Vorgaben des Bundes seit jeher eine eigene Energiepolitik betreiben, die sich auf Trassenplanungen in ihren Raumordnungsplänen auswirken. Für die ÜNBs als Vorhabenträger ist dies

---

68 Siehe dazu Ziffer 6 der Anlage (zu § 1) LEP Bayern 2013, wobei dort auch weiterhin ein gewisser Zubau an Erzeugungsanlagen innerhalb Bayerns angestrebt wird. Die Abkehr von der Festlegung einer verbrauchsnahen Erzeugung des vorangegangenen LEP Bayern 2006 wird auch durch politische Äußerungen einer bayerischen Staatsministerin verdeutlicht, welche den Abtransport von im Norden erzeugten Strom in Richtung Süden unterstützen – obschon ein gleichzeitiger Bedarf an regionaler Erzeugung unterstrichen wird – siehe *BRat-Plpr. 901,* Stenografischer Bericht, S. 449.

69 So *Bayerische Staatsregierung,* Begründung zum Landesentwicklungsprogramm Bayern (LEP) 2013, Zu 6.1.

70 Siehe § 1 Abs. 2 Nr. 3 Niedersächsisches Raumordnungsgesetz (NROG) vom 18. Juli 2012, (NROG), GVBl. 2012, S. 252, zur Funktion des Landes-Raumordnungsprogramms als Raumordnungsplan für das Landesgebiet im Sinne von § 8 Abs. 1 S. 1 Nr. 1 ROG.

71 Siehe Abschnitt 4.2 Ziffer 01 S. 1 der Anlage 1 (zu § 1 Abs. 1) LROP Niedersachsen; der dort verwendete Wortlaut ist weitgehend angelehnt an § 1 Abs. 1 EnWG, obwohl auf diese Norm nicht ausdrücklich Bezug genommen wird.

72 Als Beispiel einer solchen Ausweisung lassen sich etwa die Leistungsvorgaben für bestimmte Vorranggebiete zur Windenergienutzung anführen, Abschnitt 4.2 Ziffer 04 S. 2 der Anlage 1 (zu § 1 Abs. 1) LROP Niedersachsen.

73 Abschnitt 4.2 Ziffer 07 S. 1 der Anlage 1 (zu § 1 Abs. 1) i.V.m. Anlage 2 (zu § 1 Abs. 1) LROP Niedersachsen. Die Sicherung solcher Trassen als Vorranggebiet in Raumordnungsplänen ist gemäß § 8 Abs. 5 S. 1 Nr. 3 Hs. 1 i.V.m. § 8 Abs. 7 S. 1 Nr. 1 ROG möglich. Ablehnend gegenüber einer konkreten (verkehrstechnischen) Fachplanung in Raumordnungsplänen der Länder *Ronellenfitsch,* in: Marschall, FStrG-Kommentar, § 16 FStrG Rn. 46 m.w.N.

74 Abschnitt 4.2 Ziffer 05 S. 12 der Anlage 1 (zu § 1 Abs. 1) i.V.m. Anlage 2 (zu § 1 Abs. 1) LROP Niedersachsen.

75 Siehe zum Begriff der Übertragungsnetzes im rechtlichen Sinne und im Sinne dieser Arbeit „1. Kapitel I. 4.".

insofern relevant, als die Ziele der Raumordnung in einem Raumordnungsplan für die zuständige Planfeststellungsbehörde verbindlich sind[76] – Grundsätze der Raumordnung sind hingegen zu berücksichtigen -[77] und sie folglich die unternehmerischen Überlegungen entweder bestätigen können oder gegebenenfalls von diesen abweichen. Solche Abweichungen sind schon deshalb möglich, da nur die über die Planfeststellung entscheidende Behörde und nicht der ÜNB selbst an die entsprechenden Vorgaben gebunden ist.[78] Diese können daher für ihre Ausbauvorhaben eigenständige Alternativplanungen aufstellen,[79] was schließlich in einen Konflikt mit der Landesplanung münden würde und letztlich nur durch die Änderung der Planungen entweder des ÜNBs oder der Landesplanungsbehörden gelöst werden könnte. Verstärkt werden könnte dieses Problem bei einem Vorhaben, welches die Landesgrenze überschreitet, an der sogleich die Festlegungen eines anderen Raumordnungsplans ihre Geltung beanspruchen.

bb) Probleme einer Grobtrassierung am Beispiel transeuropäischer Netze

Eine ähnlich selbständige Landesplanung erfolgt bei der Umsetzung von transeuropäischen Netzen. Dieser Umstand folgt nicht nur aus der grundgesetzlichen Kompetenz der Länder, das ROG auf ihrem Hoheitsgebiet als eigene Angelegenheit und damit nur unter geringem Einfluss des Bundes vollziehen zu können.[80] Denn zugleich macht das ROG einzig die vage Vorgabe, dass Grundsätze der Raumordnung als Festlegungen in den Raumordnungsplänen zu konkretisieren sind, soweit dies

76 Diese in § 4 Abs. 1 S. 1 Hs. 1 ROG niedergelegte Verbindlichkeitsanordnung („zu beachten“) kommt für Übertragungsleitungen insofern in Betracht, da diese gemäß § 43 S. 1 Nr. 1, 3–5 EnWG grundsätzlich einem Planfeststellungsverfahren unterliegen und dieses Verfahren von der Aufzählung in § 4 Abs. 1 S. 1 Nr. 3 Alt. 1 ROG umfasst ist. Daran ändert auch ein nach § 43b EnWG i.V.m. § 73 Abs. 6 Verwaltungsverfahrensgesetz in der Fassung der Bekanntmachung vom 23. Januar 2003, (VwVfG), BGBl. 2003, I, S. 102 eventuell durchführbares Plangenehmigungsverfahren nichts, da es gemäß dieser Regelungen die Rechtswirkung einer Planfeststellung hat und damit unter § 4 Abs. 1 S. 1 Nr. 3 Alt. 2 ROG fällt.

77 § 4 Abs. 1 S. 1 Hs. 2 ROG.

78 So zur rechtlichen Bedeutung des § 4 Abs. 1 S. 1 Nr. 3 ROG über die Ziele der Raumordnung *Goppel / Runkel*, in: Spannowsky u.a. (Hrsg.), ROG-Kommentar, § 4 ROG Rn. 47–50, die dabei auch auf die soeben beschriebene Wirkung für Planfeststellung und Plangenehmigung eingehen.

79 Dazu *Hermes*, § 7. Planung von Erzeugungsanlagen und Transportnetzen, in: Schneider / Theobald (Hrsg.), Recht der Energiewirtschaft, 3. Aufl., Rn. 59.

80 Der Regelfall des Vollzugs der Bundesgesetzgebung durch die Länder als eigene Angelegenheit unter geringen Einflussmöglichkeiten des Bundes ergibt sich aus Art. 83 f. GG und findet bei einem Großteil der Normen des ROG Anwendung. Zugleich beanspruchen die Raumordnungsgesetze der Länder Geltung und werden dabei selbstverständlich durch die sie erlassenden Länder vollzogen.

erforderlich ist,[81] worunter auch die Gewährleistung der räumlichen Voraussetzungen für transeuropäische Netze fällt.[82] Die raumordnerischen Folgen lassen sich etwa hinsichtlich einiger Verbindungsleitungen aufzeigen, die als Vorhaben von gemeinsamen Interesse in der TEN-E-Entscheidung 2006 über transeuropäische Netze benannt und für EU-Fördermittel bereits weitgehend qualifiziert waren oder für die eine solche Förderung unter bestimmten Voraussetzungen möglich war.[83] Beispielsweise gehörten hierzu auf bayerischem Landesgebiet die Leitungen zwischen dem Gebiet der Isar in Deutschland und St. Peter in Österreich[84] sowie zwischen Halle und Schweinfurt.[85] Trotz ihrer Ausweisung auf Unionsebene wurden für beide Leitungen keine Trassenkorridore in die Bayerischen Landesentwicklungsprogramme der Jahre 2006 und 2013 aufgenommen. Durch eine solche Praxis wird einerseits eine abgestimmte und länderübergreifende Planung erschwert, da großflächige Vorgaben fehlen. Andererseits ermöglicht dies der Regionalplanung und den Behörden des Raumordnungsverfahrens eine anpassungsfähige Planungsgestaltung.[86] Dementsprechend waren die Bezirksregierungen, welche für die Raumordnungsverfahren der in Bayern gelegenen Abschnitte der beiden genannten Leitungen zuständig waren, an keine bestimmte Trassenführung des landesweiten Raumordnungsplans gebunden oder hätten eine solche zu berücksichtigen gehabt.[87] Dies löst allerdings nicht mögliche Konflikte beim Übergang der Leitung in den Geltungsbereich eines anderen landesweiten Raumordnungsplans oder sogar bei einer Grenzüberschreitung in einen Nachbarstaat. Daher zeigt sich insgesamt, dass die Instrumente des

---

81 § 2 Abs. 1 ROG.

82 § 2 Abs. 1 i.V.m. § 2 Abs. 2 Nr. 8 S. 1 ROG.

83 Siehe dazu allgemein die Art. 6–8 i.V.m. Anhang I-III TEN-E-Entscheidung 2006, dort werden die Vorhaben von gemeinsamen Interesse bei gewissen Spezifikationen auch als vorrangige Vorhaben und Vorhaben von europäischem Interesse bezeichnet.

84 Für dieses Vorhaben war beim Vorliegen gewisser Kriterien ein Gemeinschaftszuschuss möglich, Art. 6 Abs. 3 i.V.m. Anhang III Nr. 2.20. TEN-E-Entscheidung 2006.

85 Dieses Vorhaben wurde als ein Vorhaben ausgewiesen, dessen Förderung ein angemessener Vorrang bei der Mittelvergabe einzuräumen war, Art. 8 Abs. 1–2 i.V.m. Anhang I, EL.7. TEN-E-Entscheidung 2006.

86 Allgemein kritisch hinsichtlich der Auswirkung auf das Raumordnungsverfahren, sofern nur geringe Vorgaben im Sinne der Erfordernisse der Raumordnung des ROG gemacht werden, *Cholewa,* in: Cholewa u.a., Raumordnung, Bd. 1, 4. Aufl., § 15 ROG Rn. 36 [Stand: April 1998].

87 Siehe zum ersten Vorhaben *Regierung von Oberfranken,* Landesplanerische Beurteilung für den geplanten Neubau einer 380-kV-Leitung im Abschnitt Landesgrenze Thüringen – Umspannwerk Redwitz vom 9. Mai 2008; beachte auch das ergänzende Raumordnungsverfahren *Regierung von Oberfranken,* Landesplanerische Beurteilung für die modifizierten Trassenführungen des geplanten Neubaus einer 380-kV-Leitung im Abschnitt Landesgrenze Thüringen – Umspannwerk Redwitz vom 17. August 2012. Siehe für das zweite Vorhaben *Regierung von Niederbayern,* Landesplanerische Beurteilung für die geplante 380-kV-Freileitung vom Umspannwerk Simbach am Inn bis zur Landesgrenze (- Umspannwerk St. Peter am Hart) vom 16.10.2012.

ROG weder für eine länderübergreifende noch eine transeuropäische und damit zugleich für keine grenzüberschreitende Netzplanung geeignet sind.

c) *Fazit*

Es lässt sich festhalten, dass die Raumordnung weder auf Landes- noch Bundesebene in der Lage ist, eine umfassende Linienbestimmung durchzuführen. Die Instrumente des ROG sind für eine solche Planung nicht ausreichend. Überdies waren die ÜNBs zwar spätestens seit der Reform des EnWG im Jahr 2005 zum bedarfsgerechten Ausbau ihrer Netze verpflichtet,[88] jedoch wurde dies nicht durch eine betriebliche Pflicht zur Trassenfindung mit Fristvorgaben oder eine teilweise staatliche Trassenzuweisung flankiert. Dadurch sind Linienbestimmungen in der Raumordnung faktisch von der Mitwirkung und Ausbaubereitschaft der ÜNBs abhängig.[89] Die Notwendigkeit einer Neuordnung der Fachplanung ist damit evident, um eine zügigere Netzplanung zu ermöglichen.

2. Die neugeordnete Fachplanung im Bundesgebiet einschließlich dem Küstenmeer

a) *Der Anwendungsbereich des NABEG und die Zuständigkeit der BNetzA*

Bei einem politisch so sensiblen Thema wie der Inanspruchnahme von Raum verwundert es nicht, dass der Anwendungsbereich der NABEG-Fachplanung und die diesbezügliche Zuständigkeitskonzentration bei der BNetzA[90] während des Gesetzgebungsprozesses umstritten waren.[91] Bei genauer Betrachtung der gesetzgeberischen Entwicklung ist die Befürchtung der Länder nicht unbegründet, zukünftig nur noch einen geringen Einfluss auf die Fachplanung nehmen zu können. So wurde im Jahr 2011 mit dem Erlass des NABEG nicht nur das Raumordnungsverfahren für Höchstspannungsleitungen der im Bundesnetzplan ausgewiesenen Trassen

---

88 § 11 Abs. 1 S. 1 EnWG wurde durch Art. 1 Zweites Gesetz zur Neuregelung des Energiewirtschaftsrechts vom 7 Juli 2005, BGBl. 2005, I, S. 1970, eingeführt. Vor dem Jahr 2005 wurde die Frage der Ausbaupflicht uneinheitlich beantwortet, siehe dazu *Salje,* EnWG-Kommentar, § 11 EnWG Rn. 19.

89 Siehe zu dieser Konstellation bei der Trassenfindung im Raumordnungsverfahren *Goppel,* in: Spannowsky u.a. (Hrsg.), ROG-Kommentar, § 15 ROG Rn. 33–37.

90 Diese ist gemäß § 5 Abs. 1 S. 1 und § 31 Abs. 1 NABEG bei der NABEG-Fachplanung alleinzuständig, da eine Zuständigkeit der Landesbehörden nach § 31 Abs. 2 NABEG nicht begründet ist.

91 Siehe beispielsweise die Kontroverse über die Zuständigkeiten der Länder und die Mitwirkungsrechte ihrer Kommunen in der Stellungnahme des Bundesrates zur NABEG-Fachplanung *BT-Drucks. 17/6249,* Gesetzentwurf zur Beschleunigung des Netzausbaus, S. 11f.

und -korridore abgeschafft,[92] für welches die Länder zuständig sind und in dem bisher oftmals die Linienführung erfolgt ist.[93] Zudem wurde sukzessive der Anwendungsbereich der Bundesfachplanung des NABEG ausgeweitet. War dieser im Jahr 2011 noch auf als länderübergreifend oder grenzüberschreitend gekennzeichnete Höchstspannungsleitungen des Bundesbedarfsplans beschränkt,[94] so wurde er im Jahr 2012 auf Anbindungsleitungen der Offshore-Windpark-Umspannwerke von ihrem Eintritt ins Küstenmeer bis hin zu den Netzverknüpfungspunkten an Land erweitert.[95] Die genannten Leitungen müssen dabei freilich als solche im Bundesbedarfsplan „gekennzeichnet[...]"[96] sein, da sie ansonsten nicht vom NABEG und dessen Fachplanung umfasst sind[97] – letzteres ist etwa der Fall bei der grenzüberschreitenden Höchstspannungsleitung von Oberzier zur belgischen Grenze, welche zwar im Bundesbedarfsplan ausgewiesen ist, aber dort keine entsprechende Kennzeichnung besitzt.[98]

Insbesondere die Erweiterung des Anwendungsbereichs auf die genannten Anbindungsleitungen wurde durch den Bundesrat heftig kritisiert und schlichtweg abgelehnt, ohne dass allerdings ein Kompromissvorschlag, beispielsweise durch erweiterte Beteiligungsrechte für die Länder, unterbreitet worden wäre.[99] Diese

92 § 28 S. 1 NABEG; dies gilt nicht nach Ablauf der Geltungsdauer von Bundesfachplanungen gemäß § 28 S. 2 i.V.m. § 15 Abs. 2 NABEG. Zugleich bleibt das Raumordnungsverfahren für diejenigen Übertragungsleitungen erhalten, welche nicht in den Anwendungsbereich des NABEG und seiner Fachplanung gemäß § 2 Abs. 1 bzw. § 4 Abs. S. 1 NABEG fallen, etwa Höchstspannungsfreileitungen innerhalb eines Bundeslandes.

93 § 15 Abs. 1 S. 1 ROG i.V.m. § 1 Nr. 14 Alt. 1 RoV. Eine Ausnahme gilt für Stadtstaaten gemäß § 15 Abs. 6 S. 1 ROG, bei denen schon bisher kein Raumordnungsverfahren durchzuführen war.

94 Siehe zur ursprünglichen Fassung von § 4 S. 1 NABEG den Art. 1 Gesetz über Maßnahmen zur Beschleunigung des Netzausbaus Elektrizitätsnetze vom 28. Juli 2011, BGBl. 2011, I, S. 1690.

95 Siehe zur Erweiterung von § 4 S. 1 NABEG den Art. 4 Drittes Gesetz zur Neuregelung energiewirtschaftsrechtlicher Vorschriften vom 20. Dezember 2012, BGBl. 2012, I, S. 2730. Gleichzeitig ergibt sich aus § 2 Abs. 5 NABEG die räumliche Beschränkung des NABEG und folglich auch der Bundesfachplanung für diese Anbindungsleitungen auf das Bundesgebiet einschließlich des Küstenmeers, welche damit an der Grenze zur AWZ enden.

96 § 4 S. 1 NABEG.

97 § 2 Abs. 1 bzw. § 4 S. 1 NABEG.

98 Diese Höchstspannungsleitung findet sich unter Nr. 30 der (Anlage zu § 1 Absatz 1) BBPlG. Sie weist keine Kennzeichnung auf, welche den Anwendungsbereich des NABEG eröffnen würde; dies ergibt sich aus § 2 Abs. 1 BBPlG i.V.m. § 2 Abs. 1 NABEG.

99 Siehe *BT-Drucks. 17/11269,* Stellungnahme des Bundesrates und Gegenäußerung der Bundesregierung zum Entwurf des Dritten Gesetzes zur Neuregelung energiewirtschaftlicher Vorschriften, S. 8.

Haltung kann wohl mit der Befürchtung der Länder vor einem gänzlichen Kompetenzverlust erklärt werden. Schließlich müssen diese annehmen, in weiteren Gesetzgebungsakten gegebenenfalls die gesamte Fachplanung für Übertragungsnetze endgültig an den Bund abzugeben, der momentan nur für – wie soeben beschrieben – im Bundesbedarfsplan als länderübergreifend oder grenzüberschreitend gekennzeichnete Höchstspannungsleitungen sowie Anbindungsleitungen von Offshore-Windpark-Umspannwerken mit entsprechender Kennzeichnung zuständig ist. Dies gilt freilich nicht hinsichtlich der Fachplanung in der AWZ, für die ausschließlich der Bund zuständig[100] ist und bei welcher das Hoheitsgebiet der Länder nicht betroffen ist.

Eine zusätzliche Erweiterung der Fachplanung des NABEG bzw. EnWG auf sämtliche Übertragungsnetze hätte dann unter anderem zur Folge, dass Übertragungsleitungen hierunter fielen, welche ausschließlich innerhalb eines Landes liegen und die beispielsweise Elektrizität von Erzeugungsanlagen zu einem nahe gelegenen Ballungs- oder Industriezentrum transportieren.

b) Die Notwendigkeit und Verfassungsmäßigkeit einer umfassenden Bundesfachplanung für sämtliche Übertragungsleitungen

Andererseits verwundert die soeben skizzierte, sich ausdehnende Gesetzgebung des Bundes beim Ausbau der Übertragungsnetze nicht. So wird durch die erfolgte Erweiterung der Bundesfachplanung des NABEG auf Offshore-Anbindungsleitungen am Land und im Küstenmeer[101] eine Kohärenz mit der Bedarfsplanung erzielt. Denn bereits im Jahr 2011 wurden diese Leitungen vom Gesetzgeber als ein Teil des zukünftigen Bundesbedarfsplans vorgesehen,[102] so dass ihre Einbindung in die sich anschließende Bundesfachplanung konsequent ist.

Ebenso wäre eine Erweiterung der Planungsvorgaben des NABEG auf sämtliche Übertragungsnetze – mit einer zeitgleichen Alleinzuständigkeit der BNetzA –[103] nicht abwegig. Praktisch begründbar wäre dies mit der Schaffung einer für ÜNBs und Planungsbehörden sicheren Rechtslage durch einheitliche Gesetzesvorgaben im ganzen Bundesgebiet und einem dadurch bedingten synchronen Netzausbau im Sinne der Beschleunigungsgesetzgebung.[104] Rechtlich gesehen, stellt sich indes die

---

100 Dies ergibt sich aus § 17a Abs. 1 S. 1 EnWG.

101 Siehe zu den Trassenabschnitten in der AWZ sogleich „3. II. Kapitel 3.".

102 Diese waren schon bei Erlass des § 12e Abs. 2 S. 1 EnWG von der Regelung umschlossen; ihre Aufnahme in das EnWG erfolgte durch Art. 1 Gesetz zur Neuregelung energiewirtschaftsrechtlicher Vorschriften vom 26. Juli 2011, BGBl. 2011, I, S. 1554.

103 Zur Verfassungsmäßigkeit einer möglichen Alleinzuständigkeit der BNetzA in der Fachplanung sogleich „3. Kapitel II. 4. a)".

104 So schon die Vorteile hinsichtlich der nunmehr vorhandenen Regelungen ausführend die Gesetzesbegründung der *BT-Drucks. 17/6073*, Gesetzentwurf zur Beschleunigung des Netzausbaus, S. 20.

Frage der Verfassungsmäßigkeit einer Erweiterung des Anwendungsbereichs der NABEG-Fachplanung, insbesondere hinsichtlich von Leitungen, deren Verlauf nur innerhalb eines Bundeslandes vorgesehen ist.

aa) Das Bestehen der Gesetzgebungskompetenz des Bundes

Anknüpfungspunkt der Diskussion ist zunächst die Begründung des Gesetzgebers, welcher sich bei Erlass des NABEG auf die Gesetzgebungskompetenz des Rechts der Energiewirtschaft aus Art. 74 Abs. 1 Nr. 11 i.V.m. Art. 72 Abs. 2 GG stützte.[105] Dieser gesetzgeberischen Auffassung wird in Teilen der Literatur zugestimmt[106] und von anderen mit durchaus nachvollziehbaren Argumenten widersprochen. Dabei wird der Widerspruch vornehmlich mit der Überlegung begründet, dass aufgrund der raumordnerischen Regelungen des NABEG eine raumordnerische Gesetzgebungskompetenz für die Bundesfachplanung heranzuziehen sei.[107] Sodann unterteilt sich diese Ansicht: Die einen gehen von einer „ungeschriebenen ausschließlichen Gesetzgebungskompetenz des Bundes" aus, welche den Ländern keine diesbezüglich anderweitigen Rechtssetzungsmöglichkeiten gestatte.[108] Andere wollen die konkurrierende Raumordnungskompetenz des Art. 74 Abs. 1 Nr. 31 GG heranziehen, wobei die Länder sodann aufgrund von Art. 72 Abs. 3 S. 1 Nr. 4 GG ein abweichendes raumordnendes Planungsrecht erlassen dürften.[109] Zwischen der Wahl der Raumordnungskompetenzen wird sodann mitunter danach differenziert, ob eine Leitung die Landesgrenze in ein anderes Bundesland oder einen anderen Staat überschreitet.[110]

Es zeigt sich, dass im Ergebnis jede Ansicht von einer Gesetzgebungskompetenz des Bundes ausgeht, um ein Fachplanungsrecht für Übertragungsleitungen zu erlassen. Die eigentliche Problematik besteht vielmehr in einer möglichen Abweichung des Landesgesetzgebers, sofern man in den Bereich der Raumordnungskompetenz gelangt. Folgt man nun der Bewertung des NABEG-Gesetzgebers[111] – wie dies vorliegend geschehen soll – so wäre in Art. 74 Abs. 1 Nr. 11 GG die

---

105 *BT-Drucks. 17/6073,* Gesetzentwurf zur Beschleunigung des Netzausbaus, S. 19f.

106 So etwa *Steinbach,* in: Steinbach (Hrsg.), NABEG/EnLAG/EnWG-Kommentar, Teil 1 Einleitung Rn. 58–66.

107 Dafür plädierend *Moench / Ruttloff,* NVwZ 2011, 1040 (1041); diesen zustimmend *Erbguth,* NVwZ 2012, 326 (329); siehe auch *Durner,* NuR 2012, 369 (373f.).

108 Siehe zu Zitat und Aussage *Durner,* NuR 2012, 369 (374).

109 *Moench / Ruttloff,* NVwZ 2011, 1040 (1041); zustimmend *Erbguth,* NVwZ 2012, 326 (329f.). *Appel,* UPR 2011, 406 (411 m.w.N.) hingegen sieht eine Abweichungsmöglichkeit aus Art. 72 Abs. 3 S. 1 Nr. 4 GG verwehrt, sofern ein länderübergreifender Bezug vorliegt – dieser lässt allerdings offen, ob er überhaupt die Heranziehung einer Raumordnungskompetenz für das NABEG als notwendig erachtet; unter anderem auf diesen eingehend und den teilweisen Ausschluss des Abweichungsrechts ablehnend *Erbguth,* NVwZ 2012, 326 (329f.).

110 So etwa *Wagner,* DVBl. 2011, 1453 (1456).

111 Siehe die Gesetzesbegründung der *BT-Drucks. 17/6073,* Gesetzentwurf zur Beschleunigung des Netzausbaus, S. 19f.

verfassungsgemäße Grundlage der hier angestrebten Erweiterung des Anwendungsbereichs des NABEG zu sehen und eine abweichende Rechtssetzung der Länder wäre nicht eröffnet. Allerdings müssten zur Begründung der Gesetzgebungskompetenz zusätzlich die Bedingungen des Art. 72 Abs. 2 Alt. 2 GG vorliegen. Eine Regelung des Bundesgesetzgebers kommt demzufolge in Frage, wenn und soweit die Wahrung der Rechts- oder Wirtschaftseinheit im gesamtstaatlichen Interesse eine bundesgesetzliche Regelung erfordert.[112] Hier kann die Gesetzesbegründung des NABEG herangezogen werden, die seinerzeit die Versorgungssicherheit für die deutsche Volkswirtschaft gefährdet sah und eine Rechtszersplitterung in den Ländern beim anstehenden Ausbaubedarf verhindern wollte, womit sie die Voraussetzung der Wahrung der Rechts- oder Wirtschaftseinheit bejahte.[113] Aufgrund des Zusammenwirkens von Übertragungsleitungen in Europa wurde überdies das gesamtstaatliche Interesse an einer Regelung des Bundes angenommen.[114] Mit diesen Argumenten ließe sich ebenso Art. 74 Abs. 1 Nr. 11 i.V.m. Art. 72 Abs. 2 Alt. 2 GG zur Regelung einer Bundesfachplanung für die restlichen Übertragungsleitungen bejahen. Eine Ausnahme hiervon könnte auf den ersten Blick für solche Leitungen bestehen, die nur innerhalb eines Landes verlaufen. Dieser Annahme stand allerdings schon die Gesetzesbegründung zum NABEG gewissermaßen ablehnend gegenüber, da sie Art. 72 Abs. 2 GG auch als erfüllt betrachtete, sofern es „zumindest um Vorhaben mit länderübergreifenden Auswirkungen auf Betroffene und Umwelt“[115] geht und sie damit implizit von keiner physischen Grenzüberschreitung ausging. Eine derartige Forderung wäre auch deshalb abzulehnen, da sich aus Art. 72 Abs. 2 GG eine solche Tendenz nicht ablesen lässt und dort vielmehr ökonomische und rechtliche Aspekte („Lebensverhältnisse“, „Rechts- oder Wirtschaftseinheit“) im Vordergrund stehen.[116]

bb) Die notwendigen Gesetzesanpassungen im NABEG

Zur Erreichung einer umfassenden Bundesfachplanung wäre es zunächst notwendig, den Anwendungsbereich des NABEG in dergestalt zu erweitern, dass die Beschränkung auf „länderübergreifende[...] oder grenzüberschreitende[...] Höchstspannungsleitungen und Anbindungsleitungen von den Offshore-Windpark-Umspannwerken zu den Netzverknüpfungspunkten an Land, die in einem Gesetz über den Bundesbedarfsplan ... als solche gekennzeichnet sind“[117] aufgegeben wird. Stattdessen müsste die Anwendung der Bundesfachplanung für alle Vorhaben aus

112 Art. 72 Abs. 2 GG.
113 *BT-Drucks. 17/6073,* Gesetzentwurf zur Beschleunigung des Netzausbaus, S. 20.
114 *BT-Drucks. 17/6073,* Gesetzentwurf zur Beschleunigung des Netzausbaus, S. 20.
115 *BT-Drucks. 17/6073,* Gesetzentwurf zur Beschleunigung des Netzausbaus, S. 20.
116 Eine ähnliche Argumentation liegt auch der Anwendung von Art. 172 ff. AEUV über transeuropäische Netze zu Grunde; demnach kommt es dort auf eine wirtschaftliche Betrachtungsweise und keine physische Grenzüberschreitung an, siehe dazu „1. Kapitel I. 1. b)“.
117 Wörtlich in § 2 Abs. 1 NABEG; ähnlich § 4 S. 1 NABEG.

dem Bedarfsplan des BBPlG angeordnet werden.[118] Dies würde dann freilich nur für Leitungen innerhalb des Bundesgebietes einschließlich des Küstenmeers[119] und nicht für die gesondert geregelte Fachplanung des Bundesfachplan Offshore in der AWZ gelten[120] und dürfte auch keine Leitungen umfassen, die sich im Moment der hier vorgeschlagenen Gesetzesänderung bereits im fachplanerischen Raumordnungsverfahren befänden. Letzteres wäre im Wege einer Übergangsregelung zu gewährleisten. Als zweiter Schritt könnte sodann der Anwendungsbereich der § 2 Abs. 1 und § 4 S. 1 NABEG auf alle Übertragungsleitungen im Bundesgebiet einschließlich des Küstenmeers erweitert werden.

c) Vorteile einer umfassenden Bundesfachplanung: Technische Aspekte, Planungsbeschleunigung und Konzentration der Länder auf Verteilernetze

Die Bundesfachplanung in ihrer momentanen Form, wie auch ihre mögliche Erweiterung auf sämtliche Übertragungsleitungen, birgt diverse Vorteile in sich. Zunächst sind dafür technische Aspekte anzuführen. So erfolgt die Übertragung von Strom in Deutschland durch Übertragungsnetze, welche jeweils mit anderen Verbundnetzen (mehrere miteinander verbundene Übertragungs- und Elektrizitätsverteilernetze)[121] zusammenwirken.[122] Aus physikalischen Gründen kann in diesem Verbund der Ausbau einer Übertragungsleitung im Land A eine Auswirkung auf den Stromtransport im Land B oder sogar in Nachbarstaaten haben.[123] Diese technische Untrennbarkeit von Übertragungsleitungen wurde auch als Argument in der Gesetzesbegründung zum NABEG angeführt.[124] Somit hat die Planung solcher Leitungen in einem Landesteil oftmals eine erhebliche Auswirkung auf die Planung in anderen Landesteilen.

---

118 Entsprechend müssten dann § 2 Abs. 1, 3 BBPlG und die Markierungen im Bedarfsplan zu länderübergreifenden und grenzüberschreitenden Leitungen sowie zu Anbindungsleitungen von den Offshore-Windpark-Umspannwerken gestrichen werden. Siehe auch zu Änderungsvorschlägen der fachplanerischen Zuständigkeit für Übertragungsleitungen „3. Kapitel II. 2. c) und 3. Kapitel II. 4.".

119 Das NABEG ist räumlich auf das Bundesgebiet einschließlich des Küstenmeers beschränkt, was sich erstens aus § 2 Abs. 5 NABEG ergibt, der einen Vorrang für Leitungsabschnitte im „Anwendungsbereich der Verordnung über Anlagen seewärts der Begrenzung des Küstenmeers" anordnet. Zweitens existiert aufgrund des § 17a EnWG für die AWZ eine eigenständige Fachplanung.

120 Siehe zur Bundesfachplanung in der AWZ „3. Kapitel II. 3.".

121 § 3 Nr. 35 EnWG.

122 § 12 Abs. 1 S. 1 EnWG.

123 Vgl. die technische Zusammenfassung über den Stromfluss zwischen den Mitgliedstaaten bei *Zinow,* Rechtsprobleme der grenzüberschreitenden Durchleitung von Strom in einem EG-Binnenmarkt für Energie, S. 26–28.

124 *BT-Drucks. 17/6073,* Gesetzentwurf zur Beschleunigung des Netzausbaus, S. 20.

Die Sinnhaftigkeit einer bundeseinheitlichen Fachplanung ist folglich schon aus naturwissenschaftlichen Gründen gegeben.

Überdies ist die Planungsbeschleunigung als der wesentliche Vorteil der Bundesfachplanung zu nennen. Da die BNetzA in der Bundesfachplanung unter anderem zugleich die Raumverträglichkeit prüft, § 5 Abs. 1 S. 3, 4 NABEG, ist die Abschaffung des von den Landesbehörden durchzuführenden Raumordnungsverfahrens ein konsequenter Schritt.[125] Insofern ist das NABEG effizienter als beispielsweise die Fachplanung des § 16 FStrG. Dort findet in der Praxis regelmäßig eine Raumverträglichkeitsprüfung des BMVI statt, obwohl in § 16 Abs. 2 S. 1 FStrG zugleich ein Raumordnungsverfahren von Landesbehörden[126] vorausgesetzt wird.[127] Um diese Doppelprüfung zu vermeiden, wird teilweise gefordert, vom dispositiven Charakter des Raumordnungsverfahrens Gebrauch zu machen und dieses Verfahren zu unterlassen.[128] Im Falle des FStrG liefe dies bezüglich der Verfahrenszuständigkeiten auf das NABEG-System hinaus. Denn der Bund ist in der Linienführung des FStrG bereits ohnehin federführend[129] und zusätzlich würden nur noch seine Betrachtungen zur Raumverträglichkeit und nicht mehr die Ergebnisse der für das Raumordnungsverfahren zuständigen Landesbehörde relevant sein. Insofern lässt sich das NABEG als vorbildhaft beschreiben.

Zudem ist zu bedenken, dass die Abschaffung des Raumordnungsverfahrens im Anwendungsbereich des NABEG wohl mit einem Wissensverlust bei den Landesbehörden über raumordnerische Fragen bei Übertragungsleitungen einhergehen wird. Dazu beitragen könnte ebenso eine mögliche Abwanderung des bisher mit der Materie betrauten Personals der Länder zur BNetzA.[130] Schließlich kann diese Entwicklung zu langen Einarbeitungszeiten führen, wenn bei einer Übertragungsleitung keine Bundesfachplanung durchzuführen ist und dementsprechend eine Landesbehörde die Raumverträglichkeit des Vorhabens in einem eigenen Raumordnungsverfahren prüfen muss. Unberührt davon bleibt freilich die nachgelagerte Spannungsebene, da die Landesbehörden weiterhin uneingeschränkt das Raumordnungsverfahren für 110 kV-Leitungen durchführen

125 Die Abschaffung dieses Verfahrens bzw. eine Ausnahme hiervon ergibt sich aus § 28 S. 1 bzw. S. 2 NABEG.

126 § 16 Abs. 2 S. 1 Bundesfernstraßengesetz in der Fassung der Bekanntmachung vom 28. Juni 2007, BGBl. 2007, I, S. 1206 i.V.m. § 15 Abs. 1 ROG.

127 Siehe zu diesen sich überschneidenden Prüfungen *Ronellenfitsch*, in: Marschall, FStrG-Kommentar, § 16 Rn. 50.

128 *Ronellenfitsch*, in: Marschall, FStrG-Kommentar, § 16 Rn. 50 mit Verweis auf die Regelung des § 15 Abs. 1 S. 4 ROG.

129 § 16 Abs. 1 S. 1 FStrG.

130 In einer Stellungnahme des Nationalen Normenkontrollrats wurde schon im Jahr 2011 der Vorschlag unterbreitet, die Anwerbung dieses Länderpersonals zur BNetzA zu forcieren, um die Bundesfachplanung zu intensivieren, *BT-Drucks. 17/6249*, Gesetzentwurf zur Beschleunigung des Netzausbaus, S. 10.

werden.[131] Es droht den Ländern mithin kein Wissensverlust hinsichtlich von Stromleitungen einer niedrigeren Spannungsebene. Vielmehr wird dadurch der Vorteil einer Spezialisierung und klaren Abgrenzung der Zuständigkeiten zwischen den Bundes- und Landesbehörden in der Stromnetzplanung deutlich.[132] Dies würde erstens eine Bündelung der Planung sämtlicher Übertragungsleitungen beim Bund und zweitens einen bewussten wie auch definitiven Verbleib der Planung von Verteilernetzen bei den Ländern bedeuten. Die Zweckmäßigkeit dieser Überlegung zeigt sich auch bei der Betrachtung von Verteilernetzen. Denn diese zweigen von den großflächigen Übertragungsnetzen ab und dienen der Kundenversorgung (allerdings nicht der Kundenbelieferung),[133] so dass sie vom Zuschnitt für die Verwaltungsebene der Länder besonders geeignet sind. Diese Aufteilung der Kompetenzen zwischen Bund und Ländern wäre die Konsequenz aus der Energiewende in Deutschland sowie des europäischen Binnenmarkts, welche einen erhöhten Netzausbau und zügigere Planungsprozesse erfordern.

d) Vorhandene und notwendige Lösungen bei Konflikten von Bundesfachplanung und Landesplanung

Selbst wenn es einen gesellschaftlichen und politischen Konsens über die sogenannte Energiewende gibt, die Abkehr von Kernenergie hin zu anderen Erzeugungsarten, so herrscht oftmals Dissens über den Trassenverlauf von Übertragungsnetzen. Neben dem öffentlichen Widerstand sind insbesondere der Widerstand und die Einwände von Landesregierungen zu nennen, deren Landesgebiete betroffen sind. Letzteres wurde durch die Stellungnahme des Bundesrates im Gesetzgebungsprozess des NABEG deutlich[134] und sodann erneut im Vorfeld der ersten Anträge auf Bundesfachplanung.[135] Denkbar wäre daher das Konterkarieren der Bundesfachplanung durch widerstreitende Planungsmaßnahmen eines Landes, insbesondere durch die Festlegung von

131 § 15 Abs. 1 S. 1 ROG i.V.m. § 1 Nr. 14 Alt. 1 RoV.

132 Vgl. hinsichtlich des Genehmigungsverfahrens die Stellungnahme des Nationalen Normenkontrollrats in der *BT-Drucks. 17/6249,* Gesetzentwurf zur Beschleunigung des Netzausbaus, S. 10.

133 Die Definition der Verteilernetze findet sich in § 3 Nr. 37 Hs. 1 Alt. 1 EnWG. Sie umfasst auch die Hochspannungsebene und bezieht sich damit – ohne dies ausdrücklich zu nennen – auf die 110 kV-Ebene; Die Einordnung von 110 kV unter den Hochspannungsbegriff lässt sich aber beispielsweise aus § 2 Abs. 3 NABEG schließen.

134 Siehe beispielsweise zum Mitspracherecht von Kommunen und Ländern die Stellungnahme des Bundesrates in der *BT-Drucks. 17/6249,* Gesetzentwurf zur Beschleunigung des Netzausbaus, S. 11f., 14.

135 Siehe dazu die Äußerungen des Bayerischen Ministerpräsidenten *Bayerischer Landtag – Plpr. 17/10,* S. 401–403; verdeutlichend *Bayerische Staatsregierung,* Seehofer spricht zu bayerischen Leitlinien bei der Energiewende, Pressemitteilung vom 05.02.2014, Punkt 6.

Zielen der Raumordnung in den Raumordnungsplänen der Länder. Denn die BNetzA hat in der Bundesfachplanung zu prüfen, ob Vorhaben in einem Trassenkorridor mit den Erfordernissen der Raumordnung übereinstimmen, zu denen besagte Ziele gehören, und stimmt die Vorhaben überdies mit anderen raumbedeutsamen Planungen und Maßnahmen ab.[136] Gleichwohl ist die genaue rechtliche Wirkung dieser Ziele auf die Bundesfachplanung strittig, worauf sogleich ausführlich einzugehen ist.[137]

Die Vorstellung gegenläufiger Planungen ist nicht eine rein theoretische Überlegung, sondern weist einen erheblichen praktischen Bezug auf. So kommt es durchaus vor, dass der eine Planungsträger zeitnahe Planungen für einen Flächenbereich durchführt, mit der Absicht die eigenen Vorstellungen zu verwirklichen, bevor dies dem anderen Planungsträger für denselben Flächenbereich möglich ist.[138] Der Umgang mit dieser Situation im Anwendungsbereich des NABEG hängt maßgeblich davon ab, welche rechtliche Wirkung den Zielen der Raumordnung zukommt, die in den landesweiten Raumordnungsplänen und den Regionalplänen des § 8 Abs. 1 S. 1 ROG niedergelegt sind; bedeutsamer ist dabei freilich der zuerst genannte Raumordnungsplan, da aus diesem die Regionalpläne zu entwickeln[139] sind.[140] Bei der Frage um die rechtliche Wirkung raumordnerischer Ziele auf die Bundesfachplanung werden im Wesentlichen zwei unterschiedliche Auffassungen vertreten.

aa) Strikte Bindungswirkung nach § 4 Abs. 1 S. 1 ROG

Die erste Auffassung sieht die Bundesfachplanung gemäß § 4 Abs. 1 S. 1 Nr. 3 ROG umfassend an vorhandene Ziele der Raumordnung gebunden.[141] Dabei wird mit dem § 5 Abs. 1 S. 4 NABEG argumentiert, welcher die Prüfung der Bundesfachplanung unter anderem auf die „Übereinstimmung" mit den Erfordernissen des § 3 Abs. 1 Nr. 1 ROG erstreckt und somit auch auf Ziele der Raumordnung.[142] Überdies sei mit § 15 Abs. 1 S. 2 NABEG nur eine Vorrangregel gegenüber solchen Zielen geschaffen worden, die nach Abschluss der Bundesfachplanung erlassen werden.[143] Demnach wäre es beispielsweise den Ländern im Vorfeld der Bundesfachplanung möglich, bestimmte Gebietstypen als raumordnerische Ziele

136 § 5 Abs. 1 S. 4 NABEG i.V.m. § 3 Abs. 1 Nr. 1, 6 ROG.
137 Siehe dazu das sogleich die folgenden Unterkapitel „3. Kapitel II. 2. d) aa) und bb)".
138 *Durner,* Konflikte räumlicher Planungen, S. 2f.
139 Das Entwicklungsgebot festlegend der § 8 Abs. 2 S. 1 ROG.
140 Siehe aber auch *BVerwG,* Urteil vom 20. Oktober 1989 – 4 C 12.87, BVerwGE 84, 31; dort ging es unter anderem um mögliche Auswirkungen eines abgewandelten Regionalplans auf die Planung von Bundesfernstraßen.
141 *Sellner / Fellenberg,* NVwZ 2011, 1025 (1031); deren Auffassung ablehnend etwa *Appel,* NVwZ 2013, 457 (459).
142 *Sellner / Fellenberg,* NVwZ 2011, 1025 (1031).
143 *Sellner / Fellenberg,* NVwZ 2011, 1025 (1031).

in ihren Raumordnungsplänen auszuweisen, welche eine Trassenführung auf bestimmte Räume verengt.[144]

Daher stellt sich sodann die Frage, wie die BNetzA bei einer beginnenden Bundesfachplanung vorzugehen hätte, falls sie Raumordnungspläne vorfindet, deren Ziele den angestrebten eigenen Planungen zuwiderlaufen. Falls die BNetzA die Bindungswirkung solcher Ziele vermeiden wollte, müsste sie ihnen rechtzeitig widersprechen,[145] was für sie als eine öffentliche Stelle des Bundes gemäß § 5 ROG zulässig ist.[146] Dieser Widerspruch ist auch nachträglich möglich, also nach dem Wirksamwerden des Zieles der Raumordnung, sofern sich die für die Fachplanung erheblichen Tatsachen zwischenzeitlich geändert haben.[147] Ein weiteres Instrument, um die Bundesfachplanung von besagten Zielen zu entbinden, läge in § 6 Abs. 1 ROG. Dieser ermöglicht es, in Raumordnungsplänen neben Zielen zugleich Ausnahmen von ihnen zuzulassen, was im vorliegenden Fall zu Gunsten von Stromtrassen der Übertragungsebene zu erfolgen hätte. Allerdings hängt dies von der Mitwirkungsbereitschaft des Planerstellers ab, mithin vom Land und gegebenenfalls von regionalen Planungsgemeinschaften,[148] und dürfte hinsichtlich des politisch sensiblen Themas des Netzausbaus im eigenen Planungsgebiet nicht durchgängig vorliegen. Zuletzt käme schließlich ein Zielabweichungsverfahren gemäß § 6 Abs. 2 ROG in Betracht. Ein solches unterliegt jedoch einer Ermessensentscheidung und hat damit einen unsicheren Ausgang. Ein Rückgriff auf die Mittel des § 6 ROG wäre für eine zügige Planung daher nicht empfehlenswert.

Alternativ zu den Mitteln der §§ 5 f. ROG wäre es im Vorfeld der Bundesfachplanung grundsätzlich möglich, die genannten Landesplanungen über die Aufstellung eines Raumordnungsplan des Bundes nach § 17 Abs. 1 S. 1 ROG und die in ihm konkretisierbaren Grundsätze der Raumordnung zu beeinflussen. Diese können unter anderem transeuropäische Netze betreffen[149] und müssten dann ihrerseits bei

---

144 Möglich wäre dies über Festlegungen nach § 8 Abs. 5 S. 1 Nr. 3, Abs. 7 i.V.m. § 3 Abs. 1 Nr. 2 ROG. Siehe zu einer solchen Situation die Darstellung bei *Appel*, NVwZ 2013, 457 (458).

145 Aus § 5 Abs. 1 ROG ergibt sich, dass ein Widerspruch nur notwendig ist, sofern eine vorangegangene Beteiligung der zu bindenden öffentlichen Stellen des Bundes erfolgt ist, da sie ein konstitutives Element der Bindungswirkung ist. Diesbezüglich verweist *Appel*, NVwZ 2013, 457 (459) darauf, dass eine solche Beteiligung der BNetzA vor der NABEG-Gesetzgebung nicht möglich war und sie daher an die bis zu diesem Zeitpunkt festgelegten Ziele der Raumordnung sowieso nicht gebunden wäre.

146 So etwa hinsichtlich der auch vom Bund durchgeführten Fachplanung für das Netz der Bundesfernstraßen aus dem FStrG *Ronellenfitsch*, in: Marschall, FStrG-Kommentar, § 16 FStrG Rn. 48.

147 § 5 Abs. 3 S. 1 ROG. Hierzu auch *Appel*, NVwZ 2013, 457 (459), der überdies das – sogleich zu besprechende – Zielabweichungsverfahren des § 6 Abs. 2 ROG anspricht.

148 Die verschiedenen Planungsträger der Raumordnungspläne auf Länder- und Regionalebene finden sich in § 8 Abs. 1–4 ROG.

149 § 17 Abs. 1 S. 1 i.V.m. § 2 Abs. 2 Nr. 8 S. 1 ROG.

Landesplanungen nach § 4 Abs. 1 S. 1 Alt. 2 ROG berücksichtigt werden. Aufgrund der schwachen Rechtswirkung, die von Plänen des § 17 Abs. 1 S. 1 ROG ausgeht, und deren Ungeeignetheit für eine Linienbestimmung, empfiehlt es sich aber nicht, diese für eine Beeinflussung der Planungen in den Ländern heranzuziehen.[150] Insofern zeigt sich, dass bei einer strikten Bindungswirkung von Zielen der Raumordnung auf die Bundesfachplanung – sofern es diese Bindungswirkung gäbe – die NABEG-Fachplanung im Ergebnis weitgehend durch die Länder beeinflussbar wäre.

Freilich wäre zugleich zu fragen, welchen Detailgrad die Ziele der Raumordnung der Länder überhaupt haben dürften. Diesbezüglich könnte auf die Fachplanung von Bundesfernstraßen des § 16 FStrG verwiesen werden, bei der sich ähnliche Überlegungen ergeben. So wird dort etwa argumentiert, dass es den Ländern verwehrt sei eine eigene Fachplanung im Wege der Ausweisung von Zielen der Raumordnung vorzunehmen und sie dementsprechend die originäre – vom Bund durchzuführende – Fachplanung für Bundesfernstraßen nicht binde.[151] Folglich dürften die Länder in ihren landesweiten Raumordnungsplänen keine Trassenkorridore, sei es für Fernstraßen oder für Übertragungsleitungen, festlegen. Dadurch würde die Bundesfachplanung zwar einen gewissen Freiraum erhalten. Gleichwohl könnten andere Ziele der Raumordnung in besagten Landesplanungen bestehen, welche eine fachplanerische Trassenplanung nicht minder erschweren würden, so wie das oben angeführte Beispiel der Gebietsverengung zeigt.

bb) Vorrang der Bundesfachplanung nach § 4 Abs. 2 ROG und NABEG, insbesondere § 15 Abs. 1 S. 2 NABEG

Den Zielen, welche in den Raumordnungsplänen der Länder niedergelegt sind, wird nicht überall die voranstehend ausgeführte Bindungswirkung für die Bundesfachplanung zuerkannt. Eine im Vordringen befindliche Meinung verneint stattdessen eine strikte Verbindlichkeit und gibt der Bundesfachplanung gemäß § 4 Abs. 2 ROG in Verbindung mit den Regelungen des NABEG und insbesondere wegen § 15 Abs. 1 S. 2 NABEG einen generellen Vorrang.[152] Dabei sei es unbeachtlich, ob die Ziele der Raumordnung vor oder nach der Bundesfachplanung erlassen würden und diese seien lediglich ein nicht abwägungsfester Belang bezüglich der die Bundesfachplanung abschließenden Entscheidung.[153] Die Begründung bezieht sich unter anderem auf die Bestimmung des § 5 Abs. 1 S. 4 NABEG. Diese ordnet als einen Prüfungspunkt der Bundesfachplanung explizit die „Übereinstimmung mit den Erfordernissen der Raumordnung im Sinne von § 3 Absatz 1 Nummer 1 des

---

150 Siehe dazu bereits die Ausführungen bei „3. Kapitel II. 1. a) aa)".

151 *Ronellenfitsch,* in: Marschall, FStrG-Kommentar, § 16 FStrG Rn. 45f.

152 *Appel,* NVwZ 2013, 457 (459–461); *de Witt,* in: de Witt / Scheuten (Hrsg.), NABEG-Kommentar, § 5 NABEG Rn. 22; ausführlich auch *Willbrand,* Kapitel 4, Bundesfachplanung nach §§ 4 ff. NABEG, in: Posser / Faßbender (Hrsg.), Praxishandbuch Netzplanung und Netzausbau, Rn. 21–26.

153 So etwa *Appel,* NVwZ 2013, 457 (460–462).

Raumordnungsgesetzes"[154] und damit auch von Zielen der Raumordnung an. Insofern könne man dem Gesetz nicht mehr als eine „Prüfpflicht" entnehmen und es bestünden auch keine weitergehenden Regelungen.[155] In der Tat ist diese Ansicht aufgrund von Gesetzeswortlaut und -systematik wohl weitgehend vorzugswürdig. Auch die Gesetzesbegründung spricht – im Bezug auf § 15 Abs. 1 S. 2 NABEG – davon, „dass die Länder die Ergebnisse der Bundesfachplanung als verbindlich hinnehmen."[156]

Zwar ordnet § 15 Abs. 1 S. 2 NABEG einen Vorrang der Bundesfachplanung gegenüber der Landesplanung an, doch gilt dies nicht schrankenlos. Dabei kann auf die Auslegung des BVerwG zur Parallelvorschrift des § 16 Abs. 3 S. 3 FStrG, welche nachträglich geänderte Landesplanungen betrifft, zurückgegriffen werden.[157] Mit Verweis auf dessen Wortlaut wurde der Vorrang der Linienbestimmung des Bundes gegenüber Landesplanungen zunächst bestätigt.[158] Einschränkend verwies das BVerwG jedoch zugleich auf den Grundsatz des länderfreundlichen Verhaltens, welcher den Anwendungsvorrang der Bundesplanung gegenüber der Landesplanung eingrenze und es im Ausnahmefall gegebenenfalls erfordere, unter Berücksichtigung der – im konkreten Fall nachträglich abgewandelten – Landesplanung den Vorrang der Bundesplanung nicht mehr anführen zu dürfen.[159] Ein solcher Fall dürfte aber stets zu verneinen sein, wenn die Landesplanung nur deshalb geändert wird, weil ein Trassenkorridor politisch nicht opportun ist. In diesem Fall kann der Bundesfachplanung schwerlich ein länderfreundliches Verhalten mit der Folge einer erneuten Abwägung zugemutet werden. Anders wäre dies sicherlich, falls bestehende Ziele der Raumordnung gänzlich in der Bundesfachplanung außer Acht blieben, da – wie bereits ausgeführt – zumindest eine Berücksichtigung bestehender Ziele in der Abwägung der Bundesfachplanung stets zu erfolgen hat.

---

154 § 5 Abs. 1 S. 4 NABEG.

155 Aussage und Zitat *Appel,* NVwZ 2013, 457 (460).

156 *BT-Drucks. 17/6073,* Gesetzentwurf zur Beschleunigung des Netzausbaus, S. 27. Hingegen heißt es dort bezüglich bestehender oder konkret geplanter Landesplanung einzig, dass – die Bestimmung über das Prüfprogramm – § 5 Abs. 1 NABEG ihr „Rechnung trägt". Siehe zur Auslegung dieser Vorschriften vor dem Hintergrund der Gesetzeshistorie auch die Überlegungen bei *Willbrand,* Kapitel 4, Bundesfachplanung nach §§ 4 ff. NABEG, in: Posser / Faßbender (Hrsg.), Praxishandbuch Netzplanung und Netzausbau, Rn. 25; dieser geht dabei ebenso auf die – sogleich zu besprechende – Regelung des FStrG ein.

157 *BVerwG,* Urteil vom 20. Oktober 1989 – 4 C 12.87, BVerwGE 84, 31 – das Urteil erging noch zu einer vorangegangenen, aber diesbezüglich im Wesentlichen wort- und inhaltsgleichen Fassung des § 16 FStrG; auf das Urteil hinweisend auch *Appel,* NVwZ 2013, 457 (461f.), der dies sogleich in den Kontext der jüngeren Rechtsprechung setzt.

158 *BVerwG,* Urteil vom 20. Oktober 1989 – 4 C 12.87, BVerwGE 84, 31 (37).

159 *BVerwG,* Urteil vom 20. Oktober 1989 – 4 C 12.87, BVerwGE 84, 31 (37f.), ein solcher Ausnahmefall wurde in der vorliegenden Entscheidung allerdings nicht angenommen.

cc) Die notwendige Findung eines politischen Konsens

Die Konfliktbewältigung durch § 15 Abs. 1 S. 2 NABEG, genauer gesagt durch den Vorrang von Bundesfachplanungen gegenüber der Landesplanung, kann sich bei genauerer Betrachtung als eine nur scheinbar gangbare Lösung entpuppen. Einerseits führt sie zwar zu einer erheblichen Flexibilität der Bundesfachplanung. Andererseits ist es fraglich, ob der Bund einen Trassenkorridor für Übertragungsnetze tatsächlich gegen den Widerstand eines Landes durchsetzen würde. Bei einem gesellschaftlich so sensiblen Thema ist dies praktisch kaum vorstellbar. Überdies wird die Bundesfachplanung in der Praxis nicht umherkommen, sich an den Raumordnungsplänen der Länder zu orientieren. Denn durch diese können die Länder, zu einem großen Teil[160] die räumliche Verteilung von Erzeugungsanlagen beeinflussen,[161] deren Anbindung ein wesentlicher Zweck des Übertragungsnetzes ist. Überdies wurde der Parallelregelung des § 16 Abs. 3 S. 3 FStrG in der Vergangenheit nur eine geringe tatsächliche Anwendung bescheinigt, obgleich solche Normen wichtiger würden, da einvernehmliche Planungen zusehends schwieriger zu realisieren seien.[162] Allerdings kann der Annahme, eines wachsenden Bedarfs an Kollisionsregeln, nur bedingt gefolgt werden. Dafür lohnt ein Blick auf die mittlerweile aufgehobene TEN-E-Entscheidung 2006 und die Umsetzung der in ihr aufgeführten (Gas-) und Stromleitungsvorhaben. Nach Aussagen der EU-Kommission beruhte deren Realisierung zu einem Großteil auf politischer Fürsprache.[163] Dieser Zusammenhang auf europäischer und mitgliedstaatlicher Ebene dürfte, aus den Erfahrungen mit dem deutschen Föderalismus, auf das Verhältnis von Bund und Ländern übertragbar sein. Demnach sollten und können Konflikte zwischen diesen Planungsträgern über umstrittene Trassenkorridore durch politischen Konsens gelöst werden.

dd) Ausgleichszahlungen für den Netzausbau als Erleichterung der Konsensfindung

Als Mittel des politischen Konsens sind anerkanntermaßen nicht nur die Kommunikation, sondern zugleich gesetzlich niedergelegte Ausgleichszahlungen und sonstige finanzielle Anreize zu sehen. Dieser Aspekt wird in der Trassenplanung etwa bei § 5 Abs. 4 StromNEV deutlich. Nach dieser Bestimmung werden solche Zahlungen

---

160 Zu einem anderen Teil kann natürlich die BNetzA eine gewisse Steuerung künftiger Erzeugungsstandorte vornehmen, indem sie eine entsprechende Linienführung in der Bundesfachplanung vornimmt. Dazu auch „3. Kapitel II. 7. a)“.

161 Vgl. *Erbguth*, NVwZ – Extra 15/2013, 1 (3f.), der zugleich die geringen diesbezüglichen Möglichkeiten der Raumordnungspläne des Bundes – mit Ausnahme des Raumordnungsplans für die AWZ – darstellt.

162 So der Befund von *Durner*, Konflikte räumlicher Planungen, S. 9f.

163 *EU-Kommission*, Realisierungsbericht über die Transeuropäischen Energienetze von 2007–2009, KOM (2010) 203 endg., S. 3f.; als weitere erhebliche Wirkfaktoren werden in dem Bericht die Art der finanziellen Förderungseinstufung und die wirtschaftliche Ertragskraft der Vorhaben benannt.

in die Netzkosten der ÜNBs[164] und damit letztlich in die Netzentgelte einbezogen, welche die ÜNBs an Kommunen im Gegenzug zum Netzausbau auf ihrem Gebiet leisten. Dies sind bis zu 40.000 € pro Kilometer einer Freileitung in neuen Trassen.[165] Das beschriebene Modell soll nach dem Willen des Gesetzgebers den Konsens vor Ort, in den betroffenen Kommunen, steigern.[166] Die Kommunen als großer politischer Akteur und insbesondere die finanzschwachen unter ihnen dürften wegen des finanziellen Anreizes geneigt sein, den Netzausbau hinzunehmen oder sogar zu unterstützen. Natürlich würde sich dies auf die politische Haltung des jeweiligen Landes auswirken. Ein Rückgriff auf § 15 Abs. 1 S. 2 NABEG wäre dann überflüssig, mit dieser Norm verbundene Rechtsstreitigkeiten ließen sich vermeiden.

In ihrer momentanen Ausformung ist der § 5 Abs. 4 StromNEV allerdings nicht gänzlich geeignet, das gewünschte Ziel zu erreichen. Begründet liegt dies darin, dass nach geltender Rechtslage die Zahlungen erstens nur für Freileitungen und zweitens nur für neue Trassen möglich sind.[167] Hinsichtlich der vorhandenen Begrenzung auf Freileitungen bestehen grundsätzlich keine Bedenken, da diese mitunter eine geringere öffentliche Akzeptanz genießen als Erdkabel.[168] Hingegen ist die Begrenzung auf neue Trassen problematischer. In der Praxis hat sich gezeigt, dass bereits die Prüfung einer Umrüstung von 220 kV- auf 380 kV-Leitungen in vorhandenen Trassen einen nicht unerheblichen Widerstand der betroffenen Bevölkerung auslösen kann.[169] Ähnliches ist möglich bei Umrüstungen auf HGÜ-Leitungen in Bestandstrassen und somit letztlich bei allen Maßnahmen, die den Status quo verändern. Die Bedeutung dieses Punktes ist insofern beachtenswert, da voraussichtlich ein Großteil der Netzvorhaben in bestehenden Trassen durchgeführt werden

---

164 § 5 Abs. 4 StromNEV spricht von „Betreiber[n] von Elektrizitätsversorgungsnetzen", zu denen ÜNBs gemäß § 3 Nr. 2 EnWG gehören.

165 § 5 Abs. 4 S. 2 StromNEV spezifiziert die erforderliche Spannungsebene dieser Leitungen näher.

166 So die Gesetzesbegründung der *BT-Drucks. 17/6073,* Gesetzentwurf zur Beschleunigung des Netzausbaus, S. 35.

167 § 5 Abs. 4 S. 1 StromNEV.

168 In die Richtung einer höheren öffentlichen Akzeptanz von Erdkabeln gehend eine parlamentarische Äußerung der Fraktion Bündnis 90/Die Grünen *BT-Plpr. 17/117,* Stenografischer Bericht, S. 13400; keine Akzeptanz bei der Gruppe „betroffene[...] Landwirte", aber bei der Gruppe „Sichtbetroffene[...] (Abstand mehr als 100m)" darstellend *BT-Drucks. 17/11871,* Bericht nach § 3 EnLAG, S. 3; differenzierend auch die verschiedenen befürwortenden und ablehnenden Stimmen hinsichtlich Erdverkabelungen bei *BNetzA,* Bestätigung des NEP 2012, S. 85–88; Siehe auch *BT-Drucks. 17/4890,* Sondergutachten des Sachverständigenrates für Umweltfragen, S. 317f., in dem die Argumente für und gegen eine Erdverkabelung nachgezeichnet werden.

169 Siehe hierzu die Ausführungen zu den Stellungnahmen bezüglich des „Vorhaben 59: Raitersaich-Ludersheim" *BNetzA,* Umweltbericht 2013 zum NEP 2013 und Offshore-NEP 2013, S. 9, 18.

dürfte;[170] diese sind dabei genauso von der Bundesfachplanung umschlossen, wie der Neubau einer Trasse.[171] Allerdings enthält sich das BBPlG bewusst einer Aussage, ob ein in seinem Bedarfsplan aufgeführtes Vorhaben als Neubau oder Verstärkung und in einer bestehenden oder neuen Trasse zu realisieren ist, um der sich anschließenden Bundesfachplanung und Planfeststellung einen Gestaltungsspielraum zu überlassen.[172] Dennoch ist es nicht unwahrscheinlich, dass nicht nur der bestehende Korridor, sondern sogleich die konkrete Trasse für das betreffende Vorhaben herangezogen wird, da jede Verlagerung ebenso zu neuen Konflikten führen kann. Bestandstrassen haben daher für den Netzausbau eine hohe Relevanz. Folglich sollte § 5 Abs. 4 StromNEV auf diese Fälle erweitert werden. Im Hinblick auf das Ziel einer preisgünstigen Elektrizitätsversorgung des § 1 Abs. 1 EnWG darf dies natürlich nicht grenzenlos sein. Eine mögliche Lösung wäre es daher die in § 5 Abs. 4 S. 2 StromNEV für gänzlich neu trassierte Freileitungen genannten Beträge zu reduzieren und gleichzeitig sämtliche Übertragungsfreileitungen in die Regelung einzubeziehen, welche von der Bundesfachplanung betroffen sind. Dadurch würde eine Gleichbehandlung der betroffenen Kommunen erreicht, was für die notwendige politische Befürwortung der Bundesländer förderlich wäre. Als Ergebnis müsste § 15 Abs. 1 S. 2 NABEG nicht herangezogen werden und stattdessen käme es zu einer gemeinsamen Vorhabenunterstützung durch Bund und Länder.

ee) Fazit: Der Vorrang der Bundesfachplanung als politisches Verhandlungsmittel

Abschließend lässt sich der Vorrang von Bundesfachplanungen gegenüber Landesplanungen nunmehr folgendermaßen beschreiben. Das Zusammenspiel der Vorschriften von ROG und NABEG, insbesondere hinsichtlich § 15 Abs. 1 S. 2 NABEG, ist als eine Letztentscheidungskompetenz des Bundes zu verstehen,[173] mit der in politischen Verhandlungen über Trassenverläufe ein gewisser Druck ausgeübt werden kann. In der Rechtspraxis dürften sie daher kaum zu einer tatsächlich umfangreichen Anwendung kommen. Um den für Leitungsvorhaben entscheidenden politischen Konsens zwischen dem Bund und den Ländern herbeizuführen, ist es vielmehr entscheidend die Behörden der Länder frühzeitig an der Bundesfachplanung zu beteiligen und sich mit ihnen abzustimmen, wie auch die benannten Ausgleichszahlungen zu forcieren.

---

170 Siehe hierzu die hohe Anzahl der geplanten Netzverstärkungen *BNetzA,* Bestätigung des NEP 2012, S. 3–5; ähnlich auch *BNetzA,* Bestätigung des NEP 2013, S. 2–4.

171 Dies ergibt sich schon aus dem Anwendungsbereich des § 2 Abs. 1 NABEG, der auch die „Änderung“ von länderübergreifenden oder grenzüberschreitenden Höchstspannungsleitungen umfasst.

172 Siehe die Gesetzesbegründung der *BT-Drucks. 17/12638,* Gesetzentwurf zum zweiten Gesetz zur Beschleunigung des Netzausbaus, S. 15.

173 Ähnlich *Appel,* NVwZ 2013, 457 (460 m.w.N.) („‚Ultima Ratio‘“).

Als notwendiger Gesetzgebungsakt empfiehlt sich insofern einzig eine Klarstellung über die Rechtswirkung der Ziele der Raumordnung gegenüber der Bundesfachplanung, welche in einer reinen Berücksichtigungspflicht besteht. Ein echter Reformbedarf dürfte vielmehr beim Verhältnis der Planung von Erzeugungsanlagen und der des Übertragungsnetzes liegen, da ersteres vornehmlich durch die Raumordnung der Länder geschieht und letzteres durch die BNetzA als eine Bundesbehörde vorgenommen wird.[174]

e) Überlegungen zu einer parzellenscharfen NABEG-Fachplanung

Die Bundesfachplanung des NABEG und die im weiteren Verlauf zu betrachtende Fachplanung in der AWZ[175] unterscheiden sich erheblich in der Genauigkeit ihrer Festlegungen. So besteht die Möglichkeit, für die AWZ sowohl Trassenkorridore als auch konkrete Trassen festzulegen und zwar für Anbindungsleitungen für Windenergieanlagen auf See, Verbindungen zu Konverterplattformen oder Umspannanlagen, für grenzüberschreitende Stromleitungen und für Verbindungen alle dieser untereinander.[176] Nach dem Willen des Gesetzgebers handelt es sich dabei schon um die „konkrete Kabeltrasse",[177] also um diejenige parzellenscharfe Festlegung, welche im Anwendungsbereich des NABEG erst in der Planfeststellung erfolgt. Ein Anwendungsfall ist laut der Gesetzesbegründung ein so umfangreicher anderweitiger Flächenverbrauch in einem angestrebten Korridor, dass letztlich nur eine ganz bestimmte Linienführung möglich ist.[178] Denkbar wäre es natürlich, diese fachplanerische Befugnis auf den Anwendungsbereich des NABEG zu übertragen. Dabei darf aber nicht vergessen werden, dass die Bundesfachplanung für die Planfeststellung behördenintern bindend ist.[179] Insofern gäbe es bei parzellenscharfen Vorgaben für den letzten Verfahrensschritt der Netzplanung keinerlei interne Flexibilität mehr hinsichtlich der Linienführung. Unerwartete Erkenntnisse in komplexen Siedlungs- und Umweltstrukturen würden dann das Verfahren praktisch beenden und eine Verfahrensaussetzung durch die Planfeststellungsbehörden zur Konsultation der BNetzA als Bundesfachplanungsbehörde wäre die Folge.[180] Zwar wird auch die

174 Siehe dazu die Überlegungen im „3. Kapitel II. 7.".

175 Siehe zur Fachplanung in der AWZ sogleich „3. Kapitel II. 3.".

176 § 17a Abs. 1 S. 2 Nr. 2, 4, 5, 6 EnWG.

177 *BT-Drucks. 17/10754,* Gesetzentwurf eines Dritten Gesetzes zur Neuregelung energiewirtschaftlicher Vorschriften, S. 23.

178 *BT-Drucks. 17/10754,* Gesetzentwurf eines Dritten Gesetzes zur Neuregelung energiewirtschaftlicher Vorschriften, S. 23.

179 § 15 Abs. 1 S. 1 i.V.m. §§ 18 ff. NABEG. Diese Normen ebenso interpretierend *Sangenstedt,* in: Steinbach (Hrsg.), NABEG/EnLAG/EnWG-Kommentar, § 15 NABEG Rn. 15.

180 Die Möglichkeit zur Aussetzung eines Verwaltungsverfahrens ergibt sich aus § 10 S. 2 VwVfG; siehe dazu *Schmitz,* in: Stelkens / Bonk / Sachs (Hrsg.), VwVfG-Kommentar, § 10 VwVfG Rn. 16.

Möglichkeit diskutiert, bei einer Abweichungsnotwendigkeit des Planfeststellungsverfahrens dieses zeitgleich mit der erneut aufzugreifenden Bundesfachplanung fortzuführen.[181] Doch wäre im Ergebnis die öffentliche Meinung über die hier diskutierte Regelung zu bedenken: Eine Bundesfachplanung, welche nach geltendem Recht weder eine Außenwirkung hat noch selbständig angreifbar ist,[182] dürfte bei Parzellenschärfe kaum vermittelbar sein und die politisch und gesetzgeberisch angestrebte öffentliche Akzeptanz des Netzausbaus wäre gefährdet. Die Situation im räumlichen Anwendungsbereich des NABEG ist insofern anders als bei Trassen für die AWZ, welche durch ihre Abgeschiedenheit weniger konfliktbeladen sind. Insofern ist es sinnvoll, die Regelung für parzellenscharfe Trassenfestlegungen der AWZ-Fachplanung nicht durch eine Parallelregelung für das Küstenmeer und die Gebiete an Land im NABEG zu ergänzen.

Hingegen kann es sinnvoll sein, in der Bundesfachplanung nicht nur einen verbindlichen Korridor, sondern bereits in diesem einen unverbindlichen parzellenscharfen Leitungsverlauf vorzuschlagen. Denkbar ist dies für Maßnahmen, für welche schon im NEP der Bedarfsplanung ein Ausbau in der Bestandstrasse erörtert worden ist[183] – wobei die diesbezügliche SUP des NEP nicht auf die jeweiligen Bestandstrassen beschränkt ist und weiträumiger erfolgt.[184] Sofern die Bundesfachplanung auf diese Trassen für Maßnahmen(abschnitte) zurückgreift und dabei die Verwendung des bestehenden Leitungsverlaufs als wahrscheinlich erachtet, etwa aufgrund offensichtlicher Raumordnungskonstellationen, könnte für die folgende Planfeststellung ein Vorschlag ausgesprochen werden. Flankiert würde dies durch eine entsprechend tiefere Durchführung der SUP in der Bundesfachplanung bezüglich der betreffenden Trassen, um die Planung kohärent zu gestalten. Sodann müssten die Regelungen der Bundesfachplanung über ihren Inhalt und Abschluss ergänzt werden, in der Form eines § 5 Abs. 1 S. 1 *Hs. 2* bzw. § 12 Abs. 2 S. 1 *Nr. 5* NABEG:

- § 5 Abs. 1 S. 1: Die Bundesnetzagentur bestimmt ... Trassenkorridore von im Bundesbedarfsplan aufgeführten Höchstspannungsleitungen; *auf geeigneten Abschnitten sind innerhalb der Trassenkorridore konkrete Leitungsverläufe zu erörtern.*
- § 12 Abs. 2 S. 1: Die Entscheidung der Bundesnetzagentur über die Bundesfachplanung enthält
  ...

181 Sich hierfür aussprechend *de Witt*, in: de Witt / Scheuten (Hrsg.), NABEG Kommentar, § 15 NABEG Rn. 29; diesem zustimmend *Schiller*, EurUP 2013, 178 (180).

182 Siehe zum Fehlen der Außenwirkung und isolierten Angreifbarkeit der NABEG-Fachplanung nach geltendem Recht den § 15 Abs. 3 S. 1, 2 NABEG.

183 Siehe als Beispiel dazu den Teilabschnitt zwischen Conneforde und Cloppenburg der Maßnahme 51 bei *BNetzA*, Bestätigung des NEP 2012, S. 157–159.

184 Dies lässt sich anhand der SUP für die soeben herangezogene Maßnahme 51 des NEP verdeutlichen, siehe dazu *BNetzA*, Umweltbericht zum Bundesbedarfsplan-Entwurf 2012, S. 186–189. Gleichwohl hat die vorliegende Arbeit empfohlen, die SUP der Bedarfsplanung bei solchen Korridoren zu vertiefen, deren Verwendung bei Ausbaumaßnahmen absehbar ist, „2. Kapitel III. 6.“.

5. Vorschläge zu konkreten Leitungsverläufen im Sinne des § 5 Abs. 1 S. 1 Hs. 2.

Die vorliegend gemachten Reformempfehlungen würden die inhaltliche Planung nur zum Teil verkürzen, da die Planfeststellung zwar durch konkrete Vorplanungen entlastet würde, welche allerdings ihrerseits in der Bundesfachplanung zu erarbeiten wären. Der Vorteil und damit ein Beschleunigungspotential läge vielmehr in einer Konfliktvermeidung für die nachfolgende Planfeststellung, sofern sich in der Öffentlichkeits- und Behördenbeteiligung der Bundesfachplanung herausstellt,[185] dass eine (teilweise) Veränderung des vorhandenen Leitungsverlaufs unerwünscht ist. Dadurch könnten die Antragskonferenz und der Untersuchungsrahmen der Planfeststellung[186] entlastet werden und weniger Rechtsmittel würden gegen den Planfeststellungsbeschluss angedroht oder erhoben werden.

3. Die neugeordnete Fachplanung in der AWZ – Der Bundesfachplan Offshore und die Zuständigkeit des Bundesamts für Seeschifffahrt und Hydrographie (BSH)[187]

Die Fachplanung für Übertragungsnetze in der AWZ wurde im Jahr 2011 durch das Gesetz über Maßnahmen zur Beschleunigung des Netzausbaus Elektrizitätsnetze[188] eingeführt und im Jahr 2012 durch das Dritte Gesetz zur Neuregelung energiewirtschaftlicher Vorschriften[189] weiterentwickelt. So bekam das BSH im Jahr 2011 die Zuständigkeit zur Erstellung eines jährlichen sogenannten „Offshore-Netzplan[s]“[190] für die AWZ, welcher unter anderem Trassenfestlegungen für grenzüberschreitende Stromleitungen und für Anbindungsleitungen von Offshore-Anlagen der Energieerzeugung in der AWZ vorsah.[191] Dieser heißt nun Bundesfachplan Offshore[192] und ist in seiner Rechtswirkung und seinen inhaltlichen Festlegungen erweitert.

---

185 Dieses Beteiligungsverfahren erfolgt nach § 9 NABEG i.V.m. § 14h und § 14i UVPG.

186 Die Antragskonferenz und der daraus folgende Untersuchungsrahmen sind geregelt in § 20 Abs. 1–3 NABEG.

187 Im Folgenden wird die Abkürzung „BSH“ verwandt.

188 Art. 2 Gesetz über Maßnahmen zur Beschleunigung des Netzausbaus Elektrizitätsnetze vom 28. Juli 2011, BGBl. 2011, I, S. 1690.

189 Art. 1 Drittes Gesetz zur Neuregelung energiewirtschaftsrechtlicher Vorschriften vom 20. Dezember 2012, BGBl. 2012, I, S. 2730.

190 § 17 Abs. 2a S. 3 EnWG a.F. Diese Norm wurde eingeführt im Jahr 2011 durch Art. 2 Gesetz über Maßnahmen zur Beschleunigung des Netzausbaus Elektrizitätsnetze vom 28. Juli 2011, BGBl. 2011, I, S. 1690; aufgehoben wurde sie sodann im Jahr 2012 durch Art. 1 Drittes Gesetz zur Neuregelung energiewirtschaftsrechtlicher Vorschriften vom 20. Dezember 2012, BGBl. 2012, I, S. 2730.

191 § 17 Abs. 2a S. 3–4 EnWG a.F.

192 § 17a Abs. 1 S. 1 EnWG.

a) *Die Rechtswirkung des Offshore-Netzplans für die ausschließliche Wirtschaftszone der Bundesrepublik Deutschland (Bundesfachplan Offshore)*[193]

Die Bindungswirkung der Fachplanung in der AWZ war hinsichtlich des nachfolgenden Zulassungsregimes[194] der SeeAnlVO[195] zunächst nicht eindeutig im EnWG geregelt.[196] Im betreffenden § 17 EnWG a.F. wurden für den Offshore-Netzplan einzig die fehlende Außenwirkung und die fehlende selbständige Anfechtbarkeit durch Dritte festgehalten.[197] Diese Aussage ähnelte zwar dem § 15 Abs. 3 NABEG für die Bundesfachplanung im Bundesgebiet, sie gab aber – im Gegensatz zu § 15 Abs. 1 S. 1 NABEG – keine Auskunft über eine Verbindlichkeit des Offshore-Netzplans für die nachfolgende Zulassungsebene. Zu einer Klärung konnte auch die Gesetzesbegründung nicht beitragen, die in diesem Punkt ebenso schwieg.[198] Aufgrund einer nicht ausdrücklich vorhandenen Bindungswirkung des Offshore-Netzplans, hätte durchaus Rechtsunsicherheit für die AWZ entstehen können. Infolge dessen wäre der synchrone Ausbau der Anbindungsleitungen von Offshore-Anlagen aus der AWZ gefährdet gewesen, da für diese Vorhaben die SeeAnlVO in

---

193 Siehe zu dieser Legaldefinition § 17a Abs. 1 S. 1 EnWG.

194 Für Übertragungsleitungen erfolgt dies im Wege einer Planfeststellung gemäß § 2 Abs. 1 i.V.m. § 1 Abs. 2 S. 1 Nr. 2 SeeAnlVO; Eingeführt wurde das diesbezügliche Planfeststellungsverfahren in die SeeAnlVO durch Art. 1 Verordnung zur Neuregelung des Rechts der Zulassung von Seeanlagen seewärts der Begrenzung des deutschen Küstenmeeres vom 15. Januar 2012, BGBl. 2012, I, S. 112. Im Folgenden soll nur von der Planfeststellung gesprochen werden, auch wenn stattdessen ausnahmsweise eine Plangenehmigung nach § 5 Abs. 1 SeeAnlVO i.V.m. § 74 Abs. 6 VwVfG in Betracht käme.

195 Verordnung über Anlagen seewärts der Begrenzung des deutschen Küstenmeeres (Seeanlagenverordnung – SeeAnlV), (SeeAnlVO), BGBl. 1997, I, S. 57. Beachte hierzu, dass es bei Übertragungsleitungen in der AWZ keine ausschließliche Einordnung zum Zulassungsregime der SeeAnlVO gibt und stattdessen zulassungsrechtliche Überschneidungen mit den Regelungen über Unterwasserkabel des § 133 Bundesberggesetz (BBergG) vom 13. August 1980, (BBergG), BGBl. 1980, I, S. 1310 existieren. Da dies eine Frage der letzten Planungsstufe und damit der Planfeststellung ist, wird hierüber ausführlich unter „4. Kapitel I. 3. b)" zu sprechen sein.

196 Ähnlich *Stiftung Offshore Windenergie / Offshore Forum Windenergie*, Stellungnahme zum zweiten Entwurf eines Offshore-Netzplanes des BSH, 29.11.2012, S. 3f., die vor allem auf eine ungeklärte rechtliche Beziehung des Offshore-Netzplans zur Raumordnung in der AWZ verweisen. Diese Stellungnahme erwähnt auch die sogleich darzustellende Diskussion zu Gesetzeswortlaut und Gesetzesbegründung hinsichtlich der Rechtswirkung des Offshore-Netzplans.

197 Siehe für die fehlende Außenwirkung und Anfechtbarkeit § 17 Abs. 2b S. 1 EnWG a.F.

198 *BT-Drucks. 17/6073*, Gesetzentwurf zur Beschleunigung des Netzausbaus, S. 33f.

der AWZ und das NABEG im Bundesgebiet einschließlich des Küstenmeers und damit zwei Planungsregime sachlich anwendbar sind.

Der hier skizzierten Situation ist der Gesetzgeber im Jahr 2012 mit der neu eingeführten Regelung des § 17a Abs. 5 S. 2 EnWG[199] zuvorgekommen. Nunmehr ist der Bundesfachplan Offshore für nachfolgende Planfeststellungs- und Genehmigungsverfahren der SeeAnlVO in der AWZ verbindlich.[200] Da sich der unklaren Vorgängerregelung keine Rechtswirkung entnehmen ließ und daher eine unternehmerische Zurückhaltung beim Leitungsausbau angenommen wurde,[201] ist die Neuregelung nicht nur als verwaltungsinterne Bindung zu verstehen, sondern zugleich als Signal an die ÜNBs, dass sie frühzeitig den Netzausbau an den nunmehr rechtssicheren Bundesfachplan Offshore ausrichten können.

Beachtlich ist auch die Frage der Rechtswirkung gegenüber den ÜNBs. Ein erstes Indiz ist bereits, dass der Bundesfachplan Offshore nicht von einer Antragstellung abhängt und stattdessen von Amts wegen erstellt wird.[202] Überdies ergeht der Bundesfachplan Offshore nicht als eine verwaltungsrechtliche Entscheidung mit Außenwirkung,[203] anders als dies etwa die §§ 12 f. NABEG für die Bundesfachplanung im Bundesgebiet bestimmen. Insofern werden für die ÜNBs keine Rechte oder Pflichten begründet und es stellt sich keine Rechtsschutzfrage.[204]

b) Die inhaltlichen Festlegungen gemäß § 17a EnWG

Die inhaltlichen Festlegungen der Fachplanung für die AWZ umfassten schon bisher konkrete Trassen für Anbindungsleitungen von Offshore-Anlagen und grenzüberschreitende Stromleitungen sowie Darstellungen zu Verbindungen dieser untereinander.[205] Im Wesentlichen wurde dies in die nunmehr geltende Nachfolgeregelung übernommen.[206] Als erste Erweiterung hierzu kann das BSH jetzt zusätzlich Trassenkorridore für die genannten Bereiche festlegen[207] und bestimmen an welchen Orten die Anbindungsleitungen von der AWZ in das

---

199 Die Aufnahme dieser Regelung in das EnWG erfolgte durch Art. 1 Drittes Gesetz zur Neuregelung energiewirtschaftsrechtlicher Vorschriften vom 20. Dezember 2012, BGBl. 2012, I, S. 2730.

200 § 17a Abs. 5 S. 2 EnWG.

201 Siehe *Stiftung Offshore Windenergie / Offshore Forum Windenergie,* Stellungnahme zum zweiten Entwurf eines Offshore-Netzplanes des BSH, 29.11.2012, S. 3.

202 Siehe den Wortlaut des § 17a Abs. 1 S. 1 EnWG. Weiterführend zu den Einflussmöglichkeiten der ÜNBs „3. Kapitel II. 5. a)".

203 § 17a Abs. 5 S. 1 EnWG.

204 Anders freilich bei der NABEG-Fachplanung. Siehe dazu *de Witt,* in: de Witt / Scheuten (Hrsg.), NABEG-Kommentar, § 15 NABEG Rn. 57–59.

205 § 17a Abs. 2a S. 3, 4 EnWG a.F. Diese Regelung umfasste zudem „Standorte für die Konverterplattformen".

206 Siehe dazu § 17a Abs. 1 S. 2 Nr. 2, 5, 6 EnWG.

207 § 17a Abs. 1 S. 2 Nr. 2, 5, 6 EnWG.

Küstenmeer übertreten.[208] Mit der Festlegung von Trassenkorridoren und somit von „Gebietsstreifen"[209] ermöglicht der Gesetzgeber mehr Flexibilität für die nachgelagerte Planfeststellung der SeeAnlVO, welche an die Vorgaben der Fachplanung des Bundesfachplan Offshore gebunden ist.[210] Die zweite Erweiterung des Bundesfachplan Offshore ist die Festlegung der Übergänge von Anbindungsleitungen der AWZ ins Küstenmeer,[211] welche mit der bisherigen Praxis der Raumordnungspläne in der AWZ korrespondiert, wo derartige Festlegungen bereits vorgenommen werden.[212] Für die fachplanerischen Festlegungen in der AWZ ist es effizient, dass das BSH an der Erstellung dieser vorgelagerten Raumordnungspläne des BMVI[213] beteiligt ist und sodann die Zuständigkeit für den Bundesfachplan Offshore[214] und letztlich die Planfeststellung[215] inne hat. Dadurch wird frühzeitig eine einheitliche Planung gewährleistet. Des Weiteren ist der Bund in diesem Gebiet der einzige Träger der Fachplanung, so dass widerstreitende Interessen zwischen der Raumplanung und Fachplanung nur an den Übergängen zum Küstenmeer relevant werden bzw. an den Übergängen ins offene Meer zu anderen Staaten sowie deren AWZs.

c) *Das Verhältnis des vorgelagerten Bundesfachplan Offshore zur nachgelagerten Bedarfsplanung*

Der Bundesfachplan Offshore ist systematisch betrachtet anders konzipiert als die Bundesfachplanung des NABEG. So muss die Bedarfsplanung in der AWZ den Bundesfachplan Offshore einbeziehen, wohingegen die Bedarfsplanung im Bundesgebiet der Bundesfachplanung vorgelagert ist.[216] Aufgrund dieses systematischen Unterschieds stellt sich die Frage, ob der Bundesfachplan Offshore ein sinnvolles Planungsinstrument ist. Aufschlussreich hierüber ist ein Blick in die Verwaltungspraxis der Fachplanung für die AWZ. So wurde die Fachplanung im Nordseebereich der AWZ faktisch durch die Bedarfsplanungen der BNetzA beeinflusst,[217] obwohl deren Berücksichtigung in § 17a EnWG nicht vorgeschrieben

208 § 17a Abs. 1 S. 2 Nr. 3 EnWG.
209 So die Formulierung der Gesetzesbegründung der *BT-Drucks. 17/10754*, Gesetzentwurf eines Dritten Gesetzes zur Neuregelung energiewirtschaftlicher Vorschriften, S. 23.
210 Siehe für die Bindungswirkung § 17a Abs. 5 S. 2 EnWG.
211 § 17a S. 2 Nr. 3 EnWG
212 Siehe hierzu „3. Kapitel II. 1. a) bb)".
213 Die Aufstellung des Raumordnungsplans in der AWZ durch das BMVI ist in § 17 Abs. 3 S. 1 ROG festgehalten. Der Einfluss des BSH auf den Plan ergibt sich aus § 17 Abs. 3 S. 3 ROG, da es für die „vorbereitenden Verfahrensschritte" verantwortlich ist.
214 § 17a Abs. 1 S. 1 EnWG.
215 § 2 Abs. 2 Hs. 1 SeeAnlVO.
216 Diese Systematik für das Bundesgebiet ergibt sich schon aus § 4 S. 1 NABEG.
217 *BSH*, Bundesfachplan Offshore für die AWZ-Nordsee 2012, S. 13.

ist. Insofern findet die Fachplanung auch im Bereich der AWZ nicht losgelöst von der Bedarfsplanung statt. Überdies kann die Lage dort kaum mit der NABEG-Fachplanung für die Gebiete an Land und im Küstenmeer verglichen werden. Bei der Fachplanung in der AWZ handelt es sich um einen Raum, dessen Fläche einfacher zu ordnen ist als das Bundesgebiet, weshalb für sie eine Fachplanung alle zwei Jahre möglich ist.[218] Sie ist daher ähnlich flexibel, wie eine Bedarfsplanung. Folglich ist die vorgelagerte Fachplanung zwar in der AWZ, nicht aber im Küstenmeer und an Land praktikabel und empfehlenswert.

Gleichwohl bleibt der Bundesfachplan Offshore kritisch zu betrachten. Er sollte nämlich nicht zu einer in Wirklichkeit staatlichen Planung von Energieerzeugungsanlangen führen, indem diese nur noch an den vorgegebenen Trassen(korridoren) errichtet werden können und sich die folgende Bedarfsplanung einzig an ihnen orientiert. Denn vielmehr sollte zunächst nach dem wirtschaftlichsten Standort der für den Bundesfachplan Offshore relevanten Windenergieanlagen auf See[219] gefragt werden, da Investoren nur unter dieser Bedingung die erhofften Windparks errichten werden. Sodann hätte sich die Trassenfindung daran auszurichten und der Bundesfachplan müsste gegebenenfalls dementsprechend angepasst werden – selbstverständlich sind dabei die Ergebnisse der einschlägigen Umweltprüfungen zu beachten.[220] Allerdings stehen hier Investoren als zukünftige Betreiber der Offshore-Anlagen in der Verantwortung, frühzeitig ihre Standortvorstellungen beim BSH anzuzeigen.

d) Vorhandene und notwendige Lösungen bei Konflikten von Fachplanung und Raumordnung

aa) Die Situation in der AWZ

Für den Bundesfachplan Offshore sind Raumplanungen des Bundes und der Länder, insbesondere Raumordnungspläne, ein wesentlicher Faktor. Schließlich muss die Linienbestimmung des Bundesfachplan Offshore gemäß § 17a Abs. 1 S. 4 EnWG mit den Erfordernissen der Raumplanung im Sinne des § 3 Abs. 1 Nr. 1 ROG übereinstimmen, mit anderen raumbedeutsamen Planungen und Maßnahmen im Sinne von § 3 Abs. 1 Nr. 6 ROG abgestimmt und hinsichtlich alternativer Trassen und Trassenkorridore geprüft werden. Damit ist die Fachplanung in der AWZ einerseits identisch mit der des NABEG.[221] Andererseits geht sie, aufgrund der Prüfung und Festlegung konkreter Trassen bereits vor der Planfeststellung, über jene hinaus. Die weitestgehend identischen Regelungen von § 17a Abs. 1 EnWG und § 5 Abs. 1

218 Siehe zur Erstellung des Bundesfachplan Offshore in jedem geraden Kalenderjahr § 17a Abs. 1 S. 1 EnWG.

219 Siehe für diese Anlagenart als Grundlage des Bundesfachplan Offshore § 17a Abs. 1 S. 2 Nr. 1 EnWG i.V.m. § 5 Nr. 36 EEG 2014.

220 Siehe dazu „3. Kapitel III.".

221 Siehe § 5 Abs. 1 S. 4, 5 NABEG.

NABEG lassen zwei Schlüsse zu: Erstens wird der raumordnerische Prüfumfang der gesamten Fachplanung weitgehend vereinheitlicht, was auch dem Willen des Gesetzgebers entspricht.[222] Zweitens zeigen die Pflichten des § 17a Abs. 1 S. 4 EnWG zur Übereinstimmung beziehungsweise Abstimmung mit Elementen der Raumordnung, dass insbesondere die hiervon umschlossenen Raumordnungspläne für die AWZ[223] regelmäßig einen entscheidenden Einfluss auf den Bundesfachplan Offshore ausüben werden und daher bereits mit diesen die Fachplanung beginnt. Allerdings dürften Konflikte mit den Festlegungen der Raumordungspläne für die AWZ kaum auftreten, da der Bund in beiden Fällen der Planungsträger ist. Im Sinne einer zügigen Planung sollten bei der Aufstellung dieser Raumordnungspläne die dort geltenden Abstimmungsgebote mit den Küstenländern und deren Raumordnungsplänen ernst genommen werden,[224] um frühzeitig einen Konsens zu erzielen. Im Ergebnis lägen aufeinander abgestimmte Raumordnungspläne der Küstenländer und des Bundes vor und der Bundesfachplan Offshore könnte sodann ohne weitere Konflikte die Übergangspunkte der Anbindungsleitungen von der AWZ ins Küstenmeer festlegen.[225]

bb) Die Situation bei Berücksichtigung der Netzverknüpfungspunkte an Land

Zu beachten ist allerdings, dass diese Festlegungen der Übergangspunkte den weiteren Leitungsverlauf und damit zugleich die Anlandungspunkte am Festland intendieren, wo die Integration in das weitere Übertragungsnetz stattfindet. Darüber hinaus können diese Netzverknüpfungspunkte an Land durch den im Anschluss an den Bundesfachplan Offshore zu erstellenden Offshore-Netzentwicklungsplan[226] zumindest gegenüber den ÜNBs verbindlich fixiert werden,[227] was sich sodann weiterhin im Bundesbedarfsplan manifestieren kann. Über den Standort der besagten Netzverknüpfungspunkte haben die Küstenländer mitunter abweichende

222 Siehe die Gesetzesbegründung der *BT-Drucks. 17/10754*, Gesetzentwurf eines Dritten Gesetzes zur Neuregelung energiewirtschaftlicher Vorschriften, S. 24.

223 Die Einbeziehung der Raumordnungspläne für die AWZ in das Prüfprogramm des § 17a Abs. 1 S. 4 EnWG wird ausdrücklich erwähnt in der Gesetzesbegründung der *BT-Drucks. 17/10754*, Gesetzentwurf eines Dritten Gesetzes zur Neuregelung energiewirtschaftlicher Vorschriften, S. 24. Relevant dürfte besonders die Übereinstimmung mit den dort ausgewiesenen Zielen und Grundsätzen der Raumordnung sein, welche in der Fachplanung des Bundesfachplan Offshore zu beachten beziehungsweise zu berücksichtigen sind, § 17a Abs. 1 S. 4 Nr. 1 EnWG i.V.m. § 4 Abs. 1 S. 1 ROG.

224 Siehe zum Abstimmungsgebot von benachbarten Planungsräumen § 7 Abs. 3 ROG. Dazu schon „3. Kapitel II. 1. a) bb)".

225 Siehe zu dieser Festlegung § 17a Abs. 1 S. 2 Nr. 3 EnWG.

226 Der Offshore-NEP enthält Darstellungen „bis einschließlich der Netzverknüpfungspunkte an Land", § 17b Abs. 1 S. 1 EnWG. Siehe § 17b, § 17c i.V.m. § 54 Abs. 1 EnWG zur Zuständigkeit der BNetzA bei der Erstellung dieser Planung.

227 § 17c Abs. 1 S. 2 i.V.m. § 12c Abs. 4 EnWG.

Vorstellungen.[228] Daher stellt sich die Frage, ob die Übergangspunkte im Bundesfachplan Offshore auf der Küstenseite und an Land durch neue und nunmehr abweichende Raumordnungspläne der Länder konterkariert werden könnten. Dies würde sich sodann auf die sonstigen Festlegungen des Bundesfachplan Offshore innerhalb der AWZ auswirken. Ein solches Szenario ist allerdings nicht möglich, sofern – wie es auch die vorliegende Arbeit vertritt – im § 15 Abs. 1 S. 2 NABEG eine weitgehende Vorrangregel der Bundesfachplanung gegenüber der Landesplanung gesehen wird, unabhängig vom Zeitpunkt der landesplanerischen Zielausweisungen in der Raumordnung.[229] Der Rückgriff auf diese Norm dürfte in der Praxis gleichwohl gering sein. Denn im Sinne der obigen Argumentation wird die Vorstellung einer zwangsweisen Durchsetzung der Bundesfachplanung gegenüber einem Bundesland nur als theoretisch betrachtet, da von einer letztlich politischen Lösung eines solchen Problems und damit letztlich einer konsensuellen Planungslösung zwischen Bund und Ländern auszugehen ist.[230]

e) Die Zusammenarbeit der Bundesbehörden: Momentane Situation und Reformbedarf

Der Bund ist in der AWZ in der günstigen Lage seine Linienbestimmungen autark durchzuführen, da er dort von der Raumordnung bis zur Planfeststellung der einzige Planungsträger ist.[231] Als federführende Behörde der Fachplanung in der AWZ ist das BSH vorgesehen, welches mit der BNetzA das Einvernehmen und mit dem Bundesamt für Naturschutz (BfN) eine Abstimmung herbeiführen muss.[232] Insofern sollte die Aufstellung des Bundesfachplan Offshore unproblematisch sein. Allerdings sind die genannten Behörden (BSH, BNetzA, BfN) jeweils anderen Bundesministerien zugeordnet[233] und abweichende Vorstellungen zwischen den Ministerien wie auch Behörden sind nicht auszuschließen. Daher ist die Effizienz der Linienbestimmung nach § 17a EnWG hinsichtlich der erhofften beschleunigten Netzplanung fraglich. Sofern die Praxis hier einen negativen Befund feststellen würde, bedürfte es gegebenenfalls einer Änderung des materiellen Rechts der Linienbestimmungen oder andere Verfahrenszuständigkeiten.[234]

---

228 *Niedersächsisches Ministerium für Ernährung, Landwirtschaft und Verbraucherschutz,* Stellungnahme zum ersten Entwurf für den Offshore-NEP 2013, S. 1–4.

229 Dazu ausführlich „3. Kapitel II. 2. d)".

230 Siehe „3. Kapitel II. 2. d) cc)-ee)".

231 Siehe dazu § 17 Abs. 3 ROG bzw. § 2 Abs. 2 SeeAnlVO.

232 § 17a Abs. 1 S. 1 EnWG.

233 Siehe für die Zuordnung der genannten Behörden zum jeweiligen Ministerium: Für das BSH den § 5 Abs. 1 S. 1 SeeAufgG, für die BNetzA den § 1 S. 2 BNetzAG und für das BfN den § 1 Abs. 1 Gesetz über die Errichtung eines Bundesamtes für Naturschutz vom 6. August 1993, (BfNatSchG), BGBl. 1993, I, S. 1458.

234 Zur Frage der notwendigen Verfahrenszuständigkeiten auf Bundesebene sogleich „3. Kapitel II. 4.".

aa) Die Abstimmung mit dem BfN

Mit dem BfN muss, im Gegensatz zur BNetzA, lediglich eine Abstimmung und kein Einvernehmen erfolgen. Diese Abstimmungserfordernis eröffnet mehrere Diskussionsansätze. Da das BSH selbständig einen Umweltbericht nach dem UVPG erstellen muss[235] und dabei ohnehin Behörden mit einem umweltrechtlichen Aufgabenbereich konsultiert, erscheint die Einbindung des BfN als weiterer Umweltbehörde zunächst unnötig. Diese Meinung könnte dadurch untermauert werden, dass das BfN zur Netzplanung gleichsam im Rahmen der Behördenbeteiligung des Umweltberichts[236] beitragen kann und der Gesetzgeber vielleicht ihre Rolle hierauf beschränken sollte. Behördliche Stellungnahmen werden in einem solchen UVPG-Verfahren allerdings nur im Rahmen der Überprüfung des Umweltberichts verwertet und führen sodann indirekt durch den überprüften Umweltbericht zu einer Berücksichtigungspflicht bei der Planaufstellung[237] und damit zur Einstellung als relevanter Belang in die Abwägungsentscheidung des § 17a Abs. 1 S. 3 EnWG.[238] Dies bindet den Planungsträger weniger als eine Abstimmungspflicht. Zwar lässt sich der verwaltungsgerichtlichen Rechtsprechung entnehmen, dass abstimmungserhebliche Belange des anderen Planungsträgers ebenso wenig eine absolute Bindungswirkung entfalten und sie nur in die Planungsabwägung einfließen müssen, doch dürften diese nur aufgrund noch bedeutsamerer Belange zu Gunsten der Planungsverwirklichung verdrängt werden.[239] Offensichtlich wollte der Gesetzgeber dem BfN diese privilegierte Stellung zukommen lassen, da ansonsten die Regelung des § 17a Abs. 1 S. 1 EnWG

---

235 § 17a Abs. 3 S. 1 EnWG i.V.m. §§ 14g ff. UVPG.

236 § 17a Abs. 4 S. 1 EnWG i.V.m. § 14h S. 1 UVPG.

237 § 17a Abs. 4 S. 1 EnWG i.V.m. § 14k UVPG.

238 Zu Wirkung und Stellenwert der Berücksichtigungspflicht des Umweltberichts gemäß § 14k Abs. 2 UVPG als ein Belang der „Gesamtabwägung" *Wulfhorst*, in: Landmann / Rohmer, UmweltR-Kommentar, Bd. I, § 14k UVPG Rn. 19–24 [Stand: Juli 2011].

239 Dieser Inhalt der Abstimmungspflicht ergibt sich etwa aus der Abstimmung von Bauleitplänen benachbarter Gemeinden des § 2 Abs. 2 S. 1 Baugesetzbuch in der Fassung der Bekanntmachung vom 23. September 2004, (BauGB), BGBl. 2004, I, S. 2414, siehe *BVerwG*, Urteil vom 1. August 2002 – 4 C 5.01, BVerwGE 117, 25 (32f.) – das Urteil erging zwar noch vor der Neufassung des BauGB, doch war bereits damals die besagte Abstimmungspflicht in § 2 Abs. 2 BauGB a.F. kodifiziert. Der Gesetzgeber legte bei Einführung der fachplanungsrechtlichen Vorgängerregelung des § 17 Abs. 2a S. 3 EnWG a.F. keine eigene Definition der dort niedergelegten „Abstimmung" zu Grunde und sprach stattdessen in der Gesetzesbegründung nur von der „Einbindung" des BfN, siehe dazu *BT-Drucks. 17/6073*, Gesetzentwurf zur Beschleunigung des Netzausbaus, S. 33; eine Konkretisierung erfolgte auch nicht bei der Einführung des Bundesfachplan Offshore im Jahre 2012, siehe *BT-Drucks. 17/11269*, Stellungnahme des Bundesrates und Gegenäußerung der Bundesregierung zum Entwurf des Dritten Gesetzes zur Neuregelung energiewirtschaftlicher Vorschriften, S. 33, dort wurde seitens der Bundesregierung im Wesentlichen nur auf eine Kontinuität zur Vorgängerregelung verwiesen.

kaum zu erklären und überflüssig wäre. Wollte man diese Gewichtung der Belange des BfN zurückdrängen und nur umweltbehördliche Beteiligungen nach dem UVPG zulassen, so würde die Bedeutung des BfN für die Ausbauvorhaben in der AWZ verkannt werden. So trifft es für dieses Gebiet eine Auswahl von geschützten Meeresgebieten, welche das Bundesministerium für Umwelt, Naturschutz, Bau und Reaktorsicherheit (BMUB)[240] im weiteren Verlauf durch Rechtsverordnung zu geschützten Teilen von Natur und Landschaft erklären kann.[241] Sodann erfordern diese Gebiete möglicherweise bereits eine FFH-Verträglichkeitsprüfung für Leitungsvorhaben in der Fachplanungsphase und wirken sich damit nicht unerheblich auf den Netzausbau aus.[242] Deshalb ist es sinnvoll, ein Abstimmungsgebot zwischen der BSH und dem BfN in die Linienführung aufzunehmen, um Planungen frühzeitig in Einklang zu bringen. Aufgrund der skizzierten Bedeutung von Planungen des BfN wäre natürlich auch ein Einvernehmensgebot denkbar gewesen. Eine solche Stellung dieser Behörde würde sich aber nur schwerlich in das gesamte Planungsgebilde einfügen. So hat das BfN mittlerweile keine Kompetenz mehr über die Zulassung von Offshore-Anlagen mitzuentscheiden, beispielsweise durch Befreiungen im Sinne des BNatSchG, sondern musste diese aufgrund der Einführung eines Planfeststellungsverfahrens für besagte Anlagen an das BSH abgeben.[243] Insofern geht die Entwicklung hin zu einer Bündelung von Planungszuständigkeiten und damit einem zurückhaltenden Einsatz des behördlichen Einvernehmens. Gleichzeitig ist dies vor dem bereits erwähnten politischen Konflikt zwischen den Ministerien erklärbar. Da mit dem BfN nur eine Abstimmung erforderlich ist, wird diese Behörde von der abschließenden Entscheidung des Bundesfachplan Offshore ferngehalten. Gleichzeitig wird dadurch der Einfluss des BMUB zurückgedrängt, welchem das BfN angegliedert[244] ist. Seine Fortsetzung findet diese Tendenz im Anschluss an die Linienbestimmung durch das Planfeststellungsverfahren, bei dem das BSH nicht mehr eine Benehmensäußerung des BfN für die ausnahmsweise Zulassung von Unterseekabeln in geschützten Meeresräumen benötigt.[245] Im Ergebnis lässt sich sagen, dass es sich bei dem Abstimmungserfordernis zwischen BSH und BfN um

240 Vormals Bundesministerium für Umwelt, Naturschutz und Reaktorsicherheit (BMU), umbenannt durch Ziffer I., Nr. 5 BKOrgErl 2013.

241 § 57 Abs. 1, 2 BNatSchG.

242 Siehe dazu „3. Kapitel III. 3.“. Beachte allerdings auch § 57 Abs. 3 Nr. 4 BNatSchG, der eine Beschränkung von Unterseekabeln in der AWZ an gewisse Voraussetzungen knüpft.

243 Dazu *Büllesfeld u. a.*, ZUR 2012, 274 (277f.).

244 § 1 Abs. 1 BfNatSchG.

245 Grundsätzlich wäre das Benehmen mit dem BfN bei Eingriffen in Natur und Landschaft der AWZ gemäß § 58 Abs. 1 S. 2 BNatSchG erforderlich. Mit Einführung der Planfeststellung für Übertragungsleitungen durch § 2 Abs. 1 i.V.m. § 1 Abs. 2 S. 1 Nr. 2 SeeAnlVO und der Verfahrenszuständigkeit beim BSH gemäß § 2 Abs. 2 Hs. 1 SeeAnlVO ist das BfN nur noch im Rahmen des Anhörungs- und Erörterungsverfahrens nach § 2 Abs. 3 S. 1 SeeAnlVO i.V.m. § 73 VwVfG zu

ein sachlich effizientes Verfahren handelt, welches zugleich ein gewisses Maß an politischem Druck aus der Netzplanung nimmt.

bb) Das Einvernehmen mit der BNetzA

Eine gewichtigere Rolle als das BfN nimmt die BNetzA ein, da zwischen ihr und dem BSH das Einvernehmen herzustellen ist.[246] Unter dem Einvernehmen zwischen Hoheitsträgern versteht die verwaltungsgerichtliche Rechtsprechung eine „völlige Willensübereinstimmung"[247]. Diese Anforderung sichert in der Theorie einen abgestimmten Übergang des vom BSH aufgestellten Bundesfachplan Offshore für die AWZ mit der Bundesfachplanung der BNetzA für das sich anschließende Bundesgebiet ab. Problematisch könnte aber die praktische Zusammenarbeit der Behörden sein, da diese über das Einvernehmenserfordernis gleichberechtigt sind und des Weiteren verschiedenen Ministerien unterstehen. So ist das BSH dem BMVI zugeordnet[248] und die BNetzA untersteht dem BMWi[249]. Politische Differenzen zwischen den Ministerien könnten sich bei Verhandlungen zum Einvernehmen letztlich auf die Qualität und Geschwindigkeit der Fachplanung auswirken, was einen Reformbedarf verdeutlicht.

4. Notwendige Zuständigkeiten einer einheitlichen Fachplanung von Bundesgebiet und AWZ

Aufgrund der voranstehenden Überlegungen stellt sich die Frage, ob man erstens die bestehenden Zuständigkeiten des Bundes für die Fachplanung der AWZ und das Bundesgebiet bündeln oder zumindest verändern sollte und inwieweit zweitens eine Verlagerung von Länderzuständigkeiten auf den Bund empfehlenswert ist.

a) Die verfassungsgemäße Alleinzuständigkeit der BNetzA

Zunächst ist zu klären, ob eine Bündelung der vorhandenen Bundeszuständigkeiten bei einer einzigen Behörde verfassungskonform wäre. Vor dem Hintergrund der voranstehenden Ausführungen wäre es zu überlegen, die Bundesfachplanung und den Bundesfachplan Offshore bei einem zu errichtenden Bundesenergieministerium oder in den bereits bestehenden BMWi sowie BMUB zu konzentrieren.[250]

---

beteiligen. Vgl. hierzu bei Offshore-Windenergieanlagen in der AWZ *Büllesfeld u. a.*, ZUR 2012, 274 (277f.).

246 Das Einvernehmenserfordernis ist in § 17a Abs. 1 S. 1 EnWG festgehalten.

247 So *BVerwG*, Urteil vom 30. November 1978 – 2 C 6.75, BVerwGE 57, 98 (101 m.w.N.); ähnlich *BVerwG*, Urteil vom 29. April 1993 – 7 A 2.92, BVerwGE 92, 258 (262).

248 § 5 Abs. 1 S. 1 SeeAufgG.

249 § 1 S. 2 BNetzAG.

250 Vgl. hinsichtlich der Zuständigkeiten bei der Energiewende die Überlegungen einiger Bundespolitiker – noch in der vergangenen Legislaturperiode – aufgeführt bei *Böll u. a.*, Der Spiegel vom 9. Februar 2013, 28 (29).

Dort wäre beziehungsweise bliebe die BNetzA als selbständige Bundesoberbehörde im Sinne des Art. 87 Abs. 3 S. 1 GG zugeordnet; in diese könnten sodann die Fachplanungsabteilungen des BSH integriert werden. Zwar ist es der BNetzA auch im Rahmen der Netzplanung grundsätzlich untersagt, sich einen nachgelagerten Verwaltungsunterbau zu errichten, da Art. 87 Abs. 3 S. 2 GG eine solche Kompetenz nicht begründet.[251] Zwar sind demnach Außenstellen unzulässig und es kann folglich nur ein Dienstsitz bestehen.[252] Dies schließt jedoch nicht die Möglichkeit aus, eine „unselbständige Außenstelle" zu betreiben.[253] Nach Teilen der verwaltungsgerichtlichen Rechtsprechung ist es daher unschädlich, wenn die maßgebliche Verfahrenshandlung bei der Außenstelle erfolgt, sofern sich die getroffene Entscheidung in ersichtlicher Weise der Hauptstelle zuordnen lässt.[254] Hinsichtlich der Bundesfachplanung wird durchaus die Möglichkeit einer grundsätzlich zentralen Bearbeitung angenommen und dementsprechend die Konformität mit Art. 87 Abs. 3 S. 1 GG bejaht.[255] Dies bedeutet vorliegend, dass die BNetzA für die Bundesfachplanung des Küstenmeeres in dessen Nähe eine Außenstelle betreiben könnte, sofern die abschließende Bundesfachplanungsentscheidung an ihrem Dienstsitz in Bonn getroffen würde. Besagte Außenstelle könnte aus Effizienzgründen die bisherigen Fachplanungsabteilungen des BSH für die AWZ umfassen, da sie räumlich bereits eine gewisse Nähe zum Planungsgebiet hätte. Neben dieser Außenstelle würde die BNetzA von ihren bereits existierenden, beinahe 50

251 *Durner*, DVBl. 2011, 853 (857f.), der zugleich alternative Vorschläge zur Legitimation einer umfassenden Bundesverwaltungskompetenz vorbringt.

252 Vgl. *BVerfG*, Beschluss vom 3. März 2004 – 1 BvF 3/92, BVerfGE 110, 33 (49f.); sich auf den Beschluss für die Grenzen einer selbständigen Bundesoberbehörde beziehend *Durner*, DVBl. 2011, 853 (857).

253 Aussage und Zitat von *Ibler*, in: Maunz / Dürig, GG-Kommentar, Bd. VI, Art. 87 GG Rn. 115 m.w.N., 156 [Stand: Januar 2012], der für eine solche Außenstelle dementsprechend eine „fachlich...beschränkte[...] Kompetenz" fordert; speziell für das NABEG *Appel*, UPR 2011, 406 (412 m.w.N.), der ebenso Grenzen für der Heranziehbarkeit von Außenstellen sieht.

254 *OVG Bremen*, Beschluss vom 10. August 1993 – 2 B 44/93, juris (Rn. 2); strenger allerdings *VG Düsseldorf*, Beschluß vom 10. Dezember 1992 – 19 L 4009/92 A, NVwZ 1993, 503 (504f.), das die verfassungsrechtlich zulässige Tätigkeit einer Außenstelle als nicht mehr gegeben ansieht, wenn durch sie im Verwaltungsverfahren die Anhörung sowie Entscheidung und Zustellung erfolge. Siehe zu diesen Rechtsprechungsnachweisen auch *Appel*, UPR 2011, 406 (412).

255 *Steinbach*, in: Steinbach (Hrsg.), NABEG/EnLAG/EnWG-Kommentar, Teil 1 Einleitung Rn. 68f.; ebenso bejahend wohl *Appel*, UPR 2011, 406 (412), der dies mit der großflächigen Betrachtungsweise der Bundesfachplanung begründet; überdies *de Witt*, in: de Witt / Scheuten (Hrsg.), NABEG-Kommentar, § 31 NABEG Rn. 7–9, welcher zugleich auf die zumindest kritische Ansicht unter anderem bei *Durner*, DVBl. 2011, 853 (857f.) hinweist.

Außenstellen unterstützt werden.[256] Im Ergebnis wäre nicht nur die Zuständigkeit für die Fachplanung auf Bundesebene, sondern auch deren Bündelung bei der BNetzA verfassungsgemäß; die BNetzA könnte sodann etwa im Geschäftsbereich des BMWi verbleiben, was allerdings mehr eine praktische Überlegung darstellt.

Eine andere Frage ergibt sich aus der im Rahmen dieser Arbeit aufgezeigten, notwendigen Vereinheitlichung der Fachplanung für das Bundesgebiet im Planungsregime des NABEG, welche eine gänzliche Verlagerung der noch bestehenden Länderzuständigkeiten auf den Bund nach sich ziehen würde. Sofern eine solche Regelung erlassen würde, wäre nämlich die Verfassungsmäßigkeit der Zuständigkeitszuweisung an eine Bundesbehörde – sinnvollerweise die BNetzA – zu diskutieren. Dies erscheint grundsätzlich unproblematisch. So ist die für Art. 87 Abs. 3 S. 1 GG zunächst erforderliche Gesetzgebungskompetenz des Bundes für eine Sachmaterie, wie bereits ausgeführt, gegeben.[257] Dennoch dürften einer Bundesfachplanung gewisse Vorbehalte gegenüber stehen, insbesondere falls durch sie Leitungen ohne Überquerung einer Ländergrenze betroffen sind. Kritikpunkte könnten hier an der Frage anknüpfen, ob bei einer solchen Bundesfachplanung noch „gesamtstaatliche und damit zentral zu erledigende Angelegenheiten"[258] vorlägen und inwiefern es zu einem gänzlichen Ausschluss der Länderexekutive führen würde.[259] Solchen Einwänden kann zunächst entgegengehalten werden, dass der erhebliche technische Zusammenhang der Übertragungsnetze untereinander und mit den nachgelagerten Spannungsebenen stets eine Angelegenheit mit bundesweiten Auswirkungen[260] und demnach mit Interesse für den Gesamtstaat ist; hierfür ist eine zentrale Bundesfachplanung gerade geeignet. Zudem würden die Planungsbehörden der Länder auch weiterhin für einen Großteil der Planung in der Energieversorgung zuständig bleiben, insbesondere für die unmittelbar nachgelagerten Verteilernetze und Erzeugungsanlagen. Überdies zeigt die erst junge Praxis der Bundesfachplanung, dass es zu keiner umfassenden Verplanung des Gesamtraums, sondern zu punktuellen Trassenplanungen für einzelne Ausbauvorhaben kommt. Eine umfassende Fachplanungszuständigkeit des Bundes für Übertragungsnetze würde daher zu keinem Ausschluss der Länderbehörden im Netzbereich des Energieplanungsrechts führen. Sofern diese Frage zu einem Prüfstein des Art. 87 Abs. 3 S. 1 GG erhoben würde,[261]

256 Siehe für die Anzahl der Außenstellen, genau 47, *Steinbach*, in: Steinbach (Hrsg.), NABEG/EnLAG/EnWG Kommentar, Teil 1 Einleitung Rn. 68f.

257 Dazu „3. Kapitel II. 2. b)".

258 *Erbguth*, NVwZ 2012, 326 (330f.), der dieses Erfordernis wohl nicht als erfüllt ansieht, wenn nur innerhalb eines Bundeslandes gelegene Leitungen betroffen sind.

259 Vgl. *de Witt*, in: de Witt / Scheuten (Hrsg.), NABEG-Kommentar, § 31 NABEG Rn. 7.

260 Siehe zu diesen technischen Aspekten bereits die Überlegungen zu einem einheitlichen Fachplanungsregime bei „3. Kapitel II. 2. c)".

261 Der Streit hierüber knüpft im Wesentlichen an die Formulierung „Verdrängung von Länderkompetenzen" in *BVerfG*, Beschluss vom 3. März 2004 – 1 BvF 3/92, BVerfGE 110, 33 (50) an: Den Beschluss eher streng auslegend *Durner*, DVBl. 2011, 853 (857f.) und dementsprechend kritisch gegenüber den vorhandenen Regelungen

so wäre sie vorliegend aus besagten Gründen zu verneinen. Ein anderer Schluss lässt sich auch nicht etwa aus dem Fehlen einer vergleichbaren Norm zu Art. 89 f. GG entnehmen, welche für das Wasser- und Straßennetz des Bundes ausdrücklich eine Verwaltungskompetenz des Bundes oder eine Auftragsverwaltung durch die Länder bestimmt.[262] Denn diese vorhandenen grundgesetzlichen Regelungen ergeben sich primär aus der Stellung des Bundes als Eigentümer besagter Verkehrswege,[263] was bei den deutschen Übertragungsnetzen nicht der Fall ist; diese sind formell privaten Unternehmen zugeordnet, die mehrheitlich von privaten Gesellschaftern und damit nicht der öffentlichen Hand des Bundes oder der Länder gehalten werden.

Insofern könnte sich eine entsprechende Zuständigkeitserweiterung der BNetzA im NABEG auf Art. 87 Abs. 3 S. 1 GG stützen.[264]

b) Praktikabilität der skizzierten Alleinzuständigkeit

Durch eine Zuständigkeitsbündelung der Bundesfachplanung im Geschäftsbereich eines einzigen Ministeriums beziehungsweise bei einer ihm zugeordneten Behörde wäre die Bundesfachplanung vereinheitlicht und damit entfiele zugleich das Einvernehmenserfordernis des § 17a Abs. 1 S. 1 EnWG, zwischen BNetzA und BSH, für den Bundesfachplan Offshore. Die hier skizzierten Lösungsansätze mögen daher langfristig zu mehr Effizienz führen. Kurz- und mittelfristig wäre jedoch eine erhebliche organisatorische Umstrukturierung notwendig, welche für den erhofften Beschleunigungseffekt der neugeregelten Fachplanung an Land und in der AWZ[265] nur wenig einträglich sein dürfte.[266] Die Umstrukturierung würde sich gewiss nicht

---

des NABEG; diesen aufgreifend *Ibler*, in: Maunz / Dürig, GG-Kommentar, Bd. VI, Art. 87 GG Rn. 245 [Stand: Januar 2012], welcher zwar die NABEG-Zuständigkeiten des Bundes in der Bundesfachplanung und Planfeststellung thematisiert, aber eine Bewertung offen lässt. Den Beschluss hingegen – bezüglich der Netzplanung durch die BNetzA – weniger streng interpretierend *Appel*, UPR 2011, 406 (411).

262 Art. 89 Abs. 2, Art. 90 Abs. 2, 3 GG.

263 Art. 89 Abs. 1, Art. 90 Abs. 1 GG.

264 Für die Rechtssicherheit wäre es freilich nicht abträglich, eine eindeutige Aufnahme der Vollzugskompetenz der Bundesverwaltung für Übertragungsnetze ins GG aufzunehmen; hinsichtlich der Rechtssicherheit dafür plädierend – sowohl hinsichtlich der Fachplanung, als auch der Planfeststellung („Netzplanung") – *Durner*, DVBl. 2011, 853 (857f.), der hinsichtlich des Vorschlags auf *Schneller*, DVBl. 2007, 529 (532) verweist. Letzterer argumentiert hierfür vor allem aus Gründen der Planungspraxis.

265 Siehe für diesen erhofften Effekt den § 1 S. 1 NABEG („Beschleunigung des Ausbaus"), der sich damit auch auf die Bundesfachplanung der §§ 4 ff. NABEG bezieht. Ähnlich für den Bundesfachplan Offshore in der AWZ *BT-Drucks. 17/10754*, Gesetzentwurf eines Dritten Gesetzes zur Neuregelung energiewirtschaftlicher Vorschriften, S. 23.

266 Ähnlich – allerdings ohne konkreten Bezug zur Fachplanung – die Bewertung von *Kaiser*, ZNER 2013, 107 (108, 113).

auf die Ausgliederung der Fachplanungsabteilungen aus dem BSH und damit aus dem Zuständigkeitsbereich des BMVI beschränken. Da der Bundesfachplan Offshore unter anderem mit den Zielen und Grundsätzen des Raumordnungsplans der AWZ übereinstimmen muss,[267] welcher vom BMVI erlassen wird[268] und der mitunter sehr konkrete Vorgaben für Trassen und -korridore vorgibt,[269] wären noch stärkere Zuständigkeitsänderungen für eine Planungskonzentration notwendig. In diesem Zusammenhang ist zu bedenken, dass innerhalb der beiden Jahre 2011 und 2012 insgesamt drei umfangreiche Gesetzgebungsakte erlassen wurden,[270] die unter anderem die Fachplanung erheblich neu gestaltet haben.[271] Für die Rechtspraxis dürfte daher eine Phase der Konsolidierung erforderlich sein, in welcher die nun geschaffenen Instrumente erprobt und umgesetzt werden müssen. Da ein Planungsrecht grundsätzlich langfristig angelegt ist, muss dies auch für die zu Grunde liegenden Strukturen gelten. Bereits im Rahmen der Bedarfsplanung wurde auf die Notwendigkeit von verlässlichen Rahmenbedingungen für das Planungsrecht hingewiesen,[272] womit diese These vorliegend erneut unterstrichen werden kann. Zusätzlich dürfte es wohl aufgrund der politischen Bedeutung des Netzausbaus keinen Konsens in einer Koalitionsregierung auf Bundesebene geben, welcher eine Zuständigkeitsbündelung bei nur einem Ministerium und damit nur einer politischen Partei ermöglichen würde.[273] Die Konzentration der Fachplanung im Geschäftsbereich eines einzigen Ministeriums ist momentan somit weder erstrebenswert noch durchsetzbar.

Etwas anderes gilt freilich hinsichtlich der vorliegend empfohlenen Übernahme der Fachplanungszuständigkeiten von den Ländern für sämtliche Übertragungsleitungen. Diese Verlagerung würde sich in die bestehende Zuständigkeit der BNetzA reibungslos einfügen und bedürfte damit auf Bundesebene keiner ministeriellen oder behördlichen Umstrukturierung; sie würde dort vielmehr zu einem geringeren

---

267 § 17a Abs. 1 S. 4 Nr. 1 EnWG fordert die Übereinstimmung mit den Erfordernissen der Raumordnung, zu denen gemäß § 3 Abs. 1 Nr. 1 ROG auch die Ziele der Raumordnung gehören, welche ihrerseits gemäß § 17 Abs. 3 i.V.m. § 7 Abs. 1, 4 ROG im Raumordnungsplan des Bundes für die AWZ ausgewiesen werden können.

268 § 17 Abs. 3 S. 1 ROG.

269 Siehe „3. Kapitel II. 1. a) bb)".

270 Gesetz zur Neuregelung energiewirtschaftsrechtlicher Vorschriften vom 26. Juli 2011, BGBl. 2011, I, S. 1554; Gesetz über Maßnahmen zur Beschleunigung des Netzausbaus Elektrizitätsnetze vom 28. Juli 2011, BGBl. 2011, I, S. 1690; Drittes Gesetz zur Neuregelung energiewirtschaftsrechtlicher Vorschriften vom 20. Dezember 2012, BGBl. 2012, I, S. 2730.

271 Siehe Art. 1 Gesetz zur Neuregelung energiewirtschaftsrechtlicher Vorschriften vom 26. Juli 2011, BGBl. 2011, I, S. 1554; Art. 1 Gesetz über Maßnahmen zur Beschleunigung des Netzausbaus Elektrizitätsnetze vom 28. Juli 2011, BGBl. 2011, I, S. 1690; Art. 1 Drittes Gesetz zur Neuregelung energiewirtschaftsrechtlicher Vorschriften vom 20. Dezember 2012, BGBl. 2012, I, S. 2730.

272 Siehe hierzu „2. Kapitel II. 1. a)".

273 Vgl. bereits für die vergangene Legislaturperiode *Böll u. a.*, Der Spiegel vom 9. Februar 2013, 28 (28f.).

Abstimmungsbedarf mit den Ländern bei Übertragungsleitungen führen und müsste einzig durch eine genügende Personalausstattung flankiert werden. Das Hauptproblem dürfte darin liegen, den politischen Widerstand der Länder gegen eine solche Maßnahme zu überwinden.

c) Neuordnung der Bundesfachplanung unter Beibehaltung bestehender Ministerial- und Behördenstrukturen

Im Gegensatz zum soeben diskutierten Modell lassen sich Ansätze erörtern, welche die BNetzA in der Bundesfachplanung stärken und zugleich keine geänderte Ministerial- oder Behördenstruktur erfordern würden. Zunächst könnte man ein Weisungsrecht der BNetzA gegenüber dem BSH thematisieren, welches das momentane Einvernehmenserfordernis des § 17a Abs. 1 S. 1 EnWG über die Linienführung ersetzen würde. Allerdings besteht ein verfassungsrechtliches Gebot, welches Weisungen von Bundesbehörden des Art. 87 Abs. 3 S. 1 GG untereinander ausschließt.[274] Hingegen wäre eine Anlehnung an die Regelung des § 17 Abs. 3 ROG möglich, welche die Aufstellung des Raumordnungsplans für die AWZ anordnet. Das BSH bringt dort seinen Sachverstand in der Vorbereitung des Plans ein, während das übergeordnete BMVI den Plan letztverantwortlich aufstellt.[275] Dementsprechend könnte das BSH den Bundesfachplan Offshore entwerfen und die entsprechenden Prüfungen und Öffentlichkeits- sowie Behördenbeteiligungen durchführen.[276] Die Festlegungen des § 17a Abs. 1 S. 2 EnWG würden sodann einzig die BNetzA treffen und es bräuchte zukünftig kein Einvernehmen mehr zwischen den Behörden. Dadurch wäre eine Kontinuität in den Verwaltungsstrukturen gewährleistet und die BNetzA bekäme die beherrschende Stellung auch für die Fachplanung in der AWZ. Diese Stellung stünde in Einklang mit dem schon vorhandenen Planungssystem. In diesem leistet das BSH zwar einen Großteil der Verwaltungsarbeit für die Fachplanung,[277] aber einzig die BNetzA kann einen ÜNB

---

274 Die gemeinsame Tätigkeit dieser Behörden ist gemäß der verfassungsrechtlichen Rechtsprechung „auf der Ebene der Gleichordnung" zu erledigen, *BVerfG,* Urteil vom 24. Juli 1962 – 2 BvF 4,5/61, 1,2/62, BVerfGE 14, 197 (211) – Kreditwesen. Etwas anderes kann in Einzelfällen gelten, etwa im Verhältnis des als selbständiger Bundesoberbehörde errichteten Zollkriminalamtes zu den Zollfahndungsämtern, siehe dazu *BVerfG,* Beschluss vom 3. März 2004 – 1 BvF 3/92, BVerfGE 110, 33 (49f.); beachte aber, dass diese Entscheidung hinsichtlich von Behörden im Geschäftsbereich eines einzigen Bundesministeriums erging.

275 § 17 Abs. 3 S. 1, 3 ROG.

276 Dies entspräche dem § 17a Abs. 1 – Abs. 5 EnWG, allerdings mit Ausnahme der Festlegungen des § 17a Abs. 1 S. 2 EnWG.

277 Siehe § 17a Abs. 1 S. 3, Abs. 2 – Abs. 4 EnWG für die Aufgabenzuweisung an das BSH bezüglich der Prüfung öffentlicher und privater Belange und der Prüfungen nach dem UVPG.

zum Antrag auf eine nach der SeeAnlVO erfolgende Planfeststellung für eine Anbindungsleitung verpflichten.[278]

Die vorliegend skizzierte dominante Stellung der BNetzA, unter reiner Zuhilfenahme des BSH als vorbereitender Behörde, wäre zunächst aus praktischen Gesichtspunkten interessant. So käme es zu weniger Reibungsverlusten zwischen den Ministerien und den ihnen zugeordneten Behörden in der Fachplanung. Dabei sind allerdings zugleich die verfassungsrechtlichen Anforderungen an den Verwaltungsaufbau zu erfüllen. Grundsätzlich ist es möglich, weitgehende Kooperationen zwischen den Behördenformen der bundeseigenen Verwaltung aus Art. 87 Abs. 3 S. 1 GG zu etablieren: Gemäß der Rechtsprechung des BVerfG ist es nämlich zulässig, eine selbständige Bundesoberbehörde zu errichten, auch wenn diese ihre Aufgabe einzig unter Zuhilfenahme von anderen Bundesbehörden des Art. 87 Abs. 3 S. 1 GG erfüllen kann, sofern dadurch kein Über- und Unterordnungsverhältnis geschaffen wird.[279] Demnach ist die Eignung einer Materie für eine zentrale Bearbeitung, als charakteristische Voraussetzung für eine selbständige Bundesoberbehörde,[280] gewissermaßen relativiert. Damit verfügt der Bundesgesetzgeber vorliegend durchaus über einen großen Gestaltungsspielraum. Folglich könnte das BSH, die hier vorgeschlagene, reine Vorarbeit für den Bundesfachplan Offshore durchführen, welcher sodann in Alleinzuständigkeit der BNetzA aufgestellt wird. Allerdings birgt ein solches Fachplanungsverfahren einen erheblichen Nachteil in sich. Das BSH und das BMVI könnten weiterhin die Fachplanung in der AWZ indirekt steuern, da der Bundesfachplan Offshore mit dem von ihnen vorbereiteten bzw. aufgestellten AWZ-Raumordnungsplan übereinstimmen muss.[281] Diese Situation wäre jedoch vermeidbar, sofern bereits bei besagtem Raumordnungsplan das Einvernehmen oder eine Abstimmung mit der BNetzA oder dem übergeordneten BWMi erfolgen müsste und § 17 Abs. 3 ROG diesbezüglich angepasst würde.

Das Ergebnis des vorliegenden Vorschlags wäre eine Stärkung der BNetzA in der Erstellung des Bundesfachplan Offshore und eine effizientere Verwaltungsstruktur. Gleichzeitig entstünde allerdings eine Verlagerung von bestimmten ministeriellen Konflikten auf die vorgelagerte Raumplanung.

---

278 § 17a Abs. 6 EnWG.

279 *BVerfG,* Urteil vom 24. Juli 1962 – 2 BvF 4,5/61, 1,2/62, BVerfGE 14, 197 (211) – Kreditwesen, welches sich seinerzeit nur mit der Zusammenarbeit von Bundesbehörden im Sinne des Art. 87 Abs. 3 S. 1 GG beschäftigte; bestätigend *BVerfG,* Beschluss vom 14. Mai 2007 – 1 BvR 2036/05, NVwZ 2007, 942 (944), wobei hier ein zulässige Zusammenarbeit mit Bundesbehörden nicht ausdrücklich auf solche des Art. 87 Abs. 3 S. 1 GG beschränkt war und daher auch für sonstige Bundesbehörden gelten dürfte.

280 Zusammenfassend *Ibler,* in: Maunz / Dürig, GG-Kommentar, Bd. VI, Art. 87 GG Rn. 245, 253 [Stand: Januar 2012].

281 Siehe zu den Rechtswirkungen des Raumordnungsplans für die AWZ „3. Kapitel II. 1. a) bb)" sowie „3. Kapitel II. 3. d) aa)".

d) Lösung über politischen Konsens in den Ministerien

Unabhängig von der konkreten Ausgestaltung der behördlichen Zusammenarbeit wie auch einer möglichen Planungskonzentration, etwa durch Schaffung eines Bundesenergieministeriums oder die im Jahr 2013 erfolgte Übertragung der Energiewendezuständigkeiten vom BMUB zum BMWi[282], werden stets mehrere Ministerien von der Netzplanung betroffen sein.[283] Diese werden gewisse Mitspracherechte für sich beanspruchen wollen. Folglich ist der politische Konsens zwischen den Ministerien zumindest in Grundfragen der Trassenführung unverzichtbar.[284] Denn wenn sich der Bund verwaltungsintern schon nicht auf Trassen bzw. Trassenkorridore einigen kann, so sind diese auch politisch nicht gegenüber den Ländern, der Öffentlichkeit oder Nachbarstaaten durchzusetzen. Gesetzlich geschaffene Organisationsstrukturen sind daher für die Fachplanung nur bedingt erfolgreich. Im Ergebnis wird letztlich eine politische Einigung für die Fachplanung im Bundesgebiet und der AWZ notwendig sein und bei genügend Einigungsdruck auch erfolgen.

5. Einfluss der ÜNBs auf Trassen und Trassenkorridore

Eine entscheidende Frage der Fachplanung ist der Einfluss der ÜNBs auf die Linienführung. So zeigt sich hier, welche Möglichkeiten die ÜNBs in der zunehmend staatlich dominierten Netzplanung behalten haben. Hauptsächlich soll vorliegend der raumordnerische Einfluss besprochen werden, wohingegen der Einfluss über umweltrechtliche Belange im Rahmen der SUP diskutiert werden wird.[285]

a) Bestehende Rechtslage und Unterschiede zum Raumordnungsverfahren

Um die Einwirkungsmöglichkeiten der ÜNBs zu verstehen, muss man ihre Beteiligung an der Bundesfachplanung und dem Bundesfachplan Offshore nach geltendem Recht erläutern und mit der früheren Situation vergleichen.

Die momentane Beteiligung findet maßgeblich im Antragsverfahren statt: So kann die BNetzA im Anwendungsbereich des NABEG verlangen, dass ein ÜNB als Träger eines im Bundesbedarfsplan ausgewiesenen Vorhabens den Antrag auf Bundesfachplanung stellt.[286] Dabei hat der Antrag unter anderem einen Trassenkorridor mit Alternativen aufzuführen und muss diese im Bezug auf Umwelt- und

282 Diese Übertragung wurde angeordnet durch Ziffer II., Nr. 3 BKOrgErl 2013.
283 Vgl. *Kaiser,* ZNER 2013, 107 (107).
284 Ähnlich hinsichtlich der allgemeinen Energiepolitik *Kaiser,* ZNER 2013, 107 (108–112), der dabei weiterführende Vorschläge für eine verbesserte Zusammenarbeit der verschiedenen Ministerien anführt.
285 Siehe zum Einfluss der ÜNBs auf die SUP in der Fachplanung „3. Kapitel III. 5.".
286 § 6 S. 2 i.V.m. § 3 Abs. 3 NABEG.

Raumordnungsaspekte begründen.[287] Im Rahmen der sich anschließenden Antragskonferenz wird das exakte Prüfprogramm bestimmt[288] und der ÜNB zur Übermittlung substantiierter Unterlagen für die raumordnerischen Fragestellungen und die durchzuführende SUP verpflichtet.[289] Etwas anders stellt sich die Lage in der AWZ dar, für welche die Fachplanung in jedem geraden Kalenderjahr von Amts wegen und damit ohne Antrag eines ÜNBs durchgeführt wird.[290] Dort besteht zumindest keine formelle Möglichkeit des ÜNBs, eine Trasse oder einen Trassenkorridor vorzuschlagen. Zwar ist der ÜNB auch hier an der Antragskonferenz beteiligt,[291] jedoch ist er nicht zur Vorlage von Informationen für raumordnerische Fragen, sondern nur für Umweltfragen verpflichtet.[292] Der betriebliche Einfluss auf die Fachplanung in der AWZ stellt sich daher geringer dar, als im Bundesgebiet und dem Küstenmeer.

Im Gegensatz zum Bundesfachplanungsrecht des NABEG, bestehen in den ansonsten im Bundesgebiet anwendbaren Planungsvorgaben für Übertragungsleitungen weitergehende Steuerungsmöglichkeiten der ÜNBs. Eine solche Möglichkeit eröffnet zunächst das „Ob" eines Raumordnungsverfahrens. Besagtes Raumordnungsverfahren kam vor Einführung des NABEG grundsätzlich für alle Freileitungen der Übertragungsebene in Betracht, jedoch nicht als zwingende Planungsmaßnahme.[293] Zwar gibt es mitunter die Möglichkeit, ein Raumordnungsverfahren von Amts wegen zu initiieren; als Beispiel kann hierfür auf Art. 24 Abs. 2 S. 1 i.V.m. Abs. 1 BayLPlG[294] verwiesen werden, der für Vorhaben von erheblicher überörtlicher Raumbedeutsamkeit ein obligatorisches Raumordnungsverfahren anordnet.[295] Doch ist es für den ÜNB ansonsten durchaus möglich, eine Behörde von der Nichtdurchführung eines solchen kostspieligen Verfahrens zu überzeugen.

287 § 6 S. 6 Nr. 1, 3 NABEG.

288 § 7 Abs. 4 NABEG.

289 § 8 S. 1 NABEG.

290 Die Durchführung der Fachplanung jedes zweite Jahr von Amts wegen ergibt sich aus § 17a Abs. 1 S. 1 EnWG.

291 Die Teilnahme eines ÜNBs als Vorhabenträger an der Antragskonferenz der NABEG-Fachplanung bzw. Fachplanung in der AWZ ist in § 7 Abs. 2 S. 1 NABEG bzw. § 17a Abs. 2 S. 5 EnWG i.V.m. § 7 Abs. 2 NABEG festgehalten.

292 Siehe zur Vorlagepflicht in Umweltfragen § 17a Abs. 3 S. 2 EnWG.

293 Die grundsätzliche Durchführung des Raumordnungsverfahrens für Freileitungen ab 110 kV, somit auch für die Höchstspannungsebene von 220 kV und 380 kV, ergibt sich aus der Soll-Vorschrift des § 1 S. 1 i.V.m. § 1 Nr. 14 Alt. 1 RoV. Dieses Raumordnungsverfahren findet im Anwendungsbereich des NABEG – solange die Geltungsdauer seiner Fachplanungsentscheidung besteht – nicht mehr statt, § 28 i.V.m. § 15 Abs. 2 NABEG.

294 Bayerisches Landesplanungsgesetz (BayLPlG) vom 25. Juni 2012, (BayLPlG), GVBl. 2012, S. 254.

295 Zur im Wesentlichen inhaltsgleichen Vorgängernorm des BayLPlG *Goppel,* in: Spannowsky u.a. (Hrsg.), ROG-Kommentar, § 15 ROG Rn. 36. Beachte, dass der dort getätigte Gesetzesverweis wohl richtigerweise zu Art. 22 Abs. 1 S. 1 Var. 3 BayLPlG a.F. führen muss.

Sofern ein Raumordnungsverfahren nunmehr durchgeführt wird, kann der ÜNB das „Was", also den Gegenstand des Verfahrens, erheblich beeinflussen. Möglich ist dies, da im Raumordnungsverfahren einzig der Vorhabenträger alternative Trassenkorridore einbringen kann[296] und die Behörden nur „darauf hinwirken"[297] können. Diesbezüglich ist die Rolle der Raumordnungsbehörde mithin schwach. Im Gegensatz hierzu kann die BNetzA in der Bundesfachplanung selbständig Alternativkorridore ermitteln und ist hierfür nicht darauf angewiesen, dass Vorhabenträger oder die Länder Trassenkorridore in das Verfahren einbringen.[298] Der Aufwand einer eigenständigen behördlichen Einführung von alternativen Trassenvorschlägen ist insofern sinnvoll, da die ÜNBs nunmehr zur Umsetzung eines konkreten Vorhabens verpflichtet sind[299] und die abschließend gewählte Trasse für die Planfeststellung verbindlich ist.[300] Da eine solche Wirkung vom Raumordnungsverfahren nicht ausgeht und die ÜNBs als Vorhabenträger grundsätzlich frei in der Wahl des Trassenkorridors sind, rechtfertigt sich dort kein entsprechender eigener Prüfungsaufwand einer Behörde.[301]

Allerdings wurde bereits von einem ÜNB – Tennet – bestritten, dass die BNetzA von sich aus alternative Trassenkorridore ermitteln dürfe, da dies erstens nicht von den Befugnissen des NABEG gedeckt sei und zweitens nicht zu ihrer Eigenschaft als „objektive Prüf- und Entscheidungsinstanz" passe.[302] Daher wurde eine entsprechende Gesetzesänderung des NABEG gefordert, welche den Prüfumfang der BNetzA auf die von Dritten, beispielsweise den ÜNBs oder den Ländern, in die Bundesfachplanung eingebrachte Trassenkorridore begrenzt hätte.[303] Wie bereits beschrieben, hat sich der Gesetzgeber jedoch bewusst entschieden, der BNetzA im

296 So § 15 Abs. 1 S. 3 Alt. 2 ROG; ähnlich Art. 24 Abs. 2 S. 4 BayLPlG.

297 Ausdrücklich Art. 24 Abs. 2 S. 5 BayLPlG; ebenso für das ROG *Goppel,* in: Spannowsky u.a. (Hrsg.), ROG-Kommentar, § 15 ROG Rn. 35.

298 So *de Witt,* in: de Witt / Scheuten (Hrsg.), NABEG-Kommentar, § 5 NABEG Rn. 29 im Hinblick auf § 7 Abs. 3 S. 2 NABEG. Gestützt wird diese Ansicht durch die Gesetzesbegründung der *BT-Drucks. 17/6073,* Gesetzentwurf zur Beschleunigung des Netzausbaus, S. 24, wonach alternative Trassenkorridore sowohl „durch den Vorhabenträger, die Träger öffentlicher Belange...oder durch andere Beteiligte in das Verfahren eingeführt werden [können]", wie auch „Alternativen von Trassenkorridoren [die] ernsthaft in Betracht kommen,...ebenfalls Gegenstand der Prüfung [sind]"; weiterhin *BT-Drucks. 17/6073,* Gesetzentwurf zur Beschleunigung des Netzausbaus, S. 25, dort heißt es schließlich, dass vorgeschlagene Korridore „berücksichtigt" werden.

299 § 12c Abs. 4 S. 3 EnWG.

300 § 15 Abs. 1 S. 1 i.V.m. § 12 Abs. 2 S. 1 Nr. 1 Hs. 1 NABEG.

301 *Goppel,* in: Spannowsky u.a. (Hrsg.), ROG-Kommentar, § 15 ROG Rn. 37.

302 Aussage und Zitat in der *BT-Ausschussdrucks. 17/(9)1151,* TenneT-Stellungnahme zu: „Beschleunigung des Netzausbaus Elektrizitätsnetze", S. 2.

303 *BT-Ausschussdrucks. 17/(9)1151,* TenneT-Stellungnahme zu: „Beschleunigung des Netzausbaus Elektrizitätsnetze", S. 2, dabei wurde argumentiert, dass die unterbreitete Gesetzesänderung nur eine Klarstellung der bestehenden Rechtslage sei.

geltenden Planungsrecht ein unabhängiges Findungsrecht für Trassenkorridore einzuräumen. Würde diese Möglichkeit abgeschafft, so müsste die BNetzA auf die intensive Mitwirkung und die Expertise anderer vertrauen, sinnvolle Trassenkorridore in das Verfahren einzuführen. Am Ende dieses Verfahrens könnten daher einzig raumunverträgliche Gebietsstreifen für Übertragungsleitungen zur Verfügung stehen, was einen zügigen Netzausbau konterkarieren würde. Unter diesen Aspekten ist es für die BNetzA unabdingbar, Trassenkorridore selbständig ermitteln zu dürfen. Mit derselben Begründung ist eine solche Prüfungskompetenz auch für die Bundesfachplanung in der AWZ notwendig, wo das BSH eigenständig Ermittlungen durchführt und – anders als im NABEG – die Einführung von alternativen Trassen(korridoren) durch Dritte nicht vorgesehen ist;[304] eine solche behördliche Planungsautarkie ist hingegen kritisch zu sehen.[305]

Aus dem Vergleich der bestehenden mit der früheren Rechtslage lassen sich nunmehr einige Schlüsse zu den Einflussmöglichkeiten der ÜNBs in der Fachplanung ziehen. So haben die ÜNBs generell an Einfluss im momentanen Planungsregime eingebüßt. Dieser Tatsache liegt der Systemwechsel hin zu einer weitgehend staatlich vorgegebenen Netzausbauplanung zu Grunde. Verständlicherweise herrscht darüber bei den ausbauverpflichteten ÜNBs keine völlige Zustimmung vor, da sie in ihrer wirtschaftlichen Betätigung eingeschränkt werden. Mit der beschriebenen Entwicklung geht eine Stärkung der Fachplanungsbehörden einher, welche von den ÜNBs in zeitlicher und inhaltlicher Sicht weitgehend unabhängig operieren können. Andererseits werden die ÜNBs technische Fragen oftmals umfassender als eine Planungsbehörde beurteilen können, da sie deren praktische Umsetzung kennen. Insofern ist von der BNetzA auf die umfassende Vorlage der für die Bundesfachplanung notwendigen Unterlagen durch die ÜNBs nach § 8 NABEG hinzuwirken, um von dieser Expertise profitieren zu können.

b) Vorschläge für notwendige Gesetzgebungsakte

Aus rechtlichen und praktischen Erwägungen sollte die Mitwirkung der ÜNBs an der Fachplanung nicht lediglich auf die Informationsbeschaffung beschränkt werden. Dies gilt besonders für die AWZ, in der für ÜNBs kein formelles Vorschlagsrecht zu Trassen(korridoren) und deren Alternativen vorgesehen ist – anders als in der NABEG-Fachplanung.[306] Ein solches Vorschlagsrecht wäre auch für die AWZ notwendig, da die ÜNBs eine größere Nähe zum Planungsobjekt haben und dementsprechend über eine weitreichende Expertise verfügen.[307] Zwar sind sie als Vorhabenträger an der Antragskonferenz beteiligt und sie können dort ihre

304 Die eigenständige Ermittlung von alternativen Trassen(korridoren) durch das BSH ergibt sich aus § 17a Abs. 1 S. 4 Nr. 3 EnWG.

305 Siehe hierzu sogleich das folgende Unterkapitel.

306 Siehe dort § 6 S. 1, 6 Nr. 1 NABEG.

307 So schon die Argumentation der vorliegenden Arbeit bezüglich der Bedarfsplanung „2. Kapitel II.“.

Vorstellungen einbringen,[308] doch zeigt der Vergleich mit den einschlägigen Regelungen des NABEG[309] eine weniger bedeutende Stellung der ÜNBs bei der Trassenfindung in der AWZ. Trotz der in der Praxis stattfindenden Auseinandersetzung des BSH mit Vorschlägen von ÜNBs über den Leitungsverlauf,[310] sollten die ÜNBs daher ein formelles und unverbindliches Vorschlagsrecht für die AWZ in Anlehnung an § 6 S. 6 Nr. 1 NABEG und § 7 Abs. 3 S. 2 NABEG erhalten. Dies könnte in § 17a EnWG integriert werden und wie folgt lauten:

> „Die vom Bundesfachplan Offshore voraussichtlich betroffenen Übertragungsnetzbetreiber können für Trassen, Trassenkorridore und deren Übergangsorte von der ausschließlichen Wirtschaftszone der Bundesrepublik Deutschland ins Küstenmeer Vorschläge unterbreiten, an welche das Bundesamt für Seeschifffahrt und Hydrographie nicht gebunden ist."

Eine solche Gesetzesänderung würde zudem die NABEG-Fachplanung mit der Bundesfachplanung in der AWZ vereinheitlichen. So kann der ÜNB zwar momentan Vorschläge für den Trassenkorridor einer Übertragungsleitung im Küstenmeer machen, hat aber keine entsprechende Einflussmöglichkeit auf der weiterführenden Seite der AWZ, mit Ausnahme einer Stellungnahme in der dort stattfindenden Antragskonferenz. Diese momentane Situation könnte folglich dazu führen, dass ein ÜNB die finanziell aufwendigen Planungen im Küstenmeer auf niedrigem Niveau hält, falls er die Fachplanung seewärts des Küstenmeers für wenig berechenbar erachtet. Planungsrückstände und -unsicherheiten beim Trassenabschnitt eines Planungsregimes setzen sich zwangsläufig auf den vorgelagerten Trassenabschnitt fort,[311] weshalb abgestimmte und einheitliche Planungsvorgaben notwendig sind.

Im Ergebnis sind daher Einflussmöglichkeiten von ÜNBs als Vorhabenträger in der Fachplanung durchaus begrüßenswert. Für die Bewertung des Einflusses ist dabei stets die konkrete Ausgestaltung der Zusammenarbeit von ihnen mit der staatlichen Ebene zu betrachten, da eine pauschale Aussage über die notwendige Reichweite ihrer Steuerungsmöglichkeiten nicht möglich ist.

---

308 Ihre Beteiligung ergibt sich aus § 17a Abs. 2 S. 5 EnWG i.V.m. § 7 Abs. 2 NABEG.

309 § 6 S. 6 Nr. 1 NABEG.

310 Siehe als Beispiel die Stellungnahme des BSH zu einem Übergangspunkt aus der AWZ ins Küstenmeer, der vom ausländischen ÜNB Statnett im Rahmen des sogenannten „‚Nord.Link'"-Projekts angefragt wurde, *BSH*, Bundesfachplan Offshore für die AWZ-Nordsee 2012, S. 93. Bei diesem Interkonnektor zwischen Deutschland und Norwegen handelt es sich um ein Vorhaben des gemeinschaftsweiten NEPs im Sinne des Art. 8 Abs. 3 lit. b Stromhandels-VO 2009, worauf auch hingewiesen wird bei *BSH*, Bundesfachplan Offshore für die AWZ-Nordsee 2012, S. 62; siehe dementsprechend *ENTSO (Strom)*, Gemeinschaftsweiter Netzentwicklungsplan 2012, Projektnr. 37, Investitionsnr. 37.142 der Anlage 1.

311 Vgl. die Situation bei Trassenabschnitten von EnLAG-Vorhaben, die durch mehrere Bundesländer verlaufen, *Fest*, NVwZ 2013, 824 (825).

6. Mitwirkungsrechte der Bundesländer

Neben den ÜNBs stellt sich zugleich für die Länder die Frage, wie sie die Bundesfachplanung und den Bundesfachplan Offshore beeinflussen können. Einerseits ist ihnen dies, wie bereits dargelegt, im Vorfeld der Bundesfachplanung durch die Mittel der Raumordnung zu einem gewissen Maß möglich. Andererseits kann dies ebenso in den laufenden Verfahren der Bundesfachplanung und des Bundesfachplan Offshore durch Mitwirkungsrechte der Länder aus dem EnWG und NABEG erfolgen. Der genaue Umfang ihrer Mitwirkung war und ist Gegenstand der Kontroverse. Diese Situation lässt sich unter anderem daran verdeutlichen, dass der Bundesgesetzgeber Art. 87 Abs. 3 S. 1 GG für den Gesetzesvollzug des NABEG heranzieht[312] und diese Norm dem Bund eine selbständige Vollzugskompetenz eröffnet. Insofern ist verständlich, wieso die Länder in den Gesetzgebungsverfahren zur Bundesfachplanung und zum Bundesfachplan Offshore versuchten, einfachgesetzliche Mitwirkungsrechte zu ihren Gunsten durchzusetzen.[313] Im Folgenden gilt es nun zu untersuchen, ob die vorhandenen Mitwirkungsrechte der Länder ausreichend sind oder ob ein Reformbedarf besteht.

a) Mitwirkung im Bundesgebiet und Küstenmeer durch Länder und Kommunen

aa) Die Mitwirkung nach geltendem Recht und seine verfassungsrechtlichen Grenzen

Die Mitwirkung an der Bundesfachplanung im Bundesgebiet und dem Küstenmeer ist für die Länder besonders wichtig, da die Linienführung durch ihre Hoheitsgebiete verläuft und der Leitungsverlauf voraussichtlich mit einer Weite von bis zu 1 km[314]

312 Siehe für das NABEG die Gesetzesbegründung der *BT-Drucks. 17/6073,* Gesetzentwurf zur Beschleunigung des Netzausbaus, S. 32. Ein Bezug auf die Vollzugkompetenz des Art. 87 Abs. 3 S. 1 GG fehlt in den Gesetzesbegründungen für den Bundesfachplan Offshore in der AWZ, obwohl dieser ebenso einer selbständigen Bundesoberbehörde, dem BSH, zugeordnet ist: siehe dementsprechend *BT-Drucks. 17/6073,* Gesetzentwurf zur Beschleunigung des Netzausbaus, S. 33f., für § 17 Abs. 2a S. 3 EnWG a.F. bzw. *BT-Drucks. 17/10754,* Gesetzentwurf eines Dritten Gesetzes zur Neuregelung energiewirtschaftlicher Vorschriften, S. 23f., für die Nachfolgeregelung des § 17a EnWG.

313 Auf die Vorschläge der Länder, bezüglich der Fachplanung im Bundesgebiet und Küstengebiet bzw. in der AWZ, wird sogleich in den folgenden Unterkapiteln „3. Kapitel II. 6 a) bzw. b)“ eingegangen.

314 Diese Weite ist zwar nicht gesetzlich niedergelegt, lag allerdings ausweislich der Gesetzesbegründung der Gesetzgebung zu Grunde, *BT-Drucks. 17/6073,* Gesetzentwurf zur Beschleunigung des Netzausbaus, S. 19; dabei wurde allerdings erklärt, dass Trassenkorridore diese Maße haben „sollten“, weshalb eine starre Gesetzesauslegung über die Korridorweite nicht in Frage kommt. Ebenso aber mit einer

bereits sehr konkret ausgewiesen wird. Das NABEG sieht für die Länder im Wesentlichen drei Mitwirkungsrechte vor: Erstens ein unverbindliches Vorschlagsrecht für Trassenkorridore und Trassenalternativen, zweitens die Herstellung des Benehmens zwischen der BNetzA und den Landesbehörden über die Raumverträglichkeit von im vereinfachten Verfahren geplanten Übertragungsleitungen und drittens ein Einwendungsrecht gegen die abschließenden Entscheidungen der Bundesfachplanung mit der Pflicht der BNetzA, gegenüber den Einwendungen Stellung zu beziehen.[315]

Die soeben aufgezeigte Stellung der Länder wurde von ihnen im Gesetzgebungsverfahren als nicht ausreichend kritisiert. Ein Kritikpunkt war das Vorschlagsrecht für Trassenkorridore, bei dem das Planungsrecht der Gemeinden nicht genügend berücksichtigt werde, so dass der Gesetzgeber ihnen mehr Einfluss zu gewähren hätte.[316] Die Bundesregierung lehnte eine erweiterte Einbindung von Gemeinden mit Hinweis auf deren Äußerungsmöglichkeiten[317] als Träger öffentlicher Belange ab.[318] Kritik wurde vom Bundesrat zudem an dem Benehmensgebot zwischen der BNetzA und den Ländern bei Fragen der Raumverträglichkeit, sowie an den Einwendungsrechten am Ende der Bundesfachplanung, geübt. In beiden Fällen forderte der Bundesrat, dass die BNetzA das Einvernehmen mit den Ländern und ihren Verwaltungseinrichtungen herbeiführen müsse.[319] Diese Haltung der Länderkammer ist unter praktischen Erwägungen nicht verwunderlich. Denn das behördliche Benehmenserfordernis wird durch die Rechtsprechung interpretiert als die Erfordernis, eine „(gutachtliche) Anhörung der anderen Behörde“[320] durchzuführen. Somit ist die anhörende Behörde nicht verpflichtet, dem Vorbringen der anderen Behörde zu folgen[321] was demnach auch im Verhältnis von BNetzA zu

etwas anderen Begründung *Nebel / Riese,* in: Steinbach (Hrsg.), NABEG/EnLAG/EnWG-Kommentar, § 12 NABEG Rn. 35.

315 § 7 Abs. 3, § 11 Abs. 2, § 14 S. 1, 3 NABEG.

316 Siehe hierzu die Stellungnahme des Bundesrates in der *BT-Drucks. 17/6249,* Gesetzentwurf zur Beschleunigung des Netzausbaus, S. 11f.

317 Siehe für diese Äußerungsmöglichkeiten von Trägern öffentlicher Belange in der Bundesfachplanung § 7 Abs. 2 S. 1, § 9 Abs. 2 NABEG.

318 Gegenäußerung der Bundesregierung, *BT-Drucks. 17/6249,* Gesetzentwurf zur Beschleunigung des Netzausbaus, S. 17.

319 Stellungnahme des Bundesrates, *BT-Drucks. 17/6249,* Gesetzentwurf zur Beschleunigung des Netzausbaus, S. 14.

320 So *BVerwG,* Urteil vom 29. April 1993 – 7 A 2.92, BVerwGE 92, 258 (262); aufgreifend und zustimmend *BVerwG,* Urteil vom 9. Mai 2001 – 6 C 4.00, BVerwGE 114, 232 (234f.); das Urteil ebenso aufgreifend *Neumann,* in: Stelkens / Bonk / Sachs (Hrsg.), VwVfG-Kommentar, § 74 VwVfG Rn. 242, der demnach das Benehmen als „Gelegenheit zur Stellungnahme“ interpretiert.

321 *Neumann,* in: Stelkens / Bonk / Sachs (Hrsg.), VwVfG-Kommentar, § 74 VwVfG Rn. 242.

Landesbehörden gilt.[322] Von der Bundesregierung wurde die Forderung der Länder dennoch abgelehnt, mit dem Argument eines „grundgesetzliche[n] Verbot[s] der Mischverwaltung“[323] und den nach ihrer Ansicht ausreichenden Mitwirkungsrechten der Länder.[324] Der in der Gegenäußerung der Bundesregierung verwendete Begriff der „Mischverwaltung“ entspringt nicht der Terminologie des GG und wird seit jeher hinsichtlich seines Inhalts und dementsprechend seiner verfassungsrechtlichen Einschätzung unterschiedlich interpretiert.[325] Nach der Rechtsprechung des BVerfG unterliegt die Zusammenarbeit der Verwaltungsebenen von Bund und Land nicht per se einem verfassungsrechtlichen Verbot.[326] Die Grenze des Zulässigen hatte das BVerfG – allerdings hinsichtlich eines Einwirkens des Bundes auf die Länder – schon früher bei „Mitplanungs-, Mitverwaltungs- und Mitentscheidungsbefugnisse[n]“ gezogen, sofern sich diese nicht ausdrücklich aus dem GG ergeben, und hatte dementsprechend im konkreten Fall „Einvernehmens-, Zustimmungs- und Genehmigungsvorbehalte[n] [sowie] Einspruchsrechte“ des Bundes abgelehnt.[327] Ein zulässiger Fall des Einvernehmens stellt demnach etwa Art. 89 Abs. 3 GG dar, welcher das Einvernehmen zwischen Bund und Land für einzelne Fragen der Bundeswasserstraßen vorsieht und somit eine „volle

322 Vgl. für ein erforderliches Benehmen zwischen Bund und Land und einer entsprechenden Letztentscheidungskompetenz des Bundes *BVerwG*, Urteil vom 9. Mai 2001 – 6 C 4.00, BVerwGE 114, 232 (234f.).

323 Gegenäußerung der Bundesregierung, *BT-Drucks. 17/6249*, Gesetzentwurf zur Beschleunigung des Netzausbaus, S. 18.

324 Gegenäußerung der Bundesregierung, *BT-Drucks. 17/6249*, Gesetzentwurf zur Beschleunigung des Netzausbaus, S. 18.

325 Dazu schon *BVerfG*, Beschluss vom 12. Januar 1983 – 2 BvL 23/81, BVerfGE 63, 1 (36–38) – Schornsteinfeger, mit einer Zusammenfassung der verschiedenen Interpretationen in der Literatur und Erwähnungen in der eigenen Rechtsprechung. Siehe auch *Hömig*, in: Hömig / Wolff (Hrsg.), GG-Kommentar, Vor. Art. 83 ff. G G Rn. 8 m.w.N., der dabei zugleich Benehmens- und Einvernehmenserfordernisse zwischen der Bundes- und Landesebene verfassungsrechtlich einordnet und bewertet.

326 Eingehend, auch zu Art und Umfang der Zusammenarbeit, *BVerfG*, Beschluss vom 12. Januar 1983 – 2 BvL 23/81, BVerfGE 63, 1 (38–41) – Schornsteinfeger.

327 Aussage und Zitate – bezüglich einer finanzverfassungsrechtlichen Norm des GG – von *BVerfG*, Urteil vom 4. März 1975 – 2 BvF 1/72, BVerfGE 39, 96 (120f.) – Städtebauförderungsgesetz. Konsequenterweise muss dies – wie im vorliegenden diskutierten Fall zwischen der BNetzA und den Ländern – auch bei der Einwirkung der Länder auf den Bund gelten, da ein einzelnes Land ansonsten die Tätigkeit der Bundesverwaltung mit eventuellen Auswirkungen auf den Gesamtstaat erheblich behindern könnte. Siehe allerdings die Gegenansicht von *Hömig*, in: Hömig / Wolff (Hrsg.), GG-Kommentar, Vor. Art. 83 ff. GG Rn. 8, der unter anderem Einvernehmensregeln zu Gunsten der Länder als eine zulässige „Selbstbeschränkung“ des Bundes ansieht, da die Art. 83 ff. GG primär die Eigenständigkeit der Länderverwaltungen bezweckten.

Willensübereinstimmung"[328] erfordert; in Bezug auf diese Regelung ist daher ihre einfachgesetzliche Ausformung des Einvernehmens in § 4 und § 14 Abs. 3 S. 1 WaStrG[329] verfassungsgemäß. Zugleich ist festzustellen, dass es für Übertragungsnetze keine vergleichbare Norm zu Art. 89 Abs. 3 GG gibt. Die vom Bundesrat vorgeschlagene Aufnahme von Einvernehmensklauseln in das NABEG wäre daher verfassungswidrig. Daran ändert selbstverständlich auch die fehlende Außenwirkung der Bundesfachplanung des NABEG nichts.[330] Denn ließe man ein Einvernehmen zwischen Bund und Land mit dem Argument zu, dass dieses schließlich nur eine verwaltungsinterne Wirkung hätte,[331] so könnte auf diesem Wege die vom Grundgesetz lediglich ausnahmsweise gebilligte Zulässigkeit eines solchen Erfordernisses ausgehebelt werden. Zwar werden zu Gunsten der Länder mitunter einfachgesetzliche Einvernehmenserfordernisse zugelassen, beispielsweise in § 62 Abs. 2 S. 3 TKG,[332] doch betrifft dies vornehmlich Fälle, bei denen die Rechte der Länder auf das engste mit der Verwaltungstätigkeit des Bundes zusammenhängen und das Einvernehmen beinahe einer verfassungsrechtlichen Notwendigkeit gleichkommt.[333] Dies ist allerdings in der Bundesfachplanung nicht anzunehmen, da es den Ländern im Wesentlichen unbenommen bleibt, ihre raumplanerische Tätigkeit selbständig fortzuführen.

Folglich gibt es für die Länder kaum eine Möglichkeit, das NABEG dergestalt anzupassen, dass sie Festlegungen der Bundesfachplanung verbindlich ändern oder verhindern könnten. Mithin sind einzig unverbindliche Beteiligungsformen zulässig. Hierzu zählt auch die reine Beratungsfunktion des Bundesfachplanungsbeirats, in welchem die BNetzA, die Länder und die Bundesregierung repräsentiert sind.[334]

bb) Vorschläge zu alternativen Mitwirkungsrechten der Länder

Aus den voranstehenden Überlegungen wird ersichtlich, inwiefern man die vorhandenen Mitwirkungsrechte der Länder als gering bezeichnen kann. Sie liegen zwischen der stärksten Rechtsposition, dem Einvernehmen, und der schwächsten

---

328 *Haratsch,* in: Sodan (Hrsg.), GG-Kommentar, Art. 89 GG Rn. 9. So auch *Hömig,* in: Hömig / Wolff (Hrsg.), GG-Kommentar, Vor. Art. 83 ff. GG Rn. 8 m.w.N.

329 Bundeswasserstraßengesetz in der Fassung der Bekanntmachung vom 23. Mai 2007, (WaStrG), BGBl. 2007, I, S. 962; ber. BGBl. 2008, I, S. 1980.

330 Der Gesetzgeber hat sich in § 15 Abs. 3 S. 1 NABEG ausdrücklich gegen eine Außenwirkung der Bundesfachplanung entschieden.

331 Vgl. *Ladeur / Gostomzyk,* MMR 2012, 80 (83f.), die bei der Bewertung von rundfunkrechtlichen Einvernehmenserfordernissen ebenso nicht nach einer Außen- oder Innenrichtung unterscheiden wollen.

332 Telekommunikationsgesetz (TKG) vom 22. Juni 2004, (TKG), BGBl. 2004, I, S. 1190.

333 Siehe *Ladeur / Gostomzyk,* MMR 2012, 80 (84), die eine solche Argumentation hinsichtlich § 62 Abs. 2 S. 3 TKG vornehmen.

334 Siehe zur Zusammensetzung bzw. Beratungsfunktion des Bundesfachplanungsbeirats § 32 Abs. 1 bzw. § 32 Abs. 2 S. 1 NABEG.

Rechtsposition, der informellen Beteiligung. Da die vorhandenen Mitwirkungsrechte letztlich unverbindlich sind, ließe sich fragen, ob nicht eine rein informelle Beteiligung der Länder ausreichen würde und dadurch eine Planungsbeschleunigung erzielt werden könnte. Dies entspräche nicht zuletzt der Beobachtung, wonach bei Bund und Ländern rechtlich nicht institutionalisierte Strukturen der Zusammenarbeit unter anderem für energierelevante Themen bestehen, die sich aus praktischen Erwägungen entwickelt haben.[335] Allerdings machen der geplante Umfang des Netzausbaus und die politische Bedeutung dieses Themas eine solche Praxis für die Bundesfachplanung kaum vorstellbar. Insbesondere würde es der Situation der Länder und ihrer Kommunen nicht gerecht werden, insofern als ein Flächenverbrauch auf ihren Hoheitsgebieten erfolgen soll.[336]

Die Besorgnis der Länder, die Bundesfachplanung des NABEG nur gering beeinflussen zu können, lässt sich durch ein Beispiel aus einer anderen Netzwirtschaft erklären: In einem Verfahren der BNetzA zum Widerruf von Rundfunkfrequenzen, für welches das TKG ein Benehmen zwischen der BNetzA und Länderbehörden vorsah,[337] kam es zu einer Entscheidung, welche den erfolgten Benehmensäußerungen zweier Bundesländer (Niedersachsen und Freistaat Bayern) entgegenstand.[338] Zwar ist eine solche Entscheidung aufgrund der nur geringen Bindungswirkung des Benehmens rechtmäßig,[339] doch leistet es den Vorbehalten in den Ländern Vorschub. Andererseits handelt es sich bei Übertragungsnetzen um ein politisch wesentlich sensibleres Thema. Daher ist eine vergleichbare Vollzugspraxis der BNetzA in Bezug auf die Benehmenserfordernisse des NABEG in der Praxis wohl unwahrscheinlich und dürfte sich auf unwesentliche Einzelfälle beschränken. Dasselbe könnte gleichsam für die Frage gelten, wie Einwendungen der Länder gegen die abschließende Entscheidung der Bundesfachplanung nach § 14 NABEG behandelt werden. Gemäß dem Gesetzeswortlaut hat die BNetzA gegenüber Einwendungen nämlich nur Stellung zu nehmen,[340] was nach dem Willen des Gesetzgebers dazu dient, um „erneut prüfen und rechtfertigen"[341] zu müssen. Obwohl die Länder dadurch lediglich ein schwaches Recht erhalten, wird die politische Bedeutung des Netzausbaus auch hier eine möglichst einvernehmliche Lösung erfordern.

---

335 Die Entwicklung und Argumente nachzeichnend *Grzeszick,* in: Maunz / Dürig, GG-Kommentar, Bd. III, Art. 20 GG IV Rn. 141–144 [Stand: März 2006].

336 Die Bedeutung einer guten Zusammenarbeit zwischen der BNetzA und den Ländern und Kommunen in der NABEG-Fachplanung wie auch in der Planfeststellung wird ebenso hervorgehoben von *Fest,* NVwZ 2013, 824 (829f.), ohne jedoch explizit auf den Flächenverbrauch in ihren Hoheitsgebieten abzustellen.

337 Die entsprechende Regelung findet sich mittlerweile in § 63 Abs. 1 S. 4 TKG.

338 Das Verfahren darstellend *Ladeur / Gostomzyk,* MMR 2012, 80 (81).

339 Siehe zur rechtlichen Bedeutung des „Benehmens" das vorangegangene Unterkapitel „3. Kapitel II. 6. a) aa)".

340 § 14 S. 3 NABEG.

341 So die Gesetzesbegründung der *BT-Drucks. 17/6073,* Gesetzentwurf zur Beschleunigung des Netzausbaus, S. 27.

Zugleich ist nicht auszuschließen, dass die Länder versuchen werden, ihre geringen Mitwirkungsrechte im Wege der Raumordnung zu kompensieren, für deren Instrumente die Bundesfachplanung des NABEG eine Übereinstimmungsprüfung bzw. Abstimmung vornehmen muss.[342] Als Beispiel für sehr detaillierte Vorgaben durch die Raumordnung der Länder kann auf das Landes-Raumordnungsprogramm Niedersachsen verwiesen werden. In diesem Raumordnungsplan wird die Leitungsführung als Erdkabel für die Verteilernetzebene generell[343] und für die Höchstspannungsebene zu Testzwecken[344] als Grundsatz der Raumordnung im Sinne des § 3 Abs. 1 Nr. 3 ROG niedergelegt. Zwar ist ein Grundsatz der Raumordnung bei der NABEG-Fachplanung nur zu berücksichtigen[345] und überdies darf eine Erdverkabelung möglicherweise überhaupt nicht als Vorgabe in Raumordnungsplänen ausgewiesen werden.[346] Jedoch würden solche umfassenden Vorgaben für die BNetzA zusätzliche Prüfpflichten bedeuten. Sofern sie rechtswidrig wären, stünde weiterhin die Gerichtsfestigkeit einer folgenden und an die Bundesfachplanung gebundenen[347] Planfeststellung in Frage. Dies würde dem Ziel des Netzausbau*beschleunigungs*gesetzes entgegenlaufen. Daher ist eine gewisse Zurückhaltung der Länder bei der Raumordnung geboten. Zugleich ist eine frühe Koordination zwischen Politik und Verwaltung auf Bundes- und Landesebene ratsam.

cc) Vorschläge zu alternativen Mitwirkungsrechten der Kommunen

Eine Diskrepanz zwischen vorhandenen und notwendigen Mitwirkungsrechten der Kommunen zeigt sich etwa daran, dass für sie nur die Regelungen über Träger von öffentlichen Belangen gelten.[348] Somit verfügen sie über keine weitergehenden Rechte, als Träger öffentlicher Belange, die nicht das Recht zu eigenen Gebietsplanungen haben. Eine Lösungsmöglichkeit wäre die Erweiterung des § 7 Abs. 3 NABEG auf den folgenden Wortlaut:

---

342 § 5 Abs. 1 S. 4 NABEG. Zur Frage der Bindungswirkung von Zielen der Raumordnung im Sinne des § 3 Abs. 1 Nr. 2 ROG, welche in landesweiten Raumordnungsplänen und Regionalplänen festgehalten werden können, „3. Kapitel II. 2. d) aa)–bb)“.

343 Abschnitt 4.2 Ziffer 07 S. 18 der Anlage 1 (zu § 1 Abs. 1) LROP Niedersachsen.

344 Abschnitt 4.2 Ziffer 07 S. 3 der Anlage 1 (zu § 1 Abs. 1) LROP Niedersachsen.

345 Insofern ist § 4 Abs. 2 ROG anwendbar.

346 Die Frage aufwerfend *Schiller,* RdE 2012, 423 (428), der hierbei den niedersächsischen Raumordnungsplan erwähnt. Siehe weiterführend die Diskussion über das Verhältnis der verfassungsrechtlichen Raumordnungskompetenzen zum EnLAG sowie zur Problematik, ob Vorgaben einer Erdverkabelung durch ein energierechtliches Landesgesetz erlassen werden dürfen *Lecheler,* in: Steinbach (Hrsg.), NABEG/EnLAG/EnWG-Kommentar, Teil 2 EnLAG Rn. 58–94.

347 § 15 Abs. 1 S. 1 NABEG.

348 § 7 Abs. 2 S. 1, § 9 Abs. 2 NABEG. Siehe zur Einordnung der Kommunen hierunter die Gegenäußerung der Bundesregierung in der *BT-Drucks. 17/6249,* Gesetzentwurf zur Beschleunigung des Netzausbaus, S. 17.

„Länder und Kommunen, auf deren Gebiet ein Trassenkorridor voraussichtlich verlaufen wird, können Vorschläge im Sinne von § 6 Satz 6 Nummer 1 machen. Die Bundesnetzagentur ist an den Antrag des Vorhabenträgers und die Vorschläge der Länder und Kommunen nicht gebunden."

Problematisch ist die Situation betroffener Kommunen ferner im vereinfachten Verfahren des § 11 NABEG. In diesem Verfahren ist die Behörden- und Öffentlichkeitsbeteiligung des § 9 NABEG nur optional,[349] so dass Kommunen gegebenenfalls kein formelles Äußerungsrecht besitzen. Einerseits ist diese Regelung verständlich, da sich der Anwendungsbereich des vereinfachten Verfahrens auf bestehende Trassen bzw. in anderen Planungen bereits ausgewiesene Trassenkorridore beschränkt.[350] Andererseits lässt sie unberücksichtigt, dass der örtliche Widerstand gegenüber solchen Ausbaumaßnahmen dennoch erheblich sein kann und diesem durch ein Mitwirkungsrecht der Kommunen begegnet werden könnte. Vorstellbar ist eine solche Situation etwa bei einer Erhöhung der Spannungsebene in bestehenden Trassen, welche im vereinfachten Verfahren geplant werden kann, sofern für die Planung keine Pflicht zur SUP nach § 14d S. 1 UVPG besteht.[351] Die Konfliktbeladenheit einer solchen Ausbaumaßnahme zeigte sich beispielsweise schon in der Bedarfsplanung des Bundes, bei der Aufstellung des NEPs 2012. So wurde dort im Rahmen der Öffentlichkeitsbeteiligung gefordert, die von der Maßnahme 54 angestrebte Netzverstärkung von 220 kV auf 380 kV in einer Bestandstrasse nicht durchzuführen und stattdessen eine Trasse für die 380 kV-Leitung neuzubauen und diese an mit Wohnraum bebauten Flächen der Kommunen vorbeizuführen.[352] Dies verdeutlicht die Notwendigkeit zur Steigerung der Akzeptanz vor Ort, indem entweder die Behörden- und Öffentlichkeitsbeteiligung stets bei allen Ausbaumaßnahmen des NABEG gleichermaßen angewendet oder zumindest ein formelles Recht zur Stellungnahme von Kommunen eingeführt wird. Der erste Vorschlag hätte die Streichung der nur optionalen Behörden- und Öffentlichkeitsbeteiligung des § 9 Abs. 7 NABEG zur Folge; dementsprechend würde § 11 Abs. 3 NABEG geändert werden und die Frist

349 Siehe § 9 Abs. 7, § 11 Abs. 1 S. 1 Hs. 1 NABEG. Die Möglichkeit ein solches Verfahren dennoch durchzuführen, erschließt sich aus der Kann-Formulierung des § 9 Abs. 7 NABEG.

350 Dieser Anwendungsbereich folgt aus § 11 Abs. 1 S. 1 Nr. 1.-4. NABEG.

351 Siehe § 11 Abs. 1 S. 1 Nr. 1 NABEG für die Anwendungsvoraussetzungen des vereinfachten Verfahrens in diesem Fall. Eine Pflicht zur SUP entfällt nach § 14d S. 1 UVPG in der Regel bei geringfügigen Planänderungen oder bei kleinen und lokalen Gebietsnutzungen.

352 Siehe für die Äußerungen der Öffentlichkeitsbeteiligung bzw. für die Beschreibung der Maßnahme 54 *BNetzA*, Bestätigung des NEP 2012, S. 42f. bzw. S. 255–258. Die Maßnahme wurde im NEP 2012 „noch nicht bestätigt" und war daher von den ÜNBs in der weiteren Bedarfsplanung für die folgenden Entwürfe der NEPs erneut zu prüfen, siehe *BNetzA*, Bestätigung des NEP 2012, S. 5f. Eine Bestätigung erfolgte ebenso wenig im darauffolgenden Jahr für die weiterhin mit der Nummer 54 geführte Maßnahme, *BNetzA*, Bestätigung des NEP 2013, S. 5.

zum Abschluss des vereinfachten Verfahrens betrüge stets vier Monate. Der zweite Vorschlag ließe sich durch das Anfügen eines Satz 2 an § 11 Abs. 2 NABEG erreichen und würde die Benehmensäußerung des Satz 1, welche zwischen der für die Raumverträglichkeit zuständigen Landesbehörde und der BNetzA stattfindet, ergänzen:

> „Zeitgleich werden, die auf ihrem Gebiet voraussichtlich betroffenen Kommunen, zur Stellungnahme aufgefordert."[353]

Die Bedeutung, kommunale Akzeptanz durch Kommunikation zu erreichen, ist im vereinfachten Verfahren auch im Bezug auf finanzielle Aspekte zu betrachten. Denn das vereinfachte Verfahren wird unter anderem für Ausbaumaßnahmen in bestehenden Trassen angewendet,[354] für welche im Gegensatz zum Neubau von Trassen keine Kompensationszahlungen an Kommunen vorgesehen sind.[355] Da folglich oftmals keine Zuwendungen erfolgen werden, sollten die kommunalen Mitwirkungsrechte in der Planung gewährleistet und weiterentwickelt werden.

b) Mitwirkung in der AWZ (Bundesfachplan Offshore)

aa) Geltende Rechtslage

Die Situation bei den Mitwirkungsrechten der Länder am Bundesfachplan Offshore für die AWZ stellt sich durchaus anders dar, als bei der Bundesfachplanung im Bundesgebiet und dem Küstenmeer. Erklärbar ist dies sicherlich aus dem Umstand, dass die AWZ außerhalb des Hoheitsgebiets der Länder liegt und daher ihre Landesplanungen weniger berührt sind, als dies bei Leitungen innerhalb eines Landes oder seinem Küstenmeer der Fall ist. Allerdings lässt sich hieraus nicht schließen, ob die Länder ein geringeres Interesse haben, am Bundesfachplan Offshore mitzuwirken oder ob ihre Mitspracherechte gegenüber dem NABEG geringer ausfallen sollten.

Mit der Fortentwicklung der Fachplanung für die AWZ im Jahr 2012[356] stellte sich die Frage, inwieweit die Mitwirkungsrechte der Länder ebenso weiterzuentwickeln seien. Das EnWG sah für die im Jahr 2011 eingeführte Fachplanung eine Abstimmungspflicht mit den Küstenländern vor,[357] was vom Bundesrat im Gesetzgebungsverfahren akzeptiert wurde.[358] Die Forderung des Bundesrates, das Einvernehmen

353 Die Formulierung orientiert sich an § 7 Abs. 3 S. 1 und § 9 Abs. 2 S. 1 NABEG.

354 § 11 Abs. 1 S. 1 Nr. 1 NABEG.

355 Siehe zu den Kompensationszahlungen bei neuen Trassen § 5 Abs. 4 StromNEV sowie § 11 Abs. 2 S. 1 Nr. 8b ARegV.

356 Art. 1 Drittes Gesetz zur Neuregelung energiewirtschaftsrechtlicher Vorschriften vom 20. Dezember 2012, BGBl. 2012, I, S. 2730.

357 § 17 Abs. 2a S. 3 EnWG a.F., aufgehoben durch Art. 1 Drittes Gesetz zur Neuregelung energiewirtschaftsrechtlicher Vorschriften vom 20. Dezember 2012, BGBl. 2012, I, S. 2730.

358 Siehe dazu die Stellungnahme des Bundesrates, die bezüglich des Offshore-Netzplans keine Änderungswünsche beinhaltete, *BT-Drucks. 17/6249,* Gesetzentwurf zur Beschleunigung des Netzausbaus, S. 11–16.

zwischen den zuständigen Bundesbehörden und den Küstenländern herzustellen, wurde erst im Jahr 2012 bei der geplanten Erweiterung der Fachplanung durch das Dritte Gesetz zur Neuregelung energiewirtschaftlicher Vorschriften erhoben.[359] Bis dahin hatte das EnWG an die Fachplanung im Wesentlichen nur die Aufgabe zugewiesen, Festlegungen zu Anbindungsleitungen für Offshore-Anlagen und zu grenzüberschreitenden Stromleitungen wie auch Darstellungen zu Verbindungen untereinander vorzunehmen.[360] Festlegungen für Übergangskorridore von der AWZ ins Küstenmeer waren dort hingegen nicht ausdrücklich genannt, wurden aber dennoch in dem nach alter Rechtslage erstellten „Entwurf [eines] Offshore-Netzplans für die deutsche ausschließliche Wirtschaftszone der Nordsee“[361] eingearbeitet.[362] Gemäß der nunmehr geltenden Rechtslage ist das BSH eindeutig befugt, Übergänge von Anbindungsleitungen aus der AWZ ins Küstenmeer zu bestimmen.[363] Das Ansinnen des Bundesrates, für diese Übergänge das Einvernehmen mit den Küstenländern herbeizuführen, wurde von der Bundesregierung mit Verweis auf eine „unzulässige Mischverwaltung“ abgelehnt.[364] Vor dem Hintergrund der vorangegangenen Erörterungen,[365] ist der Rechtsauffassung der Bundesregierung zuzustimmen.

Neben dem Abstimmungsgebot zwischen den Küstenländern und dem BSH stehen den Küstenländern noch weitere Mitwirkungsmöglichkeiten am Bundesfachplan Offshore zur Verfügung, sofern nicht ein eng begrenzter Fall des § 14d UVPG vorliegt.[366] So nehmen sie am Anhörungstermin teil, in welchem der Untersuchungsrahmen sowohl für den Bundesfachplan Offshore als auch die durchzuführende

359 *BT-Drucks. 17/11269,* Stellungnahme des Bundesrates und Gegenäußerung der Bundesregierung zum Entwurf des Dritten Gesetzes zur Neuregelung energiewirtschaftlicher Vorschriften, S. 3; diese Forderung ist nicht ausdrücklich niedergeschrieben, ergibt sich aber aus der vom Bundesrat gewünschten Umstellung der Formulierung von § 17a Abs. 1 S. 1 EnWG.

360 § 17 Abs. 2a S. 3, 4 EnWG a.F., aufgehoben durch Art. 1 Drittes Gesetz zur Neuregelung energiewirtschaftsrechtlicher Vorschriften vom 20. Dezember 2012, BGBl. 2012, I, S. 2730.

361 *BSH,* Entwurf Offshore-Netzplan für die AWZ-Nordsee 2012, S. 1.

362 Siehe die diesbezüglichen textlichen Festlegungen bzw. kartographischen Festlegungen bei *BSH,* Entwurf Offshore-Netzplan für die AWZ-Nordsee 2012, S. 29, 45f. bzw. S. 37, 49.

363 § 17a Abs. 1 S. 2 Nr. 3 EnWG.

364 Aussage und Zitat von *BT-Drucks. 17/11269,* Stellungnahme des Bundesrates und Gegenäußerung der Bundesregierung zum Entwurf des Dritten Gesetzes zur Neuregelung energiewirtschaftlicher Vorschriften, S. 33.

365 „3. Kapitel II. 6. a) aa)“.

366 § 14d S. 1 UVPG schließt die Anwendung einer SUP aus, sofern ein Plan nur „geringfügig geändert [wird] oder ... die Nutzung kleiner Gebiete auf lokaler Ebene fest[legt]“. In einem solchen Fall entfällt der Anhörungstermin und es wird kein Umweltbericht erstellt, § 17a Abs. 2 S. 1 bzw. Abs. 3 S. 1 EnWG jeweils i.V.m. § 14d UVPG.

SUP behandelt wird.[367] Ob neben den Küstenländern auch andere Länder hieran teilnehmen dürfen, ist allerdings fraglich,[368] obwohl sie letztlich ebenso von Festlegungen in der AWZ berührt sein können.[369] Hingegen sind zumindest die Küstenländer im weiteren Planungsverlauf erneut zu beteiligen. So sind ihre Behörden, deren Aufgabenbereich von der Planung berührt ist oder die als Träger öffentlicher Belange gelten, an den Entwürfen zum Bundesfachplan Offshore und dem Umweltbericht zu beteiligen.[370] Einerseits findet also neben dem Abstimmungsgebot des § 17a Abs. 1 S. 1 EnWG eine Länderbeteiligung am Bundesfachplan Offshore für die AWZ statt. Andererseits ist sie in ihrer Wirkung begrenzt. Denn beispielsweise steht es im (pflichtgemäßen) Ermessen des BSH, inwieweit sie das Vorbringen der Länder im Anhörungstermin für den Untersuchungsrahmen des Bundesfachplan Offshore heranzieht.[371] Überdies sind die Ergebnisse des Beteiligungsverfahrens zum Entwurf des Bundesfachplan Offshore und seines Umweltberichts, an welchem die Länderbehörden teilgenommen haben, in der weiteren Planung nur zu berücksichtigen.[372]

bb) Vorschlag eines alternativen Mitwirkungsrechts

Aus dem Voranstehenden ergibt sich, dass die Länder im Verlauf des Erstellungsverfahrens zum Bundesfachplan Offshore für die AWZ mehrmals beteiligt werden. Anders als bei der Bundesfachplanung des NABEG sind für sie allerdings keine speziellen Mitwirkungsrechte zu Fragen der Raumverträglichkeit vorgesehen. So existiert in der Bundesfachplanung des Bundesgebiets einschließlich des Küstenmeers ein unverbindliches Vorschlagsrecht für von Ausbaumaßnahmen betroffene Länder, welches ihnen das Einbringen von Trassenkorridoren ermöglicht.[373] Ein entsprechendes Recht wäre beim Bundesfachplan Offshore besonders wegen der Übergänge von Leitungen aus der AWZ ins Küstenmeer ebenso sinnvoll, da diese

---

367 Siehe zur Doppelfunktion des Anhörungstermins § 17a Abs. 2 S. 2–4 EnWG; die Ladung der Länder zu diesem Termin ergibt sich explizit aus § 17a Abs. 2 S. 5 EnWG i.V.m. § 7 Abs. 2 S. 1 NABEG.

368 Dazu müssten ihre Behörden „betroffen" im Sinne des § 7 Abs. 2 S. 1 NABEG sein. Dies wäre bei einer engen Auslegung des Merkmals zu verneinen, da die Hoheitsgebiete dieser Länder nicht unmittelbar an die AWZ angrenzen.

369 Siehe dazu sogleich das folgende Unterkapitel „3. Kapitel II. 6. b) bb)".

370 § 17a Abs. 4 S. 1, S. 2 Hs. 1 EnWG. Die Einordnung von Länderbehörden hierunter ergibt sich aus der korrespondierenden Vorschrift zur Entwurfsbeteiligung des § 9 Abs. 2 S. 1 NABEG, welche ebenso „Träger öffentlicher Belange" einschließt; zu Trägern öffentlicher Belange zählen unter anderem Landesplanungsbehörden, was sich § 7 Abs. 2 S. 1 NABEG entnehmen lässt.

371 Siehe § 17a Abs. 2 S. 6 EnWG; diese Norm beschränkt sich nicht auf das Vorbringen der Länder, sondern verweist auf alle „Ergebnisse der Anhörungstermins" und damit sämtliche Stellungnahmen.

372 Die Berücksichtigung ergibt sich aus § 14k Abs. 2 UVPG.

373 § 7 Abs. 3 i.V.m. § 6 S. 6 Nr. 1 NABEG.

vom BSH festgelegt werden[374] und faktisch zugleich den weiteren Verlauf in den Hoheitsgebieten der Länder vorgeben. Zwar ließe sich ein solches Recht nicht etwa mit einem Einvernehmenserfordernis zugunsten der Länder ausgestalten, da das GG für diesen Bereich kein Zusammenwirken in dieser Form zwischen Bund und Land zuließe.[375] Jedoch würde ein formelles Vorschlagsrecht der Länder ihre Stellung im Planungsgefüge aufwerten.

Zugleich ist zu fragen, ob dieses Recht neben den Küstenländern auch anderen Länder gewährt werden sollte. Diese Vorstellung mag zunächst konträr zur Ausrichtung des § 17a EnWG erscheinen, die im Wesentlichen auf die Küstenländer abzielt.[376] Allerdings ist es notwendig, die Vorwirkung von festgelegten Übergängen aus der AWZ ins Küstenmeer auch für die Binnenländer zu betrachten. So werden die einmal festgelegten Übergänge nicht nur den Leitungsverlauf in das Küstenmeer und den Anlandungspunkt vorgeben, sondern faktisch auch den weiteren Anschluss an das Übertragungsnetz mit Auswirkungen auf den Trassenverlauf in den rückwärtigen Bundesländern. Diese Vorwirkung auf den weiteren Trassenverlauf lässt sich bereits aus dem Erfordernis der wirtschaftlichen Zumutbarkeit des Netzausbaus, § 11 Abs. 1 S. 1 a.E. EnWG, und des Netzanschlusses, § 17 Abs. 2 S. 1 EnWG, folgern. Zwar ist die wirtschaftliche Zumutbarkeit gegenüber dem ÜNB regelmäßig gegeben, da er seine Kosten auf die Netzentgelte umlegen kann,[377] doch wird die Regulierungsbehörde bei der Genehmigung der Investitionsmaßnahmen[378] voraussichtlich auf wirtschaftliche Trassenverläufe zur Vermeidung übermäßig steigender Netzentgelte achten, um die Akzeptanz des Netzausbaus nicht zu gefährden. Daher werden wohl kostengünstige und damit zumeist möglichst kurze Leitungsverläufe indiziert, so dass der Trassenverlauf im Fortgang der besagten Übergangspunkte aus der AWZ beeinflusst wird. Als Beispiel solcher indirekt vorgegebenen Trassenverläufe kann der im NEP 2012 als „Korridor A"[379] ausgewiesene Trassenverlauf dienen, der vom niedersächsischen Emden / Borßum über Osterath ins baden-württembergische Philippsburg verläuft.[380] Der Korridor unterteilt sich in zwei Abschnitte.

374 § 17a Abs. 1 S. 2 Nr. 3 EnWG.
375 Siehe zur vergleichbaren Frage im Anwendungsbereich des NABEG „3. Kapitel II. 6. a) aa)".
376 So etwa das Abstimmungsgebot zwischen dem BSH und den Küstenländern in § 17a Abs. 1 S. 1 EnWG.
377 Siehe schon „2. Kapitel II."
378 Maßnahmen für den Netzausbau und Netzanschluss gemäß § 11 bzw. § 17 Abs. 1, § 17d Abs. 1 EnWG sind als Investitionsmaßnahmen grundsätzlich genehmigungsfähig, § 23 Abs. 1 ARegV.
379 *BNetzA*, Bestätigung des NEP 2012, S. 119.
380 Siehe die textlichen und zeichnerischen Erläuterungen bei *BNetzA*, Bestätigung des NEP 2012, S. 119–130. Im Wesentlichen unverändert *BNetzA*, Bestätigung des NEP 2013, S. 82–92.

welche Eingang in den Bundesbedarfsplan gefunden haben.[381] Mit ihm ist unter anderem die Netzintegration des auf See produzierten Stroms bezweckt, weshalb der Anlandepunkt für die anzuschließenden Anbindungsleitungen in Emden als Trassenbeginn gewählt wurde.[382] In Übereinstimmung damit wird dieser Ort zugleich im Bundesfachplan Offshore 2012, als Einspeisepunkt für Strom aus der AWZ, berücksichtigt.[383] Die Punkte der Anlandung und Einspeisung sind ihrerseits durch den Übergangsort von der AWZ ins Küstenmeer vorgegeben. Sofern zusätzlich die Punkte der Stromentnahme im Wesentlichen feststehen, ist damit der ungefähre Korridorverlauf absehbar. Im Ergebnis wird nunmehr das Interesse der Binnenländer an den Übergangsorten von der AWZ ins Küstenmeer ersichtlich. Daher empfiehlt sich die Aufnahme eines Satz 5 zu § 17a Abs. 1 EnWG, der folgendermaßen formuliert werden könnte:

> „Länder, auf deren Gebiet die Ableitung von aus der ausschließlichen Wirtschaftszone der Bundesrepublik Deutschland kommenden Anbindungsleitungen voraussichtlich erfolgen wird, können unverbindliche Vorschläge zu den Überschreitungsorten im Sinne des Satz 2 Nr. 3 machen."[384]

Dem vorliegenden Gesetzgebungsvorschlag könnte entgegnet werden, dass die Binnenländer in der Bundesfachplanung des NABEG den Trassenverlauf, für diese Leitungen auf ihrem Gebiet, hinreichend beeinflussen könnten. Eine solche Argumentation würde jedoch den zeitlich versetzt stattfindenden Verfahren der Bundesfachplanung und des Bundesfachplan Offshore nicht ausgewogen begegnen. Festlegungen des gegebenenfalls zuerst aufgestellten Bundesfachplan Offshore für die AWZ können die im Anschluss durchzuführende Bundesfachplanung für das Küstenmeer und das Bundesgebiet faktisch binden.

cc) Politischer Konsens als Ergänzung zur vorhandenen Rechtslage

Die aufgezeigten Mitwirkungsrechte der Länder erlauben es ihnen, den Bundesfachplan Offshore mitzugestalten, ohne aber seine Festlegungen verhindern zu können. Selbst wenn nun die Länder keine umfangreichen Mitwirkungsrechte am Bundesfachplan Offshore haben, so muss das BSH die Vorbehalte an den Orten des Netzausbaus berücksichtigen. Zur Veranschaulichung kann hier die Argumentation des Bundesrats, für das bereits erörterte Ansinnen eines Einvernehmenserfordernis

381 Die beiden Abschnitte sind als Vorhaben Nr. 1 und Nr. 2 der Anlage (zu § 1 Absatz 1) BBPlG ausgewiesen. Beachte, dass anstatt „Emden / Borßum" nun „Emden Ost" im Gesetz vermerkt ist.

382 Siehe zu den Zwecken des Korridors bzw. zum Grund der Festlegung von Emden als Trassenbeginn *BNetzA,* Bestätigung des NEP 2012, S. 119 bzw. S. 124.

383 *BSH,* Bundesfachplan Offshore für die AWZ-Nordsee 2012, S. 52.

384 Der Vorschlag orientiert sich an der entsprechenden Regelung des § 7 Abs. 3 NABEG.

zwischen BSH und Länderbehörden für den Bundesfachplan Offshore,[385] dienen. Die Länderkammer unterstrich ihren Änderungsvorschlag im Gesetzgebungsverfahren mit der Sorge um Folgen etwa für den Nationalpark Wattenmeer, falls der Bundesfachplan Offshore einzig durch besagte Bundesbehörde erfolgen würde.[386] Politisch ist es jedoch kaum vorstellbar, dass Bundesbehörden verbindliche Übergangspunkte für Trassenverläufe einseitig vorgeben, welche Nationalparks queren. Daher ist im Ergebnis von einem politischen Konsens auszugehen, welcher insbesondere die Interessen der Küstenländer berücksichtigt. In diese Richtung gehend, lässt sich auch § 2 Abs. 2 i.V.m. Abs. 1 Nr. 1–6 EnLAG interpretieren, obwohl dort keine Regelungen über die AWZ getroffen werden. Diese Vorschrift erlaubt die behördliche Anordnung, auf bestimmten Trassen eine zumindest teilweise Erdverkabelung vorzunehmen. Nach dem Willen des Gesetzgebers erfolgt dies unter anderem mit Rücksicht auf die im Gesetz genannten Gebiete, welche durch den Netzausbau besonders betroffen sind.[387] Offensichtlich wurden bei dieser Bestimmung die höheren Kosten im Vergleich zur Trassenführung auf Masten in Kauf genommen,[388] um öffentliche und politische Akzeptanz in den Ländern zu schaffen. Ein politischer Konsens kann daher nicht nur die Linienführung, sondern ebenso die Art und Weise des Ausbaus und Regelungen darüber betreffen.

c) Fazit: Mitwirkung über politische Strukturen

Es erscheint mit den vorhandenen rechtlichen Vorgaben kaum möglich, die Mitwirkung der Länder an der Bundesfachplanung und dem Bundesfachplan Offshore für sie zufriedenstellend zu gewährleisten. Diese Tatsache hat eine hohe praktische Relevanz, da die Länder erhebliche fachplanerische Kompetenzen an die BNetzA abgegeben haben und zugleich ein umfassender Ausbau des Übertragungsnetzes bevorsteht. Die vorliegend gemachten Gesetzgebungsvorschläge können dieser Situation zwar begegnen, aber sie nicht umfassend lösen. Deshalb ist von einer teilweisen Verlagerung des Konflikts auf andere Ebenen auszugehen. Auf der einen Seite befinden sich die Länder, welche die Bundesfachplanung über die Raumordnung steuern können und auf der anderen Seite befindet sich der Bund, welcher sich seinerseits über die Raumordnung der Länder hinwegsetzen kann, beispielsweise

385 Siehe das vorangegangene Unterkapitel „3. Kapitel II. 6. b) aa)".

386 *BT-Drucks. 17/11269,* Stellungnahme des Bundesrates und Gegenäußerung der Bundesregierung zum Entwurf des Dritten Gesetzes zur Neuregelung energiewirtschaftlicher Vorschriften, S. 4; ähnlich die Äußerung des Bundesrates bezüglich der Bundesfachplanung des NABEG durch die BNetzA im Küstenmeer *BT-Drucks. 17/11269,* Stellungnahme des Bundesrates und Gegenäußerung der Bundesregierung zum Entwurf des Dritten Gesetzes zur Neuregelung energiewirtschaftlicher Vorschriften, S. 8.

387 *BT-Drucks. 16/10491,* Gesetzentwurf zum EnLAG, S. 16.

388 Siehe zu den Mehrkosten schon § 2 Abs. 5 EnLAG.

über die Vorrangregel des § 15 Abs. 1 S. 2 NABEG.[389] Dieses rechtliche Instrumentarium der Planungsträger muss jedoch nicht zwingend angewendet werden. Vielmehr kann es als Ultima Ratio verstanden werden, über welches die Entscheidungsträger verfügen, um eigene Vorstellungen durchzusetzen oder diesen in Verhandlungen einen Nachdruck zu verleihen. Diese Annahme folgt aus der Überlegung, dass es bei der Planung des Übertragungsnetzes keine Entscheidung von Bundesbehörden gegen die ausdrücklichen Vorstellungen der Länder geben wird.[390] Gleichzeitig ist eine Konterkarierung der Bundesfachplanung oder des Bundesfachplan Offshore durch ein einzelnes Land genauso wenig vorstellbar. Bekanntermaßen ist jedes Land auf Übertragungsnetze angewiesen, sei es aus wirtschaftlichen oder versorgungstechnischen Gründen, und hat daher ein eigenes Interesse an deren Errichtung. Überdies besteht in einem Bundesstaat zumindest die politische Pflicht, eine Durchleitung von Strom für die Versorgung benachbarter Länder zu ermöglichen. Abseits der vorhandenen und vorgeschlagenen Mitwirkungsrechte hängt es also vom Verhandlungsgeschick der Länder ab, Trassenverläufe zu beeinflussen und Gegenleistungen für diesbezügliche Zugeständnisse zu erhalten.

7. Die Abstimmung mit der Planung von Erzeugungsanlagen

Ein wesentliches Problem der Bundesfachplanung wie auch des Bundesfachplan Offshore ist die fehlende Verknüpfung der teilweise staatlichen Netzplanung mit der Planung von Erzeugungsanlagen. Im Grunde geht es dabei um die ordnungspolitische Frage, inwieweit es notwendig ist, dass der Staat auf einem wettbewerbsorientierten Markt wie dem Stromerzeugungsmarkt tätig wird. Diese Problematik wurde bereits für die vorgelagerte Ebene der Bedarfsplanung dargestellt. Dort wurde die Prämisse vertreten, keine Ausbauverpflichtung für Anlagenbetreiber einzuführen und stattdessen eine indirekte Anlagensteuerung – etwa über die Raumordnung oder das EEG-Fördersystem – zu betreiben.[391] Aus der Natur der Sache ergibt sich, dass eine Ausbauverpflichtung ohnehin nur gegenüber bestehenden Energiewirtschaftsunternehmen greifen könnte und nicht gegenüber potentiellen Anlagenbetreibern, welche überdies bei einer solchen Regelung das Interesse an Investitionen verlieren dürften. Unter diesen Voraussetzungen ist zu betrachten, wie die Bundesfachplanung und der Bundesfachplan Offshore für das Übertragungsnetz mit der räumlichen Planung von Erzeugungsanlagen nach geltendem Recht abgestimmt sind und es sind notwendige Reformansätze zu erörtern.

---

389 Siehe dazu bereits „3. Kapitel II. 2. d)".

390 Siehe zu dieser Annahme insbesondere schon 3. Kapitel II. 2. d) cc).

391 Siehe dafür „2. Kapitel II. 2.".

a) *Die Abstimmung nach geltendem Recht in der AWZ und dem Bundesgebiet*

Im EnWG und NABEG finden sich nur wenig ausgeprägte Regelungen über die fachplanerische Abstimmung entlang des Trassenkorridors mit vorhandenen und zukünftigen Erzeugungsanlagen sowie mit (potentiellen) Anlagenbetreibern.[392] Ihnen ist gemein, dass sie Anlagen keinen festen Standort zuweisen. Allerdings unterscheiden sie sich im Detailgrad der sonstigen Bestimmungen. So ist es im Bundesfachplan Offshore für die AWZ möglich, Windenergieanlagen auf See eines bestimmten geographischen Bereichs zu bestimmen, für welche eine Sammelanbindung zweckmäßig ist.[393] Dabei greift das hierfür zuständige BSH in der Praxis zu einem großen Teil auf die im entsprechenden Raumordnungsplan ausgewiesen Vorranggebiete für Erzeugungsanlagen zurück.[394] Das reibungslose Ineinandergreifen dieser Planungsinstrumente wird sicherlich durch die Rolle des BSH begünstigt, welches in beiden Fällen die zuständige Planungsbehörde ist.

Abweichend hiervon stellt sich die Lage im Bundesgebiet dar. Das NABEG greift Erzeugungsanlagen nicht explizit in seinen Bestimmungen über die Bundesfachplanung auf. Die einzige verlässliche Größe für die Bundesfachplanung im Bundesgebiet besteht stattdessen in den Start- und Endpunkten des BBPlG, welche dort für die Übertragungsleitungen vorgegeben sind.[395] Gleichwohl fließt die Raumordnung der Länder in die Bundesfachplanung ein,[396] so dass beispielsweise dort fixierte Vorranggebiete der Energieerzeugung die Trassenführung beeinflussen können. Andererseits könnte die BNetzA, in Ermangelung solcher landesplanerischer Vorgaben, im Wege einer geschickten Linienführung die Standorte von Erzeugungsanlagen selbständig steuern. Im Rahmen der fachplanerischen Abwägungsentscheidung wäre ein solches Vorgehen, zugunsten eines für Erzeugungsanlagen opportunen

---

392 Etwas anders – wobei nicht zufriedenstellend – ist die Situation in der Bedarfsplanung. Denn dem zu erstellenden NEP liegt der vorgelagerte Szenariorahmen des § 12a EnWG zu Grunde, dessen Ergebnisse in der Praxis auf geographisch konkretisierte Annahmen über zukünftige Produktionskapazitäten aufgeteilt werden, siehe dazu *BNetzA,* Bestätigung des NEP 2012, S. 16f. Insofern besteht hierin eine gewisse Abstimmung im Vorfeld des Bundesbedarfsplans des Anhangs (zu § 1 Absatz 1) BBPlG und für die darin enthaltenen fixen Anfangs- und Endpunkte der Übertragungsleitungen.

393 § 17a Abs. 1 S. 2 Nr. 1 EnWG.

394 *BSH,* Bundesfachplan Offshore für die AWZ-Nordsee 2012, S. 7f. mit Verweis auf die Vorranggebiete der AWZ Nordsee-ROV.

395 Diese Punkte befinden sich in der Anlage (zu § 1 Absatz 1) BBPlG.

396 Siehe zum Einfluss der Raumordnung auf die Bundesfachplanung im Bundesgebiet § 5 Abs. 1 S. 4 NABEG; hierzu gehört auch die Raumordnung der Länder. Siehe generell zum Verhältnis von Bundesfachplanung und Landesplanung „3. Kapitel II. 2. d).

Trassenkorridors, zwar rechtlich zulässig.[397] Es würde sich aber vom Gesetzeszweck der NABEG-Fachplanung entfernen, welcher nur den Verlauf eines raumverträglichen Trassenkorridors anstrebt.[398] Zudem würde die BNetzA indirekt einen Teil der Planungskompetenz der Raumordnungsbehörden der Länder übernehmen. Eine abgestimmte Bundesfachplanung für das Übertragungsnetz mit der Stromerzeugung gestaltet sich im Bundesgebiet mithin schwieriger als beim Bundesfachplan Offshore in der AWZ.

Neben der Abstimmung von Bundes- und Landesbehörden ist die Einordnung (potentieller) Anlagenbetreiber in das Planungsgefüge zu betrachten. Diese können sich in der frühen Planungsphase nur auf informellem Weg in die Netzplanung und später im Rahmen der Öffentlichkeitsbeteiligung einbringen.[399]

b) *Notwendige Instrumente zur Anlagenplanung*

Die vorangegangenen Schilderungen verdeutlichen die Schwierigkeit, auf der fachplanerischen Ebene die Netzplanung mit der Erzeugungsplanung zu koordinieren. Mitunter wird behauptet, dass dies im Gegensatz zur geographischen Vorhersehbarkeit von Erzeugungsanlagen der erneuerbaren Energien besonders ein Problem bei Speichern und herkömmlichen Erzeugungsanlangen sei, wodurch eine unökonomische Gestaltung des Übertragungsnetzes entstehen könne, was gegebenenfalls einen stärkeren Einfluss von ÜNBs notwendig mache.[400] Allerdings kann dieser Annahme nur bedingt gefolgt werden, da etwa Großkraftwerke oftmals zur Kühlung in der Nähe von Flüssen verortet sind und ihre künftigen Standorte mithin relativ absehbar sind. Ähnliches wird für Speicheranlagen angenommen.[401] Die Betrachtung von Umwelteinflüssen reicht gleichwohl nicht aus, um der Netzplanung verlässliche Aussagen über Erzeugungsstandorte zu übermitteln. Der einfachste Weg einer abgestimmten Netz- und Anlagenplanung wäre die Nachahmung der eingangs dargelegten Gesetzeslage in der AWZ für das Bundesgebiet.[402] Demnach wäre der Bund neben der Bundesfachplanung auch für die Raumplanung, zumindest von Erzeugungsanlangen, insbesondere durch die Ausweisung von Vorranggebieten zuständig. Eine Regelung, welche eine solche detailliert-geographische Bundesplanung ermöglichen würde, ist jedoch weder politisch durchsetzbar noch

---

397 Siehe zur fachplanerischen Abwägungsentscheidung unter Einbeziehung von Trassenalternativen § 5 Abs. 1 S. 3 i.V.m. S. 5 NABEG.

398 Dieser Gesetzeszweck ergibt sich aus § 4 S. 1 i.V.m. § 3 Abs. 1 NABEG.

399 Siehe für die Öffentlichkeitsbeteiligung im Anwendungsbereich des NABEG bzw. für die AWZ § 9 Abs. 3 S. 1 NABEG i.V.m. § 14i UVPG bzw. § 17a Abs. 4 S. 1 EnWG i.V.m. § 14i UVPG.

400 *Falk / Wagner,* Politische, rechtliche und energiewirtschaftliche Rahmenbedingungen der Offshore-Nutzung, in: Böttcher (Hrsg.), Handbuch Offshore-Windenergie, 33 (52).

401 *BNetzA,* Bestätigung des NEP 2012, S. 364.

402 Siehe dazu das vorangegangene Unterkapitel „3. Kapitel II. 7. a)“.

wäre sie hinsichtlich des notwendigen Gesetzesvollzugs durch die BNetzA mit den Art. 83 ff. GG verfassungsrechtlich vereinbar.[403]

aa) Verzahnung mit der Raumordnung

Für eine gewisse geographische Steuerung von zukünftigen Anlagen stehen bereits nach geltendem Recht die Mittel der Raumordnung zur Verfügung, etwa über die Ausweisung von Vorranggebieten, was mitunter als ausreichend betrachtet wird.[404] Zugleich gibt es Stimmen aus der Politik, welche etwa die Regionalplanung für die Bewältigung der anstehenden energierelevanten Veränderungen in Deutschland als ein nicht hinreichend praktikables Planungsinstrument ansehen,[405] obwohl diese die Teilräume der Länder ordnen und damit eine mitunter große Fläche abdecken können.[406] Dieser Ansicht mag man zu Gute halten, dass mit der Bundesfachplanung des NABEG eine bundesweite Fachplanung mit grenzüberschreitenden Bezügen stattfindet und daher die Fachplanung von Erzeugungsanlagen zumindest auf der Landesebene angesiedelt sein sollte. Allerdings bliebe dabei der punktuelle Charakter der Anlagenplanung außer Acht, für die Regionalpläne und ihre Planungsträger als Kenner der örtlichen Gegebenheiten geeignet sind. Insgesamt dürfte daher insbesondere die Bedeutung von Raumordnungsplänen auf Länderebene und in ihren Teilräumen zunehmen. Gleichwohl sollten diese nicht eine allumfassende Detailtiefe besitzen, um der Bundesfachplanung des NABEG genügend Flexibilität zu ermöglichen.[407] Für die Koordination der Anlagenstandorte zwischen den Ländern und innerhalb eines Landes bestehen hinreichende Gesetzesgrundlagen. So gibt § 7 Abs. 3 ROG die Abstimmung von Raumordnungsplänen benachbarter Planungsräume vor. Zudem sind Regionalpläne aus dem übergeordneten Raumordnungsplan des Landes zu entwickeln, § 8 Abs. 2 S. 1 ROG. Folglich hängt es einzig von dem

---

403 Für eine Vollzugskompetenz des Bundes käme einzig Art. 87 Abs. 3 GG in Betracht. Eine flächendeckende Netz- und Anlagenplanung wäre ohne einen eigenen Verwaltungsunterbau der BNetzA wohl kaum zu bewältigen, der nur in den Fällen des Art. 87 Abs. 3 S. 2 GG zulässig ist. Ein solcher Fall ist vorliegend aber nicht gegeben, da die Planung von Erzeugungsanlagen in der Raumordnung keine „neue Aufgabe" im Sinne des Art. 87 Abs. 3 S. 2 GG darstellt. Abgesehen davon bedürfte es einer erheblichen Umgestaltung des ROG, um die materiellrechtlichen Voraussetzungen eines „Bundesraumordnungsplans für Energieerzeugungsgebiete" zu ermöglichen.

404 Eine solche Einschätzung abgebend *Kohls*, Planung und Zulassung von Energieanlagen, in: Danner / Theobald (Hrsg.), EnergieR-Kommentar, Bd. 3, Rn. 175 [Stand: September 2015], der neben Raumordnungsplänen noch Bauleitpläne aufführt.

405 Siehe die Aussage des Nürnberger Oberbürgermeister bei *Abspacher*, „16 plus 1 Konzepte – so wird das nichts", NN v. 19. Oktober 2012, S. 16.

406 Siehe zu dieser Funktion der Raumordnungspläne § 8 Abs. 1 S. 1 Nr. 2 ROG.

407 Siehe zur Notwendigkeit einer flexiblen Fachplanung sogleich das folgende Unterkapitel „3. Kapitel II. 7. c)".

Willen der Planungsträger ab, die räumliche Zuordnung von Erzeugungsanlagen sinnvoll miteinander zu planen.

Allerdings müsste der Gesetzeszweck der NABEG-Fachplanung geändert werden, um die Anlagenplanung der Raumordnung eindeutig in die Bundesfachplanung zu integrieren.[408] Der bisherige Gesetzeszweck des § 4 Abs. 1 S. 1 NABEG, namentlich die Bestimmung eines Trassenkorridors, könnte um den folgenden Halbsatz ergänzt werden:

> „sie (die Fachplanung – Anm. d. Verf.) berücksichtigt dabei mögliche zukünftige Standorte von Erzeugungsanlagen, wie sie sich aus der Raumordnung der Länder ergeben."

Der Prüfungsumfang der Bundesfachplanung wäre dadurch nicht wesentlich erweitert, da die BNetzA bereits nach geltendem Recht die Aspekte der Raumordnung und damit unter anderem Raumordnungspläne zu berücksichtigen hat.[409] Dieses System setzt freilich voraus, dass die Planungsträger der Länder eine ernsthafte Anlagenplanung betreiben, auf welcher die Bundesfachplanung aufbauen kann, und diese überdies in frühzeitiger und kooperativer Weise mit der BNetzA zusammenarbeiten. Beide Punkte entziehen sich mehrheitlich einer rechtlichen Regelung und sind wesentlich durch die Bereitschaft der Beteiligten bedingt.

bb) Privilegierung einzelner Erzeugungsarten

Eine Vereinfachung der Bundesfachplanung wäre dem Bund grundsätzlich durch die selektive Einbindung einzelner Erzeugungsarten und damit deren Privilegierung möglich. Würde man beispielsweise im Gebirge die Stromgewinnung aus Wasserkraft bevorzugen, so ließe sich der Trassenkorridor zügig entlang der absehbaren Erzeugungsstandorte fokussieren. Andere Erzeugungsarten hätten sich dann hieran zu orientieren, falls sie in das Übertragungsnetz gespeist werden sollen. Als Vorbild einer solchen Privilegierung könnte der Bundesfachplan Offshore dienen, dessen Linienführung in § 17a EnWG auf die Netzintegration von Windenergieanlagen auf See ausgerichtet ist.[410] Dadurch wäre einerseits Planungssicherheit zu erhalten. Andererseits könnten aufgrund der natürlichen Gegebenheiten bestimmte Länder bevorzugt oder benachteiligt werden, was zu politischen Verwerfungen beim Netzausbau führen dürfte. Überdies würde eine solche Regelung die Gefahr in sich bergen, technische Neuerungen nicht berücksichtigen zu können. Beispielsweise

---

408 Eine indirekte räumliche Anlagensteuerung durch die NABEG-Fachplanung wurde im Rahmen dieser Arbeit als rechtmäßig eingestuft, ohne dass dies aber durch den Gesetzeszweck eindeutig vorgesehen wäre „3. Kapitel II. 7. a)".

409 Zur Bindungswirkung der Festlegungen in landesweiten Raumordnungsplänen und Regionalplänen für die Bundesfachplanung „3. Kapitel II. 2. d)".

410 Dies ergibt sich aus den Festlegungen des Bundesfachplan Offshore gemäß § 17a Abs. 1 S. 2 EnWG. Unter „Windenergieanlagen auf See" im Sinne dieser Norm sind Windenergieanlagen zu verstehen, die einen bestimmten Abstand seewärts zur Küstenlinie aufweisen, § 17a Abs. 1 S. 2 Nr. 1 EnWG i.V.m. § 5 Nr. 36 EEG 2014.

gilt dies gegenüber dem Aufkommen von Wasser- und Strömungsenergieanlagen, deren Einsatz vom Gesetzgeber zwar implizit in der SeeAnlVO vorhergesehen ist,[411] die aber keinen Eingang in den Bundesfachplan Offshore finden.[412] Der Nachteil einer Vorfestlegung auf bestimmte Erzeugungsarten geht daher zu Lasten des Einsatzes technischer Innovationen. Gerade die BNetzA als eine Fachplanungsbehörde sieht bei den zukünftigen Erzeugungstechnologien im Bereich der erneuerbaren Energien einen großen Einflussfaktor der Stromerzeugung in den nächsten Dekaden.[413] Eine Verengung der Bundesfachplanung und des Bundesfachplan Offshore auf bestimmte Erzeugungsarten wie es momentan im § 17a Abs. 1 S. 2 EnWG für die AWZ der Fall ist, sollte daher nur ausnahmsweise und mit einer besonderen Rechtfertigung erfolgen. Eine solche könnte darin liegen, Investoren für bestimmte Erzeugungsanlagen zu gewinnen, indem ihnen Planungs- und Ertragssicherheit vermittelt wird; dies dürfte auch der Grund der Ausrichtung des Bundesfachplan Offshore auf Windenergieanlagen auf See in der AWZ sein.

c) Flexible Fachplanung bei geänderter Erzeugungsstruktur

Den soeben gemachten Überlegungen zu fachplanerischen Vorgaben lag stillschweigend die Annahme einer konstanten Bedarfsplanung zu Grunde. Eine gelungene Bedarfsplanung hängt ihrerseits von verlässlichen gesetzgeberischen Entscheidungen betreffend der Förderung oder (Un)zulässigkeit einzelner Energieerzeugungsarten ab – was im Verlauf dieser Arbeit bereits erörtert wurde.[414] Gleichwohl können sich diesbezügliche Entscheidungen des Gesetzgebers ändern, wie dies beispielsweise in den vergangenen Jahren durch die mehrmals grundlegenden Änderungen im AtomG bei Kernkraftwerken erfolgt ist.[415] In diesem Fall sind Anpassungen der Bedarfsplanung notwendig, mit Auswirkungen auf die Bundesfachplanung und den Bundesfachplan Offshore als nachgelagerte Planungsschritte. Ein solcher Umstand kann den Netzausbau verzögern, sofern bereits erfolgte fachplanerische Festlegungen obsolet werden. Die vorhandenen Regelungen des NABEG halten für eine solche Situation keine eigene Lösung vor. Grundsätzlich müsste die Bundesfachplanung von Neuem beginnen. Gegebenenfalls könnte dabei auf Trassenkorridore zurückgegriffen werden, die ursprünglich in der Alternativenprüfung betrachtet

---

411 Die SeeAnlVO sieht für deren „Erzeugung" und „Übertragung" bereits Zulassungsverfahren in der Gestalt eines Planfeststellungsverfahrens vor, § 2 Abs. 1 i.V.m. § 1 Abs. 2 S. 1 Nr. 1, 2 SeeAnlVO.

412 Diese Erzeugungsanlagen sind nicht in den Festlegungen des § 17a Abs. 1 S. 2 Nr. 1–7 EnWG erwähnt.

413 *BNetzA*, Genehmigung des Szenariorahmens für den NEP 2012, S. 35.

414 Siehe hierzu „2. Kapitel II.".

415 Diese Gesetzesänderungen sind dargestellt unter „2. Kapitel IV. 2. b) bb)"; anhand dieser Änderungen konnte im Rahmen der vorliegenden Arbeit zugleich die Notwendigkeit aufgezeigt werden, die Instrumente der Bedarfsplanungen zu einem gewissen Maß flexibel zu gestalten.

wurden[416] und nunmehr für die Netzintegration anderer Erzeugungsarten und deren Anlagenstandorte geeignet wären. Allerdings hinge es in dieser Situation vom Zufall ab, ob vorangegangene fachplanerische Überlegungen weiterhin nutzbar sind. Notwendig wäre es daher, die Bundesfachplanung des NABEG flexibler zu gestalten, damit diese bei geänderten Bedarfsplanungen nicht erneut im Ganzen durchgeführt werden muss. Etwas anders ist die Situation beim Bundesfachplan Offshore, der aufgrund seiner alle zwei Jahre erfolgenden Erstellung eine flexiblere Anpassung ermöglicht.

aa) Reformvorschlag

Hinsichtlich möglicher Änderungen des Gesetzgebers bezüglich anderer Erzeugungsarten und ihrer Netzverknüpfungspunkte ist es vorstellbar, diese Szenarien in die Auswahl und Alternativenprüfung von Trassenkorridoren einzubeziehen. Dazu könnte in Anschluss an § 5 Abs. 1 S. 5 NABEG die folgende Regelung ergänzt werden:

> „Die Trassenkorridore sollen so festgelegt werden und die Trassenalternativen sollen dergestalt geprüft werden, dass sie für die Netzintegration möglichst vieler Erzeugungsarten und deren Anlagenstandorte geeignet sind."

Dies könnte in der Praxis etwa die Linienführung in der Nähe von geeigneten Flussabschnitten bedeuten, welche für die Kühlung von etlichen Großkraftwerken notwendig sind und die noch nicht in Raumordnungsplänen der Länder aufgenommen wurden.[417] Sollten neben dem angestrebten Ausbau der erneuerbaren Energien[418] beispielsweise Gaskraftwerke verstärkt gebaut werden,[419] so könnten zumindest Teile der erfolgten Bundesfachplanung übernommen werden. Der vorliegende Vorschlag ist als Ergänzung zu der bereits unterbreiteten Überlegung zu sehen, welche eine stärkere Verzahnung von Länderplanungen mit der NABEG-Fachplanung im Bereich von Erzeugungsanlagen vorsieht.[420]

---

416 Die Prüfung alternativer Trassenkorridore ist in der Fachplanung durch § 5 Abs. 1 S. 5 NABEG vorgeschrieben.

417 Sind die Standorte möglicher Energieerzeugungsanlagen schon in Raumordnungsplänen vorhanden, so hat die vorliegende Arbeit für diesen Fall bereits empfohlen, diese Standorte in der Bundesfachplanung besonders zu berücksichtigen; siehe „3. Kapitel II. 7. b) aa)".

418 Siehe hierzu den Gesetzeszweck und die Zielvorgaben in § 1 EEG 2014.

419 Gaskraftwerke sind, sofern sie eine KWK-Anlage darstellen, vom Förderungsziel des § 1 Abs. 1 KWKG, umfasst; sie werden als KWK-Anlage qualifiziert, wenn sie gemäß § 2 Nr. 14 c), d) KWKG neben Strom auch Nutzwärme erzeugen. Überdies wird die Notwendigkeits- und Bedarfsfeststellung von Übertragungsvorhaben des Bundesbedarfsplans auch wegen des Anschlusses von neuen Kraftwerken getroffen, § 1 Abs. 1 BBPlG.

420 Diese Überlegung findet sich bei „3.Kapitel II 7. b) aa)".

bb) Risiko des Reformvorschlags

Die soeben gemachten Reformvorschläge bergen allerdings auch Risiken in sich und begegnen einigen Schwächen. So ist mit ihnen ein gewisser Mehraufwand für die BNetzA verbunden, welcher nur mit entsprechendem Personal ohne zeitliche Verzögerungen zu bewältigen wäre. Überdies darf die Bundesfachplanung nach geltendem Recht nur zwischen den Netzverknüpfungspunkten stattfinden, welche in den Vorhaben des BBPlG vorgesehen sind. Dementsprechend sind die Planungen zu den Seiten der Punkteverbindungslinie zu einem bestimmten Maß begrenzt. Des Weiteren hat die Bundesfachplanung der BNetzA die Regelung des § 1 Abs. 5 S. 3 BNatSchG zu beachten, welche eine Bündelung von Energieleitungen mit anderen linienförmigen Infrastruktureinrichtungen vorsieht. Diese mag durchaus im Widerstreit mit den hier vorgeschlagenen Ausrichtungen der Linienführung, etwa an bestimmten Flussabschnitten, stehen. Jedoch sind § 1 Abs. 5 S. 3 BNatSchG und die im Rahmen der vorliegenden Arbeit vorgestellten Gesetzesvorschläge als „Soll"-Vorschrift normiert und können folglich bei wichtigen anderen Gründen überwunden werden. Sie wären daher im Konfliktfall gegeneinander abzuwägen, um festzustellen welche Linienführung den Vorrang genießt. Gegen eine Bündelung könnte etwa sprechen, wenn gerade durch sie gegen andere umweltrechtliche Schutzvorschriften verstoßen wird oder die vorhandene Infrastruktur bereits selbst problematisch hinsichtlich dieser Vorschriften ist.[421]

d) Lösung in der Form eines Instrumentenbündels

Es hat sich gezeigt, inwieweit es mit den vorhandenen Planungsinstrumenten und einigen Reformen möglich wäre, insbesondere die Bundesfachplanung und Erzeugungsanlagenplanung stärker aufeinander abzustimmen. Gleichwohl sind den vorhandenen und möglichen zukünftigen fachplanerischen Normen des NABEG und EnWG, gegebenenfalls ergänzt durch die Instrumente des ROG, hierbei Grenzen gesetzt. So entscheiden auch die Vergütungshöhen für Betreiber von Erzeugungsanlagen, an welchen Plätzen eine Ansiedlung erfolgt.[422] Beispielsweise führt eine fallende Vergütung für solare Strahlungsenergie[423] zur Erzeugungsverlagerung in sonnenreichere Gegenden. Insofern hat der Gesetzgeber umfangreiche Möglichkeiten zur regionalen Anlagensteuerung.

---

421 So für die zuletzt genannte Konstellation *Schiller*, EurUP 2013, 178 (182).

422 So wohl der Verweis auf „die Vergütung berücksichtigende Faktoren" bei der Standortwahl von Erzeugungsanlagen bei *BNetzA*, Genehmigung des Szenariorahmens für den NEP 2012, S. 32.

423 Die Vergütungsregeln dieser Energieart sind geregelt in § 51 EEG 2014 bzw. in § 55 EEG 2014 für die pilotweise Förderungsermittlung durch Ausschreibung bei Freiflächenanlagen. Siehe zur fallenden Vergütung von Strom aus solarer Strahlungsenergie und der Situation im Jahr 2014 *BRat-Drucks. 157/14*, Gesetzentwurf zur Reform des EEG und Änderung des Energiewirtschaftsrechts, S. 219f.

Dabei gilt es zu bedenken, dass die Erzeugung weiterhin marktwirtschaftlichen Regeln und damit primär unternehmerischen Entscheidungen unterliegen sollte. Eine allumfassende Planung und Steuerung würde dies unterminieren. Vielmehr sollten auch weiche Faktoren, wie eine geschickte Standortpolitik und ein vorteilhaftes Standortmarketing, einen Beitrag leisten. Gerade dies würde das Interesse potentieller Anlagenbetreiber auf bestimmte Regionen lenken. Der kommunikative Austausch zwischen Behörden, insbesondere den Planungsbehörden, und Unternehmen ist dafür wichtig. Verdeutlicht wird dies, sofern man den durchaus komplexen Informationsbedarf des BSH gegenüber (potentiellen) Anlagenbetreibern für den Bundesfachplan Offshore der Nordsee-AWZ betrachtet.[424] Wünschenswert ist demnach ein früher und permanenter Austausch zwischen den Beteiligten. Vor diesem Hintergrund sind das bestehende „Kraftwerksforum"[425] des BMWi, als Gesprächsplattform zwischen „Politik, Energiewirtschaft und Umweltverbände[n]"[426] und die – mittlerweile aufgelöste – Arbeitsgruppe „AG ‚Beschleunigung der Netzanbindung von Offshore-Windparks'"[427] eine positive informelle Institutionalisierung; an der soeben genannten Arbeitsgruppe waren unter anderem „Übertragungsnetzbetreiber[...], Offshore-Windparkbetreiber[...]...sowie Vertreter[...] von Bundesbehörden (BMWi, BMU, BSH, BNetzA)"[428] beteiligt. Obwohl mit diesen Gesprächsforen keine ausschließliche Ausrichtung auf fachplanerische Fragen bezweckt ist, so können dort Themen besprochen werden, die hierfür relevant sind.

Der hier vertretene Lösungsansatz für die Abstimmung von Netz- und Anlagenplanung ist daher ein Bündel aus verschiedenen Planungsinstrumenten und sonstigen Maßnahmen, die sich auch außerhalb rein rechtlicher Regelungen finden lassen.

III. Die SUP in der Bundesfachplanung und für den Bundesfachplan Offshore

Für die Bundesfachplanung im Bundesgebiet und den Bundesfachplan Offshore in der AWZ ist die Durchführung einer Strategischen Umweltprüfung (SUP)

---

424 Siehe zu den Planungsanforderungen, die einen solchen Informationsbedarf unter anderem hinsichtlich der Installationsleistung der Anlagen auslösen, *BSH,* Bundesfachplan Offshore für die AWZ-Nordsee 2012, S. 14–17.

425 Die Bezeichnung und Aufgabe des Kraftwerksforums finden sich bei *BMWi,* Das Kraftwerksforum des BMWi, Angaben auf Internetseite; siehe dazu auch *Bundesministerium für Wirtschaft und Energie (BMWi),* Zweiter Monitoring-Bericht „Energie der Zukunft", März 2014, S. 2.

426 *BMWi,* Das Kraftwerksforum des BMWi, Angaben auf Internetseite.

427 Siehe zur Bezeichnung der Arbeitsgruppe *AG Beschleunigung Offshore-Netzanbindung,* Lösungsvorschläge für die Netzanbindung von Offshore-Windparks, 22.03.2012, S. 4.

428 Siehe zur Zusammensetzung der Arbeitsgruppe *AG Beschleunigung Offshore-Netzanbindung,* Lösungsvorschläge für die Netzanbindung von Offshore-Windparks, 22.03.2012, S. 4.

obligatorisch.[429] Dabei versteht sie sich hinsichtlich des Bundesgebiets als Bindeglied zwischen den Umweltprüfungen der Bedarfsplanung und Planfeststellung, wobei sie systematisch betrachtet die eine konkretisiert und die andere vorbereitet; dies entspricht dem Abschichtungsgedanken des UVPG.[430] Etwas anders ist die Situation im Bereich der AWZ. Dort ist die SUP des Bundesfachplan Offshore der SUP für die Bedarfsplanung vorgelagert, obgleich auch hier eine Abschichtung zum Tragen kommt.[431]

1. Ablauf, Inhalt und Zuständigkeiten

In ihrem Ablauf und den inhaltlichen Anforderungen stellt sich die SUP der Bundesfachplanung für das Bundesgebiet und die AWZ folgendermaßen dar:[432]

1. Festlegung des Untersuchungsrahmens für die SUP und deren Umweltbericht im öffentlichen Scopingtermin
2. Erstellung des Umweltberichts unter Ermittlung, Beschreibung und Bewertung der voraussichtlichen erheblichen Umweltauswirkungen bei Plandurchführung und der vernünftigen Alternativen
3. Behörden- und Öffentlichkeitsbeteiligung an den Entwürfen zu Plan und Umweltbericht, gegebenenfalls grenzüberschreitend
4. Überprüfung des Umweltberichts unter Berücksichtigung der Behörden- und Öffentlichkeitsbeteiligung
5. Berücksichtigung des überprüften Umweltberichts in der Planerstellung und -änderung
6. Bekanntgabe des Plans und bei dessen Umsetzung die Überwachung seiner erheblichen Umweltauswirkungen.

Folgt man dem Vorschlag der vorliegenden Arbeit, dass sich die Alternativenprüfung von raumverträglichen Trassenkorridoren auch an potentiellen Standorten

---

429 Dies ergibt sich für das Bundesgebiet aus § 5 Abs. 3 NABEG und § 14b Abs. 1 Nr. 1 i.V.m. Anlage 3 Nr. 1.11 UVPG bzw. für die AWZ aus § 14b Abs. 1 Nr. 1 i.V.m. Anlage 3 Nr. 1.14 UVPG.

430 Der Abschichtungsgedanke folgt aus § 14f Abs. 3 S. 1 UVPG.

431 So hat der Umweltbericht der Bedarfsplanung des Offshore-NEP den Umweltbericht des Bundesfachplan Offshore zu berücksichtigen, § 12c Abs. 2 S. 1, 2 EnWG.

432 Die Verfahrensschritte ergeben sich aus dem Zusammenspiel von § 14f–§ 14m UVPG i.V.m. § 7–§ 13 NABEG (Bundesgebiet) bzw. § 17a Abs. 2–4 EnWG (AWZ). Der genaue Inhalt dieser Schritte ist Gegenstand aktueller Diskussionen; siehe dazu nur die Äußerungen des ÜNB TenneT und dessen Änderungsvorschläge für das NABEG, *BT-Ausschussdrucks. 17/(9)1151*, TenneT-Stellungnahme zu: „Beschleunigung des Netzausbaus Elektrizitätsnetze", S. 4–6.

von Erzeugungsanlagen und dabei gegebenenfalls an bestimmten Erzeugungsarten orientieren soll,[433] so wären diese ebenso Gegenstand der SUP.

Die SUP in der Bundesfachplanung erfolgt gesondert für das Bundesgebiet einschließlich dem Küstenmeer, für welche die BNetzA zuständig ist,[434] und für die AWZ, welche in die Zuständigkeit des BSH fällt.[435] Die Umweltprüfung ist damit der jeweils für die Raumverträglichkeitsprüfung zuständigen Behörde zugeordnet. Durch die Konzentration der Prüfung bei einer Behörde, ist von einer objektiven und gleichrangigen Herangehensweise an die umweltrechtlichen Fragestellungen auszugehen.[436]

2. Notwendige Erweiterung auf sämtliche Vorhaben im Bundesgebiet

Ein wesentliches Problem der geltenden Rechtslage ist die Beschränkung der Bundesfachplanung des NABEG auf nur einzelne Leitungsvorhaben des BBPlG und die dementsprechende Zuständigkeit der Länder für die restlichen Vorhaben. Bereits im Rahmen der Raumverträglichkeitsprüfung konnte gezeigt werden, inwiefern diese Situation einen Nachteil für das gesamte Übertragungsnetz darstellt.[437] Seine Fortsetzung findet dies darin, dass bei der SUP im Bundesgebiet einschließlich des Küstenmeers nur solche Vorhaben des BBPlG einbezogen sind, für die eine Bundesfachplanung gemäß dem NABEG stattfindet;[438] dies sind diejenigen länderübergreifenden und grenzüberschreitenden Vorhaben sowie Anbindungsleitungen von Offshore-Windpark-Umspannwerken, die als solche im Bundesbedarfsplan gekennzeichnet sind.[439] Somit wird für etliche Vorhaben des BBPlG[440]

433 Dieser Vorschläge finden sich bei „3. Kapitel II. 7. b) bb)“ und „3. Kapitel II. 7. c) aa)“.

434 Die Zuständigkeit der BNetzA für die SUP ergibt sich zwar schon aus den § 7–§ 13 NABEG. Überdies ist sie aber auch akzessorisch zur Zuständigkeit für die Fachplanung, siehe dazu *Kment,* in: Hoppe / Beckmann, UVPG-Kommentar, § 14g UVPG Rn. 9 m.w.N.

435 Die Zuständigkeit der BSH für die SUP folgt aus § 17a Abs. 2–4 EnWG.

436 Wäre die SUP von einer externen Behörde durchzuführen, so würden deren Ergebnisse eventuell nur nachrangig bei der Planungsbehörde berücksichtigt werden. Vgl. zum Verhältnis von getrennten Umwelt- und Planungsbehörden *Stelkens,* NuR 2005, 362 (368).

437 Siehe dazu „3. Kapitel II. 2. b)–c)“.

438 Dementsprechend trifft das UVPG eine eindeutige Regelung zum Gegenstand der Untersuchung in § 14b Abs. 1 Nr. 1 i.V.m. Anlage 3 Nr. 1.11 UVPG.

439 § 4 S. 1 NABEG.

440 Siehe dazu die große Anzahl von Vorhaben die in der Anlage (zu § 1 Absatz 1) des BBPlG weder als länderübergreifend noch grenzüberschreitend gekennzeichnet sind.

auf der fachplanerischen Ebene eine UVP im Rahmen des eventuell stattfindenden Raumordnungsverfahrens der Länderbehörden durchgeführt werden.[441]

Eine Ausweitung der Bundesfachplanung und deren SUP auf sämtliche Übertragungsleitungen wäre schon aus Gründen eines zeitgleichen Netzausbaus sinnvoll. So ist die BNetzA gehalten, ihre Bundesfachplanung innerhalb von sechs Monaten nach dem Vorliegen der vollständigen Unterlagen abzuschließen.[442] Hingegen sind die Länder nur an den allgemeinen Verwaltungsgrundsatz eines zügigen Verfahrens gebunden.[443] Die Durchführung eines solchen zügigen Verfahrens durch die Landesbehörden im Raumordnungsverfahren wird etwa bezweifelt, falls diese vertiefte Umweltprüfungen vorzunehmen haben.[444] Zudem dürfte es durch die Zuständigkeit der BNetzA für etliche Leitungen zu einem Wissensverlust bei den Landesbehörden kommen, da sie entsprechend weniger mit umweltrechtlichen Fragen bei Übertragungsleitungen befasst werden.[445] Bliebe es allerdings bei den bestehenden unterschiedlichen Zuständigkeiten und Umweltprüfungen, so müsste man andere Instrumente zur zeitlichen Verfahrensangleichung entwickeln. Überlegungen für wirksamere Umweltprüfungen auf Behördenebene finden sich beispielsweise in einer Auftragsstudie des BMWi[446] und setzten sich etwa mit dem Einsatz von diversen umweltrechtlichen „Arbeitshilfen"[447] auseinander.

---

441 Das Raumordnungsverfahren bei Hochspannungsfreileitungen ist nicht obligatorisch, da seine Anordnung in § 1 S. 1 i.V.m. § 1 Nr. 14 Alt. 1 RoV eine „Soll"-Vorschrift darstellt. Die Durchführung einer UVP ist dabei – je nach der Spezifikation der Hochspannungsfreileitung – obligatorisch oder Bedarf zunächst einer Vorprüfung, § 16 Abs. 1 i.V.m. §§ 3b f. und Nr. 19.1.1–19.1.4 der Anlage 1 UVPG; allerdings dürfen die Länder hiervon abweichende Regelung treffen, § 16 Abs. 1 a.E. UVPG. Im Folgenden soll die UVP des Raumordnungsverfahrens nicht Gegenstand der Betrachtungen sein, um den Fokus auf die neuen Fachplanungsregime des Bundes zu richten.

442 Diese zeitliche Vorgabe findet sich in § 12 Abs. 1 NABEG. Eine entsprechende Regelung fehlt zwar für die Fachplanung in der AWZ, sie wird dort aber auch nicht benötigt, da der Bundesfachplan Offshore ohnehin alle zwei Jahre vorzulegen ist, § 17a Abs. 1 S. 1 EnWG.

443 Festgehalten ist dieser Grundsatz in § 10 S. 2 VwVfG.

444 Siehe dazu mit Verweis auf die Rechtslage in Thüringen *Weyer / Lismann,* Machbarkeitsstudie zur Verknüpfung von Bahn- und Energieleitungsinfrastrukturen, 05.06.2012, S. 52.

445 Eine entsprechende Überlegung wurde bereits bei der Prüfung der Raumverträglichkeit dieser Leitungen erörtert, siehe dazu „3. Kapitel II. 2. c)".

446 *Froelich & Sporbeck Gmbh & Co. KG u. a.,* Netzausbau und Natura 2000/Artenschutz, Studie im Auftrag des BMWi, Stand: 15.06.2012.

447 Siehe zur Auseinandersetzung mit den verschiedenen Arten von „Arbeitshilfen" *Froelich & Sporbeck Gmbh & Co. KG u. a.,* Netzausbau und Natura 2000/Artenschutz, Studie im Auftrag des BMWi, Stand: 15.06.2012, S. 39–81.

3. Die Bedeutung von Natura 2000-Gebieten in der Bundesfachplanung für die nachfolgende Planfeststellung

Die nach geltendem Recht bestehende Bindungswirkung der Bundesfachplanung und des Bundesfachplan Offshore für die nachfolgende Planfeststellung kann im Hinblick auf die Prüfungsergebnisse der SUP problematisch werden. Dies soll vorliegend bezüglich der Bundesfachplanung und den für Infrastrukturvorhaben generell sehr praxisrelevanten Natura 2000-Gebieten erläutert werden.

Sofern ein Projekt geeignet ist, ein Natura 2000-Gebiet erheblich zu beeinträchtigen, ist vor dessen Zulassung eine FFH-Verträglichkeitsprüfung durchzuführen.[448] Diese ist zwar kein originärer Teil der SUP, doch steht es im behördlichen Ermessen, sie als eine weitere umweltrechtliche Prüfung in die SUP zu integrieren.[449] Hierdurch kann die Behörde mögliche Probleme frühzeitig klären und damit ein Scheitern der Planung in der nachfolgenden Zulassungsebene verhindern; bei der FFH-Verträglichkeitsprüfung ist es allerdings strittig, ob sie nicht ohnehin schon obligatorisch in der Bundesfachplanung und nicht erst in der Planfeststellung zu erfolgen hat.[450] Unabhängig von der Frage einer Durchführungspflicht der FFH-Verträglichkeitsprüfung können unzutreffende Annahmen der Bundesfachplanung über die Vereinbarkeit des Trassenverlaufs mit einem Natura 2000-Gebiet erhebliche Probleme nach sich ziehen, da die Entscheidung der Bundesfachplanung über den Trassenkorridor eine Bindungswirkung für die nachfolgende Planfeststellung auslöst.[451] Dies muss im Zusammenhang gesehen werden mit den hohen unionsrechtlichen Schutzvorgaben der FFH-RL für Natura 2000-Gebiete,[452] welche dem BNatSchG zu Grunde liegen.[453] Daher ist zunächst zu fragen, ob und wie Natura 2000-Gebiete die Bundesfachplanung beeinflussen und wie sich diesbezügliche Einschätzungsfehler vermeiden und gegebenenfalls korrigieren lassen.

---

448 § 34 Abs. 1 BNatSchG.

449 Dies ist für jede SUP möglich, § 14n UVPG.

450 Eine Pflicht bejahend mit Verweis auf § 36 S. 1 Nr. 2 i.V.m. § 34 Abs. 1 S. 1 BNatSchG und sofern „eine Beeinträchtigung...nicht offensichtlich ausgeschlossen werden kann“ *Sangenstedt,* in: Steinbach (Hrsg.), NABEG/EnLAG/EnWG-Kommentar, § 7 NABEG Rn. 91f.; eine Prüfungsanordnung des Gesetzgebers verneinend *Durner,* NuR 2012, 369 (372).

451 So zunächst *Durner,* NuR 2012, 369 (372f.); sich diesem anschließend *Sangenstedt,* in: Steinbach (Hrsg.), NABEG/EnLAG/EnWG-Kommentar, § 15 NABEG Rn. 18. Der Vollständigkeit halber ist zu erwähnen, dass der Erstgenannte die Problematik sowohl für Natura 2000-Gebiete als auch für spezielle Normen des Artenschutzes anspricht.

452 *Durner,* NuR 2012, 369 (372f.).

453 Vorliegend sind insbesondere die §§ 33 f. BNatSchG relevant.

a) *Der Einfluss von Natura 2000-Gebieten auf die Wahl des Trassenkorridors*

Die Befürchtung Natura 2000-Gebiete könnten ein Hindernis in der Planfeststellung sein, findet wohl schon bisher Eingang in die Fachplanung des Raumordnungsverfahrens. So wird in einer Auftragsstudie des BMWi angeführt, dass diese Gebiete in der Praxis des Raumordnungsverfahrens bewusst nicht für Trassenkorridore herangezogen werden, unter anderem wegen ihres hohen Schutzniveaus.[454] Ein solches Verhalten ist im Grundsatz nachvollziehbar und wird voraussichtlich fortbestehen, da sich an den Regelungen der FFH-RL in absehbarer Zeit nichts ändern dürfte. Zwar hat es der europäische Gesetzgeber im Jahr 2012 durch die TEN-E-VO 2013 für bestimmte Übertragungsleitungen erleichtert, ein Natura 2000-Gebiet ausnahmsweise beeinträchtigen zu können, doch bleibt das ursprüngliche Schutzniveau der FFH-RL im Wesentlichen erhalten.[455] Die europäische Legislative will daher ersichtlich das bestehende Umweltrecht als Maßstab für das Planungsrecht erhalten.

Trotz der strengen Vorgaben der FFH-RL ist es fraglich, ob die skizzierte Praxis in Raumordnungsverfahren und damit auch in sonstigen Fachplanungen, etwa der Bundesfachplanung, sinnvoll ist. So weist schon die soeben aufgeführte Studie darauf hin, dass es bei Freileitungen in der Praxis noch nicht auf die Regelungen des BNatSchG für eine ausnahmsweise Zulässigkeit der Beeinträchtigung von Natura 2000-Gebieten angekommen sei.[456] Vielmehr finden sich Planfeststellungsbeschlüsse, welche selbst bei der räumlichen Überschneidung von Übertragungsleitungen und Natura 2000-Gebieten keine erhebliche Beeinträchtigung im Sinne des § 34 Abs. 1 S. 1 BNatSchG feststellen konnten;[457] dadurch erübrigt sich dann die Prüfung der ausnahmsweisen Zulässigkeit. Insofern sollten die Vorhabenträger, wie auch die BNetzA als Bundesfachplanungsbehörde, die Linienführung

454 *Froelich & Sporbeck Gmbh & Co. KG u. a.*, Netzausbau und Natura 2000/Artenschutz, Studie im Auftrag des BMWi, Stand: 15.06.2012, S. 52f.; siehe die Aussage von „Antragsteller B" zur rechtlichen Begründung der Vermeidung von Natura 2000-Gebieten im Raumordnungsverfahren. Die Studie bezieht sich auf sämtliche Stromleitungen, für die ein Planfeststellungsverfahren gemäß EnWG oder NABEG in Frage kommt, siehe dazu *Froelich & Sporbeck Gmbh & Co. KG u. a.*, Netzausbau und Natura 2000/Artenschutz, Studie im Auftrag des BMWi, Stand: 15.06.2012, S. 4 Fn. 1; sie schließt daher nicht nur Übertragungsleitungen ein.

455 Siehe hierfür „4. Kapitel II. 2. c)"

456 *Froelich & Sporbeck Gmbh & Co. KG u. a.*, Netzausbau und Natura 2000/Artenschutz, Studie im Auftrag des BMWi, Stand: 15.06.2012, S. 53.

457 Siehe als Beispiel für eine Freileitung *Thüringer Landesverwaltungsamt*, Planfeststellungsbeschluss vom 31.01.2012, 380 kV-Leitung Vieselbach-Altenfeld, S. 301–305; siehe als Beispiel für Erdkabel, welche durch Natura 2000-Gebiete führen, *Niedersächsische Landesbehörde für Straßenbau und Verkehr*, Planfeststellungsbeschluss vom 01.02.2012, Netzanbindung DolWin 1 der Offshore-Plattform DolWin alpha mittels einer 600kV- Gleichstromleitung, Landtrasse, S. 45–55.

durch Natura 2000-Gebiete einerseits kritisch betrachten jedoch andererseits auch in ihre Erwägungen einfließen lassen.

Zudem empfiehlt es sich, eine möglichst gründliche Untersuchung der genannten Bereiche bereits in der Bundesfachplanung durchzuführen, um Probleme der Planfeststellung zu antizipieren und zu umgehen.[458] Überdies besteht der Vorteil einer schon in der Bundesfachplanung stattfindenden FFH-Verträglichkeitsprüfungen in der Entlastungswirkung für die nachfolgende Zulassungsebene. Überlegenswert ist eine umfangreiche Detailprüfung besonders dann, wenn sich frühzeitig nicht nur der Korridor, sondern auch ein parzellenscharfer Leitungsverlauf abzeichnet, etwa bei einer Netzverstärkung auf vorhandenem Gestänge.[459]

b) Notwendige Instrumente der Fehlerrevision in der nachfolgenden Planfeststellung

Sofern sich eine Trasse, aufgrund von Problemen mit der FFH-Verträglichkeitsprüfung der Natura 2000-Gebiete, erst in der Planfeststellung als ungeeignet herausstellt, ist die Frage der Fehlerrevision der fachplanerischen Trassenfestlegung zu diskutieren.[460] Teile der Literatur fordern hier eine Aussetzung des Zulassungsverfahrens und eine Fortsetzung der Bundesfachplanung, die unter Umständen ein erneutes Beteiligungsverfahren beinhalten kann.[461] Die Alternative hierzu bestünde in einer Kompetenz der planfeststellenden Behörde, einen neuen Korridor selbständig zu bestimmen. Allerdings wird die vom NABEG angeordnete Bindungswirkung der fachplanerischen Festlegungen gegenüber der Planfeststellung als eine bewusste Entscheidung der Legislative interpretiert.[462] Den Ländern dürfe es nicht

---

458 *Sangenstedt,* in: Steinbach (Hrsg.), NABEG/EnLAG/EnWG-Kommentar, § 7 NABEG Rn. 94, 99.

459 Siehe zur vergleichbaren Frage einer verstärkten Umweltprüfung schon in der Bedarfsplanung mit derselben Empfehlung „2. Kapitel III. 6.".

460 Gleichwohl sind mehrere Zeitpunkte möglich, bei denen sich die Frage nach dem Umgang mit Fehlern aus der Bundesfachplanung stellt. Dazu zählt etwa die Zeit nach Abschluss der Bundesfachplanung und vor Beginn der Planfeststellung; siehe zu diesem Beispiel den Lösungsvorschlag bei *Sangenstedt,* in: Steinbach (Hrsg.), NABEG/EnLAG/EnWG-Kommentar, § 15 NABEG Rn. 20. Beachte, dass auf die diversen Konstellationen im Rahmen dieser Arbeit nicht vollumfänglich eingegangen werden kann.

461 *Durner,* NuR 2012, 369 (373); mit Verweis auf diesen *Sangenstedt,* in: Steinbach (Hrsg.), NABEG/EnLAG/EnWG-Kommentar, § 15 NABEG Rn. 20, gleichzeitig lehnt er die Alternativlösung von *Durner* ab, welche eine abschlägige Bescheidung der Planfeststellung vorsieht. Die dogmatische Einordnung der Befugnis zur Fehlerrevision ist bei beiden Autoren unterschiedlich, sie solle sich aber aus ungeschriebenen Regeln des Planungsrechts ergeben.

462 So die Regelung des § 15 Abs. 1 S. 1 NABEG und die gesetzgeberische Intention interpretierend *Sangenstedt,* in: Steinbach (Hrsg.), NABEG/EnLAG/EnWG-Kommentar, § 15 NABEG Rn. 13.

möglich sein, durch ihre Behörden in der Planfeststellung eigene Linienbestimmungen durchzuführen.[463] Diese Ansicht vermag zu überzeugen, schon weil die BNetzA die Zuständigkeit für die Planfeststellung nur einiger Vorhaben des BBPlG erhalten hat.[464] Ließe man eine abweichende Trassenwahl durch Länderbehörden zu, so könnte dies bei der erheblichen Anzahl der von ihnen durchzuführenden Planfeststellungen zu nicht unerheblichen Komplikationen führen. Dies gilt unter anderem hinsichtlich der Kreuzungspunkte mit dem restlichen Übertragungsnetz. Ausgehend von dieser Überlegung ist es allerdings nicht sachgerecht, die Planfeststellung der BNetzA mit der Planfeststellung der Länder gleichzustellen, da die BNetzA zugleich die vorgelagerte Bundesfachplanungsbehörde ist und folglich keine ungebührliche Änderung der Bundesfachplanung zu befürchten ist. Daher wäre es effektiver, der BNetzA die Möglichkeit zu eröffnen, eine Trassenverlegung im Planfeststellungsverfahren durchzuführen, anstatt dieses Verfahren ruhen zu lassen und die Bundesfachplanung fortzuführen. Insofern wäre es notwendig an § 15 Abs. 1 S. 1 NABEG, welcher die Verbindlichkeit der Bundesfachplanungsentscheidung für die Planfeststellung statuiert, den folgenden Halbsatz anzufügen:

„dies gilt nicht für die BNetzA als Planfeststellungsbehörde."

Dadurch könnte sie in relativ kurzer Zeit eine Trasse verlegen, was nicht nur bei unerwarteten naturschutzrechtlichen Problemen, sondern etwa auch bei Problemen mit der Raumordnung zur Anwendung kommen könnte.

4. Behörden- und Öffentlichkeitsbeteiligung für die Entwürfe der Bundesfachplanung / des Bundesfachplan Offshore und des Umweltberichts

Das verbindliche Beteiligungsverfahren der Bundesfachplanung wie auch des Bundesfachplan Offshore für Behörden und die Öffentlichkeit gliedert sich in zwei Stufen. Auf der ersten Stufe befindet sich die Antragskonferenz (Bundesgebiet) beziehungsweise der Anhörungstermin (AWZ), welche den Untersuchungsrahmen für die Raumverträglichkeit wie auch die Umweltprüfung fixieren;[465] früher wurden diese beiden Untersuchungsgegenstände getrennt voneinander behandelt.[466] Die zweite Stufe ist die Beteiligung am Fachplanungsentwurf und dem Umweltbericht.[467] Jeweils zu beteiligen sind unter anderem: Die Öffentlichkeit, Träger

463 *Sangenstedt,* in: Steinbach (Hrsg.), NABEG/EnLAG/EnWG-Kommentar, § 5 NABEG Rn. 84.
464 Siehe dazu ausführlich „4. Kapitel II. 4.".
465 § 7 Abs. 1 S. 2–4 NABEG bzw. § 17a Abs. 2 S. 2, 3 EnWG.
466 Siehe zur bewussten Zusammenlegung beider Fachbereiche in der Antragskonferenz die Gesetzesbegründung, *BT-Drucks. 17/6073,* Gesetzentwurf zur Beschleunigung des Netzausbaus, S. 25.
467 Diese richtet sich im Bundesgebiet für Behörden bzw. für die Öffentlichkeit nach § 9 Abs. 1 bzw. Abs. 3 S. 1 NABEG i.V.m. § 14h bzw. § 14i UVPG. Für die AWZ

öffentlicher Belange und Vereinigungen.[468] Dabei ist die Öffentlichkeitsbeteiligung ein wesentlicher Punkt der öffentlichen Wahrnehmung und soll daher im Zentrum der folgenden Betrachtungen stehen.[469] Ein weiterer Schwerpunkt wird sodann das grenzüberschreitende Beteiligungsverfahren und die Rolle der EU bilden.

a) Funktion und Grenzen der unverbindlichen frühen Öffentlichkeitsbeteiligung in der Bundesfachplanung

Im Vorfeld der soeben erwähnten zweistufigen Beteiligungsverfahren ist zunächst die im allgemeinen Verwaltungsverfahrensrecht vorgesehene „frühe Öffentlichkeitsbeteiligung"[470] zu beachten. Die frühe Öffentlichkeitsbeteiligung kommt bei „Großvorhaben"[471] zum Tragen, sofern ein solches nicht nur unwesentliche Auswirkungen auf die Belange einer größeren Anzahl von Dritten haben kann,[472] und soll nach gesetzlicher Intention am besten noch vor Antragstellung erfolgen.[473] Sie dürfte voraussichtlich besonders für die Bundesfachplanung relevant sein, weshalb sie daher für diese kurz zu skizzieren ist. Die durch das PlVereinhG im Jahr 2013 eingeführte Vorschrift des § 25 Abs. 3 VwVfG[474] dürfte grundsätzlich auch auf die Bundesfachplanung anwendbar sein.[475] Allerdings ist dieses Verfahren

---

findet sich die entsprechende Normierung in § 17a Abs. 4 S. 1 EnWG i.V.m. § 14h bzw. § 14i UVPG.

468 So etwa bei der Antragskonferenz § 7 Abs. 2 NABEG bzw. dem Anhörungstermin § 17a Abs. 2 S. 5 EnWG i.V.m. § 7 Abs. 2 NABEG.

469 Der Einfluss von Umwelt- und Naturschutzvereinigungen soll besonders bei Rechtsbehelfsverfahren betrachtet werden. Insofern ist auf die Ausführungen bei „5. Kapitel II. 1." zu verweisen.

470 § 25 Abs. 3 S. 1 VwVfG.

471 So die prägnante Umschreibung für den sachlichen Anwendungsbereich des § 25 Abs. 3 S. 1 VwVfG in der Gesetzesbegründung der *BT-Drucks. 17/9666*, Gesetzentwurf zum PlVereinhG, S. 16f.

472 § 25 Abs. 3 S. 1 VwVfG.

473 Der Zeitpunkt vor der Antragstellung ist im Wege einer „Soll"-Bestimmung angeordnet, § 25 Abs. 3 S. 2 VwVfG.

474 Eingeführt durch Art. 1 Gesetz zur Verbesserung der Öffentlichkeitsbeteiligung und Vereinheitlichung von Planfeststellungsverfahren (PlVereinhG) vom 31. Mai 2013, (PlVereinhG), BGBl. 2013, I, S. 1388.

475 Dies liegt darin begründet, dass erstens die NABEG-Fachplanung ein für die Anwendbarkeit der §§ 9 ff. VwVfG notwendiges Verwaltungsverfahren darstellt (vgl. zu dieser Einordnung *Durinke*, in: de Witt / Scheuten (Hrsg.), NABEG-Kommentar, § 6 NABEG Rn. 4). Zweitens hält das NABEG keine speziellere Regelung für eine frühe Öffentlichkeitsbeteiligung vor Antragstellung bereit; siehe dazu die Subsidiaritätsanordnung des § 25 Abs. 3 S. 5 VwVfG. Eine andere Ansicht hinsichtlich des NABEG vertritt *Ziekow*, NVwZ 2013, 754 (755f.), der aufgrund der Beteiligungsvorschrift des § 9 NABEG die Nichtanwendbarkeitsregel über die frühe Öffentlichkeitsbeteiligung in § 25 Abs. 3 S. 5 VwVfG als erfüllt ansieht.

nur fakultativ[476] und von Einwendungen, die in diesem nicht erhoben wurden, geht keine Präklusionswirkung aus.[477] Der Vorteil der frühen Öffentlichkeitsbeteiligung wird in einem frühen Abtasten der unterschiedlichen Positionen gegenüber dem Vorhaben und der Prävention späterer Streitigkeiten gesehen.[478] Zwar mag der zuerst genannte Punkt eine sinnvolle Planungsergänzung bewirken können, etwa bei der Abschätzung des Schwierigkeitsgrads einer Flächenbeschaffung von Privatpersonen und Gebietskörperschaften. Doch ist es in dem Verfahren nur schwer möglich, grundsätzlich ablehnenden Haltungen gegenüber dem Ausbauvorhaben zu begegnen. Denn die eigentliche Netzausbauentscheidung wird oftmals bereits vor der frühen Öffentlichkeitsbeteiligung gefallen sein;[479] dies wird schon dadurch deutlich, dass die BNetzA als Bundesfachplanungsbehörde den ÜNB zur Antragstellung verbindlich auffordern kann.[480] Der ÜNB kann in diesem Fall überhaupt nicht mehr von der Vorhabenplanung ablassen.[481] Die grundsätzliche Ablehnung gegenüber einem Vorhaben ist daher weniger eine Frage der Öffentlichkeitsbeteiligung und überhaupt einem gesetzlich angeordneten Beteiligungsverfahren kaum zugänglich, sondern ist stattdessen in den maßgeblichen politischen Prozessen zu klären.[482]

b) Die verbindliche Öffentlichkeitsbeteiligung: Nationale und unionsrechtliche Vorgaben

Der Gesetzgeber hat die obligatorische öffentliche Teilhabe bewusst zweimal in die Verfahren der Bundesfachplanung und des Bundesfachplan Offshore

---

476 Die Freiwilligkeit der Verfahrensdurchführung des Vorhabenträger ist ausdrücklich festgehalten in der Gesetzesbegründung der *BT-Drucks. 17/9666,* Gesetzentwurf zum PlVereinhG, S. 17, und kommt im Gesetz durch eine reine behördliche Hinwirkungspflicht auf das Verfahren in § 25 Abs. 3 S. 1 VwVfG zum Ausdruck.

477 Auch so die eindeutige Intention des Gesetzgebers in der Gesetzesbegründung, *BT-Drucks. 17/9666,* Gesetzentwurf zum PlVereinhG, S. 18, manifestiert in § 25 Abs. 3 S. 6 VwVfG.

478 So die Gesetzesbegründung, siehe *BT-Drucks. 17/9666,* Gesetzentwurf zum PlVereinhG, S. 16f.; dabei wird auch noch die „Transparenz von Entscheidungsprozessen" als Zweck der Regelung genannt.

479 Siehe zu dieser Problematik – allerdings ohne spezielle Ausrichtung auf Leitungen des Übertragungsnetzes – *Schmitz / Prell,* NVwZ 2013, 745 (748).

480 § 6 S. 2 NABEG.

481 Anders die dem § 25 Abs. 3 S. 1 VwVfG zu Grunde liegende Gesetzesbegründung der *BT-Drucks. 17/9666,* Gesetzentwurf zum PlVereinhG, S. 17, woraus die grundsätzliche Ausrichtung des Verfahrens auf Vorhabenträger mit freien Investitionsentscheidungen deutlich wird.

482 Vgl. *Schmitz / Prell,* NVwZ 2013, 745 (748), welche auf eine gängige Trennung zwischen der Grundsatzentscheidung über ein Vorhaben auf politischer Ebene und der Zulassung auf behördlicher Ebene hinweisen und dadurch begrenzte Einflussmöglichkeiten in der frühen Öffentlichkeitsbeteiligung annehmen.

aufgenommen.[483] Mit der ersten Öffentlichkeitsbeteiligung, während der Antragskonferenz, geht er sogar über unionsrechtliche Anforderungen hinaus – auch wenn richtigerweise angenommen wird, dass diese Beteiligung nur ein Teilnahmerecht[484] darstellt (eine solche Beschränkung ist praktisch betrachtet schon aufgrund einer möglicherweise bereits im Vorfeld stattgefundenen frühen Öffentlichkeitsbeteiligung des § 25 Abs. 3 VwVfG unbedenklich). Besagte unionsrechtliche Anforderungen finden sich in der SUP-RL, welche nur vorgibt, eine Öffentlichkeitsbeteiligung nach Erstellung des Umweltberichts durchzuführen[485] und somit nicht schon bei der Antragskonferenz. Für eine Vertiefung der Öffentlichkeitsbeteiligung in der Fachplanungsphase sieht die Unionsgesetzgebung merklich keinen Handlungsbedarf. So erfordert die im Jahr 2013 erlassene TEN-E-VO 2013 über Vorhaben von gemeinsamen Interesse keine zusätzliche Öffentlichkeitsbeteiligung für Trassierungen in nationalen Fachplanungen;[486]

---

483 Siehe zu dieser gesetzgeberischen Entscheidung die Gesetzesbegründung, *BT-Drucks. 17/6073,* Gesetzentwurf zur Beschleunigung des Netzausbaus, S. 25; die dort genannten NABEG-Regelungen wurden bewusst für den Bundesfachplan Offshore in der AWZ übernommen, was sich aus der Gesetzesbegründung entnehmen lässt, *BT-Drucks. 17/10754,* Gesetzentwurf eines Dritten Gesetzes zur Neuregelung energiewirtschaftlicher Vorschriften, S. 24.

484 So mit Verweis darauf, dass der Gesetzeswortlaut nicht eindeutig sei und es sich bei der Konferenz um eine Expertenbesprechung handele die *BT-Ausschussdrucks. 17/(9)1151,* TenneT-Stellungnahme zu: „Beschleunigung des Netzausbaus Elektrizitätsnetze", S. 4f.; dort wird eine Regelung im NABEG gefordert, die das Recht der Öffentlichkeit einzig auf eine „Teilnahme" bei der Antragskonferenz verdeutlichen solle. Im Ergebnis ebenso nur für ein Recht auf „Anwesenheit" *Durinke,* in: de Witt / Scheuten (Hrsg.), NABEG-Kommentar, § 7 NABEG Rn. 13 m.w.N. Für diese Ansicht spricht auch ein systematischer Vergleich zwischen der Öffentlichkeitsbeteiligung des § 7 Abs. 2 S. 3 NABEG mit der des § 9 Abs. 3, Abs. 6 S. 1 NABEG i.V.m. § 14i Abs. 3 S. 1 UVPG. Nur in der zuletzt genannten Beteiligung ist explizit ein Äußerungsrecht vorgesehen, so dass ein solches für die Antragskonferenz zu verneinen ist.

485 Dies ergibt sich aus Art. 6 Abs. 1, 2 SUP-RL. Dieser Pflicht ist der Gesetzgeber mit der Öffentlichkeitsbeteiligung des § 9 Abs. 3 S. 1 NABEG i.V.m. § 14i UVPG nachgekommen, so wohl auch die Gesetzesbegründung der *BT-Drucks. 17/6073,* Gesetzentwurf zur Beschleunigung des Netzausbaus, S. 25.

486 Siehe für die Einordnung der NABEG-Fachplanung als ein Verfahren zur Linienbestimmung im Sinne des Art. 10 Abs. 3 TEN-E-VO 2013 *Linßen / Aubel,* DVBl. 2013, 965 (968f.). Nach dieser Auffassung erfolgt die Einordnung wegen der verbindlichen Auswahl des Trassenkorridors durch die NABEG-Fachplanung; da der Bundesfachplan Offshore für die AWZ ebenso verbindlich ist, § 17a Abs. 5 S. 2 EnWG, müsste dieser gleichermaßen unter Art. 10 Abs. 3 TEN-E-VO 2013 subsumiert werden. Jedenfalls findet sich für Art. 10 Abs. 3 TEN-E-VO 2013 keine Anordnung einer Öffentlichkeitsbeteiligung. Siehe für das Verhältnis der Bundesfachplanung wie auch des Bundesfachplan Offshore zur TEN-E-VO 2013 insbesondere „3. Kapitel VI. 1. und 3. c)".

sie ordnet lediglich „mindestens eine Anhörung der Öffentlichkeit“ im Vorfeld der finalen Antragstellung für das Genehmigungsverfahren (dieses entspricht wohl der Planfeststellung im deutschen Recht[487]) an[488] – freilich könnte dies in der Folge durch den nationalen Gesetzgeber als Öffentlichkeitsbeteiligung in der Fachplanung anstatt in der Planfeststellung umgesetzt werden.

Gleichwohl ist die Sinnhaftigkeit einer umfassenden Öffentlichkeitsbeteiligung etwa in der Bundesfachplanung Gegenstand der Debatte. Einerseits werden die diesbezüglichen Regelungen des NABEG als „rechtstheoretisch vorbildlich ausgestaltet“[489] wertgeschätzt. Andererseits wird etwa eine inhaltliche Beteiligung der Öffentlichkeit am Antragsverfahren kritisch betrachtet, da es hier zu das Verfahren bewusst verzögernden Einwendungen kommen[490] und dieser Verfahrensschritt seinen Charakter als Expertenforum verlieren könne.[491]

c) Lösungsansatz: Kommunalbeteiligung als Substitut der Öffentlichkeitsbeteiligung

Die Öffentlichkeitsbeteiligung hat die schwierige Aufgabe, Konflikte zwischen einer regionalen Betroffenheit und der weitgehend für einen überregionalen Raum erfolgenden fachplanerischen Entscheidung zu bewältigen und dabei die Verfahrensdauer nicht zu verlängern, sondern im Idealfall zu verkürzen. Eine frühzeitige Einbindung der Öffentlichkeit ist schon dann geboten, wenn äußere Umstände eine bestimmte Trassenwahl bereits zu Beginn der Bundesfachplanung oder des Bundesfachplan Offshore erkennbar machen. Ein solcher Fall kann etwa die voraussichtliche Netzverstärkung in einer Bestandstrasse sein oder ein erkennbar erheblicher Konflikt bei Querung eines Natura 2000-Gebietes durch Alternativtrassen.[492] Hier empfiehlt es sich, besonders die Kommunen einzubinden, welche die örtlichen Gegebenheiten und Empfindlichkeiten kennen und diese schon in

---

487 So *Linßen / Aubel*, DVBl. 2013, 965 (966).

488 Siehe zu den Details und dem Gesetzeszitat Art. 9 Abs. 4 i.V.m. Art. 10 Abs. 1 lit. a TEN-E-VO 2013. Gegenstand dieser Öffentlichkeitsbeteiligung sind „alle Themen, die für die jeweilige Verfahrensphase relevant sind“, Art. 9 Abs. 4 i.V.m. Anlage VI Nr. 3. lit. b TEN-E-VO 2013.

489 *Wagner*, DVBl. 2011, 1453 (1458). Dieser merkt an, dass es gleichwohl einer effektiven Rechtsanwendung bedürfe.

490 *Kment*, RdE 2011, 341 (346).

491 *BT-Ausschussdrucks. 17/(9)1151*, TenneT-Stellungnahme zu: „Beschleunigung des Netzausbaus Elektrizitätsnetze“, S. 4f.

492 Siehe zur Problematik von Beeinträchtigungen eines Natura 2000 Gebietes durch Querungen oder sonstige Auswirkungen eines Leitungsvorhabens „3. Kapitel III. 3. a)“.

das Antragsverfahren professionell einbringen können.[493] Diese vermögen dadurch in der Antragskonferenz die Interessen der betroffenen Öffentlichkeit in geeigneter Weise wahrzunehmen, während sich Privatpersonen als Zuhörer einen ersten Eindruck der Planung verschaffen können.[494] Hätte die Öffentlichkeit in diesem inhaltlich komplizierten Verfahrensstadium umfassendere Beteiligungsrechte, so wäre eine Verlagerung der wesentlichen Aspekte des Antragsverfahren auf informelle Verfahrenswege zwischen Vorhabenträger und Fachplanungsbehörde zu befürchten. Um den Interessen der Öffentlichkeit im weiteren Verlauf gerecht zu werden, ist sodann auf einen Umweltbericht und Planentwürfe hinzuwirken, welche der interessierte Laie nachvollziehen kann,[495] um sein Äußerungsrecht auf der nächsten Verfahrensstufe der Bundesfachplanung und des Bundesfachplan Offshore wahrnehmen zu können.[496]

Es ist überdies nicht davon auszugehen, dass eine relativ späte Bürgerbeteiligung in der Fachplanung zu keinen Planänderungen mehr führen kann, da selbst die Wiederaufnahme einer bereits abgeschlossenen Bundesfachplanung wie auch eines bereits erstellten Bundesfachplan Offshore nicht ausgeschlossen ist.[497] So wurde etwa in einem fachplanerisch vergleichbaren Raumordnungsverfahren einer Höchstspannungsleitung für den „Abschnitt Landesgrenze Thüringen – Umspannwerk Redwitz“[498], welches bereits beendet war, das Verfahren erneut aufgenommen, um eine größere Entfernung zu Siedlungsgebieten zu schaffen.[499] Zwar war dies eine nicht zwingende Reaktion des ÜNB auf Regelungen des EnLAG und nicht auf

493 Die Kommunen sind als Träger öffentlicher Belange im Sinne des § 7 Abs. 2 S. 1 NABEG zur Antragskonferenz zu laden, sofern bei ihnen eine Betroffenheit vorliegt.

494 Das Recht der Öffentlichkeit, sich als Zuhörer zu informieren, ergibt sich aus § 7 Abs. 2 S. 3 Hs. 1 NABEG.

495 Der Umweltbericht muss nach § 14g Abs. 2 S. 3 UVPG „[e]ine allgemein verständliche, nichttechnische Zusammenfassung“ enthalten. Umweltbericht und Planentwurf sind der Öffentlichkeit zugänglich zu machen, § 9 Abs. 3 S. 1 NABEG i.V.m. § 14i Abs. 2 S. 1 UVPG. Die Bedeutung der Zusammenfassung des Umweltberichts sowie der Beschaffenheit der Planentwürfe für die Öffentlichkeitsbeteiligung – allerdings für eine UVP und nicht SUP – wird dargestellt bei *Führ u. a.,* Evaluation des UVP-Gesetzes des Bundes, S. 74f.

496 Das Äußerungsrecht der Öffentlichkeit ist dort in § 9 Abs. 6 S. 1 NABEG bzw. § 17a Abs. 4 S. 1 EnWG, jeweils i.V.m. § 14i Abs. 3 S. 1 UVPG, festgehalten.

497 Weder die Regelungen des NABEG noch die des EnWG stehen einer Wiederaufnahme entgegen.

498 *Regierung von Oberfranken,* Landesplanerische Beurteilung für die modifizierten Trassenführungen des geplanten Neubaus einer 380-kV-Leitung im Abschnitt Landesgrenze Thüringen – Umspannwerk Redwitz vom 17. August 2012.

499 *Regierung von Oberfranken,* Landesplanerische Beurteilung für die modifizierten Trassenführungen des geplanten Neubaus einer 380-kV-Leitung im Abschnitt Landesgrenze Thüringen – Umspannwerk Redwitz vom 17. August 2012, S. 5.

Einwendungen von Bürgern.[500] Doch verdeutlicht dieses Beispiel, dass eine Trassenverlegung beim Bundesfachplan Offshore und in der Bundesfachplanung, insbesondere bei Siedlungen, auch durch eine Bürgerbeteiligung möglich sein dürfte, zumal vorliegend eine Beteiligung im noch laufenden Verfahren in Rede steht.

5. Der Einfluss der ÜNBs auf die SUP

Wie bereits in der Bedarfsplanung,[501] so ist es für die ÜNBs in der Bundesfachplanung und beim Bundesfachplan Offshore ebenso wichtig, ihre Vorstellungen über den Netzausbau in die SUP einzubringen und damit letztendlich auf den Trassenverlauf einzuwirken. Sie können dies auf der vorliegenden Planungsebene, anders als bei der vorangehenden Bedarfsplanung, nicht mehr gänzlich über die Vorlage eigener Pläne machen, welche der SUP zu Grunde liegen.[502] So beginnt zwar die Bundesfachplanung des NABEG mit dem Antrag des Vorhabenträgers, welcher darin einen Trassenkorridor und dessen Alternativen vorschlägt und dabei unter anderem deren erkennbare Umweltauswirkungen erläutert.[503] Gleichzeitig haben aber auch die von der Bundesfachplanung betroffenen Länder das Recht, einen Trassenkorridor vorzuschlagen,[504] wobei die BNetzA weder auf die vorgebrachten Korridore der Länder noch der ÜNB festgelegt ist.[505] Daher ist von einer objektiven Auswahl des Trassenkorridors sowie seiner Alternativen in der Antragskonferenz auszugehen, in welcher – aufgrund ihrer simultanen Eigenschaft als Scopingtermin der SUP –[506] der Umfang und die Tiefe der Angaben für den Umweltbericht besprochen werden.[507] Eine Steuerung der SUP über das Scoping wäre für die ÜNBs daher schwierig. Ähnlich verhält sich dies beim Bundesfachplan Offshore, wo die Planung noch stärker vom BSH als Planungsbehörde bestimmt wird und es dementsprechend keines Antrags der ÜNBs mit Trassenvorschlägen oder einer Antragskonferenz bedarf. Stattdessen findet ein Anhörungstermin statt, welcher neben den raumordnerischen Fragen[508] ebenso die Funktion des Scopingtermins

500 *Planungsgruppe Landespflege im Auftrag der TenneT TSO GmbH,* Unterlagen zum modifizierten Raumordnungsverfahren Rohrbach – Redwitz, 20.04.2012, S. 4, 6f. Der Vorhabenträger vermeidet durch die angestrebte Trassenverlegung die Pflicht zur Erdverkabelung des § 2 Abs. 2 S. 1 EnLAG, welche bei einer bestimmten Nähe zur Wohnbebauung ausgelöst wird.

501 Siehe „2. Kapitel III. 7.".

502 In der Bedarfsplanung erfolgt dies über den von den ÜNBs erstellten NEP und den Offshore-NEP, § 12c Abs. 2 S. 1 EnWG.

503 § 6 S. 1, S. 6 Nr. 1, 3 NABEG.

504 § 7 Abs. 3 S. 1 i.V.m. § 6 S. 6 Nr. 1 NABEG.

505 § 7 Abs. 3 S. 2 NABEG.

506 Die Eigenschaft als Scopingtermin folgt aus § 7 Abs. 1 S. 4 NABEG i.V.m. § 14f Abs. 4 S. 2 UVPG.

507 § 7 Abs. 1 S. 3 NABEG.

508 Die Behandlung raumordnerischen Aspekte im Anhörungstermin folgt aus § 17 a Abs. 2 S. 2 i.V.m. Abs. 1 S. 2 EnWG.

übernimmt.[509] Bei diesem können sich die ÜNBs als Geladene[510] zu den geplanten Trassenkorridoren äußern und insofern versuchen, die SUP des Bundesfachplan Offshore im Vorfeld zu beeinflussen.

Der Einfluss der ÜNBs ergibt sich vielmehr über die verpflichtende Vorlage der erforderlichen Unterlagen für die SUP (Bundesgebiet)[511] beziehungsweise der erforderlichen Informationen für die Erstellung des Umweltberichts (AWZ)[512].

a) Der Einfluss auf die SUP im Anwendungsbereich des NABEG

In der Bundesfachplanung des NABEG geht es unter anderem darum, den umweltverträglichsten Trassenkorridor zu bestimmen,[513] für dessen Ermittlung der Umweltbericht herangezogen wird,[514] welcher hierfür auch geographische Alternativen einzubeziehen hat.[515] Die Auswahl eines dementsprechenden Korridors kann durchaus im Widerspruch zur Gewinnorientierung der ÜNBs stehen, der sein Netz gegebenenfalls in eine andere Region ausrichten will, woraus entgegengesetzte Interessen deutlich werden. Insofern ist es für ÜNBs von Bedeutung, in ihrem Sinne auf die SUP einzuwirken. Daher verwundert es nicht, dass TenneT TSO für die ÜNBs als Vorhabenträger eine Erweiterung ihrer Vorlagepflichten aus § 8 NABEG einforderte.[516] Demnach sollten die Vorhabenträger einen, den Anforderungen des § 14g UVPG entsprechenden, Umweltberichtsentwurf einschließlich eines bewertenden Teils über die Umweltauswirkungen erarbeiten.[517]

Der Idee eines eigenständigen Entwurfs des Vorhabenträgers für den Umweltbericht in der Bundesfachplanung des NABEG kann man sicherlich seine größere Expertise bei einigen Teilen des Berichts zugutehalten. Dies gilt besonders für die Prüfung technischer Alternativen und dort speziell bei der angesprochenen technischen Effizienz der Erdverkabelung. Andererseits stehen dieser Überlegung einige rechtspraktische und systematische Überlegungen entgegen. Aus praktischer

509 § 17a Abs. 2 S. 4 EnWG i.V.m § 14f Abs. 4 S. 2 UVPG.

510 § 17a Abs. 2 S. 5 EnWG i.V.m. § 7 Abs. 2 S. 1 NABEG.

511 § 8 S. 1 NABEG.

512 § 17a Abs. 3 S. 2 EnWG.

513 So die Gesetzesbegründung, *BT-Drucks. 17/6073,* Gesetzentwurf zur Beschleunigung des Netzausbaus, S. 26.

514 Der Umweltbericht ist bei der Planaufstellung zu berücksichtigen, § 14k Abs. 2 UVPG.

515 Nach *Kment,* in: Hoppe / Beckmann, UVPG-Kommentar, § 14g UVPG Rn. 29 m.w.N., umschließt die Untersuchung von Alternativen gemäß § 14g Abs. 1 S. 2 UVPG auch „gebietsbezogene Standortalternativen“.

516 *BT-Ausschussdrucks. 17/(9)1151,* TenneT-Stellungnahme zu: „Beschleunigung des Netzausbaus Elektrizitätsnetze“, S. 5f.

517 *BT-Ausschussdrucks. 17/(9)1151,* TenneT-Stellungnahme zu: „Beschleunigung des Netzausbaus Elektrizitätsnetze“, S. 5f., TenneT sah dies nicht als eine Erweiterung der bisherigen Mitwirkungspflichten des § 8 NABEG an, sondern lediglich als eine Klarstellung derselbigen.

Sicht ist es schon zweifelhaft, ob ÜNBs als Vorhabenträger das Personal und die Sachkenntnisse für die wesentlichen Teile eines Umweltberichtes besitzen. Beispielsweise liegen Kenntnisse über die im Umweltbericht darzustellenden Beziehungen zu anderen relevanten Plänen und Programmen oder über den derzeitigen Umweltzustand[518] außerhalb der Sphäre privater Vorhabenträger und sind wesentlich einfacher durch eine Behörde zu erlangen oder zu erarbeiten. Des Weiteren ist die Systematik des NABEG auf eine zeitgleiche und durch eine einzige Institution durchgeführte Prüfung der Raum- und Umweltverträglichkeit ausgelegt.[519] Dies entspricht schon der Bedarfsplanung und ihrer SUP im EnWG für den NEP und den Offshore-NEP[520] – auch wenn die Entwurfsvorlage für beide NEPs zunächst durch die ÜNBs erfolgt.[521] Die Verfahrensbündelung bei der BNetzA als der maßgeblichen Planungsakteurin würde durch das Hinzutreten eines gestärkten Beteiligten gestört werden. Die Erstellung des Umweltberichts durch den jeweiligen ÜNB wäre somit für den zügigen Netzausbau wenig zielführend.

Gleichwohl können die ÜNBs den Umweltbericht an mehreren Stellen beeinflussen, etwa durch die Darlegung möglicher Trassenkorridore und die konsequente Nutzung weiterer Mitwirkungsmöglichkeiten in der SUP. Dies ergibt sich bereits beim Antrag auf die Bundesfachplanung, in welchem der Vorhabenträger einen Trassenkorridor und Alternativen zu diesem vorschlagen und unter erkennbaren Umweltauswirkungen erläutern muss;[522] dies gilt nicht im vereinfachten Verfahren, welches keine SUP erfordert.[523] Durch ihre Kompetenz in der Übertragungstechnik

---

518 Siehe zu diesen Darstellungen im Umweltbericht § 14g Abs. 2 S. 1 Nr. 1, 3 UVPG.

519 So werden in der Antragskonferenz der Bundesfachplanung raumordnerische Belange besprochen und sie fungiert zugleich als Scopingtermin der SUP, § 7 Abs. 1 NABEG i.V.m. § 14f Abs. 4 S. 2 UVPG. Die simultane Bearbeitung der Raum- und Umweltverträglichkeit setzt sich bei der nachfolgenden Behörden und Öffentlichkeitsbeteiligung fort, bei welcher zeitgleich der Plan (einschließlich seiner raumordnerischen Angaben) und der Umweltbericht konsultiert werden, § 9 Abs. 1 NABEG i.V.m. § 14h S. 1 UVPG bzw. § 9 Abs. 3 S. 1 NABEG i.V.m. § 14i Abs. 2 S. 1 UVPG.

520 Dafür spricht schon die Formulierung des § 12c Abs. 2 S. 1 EnWG, der die Erstellung des Umweltberichts „frühzeitig während des Verfahrens zur Erstellung des Netzentwicklungsplans...und des Offshore-Netzentwicklungsplans" vorsieht. Zudem werden die Entwürfe des (Offshore-)NEP sowie der Umweltbericht zur selben Zeit in die Behörden- und Öffentlichkeitsbeteiligung eingeführt, (§ 17c Abs. 1 S. 2 EnWG i.V.m.) § 12c Abs. 3 S. 1, 3 EnWG; dies erfolgt beim NEP durch die BNetzA, welche gemäß § 54 Abs. 1 EnWG die Regulierungsbehörde im Sinne der genannten Vorschriften ist, und durch das BSH beim Offshore-NEP.

521 § 12b Abs. 1 S. 1 bzw. § 17b Abs. 1 S. 1 EnWG.

522 § 6 S. 6 Nr. 1, 3 NABEG.

523 § 6 S. 6 Nr. 4 i.V.m. § 11 Abs. 1 S. 1 NABEG. Dort wird auf § 14d S. 1 UVPG verwiesen, der eine SUP für geringfügige Planänderungen oder die Nutzung kleiner Gebiete auf lokaler Ebene ausschließt, sofern keine erheblichen Umweltauswirkungen zu erwarten sind.

können die ÜNBs dann bei qualitativ guten Antragsunterlagen durchaus den Umweltbericht der BNetzA und dadurch die Bundesfachplanung beeinflussen. Diese Möglichkeit ergäbe sich für die ÜNBs auch, sofern sie der BNetzA bei gewissen Problemkonstellationen von Umweltprüfungen behilflich sein können, bei denen ein typisches Auftreten in mehrstufigen Planungen mitunter angenommen wird: Dabei handelt es sich – unter anderem – um Defizite in der Abschichtung von Umweltprüfungen zwischen den Planungsstufen und der Beibringung von prüfungsrelevanten Umweltdaten, die den gegenwärtigen Umweltzustand abbilden.[524] Auf beides kann der Vorhabenträger durch die entsprechende Unterstützung des Scopings im Rahmen der Antragskonferenz beziehungsweise durch die von ihm einzureichenden Unterlagen im Nachgang der Antragskonferenz einwirken.[525] Hierbei lassen sich dann natürlich die eigenen betrieblichen Vorstellungen einbringen. Als mögliches Beispiel sei erneut auf die Übertragungstechnik verwiesen, zu der die ÜNBs ihre Expertise über neueste Entwicklungen auf diesem Gebiet einbringen können, was für die Darstellung und Bewertung der Umweltauswirkungen des Plans[526] bedeutsam ist und damit letztlich auch den Trassenkorridor beeinflusst.[527]

b) Der Einfluss auf die SUP des Bundesfachplan Offshore

Bei Betrachtung der SUP des Bundesfachplan Offshore lassen sich die voranstehenden Überlegungen zu einem großen Teil übertragen. Da hier eine erhebliche Planungskonzentration beim BSH als Planungsträger erfolgt,[528] unter anderem da es keines betrieblichen Antrags auf Erstellung des Bundesfachplan Offshore bedarf, macht es Sinn den Entwurf des Umweltberichts nicht extern durch einen ÜNB erstellen zu lassen. Dies entspricht der geltenden Gesetzeslage, welche das BSH zur Erstellung verpflichtet, § 17a Abs. 3 S. 1 EnWG. Die wirtschaftlichen Interessen der ÜNBs lassen sich auch hier im Scoping[529] bzw. durch die zu übermittelnden

524 *Führ u. a.,* Evaluation des UVP-Gesetzes des Bundes, S. 166–168, die dies aus der Sicht der UVP und somit der letzten Planungsstufe erörtern.

525 Zur Antragskonferenz als Scopingtermin sowie zu den genannten Vorlagepflichten schon eingangs „3. Kapitel III. 5.".

526 Siehe zur Darstellung bzw. Bewertung der Umweltauswirkungen im Umweltbericht den § 14g Abs. 2 S. 1 Nr. 5, bzw. Abs. 3 UVPG.

527 Einschränkend sei darauf verwiesen, dass die BNetzA diesbezüglich auch externe Gutachten heranzieht. Siehe als Beispiel in der Bedarfsplanung für die Heranziehung eines solchen Gutachtens, bezüglich der Auswirkung von HDÜ-Freileitungen auf die Schutzgüter Tiere, Pflanzen und biologische Vielfalt, *BNetzA,* Umweltbericht zum Bundesbedarfsplan-Entwurf 2012, S. 90.

528 Eine erhebliche Einschränkung ist freilich das Einvernehmenserfordernis mit der BNetzA gemäß § 17a Abs. 1 S. 1 EnWG, welches aber für die folgenden Ausführungen unschädlich ist.

529 ÜNBs sind am Scoping gemäß § 17a Abs. 2 S. 5 EnWG i.V.m. § 7 Abs. 2 S. 1 NABEG zu beteiligen.

Informationen[530] einbringen, gegebenenfalls über die oben genannten Hilfestellungen bei Problemen der behördlichen Praxis.

Ein wesentlicher Unterschied zur Bundesfachplanung des NABEG ist die Einbindung eines weiteren Privaten in die Erstellung des Umweltberichts im Vorfeld der Öffentlichkeitsbeteiligung. Gemäß § 17a Abs. 3 S. 2 EnWG müssen neben den ÜNBs auch die Betreiber von Windenergieanlagen auf See dem BSH die relevanten Informationen für den Umweltbericht zur Verfügung stellen. Die gegenläufigen Interessen dieser beiden Akteure, möglichst wirtschaftliche Anlagenstandorte versus möglichst ertragsreiche Anbindungsleitungen, könnte sich auch in deren Informationsübermittlungen widerspiegeln.[531] Für das BSH und die Erstellung des Umweltberichts kann dies insofern genutzt werden, als bei unterschiedlichen Aussagen aus dem bereitgestellten betrieblichen Datenmaterial eine behördliche Überprüfung noch vor der Behörden- und Öffentlichkeitsbeteiligung möglich ist. Dadurch kann frühzeitig ein objektiver Umweltbericht erstellt werden. Für ÜNBs ist die Planungsstufe des Bundesfachplan Offshore auch insofern bedeutsam, da in der nachfolgenden Planfeststellung keine UVP-Pflicht für Anbindungsleitungen in der AWZ besteht[532] und sie auf diesem Wege keinen Einfluss mehr nehmen könnten.

c) *Die Gewährleistung einer objektiven SUP durch die BNetzA und das BSH*

Die behördliche Kontrolldichte unterscheidet sich in den Planungsregimen für das Bundesgebiet einerseits und die AWZ andererseits. Bei der Bundesfachplanung sind die für die SUP erforderlichen Unterlagen vom ÜNB an die BNetzA weiterzugeben und werden sodann auf ihre Vollständigkeit hin überprüft.[533] Diese gesetzlich normierte Vollständigkeitsprüfung schließt nach der gesetzgeberischen Begründung auch die inhaltliche Schlüssigkeit der Unterlagen ein.[534] Eine solche Normierung fehlt freilich für den Bundesfachplan Offshore, da es hier zu keiner Antragstellung kommt und demnach keine Antragsunterlagen eines ÜNBs vorliegen. Der ÜNB ist sodann einzig zum Anhörungstermin zu laden[535] und hat die für den Umweltbericht erforderlichen Informationen bereitzustellen.[536] Gleichwohl dürfte es auch hier notwendig sein, diese Informationen vom BSH auf ähnliche Weise überprüfen zu lassen, was sich aber schon implizit aus der behördlichen Pflicht zur Durchführung einer

---

530 Siehe zu dieser Pflicht der ÜNBs § 17a Abs. 3 S. 2 EnWG.

531 Die Informationspflichten von ÜNBs und der Betreiber von Windenergieanlagen auf See sind für den Umweltbericht in § 17a Abs. 3 S. 2 EnWG niedergelegt.

532 Dazu „4. Kapitel III. 1. a)".

533 § 8 S. 1 bzw. S. 6 NABEG; dies umschließt zugleich die hierfür erforderlichen Unterlagen der raumordnerischen Aspekte.

534 Siehe dafür („Plausibilität") die Gesetzesbegründung, *BT-Drucks. 17/6073,* Gesetzentwurf zur Beschleunigung des Netzausbaus, S. 25.

535 § 17a Abs. 2 S. 5 EnWG i.V.m. § 7 Abs. 2 S. 1 NABEG.

536 § 17a Abs. 3 S. 2 EnWG.

SUP und dementsprechend objektiver Darstellungen und Bewertungen ergeben dürfte; eine spezielle Normierung erscheint daher nicht erforderlich.

Ein wesentliches Augenmerk beider Fachplanungsbehörden, BNetzA und BSH, sollte indes nicht nur auf der Vollständigkeit und Schlüssigkeit, sondern auch auf der Aktualität der ihnen unterbreiteten Unterlagen und Informationen hinsichtlich der Umweltprüfung liegen. Zwar sind diese nicht Gegenstand einer abschließenden Zulassungsentscheidung, doch beeinflussen sie bereits Trassen(korridore) und damit letztlich auch den abschließenden Leitungsverlauf. Ist die Planung auf der Zulassungsebene angelangt und stellt sich in der dort stattfindenden UVP heraus, dass die SUPs vorangegangener Planungsstufen auf unzutreffenden – weil veralteten – Angaben beruhten, so kann dies zu langwierigen Planungsanpassungen führen. Bleiben sie gänzlich unentdeckt, wäre überdies die Gerichtsfestigkeit der abschließenden Planfeststellungsbeschlüsse bedroht.[537] Es ist nämlich nicht auszuschließen, dass ein Vorhabenträger aus Kostengründen geneigt ist, auf seinen Kenntnisstand vergangener Planungen oder vorgelagerter Planungsstufen zurückzugreifen und diesen sodann unbesehen erneut in das Verfahren einzuführen. Die Prüfung der Aktualität bedarf keiner ausdrücklich gesetzlichen Regelung und liegt vielmehr den Erfordernissen an den Umweltbericht der SUP zu Grunde.[538]

IV. Der Bundesnetzplan

Nach Abschluss der Bundesfachplanung für das Bundesgebiet erfolgt die Aufnahme der dort festgelegten Trassenkorridore in den Bundesnetzplan.[539] Dasselbe gilt hinsichtlich der Trassen und Trassenkorridore für Anbindungsleitungen und grenzüberschreitende Leitungen des Bundesfachplan Offshore.[540] Dem Bundesnetzplan kommt allerdings keine wesentlich eigenständige Bedeutung zu, da die Erfassung in ihm nur „nachrichtlich"[541] erfolgt und der Gesetzgeber überdies mit der Publikation im Bundesanzeiger einmal pro Kalenderjahr[542] einzig

537 Siehe zur justiziablen Frage, ob eine SUP von aktuellen Umweltinformationen ausgegangen ist *Gärditz*, in: Landmann / Rohmer, UmweltR-Kommentar, Bd. I, § 14f UVPG Rn. 11 [Stand: Juli 2011].

538 Siehe nur die erforderlichen Angaben des Umweltberichts über die „Darstellung der Merkmale der Umwelt, des derzeitigen Umweltzustandes" in § 14g Abs. 2 S. 1 Nr. 3 UVPG oder den in § 14f Abs. 2 S. 2 UVPG für den gesamten Umweltbericht geforderten „gegenwärtigen Wissenstand". Vertiefend zur Konkretisierung des gegenwärtigen Wissensstands *Gärditz*, in: Landmann / Rohmer, UmweltR-Kommentar, Bd. I, § 14f UVPG Rn. 7–9 [Stand: Juli 2011].

539 § 17 S. 1 NABEG.

540 § 17 S. 1 NABEG.

541 § 17 S. 1 NABEG.

542 Dies hat durch die BNetzA zu erfolgen, § 17 S. 3 NABEG.

„Informationszwecke[...]“[543] verfolgt. Letztere sind insofern relevant, als die erfassten Trassen(korridore) schließlich in ein Planfeststellungsverfahren münden können.[544] Wichtig ist es, den Bundesnetzplan nicht als umfassendes Informationsmedium für die Öffentlichkeit zu verstehen, sondern eine Unterrichtung über Leitungsvorhaben frühzeitig im Wege der bereits erörterten Öffentlichkeitsbeteiligung oder gegebenenfalls weiterer Maßnahmen vorzunehmen. Hilfreich dürfte der Bundesnetzplan und seine turnusmäßige Publikation vor allem für Behörden und Verbände sein, welche damit einen umfassenden und regelmäßigen Einblick über den Planungsstand erhalten und damit überregionale Konzepte für ihre Interessen erstellen können.

V. Grenzüberschreitende Aspekte der Fachplanung

Sofern eine Verbindung des inländischen mit einem ausländischen Netz Gegenstand der Fachplanung ist, treten mindestens ein weiterer Staat und dessen ÜNBs als Planungsbeteiligte hinzu. Ergänzt wird dies gegebenenfalls durch die europäischen Institutionen und ihre Gesetzgebung, gleichwohl die EU keine eigenständige Fachplanung durchführen darf. Die Bewältigung dieser komplexen Situation bedarf daher Instrumente, die nicht nur durch die nationale Ebene entwickelt werden können.

1. Reformbedarf der grenzüberschreitenden Fachplanung in der AWZ

Die Fachplanung in der AWZ, welche andere Staaten oder deren AWZs betrifft, beginnt im Grunde genommen nicht erst mit dem Bundesfachplan Offshore. So hat das BMVI mit angrenzenden Staaten das Benehmen für seinen Raumordnungsplan herzustellen.[545] So können bereits hier auf einem formellen Wege erste Abstimmungen zur Raumverträglichkeit von Leitungen vorgenommen werden. Dabei ist ein späterer Konflikt mit dem Bundesfachplan Offshore nicht zu befürchten, da das BSH den

543 Siehe zum Zitat und der gesetzgeberischen Intention die Gesetzesbegründung der *BT-Drucks. 17/6073*, Gesetzentwurf zur Beschleunigung des Netzausbaus, S. 27f.

544 Für das Bundesgebiet folgt dies daraus, dass jeder Trassenkorridor der NABEG-Fachplanung in den Netzplan aufgenommen wird und für jede dieser Trassen ein ÜNB zur Antragstellung für ein Planfestellungsverfahren gemäß § 12 Abs. 2 S. 4 NABEG i.V.m. §§ 11 f. EnWG verpflichtet werden kann. Deutlicher ist dies für die AWZ in § 17a Abs. 6 i.V.m. § 17d Abs. 1 EnWG ausgedrückt, wonach eine solche Verpflichtungsmöglichkeit besteht, sobald eine Leitung für die Anbindung von Windenergieanlagen auf See in den Netzplan aufgenommen ist. Beide Ermächtigungsnormen sind nach dem gesetzgeberischen Willen der Gesetzesbegründung als Parallelvorschriften zu sehen, *BT-Drucks. 17/10754*, Gesetzentwurf eines Dritten Gesetzes zur Neuregelung energiewirtschaftlicher Vorschriften, S. 24.

545 § 17 Abs. 3 S. 4 ROG.

Raumordnungsplan anbahnt[546] und zugleich als Fachplanungsbehörde fungiert.[547] Als Fachplanungsbehörde trifft sie „Festlegungen zu...Trassen oder Trassenkorridoren für grenzüberschreitende Stromleitungen"[548]. So finden sich im Bundesfachplan Offshore der Nordsee-AWZ entsprechende Markierungen für „Grenzkorridore" von in der Planungsphase befindlichen Leitungsprojekten hinein in die AWZ – solche Grenzkorridore werden zudem bereits für potentielle spätere Leitungsprojekte festgelegt – und deren weitere Abführung in diesem Gebiet.[549]

Zwar kann das BSH in der AWZ den Bundesfachplan Offshore autark erstellen, doch gibt es Leitungsvorhaben, welche im weiteren Verlauf im Küstenmeer und Bundesgebiet von Länderbehörden fachplanerisch betreut werden. Beispielsweise wurde für das Vorhaben „Höchstspannungsleitung Schleswig-Holstein – Südnorwegen (NO) (NORD.LINK)"[550], welches im BBPlG aufgenommen ist und durch die AWZ verläuft,[551] keine sich anschließende Bundesfachplanung der BNetzA im Bundesgebiet und Küstenmeer angeordnet.[552] Das BSH muss sich also am einen Trassenabschnitt mit den beteiligten Staaten abstimmen und am anderen Trassenabschnitt, beim Übergang ins Küstenmeer, mit dem Küstenland. Im Falle des Projekts NORD.LINK mag für die Nichtzuweisung an die BNetzA das bei Erlass des BBPlG bereits begonnene Planfeststellungsverfahren verantwortlich gewesen sein.[553] Doch lässt sich anhand dieses Beispiels verdeutlichen, dass es für zukünftige grenzüberschreitende Vorhaben mit Bezug zur AWZ vorteilhafter wäre,

546 § 17 Abs. 3 S. 3 ROG.

547 § 17a Abs. 1 S. 1 EnWG.

548 § 17a Abs. 1 S. 2 Nr. 5 EnWG.

549 Dafür sei auf die textlichen und zeichnerischen Darstellungen verwiesen *BSH*, Bundesfachplan Offshore für die AWZ-Nordsee 2012, S. 61–69.

550 Vorhaben Nr. 33 der Anlage (zu § 1 Absatz 1) BBPlG. Siehe zum Inkrafttreten von § 1 i.V.m. Vorhaben Nr. 33 der Anlage (zu § 1 Absatz 1) BBPlG den Art. 5 Abs. 2 S. 1 Zweites Gesetz über Maßnahmen zur Beschleunigung des Netzausbaus Elektrizitätsnetze vom 23. Juli 2013, BGBl. 2013, I, S. 2543; siehe dazu auch die Bekanntmachung über das Inkrafttreten von § 1 in Verbindung mit Nummer 33 der Anlage des Bundesbedarfsplangesetzes vom 18. Februar 2014, BGBl. 2014, I, S. 148.

551 Siehe zum Trassenverlauf dieses Vorhabens *BSH*, Bundesfachplan Offshore für die AWZ-Nordsee 2012, S. 67–69.

552 Bei Vorhaben Nr. 33 der Anlage (zu § 1 Absatz 1) BBPlG ist keine entsprechende Kennzeichnung vorgesehen, die gemäß § 4 S. 1, § 2 Abs. 1 NABEG i.V.m. § 2 Abs. 3 BBPlG notwendig wäre.

553 Siehe zum Beginn des Planfeststellungsverfahrens im Jahr 2012 *Ministerium für Energiewende, Landwirtschaft, Umwelt und ländliche Räume*, Energiewendeminister Habeck setzt auf Seekabel zwischen Deutschland und Norwegen, Antrag auf Planfeststellung eingereicht, Pressemitteilung vom 01.08.2012. Der erste Teilabschnitt des Projekts, welcher die landeinwärtige Seite der 12-Seemeilen-Grenze bis zum Umspannwerk Wilster umfasst, wurde im Jahr 2014 planfestgestellt, siehe dazu *Ministerium für Energiewende, Landwirtschaft, Umwelt und ländliche Räume*,

die Fachplanung für die Abschnitte im Bundesgebiet einschließlich dem Küstenmeer bei der BNetzA zu konzentrieren und dementsprechend eine Bundesfachplanung durchzuführen.[554] Denn erstens arbeiten das BSH und die BNetzA auf dieser Planungsstufe ohnehin eng zusammen[555] und zweitens findet bei ihnen eine hohe Wissenskonzentration bezüglich Übertragungsleitungen statt. Zusätzlich wäre für das gesamte Übertragungsnetz betrachtet, eine intensive zeitliche Synchronisation der Bundesfachplanung mit dem Bundesfachplan Offshore möglich.

2. Reformbedarf der grenzüberschreitenden Fachplanung im Bundesgebiet einschließlich dem Küstenmeer

Auch für Leitungsvorhaben, die aus dem Bundesgebiet direkt in einen angrenzenden Staat hineinführen, stellt sich die Frage einer Zuständigkeitskonzentration bei einer einzigen Fachplanungsbehörde unter einheitlichen Planungsvorgaben. Dieser Überlegung liegen die vorhandenen Regelungen der Fachplanung zu Grunde, gemäß derer bei mehreren Leitungsvorhaben jeweils eine andere Behörde mit dem Nachbarstaat die Planungen vornimmt. Eine solche Konstellation findet sich beispielsweise im BBPlG. Dort sind zwei Anschlüsse an das österreichische Netz vorgesehen, von denen das Vorhaben mit der Nummer 40 durch die BNetzA im Rahmen der NABEG-Fachplanung betreut wird[556] und das andere Vorhaben mit der Nummer 32 gegebenenfalls Gegenstand eines Raumordnungsverfahrens des betreffenden Bundeslandes wird.[557] Eine solche Aufteilung verwundert, da sie nicht kohärent erscheint. Ähnliches gilt für ein grenzüberschreitendes Vorhaben von Brunsbüttel nach Dänemark, für das ursprünglich im Gesetzgebungsverfahren eine NABEG-Fachplanung vorgesehen war und nunmehr im Bedarfsplan des BBPlG

Seekabel nach Norwegen: Planfeststellungsbeschluss für ersten Abschnitt erlassen, Pressemitteilung vom 03.07.2014.

554 Ein Gesetzesvorschlag, der sämtliche grenzüberschreitende Leitungen betrifft, findet sich sogleich im folgenden Unterkapitel „3. Kapitel V. 3.".

555 Siehe hierzu nur das Einvernehmenserfordernis für den Bundesfachplan Offshore § 17a Abs. 1 S. 1 EnWG. Die vorliegende Arbeit hat bereits für die Bundesfachplanung des Bundesgebiets dafür plädiert, die Fachplanung umfassend beim Bund und dort bei der BNetzA zu konzentrieren, „3. Kapitel II. 4. a)–b)".

556 Das Vorhaben Nr. 40 der Anlage (zu § 1 Absatz 1) BBPlG unterfällt gemäß seiner Kennzeichnung als „A2" der Bundesfachplanung, § 4 S. 1, § 2 Abs. 1 NABEG i.V.m. § 2 Abs. 1 S. 2 BBPlG.

557 Für das Vorhaben Nr. 32 der Anlage (zu § 1 Absatz 1) BBPlG fehlt eine Zuweisung an die Bundesfachplanung, da die insofern notwendige Kennzeichnung der § 4 S. 1, § 2 Abs. 1 NABEG i.V.m. § 2 Abs. 1 BBPlG nicht gegeben ist. Der Verwaltungsvollzug liegt daher beim betreffenden Bundesland, welches eine Fachplanung in Form eines Raumordnungsverfahrens durchführen kann.

keine entsprechende Kennzeichnung aufweist.[558] Zudem birgt eine nur punktuelle Zuständigkeit in der grenzüberschreitenden Fachplanung die Gefahr einer langwierigen Einarbeitung in die ausländischen Planungsbesonderheiten, beispielsweise im Bezug auf Fristen und Verwaltungspraxis, die für die eigene Fachplanung von Bedeutung sein können. Eine Planungskonzentration bei der BNetzA könnte dies vermeiden und den Länderbehörden wäre es möglich, sich auf die Fachplanung der ebenso benötigten Verteilernetze zu spezialisieren.[559]

3. Gesetzesvorschlag für grenzüberschreitende Leitungen

Die in dieser Arbeit bereits unterbreitete Idee, die Fachplanung sämtlicher Übertragungsleitungen innerhalb des Bundesgebietes einschließlich des Küstenmeers bei der BNetzA[560] im Rahmen der Bundesfachplanung des NABEG[561] zu konzentrieren, findet vorliegend eine Ausprägung speziell für grenzüberschreitende Leitungen. Dafür müssten zunächst sämtliche grenzüberschreitende Leitungen in den Bundesbedarfsplan aufgenommen werden und sodann mit einem „A2" im Sinne des § 2 Abs. 1 S. 2 BBPlG versehen werden. In diesem Falle wäre die Bundesfachplanung des NABEG im Bundesgebiet einschließlich des Küstenmeers für grenzüberschreitende Übertragungsleitungen umfassend anwendbar[562] und ließe damit zugleich die Kompetenz des BSH für den Bundesfachplan Offshore in der AWZ unberührt. Eine Ausnahme müsste allerdings für diejenigen Vorhaben bestehen, für welche ein Raumordnungsverfahren bereits abgeschlossen wurde oder kurz vor dem Abschluss steht, um Doppelprüfungen zu vermeiden.

VI. Europäische Aspekte der Fachplanung

Die Bundesfachplanung, der Bundesfachplan Offshore und generell das deutsche Fachplanungsrecht weisen etliche Verbindungen zu Vorgaben des europäischen Gesetzgebers und zu EU-Institutionen auf. Dies gilt unabhängig davon, ob sie sich lediglich auf die inländische oder auch auf die grenzüberschreitende Netzplanung beziehen. Für rein inländische Übertragungsleitungen kommt dies etwa in Betracht,

558 Vergleiche die Vorhabenkennzeichnung bei der *BT-Drucks. 17/12638*, Gesetzentwurf zum zweiten Gesetz zur Beschleunigung des Netzausbaus, S. 8, mit dem Vorhaben Nr. 8 der Anlage (zu § 1 Absatz 1) BBPlG.

559 Siehe zum Vorschlag einer solchen Spezialisierung der Länder „3. Kapitel II. 2. c)".

560 Siehe zu den verfassungsrechtlichen und praktischen Fragen „3. Kapitel II. 4. a)–b)".

561 Zur Konzentration der Fachplanung im NABEG und den praktischen Erwägungen hierzu „3. Kapitel II. 2. b)–c)".

562 Die Anwendbarkeit des NABEG folgt aus § 2 Abs. 1 S. 2 BBPlG i.V.m. § 2 Abs. 1, § 4 S. 1 NABEG. Seine Begrenzung auf das Bundesgebiet einschließlich des Küstenmeers findet diese Fachplanung über den nach § 17a EnWG zu erstellenden Bundesfachplan Offshore, der für den Bereich der AWZ eine eigenständige Fachplanung darstellt.

sofern sie für den Binnenmarkt oder die europäische Strukturpolitik bedeutsam sind.[563] Vor dem Hintergrund dieser Verflechtungen stellt sich die Frage, wie nationales mit europäischem Fachplanungsrecht abgestimmt ist und welche Reformansätze gegebenenfalls notwendig und durch das europäische Primärrecht überhaupt zulässig sind.

1. Die momentane Fachplanung auf EU-Ebene und ihr Reformbedarf

Das Verhältnis des für Übertragungsleitungen relevanten deutschen Fachplanungsrechts zum europäischen Primär- und Sekundärrecht gestaltet sich als durchaus schwierig. Auf der einen Seite steht insbesondere mit dem NABEG ein sehr umfangreiches nationales Instrumentarium der Fachplanung. Die europäische Gesetzgebung hinkt dieser Entwicklung auf der anderen Seite vergleichsweise hinterher. Diese Situation erklärt sich schon dadurch, dass es die EU-Verträge nur rudimentär erlauben, Vorgaben für nationale Fachplanungen in materieller, verfahrensrechtlicher oder institutioneller Art aufzustellen.[564] So ist es der EU beispielsweise verwehrt, eine genaue Linienführung durch die nach Art. 172 Abs. 1 i.V.m. Art. 171 Abs. 1 AEUV erlassenen Leitlinien der TEN-E-VO 2013 vorzunehmen oder aufgrund dieser[565] auszuweisen.[566] Überdies darf die Union keine Regelungen erlassen, welche die von den Mitgliedstaaten gewählten Stromerzeugungsarten in grundsätzlicher Weise

563 Siehe als Beispiel die Ausweisung der „Verbindungsleitung Region Halle / Saale (DE)-Region Schweinfurt (DE)" als „Vorhaben von gemeinsamen Interesse" in Anhang III Nr. 3.49. TEN-E-Entscheidung 2006. Dieser Entscheidung liegen die Art. 170 ff. AEUV zu Grunde, welche auf Art. 26 und Art. 174 AEUV verweisen und damit den Bezug zum Binnenmarkt bzw. der Strukturpolitik herstellen. Es sei angemerkt, dass die TEN-E-Entscheidung 2006 zum 1. Januar 2014 durch eine Nachfolgeverordnung aufgehoben wurde, siehe Art. 23 S. 1 TEN-E-VO 2013.

564 Ähnlich und speziell für das Energierecht *Strobel,* ZEuS 2013, 167 (179) mit Verweis auf *Weyer,* Europäisierte Planung der Übertragungsnetze, in: Gramlich / Manger-Nestler (Hrsg.), Europäisierte Regulierungsstrukturen, 261 (262 m.w.N.), wobei der Letztgenannte auch die Ausnahme in der Umweltkompetenz des Art. 192 AEUV anspricht.

565 Dies geht also nicht etwa in der gemäß Art. 3 Abs. 3–5 TEN-E-VO 2013 zu erarbeitenden „Unionsliste der Vorhaben von gemeinsamen Interesse", die als delegierter Rechtsakt erlassen wird. Siehe zur ersten erlassenen Unionsliste die Delegierte Verordnung über die Unionsliste im Sinne der TEN-E-VO 2013, mittlerweile ersetzt durch die Delegierte Verordnung über die zweite Unionsliste im Sinne der TEN-E-VO 2013. Die Unionsliste wird als Anhang VII TEN-E-VO 2013 ausgewiesen.

566 *Schäfer / Schröder,* in: Streinz (Hrsg.), EUV/AEUV-Kommentar, Art. 170 AEUV Rn. 29 („parzellenscharfe Planungskompetenz versagt") und Art. 171 AEUV Rn. 6; sich diesen anschließend *Strobel,* ZEuS 2013, 167 (179) („parzellenscharfe Planung ... nicht möglich"). Hierunter ist wohl auch die Art der Linienführung zu verstehen, die nach dem deutschen Recht in der Fachplanung stattfindet.

beeinflussen.[567] Eine unionsrechtliche Fachplanungsnorm, welche die Leitungsführung entlang möglicher Standorte einer bestimmten Erzeugungsart vorsähe, wäre demnach unzulässig. Aus deutscher Sicht bestand in der Vergangenheit kein Bedarf, diese Situation zu ändern und unionsrechtliche Fachplanungsvorschriften zu forcieren, da ein eigenes Fachplanungsregime für Übertragungsleitungen in Deutschland bis zum Jahr 2011 nicht existierte und nur im grundsätzlich fakultativen Raumordnungsverfahren stattfand. Eine Einwirkung auf die europäische Rechtssetzung zur Abstimmung mit dem nationalen Recht drängte sich daher nicht auf.

Gleichwohl bestehen zwischen dem Unionsrecht und der deutschen Fachplanung Überschneidungen, die sich aus dem Primärrecht ergeben und schon einige Ausprägungen im Sekundärrecht gefunden haben, welche mitunter weit in das Fachplanungsrecht eingreifen. So bestimmt die auf Art. 172 AEUV gestützte TEN-E-VO 2013 Höchstfristen für den letzten Abschnitt der nationalen Fachplanung für Vorhaben, die von ihr gefördert werden.[568] Des Weiteren machen die Art. 8 und Art. 10 TEN-E-VO 2013 sehr konkrete Vorgaben für die nationale Ebene hinsichtlich der behördlichen Planungs- und Genehmigungszuständigkeiten wie auch des Inhalts und Verfahrens der Zulassungsentscheidungen. Daher ist es notwendig, bereits die nationale Fachplanung hieran auszurichten.[569] Diesbezüglich ist auch die Benennung der BNetzA als zuständige nationale Behörde für die Erleichterung und Koordinierung des Genehmigungsverfahrens für Vorhaben von gemeinsamen Interesse[570] anzuführen.[571] Insofern ist die Beibehaltung ihrer bestehenden Rolle als Bundesfachplanungsbehörde naheliegend. Besonders erwähnenswert sind weiterhin Regelungen, die sich aus dem Umwelttitel des AEUV ergeben.[572] Die gemäß dieses Titels erlassenen Vorschriften haben einen wesentlichen Einfluss auf die

567 Art. 194 Abs. 2 UntAbs. 2 AEUV.

568 Die TEN-E-VO 2013 gibt insofern für die von ihr geförderten Vorhaben eine Höchstdauer von „sechs Monaten“ vor, „die am Datum der Einreichung der endgültigen und vollständigen Antragsunterlagen durch den Vorhabenträger beginnt“, Art. 10 Abs. 3 UntAbs. 1 TEN-E-VO 2013; dadurch bleibt der davorliegende Zeitraum der Bundesfachplanung unberücksichtigt, etwa die Antragskonferenz des § 7 NABEG. Im Ergebnis auch *Linßen / Aubel*, DVBl. 2013, 965 (968).

569 Siehe auch zur notwendigen Anpassung des nationalen Rechts an die Vorgaben der TEN-E-VO 2013 „1. Kapitel I. 1. c)“.

570 Siehe zu dieser Behördendefinition und der Vorgabe ihrer Benennung Art. 8 Abs. 1 TEN-E-VO 2013.

571 Siehe die Bekanntmachung über die zuständige Behörde nach Artikel 8 Absatz 1 der Verordnung (EU) Nr. 347/2013 vom 22. Mai 2014, BGBl. 2014, I, S. 576.

572 Siehe Art. 192 Abs. 2 UntAbs. 1 lit. b Spiegelstrich 1 AEUV.

deutsche Fachplanung,[573] obgleich darin enthaltene Regelungen über die Raumordnung nur eine dienende Funktion für die Umweltziele einnehmen dürfen.[574]

Das Fehlen einer umfassenden Fachplanungskompetenz der EU spiegelt sich in ihren institutionellen Strukturen wider. So nimmt die EU-Kommission lediglich eine Koordinierungsfunktion zwischen den Mitgliedstaaten wahr, die für sie bei mitgliedstaatlichen Politiken vorgesehen ist, welche transeuropäische Netze berühren.[575] Einer solchen Koordinierung dürfte auch die Fachplanung in den Mitgliedstaaten betreffen und könnte dementsprechend vom „europäischen Koordinator" durchgeführt werden, der im Anwendungsbereich der TEN-E-VO 2013 bei Problemen mit Leitungsvorhaben eingesetzt werden kann.[576] Überdies darf die EU-Kommission bezüglich ihrer Koordinierungsaufgabe umfangreiche Initiativen vorbringen.[577] Ein Beitrag zum umweltrechtlichen Prüfungsteil nationaler Fachplanungen, insbesondere bei Natura 2000-Gebieten ist den EU-Institutionen schon jetzt über die Europäische Umweltagentur möglich.[578] Koordinierungsaufgaben mit verbindlichen Entscheidungen gegenüber den Mitgliedstaaten oder den an der Planung beteiligten ÜNBs sind damit nicht verbunden.

Der Bedarf an einer nicht ausschließlich national geregelten und zumindest von den EU-Institutionen begleiteten Fachplanung lässt sich mit Erfahrungen aus der Praxis belegen. Beispielsweise wurden im Raumordnungsverfahren der „380 kV-Hochspannungsleitung Wesel (Umspannwerk Niederrhein) bis zur Bundesgrenze (Stadt Isselburg / Gemeente Oude-Ijsselstreek)"[579] Absprachen getroffen,

573 Dies ebenso feststellend: Für energiewirtschaftliche Netze allgemein *Hermes,* § 35 Energierecht, in: Schulze u.a. (Hrsg.), EuropaR, Rn. 40; speziell bei „Übertragungsnetzen" *Weyer,* Europäisierte Planung der Übertragungsnetze, in: Gramlich / Manger-Nestler (Hrsg.), Europäisierte Regulierungsstrukturen, 261 (262), dort Fn. 3. Siehe für die praktische Anwendung der EU-Umweltvorschriften in der Bundesfachplanung die Ausführungen zu Natura 2000-Gebieten in der SUP „3. Kapitel III. 3.".

574 Siehe für diese Interpretation des Art. 192 Abs. 2 UntAbs. 1 lit. b Spiegelstr. 1 AEUV zusammenfassend *Kahl,* in: Streinz (Hrsg.), EUV/AEUV-Kommentar, Art. 192 AEUV Rn. 25.

575 Art. 171 Abs. 2 S. 1 AEUV.

576 Der Begriff und die Aufgabe des „europäischen Koordinator[s]" finden sich in Art. 6 TEN-E-VO 2013. Diese Stelle existierte bereits in der Vorgängerentscheidung, Art. 10 TEN-E-Entscheidung 2006. Siehe als Beispiel für die Tätigkeit eines europäischen Koordinators *Adamowitsch,* Abschlussbericht des europäischen Koordinators zur „Salzburgleitung", Juli 2009.

577 Art. 171 Abs. 2 S. 2 AEUV.

578 Siehe bereits in der Bedarfsplanung die Unterstützungsmöglichkeiten der Europäischen Umweltagentur für die Mitgliedstaaten durch Informationssammlung und -weitergabe „2. Kapitel III. 10.". Diese Hilfestellung ist ihr ebenso für die Bundesfachplanung und den Bundesfachplan Offshore möglich.

579 *Bezirksregierung Münster,* Raumordnerische Beurteilung für die 380kV-Hochspannungsleitung Wesel bis zur Bundesgrenze vom 24. August 2011, S. 1.

um Verzögerungen durch die Anwendung der deutschen bzw. niederländischen Planungsregime zu verhindern.[580] Eine teilweise Rechtsangleichung[581] oder eine erfahrene Koordinationsstelle könnte im Vorfeld diese Komplexität zumindest verringern. Doch selbst wenn zwischen zwei Staaten informelle Vorgehensweisen noch praktikabel sind, so dürften diese bei mehreren beteiligten Staaten erhebliche Schwierigkeiten mit sich bringen.

2. Gesetzgebungskompetenzen der EU

Unionsrechtliche Vorgaben für die Fachplanung und Planfeststellung von Übertragungsleitungen werden hinsichtlich der „Verfahrensausgestaltung und -dauer" schon seit längerem erwartet,[582] auch wenn dies bisher nur ansatzweise erfolgt ist.[583] Ein Grund könnte sicherlich in Vorbehalten der Mitgliedstaaten gegenüber solchen Regelungen liegen. Zugleich könnte die zögerliche Einführung in der unklaren Konturierung der Gesetzgebungskompetenzen liegen, insbesondere von Art. 194 AEUV.

---

580 *Bezirksregierung Münster,* Raumordnerische Beurteilung für die 380kV-Hochspannungsleitung Wesel bis zur Bundesgrenze vom 24. August 2011, S. 10.

581 Es ist anzumerken, dass bei dem voranstehenden Verfahren ein vom Unionsrecht vorgegebenes Instrument zur Anwendung kam, siehe dazu *Bezirksregierung Münster,* Raumordnerische Beurteilung für die 380kV-Hochspannungsleitung Wesel bis zur Bundesgrenze vom 24. August 2011, S. 11 mit Verweis auf *Ministerium für Wohnungswesen, Raumordnung und Umwelt des Königreichs der Niederlande und Bundesministerium für Umwelt, Naturschutz und Reaktorsicherheit der Bundesrepublik Deutschland unter Beteiligung der Umweltministerien des Landes Nordrhein-Westfalen und des Landes Niedersachsen,* Gemeinsame Erklärung zur grenzüberschreitenden UVP, 2005.

582 Siehe zum aufgeführten Zitat und zur Äußerung der beschriebenen Erwartung *Weyer,* Europäisierte Planung der Übertragungsnetze, in: Gramlich / Manger-Nestler (Hrsg.), Europäisierte Regulierungsstrukturen, 261 (268f.). Dieser spricht nicht explizit von der Fachplanung und Planfeststellung, sondern verwendet die Begriffe „Planungs- und Genehmigungsverfahren".

583 Siehe beispielsweise die Richtlinie 2009/28/EG des Europäischen Parlaments und des Rates vom 23. April 2009 zur Förderung der Nutzung von Energie aus erneuerbaren Quellen und zur Änderung und anschließenden Aufhebung der Richtlinien 2001/77/EG und 2003/30/EG, (Erneuerbare-Energien-RL), ABl. EU 2009 L 140/16; diese fußte in wesentlichen Teilen auf der Umweltkompetenz des Art. 175 Abs. 1 Konsolidierte Fassung des Vertrages zur Gründung der Europäischen Gemeinschaft, (EGV), ABl. EU 2002 C 325/33 (heute Art. 192 Abs. 1 AEUV). In dieser Richtlinie werden den Mitgliedstaaten unter anderem Koordinationspflichten hinsichtlich der behördlichen Zuständigkeiten für die Zulassung von Übertragungsleitungen und der Raumplanung auferlegt bzw. es wird eine Koordinationspflicht zwischen diesen Zulassungen mit Verwaltungs- und Planungsverfahren festgelegt, Art. 13 Abs. 1 UntAbs. 2 lit. a bzw. Art. 16 Abs. 1 Erneuerbare-Energien-RL. Diese Pflichten sind in der Tat sehr vage formuliert und können nur für Fachplanungen bestehen, welche in den Mitgliedstaaten überhaupt etabliert sind.

a) Einordnung des Art. 194 AEUV

Weitgehende Einigkeit besteht noch in der Zulässigkeit, den Art. 194 AEUV für das „Wie" der Netzplanung heranzuziehen und Sekundärrechtsakte auf diesen zu stützen,[584] welcher damit grundsätzlich auch für die Fachplanung und dessen Vorgaben für das Verwaltungsverfahren offensteht.[585] Zwar herrscht darüber hinaus auch Konsens, dass Art. 194 AEUV die speziellere Regelung zur Binnenmarktkompetenz des Art. 114 AEUV ist.[586] Einige wollen in der neuen Norm jedoch nur eine inhaltsgleiche oder sogar eine verengte Regelungsbefugnis zur alten Rechtslage erkennen und stehen damit im Kontrast zu Stimmen, welche in Art. 194 AEUV einen Regelungszuwachs zu Gunsten der EU sehen.[587] Für die letztere Richtung spräche die Auffassung, dass der Art. 194 AEUV nicht zwingend eine Marktförderung erwarte und der in ihm niedergelegte Binnenmarktbezug bereits erfüllt sei, sofern die auf ihm beruhenden Rechtsakte dem Binnenmarkt nicht zuwiderlaufen.[588] Diese Diskussion hat durchaus praktische Auswirkungen, da unionsrechtliche Planungsvorgaben nicht nur für den Binnenmarkt relevante grenzüberschreitende oder nationale Übertragungsleitungen anwendbar sein könnten, sondern auch für sonstige Übertragungsleitungen, welche den Zielen des Art. 194 Abs. 1 lit. a-d AEUV dienlich sind. Um ein Auseinanderfallen des Fachplanungsrechts in den Mitgliedstaaten zu vermeiden, ist eine Auslegung zu bevorzugen, welche eine Anwendung der auf Art. 194 AEUV gestützten Vorgaben für möglichst viele Übertragungsleitungen erlaubt.

---

584 So zunächst *Schulenberg,* Die Energiepolitik der EU, S. 390–392, der dies speziell auf Art. 194 Abs. 1 lit. d AEUV bezieht und von einem „Planungsrahmen[...]" spricht; diesen für den gesamten Art. 194 AEUV aufgreifend *Gundel,* EWS 2011, 25 (30), welcher die „‚Planungsbedingungen'" von der Regelung umfasst sieht; ähnlich *Hackländer,* Die allgemeine Energiekompetenz im Primärrecht der Europäischen Union, S. 193f., der dabei aber mehr auf Regelungen für die Zulassungsebene abstellt.

585 Verfahrensbestimmungen können grundsätzlich auf die entsprechende Sachkompetenz gestützt werden, so *Gundel,* § 3 Verwaltung, in: Schulze u.a. (Hrsg.), EuropaR, Rn. 68 m.w.N. Siehe dazu auch das sogleich folgende Unterkapitel „3. Kapitel VI. 2. c)".

586 So etwa *Gundel,* EWS 2011, 25 (29 m.w.N.); ebenso *Hackländer,* Die allgemeine Energiekompetenz im Primärrecht der Europäischen Union, S. 197; dem Zuerstgenannten weitgehend zustimmend *Bings,* in: Streinz (Hrsg.), EUV/AEUV-Kommentar, Art. 194 AEUV Rn. 39.

587 Den Meinungsstand zusammenfassend und einen eigenen Lösungsansatz entwickelnd *Hackländer,* Die allgemeine Energiekompetenz im Primärrecht der Europäischen Union, S. 228.

588 Diese Auslegung vertretend *Hackländer,* Die allgemeine Energiekompetenz im Primärrecht der Europäischen Union, S. 132f.; ähnlich *Ehricke/Hackländer,* ZEuS 2008, 579 (592f.); den beiden Zuletztgenannten zustimmend *Hirsbrunner,* in: Schwarze (Hrsg.), EU-Kommentar, Art. 194 AEUV Rn. 12.

b) Gesetzgebungskompetenzen für materiellrechtliche Vorgaben

Überdies ist es weitgehend anerkannt, dass der Unionsgesetzgeber über Art. 194 AEUV materiellrechtliche Planungsvorgaben erlassen darf, sofern hierdurch weiterhin die Einzelheiten der Planung in nationaler Verantwortung verbleiben.[589] Gleichwohl ist die genaue Kompetenzabgrenzung diesbezüglich mit gewissen Unwägbarkeiten verbunden.[590] Materielle Regelungen zur genauen Linienführung oder der Raumordnung, etwa bezüglich der Raumstruktur, dürften daher den Mitgliedstaaten vorbehalten sein. Neben Art. 194 AEUV können materielle Planungsvorgaben ebenso auf dem Titel des AEUV über Transeuropäische Netze beruhen, sofern sich diese auf die Umsetzung der durch Leitlinien ausgewiesenen Vorhaben von gemeinsamen Interesse beziehen.[591] Trotz des begrenzten Spielraums der EU in fachplanerischen Fragen hat sie sich, nach verbreiteter Ansicht, in raumordnenden Belangen einen nicht unerheblichen Einfluss erarbeitet.[592] Dies mag auch dem Umstand geschuldet sein, dass ein Großteil der materiellen Fachplanungsvorgaben aus dem Unionsumweltrecht herrührt und damit auf anderen Kompetenzgrundlagen als den Art. 172 und Art. 194 AEUV beruht. Die Letztgenannten spielen damit im Fachplanungsrecht nur teilweise eine Rolle.

c) Gesetzgebungskompetenzen für verfahrensrechtliche Vorgaben

Da das Unionsrecht grundsätzlich dezentral von den Mitgliedstaaten angewendet wird, ließe sich durchaus fragen, ob die EU neben der Regelungskompetenz für gewisse inhaltliche Vorgaben der Fachplanung auch das Verfahren mitregeln darf. Insbesondere dem Art. 194 AEUV lässt sich eine verfahrensrechtliche Regelungskompetenz nicht ausdrücklich entnehmen. Allerdings wird durchaus die Ansicht vertreten, dass „zeitliche Vorgaben über die Höchstdauer von

---

589 *Schulenberg*, Die Energiepolitik der EU, S. 391f., der als Ergebnis der primärrechtlichen Kompetenzen und ihrer Umsetzung im Sekundärrecht „ein gemeinschaftsweites Raumordnungskonzept [als] denkbar" erachtet; ähnlich hinsichtlich des Verbleibs der Raumordnungsvorschriften auf nationaler Ebene *Rodi*, in: Vedder / von Heinegg (Hrsg.), UnionsR-Kommentar, Art. 194 AEUV Rn. 8, für den „Art. 194 Abs. 1 lit. d die mitgliedstaatliche Infrastrukturplanungskompetenz im Grundsatz unangetastet lässt.".

590 *Schulenberg*, Die Energiepolitik der EU, S. 391.

591 Die Kompetenz zur Ausweisung dieser Vorhaben durch Leitlinien ist in Art. 171 Abs. 1 UntAbs. 1 Spiegelstr. 1 AEUV niedergelegt. Siehe zur Einordnung dieser Kompetenznorm als „lex specialis" gegenüber dem Art. 194 AEUV bei Ausweisung von Vorhaben von gemeinsamen Interesse *Gundel*, EWS 2011, 25 (30).

592 Dazu für die Anfänge dieser Entwicklung *Schmidhuber / Hitzler*, DÖV 1991, 271 (273–276); später *Kadelbach*, Der Einfluß des Europarechts auf das deutsche Planungsrecht, in: Erbguth u.a. (Hrsg.), Hoppe-FS, 897 (912); nunmehr *Spannowsky*, in: Spannowsky u.a. (Hrsg.), ROG-Kommentar, § 2 ROG Rn. 158.

Verwaltungsverfahren"[593] von dieser Kompetenzgrundlage umfasst seien. Gerade Deutschland dürfte ein hohes Interesse an zumindest teilweise einheitlichen Verfahrensregeln haben, da der abgestimmte Netzausbau im Binnenmarkt die mitunter erheblichen Erzeugungsschwankungen von EEG-Anlagen ausgleichen kann. So ist bei einer oberhalb des Bedarfs liegenden Erzeugung, beispielsweise an windreichen Tagen, ein Abtransport des Stroms in ausländische Netze notwendig bzw. bei mäßiger Stromerzeugung bedarf es des Imports aus dem Ausland;[594] dabei sei angemerkt, dass der Aspekt einer zuverlässigen Stromversorgung durch Art. 194 Abs. 1 AEUV eine Aufwertung gegenüber dem EGV gefunden hat.[595] Des Weiteren ist überwiegend anerkannt, dass die europäischen Verträge keine explizite Kompetenz zum Erlass von Verfahrensvorschriften beinhalten müssen, um diese erlassen zu können, sondern es sich hierbei um eine von der Sachkompetenz umfasste Regelungsbefugnis handelt; diese darf jedoch nur ausgeübt werden, wenn und soweit das materielle Recht erheblich verschiedenartig in den Mitgliedstaaten angewendet wird.[596] Eine solche Situation ist bei Art. 194 Abs. 1, 2 AEUV sicherlich gegeben, da unionsrechtliche Fachplanungsvorgaben in einigen Mitgliedstaaten durch eine eigenständige Fachplanung und in anderen Staaten durch das Zulassungsverfahren geregelt würden. Dies würde den zwischen den Mitgliedstaaten abstimmungsbedürftigen Netzausbau erheblich beeinträchtigen und damit die europäischen Fachplanungsvorgaben in ihrer Wirkung entleeren. Neben inhaltlicher Vorgaben für die Fachplanung dürfte die EU daher auch verfahrensrechtliche Regelungen erlassen. Letztere sollten mit denen der TEN-E-VO 2013 zusammengeführt werden, um ein Auseinanderfallen des Rechtsgebietes zu vermeiden.

Eine Kompetenzklarstellung oder eine Kompetenzerweiterung der EU im AEUV, legislativ oder administrativ, steht indes nicht unmittelbar bevor. Stattdessen wird, im Hinblick auf das letzte, schwierige Änderungsverfahren der EU-Verträge, eine erneute Vertragsänderung mitunter als momentan kaum durchsetzbar erachtet.[597]

---

593 Ansicht und Zitat von *Hackländer,* Die allgemeine Energiekompetenz im Primärrecht der Europäischen Union, S. 193f.; ähnlich für zeitliche Vorgaben *Schulenberg,* Die Energiepolitik der EU, S. 391.

594 Siehe dazu beispielsweise das „Projekt 67: Deutschland – Österreich" bei *BNetzA,* Bestätigung des NEP 2012, S. 274–280. In dem besagtem Projekt geht es unter anderem um die „Einbindung der Speicherkapazitäten in der Alpenregion unter dem Kontext der Speicherung von EE-Strom."

595 Die Relevanz der „Versorgungssicherheit" bei Art. 194 Abs. 1 AEUV herausstellend *Gundel,* EWS 2011, 25 (26).

596 Siehe für die Sachkompetenz als Grundlage von Verfahrensbestimmungen sowie für die Voraussetzungen der Kompetenzausübung *Gundel,* § 3 Verwaltung, in: Schulze u.a. (Hrsg.), EuropaR, Rn. 66–68 und 109–111 m.w.N., der dabei auch die Bedeutung des Subsidiaritätsgrundsatzes des Art. 5 Abs. 1 S. 2, Abs. 3 EUV hervorhebt; ähnlich die Zusammenfassung bei *Classen,* in: Grabitz / Hilf / Nettesheim, EUV/AEUV-Kommentar, Band II, Art. 197 AEUV Rn. 12 [Stand: Januar 2015].

597 *Ahner u. a.,* 39 LIEI 2012, 249 (251).

Realistischerweise sollten sich daher Lösungsansätze für eine verbesserte europäische Fachplanung am geltenden Primärrecht orientieren.

3. Notwendige Beschaffenheit unionsrechtlicher Fachplanungsvorgaben

Es darf angenommen werden, dass unionsrechtliche Vorgaben für nationale Fachplanungen zwangsläufig in eine Verschränkung von gewissen materiellen Regelungen mit verfahrensrechtlichen Regelungen führen. Dieser Annahme liegt die Überlegung zu Grunde, welche den Beschleunigungseffekt von unionsrechtlichen Fachplanungsvorgaben zumindest bei grenzüberschreitenden Vorhaben als überschaubar einstuft, sofern die Verwaltungsverfahren der betroffenen EU-Mitgliedstaaten erhebliche Unterschiede aufweisen.

a) Verfahrensrechtliche Vorgaben

Daher verwundert es nicht, dass die TEN-E-VO 2013 Höchstfristen für die Trassenfestlegungs- und Genehmigungsverfahren der Mitgliedstaaten bei Vorhaben von gemeinsamen Interesse vorsieht.[598] Es wäre empfehlenswert, solche Höchstfristen auch in die Elektrizitäts-RL 2009 aufzunehmen, um die zeitliche Synchronisation der Planungsschritte bei allen in den Anwendungsbereich des AEUV fallenden Übertragungsleitungen zu erleichtern. Allerdings wird mitunter argumentiert, dass die genannten Fristen der TEN-E-VO 2013 nur die einzelnen Verfahrensschritte und nicht deren zeitliches Ineinandergreifen beträfen, weshalb die im deutschen Recht ungeregelte Dauer des Übergangs von der NABEG-Fachplanung in die Planfeststellung faktisch die TEN-E-VO 2013 konterkarieren könnte.[599] Diese Situation könnte zu wirtschaftlichen Einbußen bei einem ÜNB als Vorhabenträger führen, beispielsweise wenn die Genehmigung und Errichtung seiner Leitung abgeschlossen ist und eine Inbetriebnahme wegen fehlender Genehmigung der anschließenden Leitung eines anderen ÜNB noch nicht möglich ist. Zugleich sind Veränderungssperren, die nach Abschluss der Bundesfachplanung und des Bundesfachplan Offshore von der BNetzA bzw. dem BSH erlassen werden dürfen, zeitlich begrenzt.[600] Dadurch können

598 Diese Höchstfristen finden sich in Art. 10 Abs. 2 UntAbs. 1 bzw. Art. 10 Abs. 3 TEN-E-VO 2013.

599 Siehe zu dieser Regelungslücke für die Phase zwischen den beiden Planungsschritten, die sich aus dem Zusammenspiel der TEN-E-VO 2013 und dem NABEG ergeben soll, *Linßen / Aubel,* DVBl. 2013, 965 (968).

600 Von der BNetzA erlassene Veränderungssperren im Anwendungsbereich des NABEG können maximal zehn Jahre betragen, § 16 Abs. 1 S. 1, 3, 4 NABEG. Die Dauer der Veränderungssperre in der AWZ geht höchstens bis zu dem Zeitpunkt, an dem die Sicherung des Bundesfachplan Offshore durch die Instrumente der Raumordnung erfolgt ist, § 10 Abs. 2 S. 2 SeeAnlVO; beachte, dass sich die soeben aufgeführte Norm der SeeAnlVO noch auf den Offshore-Netzplan des § 17a Abs. 2a S. 3, 4

Verzögerungen in den Planungen eines anderen Staates die Durchsetzung eines grenzüberschreitenden Vorhabens auf deutscher Seite gefährden. Dasselbe Problem findet sich bereits auf der vorgelagerten Ebene, wo ebenso eine zeitliche Regelung zum Übergang von der Bedarfs- in die Fachplanung fehlt. Daher ist es notwendig, sowohl den Übergang der Bedarfs- in die Fachplanung, als auch die Höchstdauer der Fachplanung, zu regeln und dementsprechend die Elektrizitäts-RL 2009 und Art. 10 Abs. 3 TEN-E-VO 2013 anzupassen.

Für den Übergang der beiden Planungsstufen ineinander könnte grundsätzlich „Unverzüglichkeit" gefordert werden.[601] Aus der Sicht des deutschen Planungsregimes wäre dies allerdings unvorteilhaft, da im Anschluss an die Bedarfsplanung gegebenenfalls zunächst der Bedarfsplan des BBPlG im Gesetzgebungsverfahren geändert werden muss. Nur durch die Aufnahme eines Vorhabens in den Bundesbedarfsplan ist die NABEG-Fachplanung eröffnet,[602] so dass eine anderweitige Fachplanung durch das Raumordnungsverfahren ausscheidet.[603] Diesbezüglich erscheinen sechs Monate als angemessene Übergangsfrist für das bedarfsplanerische in das fachplanerische Verfahren. Als Höchstdauer der Fachplanung schlägt die vorliegende Arbeit sodann weitere zwölf Monate vor.

Um diese Überlegungen umzusetzen, wäre es notwendig in Art. 22 Elektrizitäts-RL 2009, welcher die Erstellung des nationalen NEP behandelt, folgenden *Absatz 5a* aufzunehmen:

> „Spätestens sechs Monate nach Erstellung des Netzentwicklungsplans wird für die in ihm ausgewiesenen Investitionsvorhaben das behördliche Verfahren zur Bestimmung des Trassenverlaufs eröffnet, für dessen Beginn der Übertragungsnetzbetreiber einen Antrag einzureichen hat; die Dauer dieses Verfahrens darf zwölf Monate nicht überschreiten."[604]

Weiterhin wäre Art. 10 Abs. 3 TEN-E-VO-2013, welcher separate mitgliedstaatliche Verfahren zur Trassenfestlegung behandelt, neu zu fassen:

> „Spätestens sechs Monate nach der Aufnahme eines Vorhabens von gemeinsamen Interesse in die Unionsliste des Artikel 3 dieser Verordnung wird für dieses Vorhaben

EnWG a.F. bezieht, welcher funktional durch den Bundesfachplan Offshore ersetzt wurde und der damit auch unter diese Regelung fallen dürfte.

601 So der Vorschlag dieser Arbeit für den Übergang von der Fachplanung in das Planfeststellungsverfahren, „4. Kapitel V. 3. a)".

602 Freilich muss im Bedarfsplan zusätzlich die Kennzeichnung „als länderübergreifend oder grenzüberschreitend oder als Anbindungsleitung[...] von den Offshore-Windpark-Umspannwerken zu den Netzverknüpfungspunkten an Land" für das individuelle Vorhaben vorhanden sein, § 4 S. 1 NABEG.

603 § 28 S. 1 NABEG.

604 Siehe für den Übergang direkt in das Genehmigungsverfahren, falls ein Mitgliedstaat kein Verfahren zur Bestimmung des Trassenverlaufs vorsieht, den Gesetzgebungsvorschlag im „4. Kapitel V. 3. a)".

das behördliche Verfahren zur Bestimmung des Trassenverlaufs eröffnet, für dessen Beginn der Übertragungsnetzbetreiber einen Antrag einzureichen hat; die Dauer dieses Verfahrens darf zwölf Monate nicht überschreiten.

Sofern das Recht eines Mitgliedstaates ein solches Verfahren nicht vorsieht, ist spätestens sechs Monate nach der Aufnahme eines Vorhabens von gemeinsamen Interesse in die Unionsliste des Artikel 3 dieser Verordnung mit dem Genehmigungsverfahren des Absatzes 1 zu beginnen."[605]

In beiden Fällen wäre der Fristbeginn des *behördlichen Verfahrens zur Bestimmung des Trassenverlaufs* nicht mehr von der behördlichen Verfügbarkeit sämtlicher Antragsunterlagen abhängig, wie dies etwa in der TEN-E-VO 2013 sowie in der Bundesfachplanung des NABEG und der Fachplanung des ROG der Fall ist.[606] Die Zwölfmonatsfrist würde mit der einfachen Antragstellung zu laufen beginnen.

Die Problematik zeitlich koordinierter Planungsverfahren zwischen den Mitgliedstaaten wird verstärkt, sofern eine mitgliedstaatliche Rechtsordnung kein gesondertes Verfahren zur Linienbestimmung vorsieht.[607] Die TEN-E-VO 2013 löst dies teilweise durch eine kürzere Zeitvorgabe für die mögliche Fristverlängerung von Genehmigungsverfahren in Mitgliedstaaten mit eigenständiger Linienbestimmung.[608] Es empfiehlt sich, diesen Lösungsansatz auf die Elektrizitäts-RL 2009 zu übertragen und hinsichtlich der soeben vorgeschlagenen Änderungen des Art. 10 Abs. 3 TEN-E-VO 2013 zu modifizieren – was sogleich in den Ausführungen zur Planfeststellung behandelt werden wird.[609]

b) Materiellrechtliche Vorgaben

Die Frage, ob weitere materiellrechtliche Vorgaben durch das Unionsrecht notwendig sind, dürfte sich einfacher beantworten lassen. Sofern die vorhandenen und soeben vorgeschlagenen Fristen harmonisiert würden, wären unterschiedliche nationale Fachplanungsvorgaben insofern kaum mehr ein Problem, als diese innerhalb eines bestimmten Zeitraums zu erledigen wären. Eine weitergehende Harmonisierung des materiellen Rechts könnte daher schon nicht mehr notwendig sein und insofern stünde der Verhältnismäßigkeitsgrundsatz des Art. 5 Abs. 1 S. 2, Abs. 4 EUV entgegen.

---

605 Kritisch hinsichtlich einer umfangreichen Vorgabe von verfahrensrechtlichen Regelungen in Leitlinien aus Art. 171 AEUV *Vogt / Maaß,* RdE 2013, 151 (158f.).

606 Siehe Art. 10 Abs. 3 UntAbs. 1 TEN-E-VO 2013, § 15 Abs. 4 S. 2 ROG sowie § 12 Abs. 1 NABEG.

607 Allerdings ist dies das Leitbild der TEN-E-VO 2013, welche eine gesonderte Linienbestimmung tendenziell als Ausnahme betrachtet; dies ergibt sich aus den Art. 10 Abs. 1–2 TEN-E-VO 2013.

608 Art. 10 Abs. 3 UntAbs. 2 i.V.m. Abs. 2 UntAbs. 1 S. 2 TEN-E-VO 2013.

609 Siehe dort „4. Kapitel V. 3. a)".

Etwas anderes muss natürlich für die materiellen „,Planungsbedingungen'"[610] gelten, etwa über Inhalt und Ziel einer Fachplanung. Diese Vorgaben müssten notwendigerweise durch das Unionsrecht konkretisiert werden, damit einheitliche Fristen überhaupt sinnvoll sind.

Unabhängig davon sind bereits jetzt viele relevante Bereiche zumindest teilweise harmonisiert, etwa im Umweltrecht. Die Unionsgesetzgebung hat hier bereits einen hohen Standard erreicht und hat überdies eine gewisse Verzahnung mit den umweltrechtlichen Vorschriften der FFH-RL und der TEN-E-VO 2013 vorgenommen.[611] Zudem sind zwar die Gesetzgebungskompetenzen der EU im materiellen Fachplanungsrecht begrenzt.[612] Doch dürfte es möglich sein, auf Art. 172 Abs. 1 AEUV Vorgaben zu stützen, welche die konkrete Gewichtung der Vorhaben von gemeinsamen Interesse gegenüber anderen Belangen in nationalen Abwägungsentscheidungen der Fachplanung anordnen.[613] Eine solche Regelung könnte für andere Übertragungsleitungen im Wege des Art. 194 AEUV erlassen werden. Denn eine Gewichtungsvorgabe würde jedenfalls den Leitungsverlauf nicht regeln und damit den Kern der fachplanerischen Entscheidung bei den Mitgliedstaaten belassen.[614]

c) Die Einordnung notwendiger unionsrechtlicher Vorgaben in das deutsche Fachplanungsrecht

Für das deutsche Recht ergäben sich keine grundlegenden Einordnungsschwierigkeiten der vorliegend gemachten Vorschläge für unionsrechtliche Fachplanungsvorgaben, da sowohl mit der Bundesfachplanung, dem Bundesfachplan Offshore als auch den Raumordnungsverfahren der Länder bereits eine solche Planungsebene existiert.

aa) Die NABEG-Fachplanung im Bundesgebiet

Den am besten zu bewältigenden Reformbedarf bereitet die fachplanerische Einordnung im Bundesgebiet. So ist etwa schon die bestehende Vorgabe der TEN-E-VO 2013 für eine Höchstfrist von Fachplanungen kohärent mit der NABEG-Fachplanung und dem Raumordnungsverfahren.[615] Allerdings beginnen diese jeweils erst mit der behördlichen Verfügbarkeit sämtlicher Antragsunterlagen.[616] Doch wäre dieser

---

610 Siehe zu diesem Begriff, seinem Inhalt und der diesbezüglichen Gesetzgebungskompetenz der EU *Gundel*, EWS 2011, 25 (30).

611 Siehe dazu „3. Kapitel III. 3. a)".

612 „3. Kapitel VI. 2. b)".

613 Die vorliegende Arbeit unterbreitet einen solchen Vorschlag hinsichtlich der Planfeststellung, siehe „4. Kapitel II. 2. e)".

614 Siehe dazu bereits „3. Kapitel VI. 1.".

615 Die Frist ist in Art. 10 Abs. 3 UntAbs. 1 TEN-E-VO 2013 niedergelegt und korrespondiert mit § 15 Abs. 4 S. 2 ROG sowie § 12 Abs. 1 NABEG.

616 Siehe dazu die Regelungen in Art. 10 Abs. 3 UntAbs. 1 TEN-E-VO 2013, § 15 Abs. 4 S. 2 ROG sowie § 12 Abs. 1 NABEG.

Fristbeginn nach den vorliegenden Vorschlägen zur Elektrizitäts-RL 2009 und TEN-E-VO 2013 obsolet und die Frist würde mit der einfachen Antragstellung zu laufen beginnen, wobei eine Gesamtdauer von zwölf Monaten für das gesamte Fachplanungsverfahren vorgegeben wäre.[617] Demnach müsste dies in den entsprechenden Regelungen des NABEG und des ROG, im Falle eines Raumordnungsverfahrens, angepasst werden.

Überdies fehlt im deutschen Recht eine zeitliche Vorgabe für die Aufnahme der Bundesfachplanung im Anschluss an die beendete Bedarfsplanung. Stattdessen liegt es im Ermessen der BNetzA, ob und wann sie den Vorhabenträger zur fachplanerischen Antragstellung nach der Einstellung des Vorhabens in den Bundesbedarfsplan verpflichtet.[618] Insofern bestünde an dieser Stelle ein zusätzlicher Reformbedarf und eine entsprechende Regelung könnte reibungslos in das NABEG aufgenommen werden. Die notwendigen Reformen des § 6 S. 2 NABEG, für den Übergang der Bedarfs- in die Bundesfachplanung, und des § 12 Abs. 1 NABEG, für die Höchstdauer der Bundesfachplanung, könnten folgendermaßen aussehen (Änderungen *kursiv* gekennzeichnet):

- § 6 S. 2 NABEG: Die Bundesnetzagentur *hat den* nach den §§ 11 und 12 des Energiewirtschaftsgesetzes verpflichteten Vorhabenträger durch Bescheid *aufzufordern, spätestens sechs Monate nach Bestätigung des Netzentwicklungsplans gemäß § 12c Absatz 4 Satz 1 des Energiewirtschaftsgesetzes und* nach Aufnahme eines Vorhabens in den Bundesbedarfsplan den erforderlichen Antrag zu stellen.
- § 12 Abs. 1 NABEG: Die Bundesfachplanung ist binnen *zwölf* Monaten nach *Antragstellung* bei der Bundesnetzagentur abzuschließen.

Problematisch ist einzig die rechtliche Ungewissheit, ob für ein Vorhaben von gemeinsamen Interesse überhaupt ein Raumordnungsverfahren in Frage käme.[619] Denn es ließe sich durchaus vertreten, dass die deutsche Fachplanungsebene den Umsetzungsanforderungen für Vorhaben von gemeinsamen Interesse der TEN-E-VO 2013 nur entspräche – unter anderem hinsichtlich der dort geforderten Einordnung dieser Vorhaben in die nationalen Infrastrukturpläne unter die darin „höchstmögliche Priorität"[620] –, sofern die Vorhaben zunächst im BBPlG und sodann in der Bundesfachplanung behandelt würden.[621] Dies spricht erneut für die

617 „3. Kapitel VI. 3. a)".

618 § 6 S. 2 NABEG.

619 Missverständlich ist insofern der Begriff des „Raumordnungsverfahren[s]" in Art. 7 Abs. 3 TEN-E-VO 2013. Da dieser in einem Akt der Unionsgesetzgebung vorkommt, ist er nicht mit der deutschen Terminologie gleichzusetzen, so dass die Einordnung unter das Raumordnungsverfahren des ROG, die Bundesfachplanung des NABEG oder des Bundesfachplan Offshore des EnWG zunächst offen ist.

620 Art. 3 Abs. 6 TEN-E-VO 2013; dort wird die Prioritätseinstufung auf die unionsrechtlich vorgegebenen regionalen Investitionspläne und nationalen Netzentwicklungspläne sowie rein nationale Infrastrukturpläne erstreckt.

621 So im Wesentlichen *Giesberts / Tiedge,* NVwZ 2013, 836 (839), die sich dabei wohl zugleich dafür aussprechen, die Fachplanung der TEN-E-VO 2013 nicht durch

vorliegend mehrfach vertretene Forderung, sämtliche nationale Fachplanungen für Übertragungsnetze erstens in den Fachplanungsregimen des NABEG und EnWG zu vereinen und zweitens in die Zuständigkeit der BNetzA bzw. des BSH zu stellen.

bb) Sonderfall: Der Bundesfachplan Offshore für die AWZ

Die vorliegenden Empfehlungen sind nur eingeschränkt hinsichtlich der Fachplanung für die AWZ verwertbar. Denn die Fachplanung der AWZ ist, systematisch betrachtet, der Bedarfsplanung für die AWZ nicht unbedingt nachgelagert. Dies wird dadurch verdeutlicht, dass die Bedarfsplanung des Offshore-NEP den aktuellen Bundesfachplan Offshore einbeziehen muss.[622] Daher besteht keine Notwendigkeit, eine Regelung zum zeitlichen Ineinandergreifen von der Bedarfsplanung in den Bundesfachplan Offshore zu erlassen. Überdies geht das bestehende Fachplanungsschema des Art. 10 Abs. 3 UntAbs. 1 TEN-E-VO 2013 von der Antragstellung eines Vorhabenträgers aus.[623] Dies soll zwar nach den hier gemachten Vorschlägen für die Neufassung der TEN-E-VO 2013 und für die Änderung der Elektrizitäts-RL 2009 beibehalten werden.[624] Eine solche Antragstellung ist dem Bundesfachplan Offshore allerdings fremd, dessen Erstellung nicht durch den Antrag eines ÜNBs bedingt ist.[625] Insofern ist zu überlegen, ob die Unionsgesetzgebung Ausnahmen für nationale Planungsregime erlauben sollte, welche nicht mit unionsrechtlich harmonisierten Fristenregelungen kollidieren – wie der Bundesfachplan Offshore – und daher keine Gefahr für eine kohärente Planung darstellen.

Eine weitere Anpassung der AWZ-Fachplanung an das Unionsrecht erscheint nicht notwendig,[626] da die regelmäßige Erstellung des Bundesfachplan Offshore ein

---

das Raumordnungsverfahren sondern die Bundesfachplanung durchführen zu lassen, da dieses am ehesten dem geforderten Vorrangstatus des Art. 7 Abs. 3 TEN-E-VO 2013 für nationale Planungen entspreche. Dem ist insofern zuzustimmen, da die Bundesfachplanung und der Bundesfachplan Offshore für die Planfeststellung verbindlich sind (§ 15 Abs. 1 S. 1 NABEG bzw. § 17a Abs. 5 S. 2 EnWG), wohingegen das Ergebnis des Raumordnungsverfahrens in Planfeststellungsverfahren nur als sonstiges Erfordernis der Raumordnung berücksichtigt werden muss, § 4 Abs. 1 S. 1 Nr. 3 i.V.m. § 3 Abs. 1 Nr. 4 ROG. Vgl. zum selben Problem bei der Einordnung des Genehmigungsverfahrens der TEN-E-VO 2013 ins deutsche Recht *Strobel*, ZEuS 2013, 167 (214f.).

622 § 17b Abs. 1 S. 2 EnWG.

623 Dieser Antrag bezieht sich nach dem Planungsregime der TEN-E-VO 2013 primär auf die Vorhabengenehmigung und löst demnach nur mittelbar die – sofern im nationalen Recht vorgesehene – Fachplanung aus.

624 „3. Kapitel VI. 3. a)".

625 Der Bundesfachplan Offshore für die AWZ wird gemäß § 17a Abs. 1 S. 1 EnWG von Amts wegen erarbeitet.

626 Aus Sicht des Art. 10 Abs. 3 UntAbs. 1 TEN-E-VO 2013 könnte allerdings eine Anpassung des § 17a Abs. 1 S. 1 EnWG notwendig sein, um der vorhandenen sechsmonatigen Höchstfrist zur Beendigung der Fachplanung zu genügen.

Garant für eine Planung in Einklang mit den aktuellen Bedarfsüberlegungen der TEN-E-VO 2013 sowie den nationalen und gemeinschaftsweiten NEPs steht.

cc) Die Ausrichtung des deutschen Rechts an Leitbilder des Unionsrechts auch ohne EU-Gesetzgebungsakte

Neben den aufgezeigten Schwierigkeiten zwischen nationalen und unionsrechtlichen Fachplanungsvorgaben gibt es jedoch auch Tendenzen in die andere Richtung, bei der sich das nationale Recht auch ohne Unionsrechtsakte an das Rechtsverständnis der EU angleicht. So war es ursprünglich das Unionsrecht, welches die Öffentlichkeitsbeteiligung in Planungsverfahren, insbesondere bezüglich von Umweltauswirkungen, aufgriff und verstärkt ins nationale Recht induzierte.[627] Mittlerweile ist es dem Bundesgesetzgeber selbst ein Anliegen, die Öffentlichkeitsbeteiligung weniger als ein Verzögerungselement, sondern als elementaren Planungsbestandteil und zwar schon in ersten Planungsphasen zu sehen, was sich unter anderem auf die Proteste beim Ausbau des Stuttgarter Bahnhofs, „Stuttgart 21“, zurückführen lässt. Dies hat sich nunmehr in den entsprechenden Regelungen des PlVereinhG unter anderem für das VwVfG[628] manifestiert.[629] Die gleiche Entwicklung, speziell im Fachplanungsrecht für Übertragungsleitungen, zeigt sich etwa in den Regelungen des NABEG, bei denen der deutsche Gesetzgeber über die unionsrechtlichen Anforderungen hinausgeht.[630] Dadurch nähert sich das deutsche Rechtssystem der Ausrichtung des Unionsrechts sichtbar an, was die Umsetzung von Fachplanungsvorgaben der EU teilweise erleichtern kann.

Konfliktbeladen ist daher vielmehr die Frage, wie sich Vorgaben des Unionsgesetzgebers in diejenigen nationalen Rechtsordnungen einfügen lassen, welche keine Fachplanung kennen. Dies ist eine wesentliche Herausforderung bei der Synchronisation der deutschen Fachplanung mit den nachbarstaatlichen Planungs- und Genehmigungsregimen.

---

627 So zum Beispiel schon Art. 6 Abs. 2–6, Art. 7 Abs. 3, 5 und Art. 8 Richtlinie 85/337/EWG des Rates vom 27. Juni 1985 über die Umweltverträglichkeitsprüfung bei bestimmten öffentlichen und privaten Projekten, (UVP-RL 1985), ABl. EU 1985 L 175/40. Diese Regelungen waren in der ursprünglichen Richtlinie nur rudimentär enthalten und wurden im Wesentlichen erst durch Art. 3 Nr. 4–6 ÖffBeteil-RL 2003 eingefügt.

628 Siehe insbesondere die diesbezüglichen Änderungen des VwVfG durch Art. 1 Gesetz zur Verbesserung der Öffentlichkeitsbeteiligung und Vereinheitlichung von Planfeststellungsverfahren (PlVereinhG) vom 31. Mai 2013, (PlVereinhG), BGBl. 2013, I, S. 1388.

629 Diese Entwicklung und die wesentlichen Neuerungen des VwVfG über die Öffentlichkeitsbeteiligung zusammenfassend *Schmitz / Prell*, NVwZ 2013, 745 (745–749).

630 Dazu „3. Kapitel III. 4. b)“.

d) *Möglichkeiten einer Verstärkten Zusammenarbeit, Art. 326 ff. AEUV*

Obwohl gewisse unionsrechtlich vorgegebene Fachplanungsvorgaben sinnvoll wären, so ist doch mit erheblichen Vorbehalten ihnen gegenüber in einigen Mitgliedstaaten zu rechnen. Eine solche Tendenz wird bereits im AEUV durch das Zustimmungserfordernis von Mitgliedstaaten bei transeuropäischen Netzen in ihrem Hoheitsgebiet[631] und durch andere Einstimmigkeits- bzw. nationale Souveränitätsregelungen im Energiebereich[632] deutlich.[633] Daher kommt hier, ebenso wie in der Bedarfsplanung,[634] eine Verstärkte Zusammenarbeit gemäß Art. 20 EUV und Art. 326 ff. AEUV in Betracht.[635] Vorteilhaft wäre dies, sofern nur einige Mitgliedstaaten bereit wären, ihr Fachplanungsrecht zumindest teilweise zu vereinheitlichen. Interessant wäre dies dann insbesondere im Hinblick auf Fristen, wegen der zeitlichen Synchronisation des Netzausbaus. Gleichwohl dürfen durch die Verstärkte Zusammenarbeit nur solche Regelungen erlassen werden, welche nach den europäischen Verträgen überhaupt einem Rechtsakt der EU zugänglich sind, so dass die allgemeinen Bestimmungen der Kompetenzabgrenzung greifen.[636] Eine weitergehende Rechtsangleichung, etwa über materielle Raumordnungsbestimmungen, käme sodann einzig im Wege eines internationalen Abkommens zwischen den Mitgliedstaaten in Frage.[637] Allerdings dürfte für Deutschland eine Verstärkte Zusammenarbeit mit anderen Mitgliedstaaten wegen seiner momentanen energiepolitischen Ausrichtung kaum in Frage kommen.[638]

4. Institutionelle Reformansätze

Bei der Diskussion unionsrechtlicher Fachplanungsvorgaben stellt sich zugleich die Frage, ob ein gewisser Fachplanungsvollzug auf europäischer Ebene etabliert

631 Art. 172 Abs. 2 AEUV.

632 Art. 192 Abs. 2 UntAbs. 1 lit. c bzw. Art. 194 Abs. 2 UntAbs. 2 AEUV.

633 Ähnlich *Ahner u. a.*, 39 LIEI 2012, 249 (253f.), die Übereinkünfte zwischen sämtlichen Mitgliedstaaten im Energiebereich als nur schwerlich erreichbar erachten und dies anhand der nationalen Souveränitätsvorbehalte für die eigenständige Auswahl von Stromerzeugungsarten verdeutlicht sehen.

634 Siehe „2. Kapitel IV. 5.".

635 Vgl. *Ahner u. a.*, 39 LIEI 2012, 249 (252–256), die dies vor allem hinsichtlich der Nuklear- und Gasenergie vorschlagen.

636 *Ahner u. a.*, 39 LIEI 2012, 249 (254 m.w.N.); ebenso *Hatje*, in: Schwarze (Hrsg.), EU-Kommentar, Art. 20 EUV Rn. 22.

637 Siehe für diese Möglichkeit im Energierecht und die Grenzen, welche das Unionsrecht den Mitgliedstaaten bei einer solchen Maßnahme zieht *Ahner u. a.*, 39 LIEI 2012, 249 (254–256). Siehe generell zur Abgrenzung der Verstärkten Zusammenarbeit aus Art. 20 EUV und Art. 326 ff. AEUV zu einem internationalen Abkommen zwischen den EU-Mitgliedstaaten, *Repasi*, EuR 2013, 45 (58–60).

638 Siehe dazu schon in der Bedarfsplanung „2. Kapitel IV. 5. a) cc)".

werden dürfte und sollte und ob eine solche Kompetenz bei der EU-Kommission oder ACER anzusiedeln wäre.

a) Das Innenverhältnis von EU und Mitgliedstaaten: Mögliche Weisungsrechte

Wie eingangs erwähnt, hat die EU zwar keine umfassende Fachplanungskompetenz, sie kann jedoch das „Wie" der Planung regeln und gegebenenfalls Verfahrensvorschriften für die Mitgliedstaaten erlassen.[639] Dementsprechend gering sind die Möglichkeiten der EU-Institutionen, insbesondere der EU-Kommission, eine eigene Fachplanungspolitik zu betreiben. Beispielsweise sind ihnen Trassenfestlegungen nicht möglich. Allerdings ist es diskussionswürdig, ob ein Weisungsrecht der EU-Institutionen gegenüber den mitgliedstaatlichen Planungsbehörden sinnvoll wäre, welches verbindlich die Aufnahme der Fachplanung vorgäbe. Die Einführung und der Vollzug eines Weisungsrechts bei Übertragungsleitungen sind gleichwohl momentan nicht besonders wahrscheinlich, da dies erhebliche politische Komplikationen auf Unionsebene verursachen dürfte und demnach zunächst auf einen konsensuellen Netzausbau hinzuwirken ist. Die folgenden Überlegungen zu Weisungen der EU-Institutionen an die Mitgliedstaaten sind daher als eine Ultima Ratio – Lösung zu verstehen.

aa) Ausgestaltung des Weisungsrechts

Ein Weisungsrecht wäre grundsätzlich als Alternative zu dem vorliegend gemachten Vorschlag zu erwägen, welcher eine Höchstfrist für den Übergang von der Bedarfs- in die Fachplanung vorsieht.[640] Inhaltlich würden die EU-Institutionen die Weisungsbefugnis gegenüber den mitgliedstaatlichen Behörden erhalten, die ÜNBs zur Antragstellung auf Fachplanung innerhalb einer gewissen Frist zu verpflichten. Dies entspräche einer Weisung der EU an die BNetzA, den momentan geltenden § 6 Abs. 1 S. 2 NABEG gegenüber einem ÜNB zu vollziehen.[641] Der Zeitpunkt für den Weisungserlass läge des Weiteren im Ermessen der zuständigen EU-Institution.

Etwas anderes müsste freilich für die AWZ gelten, für die der Bundesfachplan Offshore in jedem geraden Kalenderjahr von Amts wegen zu erstellen ist[642] und daher eine Weisung der EU an die deutsche Behörde nicht notwendig wäre.

---

639 Siehe dazu bereits „3. Kapitel VI. 2.".

640 „3. Kapitel VI. 3. a)".

641 Es ist allerdings darauf hinzuweisen, dass etliche Vorhaben des Bundesbedarfsplans keine Kennzeichnung als „länderübergreifend" oder „grenzüberschreitend" aufweisen – siehe § 2 Abs. 1 i.V.m. Anlage (zu § 1 Absatz 1) BBPlG – und somit gemäß § 2 Abs. 1 NABEG für diese keine Bundesfachplanung durchgeführt wird. § 6 Abs. 1 S. 2 NABEG findet demnach in diesen Fällen keine Anwendung.

642 § 17a Abs. 1 S. 1 EnWG.

Das hier vorgestellte Modell würde einen flexiblen Beginn der Fachplanung, mit einer regionalen oder besonders bedarfsnotwendigen Schwerpunktsetzung, ermöglichen. Dadurch ließen sich, im Sinne des AEUV, der Auf- und Ausbau transeuropäischer Netze und die Interkonnektion der Netze zügig erreichen.[643] Der Preis hierfür läge in einer gewissen Souveränitätsaufgabe der Mitgliedstaaten mit einer Verschiebung hin zur europäischen Ebene. Gleichwohl würde die EU dadurch keine umfassende „Infrastrukturplanungskompetenz“[644] erhalten, da hierzu die notwendigen primärrechtlichen Voraussetzungen fehlen – was nun sogleich zu betrachten ist.

bb) Kompetenzrechtliche Voraussetzungen

Die soeben vorgestellte Weisungskompetenz der EU-Institutionen, sei es durch die EU-Kommission oder durch ACER, müsste an den folgenden strengen Voraussetzungen gemessen werden:

Da das Unionsrecht von den Mitgliedstaaten eigenständig angewendet wird, kommt ihnen gegenüber ein Weisungsrecht, ähnlich verfahrensrechtlicher Vorgaben,[645] nur begrenzt in Betracht.[646] So wäre ein solches Recht, sofern es wie vorliegend nicht eigenständig im AEUV verankert ist, an die Befugnis zur materiellen Rechtssetzung anzuknüpfen[647] und wäre demnach im Gefolge der hier in Rede stehenden Fristenregelungen zunächst zu bejahen.[648] Überdies müssten die Mitgliedstaaten im Rat zunächst eine Weisungsnorm erlassen und zwar unabhängig davon, ob diese auf die Kompetenz des Art. 172 Abs. 1 AEUV oder des Art. 194 Abs. 1 AEUV gestützt wird.

Zusätzlich wäre der Subsidiaritätsgrundsatz des Art. 5 Abs. 1 S. 2, Abs. 3 EUV zu beachten.[649] Dieser wird bei einem verbindlichen Durchgriff von EU-Institutionen auf mitgliedstaatliches Verwaltungshandeln mitunter erst anerkannt, falls erstens eine divergierende Anwendung unionsrechtlicher Regelungen in den Mitgliedstaaten bestehe und zweitens diese unterschiedliche Rechtsanwendung zugleich

---

643 Art. 170 bzw. Art. 194 Abs. 1 lit. d AEUV.

644 *Rodi,* in: Vedder / von Heinegg (Hrsg.), UnionsR-Kommentar, Art. 194 AEUV Rn. 8, betrachtet diese Kompetenz trotz des Art. 194 Abs. 1 lit. d AEUV als weitgehend bei den Mitgliedstaaten verbleibend.

645 Dazu oben „3. Kapitel VI. 2. c)“.

646 Zusammenfassend zu den Einflussmöglichkeiten der EU-Kommission auf mitgliedstaatliche Entscheidungen und zu den Grenzen dieser Instrumente *Gundel,* § 3 Verwaltung, in: Schulze u.a. (Hrsg.), EuropaR, Rn. 119–144.

647 So *Gundel,* § 3 Verwaltung, in: Schulze u.a. (Hrsg.), EuropaR, Rn. 126f.

648 Die Kompetenz der EU zur Fristenregelung wurde vorliegend bereits aufgrund von Art. 194 Abs. 1 AEUV bejaht.

649 Vgl. hinsichtlich des Rechts der EU-Kommission, den Widerruf einer nationalen Verwaltungsentscheidung nach Art. 39 Abs. 6 lit. b Elektrizitäts-RL 2009 verbindlich zu verlangen *Gundel,* WiVerw 2010, 127 (129f.); dieser verweist darauf, dass „ein solcher direkter Durchgriff auf die nationalen Behördenentscheidungen unter Subsidiaritätsgesichtspunkten rechtfertigungsbedürftig“ sei.

negative Auswirkungen auf den Binnenmarkt habe.[650] Eine solche Situation läge beispielsweise vor, falls ein Mitgliedstaat nicht gewillt wäre, einen ÜNB zur Antragstellung auf Fachplanung für einen Interkonnektor zu veranlassen, etwa um heimische Energieerzeuger vor Wettbewerb zu schützen. Dadurch bestünde ein erhebliches Risiko für die Schaffung eines Elektrizitätsbinnenmarktes. Ein weiterer Fall wäre beim fortgesetzten Auftreten von sogenannten Ringflüssen – die durch eine eigene Netzknappheit bedingte Stromdurchleitung über Netze eines Nachbarstaates –[651] anzunehmen, welche das benachbarte Netz schädigen.[652] Folglich wäre in solchen Konstellationen ein Durchgriffsrecht der EU auf die mitgliedstaatliche Verwaltung gerechtfertigt. Sofern es sich um ein Vorhaben von gemeinsamen Interesse handelt, wäre zudem im Vorfeld einer Weisung das in Art. 172 Abs. 2 AEUV festgehaltene Billigungserfordernis zu Gunsten des jeweils betroffenen Mitgliedstaats zu beachten. Demnach muss der Mitgliedstaat zunächst der Ausweisung des Vorhabens von gemeinsamen Interesses zustimmen, erst dann wäre die Vornahme einer einzelfallbezogenen Weisung durch die EU-Institutionen zu erörtern.

Das hier diskutierte Instrument käme im Rahmen einer möglichen Verstärkten Zusammenarbeit der Art. 326 ff. AEUV sicherlich nur sehr eingeschränkt zum Einsatz, da dort gerade der mitgliedstaatliche Umsetzungswille vorhanden wäre.[653] Vielmehr wäre es bei Verzögerungsbemühungen von einzelnen anderen Mitgliedstaaten wohl ein notwendiges Mittel, um den einschlägigen Zielen der EU-Verträge zur Geltung zu verhelfen.

b) Zuständigkeiten auf EU-Ebene und Koordinationsfunktion der EU-Kommission

Schon aus praktischen Gründen wäre das soeben angesprochene Weisungsrecht bei der EU-Kommission anzusiedeln und nicht bei ACER, da die EU-Kommission bereits für transeuropäische Netze die Koordinierungsfunktion inne hat.[654] Des Weiteren ist sie es auch, welche einen europäischen Koordinator für bestimmte Vorhaben der TEN-E-VO 2013 einsetzt, welcher diese gegebenenfalls auch in der

650 So *Weiß*, Der Europäische Verwaltungsverbund, S. 41f., dieser merkt zugleich an, dass eine Umgehung des Subsidiaritätserfordernisses durch die Übertragung von Durchführungsbefugnissen auf die EU-Kommission nach Art. 291 Abs. 2 AEUV nicht möglich sei.

651 So die Begriffserklärung bei *BNetzA*, Bestätigung des NEP 2012, S. 106.

652 Der Unionsgesetzgeber benennt Ringflüsse ausdrücklich als Beispiel für „negative externe Effekte“ in Art. 12 Abs. 4 UntAbs. 5 TEN-E-VO 2013. Dementsprechend regelt die Vorschrift, dass die Kosten eines Vorhabens von gemeinsamen Interesse nicht auf diejenigen ÜNBs umzulegen sind, deren heimatstaatliches Übertragungsnetz nicht für die Ringflüsse verantwortlich ist, welche durch das Vorhaben eingedämmt werden.

653 Dazu „3. Kapitel VI. 3. d)“.

654 Diese Funktion ist in Art. 171 Abs. 2 S. 1 AEUV niedergelegt.

Fachplanungsphase betreut.[655] Zudem hat die EU-Kommission einen wesentlichen Anteil am Zustandekommen einer Verstärkten Zusammenarbeit im Sinne der Art. 326 ff. AEUV,[656] welche durchaus Regelungen zur Fachplanung bereithalten könnte.[657] Auch im Hinblick auf eine effektive Rechtssetzung wäre eine Zuständigkeit der EU-Kommission vorteilhaft, da sie durch die ständige Befassung mit der Fachplanungsthematik in die Lage versetzt würde, praxisnahe Gesetzgebungsinitiativen einzubringen. Neben diesen praktischen Überlegungen sprechen zugleich rechtliche Hindernisse gegen die Vergabe möglicher Fachplanungszuständigkeiten an ACER. Im Hinblick auf die Rechtsprechung des EuGH ist es bedenklich, Verantwortlichkeiten mit nicht nur fachlicher, sondern auch grundsätzlicher Dimension außerhalb der EU-Kommission anzusiedeln, da die europäischen Verträge primär die EU-Kommission als Exekutivorgan ansehen und andere Stellen lediglich nachrangige Verwaltungstätigkeiten verrichten dürfen.[658] Die Fachplanung eines einzelnen Stromleitungsvorhabens mag zwar keine grundsätzliche Bedeutung haben, wohl aber die Fokussierung auf mehrere Vorhaben in einer bestimmten geographischen Region, was durch die Behördentätigkeit durchaus erfolgen könnte. Daher empfiehlt es sich, Fachplanungszuständigkeiten – sofern diese punktuell auf die EU übertragen würden – in die Hände der EU-Kommission zu legen.[659]

---

655 Für die Einsetzung eines solchen Koordinators ist allerdings das „Einvernehmen mit den betroffenen Mitgliedstaaten" notwendig, Art. 6 Abs. 1 TEN-E-VO 2013. Unter seine Aufgaben aus Art. 6 Abs. 2 TEN-E-VO 2013 kann auch die Begleitung der Fachplanung subsumiert werden.

656 So hängt die Einleitung einer Verstärkten Zusammenarbeit vom Vorschlag der EU-Kommission an den Rat ab, Art. 329 Abs. 1 UntAbs. 2 AEUV. Da dieser Vorschlag im Ermessen der EU-Kommission liegt, nimmt sie bei der Etablierung einer Verstärkten Zusammenarbeit eine wesentliche Rolle ein, darauf hinweisend *Ahner u. a.*, 39 LIEI 2012, 249 (253f.).

657 Siehe dazu „3. Kapitel VI. 3. d)".

658 Eine solche Sichtweise ergibt sich aus der sogenannten Meroni-Rechtsprechung: *EuGH,* Urteil vom 13. Juni 1958 – Rs. 9/56 (Meroni & Co., Industrie Metallurgiche, S.P.A. / Hohe Behörde der Europäischen Gemeinschaft für Kohle und Stahl), Slg. 1958, 9 (42–47); *EuGH,* Urteil vom 13. Juni 1958 – Rs. 10/56 (Meroni & Co., Industrie Metallurgiche, Società in accomandita semplice / Hohe Behörde der Europäischen Gemeinschaft für Kohle und Stahl), Slg. 1958, 51 (80–85). An der momentanen Ausgestaltung von ACER bestehen diesbezüglich keine Bedenken, dazu *Gundel,* § 23 Europäisches Energieverwaltungsrecht, in: Terhechte (Hrsg.), VerwR der EU, Rn. 2. Mit beachtlichen Argumenten für eine Erweiterung von Agenturbefugnissen – zumindest bei Regulierungsagenturen – plädierend *Pawlik,* Das REACH-System und die Meroni-Doktrin, S. 154–194, der sich dabei auch mit der Meroni-Rechtsprechung auseinandersetzt.

659 Siehe allerdings *Weiß,* Der Europäische Verwaltungsverbund, S. 89 Fn. 12 m.w.N., welcher die Meroni-Rechtsprechung bei solchen Handlungsfeldern relativiert, die bisher noch nicht im Verantwortungsbereich der EU-Kommission lagen und damit nicht innerhalb der europäischen Institutionen verlagert werden, sondern

Der teilweise geäußerte Wunsch nach einer starken europäischen Energie- oder Netzagentur kann unter den aufgezeigten praktischen und rechtlichen Aspekten nicht geteilt werden. Vielmehr spricht einiges dafür die Koordinierungsfunktion der EU-Kommission zu stärken, gegebenenfalls ergänzt durch einzelne Fachplanungskompetenzen, und die Zusammenarbeit zwischen den Mitgliedstaaten in der Fachplanung zu intensivieren. In diesem Geflecht wird es entscheidend auf den politischen Mitwirkungswillen der Mitgliedstaaten ankommen.

VII. Fazit

Im deutschen Recht ist durch die Bundesfachplanung und den Bundesfachplan Offshore eine konsequente Fortentwicklung des Raumordnungsverfahrens erfolgt. Diese ist in großen Teilen gelungen, wohingegen einzelne Änderungen, insbesondere eine Zuständigkeitskonzentration bei Bundesbehörden, notwendig sind. Bei der praktischen Umsetzung wird es speziell auf einen Konsens zwischen den verschiedenen Planungsebenen unter Einbezug der Öffentlichkeit und anderer Beteiligter ankommen.

Aus der Sicht des Unionsrechts ist die Situation durchaus ernüchternd. Zwar wird ein Großteil der umweltrechtlichen Prüfung in Fachplanungen von EU-Vorgaben dominiert. Doch ist eine verstärkte europäische Fachplanung, trotz ihrer seit langem aufgezeigten Notwendigkeit,[660] bis heute nicht etabliert. Jedoch ist hier der begrenzte Integrationswille einzelner Mitgliedstaaten zu berücksichtigen, um die Akzeptanz für die EU an sich zu erhalten. Im Rahmen der bestehenden EU-Verträge wäre allerdings bereits jetzt der Erlass einiger notwendiger Vorgaben für die Fachplanung möglich. Der Gebrauch dieser Kompetenz hängt freilich wieder von den Mitgliedstaaten ab.

---

vornehmlich von der mitgliedstaatlichen Zuständigkeit auf die EU-Institutionen wechseln.

660 Siehe nur *Schmidhuber / Hitzler*, DÖV 1991, 271 (276–278).

4. Kapitel: Planfeststellung

I. Einordnung und Verfahren

Bei der Planfeststellung, welche gegebenenfalls durch eine Plangenehmigung ersetzt wird,[1] handelt es sich um das etablierteste Instrument der Netzplanung. Vorgaben des deutschen Gesetzgebers seit dem Jahr 2011 betreffen daher – abgesehen von der umfangreichen Verlagerung der Zuständigkeiten – lediglich einzelne Punkte dieser Planungsebene. Ähnliches gilt für unionsrechtliche Vorgaben. Gleichwohl können auch punktuelle Änderungen eine erhebliche Auswirkung auf die Planungspraxis haben. Zugleich stellt sich die Frage, inwieweit die vorhandenen Regelungen ausreichend sind oder ob und gegebenenfalls welche Regelungen überdies notwendig sind.

1. Übersicht: Planfeststellungsverfahren im Bundesgebiet (NABEG) und der AWZ (SeeAnlVO)

Ein Grund für die Einführung eines separaten Planfeststellungsverfahrens im NABEG war die Unzufriedenheit mit den als zu lange empfundenen Verfahrensdauern der Zulassungsebene für Übertragungsnetze.[2] Dies wird schon im Namen des Netzausbau*beschleunigungs*gesetzes deutlich. Ähnliche Überlegungen mögen im Jahr 2012, bei der Einführung eines Planfeststellungsverfahrens in die SeeAnlVO für Übertragungsleitungen in der AWZ,[3] ebenso eine Rolle gespielt haben.

Die Planfeststellung des NABEG und der SeeAnlVO folgen auf die vorangegangenen Bedarfs- und Fachplanungen. Sie sind durch einen Antrag des jeweiligen ÜNBs bedingt, welcher hierzu durch die Bundesnetzagentur verpflichtet werden kann;[4]

---

1 Siehe etwa § 25 S. 6 NABEG, der die Möglichkeit einer Plangenehmigung im Anwendungsbereich des NABEG bereits voraussetzt.

2 Dazu die Gesetzesbegründung der *BT-Drucks. 17/6073,* Gesetzentwurf zur Beschleunigung des Netzausbaus, S. 18f.; ähnlich die Äußerung von *Kurth,* Ausbau der Stromnetze als zentrales Element der zukünftigen Energieversorgung, in: Ehricke (Hrsg.), 40. Energierechtliche Jahrestagung, 11 (21), der in der Verfahrensdauer ein noch größeres Problem als in den „regulatorischen Rahmenbedingungen" sieht und das NABEG als wirksames Instrument hierfür betrachtet.

3 Dieses Verfahren wurde eingeführt durch Art. 1 Verordnung zur Neuregelung des Rechts der Zulassung von Seeanlagen seewärts der Begrenzung des deutschen Küstenmeeres vom 15. Januar 2012, BGBl. 2012, I, S. 112; es findet sich nunmehr in § 2 Abs. 1 i.V.m. § 1 Abs. 2 S. 1 Nr. 2 SeeAnlVO. Beachte, dass der sachliche Anwendungsbereich auch die Hohe See umfasst, § 1 Abs. 1 S. 1 SeeAnlVO. Siehe zur Frage, ob eine Übertragungsleitung in der AWZ gemäß der SeeAnlVO oder dem BBergG zuzulassen ist „4. Kapitel I. 3. b)".

4 Siehe zur behördlichen Verpflichtung des ÜNB zur Antragstellung auf Planfeststellung und zur Einleitung des Planfeststellungsverfahrens durch einen solchen Antrag:

dabei ist zu beachten, dass die Verpflichtung auf Antragstellung im Anschluss an den Bundesfachplan Offshore – anders als nach der NABEG-Fachplanung – nur bezüglich bestimmter Leitungen, namentlich die Anbindungsleitungen für Windenergieanlagen auf See, zulässig ist.[5] Ähnlich der Bundesfachplanung[6] lässt sich die Planfeststellung des NABEG in zwei wesentliche Schritte unterteilen: So findet zunächst eine öffentliche Antragskonferenz statt, die das Scoping des § 5 UVPG beinhaltet[7] und den Untersuchungsrahmen festlegt, sowie dabei die vom ÜNB als Vorhabenträger beizubringenden Unterlagen benennt.[8] Sobald Letztere bei der Planfeststellungsbehörde vorliegen und geprüft wurden, findet ein Anhörungsverfahren der Träger öffentlicher Belange und der Öffentlichkeit zum Plan und den Unterlagen zur UVP statt, welches von einem Erörterungstermin über erhobene Einwendungen gefolgt wird.[9] Danach ergeht der Planfeststellungsbeschluss.[10] Das Planfeststellungsverfahren der SeeAnlVO unterscheidet sich hiervon, weil es keine Antragskonferenz vorsieht und die SeeAnlVO sich beim Verfahren wesentlich an die allgemeinen Regeln des VwVfG anlehnt, so dass ein Anhörungstermin und Erörterungstermin stattfinden;[11] hingegen sind beim Planfeststellungsbeschluss umfangreiche eigenständige Regelungen vorhanden.[12]

Für das Bundesgebiet § 12 Abs. 2 S. 4 bzw. § 19 S. 1 NABEG; siehe hierzu für die AWZ § 17a Abs. 6 EnWG bzw. § 2 Abs. 3 S. 1 SeeAnlVO i.V.m. § 73 Abs. 1 S. 1 VwVfG.

5 § 17a Abs. 6 i.V.m. § 17d Abs. 1 S. 1 EnWG. Eine solche Beschränkung ist in § 12 Abs. 2 S. 4 NABEG nicht vorgesehen. Beachte auch, dass die Regelung des § 17a Abs. 6 EnWG erst eingreift, nachdem die Leitung des Bundesfachplan Offshore auch nachrichtlich im Bundesnetzplan des § 17 NABEG ausgewiesen ist.

6 Siehe dafür die Darstellung bei „3. Kapitel I.“.

7 Siehe zur Zusammenlegung des Scopings aus § 5 UVPG mit der Erörterung sämtlicher Fragen des Plans die Gesetzesbegründung der *BT-Drucks. 17/6073*, Gesetzentwurf zur Beschleunigung des Netzausbaus, S. 28.

8 § 20 Abs. 1–3 NABEG. Beachte die Möglichkeit, eine Antragskonferenz nicht durchführen zu müssen, sofern Änderungen oder Erweiterungen nicht wesentlich sind, § 20 Abs. 5 i.V.m. § 25 NABEG.

9 Siehe zu diesen Verfahrensschritten §§ 21 f. NABEG. Wie auch die Antragskonferenz, so können das Anhörungsverfahren und der Erörterungstermin bei unwesentlichen Planänderungen wegfallen, § 22 Abs. 8 i.V.m. § 25 NABEG.

10 Dieser ergeht gemäß § 24 NABEG.

11 § 2 Abs. 3 S. 1 SeeAnlVO i.V.m. §§ 72–78 VwVfG. Modifiziert wird das Verfahren insbesondere durch § 4 SeeAnlVO.

12 Siehe dazu die umfangreichen Bestimmungen in § 5 SeeAnlVO, welche in einigen Punkten anders sind als die §§ 74–77 VwVfG.

2. Bewertung der Verfahren des NABEG und der SeeAnlVO

Das NABEG setzt in der Verfahrensausgestaltung mehrere Schwerpunkte. Dies ist zunächst eine weitgehende Beteiligungsmöglichkeit der Öffentlichkeit.[13] Zugleich führt der Gesetzgeber sein Bestreben fort, einige Verfahrensschritte auszulassen oder zu verkürzen. So wurde etwa in der Vergangenheit die Möglichkeit geschaffen, den Erörterungstermin in den Verfahren des EnWG zum Energieleitungsbau unter bestimmten Voraussetzungen nicht durchführen zu müssen,[14] was nun auch im NABEG vorgesehen ist.[15] Die gleichzeitige Zielverfolgung einer verbesserten Einbindung der Öffentlichkeit und eines zügigeren Zulassungsverfahrens begegnet allerdings einiger Skepsis.[16] Mitunter findet sich überdies die Auffassung, dass in den materiellen Rechtsvorgaben die erheblichen Hindernisse einer zügigen Planung und Zulassung zu finden seien.[17] Zwar wird erst die Praxis zeigen können, wie das zeitliche Verhältnis der Verfahrens- zu den Inhaltsvorgaben des NABEG sein wird, doch erscheint mit der vorzeitigen Besitzeinweisung[18] und einem vorzeitigen Enteignungsverfahren[19] des § 27 NABEG bereits eine gewisse

---

13 Siehe beispielsweise die Teilnahmemöglichkeit der Öffentlichkeit an der Antragskonferenz nach § 20 Abs. 2 S. 3 Hs. 1 NABEG. Die Frage, ob für die Öffentlichkeit hier neben dem Anwesenheits- auch ein Äußerungsrecht besteht, dürfte genauso abschlägig zu beantworten sein, wie in der Bundesfachplanung; im Rahmen der vorliegenden Arbeit wurde für die Antragskonferenz allerdings eine verstärkte Beteiligung der Kommunen anstatt von individuellen Äußerungsrechten empfohlen, siehe zu diesen Punkten „3. Kapitel III. 4. a)-c)". Beachte auch, dass eine breite Öffentlichkeitsbeteiligung sodann im Anhörungsverfahren des § 22 Abs. 3–6 NABEG stattfindet.

14 Zusammenfassend zu den diversen Versuchen der Gesetzgebung, die Planfeststellung des Leitungsausbaus in der Energiewirtschaft zu verkürzen, u.a. durch den nach § 43a Nr. 5 S. 2 EnWG a.F. (jetzt § 43a Nr. 2 S. 1 EnWG) gegebenenfalls entfallenden Erörterungstermin, *Appel*, UPR 2011, 406 (407); dieser bescheinigt zugleich den bisherigen Versuchen im Vorfeld des NABEG nur einen geringen Erfolg gehabt zu haben.

15 Der gemäß § 22 Abs. 7 S. 1 NABEG grundsätzlich stattfindende Erörterungstermin kann unter den Voraussetzungen des § 22 Abs. 8 i.V.m. § 25 NABEG ausnahmsweise entfallen. Beachte, dass diese Ausnahmeregel nicht inhaltsgleich ist mit der soeben besprochenen Parallelnorm des § 43a Nr. 2 S. 1 EnWG.

16 So etwa hinsichtlich des gesamten NABEG und nicht spezifisch für dessen Planfeststellungsverfahren *Sellner / Fellenberg*, NVwZ 2011, 1025 (1033) mit Verweis auf die gleichzeitige Zielverfolgung des Gesetzgebers, wie sie in *BT-Drucks. 17/6073*, Gesetzentwurf zur Beschleunigung des Netzausbaus, S. 2, ausgedrückt wird.

17 *Sellner / Fellenberg*, NVwZ 2011, 1025 (1033); *Durner*, DVBl. 2011, 853 (859), der allerdings noch weitere wichtige Einflussfaktoren benennt; den soeben Aufgeführten zustimmend *Appel*, UPR 2011, 406 (415).

18 § 27 Abs. 1 S. 1 NABEG i.V.m. § 44b EnWG.

19 § 27 Abs. 2 S. 1 NABEG i.V.m. § 45 EnWG. Die vorzeitige Besitzeinweisung wie auch das vorzeitige Enteignungsverfahren wurden zeitgleich mit dem Erlass des NABEG

Verfahrensbeschleunigung möglich.[20] Beide Instrumente sind gegenüber Grundstückseigentümern und -besitzern schon vor dem Abschluss der Planfeststellung zulässig, namentlich nach Beendigung des Anhörungsverfahrens.[21] Mitunter langwierige Planfeststellungsverfahren, deren Abschluss früher maßgeblich für die Anwendbarkeit dieser Instrumente war,[22] stehen demnach einer Ausbaumaßnahme nur noch bedingt im Wege. Eine Grenze zieht freilich die notwendigerweise baldige Erkennbarkeit des parzellenscharfen Grundstücksbedarfs.[23] Wie bereits im Rahmen der Bundesfachplanung gezeigt werden konnte, dürften diese Fälle nicht gering sein, da ein hoher Anteil der Netzausbaumaßnahmen in bestehenden Trassenkorridoren und dort mitunter im bestehenden Trassenverlauf stattfinden wird[24] – freilich bedarf es in der zuletzt genannten Konstellation keiner vorzeitigen Besitzeinweisung und Enteignungsverfahren.

Aus der Natur der Sache ergibt sich, dass das Verfahren zur Planfeststellung in der AWZ andere Schwerpunkte setzt. So dürfte die Öffentlichkeit ein geringeres Interesse an diesen Verfahren haben als bei Ausbaumaßnahmen an Land. Dementsprechend gering sind ihre Mitwirkungsmöglichkeiten, die sich im Wesentlichen auf die Einwände von Betroffenen[25] oder etwa Stellungnahmen anerkannter Naturschutzvereinigungen beschränken.[26] Eine Öffentlichkeitsbeteiligung im Rahmen einer UVP findet überdies nicht statt, da eine UVP-Pflicht für unter Wasser gelegene

---

in das EnWG eingefügt, siehe dazu Art. 1 bzw. Art. 2 Gesetz über Maßnahmen zur Beschleunigung des Netzausbaus Elektrizitätsnetze vom 28. Juli 2011, BGBl. 2011, I, S. 1690; die EnWG-Regelungen finden sich in § 44b Abs. 1a und § 45b EnWG.

20 Allerdings wird ein vorzeitiges Enteignungsverfahren mitunter als Verstoß gegen die grundgesetzliche Eigentumsfreiheit angesehen, da unter anderem die vorzeitige Besitzeinweisung für ein zügigeres Verfahren und bis zum Abschluss des Planfeststellungsverfahrens genüge, so *Moench / Ruttloff*, NVwZ 2013, 463 (463–467); diese aufgreifend und zustimmend hinsichtlich des mangelnden Bedarfs an einem vorzeitigen Enteignungsverfahrens – ohne eine Stellungnahme bezüglich der GG-Konformität dieser Regelung abzugeben – *Schirmer / Seiferth*, ZUR 2013, 515 (523).

21 § 27 Abs. 1 S. 1, Abs. 2 S. 1 jeweils i.V.m. § 22 NABEG. Zu beachten ist die aufschiebende Bedingung dieser Maßnahmen, welche eine Bestätigung des Ergebnisses des Enteignungsbeschlusses durch den Planfeststellungsbeschluss erfordert, § 27 Abs. 1 S. 3 bzw. Abs. 2 S. 3 NABEG. Dasselbe gilt für die Parallelnormen in § 44b Abs. 1a S. 3, § 45b S. 3 EnWG.

22 Ein Vergleich zwischen § 27 NABEG und der alten Rechtslage im EnWG findet sich bei *Scheidler*, NuR 2012, 247 (251).

23 Für diese Fälle ist gemäß der Gesetzesbegründung der § 27 NABEG gedacht, *BT-Drucks. 17/6073*, Gesetzentwurf zur Beschleunigung des Netzausbaus, S. 30f.; dies aufgreifend *Scheidler*, NuR 2012, 247 (251).

24 „3. Kapitel I.".

25 § 2 Abs. 3 S. 1 SeeAnlVO i.V.m. § 73 Abs. 4 S. 1 VwVfG. Die Einwendungen sind beim BSH geltend zu machen, § 4 Abs. 2 S. 1 i.V.m. § 2 Abs. 2 Hs. 1 SeeAnlVO.

26 § 2 Abs. 3 S. 1 SeeAnlVO i.V.m. § 73 Abs. 4 S. 5 VwVfG i.V.m. § 64 Abs. 1 BNatSchG. Eine solche Einwendung kann beispielsweise naturschutzrechtliche Befreiungen in

Übertragungsleitungen und damit in der AWZ nicht vorgesehen ist.[27] Für das Planfeststellungsverfahren verweist die SeeAnlVO anders als das NABEG[28] nicht auf die Regelungen der §§ 43 ff. EnWG, sondern bezieht sich direkt auf die Planfeststellungsvorschriften des VwVfG und hält für diese einige Modifikationen bereit.[29]

3. Weitere Planfeststellungs-/Genehmigungsverfahren und ihr Reformbedarf

Die Trennung der Vorgaben für die Planfeststellung im Bundesgebiet, einschließlich des Küstenmeers, und in der AWZ lässt sich durch die geographischen Besonderheiten erklären. Jedoch ist die zusätzliche Aufteilung der Planfeststellungsverfahren in diesen Gebieten für Übertragungsnetze problematisch.

a) Die Rechtslage im Bundesgebiet

Grundsätzlich ist die Planfeststellung von Übertragungsleitungen in den §§ 43 ff. EnWG geregelt,[30] zu denen zahlreiche Modifikationen bestehen.[31] Dazu zählt schon das NABEG, welches die entsprechenden Normen des EnWG für subsidiär anwendbar erklärt.[32] Ebenso ist das EnLAG hier einzuordnen, welches explizit für bestimmte Vorhaben des Höchstspannungsnetzes und damit das Übertragungsnetz geschaffen ist,[33] wobei die Planfeststellung dort weiterhin primär nach den §§ 43 ff. EnWG erfolgt.[34] Eine Zusammenführung des NABEG mit dem EnLAG hatte der Gesetzgeber erkennbar nicht beabsichtigt.[35] Die Planfeststellungen von NABEG-[36] und EnLAG-Vorhaben[37] beruhen jeweils auf Ausweisungen in Bedarfsplänen, im

---

geschützten Meeresgebieten der AWZ betreffen, § 63 Abs. 1 Nr. 2 i.V.m. § 57 Abs. 2 BNatSchG.

27 Dazu „4. Kapitel III.".

28 Durch § 18 Abs. 3 S. 2 NABEG wird zunächst auf die §§ 43 ff. EnWG verwiesen. Dort bestimmt, § 43 S. 7 EnWG, dass die §§ 72–78 VwVfG nach Maßgabe des EnWG herangezogen werden.

29 Der grundsätzliche Verweis auf die Planfeststellungsvorschriften des VwVfG erfolgt in § 2 Abs. 3 S. 1 SeeAnlVO, welche durch die §§ 3 ff. SeeAnlVO modifiziert werden.

30 Beachte, dass § 43 EnWG nicht nur für Übertragungsleitungen bestimmt ist.

31 Das Planfeststellungsregime mit seinen Modifikationen ähnlich darstellend *Strobel*, ZEuS 2013, 167 (195). Siehe auch zur Verteilung der Fachplanungs- und Planfeststellungsvorgaben auf mehrere Fachgesetze die Zusammenfassung bei *Schmitz/Jornitz*, NVwZ 2012, 332 (333).

32 § 18 Abs. 3 NABEG.

33 So § 1 Abs. 1 EnLAG.

34 In den §§ 1 f. EnLAG werden der Bezug und die Abweichungen zu den §§ 43 ff. EnWG hergestellt.

35 Dies folgt aus § 2 Abs. 4 NABEG.

36 Siehe § 18 Abs. 1 i.V.m. § 2 Abs. 1 NABEG i.V.m. der Anlage (zu § 1 Abs. 1) BBPlG.

37 § 43 S. 1 EnWG i.V.m. § 1 Abs. 1 und der Anlage des EnLAG.

Gegensatz zu den nach den §§ 43 ff. EnWG sonstigen planfestzustellenden Vorhaben, die nicht notwendigerweise im Bedarfsplan des BBPlG ausgewiesen sind. Zusätzlich dazu wartet die TEN-E-VO 2013 mit eigenen Vorgaben für die mitgliedstaatliche Zulassungsebene auf,[38] sofern das jeweilige Vorhaben durch sie gefördert wird.[39] Diese Vorgaben müssen im deutschen Planfeststellungsrecht berücksichtigt werden.[40] Schon aus der Sicht der Rechtspraxis führt eine solche umfassende Verteilung des Verfahrens auf mehrere Fachgesetze zu Reibungsverlusten in der Anwendung.[41] Ebenso ist es kaum ersichtlich, wieso die vom NABEG angestrebte verbesserte Öffentlichkeitsbeteiligung[42] nur für NABEG-Vorhaben gelten soll. Zwar hat der Gesetzgeber durch das PlVereinhG in den Regelungen des VwVfG bei der Öffentlichkeitsbeteiligung nachgezogen, welche im Vorfeld einer Planfeststellung des EnWG angewendet werden können,[43] aber dennoch ist eine echte „Vereinheitlichung von Planfeststellungsverfahren"[44] zumindest für Übertragungsleitungen nicht erfolgt. Aus besagten Gründen ist es daher notwendig, die Vorgaben des Planfeststellungsverfahrens für sämtliche Übertragungsleitungen im Bundesgebiet zu vereinheitlichen und dies entweder im NABEG oder dem EnWG niederzuschreiben. Zu dieser Zusammenführung würde es auch gehören, dass alle geplanten Leitungen im BBPlG ausgewiesen und damit die Entscheidung über ihre energiewirtschaftliche Notwendigkeit und den vordringlichen Bedarf[45] hochgezont werden, um die erhoffte Verfahrensverkürzung durch eine Bedarfsausweisung allen Übertragungsleitungen

---

38 Siehe insbesondere die Art. 7–10 TEN-E-VO 2013.

39 Dies ist bedingt durch die Ausweisung eines solchen Vorhabens in der Unionsliste gemäß Art. 3 TEN-E-VO 2013.

40 Von einer weitgehenden Vereinbarkeit zwischen dem deutschen Recht mit den Maßgaben der TEN-E-VO 2013 gehen *Schmitz / Jornitz,* NVwZ 2012, 332 (333), aus, welche das NABEG als teilweises Leitbild für die TEN-E-VO 2013 ansehen; diesen hinsichtlich der Vereinbarkeit beider Gesetzgebungsakte zustimmend *Linßen / Aubel,* DVBl. 2013, 965 (971); kritisch dagegen *Schadtle,* ZNER 2013, 126 (131).

41 Ähnlich wohl *Schmitz / Jornitz,* NVwZ 2012, 332 (333), die diesen Nachteil aber durch die Verfahrensverkürzungen des NABEG als hinnehmbar erachten.

42 Siehe für diese gesetzgeberische Intention die Gesetzesbegründung, *BT-Drucks. 17/6073,* Gesetzentwurf zur Beschleunigung des Netzausbaus, S. 28.

43 Durch Art. 1 PlVereinhG wurde eine „frühe Öffentlichkeitsbeteiligung" in § 25 Abs. 3 VwVfG etabliert, die als allgemeine Verfahrensvorschrift und in Ermangelung spezieller Vorschriften des EnWG vor dem Antrag auf Planfeststellung zur Anwendung kommt. Siehe für die Anwendung dieser Norm auf Planfeststellungsverfahren allgemein *Schmitz / Prell,* NVwZ 2013, 745 (746), und für Übertragungsvorhaben speziell „4. Kapitel III. 3. a)".

44 So ein Teil der Gesetzesüberschrift beim Gesetz zur Verbesserung der Öffentlichkeitsbeteiligung und Vereinheitlichung von Planfeststellungsverfahren (PlVereinhG) vom 31. Mai 2013, (PlVereinhG), BGBl. 2013, I, S. 1388.

45 Die Erfüllung dieser Kriterien ist für die ausgewiesenen Vorhaben durch § 1 Abs. 1 BBPlG per Gesetz niedergeschrieben.

zukommen zu lassen.[46] Nicht anzuwenden wäre eine solche Vereinheitlichung natürlich auf Vorhaben in einem vorgerückten Planungsstadium, sofern sich dieses dadurch verzögern würde.

b) Die Rechtslage in der AWZ

Für Übertragungsleitungen in der AWZ bestehen zwei Zulassungsverfahren. Das eine findet sich in der SeeAnlVO für die AWZ[47] und das andere wird im BBergG hinsichtlich des Festlandsockels[48] geregelt. Die Einordung, welches dieser Verfahren im Einzelfall anwendbar ist, bereitet durchaus Schwierigkeiten, da beiden Gesetzen teilweise dasselbe geographische Gebiet unterliegt und die Gesetzesterminologien überdies Raum für unterschiedliche Interpretationen lassen.[49] Schon aus diesem Aspekt wird ein Reformbedarf deutlich. Des Weiteren ist die Rechtswirkung des Bundesfachplan Offshore zu bedenken, dessen Festlegungen eine Bindungswirkung für das Planfeststellungsverfahren der SeeAnlVO darstellen.[50] Da eine solche Wirkung für Zulassungen nach dem BBergG nicht vorgesehen ist,[51] wäre es sinnvoll sämtliche Übertragungsleitungen innerhalb der AWZ gemäß der SeeAnlVO

46 Siehe zur Frage einer Verfahrensverkürzung durch den Bundesbedarfsplan „2. Kapitel I. 3. b)".

47 Siehe zum räumlichen Anwendungsbereich den § 1 Abs. 1 S. 1 SeeAnlVO, der neben der AWZ auch noch die – vorliegend nicht zu betrachtende – Hohe See umfasst.

48 Zum räumlichen Anwendungsbereich bzw. dem Zulassungsverfahren § 2 Abs. 3 S. 1 bzw. § 133 BBergG. Zu erwähnen ist allerdings, dass die Genehmigung von Übertragungsleitungen durch Vorgaben des BBergG kaum mit dem Gesetzeszweck über Regelungen des Rohstoffabbaus in § 1 Abs. 1 BBergG in Einklang zu bringen ist. Das diesbezügliche Genehmigungsregime in § 133 Abs. 4 BBergG für „Unterwasserkabel" stellt sich damit als systemwidrig dar. Seine Einfügung in das BBergG erfolgte durch Art. 8 Gesetz zur Ausführung des Seerechtsübereinkommens der Vereinten Nationen vom 10. Dezember 1982 sowie des Übereinkommens vom 28. Juli 1994 zur Durchführung des Teils XI des Seerechtsübereinkommens (Ausführungsgesetz Seerechtsübereinkommen 1982/1994) vom 6. Juni 1995, BGBl. 1995, I, S. 778; dabei ging es dem Gesetzgeber im Gefolge des Seerechtsübereinkommens der Vereinten Nationen darum, die für Unterwasserrohrleitungen bestehenden Regelungen über die Verlegung, den Betrieb und die Bedingungen hierüber ebenso auf Unterwasserkabel anzuwenden, siehe *BT-Drucks. 13/193,* S. 18f.

49 Siehe zur schwierigen Beurteilung, welche Übertragungsleitungen der SeeAnlVO oder dem BBergG unterfallen *Strobel,* ZEuS 2013, 167 (197f.), der die hier aufgeführten Schwierigkeiten erläutert und weitere Nachweise zum Diskussionsstand bereithält. Siehe dazu auch *Wolfshohl / Scheuten,* in: de Witt / Scheuten (Hrsg.), NABEG-Kommentar, § 2 NABEG Rn. 47–49.

50 Siehe für die genauen Festlegungen des Bundesfachplan Offshore bzw. für seine Bindungswirkung § 17a Abs. 1 S. 2 bzw. § 17a Abs. 5 S. 2 EnWG.

51 Dies folgt aus § 17a Abs. 5 S. 2 EnWG, der diesbezüglich nur auf die SeeAnlVO verweist.

zuzulassen oder sogleich den diesbezüglichen Anwendungsbereich der SeeAnlVO auf den gesamten Festlandsockel auszuweiten.[52]

Vorteilhaft wäre dies auch hinsichtlich der rechtlichen Zulassungswirkungen. So sieht die SeeAnlVO für Übertragungsleitungen eine Planfeststellung vor, womit die typische formelle und materielle Konzentrationswirkung dieser Zulassungsform einhergeht.[53] Hingegen sieht das BBergG zwei separate Genehmigungen vor, von denen die eine durch das BSH und die andere durch eine Landesbehörde erlassen wird,[54] wobei das BSH seine Genehmigung erst im Anschluss an die landesbehördliche Genehmigung aussprechen darf.[55] Da es in letzterem Fall eine gesetzliche Verflechtung der beiden Genehmigungen gibt, werden mitunter rechtliche Schwierigkeiten bei Meinungsverschiedenheiten zwischen der Bundes- und der Landesbehörde befürchtet.[56] Um dies zu vermeiden und die Zulassung zu beschleunigen, wäre Folgendes empfehlenswert: Erstens sollte das BBergG dahingehend geändert werden, dass Unterwasserkabel, sofern sie der Stromübertragung dienen, keiner bergrechtlichen Zulassung bedürfen. Zweitens sollte korrespondierend dazu, das Planfeststellungsverfahren der SeeAnlVO[57] auf diese Kabel ausdrücklich erweitert werden.[58] Dies würde die beschriebene Bindungswirkung des Bundesfachplan Offshore erweitern und zulassungsrechtliche Parallelstrukturen für einen im wesentlichen gleichen Sachverhalt, die Stromübertragung in der AWZ, ausschließen. Es entspräche zugleich dem in dieser Arbeit vertretenen Ansatz, die Planung für Übertragungsnetze in materiellrechtlicher Hinsicht zu vereinigen und die administrative Zuständigkeit bei Bundesbehörden zu konzentrieren.[59] Insofern ist auch das

52 In diesem Fall wäre das Zulassungsverfahren des § 133 Abs. 4 BBergG gänzlich hinfällig.

53 § 2 Abs. 1 i.V.m. § 1 Abs. 2 S. 1 Nr. 2 SeeAnlVO sowie § 74 Abs. 1 S. 1 VwVfG (formelle Konzentration durch die Zuständigkeit einer Behörde) und § 2 Abs. 3 S. 1 SeeAnlVO i.V.m. § 75 Abs. 1 VwVfG (materielle Konzentration durch eine umfassende Entscheidung). Dies nachzeichnend auch *Strobel,* ZEuS 2013, 167 (198).

54 Die inhaltliche Aufteilung der Genehmigungen und die unterschiedlichen Zuständigkeiten für diese ergeben sich gemäß § 133 Abs. 1 S. 1, 2 i.V.m. §§ 136 f. BBergG.

55 § 133 Abs. 1 S. 3 BBergG. Das Genehmigungsverfahren des BBergG darstellend *Strobel,* ZEuS 2013, 167 (198).

56 Diese Befürchtung äußernd *Wemdzio u. a.,* NuR 2012, 239 (242f.), die bei einer nicht konsensfähigen Meinungsverschiedenheit von einem „Bund-Länder-Streit" ausgehen; zugleich betonen sie aber, dass sie eine solche Situation im von ihnen erörterten Leitungsprojekt als „wenig wahrscheinlich" erachten.

57 Dies hätte dann in den § 2 Abs. 1 i.V.m. § 1 Abs. 2 S. 1 Nr. 2 SeeAnlVO zu erfolgen. Freilich müsste der räumliche Anwendungsbereich dann auch den Festlandsockel umfassen.

58 *Strobel,* ZEuS 2013, 167 (208) schlägt als eine Möglichkeit die Regelung eines „Vorrang[s]" zu Gunsten der SeeAnlVO vor; dieser bezieht den Vorschlag allerdings auf Leitungen, welche in Folge der TEN-E-VO 2013 ausgewiesen sind.

59 So für das materielle Recht der Fachplanung und die Verwaltungszuständigkeiten „3. Kapitel II. 2. a)-c)" und „3. Kapitel II. 4.".

Einvernehmenserfordernis zwischen dem BSH als Planfeststellungsbehörde und der Generaldirektion für Wasserstraßen und Seeschifffahrt unproblematisch, welches bei etwaigen Verkehrsbeeinträchtigungen durch das Vorhaben greift.[60] Denn bei der zuletzt genannten Behörde handelt es sich erstens um eine Bundesbehörde und zweitens ist diese zusammen mit dem BSH demselben Bundesministerium, dem BMVI / BMVBS, zugeordnet.[61]

II. Inhalt und Zuständigkeiten

Durch die Planfeststellung wird einem Leitungsvorhaben eine parzellenscharfe Trasse innerhalb des Trassenkorridors der Bundesfachplanung zugewiesen,[62] was gegebenenfalls vorerst nur für Teilabschnitte einer Leitung erfolgt.[63] Die Zuständigkeit liegt hierfür im Bundesgebiet einschließlich des Küstenmeers grundsätzlich bei den Ländern[64] und nur ausnahmsweise, aufgrund einer Rechtsverordnung, bei der BNetzA.[65] In der AWZ ist das BSH für die Planfeststellung der SeeAnlVO zuständig.[66] Zwar ist die Planfeststellung an sich ein etabliertes Instrument, doch stellt sich die Frage, inwieweit die vorhandenen materiellen Änderungen und Neuverteilungen der Zuständigkeit einen Beschleunigungseffekt herbeiführen können.

---

60 Siehe § 8 SeeAnlVO zu den genauen Voraussetzungen dieses Einvernehmenserfordernisses.

61 Die Zuordnung des BSH an das BMVI ist in § 5 Abs. 1 S. 1 SeeAufgG festgehalten. Siehe zur Errichtung der Generaldirektion Wasserstraßen und Schifffahrt (GDWS) und ihrer Einordnung innerhalb des BMVI / BMVBS: *BMVBS*, Errichtungserlass zur Gründung der GD Wasserstraßen und Schifffahrt vom 19.04.2013, S. 1.

62 Eine Ausnahme hiervon kann sich beim Bundesfachplan Offshore ergeben, welcher neben Trassenkorridoren auch schon parzellenscharfe Trassen für die nachfolgende Planfeststellung vorgeben darf, § 17a Abs. 1 S. 2 Nr. 2 Alt. 1, Nr. 5 Alt. 1, Nr. 6 Hs. 1 Alt. 1 und Hs. 2 Alt. 1 EnWG.

63 Für das NABEG ergibt sich dies schon aus der Möglichkeit, einen Antrag auf Planfeststellung für einen Teilabschnitt zu stellen, § 19 S. 2 NABEG. Explizit für den Planfeststellungsbeschluss auf Teilabschnitten in der AWZ § 5 Abs. 2 S. 1 SeeAnlVO.

64 Siehe § 43 S. 1 EnWG wie auch § 31 Abs. 2 NABEG.

65 Siehe für die Zuständigkeitszuweisung an die BNetzA durch Rechtsverordnung § 31 Abs. 2 i.V.m. § 2 Abs. 2 NABEG. Diese Rechtsverordnung wurde erstmals 2013 erlassen und bezieht sich auf einzelne Vorhaben des BBPlG, welches aus demselben Jahr stammt; siehe dazu die Verordnung über die Zuweisung der Planfeststellung für länderübergreifende und grenzüberschreitende Höchstspannungsleitungen auf die Bundesnetzagentur (Planfeststellungszuweisungverordnung – PlfZV) vom 23. Juli 2013, (PlfZV), BGBl. 2013, I, S. 2582.

66 § 2 Abs. 2 Hs. 1 SeeAnlVO. Dies gilt nur, sofern nicht das Genehmigungsverfahren des BBergG greift; siehe dazu bereits oben „4. Kapitel I. 3. b)“.

1. Planrechtfertigung

Da es beim Bau von Übertragungsnetzen zu Enteignungen kommen kann,[67] ist es verfassungsrechtlich notwendig, eine staatliche Bedarfsfeststellung für ein Vorhaben zu treffen, welche sich an den Zielen des EnWG zu orientieren hat.[68]

a) Die Bewertung des Bundesbedarfsplangesetzes (BBPlG)

Die Übereinstimmung der Vorhaben des Bundesbedarfsplans mit den EnWG-Zielen ist bereits in § 12e Abs. 2 S. 3 EnWG verbürgt. Im BBPlG heißt es überdies ausdrücklich, dass „die energiewirtschaftliche Notwendigkeit und der vordringliche Bedarf“[69] für die Vorhaben seines Bedarfsplans gegeben sind. Dies ist unter anderem für die Planfeststellung des NABEG (wie auch des EnWG)[70] verbindlich,[71] so dass eine gesonderte Planrechtfertigung entfällt. Doch muss dieser verringerte Aufwand im Planfeststellungsverfahren nicht unbedingt eine zeitliche Verkürzung für die Gesamtplanung bedeuten, da die vorgeschaltete Bedarfsplanung ebenso aufwendig sein kann.[72] Ohnehin wird die Planrechtfertigung mitunter als nicht die wesentliche Hürde der Planfeststellung betrachtet,[73] auch wenn die hinführende Bedarfsplanung sicherlich mit einem hohen Aufwand verbunden ist. Die ausnahmsweise Angreifbarkeit einer gesetzlichen Bedarfsplanung, weil „die Feststellung des Bedarfs evident unsachlich ist..., wenn es also für das Vorhaben offenkundig keinen Bedarf gibt, der die Annahmen des Gesetzgebers rechtfertigen könnte“,[74] wird

---

67 Siehe zur Enteignung bei Planfeststellung bzw. -genehmigung von Übertragungsnetzen im Anwendungsbereich des NABEG den § 18 Abs. 3 S. 2 NABEG i.V.m. § 45 Abs. 1 Nr. 1 EnWG; beachte überdies das bereits dargestellte vorzeitige Enteignungsverfahren bei NABEG-Vorhaben des § 27 Abs. 2 NABEG i.V.m § 45 Abs. 1 Nr. 1 EnWG.

68 So hinsichtlich einer Leitung des Verteilungsnetzes *BVerwG,* Urteil vom 11. Juli 2002 – 4 C 9.00, BVerwGE 116, 365 (375–377); Siehe generell zum Erfordernis und der Ausgestaltung einer staatlichen Planung im Bereich des Energiewirtschaftsrechts, um Enteignungen für die betreffenden Vorhaben ermöglichen zu können, *Hermes,* § 7. Planung von Erzeugungsanlagen und Transportnetzen, in: Schneider / Theobald (Hrsg.), Recht der Energiewirtschaft, 3. Aufl., Rn. 9f. m.w.N.

69 § 1 Abs. 1 BBPlG.

70 Siehe für die Planfeststellungen des EnWG die Anordnung in § 12e Abs. 4 S. 2 i.V.m. §§ 43–43d EnWG.

71 § 1 Abs. 1 BBPlG i.V.m. § 12e Abs. 4 S. 2 EnWG sowie §§ 18 ff. NABEG.

72 Siehe zur rechtlichen Bedeutung des Bundesbedarfsplans und seiner zeitlichen Auswirkung auf die Gesamtplanung „2. Kapitel I. 3.“.

73 So die Rechtsprechung des BVerwG interpretierend *Schiller,* UPR 2009, 245 (245f.); diesem zustimmend – ohne explizit auf die Rechtsprechung abzustellen – *Nebel / Riese,* in: Steinbach (Hrsg.), NABEG/EnLAG/EnWG-Kommentar, § 18 NABEG Rn. 39. Siehe zur Gegenansicht die Ausführungen bei „2. Kapitel I. 3.“.

74 *BVerwG,* Beschluss vom 16. Januar 2007 – 9 B 14.06, NVwZ 2007, 462 (463 m.w.N.), hinsichtlich der gesetzlichen Bedarfsfeststellung einer Bundesfernstraße; unter anderem diesen Beschluss auf gesetzliche Bedarfspläne von Stromleitungen anwendend

beim Bundesbedarfsplan wahrscheinlich nicht vorkommen. Für diese Überlegung muss man sich nur das intensive Verfahren im Vorfeld vergegenwärtigen, welches die BNetzA mit den ÜNBs, vorhandenen und potentiellen Netznutzern sowie der Öffentlichkeit[75] durchführt.[76] Eine grobe Fehleinschätzung würde hier sicherlich entdeckt werden.[77] Insofern ergibt sich kein Reformbedarf am System des Bundesbedarfsplans und seiner Bedeutung für das NABEG.

b) Notwendige Einbindung technischer Innovationen (intelligente Netze/Messstellen und gasförmige Stromspeicherung)

Ein Unterfall von nicht zutreffenden Bedarfseinschätzungen kann sich durch technische Innovationen ergeben, wodurch eine Planrechtfertigung scheitern würde. So hat das BVerwG schon vor den EnWG-Reformen seit dem Jahr 2005 Überlegungen erörtert, inwieweit „technische Alternativen der Bedarfsdeckung bestehen, die das Leitungsvorhaben erübrigen."[78] Vor diesem Hintergrund sind zwei für den Netzausbau besonders bedeutsame Innovationen zu diskutieren und ihre rechtlichen Auswirkungen auf die Planrechtfertigung zu erörtern.

Zunächst ist hier die Entwicklung zu nennen, welche im Bereich der sogenannten intelligenten Netze („smart grids") und intelligenten Messstellen („smart metering") voranschreitet. Beide Begriffe sind im EnWG nicht definiert, auch wenn sie einzelnen Regelungen zu Grunde liegen;[79] ähnlich ist dies in der vom EnWG umgesetzten Elektrizitäts-RL 2009.[80] Im Wesentlichen kann unter den Begriffen eine Lenkung des Verbrauchs und der Erzeugung von Elektrizität verstanden werden, die besonders wegen der ungleichmäßigen Produktion von Strom der erneuerbaren Energien bedingt ist und die durch den Einbau von Mess- und Steuerungstechnik

---

Nebel / Riese, in: Steinbach (Hrsg.), NABEG/EnLAG/EnWG-Kommentar, § 18 NABEG Rn. 43f.

75 Zu diesen Konsultationsverfahren nach geltendem Recht „2. Kapitel I. 4., 5.".

76 Ähnlich wohl *Nebel / Riese*, in: Steinbach (Hrsg.), NABEG/EnLAG/EnWG-Kommentar, § 18 NABEG Rn. 42, welche durch die vorweg stattfindende, eigenständige Bedarfsprüfung eine „Planungs- und Investitionssicherheit" annehmen.

77 Ähnlich *Greinacher*, ZUR 2011, 305 (308), welcher die Erledigung einer missglückten Bedarfsplanung spätestens beim behördlichen Genehmigungsverfahren der Investitionsbudgets von ÜNBs gemäß § 23 ARegV annimmt. Beachte, dass die ARegV zwar mittlerweile nicht mehr von „Investitionsbudgets", sondern von „Investitionsmaßnahmen" spricht, dies allerdings vorliegend wegen der weiterhin bestehenden behördlichen Prüfung keinen Unterschied ausmacht.

78 *BVerwG*, Urteil vom 11. Juli 2002 – 4 C 9.00, BVerwGE 116, 365 (376).

79 Beispielsweise § 14a EnWG, der die Steuerung von Verbrauchseinrichtungen durch die Betreiber von Elektrizitätsverteilernetzen regelt.

80 Siehe dort etwa den 27. und 55. ErwGr. der Elektrizitäts-RL 2009 oder den Art. 3 Abs. 11 Elektrizitäts-RL 2009 (in dieser Richtlinie wird allerdings nicht von Messstellen, sondern von „Messsysteme[n]" gesprochen).

an den Erzeugungs- und Verbrauchsstellen erfolgt.[81] Dadurch wird ein teilweise verringerter Ausbaubedarf deutlich. Eine ähnliche Prognose ergibt sich hinsichtlich neuer Möglichkeiten zur Zwischenspeicherung von Strom. So entsteht in diesem Sektor momentan eine Technologie, welche die gasförmige Speicherung von Strom („Power-to-Gas") ermöglicht, wobei das Gas sodann über das Gasnetz zu einem Kraftwerk transportiert und dort wieder als Strom nutzbar gemacht wird.[82]

Für den Gesetzgeber ist es notwendig, mit den aufgezeigten Innovationen Schritt zu halten. Dadurch verhindert er Bedarfsfestlegungen, welche einer Planrechtfertigung nicht standhalten. Eine Hinweisfunktion für den Gesetzgeber ist in § 12e Abs. 1 S. 3 i.V.m. S. 1 EnWG angelegt, welcher die BNetzA verpflichtet, bei „wesentlichen Änderungen"[83] des NEP diesen der Bundesregierung als Entwurf für den Bundesbedarfsplan weiterzuleiten; die Bundesregierung wird ihn dann gegebenenfalls dem Bundesgesetzgeber vorlegen.[84] Solche Änderungen können sich etwa durch technische Innovationen ergeben, die den Ausbaubedarf erheblich beeinflussen. Gleichwohl ist es schwierig, eine genaue Eingriffsschwelle für die BNetzA zu definieren,[85] da technische Neuerungen in ihren Folgen oftmals nicht genau abschätzbar sind und damit auch nicht ihre Auswirkungen auf den Übertragungsbedarf, welcher maßgeblich nach der gegenwärtigen und absehbaren Situation beurteilt wird. Dies bedeutet, dass § 12e Abs. 1 S. 3 i.V.m. S. 1 EnWG das notwendige rechtliche Instrumentarium darstellt, um den Gesetzgeber rechtzeitig auf einen technisch bedingten, angepassten Übertragungsbedarf reagieren zu lassen. Der Fokus hat daher auf der konkreten Umsetzung der Norm zu liegen. Da der (Offshore-)NEP zunächst von den ÜNBs erstellt wird und auf ihren – behördlich genehmigten – Szenariorahmen beruht, ist auf eine strenge Überprüfung der objektiven Bedarfsdarlegungen zu achten. Es ist dabei stets kritisch zu hinterfragen, ob technische Innovationen und ihre Auswirkungen auf die Netzentwicklung möglicherweise so dargestellt werden, wie es dem ÜNB zu Gunsten oder Lasten eines für ihn wirtschaftlichen bzw. weniger rentablen Ausbauvorhabens als vorteilhaft erscheint. Eine solche Situation dürfte jedoch relativ selten auftreten, da der ÜNB jedenfalls einen gesicherten Rückfluss der Ausbaukosten durch die Netzentgelte erhält.[86]

---

81 Zu diesem Begriffsverständnis *Sörries,* N&R 2012, 58 (58f.). Der beschriebene Vorgang wird mitunter als „Energiemanagement (Erzeugungs- und Lastmanagement)" bezeichnet, so etwa *Trost u. a.,* ZfE (2012) 36, 173 (174f.).

82 *Trost u. a.,* ZfE (2012) 36, 173 (177). Siehe vertiefend bereits „1. Kapitel II. 2. c)".

83 § 12e Abs. 1 S. 3 EnWG.

84 Zwar ist die Bundesregierung bei den benannten „wesentlichen Änderungen" hierzu durch das Gesetz nicht ausdrücklich verpflichtet, sondern muss gemäß § 12e Abs. 1 S. 2 EnWG eine Vorlage nur „mindestens alle vier Jahre" dem Bundesgesetzgeber überreichen. Doch wird die Bundesregierung wohl auch bei wesentlichen Änderungen diesen Weg wählen, falls sie sich der Ansicht der BNetzA anschließt.

85 Ähnlich *Heimann,* in: Steinbach (Hrsg.), NABEG/EnLAG/EnWG-Kommentar, § 12e EnWG Rn. 33.

86 Siehe schon „2. Kapitel II.".

2. Die Planfeststellung als Abwägungsentscheidung

a) *Abwägungsinhalt und -vorgang*

Eine bedeutende Thematik für die Planfeststellung stellt die planerische Abwägungsentscheidung dar. Eine Abwägung der öffentlichen und privaten Belange ist dabei sowohl im NABEG wie auch der SeeAnlVO vorgesehen.[87] Für die Entscheidung sind die „zu berücksichtigenden Belange zu ermitteln und in die Abwägung einzustellen", welche nach „ihrer objektiven Gewichtigkeit" in einem vernünftigen „Verhältnis" zueinander beurteilt werden müssen.[88] Unter Beachtung dieser Anforderungen besteht für die Verwaltung „ein erheblicher Spielraum",[89] oder auch „Abwägungsspielraum"[90] genannt. Dabei darf die Planfeststellungsbehörde keinen rechtlich berührten Aspekt auslassen.[91] Überdies gibt es rechtliche Vorschriften, etwa sicherheitsrechtlicher Art,[92] welche von der Planfeststellung nicht nur zu beachten, sondern überdies abwägungsfest sind[93] und in letzter Konsequenz einem Planfeststellungsbeschluss entgegenstehen können.[94]

b) *Vorhandene und notwendige Instrumente der Abwägungsentscheidung*

Bei einer Abwägungsentscheidung handelt es sich um eine individuelle Maßnahme, die naturgemäß einen behördlichen Spielraum voraussetzt. Dabei kommt der Frage entscheidende Bedeutung zu, wie die Belange zu gewichten sind. Der Gesetzgeber

87 Ausdrücklich § 18 Abs. 3 S. 1 NABEG. Die Abwägungspflicht für Planfeststellungen in der AWZ ergibt sich zwar nicht aus dem Wortlaut der § 2 Abs. 3 S. 1 SeeAnlVO i.V.m. § 74 Abs. 1 S. 1 VwVfG, doch ist sie diesem Verfahren immanent, vgl. *Neumann,* in: Stelkens / Bonk / Sachs (Hrsg.), VwVfG-Kommentar, § 74 VwVfG Rn. 54.

88 Siehe für die Zitate und Aussage *Hermes / Kupfer,* in: Britz u.a. (Hrsg.), EnWG-Kommentar, 3. Aufl., § 43 EnWG Rn. 25a.

89 Siehe für die Zitate und Aussage *Hermes / Kupfer,* in: Britz u.a. (Hrsg.), EnWG-Kommentar, 3. Aufl., § 43 EnWG Rn. 25a.

90 Für diesen Begriff in der Abwägung von EnLAG-Vorhaben *Lecheler,* in: Steinbach (Hrsg.), NABEG/EnLAG/EnWG-Kommentar, § 2 EnLAG Rn. 153; dieser verweist zugleich darauf, dass die Detailfragen dieses Spielraums kontrovers diskutiert werden. Siehe für den behördlichen Spielraum hinsichtlich der NABEG-Planfeststellung *Nebel / Riese,* in: Steinbach (Hrsg.), NABEG/EnLAG/EnWG-Kommentar, § 18 NABEG Rn. 141.

91 *Nebel / Riese,* in: Steinbach (Hrsg.), NABEG/EnLAG/EnWG-Kommentar, § 18 NABEG Rn. 45.

92 Beispielsweise § 5 Abs. 6 Nr. 1 SeeAnlVO.

93 Zur Abwägungsfestigkeit von Rechtsvorschriften in der NABEG-Planfeststellung *Schirmer / Seiferth,* ZUR 2013, 515 (523).

94 Siehe zu diesen Zusammenhängen in der AWZ und den in § 5 Abs. 6 SeeAnlVO aufgeführten Vorschriften, welche abwägungsfest sind *Zabel,* NordÖR 2012, 263 (267).

kann dies einerseits per Gesetz intendieren,[95] ohne jedoch andererseits dadurch die erforderliche individuelle Abwägung vorwegzunehmen. Insofern ist es notwendig, dass der Gesetzgeber kohärente Gewichtungsvorgaben bezüglich des Netzausbaus in den einschlägigen Fachgesetzen vornimmt. Eine dieser Vorgaben findet sich beispielsweise in § 1 S. 3 NABEG, welcher das überragende öffentliche Interesse an den im NABEG behandelten Übertragungsleitungen feststellt. Gemäß der Gesetzesmaterialen bezieht sich dies beispielsweise auf die Abweichungstatbestände des BNatSchG[96] – ohne die Bejahung einer Abweichung vorwegzunehmen – und damit auf eine Abwägung die innerhalb der Gesamtabwägung der Planfeststellung zu treffen ist. Im Folgenden ist anhand einiger Beispiele zu untersuchen, inwieweit die gesetzlich vorgegebenen Belange und deren Gewichtung mit dem angestrebten Netzausbau zusammenpassen und wie gegebenenfalls Kohärenz hergestellt werden kann.

c) Die reformbedürftige Gewichtung von Umweltbelangen

Bei Umweltbelangen stellt sich das Problem, dass sie sowohl durch den nationalen als auch europäischen Gesetzgeber geprägt sind und dadurch nicht stets die gleichen Ziele verfolgen und durchaus anders gewichtet sein können. So erwartet etwa das BVerwG die Beachtung des hohen Schutzniveaus der FFH-RL für die – unabhängig von der Planabwägung stattfindende – Abwägungentscheidung zur ausnahmsweisen Zulässigkeit von Vorhaben in FFH-Gebieten (ein Unterfall von Natura 2000-Gebieten) nach § 34 Abs. 3 Nr. 1 BNatSchG, welcher eine der Vorgaben der FFH-RL ins deutsche Recht umsetzt.[97] Dabei führt das Gericht aus, dass dies durchaus den zu Gunsten eines Vorhabens hergebrachten nationalen Abwägungsmustern entgegenstehen kann.[98] Allerdings ist gerade das EU-Recht mitunter komplex, da es einerseits den Netzausbau und andererseits zugleich den Umweltschutz forciert, ohne für diese sektoralen Regelungen eine Rangfolge zu Gunsten eines der Sektoren zu treffen.[99] Daher wurde beispielsweise schon in der Vergangenheit gefordert

---

95 Siehe etwa für die Abwägung bei ausnahmsweise zulässigen Abweichungsentscheidungen in FFH-Gebieten im Sinne des § 34 Abs. 3 Nr. 1 BNatSchG *BVerwG,* Urteil vom 9. Juli 2009 – 4 C 12.07, BVerwGE 134, 166 (172f.), wonach der „Ausnahmecharakter einer Abweichungsentscheidung gemäß Art. 6 Abs. 4 FFH-RL [zu] berücksichtigen" sei.

96 Siehe die Gesetzesbegründung, *BT-Drucks. 17/6073,* Gesetzentwurf zur Beschleunigung des Netzausbaus, S. 23.

97 *BVerwG,* Urteil vom 9. Juli 2009 – 4 C 12.07, BVerwGE 134, 166 (171–173).

98 *BVerwG,* Urteil vom 9. Juli 2009 – 4 C 12.07, BVerwGE 134, 166 (172f.).

99 *Lecheler,* Das ungeklärte unionsrechtliche Verhältnis von Versorgungssicherheit und Umweltschutz im Leitungsbau, in: Hecker u.a. (Hrsg.), Jahrbuch des Umwelt- und Technikrechts 2011, 177 (196f.).

a) die Vereinbarkeit für Vorhaben von gemeinsamen Interesse im Sinne des Art. 171 Abs. 1 Spiegelstr. 1 AEUV mit umweltrechtlichen Normen der EU bereits in Sekundärrechtsakten festzuhalten
und
b) Maßnahmen des Netzausbaus komplett aus dem Anwendungsbereich einiger Umweltvorgaben zu streichen.[100]

Eine solche klare gesetzgeberische Regelung zu Gunsten eines Ziels ist allerdings im Jahr 2013 bei Erlass der TEN-E-VO 2013 nicht erfolgt. Eingeführt wurden einzig manche rudimentäre Änderungen, etwa hinsichtlich der ausnahmsweisen Zulässigkeit eines Vorhabens, welches ein Natura 2000-Gebiet beeinträchtigt.[101] Bei der Entscheidung über die ausnahmsweise Zulässigkeit ist das Vorliegen von „zwingenden Gründen des überwiegenden öffentlichen Interesses“[102] zur Durchsetzung eines an sich unzulässigen Projekts notwendig. Diesbezüglich bringt die TEN-E-VO 2013 eine gewisse Sicherheit und Beschleunigung mit sich, da sie das „öffentliche Interesse“ bei Vorhaben von gemeinsamen Interesse bereits per Gesetz bejaht;[103] allerdings dürfte diese Feststellung bei Übertragungsleitungen in der Verwaltungspraxis schon jetzt kaum Schwierigkeiten bereiten. Überdies wird in der TEN-E-VO 2013 deklaratorisch festgehalten, dass es für die Vorhaben von gemeinsamen Interesse im Sinne der TEN-E-VO 2013 grundsätzlich möglich ist, das zusätzlich erforderliche „überwiegende“ öffentliche Interesse der FFH-RL zu erfüllen.[104] Eine automatische Zulässigkeit ist damit also nicht verbunden.[105] Offensichtlich schreckte der Unionsgesetzgeber davor zurück, den Vorhaben von gemeinsamen Interesse des Art. 171 Abs. 1 Spiegelstr. 1 AEUV stets die Durchleitung durch Natura 2000-Gebiete zu ermöglichen. Insofern bleibt im Rahmen des § 34 Abs. 3, 4 BNatSchG, der die Ausnahmeregelungen der FFH-RL umsetzt, eine behördliche Einzelfallprüfung notwendig.

Damit verbleibt es grundsätzlich in der Verantwortung der nationalen Behörden, eine Einzelfallgewichtung zu treffen. Dies ist jedoch dann problematisch, wenn sich in den Mitgliedstaaten entweder erheblich unterschiedliche Bewertungsmuster im

---

100 *Lecheler,* Das ungeklärte unionsrechtliche Verhältnis von Versorgungssicherheit und Umweltschutz im Leitungsbau, in: Hecker u.a. (Hrsg.), Jahrbuch des Umwelt- und Technikrechts 2011, 177 (204–206).

101 Die Prüfung einer möglichen Beeinträchtigung ist in § 34 Abs. 1 BNatSchG geregelt und geht zurück auf Art. 6 Abs. 3 FFH-RL.

102 § 34 Abs. 3 Nr. 1, Abs. 4 BNatSchG; zusätzlich darf keine „zumutbare Alternative“ im Sinne des § 34 Abs. 3 Nr. 2 BNatSchG vorliegen. Diese Regelungen setzen Art. 6 Abs. 4 FFH-RL um.

103 Art. 7 Abs. 8 UntAbs. 1 Hs. 1 TEN-E-VO 2013 i.V.m. Art. 6 Abs. 4 FFH-RL.

104 Art. 7 Abs. 8 UntAbs. 1 Hs. 2 TEN-E-VO 2013.

105 Eine automatische Zulässigkeit wäre ohne die Ausnahmeprüfung freilich möglich durch die Gesetzgebungsvorschläge von *Lecheler,* Das ungeklärte unionsrechtliche Verhältnis von Versorgungssicherheit und Umweltschutz im Leitungsbau, in: Hecker u.a. (Hrsg.), Jahrbuch des Umwelt- und Technikrechts 2011, 177 (204–206).

behördlichen Vollzug ergeben oder die unionsrechtlichen Umweltschutzvorschriften auf nationaler Ebene wesentlich verschärft werden.[106] Eine solche Situation könnte zu völlig unterschiedlichen Ansichten bezüglich Grenzübergangspunkten von Übertragungsleitungen zwischen den Mitgliedstaaten führen und damit die Interkonnektion der europäischen Übertragungsnetze behindern – daher verwundert es nicht, dass die TEN-E-VO 2013 den von einem Ausbauvorhaben betroffenen Mitgliedstaaten eine gemeinsame UVP nahelegt.[107] Insofern ist es empfehlenswert, vor allem auf einheitliche umweltrechtliche Gesetzes- und Vollzugsstandards in den Mitgliedstaaten zu achten; der EU-Kommission kann hier eine Koordinierungsfunktion zukommen. In geeigneten Fällen könnte zusätzlich das Rangverhältnis von Netzvorhaben zu Umweltvorgaben bereits per Gesetz geklärt werden. Reformen in der Gewichtung von Umweltbelangen müssen daher die europäische und nationale Legislative wie Administrative einschließen.

d) Der notwendige Einfluss der EU-Kommission

Einiges spricht dafür, dass die EU-Kommission im Planfeststellungsverfahren zukünftig eine größere Rolle spielen wird und dies bei Auslegungsproblemen von europäischem Recht notwendig und sinnvoll sein kann.[108] So weist die TEN-E-VO 2013 der EU-Kommission die Aufgabe zu, die Straffung von UVPs in den Mitgliedstaaten zu unterstützen und die kohärente Anwendung dieser Prüfungen für Vorhaben von gemeinsamen Interesse sicherzustellen.[109] Dies unterstreicht die voranstehenden Ausführungen, welche eine stärkere Koordinierung der mitgliedstaatlichen Ausbauvorhaben durch die EU-Kommission empfohlen haben. Überdies hat sie beispielsweise durch die TEN-E-VO 2013 eine erweiterte Verantwortung für die ausnahmsweise Zulassung von Vorhaben in Natura 2000-Gebieten erhalten, für welche sie schon bisher Stellungnahmen abgibt, sofern prioritäre Lebensraumtypen oder prioritäre Arten betroffen sind und die Abweichung aus anderen Gründen als der menschlichen Gesundheit, der öffentlichen Sicherheit oder den

---

106 Siehe als Beispiel einer solchen zulässigen nationalen Verschärfung in Natura 2000-Gebieten, im konkreten Fall zum vollständigen Verbot von Windenergieanlagen in diesen Gebieten, *EuGH,* Urteil vom 21. Juli 2011 – C-2/10 (Azienda Agro-Zootecnica Franchini Sarl, Eolica di Altamura Srl / Regione Puglia), Slg. 2011, I-6561.

107 Art. 8 Abs. 5 S. 2 TEN-E-VO 2013.

108 Ähnlich schon *Kadelbach,* Der Einfluß des Europarechts auf das deutsche Planungsrecht, in: Erbguth u.a. (Hrsg.), Hoppe-FS, 897 (911f.), der die Auswirkungen des europäischen Umweltrechts auf hoheitliche Planungen und Zulassungen sowie die diesbezügliche Zusammenarbeit nationaler Stellen mit der EU-Kommission skizziert.

109 Art. 7 Abs. 4 TEN-E-VO 2013.

positiven Umweltauswirkungen des Projekts gerechtfertigt werden soll.[110] Folgt die Planfeststellungsbehörde in ihrer Abweichungsentscheidung einer solchen Stellungnahme, obwohl sie prinzipiell eine von der EU-Kommission abweichende Entscheidung treffen darf, so wird die EU-Kommission sicherlich keine Klage gegen den Mitgliedstaat vor dem EuGH anstrengen, welche ansonsten grundsätzlich in Betracht käme.[111] Durch die einheitlichen Rechtsansichten von EU-Kommission und nationaler Behörde entsteht eine gewisse Rechtssicherheit, da Klagen vor nationalen Gerichten hinsichtlich der Abweichungsentscheidung nur noch wenig Aussicht auf Erfolg haben dürften. So erfolgte beispielsweise im Jahr 2007 eine Stellungnahme der EU-Kommission zu einem Natura 2000-Gebiet beim Bau des A 44-Abschnitts Hessisch Lichtenau, in welcher die EU-Kommission allerdings eine Abweichungsentscheidung nationaler Behörden und eine darauf gerichtete Stellungnahme im Sinne des Art. 6 Abs. 4 UntAbs. 2 FFH-RL für nicht notwendig erachtete, da keine Beeinträchtigung des Gebietes vorläge,[112] was im späteren Gerichtsverfahren durch den klagenden Naturschutzverein dementsprechend auch nicht mehr bestritten wurde.[113] Der Preis dieser Rechtssicherheit liegt sicherlich in einer indirekten Steuerungsmöglichkeit der nationalen durch die europäische Ebene. Jedoch ist die EU-Kommission in der Vollzugspraxis zurückhaltend, die Betroffenheit von Natura 2000-Gebieten anzunehmen, und verlässt sich dabei durchaus auf die nationale Ermittlung des Sachverhalts.[114]

Die Bedeutung von Stellungnahmen der EU-Kommission zeigt sich beispielsweise auch im „Leitfaden zur FFH-Verträglichkeitsprüfung an Bundeswasserstraßen“[115] des BMVI / BMVBS, welcher unter anderem für die Planfeststellungsbehörden gedacht ist. Dieser erörtert die inhaltlichen Ausführungen der voranstehenden Stellungnahme der EU-Kommission zum Bau des A 44-Abschnitts Hessisch Lichtenau

---

110 Die Pflicht eines Mitgliedstaates, in einem solchen Fall die Stellungnahme der Kommission einzuholen ist in Art. 6 Abs. 4 UntAbs. 2 FFH-RL bzw. § 34 Abs. 4 BNatSchG niedergelegt. Die EU-Kommission hat nach Art. 7 Abs. 8 UntAbs. 2 i. V.m. Art. 10 Abs. 1 TEN-E-VO 2013 nunmehr – zusammen mit der zuständigen nationalen Behörde – die Pflicht, über die mit der Stellungnahme verbundene Ausnahmeentscheidung innerhalb der Genehmigungshöchstfrist zu befinden.

111 Zur Abweichungsbefugnis der nationalen Behörde und der Klagemöglichkeit der EU-Kommission *Schumacher / Schumacher,* in: Schumacher / Fischer-Hüftle (Hrsg.), BNatSchG-Kommentar, § 34 BNatSchG Rn. 103; siehe zum Gegenstand einer solchen Klage auch *BMVBS,* Leitfaden zur FFH-Verträglichkeitsprüfung an Bundeswasserstraßen, April 2008, S. 57 m.w.N.

112 *EU-Kommission,* Stellungnahme vom 23. Juli 2007 gemäß Art. 6 Abs. 4 UntAbs. 2 FFH-RL: Neubau A 44, Teilabschnitt Hessisch Lichtenau.

113 *BVerwG,* Urteil vom 12. März 2008 – 9 A 3.06, BVerwGE 130, 299 (346) – A 44 – Hessisch Lichtenau II.

114 Dies lässt sich folgern aus *EU-Kommission,* Stellungnahme vom 23. Juli 2007 gemäß Art. 6 Abs. 4 UntAbs. 2 FFH-RL. Neubau A 44, Teilabschnitt Hessisch Lichtenau.

115 *BMVBS,* Leitfaden zur FFH-Verträglichkeitsprüfung an Bundeswasserstraßen, April 2008.

als eine von mehreren Möglichkeiten, um die Schwelle für die notwendige Heranziehung einer Stellungnahme der EU-Kommission im Sinne der FFH-RL bzw. des BNatSchG festlegen zu können.[116] Daraus lässt sich natürlich ebenso eine gegenseitige Beeinflussung zwischen der EU-Kommission und nationaler Behörden ablesen und somit ein kooperativer Arbeitsstil annehmen. Zugleich eröffnet es die Frage, ob das vorhandene System sinnvoll ist, welches ACER eine dominante Stellung in der Bedarfsplanung und der EU-Kommission eine gewichtige Stellung in der Planfeststellung zukommen lässt. Dementsprechend könnte es vorteilhafter sein, die Aspekte der Netzplanung bei der EU-Kommission zu bündeln und darin ACER für technische Detailfragen zu integrieren.

e) Die Gewichtung der Vorhaben im Sinne der Art. 170 ff. AEUV: Reformbedarf und Lösungsansatz

Die Frage, wie Vorhaben von gemeinsamen Interesse im Sinne der Art. 170 ff. AEUV in der Planfeststellung zu behandeln sind, wirkt sich auch auf die Abwägung aus. So ist es bereits strittig, ob mit der Ausweisung von Vorhaben im Sinne der TEN-E-Entscheidung 2006 bzw. der sie ablösenden TEN-E-VO 2013 die Planrechtfertigung zu bejahen ist oder ob nur ein starker Anhaltspunkt dafür vorliegt.[117] Freilich ist diese Diskussion obsolet, sofern für jene Vorhaben zugleich eine gesetzlich festgeschriebene Planrechtfertigung durch das EnLAG oder das BBPlG erfolgt;[118] für eine vom Unionsrecht vorgegebene Aufnahme der Vorhaben von gemeinsamen Interesse in den Bundesbedarfsplan des BBPlG spricht Art. 3 Abs. 6 TEN-E-VO 2013, welcher für Vorhaben der Unionsliste eine Aufnahme erstens in die nationalen

---

116 *BMVBS*, Leitfaden zur FFH-Verträglichkeitsprüfung an Bundeswasserstraßen, April 2008, S. 57f., dort werden die verschiedenen Rechtsauslegungen diskutiert, wann eine solche Stellungnahme einzuholen ist und es werden diesbezügliche Empfehlungen für den Umgang mit der EU-Kommission aufgestellt.

117 Siehe zu dieser Diskussion hinsichtlich der TEN-E-Entscheidung 2006 *Hermes*, in: Britz u.a. (Hrsg.), EnWG-Kommentar, 2. Aufl., § 43 EnWG Rn. 17a, welcher den Vorhaben von gemeinsamen Interesse nur eine „indizielle Wirkung" zukommen lässt; dieser verweist zugleich auf die Gegenansicht bei *Schiller*, UPR 2009, 245 (246), welcher die Planrechtfertigung durch Vorhaben von gemeinsamen Interesse bejahen will, da diese als Entscheidung im Sinne des EGV ergangen sind; die Verbindlichkeit ebenso bejahend *Thüringer Landesverwaltungsamt*, Planfeststellungsbeschluss vom 31.01.2012, 380 kV-Leitung Vieselbach-Altenfeld, S. 193. Unter anderem für das NABEG die Planrechtfertigung durch die Vorhaben der TEN-E-VO 2013 bejahend *Strobel*, ZEuS 2013, 167 (199–202); eine Planrechtfertigung für Vorhaben der TEN-E-VO 2013 nunmehr auch annehmend *Hermes / Kupfer*, in: Britz u.a. (Hrsg.), EnWG-Kommentar, 3. Aufl., § 43 EnWG Rn. 6d m.w.N.

118 Siehe zur Ausweisung von TEN-E-Vorhaben durch das EnLAG bzw. das BBPlG die Gesetzesbegründung der *BT-Drucks. 16/10491*, Gesetzentwurf zum EnLAG, S. 17 bzw. die Gesetzesbegründung der *BT-Drucks. 17/12638*, Gesetzentwurf zum zweiten Gesetz zur Beschleunigung des Netzausbaus, S. 21.

Infrastrukturpläne und zweitens mit der dort höchstmöglichen Priorität anordnet. Sicherlich ist auch im Hinblick auf Sinn und Zweck der Ausweisung eines Vorhabens von gemeinsamen Interesse – unter anderem ein zügiger Netzausbau –[119] zunächst von der Bejahung der Planrechtfertigung auszugehen.[120] Wäre die Hürde der Planrechtfertigung nicht zu überwinden, so würden sich für das jeweilige Vorhaben von gemeinsamen Interesse eine anschließende Planabwägung und umweltrechtliche Abwägungen innerhalb der Planfeststellung selbstverständlich erübrigen.

Auch wenn eine Planrechtfertigung zumeist anzunehmen ist, so dürfte die konkrete Gewichtung eines Vorhabens von gemeinsamen Interesse in der Planabwägung schwieriger zu bestimmen sein. Zweifellos kommt ihnen keine Position zu, welche sämtliche entgegenstehende Belange überwinden kann. Denn die Planabwägung nach nationalem Recht behält weiterhin eine gewisse Autarkie.[121] Gleichwohl liegt eine gesteigerte Bedeutung der Vorhaben von gemeinsamen Interesse auf der Hand.[122] Dadurch verbleibt letztendlich ein gewisser Spielraum bei der Planfeststellungsbehörde, welcher einerseits Flexibilität für die Entscheidungsfindung schafft. Sofern man den Ausbau der Transeuropäischen Netze und damit der Vorhaben von gemeinsamen Interesse forcieren will, so wäre es andererseits sinnvoll, die Gewichtung gegenüber einzelnen Belangen gesetzlich schärfer zu konturieren. Denkbar streng äußerte sich die Gesetzesbegründung zum EnLAG, welche nur eine entgegenstehende UVP als Hindernis der Durchführung eines Vorhabens der TEN-E-Entscheidung 2006 für möglich hielt[123] – ohne dies jedoch gesetzlich zu verankern. In Ermangelung einer solchen Regelung ist es jedoch nicht per se anzuerkennen, dass keine anderen Belange einem Vorhaben von gemeinsamen Interesse entgegenstehen können. Eine folglich weiterhin notwendige normative Gewichtungsregelung könnte beispielsweise die Argumentation aufgreifen, dass es wegen der sekundärrechtlichen Vorgaben zur Genehmigung der Vorhaben von gemeinsamen Interesse nicht ausreiche, „[r]egionale Interessen eines oder einzelner Bundesländer“[124] gegen die Umsetzung eines solchen Vorhabens anzuführen.[125] Eine

119 Dazu 7. ErwGr. TEN-E-VO 2013.

120 Diese Interpretation könnte auch durch den Wortlaut des Art. 7 Abs. 1 TEN-E-VO 2013 gestützt werden: „Die Annahme der Unionsliste begründet für Entscheidungen im Rahmen der Genehmigungsverfahren die Erforderlichkeit dieser Vorhaben in energiepolitischer Hinsicht,...“.

121 Siehe hierzu mit Nachweisen „2. Kapitel IV. 2. b) cc)“.

122 Vgl. *Salje*, EnWG-Kommentar, § 43 EnWG Rn. 26, der „Vorhaben [von] gemeinschaftsweite[r] Bedeutung...bei der Abwägung...erheblich ins Gewicht fallen“ lässt – allerdings ohne dies ausdrücklich auf Vorhaben im Sinne von Art. 170 ff. AEUV zu beziehen.

123 *BT-Drucks. 16/10491*, Gesetzentwurf zum EnLAG, S. 12.

124 *Säcker*, Der beschleunigte Ausbau der Höchstspannungsnetze als Rechtsproblem, S. 110f.

125 Die von *Säcker*, Der beschleunigte Ausbau der Höchstspannungsnetze als Rechtsproblem, S. 110f., aufgeführten Vorgaben beziehen sich zwar noch auf die

dementsprechende Regelung möchte die vorliegende Arbeit vorschlagen, welche folgendermaßen lauten könnte:

> „In der Planfeststellung eines Vorhabens von gemeinsamen Interesse im Sinne der Art. 170 ff. AEUV kann in der Regel kein regionaler Belang entgegengehalten werden."

Da dies nur „in der Regel" gelten würde, verbliebe es bei der Behörde, überragenden regionalen Belange dennoch zum Vorrang zu verhelfen. Mit der Regelung ginge einerseits Rechtssicherheit und eine gesteigerte objektive Gewichtung der Vorhaben von gemeinsamen Interesse einher und beließe andererseits einen Abwägungsspielraum bei der Planfeststellungsbehörde. Eine solche relativ deutliche Normgebung könnte auch der Kritik entgegentreten, welche in der unionsrechtlichen Gesetzgebung nur schwerlich miteinander vereinbare Gewichtungen zum Thema Netzausbau erkennen will.[126] Überdies würde dies im Vorfeld die Transparenz von Entscheidungen der Planfeststellung verbessern.

Weiterhin wäre nunmehr zu überlegen, ob eine solche Regelung unionsrechtlich oder nationalstaatlich zu erlassen wäre. Unionsrechtlich könnte sie vorteilhaft sein, da sie insbesondere bei grenzüberschreitenden Vorhaben zu einem bestimmten Grad an Rechtssicherheit führen würde. Allerdings ist es fraglich, ob eine derartig tiefgreifend materiellrechtliche Vorgabe eine Mehrheit im Rat finden würde, sofern man die Regelung – wie in der vorliegenden Arbeit vertreten – überhaupt von der Kompetenzgrundlage des Art. 172 Abs. 1 AEUV gedeckt sieht. Nationale Vorgaben wären diesbezüglich weniger problematisch. Da der vorliegend unterbreitete Vorschlag gerade auf eine verbesserte Wirkung der Vorhaben von gemeinsamen Interesse abzielt, stünden seinem Erlass als mitgliedstaatliche Regelung keine unionsrechtlichen Bedenken entgegen.

3. Die Planfeststellung per Gesetz: Diskussion einer „Stendalgesetzgebung" für Übertragungsnetze

Unter anderem vor dem Hintergrund der energiepolitischen Veränderungen in Deutschland wird erörtert, ob eine durch Gesetz erfolgende Planfeststellung als Beschleunigungsinstrument herangezogen werden sollte, wie dies im Gesetz über die Südumfahrung Stendal[127] für eine Zugtrasse nach der deutschen

---

TEN-E-Entscheidung 2006, finden sich aber mehrheitlich und in ähnlicher Weise in der TEN-E-VO 2013 wieder.

126 Diese Annahme zur Relation von Unionsenergie- und Unionsumweltrecht bei Netzvorhaben vertretend *Lecheler,* Das ungeklärte unionsrechtliche Verhältnis von Versorgungssicherheit und Umweltschutz im Leitungsbau, in: Hecker u.a. (Hrsg.), Jahrbuch des Umwelt- und Technikrechts 2011, 177 (196f.).

127 § 1 Gesetz über den Bau der „Südumfahrung Stendal" der Eisenbahnstrecke Berlin-Oebisfelde vom 29. Oktober 1993, (Gesetz über den Bau der „Südumfahrung Stendal"), BGBl. 1993, I, S. 1906.

Wiedervereinigung erfolgt ist.[128] Der diesbezüglichen Entscheidung des BVerfG lässt sich die Verfassungsmäßigkeit eines solchen Instrumentes – zumindest hinsichtlich des Gewaltenteilungsgrundsatzes – für den Fall entnehmen, dass die zu Grunde liegende Maßnahme eine besondere Rechtfertigung hat, die zum Beispiel im Bedürfnis einer zügigen Planungsumsetzung aufgrund eines gesteigerten Gemeinwohlinteresses liegen kann.[129] Die zuerst genannte Anforderung ist insofern bei Übertragungsnetzen erfüllt, da diese auf die Ziele des § 1 EnWG ausgerichtet sind;[130] überdies wäre der kürzere Verfahrensgang eines Gesetzes gegenüber einem behördlichen Planfeststellungsbeschluss nicht auszuschließen. Zwar wird einerseits vertreten, dass durch die vorliegend diskutierte Gesetzgebungsart eine Bewältigung vielschichtiger Planungsvorhaben möglich sei.[131] Dennoch finden sich andererseits auch kritische Stimme zum Nutzen eines solchen Planungsinstruments, die gesetzliche Linienbestimmungen nur in besonderen Konstellationen zulassen wollen und sie für Festlegungen, die nicht nur punktueller Art sind, ausschließen.[132] Schließlich wird zu bedenken gegeben, ob die Öffentlichkeit mit dem Netzausbau noch einverstanden wäre, wenn eine Hochzonung der Entscheidungen auf Gesetzesebene stattfände, was die Justiziabilität auf die Verfassungsgerichtsbarkeit verengen würde.[133] Im Ergebnis lassen sich mit den aufgeführten Argumenten grundsätzlich sowohl die Befürwortung als auch die Ablehnung einer gesetzlichen Planfeststellung gut vertreten. Diese wäre jedoch für den speziellen Fall des Netzausbaus, hinsichtlich der nunmehr geschaffenen Planungs- und Zulassungssystematik in Deutschland und der EU, abzulehnen. Geht man davon aus, dass das NABEG für die TEN-E-VO 2013 weitgehend Modell stand[134] und diese folglich miteinander harmonisieren, so wäre ein Auseinanderdriften der Planungsregime durch gesetzliche Planfeststellungen absehbar. Überdies träte neben die Planfeststellungsbehörden des Bundes (BNetzA und BSH) und der Länder zusätzlich noch die Parlamentsebene einschließlich der damit verbundenen komplexen Zuständigkeits- und Abgrenzungsfragen. Eine Beschleunigung durch

---

128 *Eisenmenger,* NVwZ 2013, 621 (621f.).

129 *BVerfG,* Beschluss vom 17. Juli 1996 – 2 BvF 2/93, BVerfGE 95, 1 (17) – „Südumfahrung Stendal"; siehe bezüglich der weiteren verfassungsrechtlichen Anforderungen *BVerfG,* Beschluss vom 17. Juli 1996 – 2 BvF 2/93, BVerfGE 95, 1 (18, 21–23) – „Südumfahrung Stendal". Ähnlich die Urteilsinterpretation bei *Eisenmenger,* NVwZ 2013, 621 (622).

130 So etwa die ausdrückliche Zielausrichtung des § 1 Abs. 2 S. 1 EnLAG.

131 *Eisenmenger,* NVwZ 2013, 621 (624).

132 So *BT-Drucks. 17/4890,* Sondergutachten des Sachverständigenrates für Umweltfragen, S. 306–307, hinsichtlich des Modells einer gesetzlichen Festlegung von Trassenkorridoren mit Bindungswirkung für die nachfolgende behördliche Planfeststellung.

133 *Gramlich,* LKV 2008, 530 (535f.), welcher den Rechtsschutz hinsichtlich von Grundrechtspositionen thematisiert.

134 So *Schmitz / Jornitz,* NVwZ 2012, 332 (333).

planfeststellende Gesetzgebungsakte im Übertragungsnetz ist damit zumindest kurz- und mittelfristig nicht praktikabel.

4. Notwendige Alleinzuständigkeit der BNetzA für Übertragungsleitungen des Bundesgebiets und im Küstenmeer

Gemäß dem geltenden Recht ist für die behördliche Zuständigkeit eines Planfeststellungsverfahrens des NABEG, welches nur für besonders gekennzeichnete Vorhaben des Bundesbedarfsplans durchgeführt wird,[135] zu unterscheiden: Für diese Vorhaben sind grundsätzlich die Länderbehörden zuständig, es sei denn eine Rechtsverordnung hat die BNetzA als zuständig erklärt.[136] In der momentanen Praxis wird dieses gesetzliche Leitbild nicht erhalten, da die Planfeststellungszuweisungsverordnung (PlfZV) sämtliche aus dem Bundesbedarfsplan in den Anwendungsbereich des NABEG fallende Vorhaben der BNetzA als Planfeststellungsbehörde zugewiesen hat.[137] Zugleich ist dies etwa die Hälfte der Bedarfsplanvorhaben.[138] Diese umfassende Zuweisung an die BNetzA ist auch sinnvoll und eine Aufteilung der NABEG-Planfeststellung zwischen der BNetzA einerseits und den Länderbehörden andererseits wäre sehr fragwürdig. So konnte im Verlauf der vorliegenden Arbeit bereits gezeigt werden, inwiefern eine Bündelung der Fachplanung unter das Planungsregime des NABEG mit einer Alleinzuständigkeit des Bundes vorteilhaft wäre.[139] Dasselbe gilt nunmehr auch für die Planfeststellung.[140] Begründen lässt sich dies schon mit der möglichen Wissenskonzentration bei der BNetzA und ihrer

---

135 Das Planfeststellungsregime des NABEG wird nur für Vorhaben des Bundesbedarfsplans angewendet, welche eine Kennzeichnung gemäß § 18 Abs. 1 i.V.m. § 2 Abs. 1, 3 NABEG aufweisen. Siehe zu diesen Kennzeichnungen § 2 Abs. 1 i.V.m. der Anlage (zu § 1 Absatz 1) BBPlG.

136 § 31 Abs. 2 NABEG.

137 Siehe dazu § 1 PlfZV, dort wird auf die mit „A1“ und „A2“ gekennzeichneten Vorhaben des BBPlG verwiesen. Dies sind gemäß § 2 Abs. 2 NABEG i.V.m. § 2 Abs. 1 BBPlG alle Vorhaben, die in den sachlichen Anwendungsbereich des NABEG fallen.

138 Dies ergibt sich aus § 1 Abs. 1 PlfZV i.V.m. den als „A1“ oder „A2“ ausgewiesenen Vorhaben der Anlage (zu § 1 Abs. 1) BBPlG (Bundesbedarfsplan).

139 Siehe zum einheitlichen Planungsregime „3. Kapitel II. 2. a)–c)“ bzw. für die einheitliche Zuständigkeit „3. Kapitel II. 4. a)–c)“.

140 Siehe hinsichtlich der Forderung einer Bündelung für Übertragungsleitungen unter ein einheitliches Planungsregime der Planfeststellung „4. Kapitel I. 3. a)“.

Rolle bei der Umsetzung der TEN-E-VO 2013.[141] Überdies würden dadurch vor allem Probleme bei der Realisierung länderübergreifender Vorhaben gelöst werden.[142]

Hierbei ist zu erwähnen, dass mitunter Einwände vorgetragen werden, welche eine grundgesetzliche Konformität der bei der BNetzA zentralisierten Zuständigkeit anzweifeln, was allerdings durchaus mit guten Gründen entkräftet werden kann.[143] Daneben wird teilweise die Ansicht vorgetragen, wonach die BNetzA als Planfeststellungsbehörde zwar bei länderübergreifenden Vorhaben nützlich sei, jedoch bei Vorhaben mit Auslandsbezug nicht die notwendigen Vorkenntnisse mitbringe.[144] Jedoch ist dabei die bestehende Rolle der BNetzA als zuständige nationale Behörde für die Erleichterung und Koordinierung der Genehmigungsverfahren für Vorhaben von gemeinsamen Interesse im Sinne der TEN-E-VO 2013[145] zu berücksichtigen. Der nächste Schritt, hin zur Rolle der Planfeststellungsbehörde ist daher nicht fernliegend. Kritisch ist vielmehr die Wissensverteilung bei der Planfeststellung von Übertragungsleitungen zwischen dem Bund einerseits und den Ländern andererseits zu sehen. Dies spricht gerade für eine Spezialisierung des Bundes auf sämtliche Übertragungsleitungen und die Spezialisierung der Länder auf Verteilungsleitungen.

Dennoch wird eine Beteiligung der Länder für eine zügige Planfeststellung der Übertragungsleitungen notwendig sein, beispielsweise im Rahmen der Amtshilfe zu Fragen über örtliche Gegebenheiten. Überdies können sich die Länder noch an anderen Stellen des Verfahrens einbringen, um ihre Interessen und Expertise einzubringen.[146]

---

141 Zur Notwendigkeit der BNetzA als Planfeststellungsbehörde bei der Umsetzung der TEN-E-VO 2013 schon *Schmitz / Jornitz*, NVwZ 2012, 332 (333f.), die sich dabei noch auf den Verordnungsentwurf bezogen. Zur Rolle der BNetzA sogleich.

142 *Schmitz / Jornitz*, NVwZ 2012, 332 (335). Vgl. *Ruge*, Neue Leitungen für den Umweltschutz: Hindernisse auf dem Weg zur Netzintegration Erneuerbarer Energien, in: Ehricke (Hrsg.), Energiewirtschaftsrecht im Spannungsfeld von marktlicher Freiheit und hoheitlichen Einschränkungen, 93 (101f.), welcher die aus seiner Sicht bestehenden Praxisprobleme bei der Abstimmung von länderübergreifenden Vorhaben zwischen den zuständigen Landesbehörden darstellt.

143 Die Einwände zusammenfassend mit einer Stellungnahme zu Gunsten der verfassungsgemäßen Zuständigkeit der BNetzA *Wolfshohl / Scheuten*, in: de Witt / Scheuten (Hrsg.), NABEG-Kommentar, § 2 NABEG Rn. 26 mit Verweis auf dieselbe Ansicht bei *de Witt*, in: de Witt / Scheuten (Hrsg.), NABEG-Kommentar, § 31 NABEG Rn. 14f. Siehe zur ähnlichen Diskussion für die Bundesfachplanung „3. Kapitel II. 4. a)".

144 So *Fest*, NVwZ 2013, 824 (829).

145 Die Benennung der BNetzA als zuständige nationale Behörde im Sinne von Art. 8 Abs. 1 TEN-E-VO 2013 ist festgehalten in der Bekanntmachung über die zuständige Behörde nach Artikel 8 Absatz 1 der Verordnung (EU) Nr. 347/2013 vom 22. Mai 2014, BGBl. 2014, I, S. 576.

146 Hierzu sogleich „4. Kapitel II. 7.".

5. Notwendige Alleinzuständigkeit des BSH für die AWZ

Auch für das BSH wäre es notwendig, die Alleinzuständigkeit als Zulassungsbehörde für die AWZ zu erhalten. Diese ist schon jetzt im Rahmen der SeeAnlVO für bestimmte Übertragungsleitungen als Planfeststellungsbehörde alleinverantwortlich.[147] Es wurde jedoch bereits festgehalten, dass die Zulassung sämtlicher Übertragungsleitungen in der AWZ gemäß der SeeAnlVO erfolgen sollte.[148] Dementsprechend würde das Erfordernis des BBergG entfallen, welches für durch die AWZ verlaufende Leitungen jeweils eine Genehmigung des BSH und einer Länderbehörde erfordert.[149] Dies hätte die Vorteile der Wissenskonzentration, geringerer Abstimmungserfordernisse und der einheitlichen Bewertung von Leitungsvorhaben in der AWZ. Freilich würde dies noch nicht klären, wie an den Grenzübergangspunkten von der AWZ ins Küstenmeer die Planfeststellung verlaufen würde. Hier fände grundsätzlich weiterhin eine Zusammenarbeit des BSH mit den Länderbehörden oder der BNetzA statt, wobei es im letzteren Fall davon abhängt, ob die Zuständigkeit für ein konkretes Vorhaben im Bundesgebiet und Küstenmeer an die BNetzA gemäß der PlfZV zugewiesen ist oder nicht. An diesem Punkt könnte nunmehr voranstehender Vorschlag relevant werden, der die Konzentration der Planfeststellung für Übertragungsleitungen im Bundesgebiet und Küstenmeer bei der BNetzA empfohlen hat.[150] Die Wahrung der Länderinteressen könnte gleichwohl an anderer Stelle erfolgen.[151]

6. Der Einfluss der ÜNBs und die Reichweite staatlicher Vorgaben

Die Situation der ÜNBs in der Planfeststellung ist zunächst vor dem Hintergrund der vorhandenen Gesetzgebung zu betrachten – wobei ihr Einfluss auf die UVP gesondert im Rahmen der umweltrechtlichen Überlegungen zu diskutieren ist.[152] Nach geltendem Recht zeigt sich eine erhebliche Einengung der Mitwirkungsmöglichkeiten eines ÜNBs in der Planfeststellung. So hat die BNetzA das Recht, einen ÜNB zur Antragstellung für die in der NABEG-Fachplanung behandelten Leitungsvorhaben und für die aus dem Bundesfachplan Offshore stammende und im Bundesnetzplan aufgenommene Anbindungsleitungen für Windenergieanlagen

147 Die Eigenschaft des BSH als Planfeststellungsbehörde für bestimmte Übertragungsleitungen in der AWZ folgt aus § 2 Abs. 1, 2 Hs. 1 i.V.m. § 1 Abs. 2 S. 1 Nr. 2 SeeAnlVO.

148 „4. Kapitel I. 3. b)“.

149 Siehe zu diesen Leitungen und den Regelungen des BBergG „4. Kapitel I. 3. b)“.

150 „4. Kapitel II. 4.“.

151 Dazu „4. Kapitel II. 7.“.

152 „4. Kapitel III. 2.“.

auf See aufzufordern.[153] Dadurch verliert er diesbezüglich sein unternehmerisches Initiativrecht.[154] Überdies muss er die Trasse innerhalb der durch die Bundesfachplanung bzw. den Bundesfachplan Offshore vorgegebenen Korridore führen, da deren Festlegungen für die Planfeststellung bindend sind;[155] in der AWZ ist zudem bereits eine parzellenscharfe Vorgabe durch den Bundesfachplan Offshore möglich.[156]

Für einen ÜNB wäre grundsätzlich vor allem sein Vorschlagsrecht über den Trassenverlauf im Bundesgebiet[157] bedeutsam, da sich hier bei einigen Vorhaben die Wahl zwischen einer Erdverkabelung oder einer Freileitung stellt. So untersagt etwa das BBPlG für bestimmte HGÜ-Vorhaben die Möglichkeit, eine Freileitung zu errichten;[158] als Voraussetzung hierfür verweist das BBPlG auf die Unterschreitung gewisser Entfernungen zu bestimmten Arten der Wohnbebauung.[159] Der ÜNB würde normalerweise vor dem Hintergrund der gesteigerten Ausgaben für ein Erdkabel[160] voraussichtlich einen Trassenverlauf in ausreichendem Abstand zu diesen Orten vorschlagen.[161] Jedoch bekommt der ÜNB im Wege der ARegV seine Investitionen in den Netzausbau über die Netzentgelte zurück,[162] so dass die konkrete Ausführungsart der Ausbaumaßnahme seine Entscheidung nicht mehr erheblich beeinflussen wird. Dies ist damit anders als in vergangenen Planfeststellungen, bei denen die Kosten der Ausführungsart (Freileitung vs. Erdkabel) einen Belang in der Abwägungsentscheidung darstellten.[163]

Überdies ist es durchaus möglich, dass der Gesetzgeber in Zukunft die Regelung des § 43h EnWG auf Übertragungsnetze erweitert und ÜNBs unter den dort genannten Voraussetzungen ihre Leitungen grundsätzlich als Erdkabel zu verlegen haben.

---

153 Für das Bundesgebiet § 12 Abs. 2 S. 4 NABEG bzw. für die AWZ § 17a Abs. 6 i.V.m. § 17d Abs. 1 S. 1 EnWG.

154 Ähnlich *de Witt*, in: de Witt / Scheuten (Hrsg.), NABEG-Kommentar, § 19 NABEG Rn. 6f.

155 Siehe zur Bindungswirkung im Bundesgebiet § 15 Abs. 1 S. 1 NABEG bzw. in der AWZ § 17a Abs. 5 S. 2 EnWG.

156 Die Möglichkeit parzellenscharfer Festlegungen in der Fachplanung für die AWZ ist in § 17a Abs. 1 S. 2 Nr. 2, 5, 6 EnWG festgelegt.

157 § 19 S. 4 Nr. 1 NABEG.

158 Betroffen sind beispielsweise die Vorhaben Nr. 4 und Nr. 30 der Anlage (zu § 1 Abs. 1) BBPlG.

159 § 3 Abs. 4 BBPlG.

160 Siehe zu den höheren Kosten einer Erdverkabelung *BVerwG*, Beschluss vom 26. September 2013 – 4 VR 1.13, NuR 2013, 800 (805) – 380 kV-Höchstspannungsfreileitung Hamburg / Nord-Dollern.

161 In eine andere Richtung gehend *Fest*, NVwZ 2013, 824 (825 m.w.N.), der eine zügigere Umsetzung von Erdkabeln gegenüber Freileitungen annimmt, so dass sich die Kosten beider Varianten annäherten.

162 Dazu „2. Kapitel II.".

163 Siehe als Beispiel dazu *Thüringer Landesverwaltungsamt*, Planfeststellungsbeschluss vom 31.01.2012, 380 kV-Leitung Vieselbach-Altenfeld, S. 226f.

Trotz einer Umlagefähigkeit der Kosten auf die Netzentgelte würde sich dann die Sinnhaftigkeit einer privatwirtschaftlich organisierten Netzübertragung stellen. Sofern nämlich ein ÜNB nur noch geringen Einfluss auf den Trassenverlauf, die technischen Ausführungen und somit seine wesentlichen Investitionsentscheidungen hätte, so würde sich dieser letztlich zu einem reinen „Verwaltungshelfer" ohne eigenen unternehmerischen Spielraum entwickeln. Falls der Gesetzgeber sich für einen solchen Weg entscheiden sollte – ohne dies hier bewerten zu wollen –, so wäre in der Tat über eine zumindest teilweise staatliche Beteiligung an den ÜNBs nachzudenken.[164] Ansonsten ist der Gesetzgeber gehalten, den ÜNBs ein wesentliches Mitspracherecht an der technischen Ausführung ihrer Übertragungsnetze zu belassen. Wegen denselben Überlegungen ist es notwendig, den ÜNBs das Vorschlagsrecht zum Trassenverlauf aus § 19 S. 4 Nr. 1 NABEG zu erhalten, da diese gegebenenfalls auf vorhandene Trassen zurückgreifen möchten, um Grundstückszukäufe oder zeitintensive Enteignungsverfahren zu vermeiden.

7. Mitwirkungsmöglichkeiten der Länder

Für die Länder besteht auch im Planfeststellungsverfahren des NABEG ein großes Interesse der Mitwirkung am Leitungsverlauf in ihrem Hoheitsgebiet – dies gilt freilich nur dort, wo die Länder nicht ohnehin die Planfeststellungsbehörde stellen.[165] Den Ländern und besonders ihren Kommunen dürfte hier vor allem an der konkreten Umsetzung des Vorhabens gelegen sein, beispielsweise ob eine Freileitung oder ein Erdkabel in Betracht kommt.[166] Fragen der Raumverträglichkeit dürften hier nur noch im Detail diskutiert werden, da die großflächige Betrachtung der Raumverträglichkeit in der vorangehenden Bundesfachplanung vorgenommen wird.

Etwas anders stellt sich die Lage in der AWZ dar. Die Planfeststellung von Vorhaben die nach der SeeAnlVO zu beurteilen sind,[167] überschneidet sich nicht mit dem Hoheitsgebiet der Länder. Letztere haben daher einzig ein Interesse an den Übergangspunkten von der AWZ ins Küstenmeer. Diese Festlegung erfolgt allerdings im Rahmen des Bundesfachplan Offshore, so dass auf die dort behandelten Mitwirkungsrechte verwiesen werden kann.[168]

---

164 Ablehnend gegenüber einer teilweise staatlichen „Deutsche Netz AG" *Kment*, RdE 2011, 341 (345 m.w.N.).

165 Siehe dazu „4. Kapitel II. 4.".

166 Gebietskörperschaften können auf eine Freileitung bei bestimmten HG-ÜVorhaben hinwirken. Dies erfolgt nach § 3 Abs. 3 BBPlG in der Antragskonferenz der Bundesfachplanung und führt zur Zulässigkeit der Freileitung, anstatt der ansonsten obligatorischen Erdverkabelung.

167 Vorhaben, welche nach dem BBergG zu genehmigen sind, sollen hier nicht betrachtet werden. Siehe zur Empfehlung der vorliegenden Arbeit, alle Leitungsvorhaben in der AWZ dem Planfeststellungsregime der SeeAnlVO zu unterstellen „4. Kapitel I. 3. b)".

168 „3. Kapitel II. 6. b)".

a) Vorhandene Mitwirkungsmöglichkeiten

Selbst wenn die BNetzA die Planfeststellungsbehörde ist, so verbleiben den Länderbehörden zumindest teilweise erhebliche Steuerungsmöglichkeiten im Verfahren. Die erste dieser Möglichkeiten ergibt sich bereits daraus, dass die BNetzA als eine Behörde ohne flächendeckende Außenstellen auf die Amtshilfe der Länder und ihrer Kommunen angewiesen sein wird.[169] Weitere Möglichkeiten folgen in der Antragskonferenz und im Anhörungsverfahren, bei welchen jeweils die Träger öffentlicher Belange zu beteiligen sind,[170] wovon im Anhörungsverfahren explizit die Raumordnungsbehörden der Länder mit umfasst sind.[171] Insofern sind die Länder nicht nur außenstehende Planungsbeteiligte, sondern auch indirekt verfahrensleitende Akteure, was bei der Diskussion stets zu bedenken ist. Hingegen können die Länder nur einen schwachen Einfluss über den Bundesfachplanungsbeirat ausüben. In diesem dauerhaften Gremium sind die Länder zwar vertreten,[172] doch wird dort nur der Zweck verfolgt, die BNetzA „zu den Grundsätzen der Planfeststellung zu beraten“[173] und nicht über konkrete Vorhaben zu verhandeln.[174]

b) Bewertung und Reformansätze

Die vorhandenen Mitwirkungsrechte geben den Ländern die Chance, ihre Vorstellungen in die Planfeststellung einzubringen. In der typischerweise kleinteiligen Betrachtung der Planfeststellung, welche den voraussichtlichen Korridor der Bundesfachplanung von 500 m–1000 m[175] auf Parzellenschärfe verengt, dürften gerade die Kommunen ein gesteigertes Interesse an einer Beeinflussung des Plans haben. So ist es für deren Zukunftsperspektiven beispielsweise problematisch, wenn Netzvorhaben solche Gebiete kreuzen, in welchen eine bauliche Nutzung vorgesehen ist.[176] Die Kommunen können auf derartige Punkte bereits frühzeitig hinweisen, etwa im

169 Siehe zu Art und Umfang der Amtshilfe, um welche die BNetzA unter anderem die Länder und Kommunen ersuchen kann, *de Witt,* in: de Witt / Scheuten (Hrsg.), NABEG-Kommentar, § 31 NABEG Rn. 16.

170 § 20 Abs. 1 S. 1 bzw. § 22 Abs. 2 S. 1 NABEG. Zur genauen Bestimmung eines Trägers öffentlicher Belange *de Witt,* in: de Witt / Scheuten (Hrsg.), NABEG-Kommentar, § 20 NABEG Rn. 8–14 und § 22 NABEG Rn. 18 i.V.m. Rn. 7–9.

171 Festgehalten in § 22 Abs. 2 S. 1 NABEG.

172 Siehe zur Zusammensetzung des Bundesfachplanungsbeirats § 32 Abs. 1 S. 2 NABEG.

173 § 32 Abs. 2 S. 1 NABEG.

174 Auf den Umstand hinweisend, dass konkrete Vorhaben außerhalb des Bundesfachplanungsbeirats zu erörtern sind, *Paschke,* in: de Witt / Scheuten (Hrsg.), NABEG-Kommentar, § 32 NABEG Rn. 33.

175 Siehe zu dieser Ausdehnung des fachplanerischen Korridors die Gesetzesbegründung der *BT-Drucks. 17/6073*, Gesetzentwurf zur Beschleunigung des Netzausbaus, S. 23, dabei wurde allerdings nur eine „Soll“-Formulierung gewählt.

176 *Salje,* EnWG-Kommentar, § 43 EnWG Rn. 26.

Wege der Amtshilfe bei der Übermittlung von Bauleitplänen. Eine andere Möglichkeit bestünde über die Interessenvertretung durch das eigene Bundesland oder die regionalen Planungsverbände, etwa bei der Antragskonferenz. Auch wenn mitunter aufgrund der Zuständigkeit der BNetzA von einem geringeren Einfluss der Belange von Ländern und Kommunen auf die Planfeststellung als in der Vergangenheit ausgegangen und dies als positiv bewertet wird,[177] so verbleibt dennoch zunächst das Bild einer ausgewogenen inhaltlichen Beteiligung.

Dennoch könnten die Länder und Gemeinden, insbesondere in zeitlicher Hinsicht, das Verfahren erheblich beeinflussen. Zwar steuert die BNetzA als Herrin des Verfahrens einerseits die Abläufe maßgeblich, beispielsweise kann sie das „Ob" der Antragstellung des ÜNB auf Planfeststellung bestimmen und bis wann dies zu erfolgen hat.[178] Andererseits kann sie nur bedingt zeitliche Vorgaben an die Länder und Kommunen richten. So ist es ihr zwar möglich, Träger öffentlicher Belange und damit auch die der Länder- und Kommunalebene aufzufordern, Stellungnahmen im Anhörungsverfahren abzugeben und sie kann dabei eine Frist von bis zu drei Monaten bestimmen.[179] Allerdings ist die mit einer Ausschlussfunktion versehene Frist unbeachtlich, sofern die Rechtmäßigkeit der Planfeststellung von einem in der nachträglich eingegangenen Stellungnahme aufgeführten Belang berührt wird.[180] Daher wird der benannten Fristvorgabe nur eine geringe Wirkung auf das Verfahren zugeschrieben.[181] Überdies sind Amtshilfehandlungen von Ländern und Kommunen, auf welche die BNetzA wohl angewiesen sein wird, nicht an Fristen gebunden, obwohl sie dennoch zeitnah bearbeitet werden sollten.[182] Dadurch besteht insgesamt die Gefahr der Verfahrensverschleppung, gerade wenn ein Vorhaben politisch ungewollt ist. Zugleich ließe sich einer solchen Entwicklung frühzeitig begegnen, indem zwischen dem Bund und der BNetzA einerseits und den Ländern und ihren Kommunen andererseits ein politischer Grundkonsens über die jeweiligen Vorhaben erzielt wird und sodann auf die lokalen Vorbehalte bei der Parzellenbestimmung eingegangen wird.[183] Flankierend dazu kommt eine Verschärfung bzw. die Einführung von Fristvorgaben für Stellungnahmen im Rahmen des NABEG bzw. bei der Amtshilfe in Betracht. Notwendig für die Absicherung der Verfahrensbeschleunigung ist daher

---

177 *Sellner / Fellenberg*, NVwZ 2011, 1025 (1033).

178 § 12 Abs. 2 S. 4 NABEG. Dies ist unabhängig davon, ob das anschließende Planfeststellungsverfahren durch die BNetzA oder eine Landesbehörde durchgeführt wird.

179 § 22 Abs. 2 S. 1 NABEG.

180 So die Regelung des § 22 Abs. 2 S. 4 NABEG.

181 Zu dieser Einschätzung kommend *Wiesendahl*, in: de Witt / Scheuten (Hrsg.), NABEG-Kommentar, § 22 NABEG Rn. 21.

182 Vgl. *Funke-Kaiser*, in: Bader / Ronellenfitsch (Hrsg.), VwVfG-Kommentar, § 4 VwVfG Rn. 27, der bei Amtshilfeersuchen grundsätzlich von einer „zügigen Erledigung" ausgeht.

183 Siehe zur Feststellung der Notwendigkeit eines politischen Konsens zwischen Bund und Land bereits „3. Kapitel II. 6. c)".

die Zweispurigkeit von politischer Einigung und verbindlichen Fristfestlegungen. Ob Letztere als starre Fristen oder mit behördlichen Spielräumen ausgestattet sein sollten, wäre im Anschluss an die ersten Erfahrungen mit dem neuen Planungsregime zu beurteilen. Die Einsicht, dass Unstimmigkeiten zwischen Bund und Ländern nicht im Wege der Verfahrensverschleppung auszutragen sind, ergibt sich bereits aus der TEN-E-VO 2013. Für Vorhaben, die in ihren Anwendungsbereich fallen,[184] sind kurz bemessene Genehmigungsfristen vorgesehen, welche im Konflikt zur hier skizzierten Möglichkeit einer Verfahrensverschleppung stehen.

III. Das Umweltrecht und die UVP in der Planfeststellung

Umweltrechtlichen Vorgaben wurden noch vor einigen Jahren auf nationaler Ebene bescheinigt, nur zögerlich einen eigenen Stellenwert im Energierecht zu erhalten.[185] Stattdessen gab es Stimmen, die von einer üblichen Verfahrensweise sprachen, welche primär die Frage nach einem notwendigen Energienetzausbau am § 1 Abs. 1 EnWG-Gesetzeszweck der Versorgungssicherheit bemesse.[186] Gleichwohl zeichnete sich bereits im selben Zeitraum die erhebliche Bedeutung des Unionsumweltrechts für hoheitliche Planungen und Zulassungen ab.[187] Mittlerweile ist das Umweltrecht und besonders die UVP ein wesentlicher Punkt von Planfeststellungsverfahren geworden.

Bei der Einbindung von Umweltbelangen erscheint es zunächst verwunderlich, dass der Gesetzgeber von einer Übereinstimmung der Vorhaben des Bundesbedarfsplans mit den Zielen des EnWG und damit auch dessen Anforderung einer umweltverträglichen Energieversorgung ausgeht,[188] aber zugleich regelmäßig eine UVP im Anwendungsbereich des NABEG durchzuführen ist,[189] sowie sonstige Anforderungen des europäischen und nationalen Umweltrechts zu prüfen sind. Dieser vermeintliche Widerspruch kann aber aufgelöst werden: Dafür gilt es in der

---

184 Die TEN-E-VO 2013 sieht für das Genehmigungsverfahren höchstens eine Dauer von 3,5 Jahren vor, die um längstens neun Monate im Einzelfall verlängert werden kann, Art. 10 Abs. 2 UntAbs. 1 TEN-E-VO 2013. Findet allerdings nach nationalem Recht ein gesondertes Verfahren zur Linienbestimmung statt (im deutschen Recht die Bundesfachplanung und der Bundesfachplan Offshore), für welches gesonderte sechs Monate hinzukommen, so ist eine Fristverlängerung nur um längstens sechs Monate möglich, Art. 10 Abs. 3 TEN-E-VO 2013.

185 So etwa *Schalast,* RdE 2001, 121 (125), im Hinblick auf die „Wertigkeit des Zieles Umweltschutz" im EnWG.

186 *Kuxenko,* UPR 2003, 373 (375–375), bezeichnete dies als „gängige[…] Praxis", wobei er diese nicht in einen Gegensatz oder eine Vorrangigkeit zum § 1 Abs. 1 EnWG-Gesetzeszweck der Umweltverträglichkeit setzte.

187 Siehe beispielsweise *Kadelbach,* Der Einfluß des Europarechts auf das deutsche Planungsrecht, in: Erbguth u.a. (Hrsg.), Hoppe-FS, 897 (911f. m.w.N.).

188 § 12e Abs. 2 S. 3 i.V.m. § 1 Abs. 1 EnWG.

189 Hierzu sogleich das unmittelbar folgende Unterkapitel.

Planfeststellung für den Einzelfall zu beurteilen, ob das Netzvorhaben durch seinen geographischen Verlauf einen Eingriff in die Umwelt vornimmt, welcher aufgrund der durch das Vorhaben allgemein bezweckten umweltverträglichen Energieversorgung gerechtfertigt ist.[190]

Im Folgenden ist nach der konkreten Ausgestaltung umweltrechtlicher Vorgaben zu fragen und ob ein Reformbedarf besteht. Das wesentliche Augenmerk soll dabei auf der UVP liegen; für die ebenso bedeutsamen Fragen zu Abweichungsentscheidungen bei Beeinträchtigungen von Natura 2000-Gebieten sei auf die dazu bereits gemachten Erörterungen verwiesen.[191]

1. Die UVP in der Planfeststellung

a) Die UVP nach geltendem Recht

Bei der UVP-Pflicht eines Vorhabens ist zunächst geographisch zu unterscheiden, zwischen dem Bundesgebiet und der AWZ. Für das Bundesgebiet einschließlich dem Küstenmeer, welches den räumlichen Anwendungsbereich des NABEG darstellt,[192] existiert keine generelle UVP-Pflicht. Vielmehr ist sie für jedes Vorhaben nach dem UVPG zu beurteilen. Eine UVP für Leitungsvorhaben des NABEG wird gleichwohl regelmäßig durchzuführen sein, da diese für Freileitungen mit einer Mindestnennspannung von 220 kV und einer Länge über 15 km sowie für Erdkabel im Sinne des § 2 Abs. 5 BBPlG obligatorisch ist[193] und ein erheblicher Teil der für die Planfeststellung des NABEG vorgesehenen Vorhaben des BBPlG

---

190 So die Lösung von *Sösemann,* Umweltverträgliche Energienetze, S. 184f.

191 „4. Kapitel II. 2. d)".

192 Mit Übergang des Küstenmeers in die AWZ endet der Anwendungsbereich gemäß § 2 Abs. 5 NABEG.

193 Dies ergibt sich aus § 3b Abs. 1 i.V.m. Nr. 19.1.1 und Nr. 19.11 der Anlage 1 UVPG. Siehe zur Einordnung der NABEG-Vorhaben unter die genannte Anlage, obwohl bezüglich Freileitungen die entsprechende Nummer 19.1.1 mit „Hochspannungsfreileitung im Sinne des EnWG" überschrieben ist, *Scheuten,* in: de Witt / Scheuten (Hrsg.), NABEG-Kommentar, § 18 NABEG Rn. 125. Die diversen anderen Möglichkeiten einer UVP-Pflicht für NABEG-Vorhaben auflistend *Scheuten,* in: de Witt / Scheuten (Hrsg.), NABEG-Kommentar, § 18 NABEG Rn. 127–133.

diese Spezifikationen aufweisen.[194] Für Vorhaben in der AWZ ist hingegen keine UVP vorgesehen.[195]

Im Gegensatz zu anderen Planungsgesetzen sind Vorgaben zur UVP in das NABEG eingearbeitet, beispielsweise wird dabei der Scoping-Termin in die Antragskonferenz integriert,[196] welche den Untersuchungsrahmen und unter anderem die vom Vorhabenträger einzureichenden UVP-Unterlagen weitgehend bestimmt.[197] Diese Unterlagen sind sodann Bestandteil des folgenden Anhörungsverfahrens, das eine Öffentlichkeitsbeteiligung einschließt.[198] Zugleich schlägt sich im Planfeststellungsverfahren des NABEG der Abschichtungsgedanke von mehrstufigen Umweltprüfungen nieder. So ist es dem ÜNB als Vorhabenträger möglich, auf die in der NABEG-Fachplanung bereits vorgelegten Unterlagen zu verweisen;[199] zugleich steht es im Ermessen der planfeststellenden Behörde, die UVP auf Aspekte zu beschränken, die nicht bereits in der vorgelagerten SUP der NABEG-Fachplanung abgearbeitet wurden.[200]

b) *Bewertung und notwendige Reformansätze*

Mit der Einbindung der UVP in das NABEG und mit der Abstimmung der vorgelagerten SUP der Bundesfachplanung mit der nachgelagerten UVP der

194 Siehe dazu die Vorhaben der Anlage (zu § 1 Abs. 1) BBPlG, welche eine Kennzeichnung nach § 2 Abs. 1 (teilweise zusätzlich nach Abs. 5) BBPlG aufweisen und für die demnach in Verbindung mit § 2 Abs. 1 NABEG der sachliche Anwendungsbereich des NABEG eröffnet ist. Bei diesen Vorhaben ist die Spannungsebene zum Teil explizit im BBPlG genannt und die erforderliche Entfernung von mehr als 15 km zwischen den dort angegebenen Netzverknüpfungspunkten ist zumeist augenfällig. Diese Spezifikationen sind im Übrigen unnötig, sofern zusätzlich eine Kennzeichnung im Sinne des § 2 Abs. 5 BBPlG vorliegt.

195 Siehe hierzu die fehlende Anordnung einer UVP-Pflicht für Stromübertragungskabel, die unter Wasser geführt werden, in den § 9 SeeAnlVO i.V.m. §§ 3–3f und Anlage 1 UVPG. Diese Rechtsansicht teilend *Schmälter,* in: Danner / Theobald (Hrsg.), EnergieR-Kommentar, Bd. 3, § 1 SeeAnlVO Rn. 10 [Stand: Juni 2015]; ebenso *BSH,* Genehmigung für die Konverterplattform „DolWin alpha", das Seekabelsystem „DolWin1" und weitere Seekabelsysteme vom 06.09.2012, S. 49 – für diese Entscheidung war zwar noch die alte Rechtslage der SeeAnlVO maßgeblich, gemäß der eine Genehmigung und keine Planfeststellung für Leitungsvorhaben erfolgte, was aber für die Frage ob eine UVP-Pflicht besteht keine Auswirkungen hat.

196 § 20 Abs. 1 S. 2 NABEG.

197 Siehe zur Bestimmung des Untersuchungsrahmens für UVP-Unterlagen § 20 Abs. 3 S. 1 i.V.m. Abs. 1 S. 2 NABEG. Die Einreichungspflicht ist in § 21 Abs. 1 NABEG statuiert.

198 § 22 Abs. 1 bzw. Abs. 3 S. 1 NABEG.

199 § 21 Abs. 4 NABEG.

200 § 23 NABEG.

Planfeststellung scheint ein in sich schlüssiges Planungssystem geschaffen zu sein. Eine Entlastung des Vorhabenträgers und der Planfeststellungsbehörde durch vorangegangene Prüfungen umweltrelevanter Aspekte findet damit zwar statt,[201] doch wird dies nur auf eine andere Ebene verschoben.

aa) Materiellrechtliche Ansätze

Gleichsam ist es fraglich, ob der Bundesgesetzgeber weitere materiellrechtliche Erleichterungen einzuführen vermag, da er maßgeblich an die engmaschigen Vorgaben der SUP-RL und UVP-RL 2011 gebunden ist. Zwar sieht die TEN-E-VO 2013 vor, dass die EU-Kommission „zur Straffung der Umweltverträglichkeitsprüfungen" beitragen soll, allerdings nur im Wege „unverbindliche[r] Leitlinien".[202] Dies wird von der EU-Kommission in dergestalt interpretiert, dass die Leitlinien auf das Verfahren der Umweltprüfung und nicht auf die Verringerung inhaltlicher Vorgaben abzielen.[203] Dadurch verdeutlicht sich die Einschätzung einer bewussten Entscheidung des Gesetzgebers, dem Leitungsbau keine generelle Priorität gegenüber Umweltstandards zu geben.

Vor diesem Hintergrund wären weitere Beschleunigungsmaßnahmen bei der UVP maßgeblich durch unionsrechtliche oder nationale Verfahrensvorgaben, etwa bei Zuständigkeitsregelungen, zu erreichen und weniger durch materiellrechtliche Vorgaben. Freilich hängen beide Regelungsbereiche zusammen und beeinflussen sich gegenseitig, was im Folgenden kurz veranschaulicht werden kann. So wäre es in verfahrensrechtlicher Hinsicht zwar möglich, dem Vorhabenträger Fristen für die Vorlage seiner UVP-Unterlagen aufzugeben. Doch sind dieser Überlegung, aufgrund der mitunter zeitaufwendigen[204] Erstellung von notwendigen Umweltgutachten,[205] gewisse Grenzen gesetzt. Zugleich wäre auch eine Fristvorgabe gegenüber den mitgliedstaatlichen Behörden diskussionswürdig, welche diesen einen Zeitrahmen zum Abschluss der UVP setzen würde. Für eine

---

201 Vgl. *Stelkens,* NuR 2005, 362 (367f.), welcher Überlegungen zu einer „flächendeckenden Umweltkartierung" anstellt, die in der Folge einen Antragsteller und Planungsbehörden entlasten könnte.

202 Siehe für die Gesetzeszitierungen Art. 7 Abs. 4 TEN-E-VO 2013.

203 *EU-Kommission,* Streamlining environmental assessment procedures for energy infrastructure Projects of Common Interest (PCIs), S. 3f.

204 Vgl. *Greinacher,* ZUR 2011, 305 (311), der als Dauer für gewisse umweltrechtliche Gutachten – nicht ausdrücklich solche der UVP – „eine oder mehrere Vegetationsperioden" angibt.

205 Siehe dazu etwa die Vorlagepflicht von Gutachten durch den Vorhabenträger gemäß § 21 Abs. 3 S. 1 NABEG. Diese Regelung bezieht sich zwar dem Wortlaut nach nicht ausdrücklich auf Umweltgutachten, doch müssen diese hiervon umfasst sein, da auch Umweltbelange in die Abwägung einzustellen sind; siehe zur Frage, inwieweit Gutachten von der Behörde schon im Gefolge der Antragskonferenz oder erst danach im Wege des § 21 Abs. 3 S. 1 NABEG verlangt werden *Wiesendahl,* in: de Witt / Scheuten (Hrsg.), NABEG-Kommentar, § 21 NABEG Rn. 15.

dementsprechende Vorgabe könnte sich der Gesetzgeber an einer Regelung orientieren, welche im Jahr 2014 in die UVP-RL 2011 eingefügt wurde und die Feststellung über die Pflicht zur Durchführung einer UVP für solche Projekte betrifft,[206] bei denen eine UVP nicht obligatorisch stattfindet, sondern gesondert durch eine Behörde angeordnet wird.[207] Diese Regelung sieht eine neunzigtägige Frist vor, innerhalb derer die Prüfung abzuschließen ist, welche über die Durchführung einer UVP entscheidet.[208] In einer solchen Fristsetzung, sofern man sie auch für den Abschluss einer UVP anordnen würde, läge einerseits die Chance, das Planfeststellungsverfahren zu verkürzen. Andererseits bürge dies die Gefahr einer geringeren behördlichen Prüftiefe, insbesondere bei einer nur knapp bemessenen Personalausstattung. Letzteres würde jedoch faktisch das Schutzniveau und die Wirkung des Umweltrechts abschwächen und damit ein Ergebnis erzielen, welches gerade nicht vom Unionsgesetzgeber bezweckt ist. Die Wechselwirkung zu den mitgliedstaatlichen Verwaltungskapazitäten und dem entsprechenden Verwaltungsvollzug bezüglich des materiellen Rechts ist daher bei Erwägungen zu Fristvorgaben an die Verwaltung einzubeziehen.

bb) Verfahrensrechtliche Ansätze in der Zuständigkeit

Neben materiellen Reformansätzen ist zugleich nach Reformansätzen im Verwaltungsverfahren, speziell bei der Zuständigkeit, zu suchen. Eine zeitliche Effizienzsteigerung könnte dort gegebenenfalls durch eine Zuständigkeitsbündelung der natur- und umweltrechtlichen Prüfungen in den Bedarfs-, Fachplanungs- und Planfeststellungsverfahren bei einer Behörde erreicht werden; dies wäre dann nicht nur auf die SUP- und UVP-Verfahren beschränkt. Der Unionsgesetzgeber verfolgt einen vergleichbaren Ansatz hinsichtlich unionsrechtlich vorgegebener Umweltprüfungen, der im Jahr 2014 Eingang in die UVP-RL 2011 fand.[209] Demnach sind bei Vorhaben, für die aufgrund von Unionsrecht mehrere Umweltprüfungen

---

206 Siehe zur Änderung von Art. 4 UVP-RL 2011 a.F. den Art. 1 Nr. 4 Richtlinie 2014/52/EU des Europäischen Parlaments und des Rates vom 16. April 2014 zur Änderung der Richtlinie 2011/92/EU über die Umweltverträglichkeitsprüfung bei bestimmten öffentlichen und privaten Projekten, ABl. EU 2014 L 124/1.

207 Siehe zur Unterscheidung von obligatorischer und gesondert festzustellender UVP-Pflicht und zum Verfahren über die Feststellung, ob eine UVP durchzuführen ist, Art. 4 UVP-RL 2011. Dies existierte zwar schon unter der UVP-RL 2011 a.F., doch wurden durch die Änderung im Jahr 2014 das Verfahren zur Feststellung differenzierter ausgestaltet und die neunzigtägige Verfahrenshöchstfrist des Art. 4 Abs. 6 UVP-RL 2011 n.F. eingeführt.

208 Siehe zu dieser Frist, ihren Voraussetzungen und einer möglichen Fristverlängerung Art. 4 Abs. 6 UVP-RL 2011.

209 Siehe Art. 1 Nr. 2 Richtlinie 2014/52/EU des Europäischen Parlaments und des Rates vom 16. April 2014 zur Änderung der Richtlinie 2011/92/EU über die Umweltverträglichkeitsprüfung bei bestimmten öffentlichen und privaten Projekten, ABl. EU 2014 L 124/1.

durchzuführen sind, in den Mitgliedstaaten „koordinierte und/oder gemeinsame Verfahren"[210] durchzuführen. Dies ist hinsichtlich mancher Umweltprüfungen zwingend vorgegeben,[211] allerdings bei anderen – etwa im Verhältnis von SUP[212] zu UVP – nur fakultativ.[213]

Da die Bedarfs- und Fachplanung für das Bundesgebiet einschließlich dem Küstenmeer ohnehin bei der BNetzA konzentriert ist, wäre eine mögliche Zuständigkeitsbündelung erst im Verhältnis zum Planfeststellungsverfahren relevant – für die AWZ ist dies nur eingeschränkt bedeutsam, da dort erstens keine UVP für die Planfeststellung durchzuführen ist und zweitens mit dem BSH eine Behörde besteht, die von der Bedarfs- bis zur Zulassungsebene stets maßgeblich am Verfahren beteiligt ist. Sofern nun ein nach dem NABEG planfestzustellendes Vorhaben vorläge, für dessen Planfeststellung eine Landesbehörde und nicht die BNetzA zuständig ist,[214] so wäre es sicherlich nicht effizienter, der BNetzA als einer Bundesbehörde ohne nachgegliederte Verwaltungseinheiten eine gesteigerte Rolle bei der UVP zuzuweisen. Es wäre nämlich fraglich, ob mit einer solchen Aufwertung ein größerer Nutzen entspränge, als durch den im Wege der Amtshilfe sowieso stattfindenden Austausch über die vorgelagerten von der BNetzA durchgeführten Umweltprüfungen. Stattdessen ist an den in dieser Arbeit verfolgten Ansatz zu erinnern, welcher die Zuständigkeitsbündelung für Übertragungsleitungen im Bundesgebiet und Küstenmeer bei der BNetzA vorsieht. Durch dessen Umsetzung wäre ebenso dem Ziel von einheitlichen und effizienten Umweltprüfungen gedient, obwohl die BNetzA eine nicht flächendeckend präsente Behörde ist. Denn sie könnte als durchgängig zuständige Behörde den Abschichtungsgedanken der SUP und UVP sehr gut umsetzen. Überdies wird argumentiert, dass es der BNetzA möglich sei, die entscheidungserheblichen Tatsachen durch Sachverständige und Gutachter vor Ort erforschen zu lassen.[215] Selbst wenn die Umweltprüfungen und insbesondere die UVP nicht durch die Zuständigkeit der BNetzA in der Planfeststellung

---

210 Siehe zum Gesetzeszitat bzw. zur Ausgestaltung dieser Verfahren Art. 2 Abs. 3 UntAbs. 1, 2 bzw. UntAbs. 3, 4 UVP-RL 2011.

211 Art. 2 Abs. 3 UntAbs. 2 UVP-RL 2011.

212 Dies folgt daraus, dass die SUP-RL nicht in der Aufzählung des Art. 2 Abs. 3 UntAbs. 1 UVP-RL 2011 genannt ist. Allerdings ist sie ausdrücklich hinsichtlich des fakultativen koordinierten/gemeinsamen Verfahrens im Verhältnis zur UVP-RL 2011 aufgeführt, siehe dazu den 37. ErwGr. Richtlinie 2014/52/EU des Europäischen Parlaments und des Rates vom 16. April 2014 zur Änderung der Richtlinie 2011/92/EU über die Umweltverträglichkeitsprüfung bei bestimmten öffentlichen und privaten Projekten, ABl. EU 2014 L 124/1.

213 Art. 2 Abs. 3 UntAbs. 2 UVP-RL 2011.

214 Dies ist insofern eine theoretische Überlegung, da momentan alle der Planfeststellung des NABEG unterliegende Vorhaben der BNetzA zugewiesen sind, siehe „4. Kapitel II. 4.".

215 *de Witt*, in: de Witt / Scheuten (Hrsg.), NABEG-Kommentar, § 31 NABEG Rn. 15, der sich dabei nicht auf die UVP beschränkt.

beschleunigbar wären, so würden sie wohl dennoch nicht zeitaufwendiger sein, als bei einer Durchführung der Planfeststellung durch eine Landesbehörde. Aus Sicht des UVP-Verfahrens spricht also nichts gegen die generelle Zuständigkeit der BNetzA auf der Zulassungsebene.

2. Der Einfluss der ÜNBs auf die UVP

Mitunter wird die Bedeutung der UVP auf der letzten Planungsebene als relativ gering für den Trassenverlauf eingestuft, da die Linienbestimmung im Wesentlichen durch die vorgelagerten Planungsstufen und deren Umweltprüfungen vorgegeben werde.[216] Dem ist hinsichtlich Übertragungsnetzen insofern zuzustimmen, als der Gesetzgeber für die von der Bundesfachplanung des NABEG festgelegten Trassenkorridore nur eine Weite von 500 m–1000 m im Sinn hatte[217] und die Trassenkorridore für die Planfeststellungsbehörde bindend sind.[218] Ähnlich ist dies im Bereich der AWZs, für die der Bundesfachplan Offshore nicht nur einen Trassenkorridor sondern bereits die exakte Trasse festlegen kann[219] und von denen die beschriebene Bindungswirkung ebenso ausgeht.[220] Daher könnte man meinen, dass ÜNBs den Trassenverlauf über die UVP kaum zu beeinflussen vermögen. Einer solchen Vorstellung stehen jedoch schon allein nachfolgende Überlegungen zur Festlegung des Untersuchungsrahmens nach § 20 Abs. 3 S. 1 NABEG entgegen:

Aufschlussreich ist hier bereits der Vergleich der Antragskonferenzen der Bundesfachplanung und Planfeststellung. So können betroffene Länder in die Antragskonferenz der Bundesfachplanung selbständig Trassenkorridore und – alternativen einbringen und damit ein Gegengewicht zu den Vorschlägen der ÜNBs einnehmen.[221] In der Antragskonferenz der Planfeststellung ist dies für die Länder nicht vorgesehen und es obliegt ausschließlich dem Vorhabenträger, eine konkrete Trasse und deren Alternativen einzuführen.[222] Damit können die ÜNBs den Untersuchungsrahmen der UVP, welcher im Scoping der Antragskonferenz festgelegt wird,[223] entsprechend steuern. Möglich ist daher die taktische Verengung auf eine

216 *Sangenstedt*, in: Landmann / Rohmer, UmweltR-Kommentar, Bd. I, § 1 UVPG Rn. 4 [Stand: September 2010], der dies allgemein bei Trassen und nicht speziell für Übertragungsnetze feststellt.

217 Siehe die Gesetzesbegründung, *BT-Drucks. 17/6073*, Gesetzentwurf zur Beschleunigung des Netzausbaus, S. 23.

218 Siehe zu dieser verwaltungsinternen Bindungswirkung § 15 Abs. 1 S. 1 NABEG.

219 § 17a Abs. 1 S. 2 Nr. 2, 5, 6 EnWG.

220 § 17a Abs. 5 S. 2 EnWG.

221 Siehe dazu „3. Kapitel II. 6. a) aa)“.

222 Siehe hierzu § 19 S. 4 Nr. 1 NABEG. Eine Parallelregelung zu § 7 Abs. 3 S. 1 NABEG, der den Ländern ein Vorschlagsrecht in der Bundesfachplanung gibt, ist in der Planfeststellung nicht vorhanden.

223 Die Festlegungen der UVP erfolgen nach § 20 Abs. 1 S. 2, Abs. 3 S. 1 NABEG. Obwohl das Gesetz die Antragskonferenz nicht ausdrücklich als zeitgleichen Scopingtermin der UVP benennt – anders als § 7 Abs. 1 S. 4 NABEG in der

bevorzugte konkrete Trassenführung, indem als alternative Trassenvarianten nur solche vorgeschlagen werden, die offensichtlich weniger umweltverträglich sind als die Wunschtrasse. Einschränkend ist jedoch daran zu erinnern, dass der Einfluss der ÜNBs auf den räumlichen Trassenverlauf im Ergebnis überschaubar ist, da er sich nur in dem engen von der Bundesfachplanung vorgegebenen Korridor bewegen kann.

Gänzlich anders ist dies bei Anbindungsleitungen im Offshore-Bereich. Diese sind zwar planfeststellungsbedürftig,[224] unterliegen aber keiner UVP-Pflicht,[225] auch wenn das zuständige BSH in der Planfeststellung bestimmte Umweltaspekte prüfen muss.[226] Eine Steuerungswirkung über die Festlegungen des Untersuchungsrahmens der UVP scheidet hier also aus.

a) Der Einfluss auf die UVP im Anwendungsbereich des NABEG

Auch im Anschluss an die Festlegung des Untersuchungsrahmens ist es ÜNBs möglich, den Trassenverlauf zu steuern, indem sie ihren Einfluss auf die UVP geltend machen. Dieser ergibt sich aus der Verpflichtung des Vorhabenträgers, gemäß § 21 Abs. 4 NABEG i.V.m. § 6 UVPG bestimmte, für die UVP relevante Unterlagen beizubringen. Dadurch können sie sowohl den Inhalt der Unterlagen als auch den Verfahrensablauf beeinflussen. So wird etwa aus umweltverbandlicher Sicht vorgetragen, dass die schleppende Erweiterung des Übertragungsnetzes häufig auf mangelhafte Unterlagen der ÜNBs zurückzuführen sei[227] – allerdings ohne dies auf umweltbezogene Unterlagen zu spezifizieren. Dieser Befund lässt sich zumindest teilweise mit empirischen Erhebungen zu UVP-pflichtigen Vorhaben aus diversen Fachbereichen belegen: Demnach hätten Unterlagen von Vorhabenträgern in der Vergangenheit oftmals notwendige Informationen nicht enthalten;[228] dabei ist einschränkend zu erwähnen, dass Leitungsanlagen zu der Gruppe gehörten, bei welcher die insgesamte Güte der nach § 6 UVPG vorzulegenden Unterlagen sehr positiv hervorgehoben wurde.[229] Da fehlende Informationen bei einer Prüfung von behördlicher Seite nachgefordert werden müssten, ist die entsprechende zeitliche Auswirkung auf Netzplanung und -ausbau offensichtlich. Bei hierdurch bedingten

Bundesfachplanung –, entspricht die Einbeziehung des Scopings dem gesetzgeberischen Willen, siehe dazu die Gesetzesbegründung der *BT-Drucks. 17/6073,* Gesetzentwurf zur Beschleunigung des Netzausbaus, S. 28.

224 § 2 Abs. 1 i.V.m. § 1 Abs. 2 S. 1 Nr. 2 SeeAnlVO.

225 Siehe hierzu „4. Kapitel III. 1.".

226 Beispielsweise ist im Planfeststellungsverfahren eine Gefährdung der Meeresumwelt zu prüfen, § 5 Abs. 6 Nr. 2 SeeAnlVO.

227 *BT-Ausschussdrucks. 17/(9)589,* BUND Stellungnahme zum NABEG und zur EnWG-Reform, S. 4.

228 *Führ u. a.,* Evaluation des UVP-Gesetzes des Bundes, S. 71.

229 *Führ u. a.,* Evaluation des UVP-Gesetzes des Bundes, S. 83.

zeitlichen Verzögerungen könnten überdies neue Prüfungen unvermeidlich werden, da der gesetzlich ermöglichte Rückgriff auf die Erkenntnisse aus der SUP der vorangegangenen Bundesfachplanung die Notwendigkeit von Aktualisierungen nicht ausschließt und diese sogar gesetzlich angeordnet sind.[230] Diese Situation wäre durchaus geeignet, einen von betrieblicher Seite aus ungeliebten Trassenverlauf zu verhindern.

Zudem wird den Unterlagen von Vorhabenträgern – unabhängig vom Gegenstand des Projektes – bescheinigt, dass sie einen erheblichen Einfluss auf die Öffentlichkeitsbeteiligung[231] und die von der Behörde anzufertigende zusammenfassende Darstellung der Umweltauswirkung[232] hätten und überdies noch einen gewissen Einfluss auf die vorzunehmende Bewertung der Umweltauswirkungen[233] ausübten.[234] Hierdurch ist nicht nur die öffentliche Akzeptanz, sondern insbesondere auch die objektive behördliche Prüfung beeinflussbar. Dies kann sich letztlich auf den Planfeststellungsbeschluss zu Gunsten beziehungsweise zu Lasten bestimmter Trassenvarianten auswirken, da gerade die soeben angesprochene behördliche Bewertung der Umweltauswirkungen hierbei zu berücksichtigen ist.[235]

Letztlich steht natürlich die Überlegung im Raum, inwieweit ein ÜNB gewillt ist, Unterlagen gänzlich vollständig oder objektiv zu erstellen, wenn dadurch seine wirtschaftlichen Interessen gefährdet sind.[236] Allerdings ist für einen ÜNB kein Anreiz zu einem solchen Verhalten gegeben. Denn durch die Umlagefähigkeit der Netzausbaukosten auf die Netzentgelte und die entsprechend gesicherten Einnahmen gibt es kaum noch einen Anlass, eine Investition als nicht wirtschaftlich zu betrachten.[237] Zudem kann der ÜNB die anfallenden Kosten, nach behördlicher Genehmigung der Investitionsmaßnahme, zeitnah in Ansatz für seine Erlösobergrenzen und damit

230 Siehe zum Rückgriff von UVP-Unterlagen auf Unterlagen der vorherigen SUP der Bundesfachplanung und der gegebenenfalls notwendigen Aktualisierungen § 21 Abs. 4 NABEG i.V.m. § 5 Abs. 1 S. 1, § 14f Abs. 3 S. 3 UVPG. Gemäß der Gesetzesbegründung der *BT-Drucks. 17/6073,* Gesetzentwurf zur Beschleunigung des Netzausbaus, S. 29, geht der Gesetzgeber von noch aktuellen Unterlagen aus, sofern zwischen beiden Umweltprüfungen weniger als fünf Jahre liegen.

231 Siehe zur Öffentlichkeitsbeteiligung im Planfeststellungsverfahren sogleich „4. Kapitel III. 3.".

232 § 11 UVPG.

233 § 12 UVPG.

234 *Führ u. a.,* Evaluation des UVP-Gesetzes des Bundes, S. 74f.

235 § 12 UVPG; der Planfeststellungsbeschluss ist eine Zulassungsentscheidung im Sinne der Vorschrift.

236 Ähnlich für die SUP in der Bundesfachplanung des NABEG *Bunge,* Beitrag 0540, Umweltprüfungen bei Höchst- und Hochspannungsleitungen: Neuerungen aufgrund des Energiewirtschaftsgesetzes und des Netzausbaubeschleunigungsgesetzes Übertragungsnetz, in: Storm / Bunge (Hrsg.), HdUVP, Bd. 1, S. 40 [Stand: II/2012]; vgl. zudem die Erhebung bei *Führ u. a.,* Evaluation des UVP-Gesetzes des Bundes, S. 76.

237 Siehe hierzu schon „2. Kapitel II.".

schließlich für die Netzentgelte bringen.[238] Problematisch dürfte also vielmehr sein, dass der ÜNB auf Grund des staatlich gewollten Netzausbaus mit gesichertem Mittelrückfluss veranlasst ist, seine Unterlagen mit weniger Sorgfalt und oberflächlicher zu bearbeiten und in die Planung einzubringen.

b) Die Gewährleistung einer objektiven UVP durch die Behörden

Aufgrund der gezeigten Einflussmöglichkeiten der ÜNBs auf die UVP und damit auf den Trassenverlauf ist es auch auf dieser Planungsebene notwendig, der zuständigen Behörde die entsprechenden Befugnisse zu geben, um eine objektive[239] Umweltprüfung zu ermöglichen.

aa) Die Gewährleistung beim Scoping der Antragskonferenz

Schon in der Antragskonferenz des NABEG nimmt das Scoping[240] einen stärkeren Platz ein, als dies klassischerweise bei den entsprechenden Regelungen des UVPG der Fall ist. So ermöglicht normalerweise § 5 Abs. 1 S. 1 Hs. 1, S. 7 UVPG in einem fakultativen Scoping eine Beratung und Unterrichtung des Vorhabenträgers über die voraussichtlich beizubringenden Unterlagen durch die Behörde, die sodann deren Inhalt und Umfang festlegt.[241] Anders ist dies im NABEG, welches ein obligatorisches Scoping innerhalb der Antragskonferenz vorsieht, auf Grund deren Ergebnis der konkrete Inhalt der für die UVP vorzulegenden Unterlagen von behördlicher Seite festgelegt wird.[242] Das NABEG-Scoping ist damit von gesetzlicher Seite aus rigider als das UVPG-Scoping, bei welchem die Behörde vornehmlich „eine Beratungs- und Informationspflicht“[243] inne hat.

Zugleich ist die Festlegungskompetenz der Behörde hier wichtig, da beim Verfahrensschritt der Antragskonferenz verbindlich über den Erstellungsaufwand des ÜNBs als Vorhabenträger und damit letztlich über seinen Ressourceneinsatz (Finanzen, Personal, Zeit) entschieden wird und er folglich an dieser Stelle grundsätzlich sehr

---

238 Siehe dazu schon „1. Kapitel III. 1. b) bb)“. Erläuternd *Franke,* Aktuelle Tätigkeitsschwerpunkte der Bundesnetzagentur im Energiebereich, in: Weyer (Hrsg.), Energienetze, EEG und Energiewende, 9 (21–24).

239 *Kment,* in: Hoppe / Beckmann, UVPG-Kommentar, § 6 UVPG Rn. 15, hebt hervor, dass es bei der UVP „allein auf die Umweltverträglichkeit“ und keine sonstigen Faktoren ankommt.

240 Siehe zur Scopingfunktion der Antragskonferenz des § 20 NABEG die Gesetzesbegründung der *BT-Drucks. 17/6073,* Gesetzentwurf zur Beschleunigung des Netzausbaus, S. 28.

241 Für die voraussichtlich beizubringenden Unterlagen verweist § 5 Abs. 1 S. 1 Hs. 1 UVPG auf § 6 UVPG.

242 Dies ergibt sich aus § 20 Abs. 1 S. 2, Abs. 3 S. 1, § 21 Abs. 4 NABEG i.V.m. § 6 UVPG.

243 *Beckmann,* in: Landmann / Rohmer, UmweltR-Kommentar, Bd. I, § 5 UVPG Rn. 3 [Stand: Juli 2009], der dabei auch das Verhältnis dieser Pflicht zum allgemeinen Verwaltungsverfahrensrecht erläutert.

beharrlich verhandeln dürfte.[244] Wegen des Einflusses wirtschaftlicher Interessen auf die Unterlagenerstellung bei UVP-Verfahren wurde in der Vergangenheit mitunter eine stärkere behördliche Rolle bereits im Scoping empfohlen,[245] wobei dieser Befund allgemein und nicht auf einen bestimmtem Vorhabenbereich oder die Energiewirtschaft zugeschnitten war. Allerdings ist hier erneut zu erwähnen, dass für ÜNBs der Netzausbau im Ergebnis keine wesentliche wirtschaftliche Mehrbelastung darstellt und eine Problematik vielmehr in der unsorgfältigen Unterlagenerstellung des ÜNBs als Vorhabenträger bestehen könnte.[246] Dementsprechend muss die empfohlene Aufwertung der Behörde im Scoping ein Augenmerk auf Vollständigkeit und Qualität der Unterlagen des Vorhabenträgers legen. Dabei ist die Regelung des § 20 Abs. 3 S. 1 NABEG vorteilhaft, da die Planfeststellungsbehörde bei der inhaltlichen Festlegung der einzureichenden Unterlagen das Ergebnis der Antragskonferenz zu Grunde zu legen hat und dementsprechend nicht an vorgebrachte Tatsachen des Vorhabenträgers gebunden ist.

bb) Die Gewährleistung nach der Antragskonferenz

Etwas anders stellt sich die Lage nach der Antragskonferenz und dem folgenden Eingang der Unterlagen des Vorhabenträger bei der Planfeststellungbehörde dar. Diese nimmt gemäß § 21 Abs. 5 S. 1, 2 NABEG eine Vollständigkeitsprüfung in formeller und materieller Hinsicht vor, wobei letzteres – die inhaltliche Unterlagenprüfung – auf eine Plausibilitätskontrolle[247] beschränkt ist. Werden allerdings Lücken durch die Prüfung entdeckt, so führt dies zur behördlichen Aufforderung an den Vorhabenträger, die notwendigen Unterlagen zu ergänzen.[248] Überdies wäre der Verwaltungszwang im Wege eines Zwangsgeldes[249] als ultima ratio möglich. Mit dem System der Beibringungspflicht von Unterlagen durch den Vorhabenträger

244 Vgl. allgemein für diese Interessenlage und Verhandlungsführung im – sogar nur fakultativen – Scopingtermin des § 5 UVPG die Ausführungen von *Kment,* in: Hoppe / Beckmann, UVPG-Kommentar, § 5 UVPG Rn. 17.

245 So die Empfehlung von *Führ u. a.,* Evaluation des UVP-Gesetzes des Bundes, S. 76, die damit unter anderem verhindern wollen, dass die von Dritten angefertigten Unterlagen nicht durch wirtschaftliche Überlegungen des Auftrag gebenden Vorhabenträgers gelenkt werden.

246 Siehe soeben „4. Kapitel III. 2. a)".

247 § 21 Abs. 5 S. 2 a.E. NABEG. *Wiesendahl,* in: de Witt / Scheuten (Hrsg.), NABEG-Kommentar, § 21 NABEG Rn. 26 m.w.N., versteht darunter eine „summarische[...] Prüfung", die nicht auf die „konkrete Richtigkeit aller Inhalte" oder „die materielle Zulassungsfähigkeit des Vorhabens" ausgerichtet ist.

248 § 21 Abs. 5 S. 3 NABEG.

249 Das Zwangsgeld des § 34 NABEG kann zur Durchsetzung von Anordnungen der BNetzA genutzt werden und damit auch hinsichtlich der für die UVP vorzulegenden Unterlagen. Siehe zur Aufforderung des § 21 Abs. 5 S. 3 NABEG und dem zu ihrer Durchsetzung verhängbaren Zwangsgeld aus § 34 NABEG *Wiesendahl,* in: de Witt / Scheuten (Hrsg.), NABEG-Kommentar, § 21 NABEG Rn. 27–30, welcher sich

und einer anschließenden behördlichen Plausibilitätskontrolle ist allerdings noch nicht die Gefahr einer unvollständigen Sachverhaltsaufklärung verbunden. Denn im weiteren Verlauf der UVP, anschließend an die Behörden- und Öffentlichkeitsbeteiligung und den Erörterungstermin des Planfeststellungsverfahrens,[250] hat die zuständige Behörde eine zusammenfassende Darstellung der Umweltauswirkungen zu erstellen.[251] Dafür wird eine vollumfängliche Inhaltsprüfung der Unterlagen des Vorhabenträgers durchgeführt und es werden unter anderem eigene Ermittlungsergebnisse[252] verarbeitet.[253] Voranstehende Darstellung dient sodann der behördlichen Bewertung der Umweltauswirkungen des Vorhabens, welche anschließend bei der Prüfung der Vorhabenzulassung berücksichtigt wird.[254] Da die zusammenfassende Darstellung und die darauffolgende Bewertung und Berücksichtigung zum „Ob" und „Wie" des Planfeststellungsbeschlusses beitragen,[255] kann dessen materielle Rechtmäßigkeit etwa auch davon abhängen, ob die zuletzt genannten Punkte (Bewertung, Berücksichtigung) anhand der fachrechtlichen Zulassungsvorgaben korrekt gewichtet wurden.[256] Dies verdeutlicht die Notwendigkeit einer gewissenhaften behördlichen Prüfung der von dritter Seite vorgelegten Unterlagen, welche über den soeben beschriebenen Weg in den Planfeststellungsbeschluss einfließen können.

cc) Die Bedeutung der Behördenstruktur

Die Gewährleistung, objektive UVP-Unterlagen von ÜNBs zu erhalten, ist nicht nur von der behördlichen Inhaltsprüfung oder Sanktionierung abhängig. Ebenso bedeutsam ist die strukturelle behördliche Aufstellung. Ein wesentlicher Schwachpunkt

---

kritisch hinsichtlich des Zwangsgeldes äußert, da hiergegen gerichteter Rechtsschutz das Planungsverfahren verzögern könnte.

250 Siehe zu diesem Zeitpunkt § 11 S. 1, 3 i.V.m. § 9 Abs. 1 S. 3 UVPG sowie § 73 Abs. 6 VwVfG.

251 § 11 S. 1 UVPG.

252 § 11 S. 1, 2 UVPG nennt die verschiedenen Möglichkeiten, aus denen Erkenntnisse für die zusammenfassende Darstellung gewonnen werden können, wovon eine die eigenen Ermittlungen der Behörde sind.

253 Zu diesem Themenkomplex *Wulfhorst,* in: Landmann / Rohmer, UmweltR-Kommentar, Bd. I, § 11 UVPG Rn. 22 [Stand: März 2010], dieser sieht im Amtsermittlungsgrundsatz des § 24 VwVfG den Grund für die Inhaltsprüfung der Unterlagen des Vorhabenträger – welche nicht explizit im UVPG angeordnet ist.

254 § 12 UVPG.

255 Ähnlich hinsichtlich des Beitrags von zusammenfassender Darstellung und Bewertung auf den Planfeststellungsbeschluss *Bunge,* Beitrag 0540, Umweltprüfungen bei Höchst- und Hochspannungsleitungen: Neuerungen aufgrund des Energiewirtschaftsgesetzes und des Netzausbaubeschleunigungsgesetzes Übertragungsnetz, in: Storm / Bunge (Hrsg.), HdUVP, Bd. 1, S. 50f., [Stand: II/2012].

256 Siehe dazu *Wulfhorst,* in: Landmann / Rohmer, UmweltR-Kommentar, Bd. I, § 12 UVPG Rn. 53, 58 [Stand: März 2010].

ergibt sich zunächst aus dem möglichen Auseinanderfallen der Zuständigkeiten für die Bundesfachplanung und die sich anschließende Planfeststellung, was zwangsläufig eine Kohärenzprüfung der vom ÜNB vorgelegten Unterlagen in der SUP und UVP erschweren würde.[257] So ist die BNetzA zwar für die Bundesfachplanung zuständig,[258] doch verbleibt die Zuständigkeit für die Planfeststellung grundsätzlich bei den Länderbehörden, es sei denn eine Rechtsverordnung überträgt sie auf die BNetzA.[259] Das Risiko einer wenig effektiven Kontrolle der Unterlagen des Vorhabenträgers durch eine zersplitterte Behördenzuständigkeit ergibt sich nicht nur auf vertikaler Ebene zwischen dem Bund und den Ländern. Es kann bei der Planfeststellung zusätzlich auf horizontaler Ebene auftreten, da etwa bei länderübergreifenden Vorhaben mehrere Landesbehörden zuständig sind. Ein ähnliches Problem kann sich überdies innerhalb eines Bundeslandes ergeben: Denn einerseits spricht das NABEG nur von der „Planfeststellungsbehörde“[260] und nicht von der im energiewirtschaftlichen Planfeststellungsverfahren ansonsten gebräuchlichen – aber für die Länder nicht bindenden – Aufgabenzuteilung an eine Anhörungs- und eine Planfeststellungsbehörde.[261] Hierdurch läge zunächst der Schluss nahe, dass den Ländern eine abweichende Regelung über die Behördeneinrichtung verwehrt sei und sie dementsprechend nur eine Behörde für das gesamte Verfahren als zuständig erklären könnten;[262] dadurch würde die UVP nicht auf die beiden genannten Behörden verteilt werden,[263] so dass eine einheitliche Unterlagenprüfung – zumindest

257 Vgl. *Bunge,* Beitrag 0540, Umweltprüfungen bei Höchst- und Hochspannungsleitungen: Neuerungen aufgrund des Energiewirtschaftsgesetzes und des Netzausbaubeschleunigungsgesetzes Übertragungsnetz, in: Storm / Bunge (Hrsg.), HdUVP, Bd. 1, S. 55f., [Stand: II/2012], welcher aus Sicht der Umweltprüfungen beachtliche Gründe für eine einheitliche Behördenzuständigkeit auf beiden Planungsebenen anführt.

258 § 5 Abs. 1 S. 1 i.V.m. § 31 Abs. 1 NABEG.

259 § 31 Abs. 2 i.V.m. § 2 Abs. 2 NABEG.

260 Siehe dazu den Gesetzeswortlaut der Regelungen des 3. Abschnitts im NABEG.

261 Das gesetzliche Leitbild der Planfeststellung im Energierecht ist die Zuständigkeitsaufteilung in Anhörungs- und Planfeststellungsbehörde gemäß §§ 43a f. EnWG i.V.m. §§ 73 f. VwVfG. *Schirmer / Seiferth,* ZUR 2013, 515 (522) sehen in den Regelungen des NABEG eine Abkehr von dieser grundsätzlichen Trennung des Fachplanungsrechts.

262 Hierfür spricht auch der Wortlaut von § 31 Abs. 2 NABEG, welcher besagt dass die Länder das „Planfeststellungsverfahren[...] nach den Regelungen des Abschnitts 3“ durchführen; in besagten Regelungen ist gerade nicht die Rede von Anhörungs- und Planfeststellungsbehörde, sondern nur von der Planfeststellungsbehörde.

263 Die UVP ist in das Planfeststellungsverfahren als ihr Trägerverfahren im Sinne des § 2 Abs. 1 S. 1 UVPG eingebettet, wodurch die behördliche Zuständigkeitsteilung dieses Verfahrens auch für die UVP gilt. Siehe zur Aufteilung der UVP auf die Anhörungs- bzw. Planfeststellungsbehörde die beispielsweisen Verfahrensschritte bei *Neumann,* in: Stelkens / Bonk / Sachs (Hrsg.), VwVfG-Kommentar, § 73 VwVfG Rn. 33 bzw. § 74 VwVfG Rn. 120, 158.

innerhalb des Planfeststellungsverfahrens – möglich wäre.[264] Doch das NABEG erklärt andererseits, dass die Länder – sofern sie das jeweilige Vorhaben planfeststellen –[265] das Planfeststellungsverfahren durch die „nach Landesrecht zuständigen Behörden"[266] durchführen. Die Behördenorganisation obliegt daher weiterhin den Ländern, welche dadurch eine Unterscheidung von Anhörungs- und Planfeststellungsbehörde beibehalten können. Daher ist zwischen diesen beiden Behörden eine enge Abstimmung hinsichtlich der Unterlagen des ÜNBs zu fordern, um deren Objektivität sicherzustellen. Allerdings wäre eine Regelung zu bevorzugen, die ein solches behördliches Auseinanderfallen verhindern würde.

dd) Die Effektivität vorhandener Regelungen

Im Ergebnis kann den Einflussmöglichkeiten der ÜNBs auf die Unterlagen der UVP mit den vorhandenen Rechtsinstrumenten gut begegnet werden. Inwieweit es Aufforderungen, eigene Ermittlungen oder sogar verwaltungsrechtliche Zwangsmaßnahmen gegenüber den ÜNBs bedarf, wird zwar die Zukunft zeigen müssen. Jedoch wird es hier im Hinblick auf die gesicherte Wiederkehr der Investitionsmittel über die Netzentgelte voraussichtlich wenig Konflikte geben. Zudem wird mitunter durchaus angenommen, dass in der Praxis bei leitungsgebundenen Planungen die vorgelegten Unterlagen im Sinne des § 6 Abs. 1 S. 1 UVPG regelmäßig einen hohen Standard auswiesen.[267] Probleme dürften vielmehr in institutioneller Hinsicht auftreten. Daher wäre eine Konzentration der Planfeststellung auf Bundesebene bei der BNetzA empfehlenswert oder es sollte zumindest keine Regelung erlassen werden, die in einem von den Ländern durchgeführten Planfeststellungsverfahren des NABEG die Unterteilung von Anhörungs- und Planfeststellungsbehörde ermöglichen würde.

---

264 Vgl. *Führ u. a.,* Evaluation des UVP-Gesetzes des Bundes, S. 175f., die weitere Probleme hinsichtlich einer effektiven UVP bei der Aufteilung der Behördenzuständigkeit im Planfeststellungsverfahren aufzeigen. Siehe allgemein zu den Vor- und Nachteilen der Verfahrenszuständigkeit von getrennter Anhörungs- und Planfeststellungsbehörde *Neumann,* in: Stelkens / Bonk / Sachs (Hrsg.), VwVfG-Kommentar, § 73 VwVfG Rn. 3.

265 Dies ist als der Regelfall vorgesehen, § 31 Abs. 2 a.E. NABEG.

266 § 31 Abs. 2 NABEG.

267 So die Annahme von *Führ u. a.,* Evaluation des UVP-Gesetzes des Bundes, S. 83. Die darin genannte Rubrik „Leitungsanlagen" ist nicht auf ÜNBs konkretisiert, sondern bezieht sich allgemein auf Leitungsanlagen im Sinne von Nr. 19 der Anlage 1 UVPG a.F., siehe *Führ u. a.,* Evaluation des UVP-Gesetzes des Bundes, S. 41. Allerdings unterscheiden sich die Spezifikationen der „Leitungsanlagen" von Hochspannungsfreileitungen in Nr. 19 der Anlage 1 UVPG a.F. nicht von denen in der aktuellen Fassung von Nr. 19 der Anlage 1 UVPG.

3. Öffentlichkeits- und Behördenbeteiligung für die Umwelt- und Raumverträglichkeit und sonstige Belange

Die Beteiligungsverfahren in der Planfeststellung dienen einem rechtlichen und einem praktischen Gesichtspunkt, was hinsichtlich der folgenden Überlegungen zu bedenken ist. In rechtlicher Hinsicht gilt es zunächst in der Antragskonferenz den Untersuchungsrahmen für die Planfeststellung festzulegen[268] und sodann die im Anhörungsverfahren vorgebrachten Stellungnahmen[269] und Einwendungen[270] in einem Erörterungstermin abzuarbeiten.[271] Eine praktische Intention des Gesetzgebers ist es, mit der Öffentlichkeitsbeteiligung unter anderem „Akzeptanz und Befriedung" für die Ausbaumaßnahmen zu erreichen.[272] Der Zusammenhang zur Vermeidung von Klageverfahren ist dabei evident. Gleichwohl hat das BVerwG bezüglich des Planfeststellungsbeschlusses einer Übertragungsleitung ausdrücklich erklärt, dass „[d]ie Akzeptanz einer Entscheidung als solche...nicht selbst zum abwägungserheblichen Belang [werde]", auch wenn die Behörde zuvor in einem eigenen Verfahren versucht habe, einen weitgehend konsensfähigen Lösungsvorschlag zu erarbeiten.[273] Freilich lässt diese Verlautbarung solche Äußerungen unberührt, welche einwendungsbezogen sind oder in der Öffentlichkeitsbeteiligung für die UVP gemacht werden und über diese letztlich im Planfeststellungsbeschluss zu berücksichtigen sind.[274]

a) *Funktion und Grenzen der unverbindlichen frühen Öffentlichkeitsbeteiligung*

Vor dem Antrag auf Planfeststellung dürfte es für die ÜNBs regelmäßig in Betracht kommen, die frühe Öffentlichkeitsbeteiligung des § 25 Abs. 3 VwVfG

---

268 Dies geschieht auf Grund der Ergebnisse der Antragskonferenz, § 20 Abs. 3 S. 1 NABEG.

269 § 22 Abs. 2 NABEG.

270 § 22 Abs. 6 NABEG.

271 § 22 Abs. 7 NABEG i.V.m. § 73 Abs. 6 S. 1–5 VwVfG.

272 So zumindest hinsichtlich der Antragskonferenz die Gesetzesbegründung der *BT-Drucks. 17/6073,* Gesetzentwurf zur Beschleunigung des Netzausbaus, S. 28.

273 Zitat und Aussage von *BVerwG,* Beschluss vom 26. September 2013 – 4 VR 1.13, NuR 2013, 800 (805) – 380 kV-Höchstspannungsfreileitung Hamburg / Nord-Dollern. Für die Zulässigkeit der Erstellung eines solchen Lösungsvorschlags („Empfehlung") durch „ein informelles Verfahren" verweist das BVerwG auf seine eigene Rspr. in *BVerwG,* Urteil vom 3. März 2011 – 9 A 8.10, BVerwGE 139, 150 (155).

274 Die zu beteiligende betroffene Öffentlichkeit kann gemäß § 9 Abs. 1 S. 2 UVPG bzw. bei grenzüberschreitender Öffentlichkeitbeteiligung i.V.m. § 9a Abs. 1 S. 1 UVPG Äußerungen abgeben, welche sodann in die zusammenfassende Darstellung des § 11 S. 1 UVPG Eingang finden. Aufgrund der zusammenfassenden Darstellung erfolgt für die zu erwartenden Umweltauswirkungen eine Bewertung, welche sodann bei der Zulassungsentscheidung zu berücksichtigen ist, § 12 UVPG.

durchzuführen.[275] Allerdings ist eine nicht vorgenommene oder fehlerhafte frühe Öffentlichkeitsbeteiligung für die Frage eines rechtmäßigen Planfeststellungsbeschlusses unschädlich.[276] Bei diesem Verfahren handelt es sich lediglich um ein fakultatives Verfahren, von dem überdies keine Präklusionswirkung hinsichtlich verspäteter Einwendungen ausgeht.[277] Dieser unverbindliche Charakter rechtfertigt daher auch seine geringe rechtliche Tragweite.

Gleichwohl schließen voranstehende Feststellungen nicht den praktischen Nutzen einer möglicherweise frühen Streitabwendung aus.[278] Allerdings lässt sich über die frühe Öffentlichkeitsbeteiligung – wie bereits im Rahmen der Bundesfachplanung aufgezeigt – im Planfeststellungsverfahren ein differenziertes Bild seiner Wirksamkeit zeichnen.[279] So mag diese zwar dem ÜNB als Vorhabenträger rechtzeitig Informationen über die Situation und Haltungen vor Ort vermitteln und zugleich helfen, Missverständnisse zu verhindern oder auszuräumen. Allerdings steht bei Durchführung der frühen Öffentlichkeitsbeteiligung der Ausbauentschluss regelmäßig bereits fest, sei es aufgrund innerbetrieblicher Überlegungen oder durch die behördliche Anordnung der BNetzA, welche den ÜNB zum Antrag auf Planfeststellung verpflichtet.[280] Daher kann die Ablehnung des Netzvorhabens als solches kaum mehr Gegenstand der Debatte sein und diesbezügliche Konflikte müssen vorgelagert politisch geklärt werden.[281] Freilich lässt dies eine – vor dem Hintergrund der vorab durchgeführten Bundesfachplanung eher unwahrscheinliche – Zulassungsversagung unberührt, welche die Planfeststellungsbehörde aus zwingenden rechtlichen Gründen oder aufgrund ihres planerischen Ermessens in der Abwägungsentscheidung aussprechen kann.

---

275 Aufgrund ihrer vornehmlichen Ausrichtung auf Planfeststellungsverfahren ist die Regelung, trotz der Stellung im allgemeinen Verfahrensteil des VwVfG, auf diese anwendbar, siehe *Neumann,* in: Stelkens / Bonk / Sachs (Hrsg.), VwVfG-Kommentar, § 72 VwVfG Rn. 93. Der Ausschlussgrund des § 25 Abs. 3 S. 5 VwVfG ist weder im Anwendungsbereich des NABEG noch der SeeAnlVO ersichtlich, da dort keine Beteiligungsformen vor einer Antragstellung angeordnet sind.

276 *Neumann,* in: Stelkens / Bonk / Sachs (Hrsg.), VwVfG-Kommentar, § 73 VwVfG Rn. 2b.

277 Darauf für das Planfeststellungsverfahren hinweisend auch der soeben aufgeführte *Neumann,* in: Stelkens / Bonk / Sachs (Hrsg.), VwVfG-Kommentar, § 73 VwVfG Rn. 2b; so auch schon bezüglich der Bundesfachplanung aufgezeigt im „3. Kapitel III. 4. a)".

278 Die Überlegung des Gesetzgebers war es durch dieses Beteiligungsverfahren – unter anderem – „Konflikte [zu] vermeiden", siehe die Gesetzesbegründung der *BT-Drucks. 17/9666,* Gesetzentwurf zum PlVereinhG, S. 16.

279 Siehe dazu „3. Kapitel III. 4. a)".

280 § 12 Abs. 2 S. 4 NABEG (Bundesgebiet) bzw. § 17a Abs. 6 i.V.m. § 17d Abs. 1 S. 1 EnWG (Anbindungsleitungen in die AWZ). Siehe zur Frage der behördlichen Planungsdurchsetzung weiterführend „5. Kapitel I.".

281 Vgl. *Schmitz / Prell,* NVwZ 2013, 745 (748).

b) *Die verbindliche Öffentlichkeitsbeteiligung: Nationale und unionsrechtliche Vorgaben*

Eine obligatorische Behörden- und Öffentlichkeitsbeteiligung findet nach dem Planungsregime des NABEG sowohl in der Antragskonferenz als auch im Anhörungsverfahren statt. In der öffentlich[282] stattfindenden Antragskonferenz werden umfassend die für die Zulassung des Vorhabens abzuarbeitenden Punkte einschließlich der diesbezüglichen UVP behandelt,[283] wobei die Träger öffentlicher Belange und Vereinigungen obligatorisch zu beteiligen sind.[284] Ähnliches gilt für das Anhörungsverfahren. Der Kreis der zu Beteiligenden ist hier im Wesentlichen gleich definiert[285] und der Gegenstand des Verfahrens deckt sich erkennbar mit dem der vorangegangenen Antragskonferenz.[286] Diese Befunde gelten für die Planfeststellung in der AWZ und das dort geltende Planungsregime der SeeAnlVO nur eingeschränkt. Da dort, wie eingangs erwähnt, kein UVP-Verfahren durchzuführen ist, sind keine diesbezüglichen Beteiligungsrechte gegeben. Die Beteiligung von Trägern öffentlicher Belange und sonstiger Personen ist daher auf die sonstigen Aspekte der Planfeststellung begrenzt und findet vornehmlich im allgemeinen Anhörungsverfahren des VwVfG statt.[287]

Ein teilweise gesondertes Beteiligungsverfahren ist wiederum in Art. 9 TEN-E-VO 2013 vorgesehen. Dieses lässt einerseits die Regelungen der Öffentlichkeitsbeteiligung aus der UVP-RL 2011 unangetastet[288] und damit auch die bisherigen diesbezüglichen Umsetzungsakte im deutschen Planungsregime. Andererseits führt es die Erstellung eines unverbindlichen Verfahrenshandbuchs über das Genehmigungsverfahren ein, welches für die Öffentlichkeit zugänglich zu sein hat;[289] dieses Instrument ist vom europäischen Gesetzgeber für andere Leitungsvorhaben nicht vorgesehen und unterscheidet sich daher von den anderen Beteiligungsverfahren.

---

282 Siehe zur Frage, ob und gegebenenfalls inwieweit sich die Öffentlichkeit in der Antragskonferenz einbringen kann *Wiesendahl,* in: de Witt / Scheuten (Hrsg.), NABEG-Kommentar, § 20 NABEG Rn. 30. Zur ähnlichen Problematik in der Fachplanung „3. Kapitel III. 4. b)".

283 § 20 Abs. 1 S. 2 NABEG.

284 § 20 Abs. 1 S. 1 NABEG.

285 § 22 Abs. 2 S. 1 und Abs. 6 NABEG. Eine gewisse Abweichung zum § 20 NABEG besteht in der ausdrücklichen Nennung von „Raumordnungsbehörden der Länder" in § 22 Abs. 2 S. 1 NABEG, obwohl dies im Ergebnis keinen Unterschied bei den zu beteiligenden Behörden ausmachen dürfte.

286 In § 22 Abs. 1, 3 NABEG wird insofern auf die Unterlagen des § 21 NABEG Bezug genommen, welche aus der Antragskonferenz resultieren.

287 Siehe zur Anwendbarkeit des VwVfG-Anhörungsverfahrens § 2 Abs. 3 S. 1 SeeAnlVO i.V.m. § 73 VwVfG, welches durch die Regelungen des § 4 SeeAnlVO modifiziert wird.

288 Art. 9 Abs. 4 UntAbs. 1 S. 2 TEN-E-VO 2013 i.V.m. Art. 6 Abs. 2 UVP-RL 2011.

289 Art. 9 Abs. 1 TEN-E-VO 2013.

Die Kritik an den hier vorgestellten Beteiligungsmodellen wird in der Literatur vornehmlich im Zusammenhang mit den weiteren Planungsstufen vorgenommen, also einschließlich der Bedarfs- und Fachplanung, und zielt dabei maßgeblich auf die Öffentlichkeitsbeteiligung ab. So wird etwa hinsichtlich des NABEG vertreten, dass im Ergebnis zu viele Beteiligungsmöglichkeiten der Öffentlichkeit vorhanden seien, welche die angestrebte Konsensfindung nicht ermöglichen könnten.[290] An der TEN-E-VO 2013 wird beispielsweise eine Fokussierung auf die Öffentlichkeitsbeteiligung der Zulassungsebene bemängelt, wohingegen der Öffentlichkeit an der vorgelagerten Bedarfsplanung zu Vorhaben von gemeinsamen Interesse keine Mitsprache eingeräumt werde.[291] Die exemplarisch aufgeführte Kritik ist überwiegend punktueller Art und stellt nicht das Beteiligungssystem als solches in Frage.[292] An der Sinnhaftigkeit einer Öffentlichkeitsbeteiligung kann in der Tat kein Zweifel bestehen. Die vorliegende Arbeit will stattdessen aufzeigen, inwiefern die Öffentlichkeitsbeteiligung, selbst bei einer idealen rechtlichen Ausformung, nur bedingt Konflikte vermeiden kann. Dies soll beispielhaft anhand der Auswirkung des naturschutzrechtlichen und raumordnenden Bündelungsgebotes auf den Inhalt der Öffentlichkeitsbeteiligung verdeutlicht werden.

c) Beispiele zu Grenzen der Akzeptanzförderung: Bündelungsgebote und Vorbelastungen

Die Konfliktvermeidung stößt dort an ihre Grenzen, wo normative Planungsvorgaben keine weiteren oder nur sehr geringe Spielräume zulassen. Eine solche Vorgabe kann etwa im naturschutzrechtlichen Bündelungsgebot für Infrastrukturen des § 1 Abs. 5 S. 3 BNatSchG („Soll"-Vorschrift) oder bei seinem Pendant in den Raumordnungsvorschriften der Länder[293] gesehen werden. Eine Bündelung wird durchaus in den Abwägungsentscheidungen von Planfeststellungsbehörden bei Übertragungsleitungen angestrebt, was in den diesbezüglichen Entscheidungen des BVerwG als unproblematisch erachtet wird.[294] Überdies wird vom BVerwG in einer

290 *Durner,* NuR 2012, 369 (377).

291 *Schadtle,* ZNER 2013, 126 (131f.).

292 Die von *Durner* aufgestellte Überlegung, die Öffentlichkeitsbeteiligung mitunter durch parlamentarische Prozesse zu ersetzen, zielt nur auf einzelne Verfahrensstufen ab, siehe *Durner,* NuR 2012, 369 (377).

293 Siehe zum Vorhandensein und der Ausformung einer solchen Bündelungsvorgabe in Raumordnungsvorschriften der Länder *Ministerkonferenz für Raumordnung (MKRO),* Positionspapier zur Raumverträglichkeitsprüfung nach § 5 NABEG, 06.02.2013, S. 9f. der Anlage.

294 St. Rspr.: So zunächst unter dem Begriff der „Parallelführung" *BVerwG,* Beschluss vom 15. September 1995 – 11 VR 16.95, Buchholz 442.09 § 18 AEG Nr. 6, S. 3 (7) – 110-kV-Bahnstromfreileitung, Abschnitt Bebra-Wildeck; diese Entscheidung, nunmehr unter dem Terminus der Bündelung, aufgreifend *BVerwG,* Gerichtsbescheid vom 21. September 2010 – 7 A 7.10, juris (Rn. 17) – 110-/380-kV-Hochspannungsfreileitung,

dieser Entscheidungen darauf verwiesen, dass die Nichtheranziehung einer bestehenden Trasse lediglich die Probleme einer Netzausbaumaßnahme an den ersatzweisen Trassenstandort überführen würde.[295] Dies korrespondiert mit den richterlichen Äußerungen zu solchen Flächen, welche bereits durch Infrastrukturmaßnahmen vorbelastet sind. So lässt das BVerwG Flächen mit „Vorbelastungen" eine geringere „Schutzwürdigkeit" zukommen als anderen Gebieten[296] und hat diese Ansicht unlängst in weiteren Verfahren zu Übertragungsleitungen erneuert.[297] Gemäß der Rechtsprechung kann dies zu einer Situation führen, bei welcher die „Grenze der Berücksichtigung von Vorbelastungen... erst durch rechtswidrige Eigentums- und Gesundheitsbeeinträchtigungen gezogen [wird]"[298].

Da es in den vorliegend behandelten Entscheidungen um Vorhaben des EnLAG-Bedarfsplans ging,[299] kann die Verwaltungspraxis und Rechtsprechung auf

---

Abschnitt Gütersloh-Friedrichsdorf. Sich in jüngster Zeit ebenso für eine Bündelung aussprechend *BVerwG*, Beschluss vom 28. Februar 2013 – 7 VR 13.12, UPR 2013, 345 (348) – 380-kV-Höchstspannungsfreileitung, Abschnitt Fellerhöfe-Sankt Tönis – allerdings findet sich diese Begrifflichkeit nicht mehr im folgenden Hauptsachverfahren zu diesem Beschluss, siehe *BVerwG*, Urteil vom 17. Dezember 2013 – 4 A 1.13, BVerwGE 148, 353–380-kV-Höchstspannungsfreileitung, Abschnitt Fellerhöfe-Sankt Tönis.

295 *BVerwG*, Gerichtsbescheid vom 21. September 2010 – 7 A 7.10, juris (Rn. 17) – 110-/380-kV-Hochspannungsfreileitung, Abschnitt Gütersloh-Friedrichsdorf; beachte dort auch die weitere Argumentation gegen eine Alternativtrasse.

296 Aussage und Zitate von *BVerwG*, Gerichtsbescheid vom 21. September 2010 – 7 A 7.10, juris (Rn. 17 m.w.N. aus der eigenen Rspr.) – 110-/380-kV-Hochspannungsfreileitung, Abschnitt Gütersloh-Friedrichsdorf. Siehe hierzu auch für Leitungen der unteren Spannungsebenen *VGH München*, Urteil vom 20. November 2012 – 22 A 10.40041, ZUR 2013, 303 (303 m.w.N.) – 110 kV-Freileitung Vöhringen-Memmingen.

297 So etwa – allerdings ohne Bezug zum soeben aufgeführten Gerichtsbescheid – in einem Verfahren des vorläufigen Rechtsschutzes *BVerwG*, Beschluss vom 28. Februar 2013 – 7 VR 13.12, UPR 2013, 345 (347 m.w.N. aus der eigenen Rspr.) – 380-kV-Höchstspannungsfreileitung, Abschnitt Fellerhöfe-Sankt Tönis; ebenso im Hauptsacheverfahren *BVerwG*, Urteil vom 17. Dezember 2013 – 4 A 1.13, BVerwGE 148, 353 (369f. m.w.N.) – 380-kV-Höchstspannungsfreileitung, Abschnitt Fellerhöfe-Sankt Tönis. Unter anderem den voranstehenden Beschluss des vorläufigen Rechtsschutzes bestätigend *BVerwG*, Beschluss vom 26. September 2013 – 4 VR 1.13, NuR 2013, 800 (806f.) – 380 kV-Höchstspannungsfreileitung Hamburg / Nord-Dollern.

298 *BVerwG*, Gerichtsbescheid vom 21. September 2010 – 7 A 7.10, juris (Rn. 17 m.w.N. aus der eigenen Rspr.) – 110-/380-kV-Hochspannungsfreileitung, Abschnitt Gütersloh-Friedrichsdorf.

299 *BVerwG*, Gerichtsbescheid vom 21. September 2010 – 7 A 7.10, juris – 110-/380-kV-Hochspannungsfreileitung, Abschnitt Gütersloh-Friedrichsdorf; *BVerwG*, Beschluss vom 28. Februar 2013 – 7 VR 13.12, UPR 2013, 345–380-kV-Höchstspannungsfreileitung, Abschnitt Fellerhöfe-Sankt Tönis; *BVerwG*, Beschluss vom 26. September

den Bedarfsplan des BBPlG übertragen werden. Dadurch ergibt sich, dass der Netzausbau – dort wo es möglich ist – voraussichtlich in bestehenden Trassen oder durch eine anderweitige Verknüpfung mit bestehender Infrastruktur erfolgen wird. Zugleich wäre bei der Errichtung einer Leitung auf unberührten Flächen mit weiteren Ausbaumaßnahmen an dieser Stelle in der Zukunft zu rechnen. Gerade diese Verfestigung von Strukturen könnte in der Öffentlichkeit zur entschiedenen Ablehnung jeglicher Ausbaumaßnahmen führen. Als Beispiel mögen hier Wohngebiete aufgeführt werden, wo in einer bestehenden Trasse eine Leitung mit höherer Spannungsebene errichtet wird.[300] In diesem Zusammenhang kann die Ministerkonferenz für Raumordnung erwähnt werden, welche bereits für die Anwendung raumordnender Bündelungsgebote in der Bundesfachplanung eine Untersuchung unter anderem hinsichtlich „einer Überbelastung des betroffenen Raumes“ forderte.[301]

Auch wenn die Planfeststellungsbehörde in diesem Bereich einen gewissen Spielraum hat, so wird sie in der Praxis oftmals die Heranziehung bestehender Trassen und die Bündelung von Infrastrukturmaßnahmen, folglich eine Konzentration auf bestimmte Flächen, vertreten müssen. Eine Konfliktvermeidung durch die Öffentlichkeitsbeteiligung wird hier nur bedingt möglich sein, unabhängig von ihrer Ausgestaltung. Besonders relevant dürfte dies im Anwendungsbereich des NABEG werden, da dort die Bündelung mit 110 kV-Leitungen und Bahnstromfernleitungen vorgesehen ist.[302] Diese Art der Bündelung dürfte aufgrund der aufgezeigten Rechtsprechung weitgehend gerichtsfest sein,[303] obwohl die praktische Realisierbarkeit unter anderem von der Bewältigung des erhöhten Abstimmungsaufwands zwischen den verschiedenen Planungsbeteiligten abhängt, welcher insbesondere durch das Entflechtungsregime verschiedener Netzebenen im 3. Binnenmarktpaket bedingt ist.[304]

2013 – 4 VR 1.13, NuR 2013, 800 – 380 kV-Höchstspannungsfreileitung Hamburg / Nord-Dollern.

300 Vgl. *Greinacher / Freitag*, N&R 2011, 39 (41), welche als Folge der Rechtsprechung des BVerwG die Heranziehung bestehender Trassen für den Netzausbau auch in Wohngebieten herausstellen.

301 Siehe zu Aussage und Zitat *Ministerkonferenz für Raumordnung (MKRO)*, Positionspapier zur Raumverträglichkeitsprüfung nach § 5 NABEG, 06.02.2013, S. 9f. der Anlage.

302 § 2 Abs. 3, § 26 NABEG.

303 Vgl. *Greinacher / Freitag*, N&R 2011, 39 (41), welche schon vor Erlass des NABEG eine mögliche Bündelung mit Bahnstromfernleitungen aus der Rechtsprechung des BVerwG ableiteten.

304 Zu dieser Problematik *Wolfshohl / Scheuten*, in: de Witt / Scheuten (Hrsg.), NABEG-Kommentar, § 2 NABEG Rn. 41f., die gleichwohl in den Konsultationsprozessen des NEP ein gutes Instrument zur rechtzeitigen Abstimmung der Netzbetreiber untereinander erkennen wollen.

IV. Grenzüberschreitende Aspekte der Planfeststellung

Für die Planfeststellung grenzüberschreitender Leitungsvorhaben stellen sich im Wesentlichen dieselben rechtlichen Probleme und Lösungsansätze, wie sie bereits diesbezüglich im Rahmen der Fachplanung diskutiert wurden.[305] Dies hängt schon damit zusammen, dass beide Verfahren aufeinander aufbauen und in ihnen jeweils raumordnerische und umweltrechtliche Prüfungspunkte abzuarbeiten und abzuwägen sind. Allerdings ist stets der erhebliche Unterschied zu bedenken, welcher in einer abschließenden Entscheidung mit Außenwirkung liegt und damit den Interkonnektor auf beiden Seiten der Grenze verbindlich festlegt.

1. Die geltende Gesetzeslage und die notwendige Alleinzuständigkeit von BNetzA und BSH

Bei grenzüberschreitenden Leitungen besteht grundsätzlich eine Zuständigkeit der BNetzA für nach dem NABEG planfestzustellende Vorhaben nur im Einzelfall, sämtliche andere verbleiben bei den Planfeststellungsbehörden der Länder;[306] dieses Ausnahme-Regel Verhältnis ist allerdings momentan durch die PlfZV umgekehrt, welche sämtliche in den Anwendungsbereich des NABEG fallende Vorhaben des BBPlG an die BNetzA zuweist.[307] Überdies sind noch die grenzüberschreitenden Vorhaben anderer Planungsregime zu bedenken, etwa des EnWG und EnLAG, deren Planfeststellungen grundsätzlich in der Verantwortung der Länder liegen.[308] Anders verhält sich die Situation in der AWZ. Dort ist der Bund mit dem BSH, welche als Planfeststellungs- oder Genehmigungsbehörde fungiert, stets bei der Zulassung eines grenzüberschreitenden Vorhabens beteiligt.[309]

Im Rahmen dieser Arbeit konnte für Leitungen innerhalb des Bundesgebiets einschließlich des Küstenmeers und der AWZ bereits die Empfehlung einer Zuständigkeitsbündelung für die Planfeststellung auf Bundesebene ausgesprochen werden.[310] Dasselbe soll nunmehr auch für grenzüberschreitende Vorhaben erfolgen. Begründen lässt sich dies zunächst mit Überlegungen, anhand derer vorliegend schon für eine Bundesfachplanung unter umfassender Einbeziehung grenzüberschreitender Vorhaben argumentiert wurde:[311] Erstens käme es zu einer Wissenskonzentration bei den beiden Bundesbehörden bezüglich von Übertragungsleitungen und bezüglich

305 Siehe dazu „3. Kapitel V.".
306 § 31 Abs. 2 NABEG i.V.m. § 2 Abs. 2 NABEG.
307 § 1 PlfZV.
308 Siehe etwa die grenzüberschreitenden Vorhaben im Bedarfsplan der Anlage zum EnLAG, welche gemäß § 1 Abs. 1 EnLAG i.V.m. § 43 S. 1 a.E. EnWG von der nach Landesrecht zuständigen Behörde planfestgestellt werden.
309 Siehe zu den verschiedenen Planungsregimen der SeeAnlVO und des BBergG für die AWZ „4. Kapitel I. 3. b)".
310 Zu dieser Empfehlung „4. Kapitel II. 4.-5.".
311 Siehe dazu „3. Kapitel V.".

des Planungsrechts benachbarter Staaten und zweitens wäre es den Bundesländern möglich, sich auf die Zulassung von Verteilernetzen zu spezialisieren. Weitere Argumente liegen hinsichtlich des Bundesgebiets und Küstenmeers in der geringeren Einarbeitungszeit der BNetzA gegenüber Landesbehörden, da sie bereits die vorgelagerte Bundesfachplanung durchgeführt hat. Sicherlich kann diesem Kalkül entgegengehalten werden, dass eine geringere regionale Akzeptanz der Planfeststellung zu befürchten ist, da die Entscheidung von einer zentralisierten Behörde ohne Regionalbezug erfolgt – für das BSH dürfte dies aufgrund der Zuständigkeit für die AWZ kaum ein Hindernis sein. Gleichwohl ist die Entfernung der BNetzA zur Situation vor Ort nicht unbedingt ein Nachteil. So ist die BNetzA gerade keinem regionalpolitischen Druck bei der Entscheidungsfindung ausgesetzt und kann grenzüberschreitende Zusammenhänge besser in das Verfahren einbringen und abwägen.[312] Zwar ist die Entscheidung einer Behörde ohne Verwaltungsunterbau naturgemäß mit gewissen Problemen behaftet, doch kann hier ein Ausgleich durch die im NABEG niedergelegten und bereits erörterten Mitwirkungsmöglichkeiten der betroffenen Länder und Kommunen stattfinden.[313] Überdies kann die regionale Akzeptanz auch über eine intensive Öffentlichkeitsbeteiligung erreicht werden.[314]

2. Die unionsrechtliche Notwendigkeit der Bundeszuständigkeit

Eine Empfehlung zur Konzentration der Planfeststellung bei den Bundesbehörden lässt sich auch aus unionsrechtlichen Überlegungen ableiten. So wurde die BNetzA als diejenige nationale Stelle ausgewählt, welche gemäß Art. 8 Abs. 1 TEN-E-VO 2013 die Vereinfachungs- und Abstimmungsfunktion[315] der Zulassungen für Vorhaben von gemeinsamen Interesse zu übernehmen hat[316] und damit im Bundesgebiet wie auch in der AWZ zuständig ist[317]. Zwar sagt dies noch nichts über

---

312 Vgl. *Führ u. a.,* Evaluation des UVP-Gesetzes des Bundes, S. 176f., die bei der UVP in „Bebauungsplanverfahren'" über „Defizite in der überörtlichen Betrachtung der Umweltauswirkungen bzw. der Berücksichtigung überörtlicher (Allgemeinwohl-) Interessen" berichten.

313 Dazu „4. Kapitel II. 7.".

314 Zur Öffentlichkeitsbeteiligung des NABEG siehe „4. Kapitel III. 3.".

315 Siehe zur Vorgabe des Art. 8 Abs. 1 TEN-E-VO 2013 eine nationale Behörde mit dieser Funktion zu benennen.

316 Bekanntmachung über die zuständige Behörde nach Artikel 8 Absatz 1 der Verordnung (EU) Nr. 347/2013 vom 22. Mai 2014, BGBl. 2014, I, S. 576. Eine mögliche Benennung der BNetzA bereits im Vorfeld begrüßend *Strobel,* ZEuS 2013, 167 (207 m.w.N.).

317 Grundsätzlich bestünde die Möglichkeit, eine zuständige nationale Behörde im Sinne des Art. 8 Abs. 1 TEN-E-VO 2013 jeweils für das Bundesgebiet und die AWZ zu benennen, was sich aus Art. 8 Abs. 2 TEN-E-VO 2013 schließen lässt. Dies wäre praktisch betrachtet auch nicht unvernünftig, da die TEN-E-VO 2013 hinsichtlich der Vorhabenzulassung (die TEN-E-VO 2013 spricht

darüber aus, ob diese Behörden zugleich als Zulassungsbehörden im Sinne der TEN-E-VO 2013 fungieren, da diesbezüglich den Mitgliedstaaten erhebliche Gestaltungsmöglichkeiten in der TEN-E-VO 2013 verblieben sind.[318] Doch es zeichnet sich eine gewisse Stärkung der bundesbehördlichen Rolle im Planungsregime ab. Weiterhin dürfte es für die nachbarstaatlichen Verwaltungsbehörden ein nicht unerheblicher Mehraufwand sein, zunächst mit der BNetzA in der Bundesfachplanung und sodann eventuell mit einer Landesbehörde in der Planfeststellung zusammenzuarbeiten (etwas anderes gilt in der AWZ, wo das BSH auf beiden Planungsstufen vertreten ist). In diesem Zusammenhang ist darauf hinzuweisen, dass die TEN-E-VO 2013 einerseits mitgliedstaatliche Verfahren zur Bestimmung des Trassenverlaufs in ihre Vorgaben integriert, aber andererseits ein solches Verfahren wohl als Ausnahme betrachtet und es auch nicht als obligatorisch anordnet.[319] Daher wird es ohnehin komplex sein, die Bundesfachplanung und Planfeststellung mit dem nachbarstaatlichen Zulassungsverfahren abzustimmen, weshalb dies nicht zusätzlich durch einen Behördenwechsel auf deutscher Seite erschwert werden sollte. Anstatt einer nur punktuellen Zusammenarbeit zwischen Landesbehörden mit den nachbarstaatlichen Institutionen würde sich ein dauerhafter und eingeübter Verwaltungsvollzug zwischen der BNetzA und dem Nachbarstaat entwickeln. Unter anderem würde somit eine Wissenskonzentration erfolgen, die in der Beschleunigung grenzüberschreitender Vorhaben münden könnte.

Die Effizienz der Zuständigkeitsbündelung würde sich etwa auch bezüglich der weiteren Vorgaben der TEN-E-VO 2013 zeigen. Darin werden die Mitgliedstaaten verpflichtet, sich bei grenzüberschreitenden Vorhaben um gemeinsame Verfahren zu bemühen, wobei die TEN-E-VO 2013 dafür besonders auf das Verfahren der UVP verweist.[320] Es darf angenommen werden, dass die Effizienz dieser gemeinsamen Verfahren umso höher ist, je öfter sie von denselben Behörden praktiziert werden. Auch dies legt also die Alleinzuständigkeit der BNetzA nahe.

3. Reformvorschläge

Die soeben gemachten Vorschläge bedürften einer gewissen Gesetzesanpassung, sowie einiger Änderungen im zwischenstaatlichen Bereich.

---

von „Genehmigung") bereits zwischen diesen geographischen Räumen in Art. 8 Abs. 4 TEN-E-VO 2013 („Onshore- und Offshore") weitgehend unterscheidet. Die Möglichkeit dieser Rolle für das BSH annehmend *Strobel*, ZEuS 2013, 167 (207), der hierbei auch auf Art. 8 Abs. 2 TEN-E-VO 2013 verweist.

318 Die verschiedenen Gestaltungsmöglichkeiten sind in Art. 8 Abs. 3 TEN-E-VO 2013 niedergelegt. Dazu erläuternd *Strobel*, ZEuS 2013, 167 (205–208).

319 Der Wortlaut und die systematische Stellung des Art. 10 Abs. 3 TEN-E-VO 2013 deutet darauf hin, dass die TEN-E-VO 2013 einem eigenständigen Verfahren zur Bestimmung des Trassenverlaufs nur Ausnahmecharakter beimisst.

320 Art. 8 Abs. 5 TEN-E-VO 2013.

Für das Gebiet der AWZ wurde im Rahmen der Arbeit schon aufgezeigt, dass sämtliche grenzüberschreitende Vorhaben durch eine Planfeststellung des BSH im Rahmen der SeeAnlVO zugelassen werden sollten.[321] Im Bundesgebiet und Küstenmeer wäre es notwendig, sämtliche grenzüberschreitende Vorhaben im Bundesbedarfsplan mit „A2" zu kennzeichnen, so dass für sie eine Planfeststellung durch die BNetzA gemäß der geltenden PlfZV erfolgen könnte;[322] Voraussetzung wäre natürlich die umfassende Aufnahme dieser Leitungen in den Bundesbedarfsplan im Vorfeld.[323]

Weniger umfangreich wären Reformen im zwischenstaatlichen Bereich notwendig. Denn hier ist es der BNetzA und dem BSH möglich, weiterhin auf bestehende Instrumente abzustellen, die sie bereits jetzt anzuwenden haben. So kann Deutschland für die bereits erwähnten, von Art. 8 Abs. 5 TEN-E-VO 2013 initiierten gemeinsamen Verfahren für Vorhaben von gemeinsamen Interesse (etwa bei der UVP) beispielsweise auf vorhandene Vereinbarungen zur Durchführung der UVP mit Nachbarstaaten zurückgreifen. Eine solche Vereinbarung ist unter anderem mit den Niederlanden geschlossen worden.[324] Insofern müssen weder die BNetzA noch das BSH die nachbarstaatlichen Kooperationsinstrumente völlig neu entwickeln, auch wenn die BNetzA aufgrund mangelnder Erfahrung in der Planfeststellung eine gewisse Einarbeitungszeit benötigen wird. Die EU-Kommission setzt in diesem Bereich auf individuelle und flexible Lösungen zwischen den Mitgliedstaaten. So gibt sie in ihren unverbindlichen Leitlinien zur UVP für Vorhaben der TEN-E-VO 2013 keine spezifische Handlungsempfehlung ab und benennt stattdessen lediglich die diversen Möglichkeiten für Absprachen zwischen den beteiligten Mitgliedstaaten.[325] Dieser mitgliedstaatliche Gestaltungsspielraum kann durchaus als Ausfluss des Subsidiaritätsprinzips des EUV betrachtet werden.[326] Dies ermöglicht es dem Bund, dass er die deutsche Besonderheit der Bundesfachplanung und des Bundesfachplan Offshore

321 „4. Kapitel I. 3. b)".

322 § 1 Nr. 2 PlfZV i.V.m. § 2 Abs. 1 S. 2 BBPlG.

323 Dazu schon „3. Kapitel V. 3.".

324 *Ministerium für Infrastruktur und Umwelt der Niederlande und Bundesministerium für Umwelt, Naturschutz und Reaktorsicherheit der Bundesrepublik Deutschland unter Beteiligung der Umweltministerien des Landes Nordrhein-Westfalen und des Landes Niedersachsen,* Gemeinsame Erklärung zur grenzüberschreitenden UVP und SUP, 2013.

325 *EU-Kommission,* Streamlining environmental assessment procedures for energy infrastructure Projects of Common Interest (PCIs), S. 28, siehe dort den Fußnotenverweis. Dabei wird indirekt auch auf die soeben vorgestellte Gemeinsame Erklärung verwiesen: *Ministerium für Infrastruktur und Umwelt der Niederlande und Bundesministerium für Umwelt, Naturschutz und Reaktorsicherheit der Bundesrepublik Deutschland unter Beteiligung der Umweltministerien des Landes Nordrhein-Westfalen und des Landes Niedersachsen,* Gemeinsame Erklärung zur grenzüberschreitenden UVP und SUP, 2013.

326 Vgl. dazu das Ansinnen des Unionsgesetzgebers im 32. ErwGr. der TEN-E-VO 2013. Gleichwohl sollen gesetzgeberische Änderungen zum UVP-Verfahren in den

lediglich mit einem oder nur wenigen anderen Mitgliedstaaten abstimmen muss. Insofern ist es für sinnvolle gemeinsame Verfahren im Sinne der TEN-E-VO 2013 notwendig, dass der Bund erstens auf den bisherigen Vereinbarungen aufbaut und dort zweitens die getrennten Instrumente der Bundesfachplanung und des Bundesfachplan Offshore einerseits und der Planfeststellung andererseits ausreichend einbringt.

Gleichwohl sagt dies noch nichts darüber aus, ob und wie unionsrechtliche Verfahrensvorgaben ebenso sinnvoll sein könnten, was im Folgenden zu betrachten ist.

V. Europäische Aspekte der Planfeststellung

Für die legislative und administrative Einbindung der EU in das Planfeststellungsverfahren ergeben sich mitunter sehr ähnlich Fragestellungen, wie bereits zuvor in der Fachplanung.[327] Dabei sind freilich die Unterschiede zu berücksichtigen, dass die Planfeststellung nicht großflächig, sondern parzellenscharf ist und sie nicht verwaltungsintern sondern mit Außenwirkung stattfindet.

1. Der momentane Einfluss der EU-Ebene auf die Planfeststellung und sein Reformbedarf

Zunächst ist festzuhalten, dass weder eine europäische Fachplanung, noch eine europäische Planfeststellung vorhanden ist. Der Einfluss der EU-Ebene findet sich stattdessen punktuell im administrativen und teilweise erheblich im materiellrechtlichen Bereich.

Für das Verwaltungsverfahren der Planfeststellung konnte im Rahmen der vorliegenden Arbeit gezeigt werden, inwiefern die Einbindung der EU-Kommission, besonders bei umweltrechtlichen Fragen, notwendig ist und ihr einiges Gewicht zukommt.[328] Dies gilt bei sämtlichen Übertragungsleitungen, für welche Unionsrecht anwendbar ist. Eine zusätzliche Einbindung der europäischen Verwaltungsebene ist hinsichtlich transeuropäischer Netze gegeben. Für sie ist im Art. 171 Abs. 2 AEUV eine Koordinierungsfunktion der EU-Kommission vorgesehen, wie sie etwa in der TEN-E-VO 2013 zum Ausdruck kommt: So ist es der EU-Kommission möglich, einen „europäischen Koordinator" für Vorhaben von gemeinsamen Interesse auszuwählen – sofern die jeweiligen Mitgliedstaaten dieser Maßnahme zustimmen –, der explizit auch bei der Genehmigungserteilung behilflich sein soll.[329] Allerdings

---

Mitgliedstaaten auch die unverbindlichen Leitlinien der EU-Kommission beachten, Art. 7 Abs. 7 i.V.m. Abs. 4–5 TEN-E-VO 2013.

327 Siehe dazu „3. Kapitel VI.".

328 „4. Kapitel II. 2. d)".

329 Siehe zur den Voraussetzungen für die Einsetzung eines europäischen Koordinators bzw. zu seiner Rolle bei der Genehmigungserteilung Art. 6 Abs. 1 bzw. Abs. 2 lit. b TEN-E-VO 2013. Zur Rolle des europäischen Koordinators in der Fachplanung „3. Kapitel VI. 1.".

wurde die Rolle des europäischen Koordinators schon unter der vorangegangenen TEN-E-Entscheidung 2006 kritisch betrachtet, da sie mit keinen verbindlichen Realisierungskompetenzen versehen wurde.[330] Auch in der TEN-E-VO 2013 findet sich keine Aufwertung des europäischen Koordinators. Dieser kann daher einzig flankierend tätig werden. Doch selbst wenn durch ihn kein wesentlicher Beschleunigungseffekt zu erreichen sein mag, so kann er, aufgrund seiner Nähe zu den Umsetzungsproblemen der Vorhaben von gemeinsamen Interesse, wertvolle Anregungen für notwendige Gesetzgebungsakte auf europäischer Ebene geben.[331]

Eine weitergehende Rolle der europäischen Exekutive auf der Zulassungsebene erscheint kaum notwendig, da der konkrete Trassenverlauf eine weitgehend kleinteilige Betrachtung ist und diese besser zwischen den mitgliedstaatlichen Behörden bewältigt werden kann. Darin spiegelt sich letztlich das Subsidiaritätsprinzip des Art. 5 Abs. 1 S. 2, Abs. 3 EUV wider. Dies berührt allerdings nicht die Überlegung dieser Arbeit, ein Weisungsrecht für die EU-Kommission zu etablieren, mit welchem sie den Beginn der Planfeststellung beeinflussen könnte.[332] Zugleich stellt sich die Frage nach der Notwendigkeit einer Verstärkten Zusammenarbeit (Art. 20 EUV, Art. 326 ff. AEUV) zwischen Mitgliedstaaten, die einen Leitungsausbau forcieren wollen.

Der größte Einfluss der EU auf die Planfeststellung liegt momentan sicherlich in den umfangreichen materiellrechtlichen Vorgaben, insbesondere im Umweltrecht.[333] Gleichwohl findet besonders durch die TEN-E-VO 2013 ein zunehmender Einfluss auf die nationalen Zuständigkeiten[334] und Verfahrensregelungen, etwa der Öffentlichkeitsbeteiligung,[335] statt.

Allerdings wird speziell im nationalen Verfahrensrecht mitunter „die offene Flanke der Einheit des Unionsrechts“[336] gesehen. Dies verwundert nicht, da beispielsweise die Elektrizitäts-RL 2009 den ÜNBs eine Ausbaupflicht auferlegt,[337] aber etwa die Planungsdauer und -fristen zumeist in mitgliedstaatlicher Verantwortung bleiben. Ausnahmen bilden beispielsweise die jährliche Pflicht zur Erstellung des nationalen NEPs[338] und die Höchstfristen für die gegebenenfalls stattfindende

330 *Gundel*, § 23 Europäisches Energieverwaltungsrecht, in: Terhechte (Hrsg.), VerwR der EU, Rn. 39.

331 Dies würde mit seiner Pflicht gegenüber der EU-Kommission korrespondieren, unter anderem über Schwierigkeiten und Hindernisse bei Vorhaben von gemeinsamen Interesse zu berichten, Art. 6 Abs. 2 lit. e S. 1 TEN-E-VO 2013.

332 Siehe dazu „4. Kapitel V. 4.“.

333 Dazu schon „4. Kapitel III. 1.“.

334 Art. 8 TEN-E-VO 2013.

335 Art. 9 TEN-E-VO 2013.

336 Aussage und Zitat von *Hatje*, in: Schwarze (Hrsg.), EU-Kommentar, Art. 197 AEUV Rn. 1.

337 Art. 12 lit. a Elektrizitäts-RL 2009.

338 Art. 22 Abs. 1 S. 1 Elektrizitäts-RL 2009. Zunächst erfolgte eine jährliche behördliche Bestätigung der (Offshore-)NEPs, § 12c Abs. 4 S. 1 bzw. § 17c S. 2 i.V.m.

Fachplanung und das Planfeststellungsverfahren bei Vorhaben von gemeinsamen Interesse.[339] Insofern geht auch die Sanktionierung von ÜNBs, die eine gemäß dem nationalen NEP innerhalb von drei Jahren durchzuführende Investitionsvorgabe nicht umgesetzt haben,[340] ins Leere. Denn eine Sanktionierung kann nur erfolgen, sofern der Ausbau nicht aus „zwingenden,...[vom ÜNB – Anm. des Verf.] nicht zu beeinflussenden Gründen“[341] unterbleibt. Bei langwierigen Planungs- und Zulassungsverfahren in den Mitgliedstaaten wird also regelmäßig eine Exkulpation des ÜNB vorliegen. Die vorliegende Arbeit sieht einen Reformbedarf daher vordringlich in einheitlichen Fristvorgaben und deren Durchsetzung, wodurch eine Synchronisation des Netzausbaus speziell zwischen den Mitgliedstaaten ermöglicht werden kann. Dabei dürfen sich die Fristvorgaben nicht nur auf die Dauer eines Planungsschrittes konzentrieren. Zugleich gilt es Fristen für das Ineinandergreifen von einer Planungsstufe, etwa von der Fachplanung, in die nächste Planungs- oder Zulassungsstufe, beispielsweise das Planfeststellungsverfahren, zu erlassen.[342] Innerhalb dieser Verfahrensvorgaben verbliebe es dann zumeist bei den Mitgliedstaaten, inhaltliche Maßgaben für die Vorhabenzulassung vorzugeben.

2. Gesetzgebungskompetenzen der EU

Für eine unionsrechtliche Gesetzgebung auf der Zulassungsebene von Übertragungsleitungen ergeben sich grundsätzlich dieselben kompetenzrechtlichen Abgrenzungsfragen, wie schon zuvor auf Fachplanungsebene.[343] Dabei scheint der Fokus der Betrachtung in der Literatur auf der Frage zu liegen, inwieweit das Verfahrensrecht einer unionsrechtlichen Regelung zugänglich ist. So wird einerseits vertreten, dass etwa Fristenregelungen im Rahmen der transeuropäischen Netze oder der Energiekompetenz des Art. 194 AEUV erlassen werden könnten.[344] Andererseits

---

§ 12c Abs. 4 S. 1 EnWG a.F. Dies wurde mittlerweile geändert in die behördliche Bestätigung der (Offshore-)NEPs in ungeraden Kalenderjahren und einen (Offshore-)Umsetzungsbericht der ÜNBs in geraden Kalenderjahren, § 12c Abs. 4 S. 1 (i.V.m. § 17c Abs. 1 S. 2) bzw. § 12d S. 1, § 17c Abs. 2 S. 1 EnWG; hiermit seien die Vorgaben des Unionsrechts erfüllt, so *BT-Drucks. 18/6383,* Beschlussempfehlung zu BT-Drucks. 18/5925, 18/6292, S. 18f., 20.

339 Die Fristen für die vom Unionsgesetzgeber vorgesehenen Verfahren, welche sich im deutschen Recht als Fachplanung und Planfeststellung identifizieren lassen, finden sich in Art. 10 TEN-E-VO 2013.

340 Art. 22 Abs. 7 UntAbs. 1 Elektrizitäts-RL 2009.

341 Art. 22 Abs. 7 UntAbs. 1 Elektrizitäts-RL 2009; ähnlich bei Vorhaben von gemeinsamen Interesse Art. 5 Abs. 7 TEN-E-VO 2013.

342 Siehe zu diesem Problem bereits „3. Kapitel VI. 3.“.

343 Siehe dort „3. Kapitel VI. 2.“.

344 Zunächst für die transeuropäischen Netze – in Verbindung mit der Binnenmarktvorschrift des heutigen Art. 26 AEUV – *Meier-Weigt,* IR 2007, 7 (8); diesen für Art. 194 Abs. 1 lit. d AEUV aufgreifend *Hackländer,* Die allgemeine Energiekompetenz im Primärrecht der Europäischen Union, S. 193f.; ähnlich *Schulenberg,* Die

gibt es Überlegungen, nach denen die Zuständigkeits- und Verfahrensvorgaben der TEN-E-VO 2013 nur schwerlich mit dem Leitliniencharakter ihrer Rechtsgrundlage, Art. 172 Abs. 1 i.V.m. Art. 171 Abs. 1 AEUV, vereinbar seien.[345] Doch selbst wenn von Art. 172 Abs. 1 AEUV – oder auch Art. 194 Abs. 2 AEUV – das Verfahrensrecht nicht als Kernmaterie einer Leitlinie angesehen würde, so sind Verfahrensvorgaben zumindest doch regelmäßig von der Sachkompetenz umfasst.[346] Dies gilt dann nicht nur für Vorhaben von gemeinsamen Interesse im Gefolge von Art. 172 Abs. 1 AEUV, sondern auch im Wege des Art. 194 Abs. 2 AEUV für eine weitaus größere Anzahl von Übertragungsleitungen.[347] Jedenfalls ist ihre Einbettung in Leitlinien unschädlich.

Hinsichtlich des materiellrechtlichen Planungsrechts kommt Art. 194 Abs. 1 lit. d, Abs. 2 AEUV für Vorgaben in Betracht, welche sich als ein „in den Grundzügen vorgegebene[s] Genehmigungsverfahren"[348] oder als „‚Planungsbedingungen'"[349] beschreiben lassen. Überdies dürfte der Art. 172 Abs. 1 AEUV als Kompetenzgrundlage für bestimmte materielle Planungsvorgaben zu Vorhaben von gemeinsamen Interesse heranziehbar sein. Obwohl bei beiden Kompetenznormen nicht die Vorgabe etwa des Linienverlaufs möglich ist, so wäre doch eine Regelung zur Gewichtung von unionsrechtlich umfassten Ausbauvorhaben in der Abwägungsentscheidung der nationalen Planungsbehörde zulässig.[350]

Der Fokus der folgenden Betrachtung soll der Frage gelten, wie die Zulassungsentscheidungen für Übertragungsleitungen zeitlich synchronisiert werden können und wie dies institutionell begleitet und abgesichert werden kann.

3. Notwendige Beschaffenheit unionsrechtlicher Vorgaben für die Planfeststellung

Vor dem Hintergrund des soeben aufgezeigten Reformbedarfs und den Kompetenzen des Unionsgesetzgebers stellt sich nunmehr die Frage, welche unionsrechtlichen Vorgaben für die Planfeststellung notwendig sind.

Energiepolitik der EU, S. 391. Siehe zu derselben Frage im Fachplanungsrecht „3. Kapitel VI. 2. c)".

345 *Vogt / Maaß*, RdE 2013, 151 (158f.).

346 Siehe allgemein zu Regelungen für das Verwaltungsverfahren im Rahmen der Sachkompetenz und zu den Ausübungsmodalitäten eines solchen Normerlasses *Gundel*, § 3 Verwaltung, in: Schulze u.a. (Hrsg.), EuropaR, Rn. 66–68, 109–111 m.w.N. Dazu bereits „3. Kapitel VI. 2. c)".

347 Darunter dürfte jede Übertragungsleitung zu verstehen sein, die den Zielen des Art. 194 Abs. 1 AEUV dienlich ist, dazu bereits „3. Kapitel VI. 2. a)".

348 *Schulenberg*, Die Energiepolitik der EU, S. 391.

349 Allgemein für Art. 194 AEUV *Gundel*, EWS 2011, 25 (30), der diesbezüglich auch auf den soeben aufgeführten *Schulenberg*, Die Energiepolitik der EU, S. 391 verweist.

350 Siehe hierzu für Art. 170 ff. AEUV „4. Kapitel II. 2. e)".

a) *Verfahrens- und materiellrechtliche Vorgaben*

Dabei soll dem Ansatz dieser Arbeit für die Fachplanung gefolgt werden: Demnach werden primär Regelungen für den zeitlichen Übergang der einzelnen Planungsstufen ineinander gefordert,[351] so dass in den Mitgliedstaaten ein nahtloser Übergang von der Bedarfsplanung bis zur Zulassungsebene gegeben ist und dies damit synchron zwischen den einzelnen Mitgliedstaaten abläuft. Der zuletzt genannte Punkt ist insbesondere für die Realisierung von Interkonnektoren bedeutend. Innerhalb dieser zeitlichen Vorgaben verbliebe es weitgehend bei den Mitgliedstaaten, die materiellen Vorgaben für die Zulassungsebene zu regeln. Freilich beließe dies die Notwendigkeit unberührt, den genauen Regelungscharakter einer Zulassung für Übertragungsvorhaben durch eine unionsrechtlich harmonisierte Vorgabe festzulegen. Eine solche Vorgabe wäre nicht neu, da bereits die TEN-E-VO 2013 definiert, welchen Inhalt eine „umfassende Entscheidung“[352] im Sinne des Genehmigungsverfahrens für Vorhaben von gemeinsamen Interesse umfasst.[353] Hieran könnten sich Vorgaben für die restlichen Vorhaben orientieren, welche einer unionsrechtlichen Regelung zugänglich sind.

Die hiernach notwendigen Fristenregelungen müssten sich erstens auf den Übergang vom Fachplanungs- in das mitgliedstaatliche Zulassungsverfahren (in Deutschland vornehmlich das Planfeststellungsverfahren) beziehen und zweitens Höchstfristen für die Zulassungsentscheidung setzen. Für den zeitlich nahtlosen Übergang könnte die Vorgabe der „Unverzüglichkeit“ gewählt werden, was überdies den Vorteil hätte, dass die Ergebnisse der SUP aus der vorangegangenen Bundesfachplanung noch auf dem gegenwärtigen Stand wären und somit die UVP der Planfeststellung – zumindest im Bundesgebiet und Küstenmeer –[354] etwas entlastet werden könnte.[355] Für die notwendigen Höchstfristen wäre es möglich, auf die entsprechende Regelung des Art. 10 Abs. 2 UntAbs. 1 TEN-E-VO 2013 zurückzugreifen, ohne aber zugleich das Genehmigungsregime dieser Bestimmung zu übernehmen. Besteht in einem Mitgliedstaat ein eigenes Verfahren zur Linienbestimmung, wie etwa mit der Bundesfachplanung und dem Bundesfachplan Offshore in Deutschland, so sollten die Höchstfristen für das folgende Zulassungsverfahren entsprechend

351 „3. Kapitel VI. 3. a)“.

352 Art. 2 Nr. 2 TEN-E-VO 2013.

353 Für das Zustandekommen der umfassenden Entscheidung im mitgliedstaatlichen Genehmigungsverfahren gibt Art. 8 Abs. 3 UntAbs. 1 lit. a–c TEN-E-VO 2013 mehrere mögliche Schemata vor.

354 Im Planfeststellungsverfahren der AWZ findet keine UVP statt, dazu „4. Kapitel III. 1. a)“.

355 Gemäß der §§ 23, 21 Abs. 4 NABEG i.Vm. §§ 5, 14f Abs. 3 UVPG findet zwar grundsätzlich eine Prüfungsabschichtung zwischen der SUP der Bundesfachplanung und der UVP der Planfeststellung statt, doch beinhaltet die UVP dabei stets auch „erforderliche Aktualisierungen“.

kürzer sein,[356] damit insbesondere die grenzüberschreitenden Verfahren nicht auseinanderfallen. Dabei ergäben sich für die Elektrizitäts-RL 2009 und die TEN-E-VO 2013 die folgenden Änderungsvorschläge, welche auf die entsprechenden Änderungsvorschläge dieser Arbeit für die Fachplanung aufbauen würden:

In den Art. 22 Elektrizitäts-RL wäre, in Anschluss an den bereits vorgeschlagenen *Absatz 5a*,[357] der folgende *Absatz 5b* aufzunehmen:

> „Sofern ein Mitgliedstaat ein behördliches Verfahren zur Bestimmung des Trassenverlaufs vorsieht, ist unverzüglich nach dessen Abschluss das Genehmigungsverfahren zu eröffnen, für dessen Beginn der Übertragungsnetzbetreiber einen Antrag einzureichen hat. Die Dauer des nationalen Genehmigungsverfahrens darf die in Artikel 10 Absatz 2 Unterabsatz 1 der Verordnung (EU) Nr. 347/2013 genannte Gesamtdauer, einschließlich der dort genannten Fristverlängerung, nicht überschreiten. Diese Höchstfrist verringert sich um die Verfahrensdauer, welche durch ein nach mitgliedstaatlichem Recht zuvor stattgefundenes behördliches Verfahren zur Bestimmung des Trassenverlaufs beansprucht wurde.
>
> Sofern das Recht eines Mitgliedstaates kein behördliches Verfahren zur Bestimmung des Trassenverlaufs vorsieht, ist unverzüglich nach Erstellung des Netzentwicklungsplans das Genehmigungsverfahren zu eröffnen, für dessen Beginn der Übertragungsnetzbetreiber einen Antrag einzureichen hat. Die Dauer des nationalen Genehmigungsverfahrens darf die in Artikel 10 Absatz 2 Unterabsatz 1 der Verordnung (EU) Nr. 347/2013 genannte Gesamtdauer, einschließlich der dort genannten Fristverlängerung, nicht überschreiten."

Zur Vereinheitlichung des Zulassungsregimes, wäre überdies an das Ende der bereits empfohlenen Neufassung[358] des Art. 10 Abs. 3 TEN-E-VO 2013, welcher mitgliedstaatliche Fachplanungen inhaltlich und teilweise zeitlich regelt, die folgende Passage zu ergänzen:

> „Nach Abschluss des behördlichen Verfahrens zur Bestimmung des Trassenverlaufs ist unverzüglich mit dem Genehmigungsverfahren des Absatzes 1 zu beginnen. Die in Absatz 2 Unterabsatz 1 genannte Gesamtdauer des Genehmigungsverfahrens, einschließlich der Fristverlängerung, verringert sich um die Verfahrensdauer des zuvor stattgefundenen behördlichen Verfahrens zur Bestimmung des Trassenverlaufs."

---

356 Dieser Vorschlag lehnt sich an die bestehenden Regelungen für Vorhaben von gemeinsamen Interesse der TEN-E-VO 2013 an und wurde bereits im Rahmen der Fachplanung erarbeitet, „3. Kapitel VI. 3. a)".

357 Siehe zum Vorschlag für einen *Absatz 5a* des Art. 22 Elektrizitäts-RL 2009 das „3. Kapitel VI. 3. a)".

358 Siehe zur empfohlenen Neufassung des Art. 10 Abs. 3 TEN-E-VO 2013 das „3. Kapitel VI. 3. a)".

b) *Möglichkeiten einer Verstärkten Zusammenarbeit, Art. 326 ff. AEUV*

Unionsrechtlich vorgegebene Fristvorgaben für die Zulassungsebene unterscheiden sich zwar rechtlich betrachtet nicht von solchen in der Bedarfs- oder Fachplanung. Jedoch sind sie in der Zulassungsebene politisch noch sensibler, da sie letztlich auf eine Zulassungsentscheidung mit Außenwirkung gerichtet sind. Daher wäre es auch hier – wie schon bei den vorangegangenen Planungsstufen -[359] gegebenenfalls notwendig, eine Verstärkte Zusammenarbeit im Sinne der Art. 20 EUV und Art. 326 ff. AEUV für die soeben vorgestellten Änderungsvorschläge zu etablieren. Zwar ist der Nutzen dieses Instruments auch für das Stromnetz durchaus anerkannt,[360] doch ist wohl momentan die Etablierung einer Verstärkten Zusammenarbeit für Deutschland wenig realistisch.[361] Fristvorgaben wären daher innerhalb der bestehenden Strukturen zu verwirklichen.

c) *Die Einordnung unionsrechtlicher Vorgaben in das deutsche Planfeststellungsverfahren*

Das geltende deutsche Recht hält keine Regelung vor, welche einen genauen zeitlichen Übergang von der Bundesfachplanung und dem Bundesfachplan Offshore in das Planfeststellungsverfahren des NABEG beziehungsweise der SeeAnlVO anordnet. Stattdessen ist die BNetzA im Anschluss an die Bundesfachplanung befugt, einen ÜNB zum Antrag auf Planfeststellung für ein Vorhaben im Bundesgebiet bzw. für eine Anbindungsleitung von Windenergieanlagen auf See in der AWZ zu verpflichten und ihm dafür eine angemessene Frist zu setzen.[362] Überdies sind keine Höchstfristen für die Planfeststellungsverfahren des NABEG und der SeeAnlVO vorgesehen. Die voranstehend gemachten Vorschläge für das europäische Recht müssten folglich erst noch in die deutschen Fachgesetze integriert werden. Dies dürfte ohne größere Schwierigkeiten durchführbar sein. Zugleich sollten die Gesetzesanpassungen, aus Gründen der Vereinheitlichung, für sämtliche Übertragungsvorhaben gelten und damit auch für diejenigen außerhalb des Anwendungsbereichs des Unionsrechts.

aa) *Die Planfeststellung im Bundesgebiet*

So könnte beispielsweise der § 12 Abs. 2 S. 4 NABEG geändert werden – bezüglich des Verfahrensübergangs von der Fachplanung in die Planfeststellung – und dem

359 Siehe dort „2. Kapitel IV. 5." und „3. Kapitel VI. 3. d)".

360 Einen solchen Nutzen für den Offshore-Bereich des europäischen Stromnetzes annehmend *Müller*, E.L. Rev. 38 (2013), 618 (634f.), die zugleich darauf verweist, dass dies nur ein Teil der Lösung für den dortigen Netzausbau sein könne und den Mitgliedstaaten daneben eine maßgebliche Rolle zukomme.

361 Siehe dazu schon „2. Kapitel IV. 5. a) cc)".

362 Siehe für das Bundesgebiet § 12 Abs. 2 S. 4 NABEG. Die entsprechende Regelung für die AWZ findet sich in § 17a Abs. 6 i.V.m. § 17d Abs. 1 S. 1 EnWG.

§ 24 Abs. 1 NABEG könnte ein zweiter Satz angefügt werden – hinsichtlich der Gesamtdauer des Planfeststellungsverfahrens (Änderungen *kursiv* gekennzeichnet):

- § 12 Abs. 2 S. 4 NABEG: Die Bundesnetzagentur ist *verpflichtet*, nach Abschluss der Bundesfachplanung den nach den §§ 11 und 12 des Energiewirtschaftsgesetzes verpflichteten Vorhabenträger durch Bescheid *unverzüglich* aufzufordern, innerhalb einer zu bestimmenden angemessenen Frist den erforderlichen Antrag auf Planfeststellung zu stellen.
- § 24 Abs. 1 S. 2 NABEG: Die Dauer des Planfeststellungsverfahrens darf die in Artikel 10 Absatz 2 Unterabsatz 1 der Verordnung (EU) Nr. 347/2013 genannte Gesamtdauer, einschließlich der dort genannten Fristverlängerung, nicht überschreiten; die Verfahrensdauer der Bundesfachplanung ist dabei zu berücksichtigen.

bb) Die Planfeststellung in der AWZ

Ähnlich wären die Gesetzesänderungen für die AWZ. Demnach müsste § 17a Abs. 6 EnWG geändert und dem § 2 Abs. 1 SeeAnlVO würde ein zweiter Satz angestellt werden (Änderungen *kursiv* gekennzeichnet):

- § 17a Abs. 6 EnWG: Die Bundesnetzagentur *ist verpflichtet*, nach Aufnahme einer Leitung in den Bundesnetzplan nach § 17 des Netzausbaubeschleunigungsgesetzes Übertragungsnetz den nach § 17d Absatz 1 anbindungsverpflichteten Übertragungsnetzbetreiber durch Bescheid *unverzüglich* aufzufordern, innerhalb einer zu bestimmenden angemessenen Frist den erforderlichen Antrag auf Planfeststellung oder Plangenehmigung der Leitung nach den Bestimmungen der Seeanlagenverordnung zu stellen.
- § 2 Abs. 1 S. 2 SeeAnlVO: Die Gesamtdauer des Planfeststellungsverfahrens für Anlagen im Sinne § 1 Absatz 2 Satz 1 Nummer 2 darf die in Artikel 10 Absatz 2 Unterabsatz 1 der Verordnung (EU) Nr. 347/2013 genannte Gesamtdauer, einschließlich der dort genannten Fristverlängerung, nicht überschreiten; die Verfahrensdauer der Bundesfachplanung ist dabei zu berücksichtigen.

4. Institutionelle Reformansätze

Neben den vor allem verfahrensrechtlichen Reformansätzen ist auch die Frage der institutionellen Einbindung der europäischen Ebene in das Planfeststellungsverfahren zu betrachten.

a) Das Innenverhältnis von EU und Mitgliedstaaten: Mögliche Weisungsrechte

Wie schon in der Fachplanung, so ergibt sich auch vorliegend die Überlegung, ob den europäischen Institutionen ein Weisungsrecht gegenüber den Mitgliedstaaten zukommen sollte, um ÜNBs zum Antrag auf Planfeststellung zu verpflichten. Ein solches Weisungsrecht könnte dann anstatt der soeben vorgeschlagenen Regelung eines unverzüglichen Übergangs von der Fachplanung in die Planfeststellung etabliert werden. Im Falle Deutschlands wäre das Weisungsrecht auf den Vollzug des momentanen § 12 Abs. 2 S. 4 NABEG für das Bundesgebiet und Küstenmeer bzw. des momentanen § 17a Abs. 6 EnWG für die AWZ gegenüber den ÜNB gerichtet, wonach dieser zum Antrag auf Planfeststellung für ein Vorhaben aufgefordert werden kann.[363]

Damit würden inhaltliche Gestaltungsmöglichkeiten der EU einhergehen, was im Energierecht auf der Unionsebene nicht fremd ist[364] und vorliegend etwa bei der geographischen Schwerpunktsetzung des Netzausbaus zum Vorschein käme. Der Einstieg in eine eigenständige Energiepolitik europäischer Institutionen – abseits energierechtlicher Rechtssetzungsakte – wäre damit getan. Zugleich dürfte ein Paradigmenwechsel in dem bisherigen Weisungssystem europäischer Institutionen angenommen werden. Diesem wird nämlich bescheinigt, dass es sich vornehmlich auf Weisungen konzentriere, welche nationalen Entscheidungen im Zuge von Aufsichtsmaßnahmen nachgelagert seien und deren Unionsrechtskonformität absichern würden.[365] Als Beispiel der momentanen Systematik lässt sich etwa Art. 39 Abs. 6 lit. b Elektrizitäts-RL 2009 anführen,[366] welcher es der EU-Kommission erlaubt, eine Regulierungsbehörde zum Widerruf von Maßnahmen aufzufordern, die bestimmten energierechtlichen Leitlinien widersprechen.

Der erhebliche Steuerungseffekt der vorliegend diskutierten ex-ante Weisung der EU wäre in der Praxis weithin spürbar, da der Planfeststellungsantrag idealerweise in einen Planfeststellungsbeschluss mündet, welcher regelmäßig eine Betroffenheit bei einer Vielzahl von Personen auslöst[367] – anders als es in der Fachplanung der Fall ist.[368] Insofern wäre eine Weisung einzig als ein letztes Mittel für die Erreichung des

---

363 Siehe zu den entsprechenden Überlegungen dieses Absatzes in der Fachplanung das „3. Kapitel VI. 4. a) aa)".

364 So besitzt die EU-Kommission etwa eine zentrale Rolle bei der Ausweisung der Vorhaben von gemeinsamen Interesse; siehe dazu ihre in Art. 3 TEN-E-VO 2013 niedergelegten Befugnisse. Die Rolle der EU-Kommission darstellend *Giesberts / Tiedge*, NVwZ 2013, 836 (837f.).

365 *Stelkens*, in: Stelkens / Bonk / Sachs (Hrsg.), VwVfG-Kommentar, EuR, Rn. 146f.

366 Die Regulierungsbehörde hat der Weisung über den Widerruf innerhalb von zwei Monaten Folge zu leisten, Art. 39 Abs. 8 Elektrizitäts-RL 2009. Die Befugnis der BNetzA dies umzusetzen, findet sich in § 57a Abs. 4 Alt. 1 EnWG.

367 So etwa durch die enteignungsrechtliche Vorwirkung des Planfeststellungsbeschlusses eines NABEG-Vorhabens gemäß § 18 Abs. 3 S. 2 NABEG i.V.m. § 45 Abs. 1 Nr. 1, Abs. 2 S. 1 EnWG.

368 Die Entscheidung der Bundesfachplanung hat zunächst keine Außenwirkung, § 15 Abs. 3 S. 1 NABEG, auch wenn die BNetzA in der Folge eine Veränderungssperre erlassen kann, § 16 Abs. 1 S. 1 NABEG.

Netzausbaus zu begreifen, welches bei erfolgloser Ausschöpfung von allen sonstigen Instrumenten zum Einsatz käme.[369]

Gleichwohl sind Weisungsrechte der Unionsebene nicht schrankenlos, weil sie an kompetenzrechtliche Voraussetzungen des europäischen Primärrechts gebunden sind.[370] Überdies würde das hier beschriebene Weisungsrecht europäischer Institutionen die Frage aufwerfen, inwieweit dem betroffenen ÜNB im Verwaltungs- und Klageverfahren auch Rechte gegen die europäischen Entscheidungsträger – neben den nationalen Behörden – zustehen sollten. Als empfehlenswert erschiene hier durchaus die Flankierung des Weisungsrechts durch gesetzlich normierte Rechtspositionen – zumindest im Verwaltungsverfahren – für die ÜNBs,[371] obwohl ihre Betroffenheit streng genommen erst durch die weisungsumsetzende Entscheidung der mitgliedstaatlichen Behörden ausgelöst würde.

b) Zuständigkeiten auf EU-Ebene und Koordinationsfunktion der EU-Kommission

Aus kompetenzrechtlichen und praktischen Erwägungen sollte das hier vorgestellte Weisungsrecht der EU-Kommission und nicht ACER zugeordnet werden.[372]

Den europäischen Institutionen sollte allerdings nicht nur das scharfe Schwert eines Weisungsrechts angetragen werden. Ergänzend ist ebenso die Unterstützung des Vollzugs von Unionsrecht in den Mitgliedstaaten zu besorgen. Unsicherheiten nationaler Behörden auf diesem Gebiet würden die Gerichtsfestigkeit ihrer Ausbauentscheidungen gefährden, da diesen auf der Zulassungsebene regelmäßig eine Außenwirkung zukommt. Besonders relevant dürfte dies bei Interkonnektoren sein. So dürften Mitgliedstaaten beim Ausbau grenzüberschreitender Leitungen

---

369 Siehe hierzu schon bezüglich eines Weisungsrechts in der Fachplanung „3. Kapitel VI. 4. a)".

370 Zum Ausnahmecharakter und der kompetenzrechtlichen Begründung von Weisungen der EU-Kommission gegenüber Mitgliedstaaten und nationalen Verwaltungsstellen *Stelkens,* in: Stelkens / Bonk / Sachs (Hrsg.), VwVfG-Kommentar, EuR, Rn. 146f. m.w.N.; siehe dazu bereits die Ausführungen zu einem möglichen fachplanungsrechtlichen Weisungsrecht der EU-Kommission „3. Kapitel VI. 4. a) bb)".

371 Vgl. zur Problematik speziell im Energierecht, mit Bezug auf das bereits erwähnte Widerrufsverfahren des Art. 39 Elektrizitäts-RL 2009, *Gundel,* WiVerw 2010, 127 (129f.); dieser führt auch die Lösung des Unionsgesetzgebers durch verbriefte Rechte der Parteien in der Elektrizitäts-RL 2009 auf. Siehe dazu auch *Kahl,* DVBl. 2012, 602 (608), welcher – unter anderem für Aufsichtsverfahren der EU gegenüber mitgliedstaatlichen Beihilfeentscheidungen – die verwaltungsverfahrensrechtlichen Gewährleistungen für die letztendlich betroffenen Parteien im Sekundärrecht normieren will und dies am ehesten durch gesonderte Regelungen für die einzelnen Fachbereiche verwirklichbar sieht.

372 Siehe als Begründung hierzu bereits „3. Kapitel VI. 4. b)".

zurückhaltend agieren, sofern einem von ihnen ein erhebliches Umsetzungsdefizit von Unionsrecht bescheinigt wird, welches auf seiner Seite der Grenze die Umsetzung von Leitungsvorhaben verzögert. Hierfür dürften die Art. 6 S. 2 lit. g und Art. 197 AEUV über die Verwaltungszusammenarbeit interessant werden, welche durch den Vertrag von Lissabon eingeführt wurden[373] und nach ihrem Wortgehalt den Vollzug des Unionsrechts in den Mitgliedstaaten verbessern sollen. Die Möglichkeiten der EU sind diesbezüglich weitgehend und erstrecken sich auf „Maßnahmen zur Unterstützung, Koordinierung oder Ergänzung der Maßnahmen der Mitgliedstaaten"[374]. Unter den Informationsaustausch des Art. 197 Abs. 2 S. 2 AEUV fällt etwa „praktische[s] Erfahrungswissen"[375], so dass die Mitgliedstaaten beispielsweise bei der rechtlichen Auslegung und praktischen Anwendung von unionsrechtlichen Umweltvorgaben durch die Union eine Hilfestellung erhalten können. Gleichwohl unterstreicht Art. 197 Abs. 2 S. 3 AEUV die Unabhängigkeit der Mitgliedstaaten in der Frage, ob sie von Unterstützungsmaßnahmen Gebrauch machen wollen. Dies verdeutlicht den Befund der vorliegenden Arbeit, dass der politische Wille in den Mitgliedstaaten notwendig ist, um Interkonnektoren und sonstige für die EU relevante Leitungsvorhaben umsetzen zu können.[376]

VI. Fazit

Die Ausformung der Planfeststellung ist in den vorhandenen nationalen Regelungen als grundsätzlich positiv zu bewerten. Gleichwohl hat die vorliegende Arbeit gewisse Verbesserungspotenziale aufgezeigt. Demnach sollte die Zuweisung sämtlicher Übertragungsvorhaben in den Anwendungsbereich des NABEG bzw. der SeeAnlVO erfolgen. Zugleich wäre eine Zuständigkeitskonzentration der Planfeststellung bei den Bundesbehörden (BNetzA bzw. BSH) notwendig. Dennoch wird die politische Unterstützung der Vorhaben sowohl durch den Bund als auch die Länder weiterhin essentiell sein.

373 Siehe dazu Art. 2 Vertrag von Lissabon zur Änderung des Vertrags über die Europäische Union und des Vertrags zur Gründung der Europäischen Gemeinschaft, (Vertrag von Lissabon), ABl. EU 2007 C 306/1.

374 Art. 6 S. 1 AEUV. Siehe zur Erstreckung dieser Maßnahmen auf den Art. 197 AEUV *Hatje*, in: Schwarze (Hrsg.), EU-Kommentar, Art. 197 AEUV Rn. 4; enger wohl *Classen*, in: Grabitz / Hilf / Nettesheim, EUV/AEUV-Kommentar, Band II, Art. 197 Rn. 82 [Stand: Januar 2015], der auf eine „Unterstützungszuständigkeit" abstellt.

375 *Classen*, in: Grabitz / Hilf / Nettesheim, EUV/AEUV-Kommentar, Band II, Art. 197 Rn. 80 [Stand: Januar 2015].

376 So schon „3. Kapitel VI. 4. b)"; ähnlich der Befund bei *EU-Kommission*, Realisierungsbericht über die Transeuropäischen Energienetze von 2007–2009, KOM (2010) 203 endg., S. 3f.

Zudem ist es notwendig, dass der Unionsgesetzgeber und damit auch die Mitgliedstaaten einheitliche Verfahrensvorgaben erlassen, welche einen abgestimmten Netzausbau ermöglichen könnten. Hierzu hat die vorliegende Arbeit konkrete Vorschläge unterbreitet und aufgezeigt, wie sich diese in die vorhandene europäische als auch nationale Gesetzgebung integrieren ließen.

Diese Ergebnisse und Reformvorschläge decken sich wesentlich mit den Befunden zur Bundesfachplanung und dem Bundesfachplan Offshore in der vorliegenden Arbeit. Sie stehen damit nicht isoliert und könnten stattdessen ein kohärentes Rechtssystem ermöglichen, welches auf dem bestehenden Planungsregime aufbaut.

5. Kapitel: Planungsdurchsetzung und Rechtsschutz

Während und nach Abschluss der Netzplanung stellt sich die Frage, wie die Planung realisiert werden kann. Dabei ist sie sowohl gegenüber dem jeweiligen ÜNB durchzusetzen, welcher regelmäßig der Vorhabenträger in der Fachplanung und im Planfeststellungsverfahren sein wird,[1] als auch in Rechtsmittelverfahren gegenüber Dritten[2] zu verteidigen. In den diesbezüglichen Überlegungen geht es folglich um Instrumente, welche notwendigerweise die Planung flankieren müssen.

I. Planungsdurchsetzung gegenüber dem ÜNB

Die grundsätzliche Notwendigkeit der zwangsweisen Planungsdurchsetzung resultiert aus den unterschiedlichen Zielvorstellungen zwischen der teilweise staatlichen Planung einerseits und der renditeorientierten Ausführung durch den verpflichteten ÜNB als Vorhabenträger andererseits.[3] Folglich hat der europäische Gesetzgeber zunächst wirtschaftliche Impulse gesetzt,[4] um ÜNBs zum Netzausbau zu veranlassen. Überdies hat der deutsche Gesetzgeber Regelungen erlassen, die – unter anderem durch den europäischen Gesetzgeber beeinflusst – gegenüber dem ÜNB das „Ob“ und das „Wie“ der Planung einer Ausbaumaßnahme erreichen sollen.[5]

1. Die vorhandenen Instrumente der Planungsdurchsetzung

a) Darstellung der vorhandenen Instrumente (Regulierung, Finanzierung, Sanktionierung)

Der europäische Gesetzgeber hat mehrere Instrumente entwickelt, um die Ausbauwilligkeit von ÜNBs zu beeinflussen und dabei unter anderem auch technische Innovationen zu fördern. So werden beispielsweise den ÜNBs durch die Stromhandels-VO 2009 gewisse wirtschaftliche Vorteile für neue Gleichstrom-Verbindungsleitungen im Wege der Befreiung von Regulierungsmaßnahmen

---

1 Im Folgenden soll daher nicht weiter zwischen ÜNBs und Vorhabenträgern differenziert werden.

2 Im Sinne der Einschränkung dieser Arbeit soll die Erörterung auf Rechtsschutzmöglichkeiten von Privatpersonen und Vereinigungen beschränkt werden.

3 Siehe zum Problem im Gefolge des 3. Binnenmarktpakets, dass die ÜNBs im Ergebnis die finanziellen Lasten einer teilweise staatlich und öffentlich vorgegebenen Planung zu realisieren haben *Kühling / Pisal*, ZNER 2011, 13 (19).

4 Beispielsweise Art. 12–14 TEN-E-VO 2013.

5 Eine ähnliche Aufteilung vornehmend *Bourwieg*, in: Steinbach (Hrsg.), NABEG/EnLAG/EnWG-Kommentar, § 34 NABEG Rn. 10–12.

ermöglicht, etwa hinsichtlich des Engpassmanagements.[6] Überdies bestehen für Vorhaben von gemeinsamen Interesse in der TEN-E-VO 2013 Regelungen zur Umlegung von Investitionskosten,[7] zur Setzung regulatorischer Anreize[8] und zur finanziellen Unterstützung durch die – mittlerweile erlassene Verordnung – über die Fazilität „Connecting Europe“[9].[10]

Sofern ein ÜNB seiner Ausbaupflicht gemäß dem NEP nicht nachkommt, sieht die Elektrizitäts-RL 2009 mehrere mögliche behördliche Maßnahmen vor, deren Auswahl in das Ermessen der Mitgliedstaaten gestellt wurde.[11] Folglich dienten diese als Vorlage für § 65 Abs. 2a EnWG, der zunächst eine Fristsetzung gegenüber dem jeweiligen ÜNB vorsieht und der bei Erfolglosigkeit dieser Maßnahme sodann eine Ausschreibung des Vorhabens anordnet;[12] § 65 Abs. 2a EnWG gilt entsprechend für Vorhaben des Offshore-NEPs.[13] Eine Voraussetzung hierfür ist, dass der ÜNB den Ausbau „aus anderen als zwingenden, von ih[m] nicht zu beeinflussenden Gründen“[14] unterlassen hat, mithin ein Verschulden vorliegt.

Ähnliches zeigt sich bei der Verhängung von Bußgeldern, welche die Bedarfs- und Bundesfachplanung sowie das Planfeststellungsverfahren absichern und ebenso ein Verschulden voraussetzen: Zu nennen ist hier etwa § 95 EnWG, der die Bedarfsplanung zeitlich und inhaltlich durchsetzen soll.[15] Für die Bundesfachplanung und das Planfeststellungsverfahren des NABEG lässt sich § 33 NABEG anführen,

---

6 Art. 17 Abs. 1 i.V.m. Art. 16 Abs. 6 Stromhandels-VO 2009; siehe zu den genauen Voraussetzungen Art. 17 Abs. 1 lit. a)–f) Stromhandels-VO 2009. Unter Umständen sind diese Regelungen auch für Wechselstrom-Verbindungsleitungen bzw. Kapazitätserhöhungen von vorhandenen Verbindungsleitungen anwendbar, Art. 17 Abs. 2 bzw. Abs. 3 Stromhandels-VO 2009.

7 Art. 12 TEN-E-VO 2013.

8 Art. 13 TEN-E-VO 2013.

9 Art. 14 f. TEN-E-VO 2013. Diese Fazilität wurde nunmehr geschaffen durch Verordnung (EU) Nr. 1316/2013 des Europäischen Parlaments und des Rates vom 11. Dezember 2013 zur Schaffung der Fazilität "Connecting Europe", zur Änderung der Verordnung (EU) Nr. 913/2010 und zur Aufhebung der Verordnungen (EG) Nr. 680/2007 und (EG) Nr. 67/2010, (CEF-VO), ABl. EU 2013 L 348/129.

10 Diese Instrumente sind allerdings teilweise nicht anwendbar, sofern ein Vorhaben von gemeinsamen Interesse bereits gewisse Befreiungen von Regulierungsmaßnahmen aufgrund des soeben aufgeführten Art. 17 Abs. 1 Stromhandels-VO 2009 erhält, was sich aus Art. 12 Abs. 9 lit. b, Art. 13 Abs. 1 UntAbs. 2 lit. b TEN-E-VO 2013 ergibt.

11 Art. 22 Abs. 7 UntAbs. 1 lit. a-c Elektrizitäts-RL 2009.

12 Siehe zur Umsetzung des Art. 22 Abs. 7 Elektrizitäts-RL 2009 in § 65 Abs. 2a EnWG die Gesetzesbegründung der *BT-Drucks. 17/6072,* Gesetzentwurf zur Neuregelung energiewirtschaftsrechtlicher Vorschriften, S. 92f. Für die Notwendigkeit einer solchen Vorschrift *Bourwieg,* in: Steinbach (Hrsg.), NABEG/EnLAG/EnWG-Kommentar, § 34 NABEG Rn. 11.

13 § 17d Abs. 9 i.V.m. § 65 Abs. 2a EnWG.

14 § 65 Abs. 2a EnWG.

15 § 95 Abs. 1 Nr. 3 a) Var. 2, Nr. 3b. Var. 1 u. 2 EnWG.

welcher die Richtigkeit der Unterlagen des ÜNB absichert, die er im Anschluss an die jeweilige Antragskonferenz beizubringen hat.[16]

Weiterhin können Zwangsgelder gegenüber dem ÜNB als Vorhabenträger verhängt werden, um die Umsetzung der behördlichen Anordnungen des EnWG bzw. NABEG zu garantieren; die hierfür einschlägigen § 94 EnWG und § 34 NABEG erfordern kein Verschulden. Hervorzuheben ist, dass der Gesetzgeber bei der Regelung des Zwangsgelds in § 34 NABEG, gemäß des Wortlautes dieser Norm, insbesondere auf die Durchsetzung der fristgerechten Antragstellung für die Bundesfachplanung und Planfeststellung abstellt und damit dem Ineinandergreifen der Planungsstufen eine hohe Bedeutung beimisst. Vergleichbares gilt freilich auch hinsichtlich der Anbindungsleitungen für Windenergieanlagen auf See in der AWZ und dem Ineinandergreifen der dortigen Planungsstufen. So kann dort die behördliche Aufforderung zum Antrag auf Planfeststellung, welche im Anschluss an den Bundesfachplan Offshore und die Aufnahme der Leitung in den Bundesnetzplan erfolgen kann,[17] durch das Zwangsgeld des § 94 EnWG durchgesetzt werden.

b) Bewertung der vorhandenen Instrumente

Grundsätzlich lässt sich fragen, ob Sanktionsmaßnahmen für die Durchsetzung des Netzausbaus überhaupt notwendig sind. So gibt es durchaus die Ansicht, welche eine Überarbeitung des Regulierungsrechts als ausreichend erachtet, um die ÜNBs zu einem zügigen Netzausbau zu veranlassen, wodurch es des Durchsetzungsinstruments des § 65 Abs. 2a EnWG nicht mehr bedürfte.[18] Diese Idee ließe sich konsequent auf die Aufhebung der restlichen Sanktionierungen, etwa Zwangs- und Bußgelder, erweitern. Die Schwäche dieser Überlegung wird jedoch deutlich, sobald sich die Erwartungen von ÜNBs an die Renditen aus den möglicherweise angepassten Regulierungsvorschriften nicht erfüllen. In diesem Fall würde der ÜNB den Netzausbau unterlassen,[19] welcher sodann von staatlicher Seite nicht oder nur kaum durchsetzbar wäre. Eine rein regulatorische Planungsdurchsetzung wäre daher abzulehnen.

Insoweit stellt sich nunmehr die Frage, ob und inwieweit die vorhandenen Sanktionsinstrumente ausreichend sind. Dies wird beispielsweise hinsichtlich der konkreten Verschuldensvoraussetzungen (Vorsatz oder Leichtfertigkeit) und der Höhe des verhängbaren Bußgeldes des § 33 NABEG angezweifelt.[20] Differenziert lässt sich auch die Wirksamkeit des Zwangsgeldes in § 34 NABEG betrachten,

---

16 Siehe für die Ordnungswidrigkeiten bei unrichtiger Vorlegung von Unterlagen in der Bundesfachplanung bzw. unrichtiger Planeinreichung im Planfeststellungsverfahren § 33 Abs. 1 Nr. 1 bzw. Nr. 3 NABEG.

17 § 17a Abs. 6 EnWG.

18 *Schmitz,* N&R Beilage 3/2011, 1 (11).

19 Vgl. *Kühling / Pisal,* ZNER 2011, 13 (18).

20 *Beckmann,* UPR 2013, 331 (336), der zugleich Ungenauigkeiten in der Zuständigkeitsregelung des § 33 Abs. 3 NABEG anspricht; siehe für die zuletztgenannte

welches unter anderem die fristgemäße Antragstellung auf Bundesfachplanung und Planfeststellung bewirken soll. Es ist insofern kritisch zu diskutieren, da eine Antragstellung zur Einleitung der Planungen konstitutiv ist und dieses Hindernis selbst durch Verhängung eines Zwangsgeldes oder sonstiger Zwangsmittel ohne Mitwirkung des ÜNB nicht überwindbar wird;[21] bedeutsam hierfür ist nämlich die Einordnung der Antragstellung als eine nicht vertretbare Handlung im Sinne des VwVG[22], welche erst nach dem fruchtlosen Verstreichen der behördlich festgelegten Frist des § 65 Abs. 2a EnWG zur Vornahme einer Ausbaumaßnahme in eine vertretbare Handlung umschlägt.[23] Daher wäre eine gewisse zeitliche Verzögerung bei dem betreffen Ausbauvorhaben unvermeidlich. Andererseits ist es der BNetzA möglich, das Zwangsgeld so oft es notwendig ist gegenüber einem ÜNB anzuordnen und dabei jeweils eine Erhöhung vorzunehmen,[24] letzteres im Rahmen der Beträge des § 34 S. 2 NABEG. In der Gesamtschau mögen daher einzelne Details der Sanktionsmaßnahmen veränderungsbedürftig sein. Doch scheinen insgesamt ausreichend – sanktionierende – Regelungen geschaffen worden zu sein, welche imstande sind, den Netzausbau flankierend durchzusetzen. Ein wesentlicher Prüfstein ihrer Effektivität dürfte darin liegen, ob bei der Ausschreibung einer Investition gemäß § 65 Abs. 2a EnWG fähige potentielle Vorhabenträger ein Interesse daran bekunden, die Netzausbaumaßnahme durchzuführen.[25] In diesem Falle müssten ÜNBs mit Konkurrenz und erheblichen Wettbewerb in ihren Regelzonen rechnen, was ihre Ausbaubereitschaft erhöhen dürfte. Jedoch muss daran erinnert werden, dass es sich vorliegend um einen privatwirtschaftlich organisierten Industriezweig handelt. Die Durchsetzung des Netzausbaus einzig im Wege der Sanktionierung herbeizuführen, würde folglich diesem Umstand nicht gerecht werden.

Problematik auch *Wiesendahl,* in: de Witt / Scheuten (Hrsg.), NABEG-Kommentar, § 33 NABEG Rn. 26f.

21 So hinsichtlich der Bundesfachplanung *Durinke,* in: de Witt / Scheuten (Hrsg.), NABEG-Kommentar, § 6 NABEG Rn. 4.

22 Verwaltungs-Vollstreckungsgesetz (VwVG) vom 27. April 1953, (VwVG), BGBl. 1953, I, S. 157.

23 Sowohl bezüglich der Bundesfachplanung als auch der Planfeststellung *Haines,* in: de Witt / Scheuten (Hrsg.), NABEG-Kommentar, § 34 NABEG Rn. 16. Die Antragstellungen ebenso als unvertretbare Handlung einordnend *Bourwieg,* in: Steinbach (Hrsg.), NABEG/EnLAG/EnWG-Kommentar, § 34 NABEG Rn. 12, allerdings ohne auf die diesbezügliche Änderung durch den Fristablauf der Sanktionsmaßnahme des § 65 Abs. 2a EnWG einzugehen.

24 § 34 S. 1 NABEG i.V.m. § 11 Abs. 1 S. 1 und § 13 Abs. 6 S. 1 VwVG. Auf die Möglichkeit hinweisend, das Zwangsgeld mehrmals bis zur Befolgung der behördlichen Vorgabe anzuordnen *Bourwieg,* in: Steinbach (Hrsg.), NABEG/EnLAG/EnWG-Kommentar, § 34 NABEG Rn. 4.

25 Der Gesetzgeber scheint zumindest indirekt hiervon auszugehen, siehe dazu die Gesetzesbegründung der *BT-Drucks. 17/6072,* Gesetzentwurf zur Neuregelung energiewirtschaftsrechtlicher Vorschriften, S. 92.

Neben regulatorischen und sanktionsrechtlichen Maßnahmen besteht als dritte Gruppe noch die der Finanzierungsinstrumente. Die finanziellen Zuwendungen der EU wurden in der Vergangenheit zunächst als verhalten eingestuft, die sich allerdings in der Gesetzgebung der letzten Jahre änderten[26] und jüngst durch die CEF-VO erheblich ausgebaut wurden.[27] Mitunter wird hinsichtlich der europäischen Instrumente für Vorhaben von gemeinsamen Interesse vertreten, dass von einer wirtschaftlichen Betrachtungsweise aus gesehen die diversen finanziellen Unterstützungsmaßnahmen im Sinne der TEN-E-VO 2013 und der CEF-VO wichtiger seien, als die verfahrens- und regulierungsrechtlichen Vorgaben der TEN-E-VO 2013.[28] Auch wenn dies faktisch der Fall sein mag, so entspräche es nicht der Zielsetzung des europäischen Gesetzgebers. Dieser beabsichtigt mit der CEF-VO eine finanzielle Unterstützung (Finanzhilfen, Finanzierungsinstrumente, Vergabe öffentlicher Aufträge)[29] nur für solche Vorhaben von gemeinsamen Interesse[30] zu etablieren, welche durch die Investoren nicht von sich aus und auch nicht im Wege von Regulierungsmaßnahmen realisiert werden.[31] Diese unterschiedlichen Ansätze verdeutlichen die Notwendigkeit einer objektiven behördlichen Prüfung, ob das Vorbringen eines ÜNB

26 Die Entwicklung aufzeigend *Gundel,* § 23 Europäisches Energieverwaltungsrecht, in: Terhechte (Hrsg.), VerwR der EU, Rn. 38, der für die Erhöhung der Fördermittel verweist auf die Verordnung (EG) Nr. 663/2009 des Europäischen Parlaments und des Rates vom 13. Juli 2009 über ein Programm zur Konjunkturbelebung durch eine finanzielle Unterstützung der Gemeinschaft zugunsten von Vorhaben im Energiebereich, (Konjunkturbelebungs-VO), Abl. EU 2009 L 200/31; diesen aufgreifend, um die Situation vor der nunmehr erlassenen TEN-E-VO 2013 darzustellen, *Giesberts / Tiedge,* NVwZ 2013, 836 (837).

27 Siehe zum Volumen im Energiesektor Art. 5 Abs. 1 UntAbs. 1 lit. c CEF-VO. Die Verordnung als positiv einstufend, hinsichtlich der eigentlichen Förderung und zusätzlich wegen der Möglichkeiten für Finanzierungsbeteiligungen von Dritten, *Giesberts / Tiedge,* NVwZ 2013, 836 (840f.); diese bezogen sich allerdings noch auf den Gesetzgebungsvorschlag, welcher im Gesetzgebungsprozess gewisse Änderungen erfuhr, die hinsichtlich des Fördervolumens erheblich sind aber nur geringfügig bezüglich der angesprochenen Beteiligungsmöglichkeiten Dritter.

28 So zumindest noch hinsichtlich des Gesetzgebungsvorschlags der CEF-VO *Giesberts / Tiedge,* NVwZ 2013, 836 (840f.).

29 Diese Unterteilung findet sich allgemein in Art. 7 Abs. 1 CEF-VO und speziell für den Energiesektor in Art. 7 Abs. 3 UntAbs. 1 CEF-VO.

30 Vorhaben von gemeinsamen Interesse im Energiesektor sind im Sinne der CEF-VO solche Vorhaben, die auch in der TEN-E-VO 2013 als Vorhaben von gemeinsamen Interesse definiert sind, siehe Art. 2 Nr. 1 Var. 2 CEF-VO.

31 So schon der 48. ErwägGr. der CEF-VO, der ein Rangverhältnis von „Marktinvestitionen", „Regulierungsmaßnahmen" und dann erst „finanzielle[r] Unterstützung der Union" vorgibt. Diese Rangfolge wird indirekt auch aus Art. 4 Abs. 3 UntAbs. 3 Hs. 1 CEF-VO i.V.m. Art. 14 TEN-E-VO 2013 deutlich, wonach nur Vorhaben förderungsfähig sind, die – unter anderem – trotz regulierungsrechtlicher Anreize keine wirtschaftliche Überlebensfähigkeit aufweisen.

tatsächlich eine finanzielle Unterstützung seines Ausbauvorhabens rechtfertigt. Unabhängig davon ist freilich die Frage zu beurteilen, inwieweit die Gesellschafter der ÜNBs die finanziellen Mittel ihrer Unternehmen stärken müssten.[32]

Die hier vorgestellten unterschiedlichen Instrumente sind zwar in ihren Ansätzen vielfach nicht grundlegend neu, so etwa finanzielle Unterstützung für Ausbauvorhaben, doch ist ihre konkrete Ausgestaltung oftmals das Ergebnis der jüngeren Gesetzgebung. Das Zusammenspiel der europäischen und nationalen Gesetzgebung lässt dabei die drei grundlegenden Ansätze von Sanktionierung, Regulierung und Finanzierung erkennen. Von diesen ist auf den ersten Blick keines verzichtbar. Beispielsweise wird der Netzausbau kaum ohne Sanktionsmöglichkeiten auskommen können, da es sich beim Übertragungsnetz oftmals um ein natürliches Monopol handeln dürfte; die Erfahrungen des Wettbewerbsrechts legen diesbezüglich durchaus die Notwendigkeit von Sanktionierungen nahe. Insgesamt wird es wohl auf das richtige Verhältnis in der Anwendung der verschiedenen Instrumente untereinander ankommen, um die Planungen effektiv durchzusetzen. Voraussetzung hierfür dürfte ein weicher und damit nicht regelungsfähiger Faktor sein, namentlich die Schaffung der behördlichen Prüfungsexpertise.

2. Notwendigkeit einer behördlichen Prüfungsexpertise

Ein Großteil der soeben dargestellten Instrumente bedingt ein bestimmtes Fachwissen in den europäischen Institutionen und den nationalen Behörden. So ist es zwar noch einfach, ein Zwangsgeld für eine nicht fristgemäße Antragstellung auf Bundesfachplanung oder Planfeststellung zu verhängen.[33] Doch es ist bereits erheblich schwieriger zu beurteilen, ob ein Vorhaben tatsächlich für Investoren wirtschaftlich nicht tragfähig ist, was mitunter anhand von Unterlagen Privater (z.B. potentielle Investoren) geprüft wird[34] und wovon die Entscheidung finanzieller Unterstützung durch die EU abhängen kann.[35] Diesem Problem könnte auf europäischer Ebene durch eine entsprechende Einstellungspolitik und Mitarbeiterqualifizierung gelöst werden, die eine objektive und fundierte Sachverhaltsaufklärung ermöglichen.[36]

---

32 Für die Notwendigkeit bei ÜNBs ihr Eigenkapital zu erhöhen, anstatt im Wege der Regulierung ihre Einkünfte zu verbessern, *Kurth*, Ausbau der Stromnetze als zentrales Element der zukünftigen Energieversorgung, in: Ehricke (Hrsg.), 40. Energierechtliche Jahrestagung, 11 (19).

33 § 34 S. 1 NABEG.

34 Art. 14 Abs. 2 lit. c S. 1 TEN-E-VO 2013.

35 Siehe zu den Förderbedingungen, zu denen unter anderem das Fehlen der wirtschaftlichen Tragfähigkeit eines Vorhabens zählt, Art. 4 Abs. 3 UntAbs. 3 Hs. 1 CEF-VO i.V.m. Art. 14 TEN-E-VO 2013.

36 Vgl. zur Notwendigkeit einer solchen unabhängigen Sachverhaltsaufklärung durch die BNetzA im Regulierungsrecht *Kurth*, Ausbau der Stromnetze als zentrales Element der zukünftigen Energieversorgung, in: Ehricke (Hrsg.), 40. Energierechtliche Jahrestagung, 11 (20).

Gleichwohl ist dies für die Situation in Deutschland nur eingeschränkt relevant. Denn durch die Genehmigung von Netzausbaumaßnahmen als Investitionsmaßnahmen im Sinne der ARegV sind die Kosten auf die Netzentgelte umlagefähig[37] und damit ist ein Vorhaben zumindest hinsichtlich seiner Errichtung wirtschaftlich tragfähig. Die Inanspruchnahme finanzieller Mittel der EU durch deutsche ÜNBs erscheint folglich unwahrscheinlich.[38]

Speziell für die deutsche Situation in der Fachplanung und Planfeststellung kann auch der Bundesfachplanungsbeirat des § 32 NABEG zur Wissensgenerierung herangezogen werden. Dieser Beirat ist unter anderem aus Vertretern der Länder und der BNetzA gebildet und dient der Beratung der BNetzA in den genannten Planungsstufen.[39] Zusätzlich sieht die Geschäftsordnung des Gremiums vor, dass ein Meinungs- und Erfahrungsaustausch sowie eine gegenseitige Informierung und Zusammenarbeit stattfinden soll.[40] Dadurch dürfte es den jeweils zuständigen Behörden beispielsweise erleichtert werden, die Richtigkeit des von den ÜNBs einzureichenden Plans im Planfeststellungsverfahren beurteilen zu können.[41] Dies ist auch insofern bedeutsam, da ein Bußgeld verhängt werden kann, sofern ein unrichtiger Plan eingereicht wird und diesbezüglich ein Verschulden vorliegt.[42] Daher sollte der Bundesfachplanungsbeirat als ein Gremium angesehen werden, welches eine umfassende Informationsweitergabe zwischen dem Bund und den Landesbehörden auf einem institutionalisierten Wege ermöglicht. Gleichwohl darf dies nicht in einzelfallbezogene Beurteilungen führen, da der gesetzliche Auftrag des Bundesfachplanungsbeirats zuvorderst die Beratung der BNetzA in grundsätzlichen Fragen der Bundesfachplanung und Planfeststellung betrifft.[43]

---

37 Siehe dazu „1. Kapitel III. 1. b) bb)" und „2. Kapitel II.".

38 In diese Richtung gehend auch *Ruge,* Bedeutung der Infrastruktur-Verordnung der EU, in: Weyer (Hrsg.), Energienetze, EEG und Energiewende, 35 (44f.).

39 Für die Zusammensetzung bzw. Aufgabe des Bundesfachplanungsbeirats § 32 Abs. 1 S. 2 bzw. Abs. 2 S. 1 NABEG.

40 § 2 Abs. 3 S. 1 bzw. S. 2 Geschäftsordnung des Bundesfachplanungsbeirates bei der Bundesnetzagentur für Elektrizität, Gas, Telekommunikation, Post und Eisenbahnen in der Fassung vom 21. Juni 2012, (Bundesfachplanungsbeirat-GO), abgedruckt bei *Paschke,* in: de Witt / Scheuten (Hrsg.), NABEG-Kommentar, Anlage zu § 32 NABEG.

41 § 21 Abs. 1 NABEG.

42 Die entsprechende Ordnungswidrigkeit ist in § 33 Abs. 1 Nr. 3 NABEG geregelt. Zu Fragen der sachlichen Zuständigkeit des § 33 Abs. 3 NABEG siehe *Wiesendahl,* in: de Witt / Scheuten (Hrsg.), NABEG-Kommentar, § 33 NABEG Rn. 26f.

43 Dieser Auftrag ist in § 32 Abs. 2 S. 1 NABEG festgehalten.

II. Rechtsschutz von Umwelt-/ Naturschutzvereinigungen[44] und Privatpersonen

Beim Rechtsschutz handelt es sich um die letzte Möglichkeit, eine Ausbaumaßnahme gänzlich oder zumindest in ihrer geplanten Ausführungsweise zu verhindern. Entsprechend bedeutsam ist ihr Stellenwert im Planungsgefüge, insbesondere für Privatpersonen und Umwelt- sowie Naturschutzvereinigungen. Diese Gruppen können nämlich, im Gegensatz zu den politischen und rechtlichen[45] Einflussmöglichkeiten der Länder und teilweise auch der Kommunen, vergleichsweise weniger in die Planungen eingreifen, selbst wenn ihnen im Rahmen der Beteiligungsverfahren diverse Äußerungsmöglichkeiten zustehen. Ihr Augenmerk dürfte daher vor Erlass des Planfeststellungsbeschlusses zunächst auf förmliche Einwendungen und Stellungnahmen gerichtet sein. Da ein Widerspruchsverfahren regelmäßig nicht statthaft ist,[46] wird sodann einzig ein Gerichtsverfahren als weiterer Rechtsbehelf in Betracht kommen. Hierbei wird wohl zunächst der einstweilige Rechtsschutz bedeutsam sein, da für NABEG-Vorhaben kein Suspensiveffekt durch die Anfechtungsklage eintritt.[47] Sodann wird es im Hauptsacheverfahren darauf ankommen, die regelmäßig mit einer Planfeststellung verbundenen umfangreichen Tatsachen- und Rechtsfragen abzuarbeiten, welche zudem gerade im Umweltrecht einen großen unionsrechtlichen Bezug aufweisen und folglich immanent die Notwendigkeit von Vorlageverfahren an den EuGH bedingen können. Letzteres ist nicht nur eine abstrakte Möglichkeit, sondern hat in den letzten Jahren zu wegweisenden Entscheidungen geführt, von denen mitunter erhebliche Auswirkungen auf das

44 Üblicherweise wird der Begriff der „Umweltvereinigung" verwendet, obwohl das UmwRG lediglich von einer „Vereinigung" spricht. Anders hingegen § 63 Abs. 1 BNatSchG, der den Begriff der „Naturschutzvereinigung" einführt.

45 Siehe etwa die Einwendungsmöglichkeit gegen die Entscheidung der Bundesfachplanung des § 14 S. 1 NABEG, welche nur den Ländern eröffnet ist.

46 § 68 Abs. 1 S. 2 Var. 1 Verwaltungsgerichtsordnung in der Fassung der Bekanntmachung vom 19. März 1991, (VwGO), BGBl. 1991, I, S. 686, i.V.m. § 74 Abs. 1 S. 2, § 70 VwVfG bzw. § 74 Abs. 6 S. 3 VwVfG bei Plangenehmigung; die soeben genannten Vorschriften des VwVfG sind für NABEG-Vorhaben aufgrund § 18 Abs. 3 S. 2 NABEG i.V.m. § 43 S. 7 EnWG anwendbar, für Vorhaben in der AWZ gilt dies aufgrund des Verweises in § 2 Abs. 3 S. 1 SeeAnlVO.

47 Dies ergibt sich aus § 18 Abs. 3 S. 2 NABEG i.V.m. § 43e Abs. 1 S. 1 EnWG, was eine bundesgesetzliche Regelung im Sinne des § 80 Abs. 2 S. 1 Nr. 3 Alt. 1 VwGO ist, welche den Nichteintritt des Suspensiveffektes anordnet.

deutsche Verwaltungsverfahrens- und Verwaltungsprozessrecht in Umweltsachen ausgegangen sind, etwa durch die EuGH-Entscheidungen *Trianel*[48] sowie *Altrip*[49].[50]

Ein Grundproblem des vorliegend behandelten Rechtsschutzes liegt zunächst in dem Spagat zwischen der zügigen Planungsumsetzung einerseits und der Gewähr eines effektiven Rechtsschutzes andererseits. Überdies lässt sich als weiteres Problem die Frage nach einem rechtssicheren Planfeststellungsbeschluss identifizieren, insbesondere hinsichtlich unionsrechtlicher Vorgaben; die Lösung hierzu liegt allerdings weniger im Prozessrecht, sondern vielmehr erstens in der europäischen und nationalen Gesetzgebung und zweitens im sich anschließenden unionsrechtskonformen Verwaltungsvollzug.

1. Die Stellung von Umwelt- und Naturschutzvereinigungen im Rechtsschutzsystem

Anerkannte Vereinigungen des § 3 UmwRG[51] erfahren als Umweltvereinigung im Sinne des UmwRG sowie als Naturschutzvereinigung im Sinne des BNatSchG gewisse prozessuale Privilegierungen.[52] Dies spiegelt ihre im Verwaltungsverfahren anerkannte Position wider, welche beispielsweise das Recht zur Stellungnahme bei Planfeststellungsverfahren von Übertragungsleitungen in der AWZ[53] und dem Bundesgebiet[54] beinhaltet. Überdies hat der Gesetzgeber im NABEG für Vereinigungen spezielle Mitwirkungsmöglichkeiten eingeräumt, beispielsweise durch ihre obligatorische Ladung bei der Antragskonferenz zur Bundesfachplanung,[55] und

48 *EuGH,* Urteil vom 12. Mai 2011 – C-115/09 (Bund für Umwelt und Naturschutz Deutschland, Landesverband Nordrhein-Westfalen e. V. / Bezirksregierung Arnsberg), Slg. 2011, I-3673.

49 *EuGH,* Urteil vom 07. November 2013 – C-72/12 (Gemeinde Altrip et. al. / Land Rheinland Pfalz), NVwZ 2014, 49 – Altrip. Zur Auswirkung beider Urteile sogleich „5. Kapitel II. 1., 2.".

50 Diese Rspr. fortführend *EuGH,* Urteil vom 15. Oktober 2015 – C-137/14 (Europäische Kommission / Bundesrepublik Deutschland), NVwZ 2015, 1665.

51 Gesetz über ergänzende Vorschriften zu Rechtsbehelfen in Umweltangelegenheiten nach der EG-Richtlinie 2003/35/EG (Umwelt-Rechtsbehelfsgesetz – UmwRG) vom 7. Dezember 2006, (UmwRG), BGBl. 2006, I, S. 2816.

52 So müssen sie etwa bei Einlegung eines Rechtsbehelfs nicht in eigenen Rechten verletzt sein, § 2 Abs. 1 i.V.m. § 3 Abs. 1 UmwRG (unter den Voraussetzungen des § 2 Abs. 2 S. 1 UmwRG stehen Umweltvereinigungen, die sich noch im Anerkennungsverfahren befinden, dieselben Rechtsbehelfe zu) bzw. § 64 i.V.m. § 63 Abs. 1, 2 BNatSchG und i.V.m. § 3 UmwRG.

53 Dieses Recht folgt aus § 2 Abs. 3 S. 1 SeeAnlVO i.V.m. § 73 Abs. 4 S. 5 VwVfG und § 64 Abs. 1 i.V.m. § 63 Abs. 1 Nr. 2, 3 BNatSchG.

54 § 22 Abs. 6 S. 2 i.V.m. S. 1 NABEG.

55 § 7 Abs. 2 S. 1 NABEG. Unter „Vereinigungen" versteht die Legaldefinition des § 3 Abs. 2 NABEG „anerkannte Umweltvereinigungen" des § 3 UmwRG.

wollte damit bewusst ihre Stellung gegenüber dem UmwRG ausbauen;[56] eine solche Ladung ist zugleich für den Anhörungstermin zur Fachplanung des Bundesfachplan Offshore in der AWZ vorgesehen.[57]

Das UmwRG eröffnet im Zusammenspiel mit der VwGO für Umweltvereinigungen speziell auf sie zugeschnittene Rechtsbehelfe, die sich – unter anderem – gegen Planfeststellungsbeschlüsse richten können, sofern für das zu Grunde liegende Vorhaben eine UVP in Betracht kommt.[58] Dabei wird eine UVP bei Übertragungsleitungen des NABEG regelmäßig durchzuführen sein,[59] weshalb das UmwRG hier sehr relevant sein dürfte. Zwar gilt das UmwRG darüber hinaus in der AWZ,[60] doch besteht dort keine UVP-Pflicht für Übertragungsleitungen.[61] Daher kommen gegen Vorhaben in diesem Gebiet einzig die – bei Planfeststellungsverfahren grundsätzlich subsidiären – Rechtsbehelfe des BNatSchG für Naturschutzvereinigungen in Betracht.[62]

Die prozessuale Privilegierung von Vereinigungen, die vor allem in der Entbehrlichkeit der eigenen Beschwer des § 42 Abs. 2 VwGO besteht, wurde hinsichtlich des UmwRG durch die ÖffBeteil-RL 2003[63] und das Aarhus-Übereinkommen[64]

---

56 So die Gesetzesbegründung, *BT-Drucks. 17/6073,* Gesetzentwurf zur Beschleunigung des Netzausbaus, S. 23.

57 § 17a Abs. 2 S. 5 EnWG i.V.m. § 7 Abs. 2 S. 1 NABEG.

58 § 2 Abs. 1 i.V.m. § 1 Abs. 1 S. 1 Nr. 1 UmwRG sowie i.V.m. § 2 Abs. 3 Nr. 1 Var. 4 UVPG. Demnach reicht es zwar für die Zulässigkeit des Rechtsbehelfs, dass „eine Pflicht zur Durchführung einer Umweltverträglichkeitsprüfung (UVP) bestehen kann", jedoch hängt dessen Begründetheit gemäß § 2 Abs. 5 S. 2 UmwRG von der tatsächlichen Pflicht hierzu ab.

59 Dazu „4. Kapitel III. 1. a)".

60 § 1 Abs. 2 UmwRG.

61 Dazu „4. Kapitel III. 1. a)".

62 § 64 Abs. 1 i.V.m. § 63 Abs. 1 Nr. 2, 3 BNatSchG. Die subsidiäre Anwendbarkeit bei Planfeststellungsverfahren ist festgehalten in § 64 Abs. 1 BNatSchG i.V.m. § 1 Abs. 3 UmwRG; ein Planfeststellungsverfahren im Sinne des § 1 Abs. 3 UmwRG, welches unter anderem UVP-pflichtige Vorhaben umfasst, ist bei Übertragungsleitungen in der AWZ nicht gegeben.

63 Richtlinie 2003/35/EG des Europäischen Parlaments und des Rates vom 26. Mai 2003 über die Beteiligung der Öffentlichkeit bei der Ausarbeitung bestimmter umweltbezogener Pläne und Programme und zur Änderung der Richtlinien 85/337/EWG und 96/61/EG des Rates in Bezug auf die Öffentlichkeitsbeteiligung und den Zugang zu Gerichten, (ÖffBeteil-RL 2003), ABl. EU 2003 L 156/17. Diese wird ausdrücklich im Gesetzesnamen des UmwRG genannt.

64 Vertragsparteien sind unter anderem die heutige EU (seinerzeit die EG) und Deutschland, siehe dazu den Beschluss des Rates vom 17. Februar 2005 über den Abschluss des Übereinkommens über den Zugang zu Informationen, die Öffentlichkeitsbeteiligung an Entscheidungsverfahren und den Zugang zu Gerichten in Umweltangelegenheiten im Namen der Europäischen Gemeinschaft, ABl. EU 2005 L 124/1; siehe zudem das Gesetz zu dem Übereinkommen vom 25. Juni 1998 über den Zugang zu Informationen, die Öffentlichkeitsbeteiligung an Entscheidungsverfahren und den

überstaatlich induziert, wohingegen die entsprechende Regelung des BNatSchG auf innerdeutsche Impulse zurückzuführen ist.[65] Allerdings wurde das UmwRG zunächst restriktiv ausgestaltet. Diesbezüglich entschied der EuGH im *Trianel*-Verfahren, dass im Anwendungsbereich der UVP-RL 1985 – deren Regelungen zur Klage von Vereinigungen auf die ÖffBeteil-RL 2003 zurückgehen -[66] für Umweltvereinigungen eine Rügefähigkeit unionsrechtlicher Umweltschutzvorschriften unabhängig von ihrer objektiv- oder subjektiv-rechtlichen Wirkung besteht.[67] Die dementsprechende Änderung des § 2 Abs. 1 Nr. 1 UmwRG[68] erfolgte vom Bundesgesetzgeber bewusst in einer Weise, welche nunmehr überdies die Rügefähigkeit auch von rein innerstaatlichem Umweltrecht ermöglichen soll[69] – dies gilt freilich nur, sofern eine im Sinne des UmwRG taugliche Entscheidung oder ihr Unterlassen zu Grunde liegt.[70] Darüber hinaus hat das BVerwG im Herbst 2013 die Zulässigkeit der Leistungsklage einer Umweltvereinigung bejaht, welche auf die Änderung eines Luftreinhalteplans gerichtet war, obwohl eine Klagebefugnis zunächst nach § 42 Abs. 2 Hs. 1 VwGO weder durch unionsrechtliche Vorgaben, noch durch die Privilegierungen des BNatSchG, des UmwRG oder eine analoge UmwRG-Anwendung begründet werden konnte.[71] Die Zulässigkeit wurde stattdessen mit der Argumentation angenommen, dass es die Auslegung des Unionsrechts und des Aarhus-Übereinkommens gebiete, subjektiv-öffentliche Rechte von Immissionsregelungen des Unionsgesetzgebers, die zunächst Privatpersonen zustehen, auch auf Umweltvereinigungen des § 3 UmwRG

Zugang zu Gerichten in Umweltangelegenheiten (Aarhus-Übereinkommen) vom 9. Dezember 2006, (Aarhus-Übereinkommen), BGBl. 2006, II, 1251.

65 Die Entwicklung zusammenfassend *Schlacke*, in: Gärditz (Hrsg.), VwGO-Kommentar, Vor. §§ 16 UmwRG Rn. 1–13, 25–27.

66 Der insoweit relevante Art. 10a UVP-RL 1985 wurde aufgrund von Art. 3 Nr. 7 ÖffBeteil-RL 2003 a.F. eingefügt. Die UVP-RL 1985 ist mittlerweile aufgegangen in der UVP-RL 2011, siehe dazu den Art. 14 UVP-RL 2011.

67 *EuGH*, Urteil vom 12. Mai 2011 – C-115/09 (Bund für Umwelt und Naturschutz Deutschland, Landesverband Nordrhein-Westfalen e. V. / Bezirksregierung Arnsberg), Slg. 2011, I-3673 (Rn. 35–50). Bestätigt durch *EuGH*, Urteil vom 15. Oktober 2015 – C-137/14 (Europäische Kommission / Bundesrepublik Deutschland), NVwZ 2015, 1665 (1667).

68 Dies erfolgte durch Art. 1 Gesetz zur Änderung des Umwelt-Rechtsbehelfsgesetzes und anderer umweltrechtlicher Vorschriften vom 21. Januar 2013, BGBl. 2013, I, S. 95.

69 So die Gesetzesbegründung der *BT-Drucks. 17/10957*, Gesetzentwurf zur Änderung des UmwRG, S. 15f.

70 § 2 Abs. 1 i.V.m. § 1 Abs. 1 S. 1 UmwRG.

71 Das Gericht betonte zunächst, dass die Erfordernis der Klagebefugnis aus § 42 Abs. 2 VwGO auch weiterhin für Leistungsklagen bestehe und setzte sich sodann intensiv mit der Anwendbarkeit des § 42 Abs. 2 Hs. 1 VwGO auseinander, die es im Ergebnis verneinte, *BVerwG*, Urteil vom 5. September 2013 – 7 C 21.12, BVerwGE 147, 312 (316–323) – Luftreinhalteplan. Kritisch dazu *Frenz*, UPR 2014, 1 (1–3), welcher die Einordnung der Klagebefugnis unter § 42 Abs. 2 Hs. 2 VwGO als „systemwidrig“ betrachtet und stattdessen § 42 Abs. 2 Hs. 1 VwGO heranziehen möchte.

zu erstrecken, wodurch die Klagebefugnis des § 42 Abs. 2 Hs. 2 VwGO eröffnet sei.[72] Diese Entscheidung ist durchaus verallgemeinerungsfähig, da das BVerwG von einer „Ausdehnung des Begriffs des subjektiven Rechts"[73] sprach. Insofern verwundert es nicht, dass das voranstehende Urteil mitunter als „dogmatische Revolution" eingestuft wird, durch die nun eine denkbar weite Klagebefugnis von Umweltverbänden für das gesamte Unionsumweltrecht einschließlich objektivem Rechts – unabhängig von der Verortung im Sach- oder Verfahrensrecht – bestehe.[74] In ähnlicher Weise gehen andere von dieser Gerichtsentscheidung als einem „weitere[n] Schritt hin zu einer objektiven Rechtmäßigkeitskontrolle umweltrechtlicher Vorschriften durch die Umweltverbände"[75] aus. Eine gesetzliche Neuordnung der Rechtsbehelfe von § 3 UmwRG-Vereinigungen wird daher sowohl hinsichtlich der absehbaren Anwendung des Urteils auf weitere Gebiete des Umweltrechts angeregt[76] als auch hinsichtlich von Abgrenzungsschwierigkeiten zwischen den diversen Rechtsbehelfen empfohlen.[77] Selbst wenn Umweltvereinigungen die nunmehr gesteigerten Rechtsmitteloptionen aufgrund des Prozesskostenrisikos nicht übermäßig beanspruchen werden,[78] so ergibt sich für Vorhabenträger und Planungsbehörden beim Netzausbau eine noch stärkere Notwendigkeit zur genauen Einhaltung des Umweltrechts.

Im Ergebnis liegt die wachsende Bedeutung von § 3 UmwRG-Vereinigungen im Rechtsschutzsystem auf der Hand. Die Auseinandersetzung mit ihnen sollte sich allerdings nicht auf die prozessuale Ebene beschränken. Ernsthaften Einwänden dieser Vereinigungen muss stattdessen schon in der Planungsphase begegnet werden, um spätere Konflikte möglichst zu vermeiden. Die sich im Vordringen befindenden Klagemöglichkeiten der Vereinigungen setzen dazu einen zentralen Anreiz und halten die Verwaltung an, frühzeitig revisionssichere Entscheidungen zu treffen. Legt man dieses Verständnis zu Grunde, so liegt darin ein echter Beschleunigungseffekt auch für den Netzausbau, welcher durch das Prozessrecht induziert wird.

---

72 *BVerwG,* Urteil vom 5. September 2013 – 7 C 21.12, BVerwGE 147, 312 (323–327) – Luftreinhalteplan.

73 *BVerwG,* Urteil vom 5. September 2013 – 7 C 21.12, BVerwGE 147, 312 (325–327) – Luftreinhalteplan, allerdings wurde in dem Urteil zugleich eine Begrenzung der Träger dieser subjektiv-öffentlichen Rechte auf bestimmte Umweltverbände statuiert.

74 Zitat und Aussage zur Reichweite der Klagebefugnis von *Schlacke,* NVwZ 2014, 11 (13f.).

75 *Schröer / Kullick,* NZBau 2013, 690 (691).

76 *Spieler,* jurisPR-UmwR 3/2013 Anm. 2, siehe dort unter „D.".

77 *Bunge,* ZUR 2014, 3 (12f.). Die Gesetzeslage in Deutschland bezüglich des vorliegenden Urteils als ausreichend aber bereits kritisch betrachtend *Schlacke,* NVwZ 2014, 11 (13f.).

78 So die Einschätzung von *Bunge,* ZUR 2014, 3 (13).

2. Die Stellung von Privatpersonen im Rechtsschutzsystem

Etwas anders stellt sich die Situation von Privatpersonen dar. So hat schon der EuGH in der Sache *Trianel* eine mitgliedstaatliche Begrenzung der Klagebefugnis von Privatpersonen („Einzelner") auf subjektiv-öffentliche Rechte bei der Verletzung von europäischem Umweltrecht als unionsrechtskonform erachtet.[79] Eine Abkehr von diesem Grundsatz des deutschen Verwaltungsprozessrechts ist auch nur schwerlich in § 4 UmwRG zu sehen, welcher neben Umweltvereinigungen zugleich für Rechtsbehelfe von Privatpersonen anwendbar ist.[80] Dieser verlangt zwar bei bestimmten Verfahrensverstößen im UVP-Verfahren eine Aufhebung der Entscheidung[81] und geht dabei dem § 46 VwVfG vor[82]. Doch war es unter anderem umstritten, ob damit erstens eine Aufgabe des Erfordernisses eines subjektiv-öffentlichen Rechts verbunden ist („Popularklage") und ob zweitens ein solches Recht in den relevanten Verfahrensbestimmungen des UVPG zu erkennen ist („absolutes Verfahrensrecht").[83] Zumindest die erste Frage dürfte mit der Gesetzesbegründung und dem neu eingefügten § 4 Abs. 3 S. 2 UmwRG[84] so zu beantworten sein, dass ein subjektiv-öffentliches Recht auch weiterhin für die Klagebefugnis und Klagebegründetheit beachtlich ist.[85]

---

79 Aussage und Zitat von *EuGH,* Urteil vom 12. Mai 2011 – C-115/09 (Bund für Umwelt und Naturschutz Deutschland, Landesverband Nordrhein-Westfalen e. V. / Bezirksregierung Arnsberg), Slg. 2011, I-3673 (Rn. 45). Zustimmend, nunmehr auch hinsichtlich des Erfordernisses einer Verletzung subjektiv-öffentlicher Rechte im Rahmen der Begründetheit bei § 113 Abs. 1 VwGO, *EuGH,* Urteil vom 15. Oktober 2015 – C-137/14 (Europäische Kommission / Bundesrepublik Deutschland), NVwZ 2015, 1665 (1666f.).

80 Die Anwendbarkeit auf Privatpersonen folgt aus § 4 Abs. 3 UmwRG i.V.m. § 61 Nr. 1, 2 VwGO – wobei die Regelung nicht auf diese begrenzt ist.

81 Siehe für das Verhältnis dieser Fehlerfolgenregelung zu den Vorgaben der Planerhaltung „5. Kapitel II. 5. c)".

82 So zunächst die Gesetzesbegründung der *BT-Drucks. 16/2495,* Gesetzentwurf zum UmwRG, S. 14. Ebenso nun bezüglich § 4 UmwRG n.F. die *BT-Drucks. 18/5927,* Gesetzentwurf zur Änderung des UmwRG zur Umsetzung des EuGH-Urteils C-72/12, S. 9f.

83 Siehe für die Zitate und eine Zusammenfassung des Meinungsstands noch zu § 4 UmwRG a.F. *Schlacke,* in: Gärditz (Hrsg.), VwGO-Kommentar, § 4 UmwRG Rn. 38–43, die zugleich auf die Frage eingeht, ob das subjektiv-öffentliche Recht nur für die Klagebefugnis oder ebenso für die Begründetheit des Rechtsbehelfs relevant ist.

84 Eingefügt durch Art. 1 Gesetz zur Änderung des Umwelt-Rechtsbehelfsgesetzes zur Umsetzung des Urteils des Europäischen Gerichtshofs vom 7. November 2013 in der Rechtssache C-72/12 vom 20. November 2015, BGBl. 2015, I, S. 2069.

85 So schon die *BT-Drucks. 16/2495,* Gesetzentwurf zum UmwRG, S. 8; die Gesetzesbegründung hinsichtlich der Klagebefugnis ebenso interpretierend, aber hinsichtlich der Klagebegründetheit eine andere Auffassung vertretend *Schlacke,* in: Gärditz (Hrsg.), VwGO-Kommentar, § 4 UmwRG Rn. 41, 43. Ähnlich zu § 4 UmwRG n.F. die

Etwas anderes ergibt sich ebenso wenig aus der jüngeren Rechtsprechung des BVerwG zu Luftreinhalteplänen, der es offensichtlich um die Eröffnung des § 42 Abs. 2 Hs. 2 VwGO speziell für § 3 UmwRG-Vereinigungen durch eine großzügige Erweiterung ihrer subjektiv-öffentlichen Rechte ging, damit diese Vereinigungen das Unionsumweltrecht effektiv geltend machen können.[86] Eine Erweiterung der Klagebefugnis auf Privatpersonen wäre – zumindest hinsichtlich des Netzausbaus – nicht interessengerecht und auch nicht notwendig. Ihnen wird es voraussichtlich regelmäßig um eine andere Linienführung gehen,[87] insbesondere um den Wertverfall ihrer Immobilien oder negative gesundheitliche Auswirkungen zu vermeiden. Sofern hierfür nicht schon drittschützende Normen zur Eröffnung des Rechtswegs verfügbar sind, stehen ihnen die grundgesetzlichen Garantien auf Eigentum[88] und körperliche Unversehrtheit zur Verfügung und bei Adressaten des Planfeststellungsbeschlusses zudem die Garantie der allgemeinen Handlungsfreiheit („Adressatentheorie").

a) *Auswirkungen der EuGH-Entscheidungen in den Sachen* Altrip *und* Europäische Kommission / Bundesrepublik Deutschland

Eine für Privatpersonen möglicherweise einfachere Einklagbarkeit einer Planaufhebung wäre gegebenenfalls durch die Geltendmachung von Verfahrensrechten zu erreichen. So wird durchaus erwogen, dass man die Gewähr von Eigentum und körperlicher Integrität in gewissen Vorgaben des Umweltverfahrensrechts verwirklicht sehen und diese als absolute Verfahrensrechte[89] einordnen könne, wobei ihre Schranke durch § 46 VwVfG gezogen werden würde.[90] Begründet wird dies mit den Entwicklungen des Unionsrechts und den Ausführungen des EuGH in der Sache *Altrip.*[91] In diesem wurde die Justiziabilität nicht nur von einer unterbliebenen, sondern auch jeder fehlerhaft durchgeführten UVP festgehalten,[92] was

BT-Drucks. 18/5927, Gesetzentwurf zur Änderung des UmwRG zur Umsetzung des EuGH-Urteils C-72/12, S. 10f.

86 Siehe *BVerwG,* Urteil vom 5. September 2013 – 7 C 21.12, BVerwGE 147, 312 (324–326) – Luftreinhalteplan. Ebenso das Urteil interpretierend *Schlacke,* NVwZ 2014, 11 (13f.).

87 Vgl. *Durner,* NuR 2012, 369 (372).

88 Siehe zu drittschützenden Normen und der verfassungsrechtlichen Eigentumsgarantie im Netzausbau *Drygalla-Hein,* in: de Witt / Scheuten (Hrsg.), NABEG-Kommentar, § 24 NABEG Rn. 395–398.

89 Zum Begriff des absoluten Verfahrensrechts und seiner Einordnung in die VwGO *Gärditz,* in: Gärditz (Hrsg.), VwGO-Kommentar, § 42 VwGO Rn. 80.

90 Dies unter anderem für die entsprechenden Regelungen der UVP vorschlagend *Gärditz,* NVwZ 2014, 1 (3).

91 *Gärditz,* NVwZ 2014, 1 (3).

92 *EuGH,* Urteil vom 07. November 2013 – C-72/12 (Gemeinde Altrip et. al. / Land Rheinland Pfalz), NVwZ 2014, 49 (51) – Altrip, siehe dazu auch den Wortlaut des Urteils („Unterbleiben[...]" bzw. „durchgeführt..., aber fehlerhaft"). *Schlacke,* NVwZ 2014, 11

dementsprechend sämtliche Verfahrensfehler umfassen muss. Gleichwohl verbiete dies den Mitgliedstaaten nicht, so der EuGH, eine Kausalität zwischen dem Verfahrensverstoß und der behördlichen Sachentscheidung zu fordern – unter Ausschluss einer diesbezüglichen Beweislast der streiteinleitenden Partei –[93], bevor eine Rechtsverletzung angenommen werden könne.[94] Da es der Gerichtshof ausdrücklich unbeantwortet ließ, ob diesbezüglich weiterhin ein materiell subjektiv-öffentliches Recht beeinträchtigt sein muss,[95] verbleibt dies zunächst den Mitgliedstaaten – im Rahmen der unionsrechtlichen Äquivalenz- und Effizienzgebote[96] – überlassen. Etwas anderes folgt auch nicht aus der Sache *Europäische Kommission / Bundesrepublik Deutschland.* Denn in diesem Urteil wurde nur festgehalten, dass es einem Mitgliedstaat – vorliegend durch § 113 Abs. 1 VwGO – freisteht, für eine gerichtliche Aufhebungsentscheidung neben einem Verfahrensfehler auch die Verletzung eines subjektiven Rechts zu verlangen.[97] Eine Einordnung unionsrechtlicher Verfahrensvorgaben als absolutes Verfahrensrecht im Sinne der VwGO ist wegen der Zurückhaltung des EuGH daher vorerst nicht obligatorisch.[98] Für die oben anstehende progressive Lösung spräche natürlich ihre zweifelsfreie Unionsrechtskonformität[99]

(14f.) sah als Konsequenz des Urteils eine Gesetzesänderung des § 4 Abs. 1 UmwRG a.F. als notwendig an; dies ist nun auch erfolgt durch Art. 1 Gesetz zur Änderung des Umwelt-Rechtsbehelfsgesetzes zur Umsetzung des Urteils des Europäischen Gerichtshofs vom 7. November 2013 in der Rechtssache C-72/12 vom 20. November 2015, BGBl. 2015, I, S. 2069.

93 Die relevante Rechtsprechung des BVerwG zur Darlegungs- und Beweislast kritisierend *Gärditz,* NVwZ 2014, 1 (2). Vgl. auch *Neumann,* in: Stelkens / Bonk / Sachs (Hrsg.), VwVfG-Kommentar, § 73 VwVfG Rn. 149, der die Kausalitätsrechtsprechung des BVerwG in Planfeststellungsverfahren für strenger hält als in sonstigen Fällen des § 46 VwVfG, so dass die Darlegungslast bei der betroffenen Partei liege. *Schlacke,* NVwZ 2014, 11 (15), sieht als Folge der EuGH-Entscheidung in der Sache *Altrip,* dass zwar die Entscheidungspraxis des BVerwG zur Kausalität fortbestehe aber nunmehr eine „Darlegungslastumkehr" bestehe.

94 *EuGH,* Urteil vom 07. November 2013 – C-72/12 (Gemeinde Altrip et. al. / Land Rheinland Pfalz), NVwZ 2014, 49 (52f.) – Altrip; ebenso *EuGH,* Urteil vom 15. Oktober 2015 – C-137/14 (Europäische Kommission / Bundesrepublik Deutschland), NVwZ 2015, 1665 (1668f.).

95 *EuGH,* Urteil vom 07. November 2013 – C-72/12 (Gemeinde Altrip et. al. / Land Rheinland Pfalz), NVwZ 2014, 49 (53) – Altrip.

96 Diese Gebote werden im Rahmen der „Verfahrensautonomie der Mitgliedstaaten" mit den entsprechenden Nachweisen kurz erläutert im „5. Kapitel II. 5. a)".

97 *EuGH,* Urteil vom 15. Oktober 2015 – C-137/14 (Europäische Kommission / Bundesrepublik Deutschland), NVwZ 2015, 1665 (1666f.).

98 So auch *Schlacke,* NVwZ 2014, 11 (15).

99 Vgl. *Meitz,* ZUR 2014, 40 (44), der im Gefolge der *Altrip*-Entscheidung ein Problem in der Vereinbarkeit des deutschen Rechts mit dem Unionsrecht sieht, was unter anderem durch eine Gesetzesänderung des § 4 UmwRG behoben werden könne, indem „Individualbetroffene eine Klagebefugnis bei wesentlichen Verfahrensfehlern im Zulassungsverfahren" erhalten würden.

und damit eine für den Netzausbau dienliche Rechtssicherheit. Zugleich könnten sich die Rechtsschutzmöglichkeiten von Privatpersonen mitunter erleichtern, da etwa schon eine unrichtig durchgeführte Öffentlichkeitsbeteiligung in der UVP oder eine fehlerhafte Bewertung und Berücksichtigung der Umweltauswirkungen eines Vorhabens[100] die Klagebefugnis eröffnen könnte. Freilich würde dies nicht von der gesetzgeberischen Notwendigkeit befreien, die Einlegung von Rechtsmitteln oder ihre Begründetheit in der ein oder anderen Form zu beschränken, um eine Überlastung der Gerichte zu vermeiden und überdies weiterhin ein prozessökonomisches Verfahren zu gewährleisten. Dies mag durch die Heranziehung von § 46 VwVfG – wie oben angeführt – oder durch Vorgaben zur Einwendungspräklusion[101] sowie den Übergang vom Amtsermittlungsgrundsatz zum Beibringungsgrundsatz im Verwaltungsprozess geschehen.[102]

b) Gleiche Effektivität von Privatpersonen und § 3 UmwRG-Vereinigungen

Überdies bedeuten die vorhandenen und gegenüber § 3 UmwRG-Vereinigungen geringeren Rechtsschutzmöglichkeiten von Privatpersonen nicht, dass ihre Einwände im Planungsverfahren weniger ernst zu nehmen wären. Dies folgt zwar allein schon rechtlich aus dem allgemeinen Gleichheitssatz des Art. 3 Abs. 1 GG und seinem Pendant des Art. 20 EU-GRCh, welcher bei Anwendung des Unionsrechts – etwa bei Durchführung der TEN-E-VO 2013 – durch die Mitgliedstaaten eingreifen könnte.[103] Aber auch aus dem faktischen Grund von möglichen politischen Widerständen der Bevölkerung vor Ort ergibt sich die Notwendigkeit einer intensiven Auseinandersetzung mit ihrem Vorbringen. Dadurch herrscht letztlich eine Parität der Mittel zwischen Privatpersonen und § 3 UmwRG-Vereinigungen,

---

100 Siehe zur schon bestehenden Diskussion eines möglichen Drittschutzes von § 12 UVPG, der sich mit der Bewertung von Umweltauswirkungen eines Vorhabens und ihrer Berücksichtigung bei der Zulassungsentscheidung befasst, *Wulfhorst,* in: Landmann / Rohmer, UmweltR-Kommentar, Bd. I, § 12 UVPG Rn. 55f. [Stand: März 2010].

101 Eine Einwendungspräklusion ist im Anwendungsbereich des Unionsumweltrechts nur noch sehr eingeschränkt zulässig, etwa bei „missbräuchliche[m] oder unredliche[n] Vorbringen“, siehe *EuGH,* Urteil vom 15. Oktober 2015 – C-137/14 (Europäische Kommission / Bundesrepublik Deutschland), NVwZ 2015, 1665 (1669f.).

102 Die beiden zuletzt genannten Möglichkeiten hinsichtlich der UmwRG-Rechtsbehelfe vorschlagend *Kment,* UPR 2013, 41 (45); diese Ansicht aufgreifend aber ablehnend *Schlacke,* NVwZ 2014, 11 (17f.).

103 Gemäß Art. 51 Abs. 1 S. 1 Charta der Grundrechte der Europäischen Union, (EU-GRCh), ABl. EU 2007 C 303/1, binden die Vorgaben der Charta auch „die Mitgliedstaaten...bei der Durchführung des Rechts der Union.“ Die Anwendbarkeit der EU-GRCh bei der mitgliedstaatlichen Ausführung der TEN-E-VO 2013 bejahend *Frey,* ZEuS 2013, 19 (41–44).

mit der sie auf den gesetzmäßigen Vollzug des Planungsverfahrens gegenüber der Verwaltung drängen können.

3. Die Frage nach der notwendigen Eingangsinstanz

Der Bundesgesetzgeber ist dem Vorbild der Regelungen zum EnLAG[104] gefolgt und weist Streitigkeiten über Planfeststellungsbeschlüsse und -genehmigungen der im BBPlG aufgelisteten Vorhaben ebenso an das BVerwG als erst- und letztinstanzliches Gericht zu.[105] Dies verkürzt den Rechtsweg, da zunächst das OVG als Eingangsinstanz für Übertragungsnetze zuständig wäre,[106] gegen dessen Urteile grundsätzlich die Revision zum BVerwG statthaft ist.[107] Eine mit den Regelungen des BBPlG verbundene Hoffnung auf zügigere Rechtssicherheit erscheint nicht ausgeschlossen. So wurde dem BVerwG aufgrund seiner relativ kurzfristigen Entscheidungsfindung gleich bei der ersten gerichtlichen Streitigkeit zu einem EnLAG-Vorhaben bescheinigt, dem gesetzgeberischen Willen einer schnelleren Vorhabenumsetzung nachzukommen.[108]

Dennoch zieht das BVerwG gewisse Grenzen für Rechtssachen, für welche es als Eingangs- und zugleich Letztinstanz zuständig sein könne: Aus den grundgesetzlichen Bestimmungen folge, dass für alle per Gesetz an das BVerwG erst- und letztinstanzlich zugewiesenen Vorhaben – unter anderem – eine besondere Rechtfertigung für die Zuweisung vorliegen müsse und es nicht zuletzt bei Fragen mit Raumbezug zu keiner Aushöhlung der Ländergerichtsbarkeit kommen dürfe.[109] Die insoweit geforderte Rechtfertigung kann sicherlich aufgrund der momentanen Umstellung von

104 Die erst- und letztinstanzliche Zuständigkeit des BVerwG für die Vorhaben des EnLAG ist in § 50 Abs. 1 Nr. 6 VwGO i.V.m. § 1 Abs. 3 EnLAG festgelegt.

105 Die Vorhaben des BBPlG wurden durch Art. 4 Zweites Gesetz über Maßnahmen zur Beschleunigung des Netzausbaus Elektrizitätsnetze vom 23. Juli 2013, BGBl. 2013, I, S. 2543 in § 50 Abs. 1 Nr. 6 VwGO aufgenommen, der in Verbindung mit § 6 BBPlG für alle Vorhaben des Bundesbedarfsplans angewendet wird.

106 Übertragungsnetze im Sinne dieser Arbeit lassen sich § 48 Abs. 1 S. 1 Nr. 4 VwGO zuordnen, welcher aufgrund seiner Verweise auf § 43 EnWG bzw. § 2 Abs. 1 i.Vm. § 1 Abs. 2 S. 1 Nr. 2 SeeAnlVO das OVG als Eingangsinstanz von Streitigkeiten über Leitungen ab der 110 kV-Ebene bestimmt.

107 § 49 Nr. 1 VwGO.

108 *Greinacher / Freitag,* N&R 2011, 39 (39f.) im Hinblick auf *BVerwG,* Beschluss vom 22. Juli 2010 – 7 VR 4.10, N&R 2011, 36 – 110-/380-kV-Hochspannungsfreileitung, Abschnitt Gütersloh-Friedrichsdorf; so auch – allerdings ohne die relevante Entscheidung konkret zu benennen – *Ruge,* Neue Leitungen für den Umweltschutz: Hindernisse auf dem Weg zur Netzintegration Erneuerbarer Energien, in: Ehricke (Hrsg.), Energiewirtschaftsrecht im Spannungsfeld von marktlicher Freiheit und hoheitlichen Einschränkungen, 93 (99f.).

109 So schon für Vorhaben des FStrG mit Nennung der genauen Voraussetzungen *BVerwG,* Urteil vom 09. Juli 2008 – 9 A 14.07, BVerwGE 131, 274 (278–282); das Urteil für EnLAG-Vorhaben aufgreifend und bestätigend *BVerwG,* Beschluss vom

Energieerzeugung und -versorgung und damit der im parlamentarischen Prozess angeführten „Versorgungssicherheit"[110] angenommen werden. Problematisch dürfte es allerdings werden, sofern der Bundesbedarfsplan stetig erweitert würde.[111] Überdies ist die Vorhabenbündelung eines Vorhabens des BBPlG mit 110 kV-Leitungen und Bahnstromfernleitungen zu bedenken, welche gemäß § 26 S. 1 NABEG[112] beim Aufsatz auf ein Mehrfachgestänge und bei entsprechenden Anträgen grundsätzlich möglich ist – eine Infrastrukturbündelung wird zudem in naturschutzrechtlichen und raumordnungsrechtlichen Vorschriften angestrebt.[113] In diesen Fällen des NABEG müsste eine Klage gegen die 110 kV-Leitung oder Bahnstromfernleitung ebenso in die Zuständigkeit des BVerwG fallen. Denn dem Gesetzeswortlaut nach ergeht eine verwaltungsrechtlich „einheitliche Entscheidung"[114], wobei die Übertragungsleitung zumeist als Schwerpunkt des Verfahrens anzusehen sein dürfte und dadurch auch die gerichtliche Sachzuständigkeit der verbundenen Leitungsvorhaben bestimmen muss.[115] Allerdings werden Bündelungen zumindest mit 110 kV-Leitungen wohl begrenzt sein, da diese dem Verteilungsnetz zuzuordnen sind und demzufolge

---

26. September 2013 – 4 VR 1.13, NuR 2013, 800 (801f.) – 380 kV-Höchstspannungsfreileitung Hamburg / Nord-Dollern.

110 Siehe die Gesetzesbegründung in der *BT-Drucks. 17/12638,* Gesetzentwurf zum zweiten Gesetz zur Beschleunigung des Netzausbaus, S. 17.

111 Von solch einer Erweiterung geht jedoch der Bundesgesetzgeber momentan nicht aus, siehe erneut die Gesetzesbegründung bei der *BT-Drucks. 17/12638,* Gesetzentwurf zum zweiten Gesetz zur Beschleunigung des Netzausbaus, S. 17.

112 Der Wortlaut des § 26 S. 1 NABEG verweist hinsichtlich bündelungsfähiger Leitungen auf § 2 Abs. 2 NABEG. *Geismann,* in: de Witt / Scheuten (Hrsg.), NABEG-Kommentar, § 26 NABEG Rn. 1, 22, stuft diesen Verweis als ein Redaktionsversehen ein, der sich richtigerweise auf § 2 Abs. 1 NABEG beziehen müsse. Auch die Gesetzesbegründung gibt keinen Hinweis auf eine gewollte Heranziehung des § 2 Abs. 2 NABEG, siehe dort *BT-Drucks. 17/6073,* Gesetzentwurf zur Beschleunigung des Netzausbaus, S. 30.

113 Siehe zur Infrastrukturbündelung die Ausführungen bei „4. Kapitel III. 3. c)".

114 § 26 S. 1 NABEG.

115 Vgl. zur ähnlichen Problematik beim EnLAG die Ausführungen bei *BVerwG,* Urteil vom 18. Juli 2013 – 7 A 4.12, BVerwGE 147, 184 (187f. m.w.N.) – Thüringer Strombrücke. Das BVerwG erstreckte in dieser Entscheidung seine Zuständigkeit gemäß § 50 Abs. 1 Nr. 6 VwGO i.V.m. § 1 Abs. 3 EnLAG auch auf die Anfechtungsklage gegen die vom EnLAG-Vorhaben teilweise mitgeführte 110 kV-Leitung und begründete dies damit, dass über beide Leitungen – verwaltungsrechtlich – gemäß § 43 S. 6 EnWG (§ 43 S. 7 EnWG n.F.) i.V.m § 78 Abs. 1 VwVfG „nur einheitlich entschieden werden [konnte]" und sich damit einhergehend die Gerichtszuständigkeit nach dem „Vorhaben [mit dem] größeren Kreis öffentlich-rechtlicher Beziehungen" bestimme. Siehe weiterführend zur Reichweite des Streitgegenstandes im Sinne von § 50 Abs. 1 Nr. 6 VwGO i.V.m. § 1 Abs. 3 EnLAG das *BVerwG,* Beschluss vom 09. Oktober 2012 – 7 VR 10.12, NVwZ 2013, 78 (78f.); bestätigt durch *BVerwG,* Beschluss vom 09. April 2014 – 4 VR 1.14, juris (Rn. 1) – 380-kV-Höchstspannungsfreileitung Osterath-Rommerskirchen.

andere Aufgaben erfüllen als das Übertragungsnetz,[116] wodurch zwangsläufig unterschiedliche Netzverknüpfungspunkte angesteuert werden. Gleichwohl werden bei einer Bündelung den Gerichten der Länder Verfahren entzogen werden, welche von erheblicher Raumbedeutung sind und dies wird damit in einem Spannungsverhältnis zu den benannten Grenzen des BVerwG hinsichtlich der grundgesetzlichen Zuständigkeitsverteilung der Rechtsprechung stehen.

Allerdings sprechen sowohl rechtliche als auch praktische Gründe für die umfassende Zuweisung der Zuständigkeit von Übertragungsleitungen an das BVerwG, selbst bei einer erheblichen Erweiterung des Bundesbedarfsplans. In rechtlicher Hinsicht gilt es zu betonen, dass die Verwaltungs-[117] bzw. Oberverwaltungsgerichte[118] der Länder auch weiterhin als Eingangsinstanz für Streitigkeiten über Energieerzeugungsanlagen fungieren. Raumrelevante Zulassungsentscheidungen im Bereich des Energierechts unterliegen und verbleiben daher zu einem großen Teil in der Zuständigkeit der Verwaltungsgerichtsbarkeit der Länder, so dass eine Aushöhlung ihrer Kompetenz bei raumrelevanten Vorhaben nicht zu befürchten ist. Stattdessen ist in praktischer Sicht die Möglichkeit eröffnet, eine Wissenskonzentration über die typischen Rechtsfragen von Übertragungsleitungen beim BVerwG zu bündeln. Dasselbe ist zugleich bei den OVGs als Eingangsinstanz bezüglich der Verteilernetze anzunehmen – freilich nur sofern die darunter fallenden 110 kV-Leitungen nicht unter die hier angesprochene Bündelung mit dem Übertragungsnetz und damit in die Zuständigkeit des BVerwG fallen. Im Ergebnis würde dies auf Seite der Rechtsprechung weitgehend das Bild spiegeln, welches im Rahmen der vorliegenden Arbeit für die Planung und Zulassung gefordert wurde: Die Zuständigkeit für Übertragungsleitungen auf Bundesebene und für Verteilernetze auf Landesebene zu konzentrieren.[119]

Eine Verfahrensverkürzung durch die Zuweisung an das BVerwG ist auch vor dem Hintergrund unionsrechtlicher Fragestellungen zu bedenken. So weisen Planfeststellungsverfahren zu Übertragungsvorhaben regelmäßig einen nicht unerheblichen Bezug zum europäischen Umweltrecht auf, etwa zu den FFH-, UVP- und SUP-Richtlinien. In der Vergangenheit bedingten diese Rechtsakte diverse Vorlageverfahren beim EuGH,[120] was als Rechtsmittel derzeit circa 16 Monate

116 Siehe zu den unterschiedlichen Aufgaben der Stromübertragung bzw. der Stromverteilung § 3 Nr. 32 bzw. Nr. 37 EnWG.

117 Das VG ist, in Ermangelung anderweitiger Zuweisungen, grundsätzlich im ersten Rechtszug zuständig § 45 VwGO.

118 Das OVG ist Eingangsinstanz für einen Großteil der Streitigkeiten, welche Kraftwerke im Sinne des AtomG und Kraftwerke mit Feuerungsanlagen ab einem bestimmten Leistungswert betreffen, § 48 Abs. 1 S. 1 Nr. 1 bzw. Nr. 3 VwGO.

119 Siehe dazu unter anderem „3. Kapitel II. 2. c), V. 2." und „4. Kapitel II. 4., 5. sowie IV. 1.".

120 Siege zur Statthaftigkeit eines Vorlageverfahrens an den EuGH bezüglich Gültigkeit und Auslegung von Unionsrecht sowie zur Vorlagepflicht eines

beansprucht.[121] Gerade wegen problematischer Beziehungen zwischen dem deutschen Verwaltungsverfahrensrecht und unionsrechtlicher Umweltvorgaben, etwa bezüglich nationaler Regelungen der Einwendungspräklusion, dürften weitere Vorlageverfahren im Bereich der Elektrizitätsnetze wahrscheinlich sein.[122] Dadurch wird zwar keine neue Tatsacheninstanz eröffnet, doch es wird Klägern ein weiteres zeitaufwendiges – wenngleich für die Rechtspraxis notwendiges[123] – Rechtsmittel eröffnet. Dies verdeutlicht den Bedarf für die bestehende Regelung zur erst- und letztinstanzlichen Zuständigkeit des BVerwG.[124] Nach der hier vertretenen Ansicht sollte diese auf sämtliche Übertragungsleitungen anwendbar sein, was eine umfassende Aufnahme der entsprechenden Vorhaben in das BBPlG voraussetzen würde.

4. Rechtsschutz am Planungsende sowie gegen gesetzliche Bedarfsausweisungen

Da die deutsche Netzplanung aus drei Stufen besteht, der Bedarfs- und Fachplanung sowie der Planfeststellung, verwundert es nicht, dass Diskussionen über den notwendigen Zeitpunkt einer gerichtlichen Überprüfung von Übertragungsvorhaben geführt werden. Verstärkt wird dies schließlich durch die lange Dauer der einzelnen Planungsstufen, bevor eine abschließende Planungsentscheidung getroffen wird und Rechtsschutz zur Verfügung steht. Dabei ist weiterhin zu bedenken, dass mit den Bedarfsausweisungen des BBPlG grundlegende Planungsentscheidungen bereits per Gesetz getroffen werden und diese damit nur bedingt justiziabel sind.

a) Die Notwendigkeit eines nachgelagerten Rechtsschutzes am Planungsende

Der Gesetzgeber hat sich im geltenden Planungsregime bewusst dafür entschieden, einen Rechtsschutz erst am Ende des Planungsverfahrens, also nach Abschluss des Planfeststellungsverfahrens zu ermöglichen.[125] Dementsprechend ist durch das

letztinstanzlichen nationalen Gerichts bei einer solchen Rechtsfrage Art. 267 UntAbs. 1 lit. b bzw. UntAbs. 3 AEUV.

121 Die durchschnittliche Verfahrensdauer wird mit 16,3 Monaten angegeben, siehe *EuGH,* Rechtsprechungsstatistiken 2013, Pressemitteilung Nr. 34/14 v. 13. März 2014.

122 Vgl. *Crusius,* NVwZ 2013, 1613 (1614), dieser stellt hinsichtlich der zukünftigen Gerichtsverfahren aber nicht explizit auf das Vorlageverfahren ab.

123 Eine stärkere Verwendung des Vorlageinstruments unter anderem für „infrastrukturrelevante Rechtsgebiete" fordernd, um unnötige Schwebezustände hinsichtlich der richtigen Gesetzesinterpretation zu vermeiden, *Kühling,* DVBl. 2013, 1093 (1099).

124 § 50 Abs. 1 Nr. 6 VwGO i.V.m. § 6 BBPlG.

125 Die Gesetzesbegründung führt hinsichtlich des NABEG aus, dass die fachplanerische Entscheidung einen „verwaltungsinternen Charakter" habe, siehe *BT-Drucks.*

Gesetz explizit die isolierte Angreifbarkeit der Bundesfachplanung für das Bundesgebiet und des Bundesfachplan Offshore für die AWZ ausgeschlossen; diese können also nur inzident im gerichtlichen Verfahren gegen den Planfeststellungsbeschluss überprüft werden.[126] Bereits in der Vergangenheit gab es Überlegungen, ob nicht bereits gegen die dem Planfeststellungsbeschluss vorgelagerte Entscheidung der Linienführung eine gerichtliche Überprüfung zulässig sein sollte.[127] Speziell bei der NABEG-Fachplanung wird diese Problematik in der Literatur wieder aufgegriffen, wobei eine Klagemöglichkeit gegen Bundesfachplanungsentscheidungen – jeweils mit beträchtlichen Argumenten – sowohl befürwortet als auch abgelehnt wird.[128]

Grundsätzlich ist zu bedenken, dass auf den Gerichten ein faktischer Druck lastet, eine Planfeststellung am Ende eines langen Planungsprozesses nicht aufzuheben. Intensiviert wird dies, indem mit den gesetzlichen Ausweisungen im Bundesbedarfsplan des BBPlG eine Grundentscheidung für ein Vorhaben durch den Gesetzgeber getroffen wird. Aufgrund einer solchen Überlegung der Rechtspraxis könnte man die Ansicht vertreten, dass ein nachgelagerter und konzentrierter Rechtsschutz nicht sachdienlich sei. Jedoch ist vor dem Hintergrund unionsrechtlicher Beschleunigungspotentiale die etwaige Einführung eines gerichtlichen Kontrollverfahrens gegen die Bundesfachplanungsentscheidung oder den Bundesfachplan Offshore abzulehnen. Denn im Rahmen dieser Arbeit wurde aufgezeigt, dass eine Angleichung der Fristen von Fachplanungs- und Zulassungsverfahren in den EU-Mitgliedstaaten nach geltendem Primärrecht möglich ist und dies eine grenzüberschreitende synchronisierte Planung von Übertragungsleitungen zu fördern vermag.[129] Eine Synchronisation wäre jedoch nicht erreichbar, sofern man vor Abschluss der Verwaltungsverfahren eine Klagemöglichkeit zuließe.

17/6073, Gesetzentwurf zur Beschleunigung des Netzausbaus, S. 27; Für die Fachplanung in der AWZ enthält die Gesetzesbegründung keinen entsprechenden Hinweis und verweist lediglich auf die Kontinuität zur Vorgangerregelung, siehe *BT-Drucks. 17/10754,* Gesetzentwurf eines Dritten Gesetzes zur Neuregelung energiewirtschaftlicher Vorschriften, S. 24.

126 § 15 Abs. 3 S. 2 NABEG bzw. § 17a Abs. 5 S. 1 Hs. 1 a.E. EnWG. Eine Ausnahme wird allerdings für ÜNBs als antragstellende Vorhabenträger der Bundesfachplanung diskutiert, siehe dazu *de Witt,* in: de Witt / Scheuten (Hrsg.), NABEG-Kommentar, § 15 NABEG Rn. 57f.

127 Siehe als Beispiel dazu die Ausführungen von *Kügel,* Der Planfeststellungsbeschluß und seine Anfechtbarkeit, S. 206–210, der sich mit dem Rechtsschutz gegen die Fachplanungen der Bundesfern- und Bundeswasserstraßen auseinandersetzt.

128 Den Streitstand zusammenfassend und sich im Ergebnis ablehnend zu Klageverfahren gegen die Bundesfachplanung aussprechend *Sangenstedt,* in: Steinbach (Hrsg.), NABEG/EnLAG/EnWG-Kommentar, § 15 NABEG Rn. 35–39. Siehe speziell für den Bereich der AWZ die Ausführungen von *Geber,* Die Netzanbindung von Offshore-Anlagen im europäischen Supergrid, S. 242–247, dieser spricht sich wegen subjektiver Verfahrensrechte aus der SUP für ein diesbezügliches Klagerecht gegen den Bundesfachplan Offshore aus.

129 Dazu „3. Kapitel VI.".

Freilich begünstigt dies nur eine einheitliche Planung und Zulassung und verhindert nicht ein mögliches Auseinanderfallen der sich anschließenden Planungsrealisierung in den Mitgliedstaaten, welche durch die unterschiedlichen Verfahrensdauern bei nachgelagerten behördlichen und gerichtlichen Rechtsbehelfen bedingt sind.[130] Allerdings wären dann zumindest schon die jeweiligen Planungs- und Zulassungsverfahren abgeschlossen und die Planungskapazitäten der Mitgliedstaaten könnten sich auf weitere Vorhaben konzentrieren.

b) Rechtsbehelfe gegen Bedarfsausweisungen in gesetzlichen Planungen

Eine gewisse Einschränkung des Rechtsschutzes ist sicherlich in der gesetzlichen Vorhabenausweisung des Bundesbedarfsplans im BBPlG zu sehen, da dieser nur einer Kontrolle im Wege der verwaltungsgerichtlichen Vorlage an das BVerfG zugänglich ist.[131] Eine solche Vorlage ist allerdings nicht besonders wahrscheinlich, da die Rechtsprechung des BVerwG schon im Bezug auf die Bedarfsausweisung eines EnLAG-Vorhabens der Gesetzgebung einen „weiten Gestaltungs- und Prognosespielraum[...]"[132] zugebilligt hat. Damit einher geht eine diesbezüglich geringere Kontrolldichte im gerichtlichen Verfahren, unabhängig davon, ob der Rechtsschutz bereits gegen die fachplanerische Entscheidung zugelassen würde. Überdies könnten auch keine verfassungsrechtlichen Bedenken gegen die Bedarfsausweisung im Wege einer gesetzlichen Planung vorgetragen werden, da das BVerfG in seiner Stendal-Entscheidung bereits eine – notwendigerweise parzellenscharfe – Planfeststellung per Gesetz als verfassungsgemäß angesehen hat.[133] Der Bundesbedarfsplan ist damit ein weitgehend rechtssicheres Instrument, um einen zügigen Netzausbau auf der gerichtlichen Ebene zu ergänzen. Dadurch wird zudem der gesetzgeberische Wille erkennbar, die Kompetenz für eine kaum angreifbare Grundsatzentscheidung bezüglich eines Übertragungsvorhabens an sich zu ziehen, wodurch der Rechtsschutz zu einem gewissen Maße zu Gunsten der parlamentarischen Abstimmung verdrängt wird. Sofern also der Bedarf eines Vorhabens grundsätzlich und nicht etwa nur dessen konkreter Trassenverlauf in Frage gestellt wird, so muss in Zukunft eine Intervention bei den am Gesetzgebungsprozess Beteiligten ansetzen.

---

130 Siehe zu möglichen Vereinheitlichungen von Rechtsbehelfen durch Unionsrecht sogleich „5. Kapitel 5.".

131 Art. 100 Abs. 1 S. 1 Alt. 2 GG.

132 *BVerwG*, Urteil vom 18. Juli 2013 – 7 A 4.12, BVerwGE 147, 184 (193) – Thüringer Strombrücke. Siehe auch „4. Kapitel II. 1. a)".

133 *BVerfG*, Beschluss vom 17. Juli 1996 – 2 BvF 2/93, BVerfGE 95, 1 – „Südumfahrung Stendal". Siehe hierzu ausführlich „4. Kapitel II. 3.".

5. Diskussion vorhandener und möglicher Vorgaben des Unionsrechts für Rechtsbehelfe und eine Fehlerfolgenlehre

a) *Problemaufriss und die Verfahrensautonomie der Mitgliedstaaten*

Die notwendige zeitliche Synchronisation des Netzausbaus wirft gerade bei Vorhaben, die sich auf mehr als einen Mitgliedstaat auswirken, die Frage auf, ob das Unionsrecht einheitliche Rechtsbehelfe und die Behandlung von Fehlerfolgen regeln sollte. Bedeutsam ist dies auch für Vorhaben, die nur innerhalb Deutschlands relevant sind, da sich durch unionsrechtliche Regelungen gegebenenfalls zeitaufwendige Vorlageverfahren an den EuGH vermeiden ließen. Dabei muss sich die Fragestellung zugleich auf materiellrechtlich wirkende[134] Einwendungspräklusionen beziehen. Zwar sind diese – ebenso wenig wie die Regelungen zu Fehlerfolgen – grundsätzlich nicht im Prozessrecht geregelt,[135] doch führen sie entweder schon zum Verlust der Klagebefugnis und berühren damit die Zulässigkeit[136] oder sie bewirken gemäß herrschender Meinung zumindest die teilweise Unbegründetheit des Rechtsbehelfs.[137] Sie steuern damit jedenfalls die Reichweite des Rechtsschutzes und somit letztlich den „Zugang zu Gericht", was eine wesentliche Regelungsmaterie der ÖffBeteil-RL 2003 und des Aarhus-Übereinkommens darstellt[138] und folglich den nationalen Normgeber an einer gänzlich autarken Regelung hindert.

---

134 Siehe zur Unterscheidung von Einwendungspräklusionen mit einer formellrechtlichen Wirkung, welche im Ausschluss der Einwendung hinsichtlich des Verwaltungsverfahrens besteht, und einer materiellrechtlichen Wirkung, die sich auf das Gerichtsverfahren auswirkt *Kupfer,* in: Britz u.a. (Hrsg.), EnWG-Kommentar, 3. Aufl., § 43a EnWG Rn. 30.

135 Siehe beispielsweise die Auflistung bei *Gärditz,* in: Gärditz (Hrsg.), VwGO-Kommentar, § 42 VwGO Rn. 104, der zugleich auf die Ausnahmeregelungen bei den Umwelt- bzw. Naturschutzrechtsbehelfen des § 2 Abs. 3 UmwRG bzw. § 64 Abs. 2 BNatSchG i.V.m. § 2 Abs. 3 UmwRG hinweist. Beachte, dass § 2 Abs. 3 UmwRG gegen Unionsrecht verstößt, *EuGH,* Urteil vom 15. Oktober 2015 – C-137/14 (Europäische Kommission / Bundesrepublik Deutschland), NVwZ 2015, 1665 (1669f.); siehe hierzu „5. Kapitel II. 5. b)".

136 So *Wahl / Schütz,* in: Schoch u.a. (Hrsg.), VwGO-Kommentar, § 42 Abs. 2 VwGO Rn. 107 m.w.N. [Stand: Grundwerk 1996].

137 Für eine Einordnung in die Begründetheit ausdrücklich *Neumann,* in: Stelkens / Bonk / Sachs (Hrsg.), VwVfG-Kommentar, § 73 VwVfG Rn. 88. Siehe auch *Gärditz,* in: Gärditz (Hrsg.), VwGO-Kommentar, § 42 VwGO Rn. 104 m.w.N.; diesem zustimmend *VGH München,* Urteil vom 04. April 2013 – 22 A 12.40048, ZUR 2013, 497 (498 m.w.N.) – Ersatzbau 110 kV-Leitung Aschaffenburg-Großheubach, wobei der VGH die Überlegung anspricht, die Präklusion eventuell schon auf die Klagebefugnis und damit die Zulässigkeit wirken zu lassen.

138 Der „Zugang zu Gerichten" ist schon in der Gesetzesüberschrift der ÖffBeteil-RL 2003 sowie in der – übersetzten – Überschrift des Aarhus-Übereinkommen festgehalten, siehe zum zuletzt genannten Punkt das Gesetz zu dem Übereinkommen vom 25. Juni 1998 über den Zugang zu Informationen, die

Freilich ist das nationale Recht schon jetzt nicht isoliert von äußeren Einflüssen, insbesondere bezüglich des Unionsrechts. Zwar ist zunächst vom Grundsatz der Verfahrensautonomie der Mitgliedstaaten auszugehen,[139] gemäß welchem das öffentliche Verfahrens- und Prozessrecht prinzipiell von diesen erlassen wird.[140] Jedoch gilt dies nur, falls erstens kein diesbezügliches Unionsrecht vorhanden ist sowie zweitens bei Einhaltung der unionsrechtlichen Gebote der Effektivität, welches eine Konterkarierung des Unionsrechts durch das beim Vollzug anwendbare nationale Recht verbietet, und der Äquivalenz, durch das eine homogene Behandlung von unionsrechtlichen Sachverhalten mit entsprechenden Sachverhalten des mitgliedstaatlichen Rechts vorgegeben wird.[141]

b) Unionsrecht und die Einwendungspräklusion bei Übertragungsnetzen

Die soeben aufgeführten Gebote haben mitunter erhebliche Auswirkungen auf das deutsche Recht und damit auch auf den Netzausbau. So ist das Recht der Planfeststellung im NABEG und der SeeAnlVO durchzogen mit dem Instrument der materiellrechtlich wirkenden Einwendungspräklusion.[142] Ähnliches gilt für die

---

Öffentlichkeitsbeteiligung an Entscheidungsverfahren und den Zugang zu Gerichten in Umweltangelegenheiten (Aarhus-Übereinkommen) vom 9. Dezember 2006, (Aarhus-Übereinkommen), BGBl. 2006, II, 1251.

139 Zu diesem Grundsatz noch verhaltend *EuGH,* Urteil vom 6. Juni 1972 – Rs. 94/71 (Schlüter & Maack / Hauptzollamt Hamburg-Jonas), Slg. 1972, 307 (Rn. 10f.). Die Entscheidung aufgreifend und den Grundsatz deutlich und substantiell aufstellend *EuGH,* Urteil vom 21. September 1983 – verb. Rs. 205–215/82 (Deutsche Milchkontor GmbH et. al. / Bundesrepublik Deutschland), Slg. 1983, 2633 (Rn. 17); der EuGH begründete die Verfahrensautonomie mit Art. 5 EWG-Vertrag; der EWG-Vertrag findet sich abgedruckt zusammen mit dem Gesetz zu den Verträgen vom 25. März 1957 zur Gründung der Europäischen Wirtschaftsgemeinschaft und der Europäischen Atomgemeinschaft vom 27. Juli 1957, BGBl. 1957, II, S. 753; der Art. 5 EGW-Vertrag ist mittlerweile in Art. 4 Abs. 3 EUV aufgegangen.

140 Dazu *Gärditz,* § 35 Verhältnis des Unionsrechts zum Recht der Mitgliedstaaten, in: Rengeling u.a. (Hrsg.), Rechtsschutz in der EU, Rn. 23f. mit Verweis auf voranstehende Rechtsprechung und die mittlerweile stattgefundene Teilkodifikation dieses Grundsatzes in den Europäischen Verträgen.

141 *EuGH,* Urteil vom 21. September 1983 – verb. Rs. 205–215/82 (Deutsche Milchkontor GmbH et. al. / Bundesrepublik Deutschland), Slg. 1983, 2633 (Rn. 17 und 19 m.w.N. aus der eigenen Rspr.). Zur allgemeinen Bedeutung des Urteils und der Effektivitäts- und Äquivalenzgebote für das deutsche Verwaltungsverfahrensrecht *Stelkens,* in: Stelkens / Bonk / Sachs (Hrsg.), VwVfG-Kommentar, EuR Rn. 96–98.

142 Für NABEG-Vorhaben gilt nach Ablauf der Auslegungsfrist eine zweiwöchige Einwendungsfrist, § 22 Abs. 6 NABEG; die Präklusion ist durch § 18 Abs. 3 S. 2 NABEG i.V.m. § 43 S. 7 EnWG, § 73 Abs. 4 S. 1, 3 VwVfG angeordnet; allerdings können Einwendungen auch schon in der laufenden Auslegung erhoben werden, siehe *Wiesendahl,* in: de Witt / Scheuten (Hrsg.), NABEG-Kommentar, § 22 NABEG Rn. 71. Im Bereich der AWZ ist die Einwendungsfrist grundsätzlich ebenso

vorgelagerte Bundesfachplanung[143] – dabei ist im Einzelnen strittig, ob eine für die Entscheidung der Bundesfachplanung präkludierte Einwendung zugleich die entsprechende Einwendungsmöglichkeit im Planfeststellungsverfahren ausschließt.[144]

Zwar sah die deutsche Rechtsprechung bis vor kurzem keinen Widerspruch von – unter anderem – energiewirtschaftlichen Bestimmungen der Einwendungspräklusion mit Unionsrecht[145] oder speziell mit den unionsrechtlichen Geboten der Effektivität und Äquivalenz.[146] Doch wurde die Unionsrechtskonformität der deutschen Einwendungspräklusion von der EU-Kommission zumindest hinsichtlich der Rechtsbehelfsvorgaben der UVP-RL 1985[147] und der IVU-RL 1996[148] bestritten, da diese einer richtlinienkonformen Umsetzung der genannten Vorgaben entgegen

zwei Wochen, nach deren Ablauf eine Präklusionswirkung eintritt, § 2 Abs. 3 S. 1 SeeAnlVO i.V.m. § 73 Abs. 4 VwVfG. Beachte, dass dies jeweils auch für „Stellungnahmen" von § 3 UmwRG-Vereinigungen gilt.

143 Dies gilt für Personen und Vereinigungen nach § 9 Abs. 6 S. 1, 2 i.V.m. Abs. 2 S. 3 NABEG. Für den Bundesfachplan Offshore verweist zwar § 17a Abs. 4 S. 3 EnWG auf § 12c Abs. 3 EnWG, doch ist dort nur eine Äußerungsfrist festgehalten, ohne zugleich eine Nichtberücksichtigung späterer Stellungnahmen anzuordnen.

144 Eine Erstreckung auf das Planfeststellungsverfahren ablehnend *Durinke,* in: de Witt / Scheuten (Hrsg.), NABEG-Kommentar, § 9 NABEG Rn. 46f. mit Verweis auf die Gegenansicht bei *Nebel / Riese,* in: Steinbach (Hrsg.), NABEG/EnLAG/EnWG-Kommentar, § 9 NABEG Rn. 70.

145 So hinsichtlich der Regelung in § 43a EnWG a.F. *BVerwG,* Beschluss vom 26. September 2013 – 4 VR 1.13, NuR 2013, 800 (802) – 380 kV-Höchstspannungsfreileitung Hamburg / Nord-Dollern, mit Verweis auf die eigene allgemeine Rechtsprechung in Planungssachen.

146 Explizit bezüglich des § 43a Nr. 7 S. 1 EnWG a.F. und seiner Einwendungspräklusion *VGH München,* Urteil vom 04. April 2013 – 22 A 12.40048, ZUR 2013, 497 (499f.) – Ersatzbau 110 kV-Leitung Aschaffenburg-Großheubach.

147 Art. 10a UVP-RL 1985, der aufgrund von Art. 3 Nr. 7 ÖffBeteil-RL 2003 a.F. eingefügt wurde; aufgegangen in Art. 11 UVP-RL 2011, siehe dazu die Entsprechungstabelle des Anhang VI der UVP-RL 2011.

148 Art. 15a Richtlinie 96/61/EG des Rates vom 24. September 1996 über die integrierte Vermeidung und Verminderung der Umweltverschmutzung, (IVU-RL 1996), ABl. EU 1996 L 257/26, der durch Art. 4 Nr. 4 ÖffBeteil-RL 2003 eingefügt wurde; zunächst aufgegangen in Art. 16 Richtlinie 2008/1/EG des Europäischen Parlaments und des Rates vom 15. Januar 2008 über die integrierte Vermeidung und Verminderung der Umweltverschmutzung, (IVU-RL 2008), ABl. EU 2008 L 24/8 – siehe hierzu die Entsprechungstabelle des Anhang VII der IVU-RL 2008; nunmehr aufgegangen in Art. 25 Richtlinie 2010/75/EU des Europäischen Parlaments und des Rates vom 24. November 2010 über Industrieemissionen (integrierte Vermeidung und Verminderung der Umweltverschmutzung), (Industrieemissions-RL), ABl. 2010 L 334/17 – siehe hierzu die Entsprechungstabelle im Anhang X der Industrieemissions-RL.

stünden.[149] Die EU-Kommission begründete dies auch mit dem Effektivitätsgebot und sieht in den deutschen Bestimmungen wie auch der Rechtsprechung zur Einwendungspräklusion einen Verstoß hiergegen, etwa hinsichtlich der Einwendungsfrist des § 73 Abs. 4 S. 1 VwVfG, welche zwei Wochen bis nach Ablauf der Auslegungsfrist des Plans beträgt.[150] Auch der EuGH sieht nunmehr in den Präklusionsvorgaben des § 2 Abs. 3 UmwRG und § 73 Abs. 4 VwVfG einen Verstoß gegen die genannten Richtlinien; nur bei Fällen wie Missbrauch oder Unredlichkeit solle eine Präklusion weiterhin zulässig sein.[151] Die Streitigkeit hätte sich zwar am Ende als lösbares Problem innerhalb der bestehenden Möglichkeiten des deutschen Rechts entpuppen können, da sowohl das Verwaltungs- als auch das Gerichtsverfahren in begründeten Fällen eine Abhilfe für an sich präkludierte Einwendungen ermöglichen.[152] Doch hätte dies erstens Rechtsunsicherheit erzeugt, welche gerade bei den langen Verfahrensdauern des Netzausbaus problematisch ist, und zweitens einen möglicherweise vorbeugenden Anpassungsdruck auf den nationalen Gesetzgeber ausgelöst. Dieser muss daher nun den Spagat schaffen zwischen dem Reagieren auf europäische Rechtsprechung und dem Agieren im Sinne der Planungsbeschleunigung. Eine Regelung auf unionsrechtlicher Ebene erscheint daher nicht fernliegend.

---

149 Siehe dazu *EU-Kommission,* Europäische Kommission verklagt Deutschland wegen des Zugangs zu Gerichten, Pressemitteilung Nr. 13/967 v. 17. Oktober 2013. Das dort angekündigte Vertragsverletzungsverfahren in den Kontext des Netzausbaus und der deutschen Rechtsprechung zur Präklusion setzend *Crusius,* NVwZ 2013, 1613 (1614).

150 *EU-Kommission,* Vertragsverletzung Nr. 2007/4267, Mit Gründen versehene Stellungnahme, C (2013) 2173 final, S. 13–16; beachte, dass in der Stellungnahme zwar nur einzelne Präklusionsnormen des deutschen Rechts benannt werden, doch sind diese teilweise auf den Netzausbau anwendbar und die Argumentation der EU-Kommission ließe sich durchaus auf weitere Vorgaben ausweiten, beispielsweise auf die zweiwöchige Einwendungsfrist des § 22 Abs. 6 S. 1 NABEG. Der Argumentation dieser Stellungnahme nur teilweise folgend *Gellermann,* § 37 Verwaltungsgerichtlicher Rechtsschutz, in: Rengeling u.a. (Hrsg.), Rechtsschutz in der EU, Rn. 31f. Beachte die Zusammenfassung der Klagegründe und Argumente der EU-Kommission bei *Gerichtshof,* Bekanntmachung über die Klageeinreichung der Rechtssache C-137/14, Kommission/Bundesrepublik Deutschland, ABl. EU 2014 C 159/16; in der Zusammenfassung werden zwar auch die deutschen Präklusionsvorgaben angesprochen, allerdings ohne direkt die Einwendungsfristen zu benennen.

151 *EuGH,* Urteil vom 15. Oktober 2015 – C-137/14 (Europäische Kommission / Bundesrepublik Deutschland), NVwZ 2015, 1665 (1669f.). Dies nachvollziehend *BVerwG,* Urteil vom 22. Oktober 2015 – 7 C 15.13, NVwZ 2016, 308 (310); *BVerwG,* Urteil vom 28. September 2016 – 7 C 1.15, juris (Rn. 15).

152 Zu diesen Abhilfemöglichkeiten *Neumann,* in: Stelkens / Bonk / Sachs (Hrsg.), VwVfG-Kommentar, § 73 VwVfG Rn. 94 mit Nachweisen aus der Rechtsprechung.

c) *Unionsrecht und die Fehlerfolgenlehre bei Übertragungsnetzen*

aa) *Vorgaben des Unionsrechts und Einordnung ins deutsche Energierecht*

Das europäische Primär- und Sekundärrecht gibt für den mitgliedstaatlichen Vollzug zumeist keine detaillierten Fehlerfolgen vor und setzt dem nationalen Recht diesbezüglich nur gewisse Grenzen. So verwies der EuGH in der Sache *Inter-Environnement Wallonie* im Jahr 2012 ausdrücklich auf die Gebote der Äquivalenz und Effektivität, die beim Unterbleiben einer Umweltprüfung im Sinne der SUP-RL zwar grundsätzlich eine „Aussetzung oder Aufhebung des...erlassenen ‚Plans' oder ‚Programms'" erforderten, aber ausnahmsweise auch ein anderes vorübergehendes Mittel der Fehlerbehandlung zuließen, sofern dieses Mittel der Verwirklichung des Primärrechts dienlicher sei.[153] Ähnliche Aussagen traf der Gerichtshof bereits zuvor in der Sache *Wells* beim Unterbleiben eines entsprechenden Verfahrens gemäß der UVP-RL 1985, als dessen Fehlerfolge er hinsichtlich der Zulassungsentscheidung „beispielsweise die Rücknahme oder Aussetzung" forderte, um die unterbliebene UVP zu ermöglichen.[154] Hingegen steht bei einer durchgeführten aber fehlerhaften UVP seit der *Altrip*-Entscheidung fest, dass in engen Grenzen der Verfahrensfehler unbeachtlich ist, sofern er nicht kausal für die inhaltliche Entscheidung war.[155] Für den Übertragungsnetzausbau ist dies insofern relevant, als die auf Unionsrecht

153 Aussage und Zitat *EuGH,* Urteil vom 28. Februar 2012 – C-41/11 (Inter-Environnement Wallonie ASBL, Terre wallonne ASBL / Région wallonne), NVwZ 2012, 553 (554–556), darin wird unter anderem verwiesen auf *EuGH,* Urteil vom 7. Januar 2004 – C-201/02 (Delena Wells / Secretary of State for Transport, Local Government and the Regions), Slg. 2004, I-723.

154 Aussage und Zitat *EuGH,* Urteil vom 7. Januar 2004 – C-201/02 (Delena Wells / Secretary of State for Transport, Local Government and the Regions), Slg. 2004, I-723 (Rn. 62–70), das Urteil überließ es dem nationalen Gericht, die geeignete Maßnahme der heimischen Rechtsordnung zu benennen und erklärte, dass hierbei auch die Leistung von Schadensersatz denkbar sei.

155 *EuGH,* Urteil vom 07. November 2013 – C-72/12 (Gemeinde Altrip et. al. / Land Rheinland-Pfalz), NVwZ 2014, 49 (53) – Altrip, der EuGH gibt hierfür als Beispiel für die nationalen Gerichte / Rechtsbehelfsstellen einige Prüfkriterien vor, etwa die Berücksichtigung des „Schweregrad[s] des geltend gemachten Fehlers".

beruhende[156] UVP als verfahrensrechtliche Bestimmung eingestuft wird[157] und sie im Anwendungsbereich des NABEG regelmäßig durchzuführen sein wird.[158]

Hinsichtlich der deutschen Fehlerfolgenlehre wird die jüngere Rechtsprechung des EuGH (*Altrip*) herangezogen, um eine umfassende nationale Neukodifikation der Folgen für Verfahrensfehler anzuregen.[159] Im Zentrum der Diskussion stehen bzw. standen dabei die §§ 45, 46 VwVfG bzw. § 4 UmwRG a.F.[160] beim indirekten Vollzug des Unionsrechts,[161] welche auch im energierechtlichen Planfeststellungsverfahren angewendet werden.[162] Dabei geht es im Kern um die Frage, ob und inwieweit die deutschen Regelungen zur Heilung und Unbeachtlichkeit von durchgeführten, aber mit Fehlern behafteten Verfahrensvorschriften des Unionsrechts anwendbar sind.[163] Weniger strittig ist indes die Möglichkeit, der Planerhaltung einen Vorrang gegenüber der Planaufhebung einzuräumen,[164] was auch vom BVerwG bejaht und

156 Siehe dazu den amtlichen Hinweis zum Gesetz über die Umweltverträglichkeitsprüfung (UVPG) in der Fassung der Bekanntmachung vom 24. Februar 2010, (UVPG), BGBl. 2010, I, S. 94.

157 So etwa *Kment,* in: Hoppe / Beckmann, UVPG-Kommentar, § 4 UmwRG Rn. 1. Ebenso die Rspr., beispielsweise *BVerwG,* Urteil vom 13. Dezember 2007 – 4 C 9.06, BVerwGE 130, 83 (94 m.w.N.), dort wird von „verfahrensrechtliche[n] Anforderungen im Vorfeld der Sachentscheidung" gesprochen; kritisch zu dieser Rspr. sowie der deutschen Implementierung der unionsrechtlichen Vorgaben *Schlacke,* in: Gärditz (Hrsg.), VwGO-Kommentar, § 4 UmwRG Rn. 4.

158 Dazu schon „4. Kapitel III. 1. a)".

159 So beispielsweise *Schlacke,* NVwZ 2014, 11 (16f.).

160 § 4 UmwRG ist hinsichtlich der Folgen von Verfahrensfehlern umfassend geändert worden durch Art. 1 Gesetz zur Änderung des Umwelt-Rechtsbehelfsgesetzes zur Umsetzung des Urteils des Europäischen Gerichtshofs vom 7. November 2013 in der Rechtssache C-72/12 vom 20. November 2015, BGBl. 2015, I, S. 2069.

161 Siehe zur Problematik bezüglich der UVP *Gärditz,* § 35 Verhältnis des Unionsrechts zum Recht der Mitgliedstaaten, in: Rengeling u.a. (Hrsg.), Rechtsschutz in der EU, Rn. 50.

162 Siehe zur Anwendbarkeit der §§ 45 f. VwVfG in der NABEG-Planfeststellung den § 18 Abs. 3 S. 2 NABEG i.V.m. § 43 S. 7 EnWG, § 75 Abs. 1a S. 2 Hs. 2 VwVfG. Siehe dazu für die Planfeststellung in der AWZ § 2 Abs. 3 S. 1 SeeAnlVO i.V.m. § 75 Abs. 1a S. 2 Hs. 2 VwVfG.

163 Kritisch zu den deutschen Regelungen bzw. ihrer Anwendung *Gärditz,* § 35 Verhältnis des Unionsrechts zum Recht der Mitgliedstaaten, in: Rengeling u.a. (Hrsg.), Rechtsschutz in der EU, Rn. 50; ebenso *Gärditz,* NVwZ 2014, 1 (7f.). Bei Anwendung des § 46 VwVfG kein Problem erkennend *Neumann,* in: Stelkens / Bonk / Sachs (Hrsg.), VwVfG-Kommentar, § 73 VwVfG Rn. 151 – allerdings noch vor der *Altrip*-Entscheidung des EuGH.

164 So *Gärditz,* NVwZ 2014, 1 (7f.), der damit die Vorgaben der EuGH-Rechtsprechung als erfüllt ansieht; vgl. auch *Schlacke,* in: Gärditz (Hrsg.), VwGO-Kommentar, § 4 UmwRG Rn. 2, nach deren Ansicht aus dem Unionsrecht nicht zweifelsfrei geschlossen werden könne, dass ein Verfahrensverstoß zu einer obligatorische Entscheidungsaufhebung führen müsse.

als unionsrechtskonform eingestuft wird;[165] diese Rechtsprechung hat das BVerwG ausdrücklich im Bezug auf das Verhältnis der energiewirtschaftlichen Planerhaltungsregelung des § 43e Abs. 4 S. 2 Hs. 1 EnWG a.F. zur Aufhebungsregelung des § 4 Abs. 1 S. 1 UmwRG bestätigt.[166]

Gerade hinsichtlich der Planerhaltung kann eine ähnliche Problematik bei Verstößen gegen materiellrechtliche Vorgaben des Unionsrechts auftreten, etwa falls die behördliche Verträglichkeitsprüfung über die Querung eines Leitungsvorhabens mit einem Natura 2000-Gebiet[167] fehlerbehaftet ist.[168] So ließe sich durchaus argumentieren, dass behördliches Handeln für die Zukunft nicht ausreichend diszipliniert werde, wenn eine zunächst materiell rechtswidrige Entscheidung noch während oder im Anschluss an ein Gerichtsverfahren materiell rechtmäßig werden könne. Einer solchen Argumentation wäre sicher der gesetzgeberische Willen eines zügigen Netzausbaus entgegenzuhalten, welcher eine materielle Fehlerbehebung im Wege der Planergänzung bereithalten müsse.

Im Ergebnis ermöglicht das vorhandene Planfeststellungsrecht des NABEG und der SeeAnlVO eine Planerhaltung hinsichtlich von Inhalts- als auch Verfahrensfehlern, die im Wege der Planergänzung oder eines ergänzenden Verfahrens behoben werden können.[169] Dies lässt sich zumindest hinsichtlich von Verfahrensfehlern als unionsrechtskonform einstufen, da – wie oben ausgeführt – dem EuGH die „Aussetzung" einer angegriffenen Zulassungsentscheidung unter Nachholung der Verfahrenshandlung genügt.[170] Selbiges müsste dann auch für Inhaltsfehler gelten. Das

---

165 *BVerwG,* Urteil vom 20. Dezember 2011 – 9 A 31.10, BVerwGE 141, 282 (291f.), demnach hat die Planerhaltungsvorschrift des § 17e Abs. 6 S. 2 FStrG (mittlerweile aufgehoben) Vorrang gegenüber der Aufhebungsnorm des § 4 Abs. 1 S. 1 UmwRG a.F. Zustimmend *Gärditz,* NVwZ 2014, 1 (7f.); ebenso *Neumann,* in: Stelkens / Bonk / Sachs (Hrsg.), VwVfG-Kommentar, § 73 VwVfG Rn. 152f.

166 *BVerwG,* Urteil vom 17. Dezember 2013 – 4 A 1.13, BVerwGE 148, 353 (365) – 380-kV-Höchstspannungsfreileitung, Abschnitt Fellerhöfe-Sankt Tönis, darin wird explizit auf die soeben aufgeführte Entscheidung des *BVerwG,* Urteil vom 20. Dezember 2011 – 9 A 31.10, BVerwGE 141, 282, Bezug genommen.

167 Zur Einordnung der Verträglichkeitsprüfung, welche von der FFH-RL vorgegeben ist, in das materielle Recht *Neumann,* in: Stelkens / Bonk / Sachs (Hrsg.), VwVfG-Kommentar, § 74 VwVfG Rn. 149–150.

168 Siehe zu dieser Verträglichkeitsprüfung „4. Kapitel II. 2. c)–d)".

169 § 18 Abs. 3 S. 2 NABEG i.V.m. § 43 S. 7 EnWG, § 75 Abs. 1a S. 2 Hs. 1 VwVfG bzw. § 2 Abs. 3 S. 1 SeeAnlVO i.V.m. § 75 Abs. 1a S. 2 Hs. 1 VwVfG. *Neumann,* in: Stelkens / Bonk / Sachs (Hrsg.), VwVfG-Kommentar, § 75 VwVfG Rn. 37–38, verweist darauf, dass die gesetzgeberische Formulierung („Mängel bei der Abwägung") die Planerhaltung nicht auf die Abwägung verengen wolle und stattdessen auch bei anderen materiellen Verstößen offen stehe.

170 Ergibt sich nach umfassender gerichtlicher Prüfung die Möglichkeit der Planerhaltung, so wäre zwar letztendlich die Anfechtungsklage gegen den Planfeststellungsbeschluss unbegründet, doch kann das Gericht stattdessen seine Rechtswidrigkeit und Nichtvollziehbarkeit aussprechen, siehe dazu *Neumann,*

Zusammenspiel der verschiedenen Regelungen mag zwar zu einer Situation führen, in der Verstöße gegen Unionsrecht nur selten zur Kassation des Planfeststellungsbeschlusses führen.[171] Doch liegt darin eben auch eine gesetzgeberische Wertung.

bb) Auswirkung auf die Klagewahrscheinlichkeit am Beispiel des einstweiligen Rechtsschutzes

Durch den gesetzgeberischen Willen zur Planerhaltung kann durchaus ein entmutigendes Signal an potentielle Kläger gesandt werden, was sich anhand des einstweiligen Rechtsschutzverfahrens verdeutlichen lässt. Dieses Verfahren ist insofern relevant, da im Anwendungsbereich des NABEG die Anfechtungsklage keine aufschiebende Wirkung hat.[172] Dementsprechend kann es für Kläger notwendig sein, einen Antrag auf Anordnung der aufschiebenden Wirkung des Planfeststellungsbeschlusses nach § 80 Abs. 5 S. 1 VwGO zu stellen. Bei der Abwägungsentscheidung des Antrags wird dann vornehmlich auf die Erfolgschancen des Hauptsacheverfahrens abgestellt.[173] Diesbezüglich wird vertreten, dass aufgrund des Eingreifens der Planerhaltungsregeln im Hauptsacheverfahren bei NABEG-Vorhaben ein Eilantrag zumeist ohne Aussicht auf Erfolg sei.[174] Ein Blick in die Beschlusspraxis des BVerwG zu § 80 Abs. 5 S. 1 VwGO – Verfahren über EnLAG-Vorhaben, bei denen eine aufschiebende Wirkung durch Erhebung der Anfechtungsklage ebenso entfällt,[175]

---

in: Stelkens / Bonk / Sachs (Hrsg.), VwVfG-Kommentar, § 75 VwVfG Rn. 53; für die Unionsrechtskonformität dieses Vorgehens *Gärditz,* NVwZ 2014, 1 (8).

171 *Schlacke,* in: Gärditz (Hrsg.), VwGO-Kommentar, § 4 UmwRG Rn. 7.

172 Die aufschiebende Wirkung entfällt gemäß § 80 Abs. 2 S. 1 Nr. 3 Alt. 1 VwGO durch die bundesgesetzliche Regelung des § 18 Abs. 3 S. 2 NABEG i.V.m. § 43e Abs. 1 S. 1 EnWG. Für die AWZ fehlt eine solche Regelung in der SeeAnlVO; der Entfall der aufschiebenden Wirkung könnte diesbezüglich nur vom BSH als planfeststellender Behörde durch besondere Anordnung gemäß § 80 Abs. 2 S. 1 Nr. 4 VwGO, § 2 Abs. 2 Hs. 1 SeeAnlVO herbeigeführt werden.

173 *Windthorst,* in: Gärditz (Hrsg.), VwGO-Kommentar, § 80 VwGO Rn. 220; zu diesem Maßstab bei einem EnLAG-Vorhaben *BVerwG,* Beschluss vom 26. September 2013 – 4 VR 1.13, NuR 2013, 800 (802) – 380 kV-Höchstspannungsfreileitung Hamburg / Nord-Dollern. Beachte die Sonderregel des § 4a Abs. 3 UmwRG, welche § 80 Abs. 5 S. 1 VwGO ergänzt und „im Rahmen einer Gesamtabwägung ernstliche Zweifel an der Rechtmäßigkeit" fordert; *Schlacke,* ZUR 2013, 195 (200f.), sieht hierin eine Erschwerung des Rechtsschutzes im UmwRG.

174 *Drygalla-Hein,* in: de Witt / Scheuten (Hrsg.), NABEG-Kommentar, § 24 NABEG Rn. 387.

175 Gemäß § 1 Abs. 1 EnLAG sind die Vorhaben des EnLAG-Bedarfsplans solche des § 43 S. 1 EnWG. Damit ist der Entfall der aufschiebenden Wirkung nach § 43e Abs. 1 S. 1 EnWG anwendbar.

bestätigt eine weitgehend restriktive Anwendung des einstweiligen Rechtsschutzes im energiewirtschaftlichen Leitungsbau.[176]

Dies bedeutet selbstverständlich nicht, dass der einstweilige Rechtsschutz stets ausscheidet. Denn das BVerwG ist durchaus seit Ende der 1990er Jahre bemüht, diesen Rechtsschutz auch dann vorzuhalten, wenn die Planerhaltung eines Planfeststellungsbeschlusses möglich ist. So hat das BVerwG seinerzeit etwa in einem einstweiligen Rechtsschutzverfahren, dessen zu Grunde liegende Klage auf die Feststellung der Rechtswidrigkeit und Nichtvollziehbarkeit eines schienenrechtlichen Planfeststellungsbeschlusses gerichtet war, die Statthaftigkeit des § 80 Abs. 5 VwGO bejaht, selbst wenn die spätere Planerhaltung durch ein ergänzendes Verfahren in Betracht kommt.[177] Insofern muss die Begründetheit eines solchen Antrags grundsätzlich ebenso möglich sein. Daher scheidet der einstweilige Rechtsschutz des § 80 Abs. 5 VwGO bei Vorhaben des Übertragungsnetzes nicht per se aus, nur weil eine Planerhaltung zulässig ist. Gleichwohl sind seine Grenzen eng gesteckt. Ähnliches gilt hinsichtlich des § 123 Abs. 1 VwGO – Verfahrens, welches auf den Erlass einer einstweiligen Anordnung gerichtet ist. Dieses kommt zur Anwendung, wenn es in der Hauptsache um Schutzvorkehrungen zu Gunsten des Klägers geht, welche sich aus einem Planergänzungsanspruch ergeben.[178] Allerdings wird jenem Rechtsbehelf, wegen der Nachholbarkeit der genannten Vorkehrungen im Wege des Hauptsacheverfahrens, keine hohe Erfolgsaussicht bescheinigt.[179]

Vor diesem Hintergrund ist eine Ansicht nicht abwegig, welche in der deutschen Fehlerfolgenlehre und unter anderem in der Planerhaltung eine erhebliche Verengung von Prozesschancen im Bereich des Umweltrechts erkennen will.[180] Es ist in der Tat nicht ausgeschlossen, dass es dem deutschen Regime der Fehlerfolgen

---

176 Siehe *BVerwG,* Beschluss vom 22. Juli 2010 – 7 VR 4.10 (7 A 7.10), ZUR 2010, 533 – 110-/380-kV-Hochspannungsfreileitung, Abschnitt Gütersloh-Friedrichsdorf; *BVerwG,* Beschluss vom 26. September 2013 – 4 VR 1.13, NuR 2013, 800 – 380 kV-Höchstspannungsfreileitung Hamburg / Nord-Dollern.

177 *BVerwG,* Beschluß vom 1. April 1998 – 11 VR 13.97, NVwZ 1998, 1070 (1070 m.w.N.), darin wird von einer „entsprechende[n] Anwendung des § 80 V VwGO" gesprochen; dem Beschluss zustimmend *Neumann,* in: Stelkens / Bonk / Sachs (Hrsg.), VwVfG-Kommentar, § 75 VwVfG Rn. 54, da die Anordnung des § 80 Abs. 5 VwGO mit der „Feststellung der Nichtvollziehbarkeit" in der nachfolgenden Entscheidung des Gerichts korrespondiere.

178 Siehe zu Schutzvorkehrungen im Rahmen der Planergänzung – allerdings ohne Bezug zur einstweiligen Anordnung – *Drygalla-Hein,* in: de Witt / Scheuten (Hrsg.), NABEG-Kommentar, § 24 NABEG Rn. 414.

179 Siehe dazu und zur Abgrenzung der Verfahren aus § 80 Abs. 5 und § 123 VwGO *Henke,* Änderung und Ergänzung von Planfeststellungsbeschlüssen, in: Ziekow (Hrsg.), Planung 2000 – Herausforderungen für das Fachplanungsrecht, 177 (190–194). Siehe auch zur Abgrenzung der beiden Antragsarten bei einem in der Hauptsache verfolgten Planergänzungsanspruch *OVG Koblenz,* Beschluss vom 11. Juni 2010 – 8 B 10618/10, NVwZ-RR 2010, 735 (735).

180 *Ekardt,* NVwZ 2012, 530 (532).

immanent ist, § 3 UmwRG-Vereinigungen und Privatpersonen vom Einlegen von Rechtsmitteln abzuhalten.

Daher ist eine Konfliktverlagerung in die Beteiligungsverfahren des Netzausbaus bei der geltenden Rechtslage wahrscheinlich. In diesem Fall dürfte die Vorschrift des § 29 S. 1 NABEG über die Beauftragung eines Projektmanagers, der unter anderem Stellungnahmen auswerten und Erörterungstermine organisatorisch vorbereiten und leiten kann,[181] erhebliche praktische Bedeutung erlangen. Ein Problem für die Netzplanung lässt sich daraus nicht ableiten. Gleichwohl ist es durchaus möglich, dass Rechtsmittel in anderen Mitgliedstaaten zu unterschiedlichen Ergebnissen führen, sich dies auf die zeitliche Synchronisation des Netzausbaus auswirkt und die Union daher vereinheitlichte Rechtsbehelfe mit Fehlerfolgenregelungen erlassen sollte.

d) Der Bedarf an unionsrechtlichen Vorgaben

Wie sich aus den vorangegangenen Überlegungen ergibt, ist die vorhandene Situation mit einem gewissen Maß an Rechtsunsicherheit und einem möglicherweise zeitlich divergierenden Netzausbau in den Mitgliedstaaten behaftet. Beides ergibt sich aus der Wechselwirkung von Unionsrecht und nationalem Recht und dabei insbesondere aus dem Grundsatz der Verfahrensautonomie der Mitgliedstaaten. Insofern ist der Bedarf an einer unionsrechtlichen Gesetzgebung nicht ausgeschlossen. Diesbezüglich ist in einem ersten Schritt die Gesetzgebungskompetenz der Union zu klären. In einem zweiten Schritt ist zu fragen, ob unionsrechtliche Vorgaben zwar eine gewisse Klärung der Rechtslage herbeiführen können, aber zugleich neue Friktionen hervorrufen würde.

aa) Gesetzgebungskompetenz und vorhandene Unionsregelungen

Auf europäischer Ebene besteht keine eigenständige Gesetzgebungskompetenz für das Verwaltungsverfahrens- oder Prozessrecht.[182] Jedoch können solche Vorgaben im Gefolge der Rechtssetzungskompetenz für den jeweiligen Fachbereich erlassen werden,[183] wobei sie dann natürlich nur auf Sachverhalte mit unionsrechtlichem Bezug und damit keine rein nationalrechtlichen Fälle anwendbar sind. Der Union ist es folglich möglich, im Bereich der Transeuropäischen Netze (Art. 170 ff. AEUV) – und damit auch in den diesbezüglichen Leitlinien, etwa bei der TEN-E-VO 2013 – oder

---

181 § 29 S. 1 Nr. 5.-7. NABEG.

182 So speziell für das „allgemeine[…] Verwaltungs- und Verwaltungsprozessrecht[…]“ *Alexander,* in: Witte (Hrsg.), ZK-Kommentar, Vor Art. 243 ZK Rn. 4.

183 Siehe hinsichtlich der Kompetenz für das Verwaltungsverfahrensrecht *Gundel,* § 3 Verwaltung, in: Schulze u.a. (Hrsg.), EuropaR, Rn. 68 m.w.N., der zugleich das Subsidiaritätsprinzip als Schranke dieser Kompetenz anführt. Für das Verfahrens- und speziell das Prozessrecht *Classen,* § 4 Rechtsschutz, in: Schulze u.a. (Hrsg.), EuropaR, Rn. 109.

bei der Interkonnektion der Netze (Art. 194 Abs. 1 lit. d, Abs. 2 AEUV) entsprechende Regelungen zu erlassen.[184]

Im Gegensatz zu den umweltprozessrechtlichen Vorgaben der UVP-Richtlinie 1985[185] – wie sie sich nach den Änderungen der ÖffBeteil-RL 2003 darstellte –[186] auf denen unter anderem das UmwRG beruht, halten sich die für das Planungsrecht relevante Elektrizitäts-RL 2009 und TEN-E-VO 2013 mit Regelungen über Rechtsbehelfe gegen Netzausbaumaßnahmen zurück. So findet sich etwa in einem Erwägungsgrund der TEN-E-VO 2013 eine schwache „Sollte"-Formulierung hinsichtlich eines effizienten Umgangs mit Rechtsmitteln, den die Mitgliedstaaten bei Verfahren, die gegen Verfahren und Inhalt einer Genehmigungsentscheidung im Sinne der Verordnung gerichtet sind, gewährleisten sollen.[187] Dies ist zudem eine Abschwächung gegenüber dem Entwurf der EU-Kommission für die TEN-E-VO 2013, welcher die entsprechende Regelung im Gesetzestext anstatt in den Erwägungsgründen vorhielt.[188] Überdies stellt die TEN-E-VO 2013 explizit fest, dass die in ihr für das Genehmigungsverfahren niedergelegten Fristen weder auf behördliche noch justizielle Rechtsbehelfe anwendbar sind.[189] Ein sehr ähnliches Bild lässt sich für Regelungen der Einwendungspräklusion und Fehlerfolgen zeichnen. Diesbezügliche Regelungen sind in den netzausbaubezogenen Planungsvorgaben des Unionsrecht gleichsam nur rudimentär vorhanden. So können gemäß der TEN-E-VO 2013 die von der Öffentlichkeit vorgebrachten Kommentare und Einwände einzig im zeitlichen Rahmen eines Anhörungsverfahrens erfolgen.[190] Doch lässt sich hieraus zunächst nur eine Einwendungspräklusion im Verwaltungsverfahren (formellrechtlich wirkende Einwendungspräklusion) ablesen, nicht aber eine

184 So zunächst *Meier-Weigl*, IR 2007, 7 (8), der hierfür die heutigen Art. 26 und Art. 170 AEUV heranziehen will; diesen aufgreifend für Art. 194 Abs. 1 lit. d AEUV *Hackländer*, Die allgemeine Energiekompetenz im Primärrecht der Europäischen Union, S. 193f., und erneut aufgreifend – allerdings nur hinsichtlich des Verwaltungsverfahrens – *Ehricke / Hackländer*, ZEuS 2008, 579 (591f.).

185 Nunmehr ersetzt durch Richtlinie 2011/92/EU des Europäischen Parlaments und des Rates vom 13. Dezember 2011 über die Umweltverträglichkeitsprüfung bei bestimmten öffentlichen und privaten Projekten, (UVP-RL 2011), ABl. EU 2012 L 26/1, siehe dazu Art. 14 UVP-RL 2011.

186 Siehe dazu die Änderungen durch Art. 3 Nr. 7 ÖffBeteil-RL 2003 a.F.

187 32. ErwGr. TEN-E-VO 2013. Ausdrücklich ist geregelt, dass zur Genehmigungsentscheidung im Sinne der Verordnung („‚umfassende Entscheidung'") weder eine gerichtliche noch behördliche Rechtsbehelfsentscheidung gehört, Art. 2 Nr. 2 TEN-E-VO 2013. Daher können die Vorgaben zur Genehmigungsentscheidung nicht auf Rechtsbehelfe bezogen werden; dazu sogleich im Text.

188 Siehe dazu Art. 9 Nr. 4 bei *EU-Kommission*, Vorschlag für eine transeuropäische Energienetz-VO 2011, KOM (2011) 658 endg., S. 27.

189 Art. 10 Abs. 6 TEN-E-VO 2013.

190 Art. 9 Abs. 2 i.V.m. Anhang VI Nr. 3 lit. c TEN-E-VO 2013.

Einwendungspräklusion mit prozessualer Wirkung und subjektivem Rechtsverlust (materiellrechtlich wirkende Einwendungspräklusion).[191]

Der Unionsgesetzgeber verfolgt somit im Energierecht einen restriktiven Ansatz zu Gunsten der mitgliedstaatlichen Verfahrensautonomie. Gleichwohl wäre er kompetenzrechtlich in der Lage, seinen Planungsvorgaben durch Regelungen über Fehlerfolgen des Verwaltungsverfahrens – materielle Fehlerfolgeregelungen wären ebenso zulässig – sowie über das Prozessrecht stärker zu flankieren.

bb) Gestalterische Möglichkeiten

Regelungen des Unionsgesetzgebers für Rechtsbehelfe in den Mitgliedstaaten wären kein Novum. So finden sich schon in der Zoll-[192] oder Umweltgesetzgebung[193] der Union Vorschriften über den Rechtsschutz. Beispielsweise gibt das Zollrecht gewisse Anforderungen für den Rechtsschutz vor, überlässt den Großteil der Regelungen allerdings den Mitgliedstaaten.[194] Überdies könnte bei der Frage der Fehlerfolgenregelung des Verwaltungsverfahrens auf Erfahrungen des Eigenverwaltungsrechts der Union zurückgegriffen werden.[195] Der nächste Schritt, hin zu der Fehlerregelung bei Verstößen gegen materielles Recht, wäre dann nicht mehr weit. Insofern wäre es beispielsweise möglich und überlegenswert, die unionsrechtliche Vorgabe einer Verkürzung des gerichtlichen Instanzenzuges zu erlassen,[196] wie dies teilweise schon im deutschen Recht für Übertragungsleitungen festgelegt ist.[197] Zugleich könnte das Verhältnis von Planerhaltung zu Planaufhebung bei verfahrens- und materiellrechtlichen Verstößen unionsrechtlich geklärt werden. Dies könnte in die TEN-E-VO 2013

---

191 Für dieses enge Verständnis spricht auch Art. 9 Abs. 2 TEN-E-VO 2013 selbst, welcher keine Einschränkung von unionsrechtlichen und gewissen völkerrechtlichen Bestimmungen der Öffentlichkeitsbeteiligung herbeiführen will.

192 Art. 22–24 Verordnung (EG) Nr. 450/2008 des Europäischen Parlaments und des Rates vom 23. April 2008 zur Festlegung des Zollkodex der Gemeinschaft (Modernisierter Zollkodex), (MZK), Abl. EU 2008 L 145/1, die zum 1. Mai 2016 ersetzt werden durch Art. 43–45 Verordnung (EU) Nr. 952/2013 des Europäischen Parlaments und des Rates vom 9. Oktober 2013 zur Festlegung des Zollkodex der Union, (UZK), ABl. EU 2013 L 269/1; siehe zum Zeitpunkt der Aufhebung des MZK sowie dem Inkrafttreten und der Anwendbarkeit des UZK die Art. 286–288 UZK. Zur Abgrenzung zwischen den Rechtsbehelfsvorgaben des Zollrechts der Union und den mitgliedstaatlichen Vorgaben *Alexander,* in: Witte (Hrsg.), ZK-Kommentar, Vor Art. 243 ZK Rn. 7.

193 Art. 11 UVP-RL 2011. Dazu auch „5. Kapitel II. 1. und 2."

194 So die Systematik des MZK und UZK einordnend *Alexander,* in: Witte (Hrsg.), ZK-Kommentar, Vor Art. 243 ZK Rn. 7, Art. 245 ZK Rn. 1, 3.

195 Siehe zur Ausformung der verfahrensrechtlichen Fehlerfolgenlehre im Eigenverwaltungsrecht der Union *Gärditz,* § 35 Verhältnis des Unionsrechts zum Recht der Mitgliedstaaten, in: Rengeling u.a. (Hrsg.), Rechtsschutz in der EU, Rn. 46f.

196 Vgl. *Meier-Weigt,* IR 2007, 7 (8).

197 § 50 Abs. 1 Nr. 6 VwGO i.V.m. § 6 BBPlG. Siehe dazu „5. Kapitel II. 3."

integriert werden und die im Rahmen dieser Verordnung ausgewiesenen Leitungsvorhaben des Stromübertragungsnetzes könnten als Pilotprojekte solcher Regelungen dienen. Der Vorteil dieser Herangehensweise würde vor allem bei der zeitlichen Abstimmung von Interkonnektoren sichtbar werden.

cc) Einordnungsprobleme in die Rechtssysteme der Union und Mitgliedstaaten

Den voranstehenden Überlegungen begegnen mitunter erhebliche Schwierigkeiten, die in möglichen Systembrüchen mit dem Unionsrecht selbst und zugleich den Rechtssystemen der Mitgliedstaaten bestehen. Besonders anschaulich lässt sich dies an prozessualen Regelungen verdeutlichen. So würden Rechtsbehelfe im Energierecht der Union erstens eine eigenständige Fachbereichsregelung darstellen.[198] Zweitens müsste das Verhältnis zu den vorhandenen Umweltrechtsbehelfen des Unionsrechts geklärt werden, da diese bei Leitungsvorhaben mit einem UVP-Verfahren regelmäßig anwendbar sind. Letzteres könnte durch eine Ausklammerung von Leitungsvorhaben aus dem Anwendungsbereich der Umweltrechtsbehelfe geklärt werden. Demnach wären umweltrechtliche Unionsvorschriften, sofern sie im konkreten Fall auf ein Energieleitungsvorhaben angewendet werden, einzig im Rahmen eines speziell für energierechtliche Entscheidungen geschaffenen Rechtsbehelfs rügefähig. Der Preis hierfür bestünde allerdings in der Schaffung neuer Rechtsunsicherheiten, da die vorhandenen Umweltrechtsbehelfe gerade etabliert werden und sich erste gefestigte Rechtsprechung zu ihrer Anwendung herausbildet.[199] Überdies wäre zu klären, inwieweit energierechtliche Rechtsbehelfe der Union für innerstaatliches Recht mit einem Bezug zum strittigen Sachverhalt – formeller und materieller Art – zur Verfügung stünden.[200] Zudem wäre es Betroffenen in den Mitgliedstaaten kaum vermittelbar, falls Rechtsbehelfe oder Fehlerfolgen des Unionsrechts etwa für Übertragungsleitungen im Sinne der TEN-E-VO 2013 vorteilhafter oder nachteiliger wären, als bei vergleichbaren nationalen Leitungsvorhaben. Deutlich würde dies etwa, sofern Fristen für die Präklusionswirkung von Einwendungen im Unionsrecht für Betroffene günstiger gegenüber den entsprechenden Regelungen des NABEG[201]

198 Vgl. zum Problem der „sektoralen Zersplitterung“ und möglicher Lösungsansätze *Gundel,* § 3 Verwaltung, in: Schulze u.a. (Hrsg.), EuropaR, Rn. 68 m.w.N.

199 So beispielsweise durch die folgenden Entscheidungen: *EuGH,* Urteil vom 7. Januar 2004 – C-201/02 (Delena Wells / Secretary of State for Transport, Local Government and the Regions), Slg. 2004, I-723; *EuGH,* Urteil vom 12. Mai 2011 – C-115/09 (Bund für Umwelt und Naturschutz Deutschland, Landesverband Nordrhein-Westfalen e. V. / Bezirksregierung Arnsberg), Slg. 2011, I-3673; *EuGH,* Urteil vom 07. November 2013 – C-72/12 (Gemeinde Altrip et. al. / Land Rheinland Pfalz), NVwZ 2014, 49 – Altrip

200 Vgl. dazu bei Umweltrechtsbehelfen *Schlacke,* in: Gärditz (Hrsg.), VwGO-Kommentar, § 2 UmwRG Rn. 31.

201 Solche Präklusionsvorgaben könnten allerdings schon innerhalb des Unionsrechts Friktionen mit der UVP-RL 2011 und Industrieemissions-RL auslösen.

und der SeeAnlVO wären.[202] Dies könnte eine Angleichung des deutschen Rechts an unionsrechtliche Vorgaben bei Übertragungsleitungen notwendig machen. Ähnliches wäre dann weiterhin bei Rechtsbehelfen gegen Leitungen nachgelagerter Spannungsebenen nicht ausgeschlossen. So wurde vorliegend bereits erörtert, inwiefern gebündelte Vorhaben, insbesondere der Übertragungs- mit der 110 kV-Ebene und Bahnstromfernleitungen, durch eine verwaltungsrechtlich einheitliche Entscheidung ergehen und daher dasselbe Prozessgericht für diese zuständig ist.[203] In diesem Fall würden unterschiedliche Bestimmungen über die Rechtsbehelfe der gebündelten Leitungen erhebliche prozessuale Schwierigkeiten erzeugen. Daher wäre der nationale Gesetzgeber gehalten, das gesamte Prozessrecht an die unionsrechtlichen Rechtsbehelfe anzugleichen. Eine fachspezifische Regelung der Fehlerfolgenlehre und des Prozessrechts erscheint unter diesen Umständen nur schwer erreichbar.

e) Alternativen zu einem verbindlichen Unionsrechtsakt

Die Vorbehalte gegen unionsrechtliche Vorgaben zur Fehlerbehandlung und zum Prozessrecht dürften aufgrund vorstehender Überlegungen in den Mitgliedstaaten nicht gering sein. So wird etwa – allerdings ohne Bezug zum Energierecht – vertreten, dass gemeinsame Verfahrensbestimmungen in den kohärenten Rechtssystemen der Mitgliedstaaten zu Verwerfungen führen würden, was für den administrativen und judikativen Gesetzesvollzug abträglich sei.[204] Aus der Systematik des nationalen Rechts ist dieser Ansicht – wie bereits für das Energierecht ausgeführt – einerseits zuzustimmen. Andererseits verbliebe dann die latente Problematik einer Kollision des nationalen Rechts mit den Geboten der Äquivalenz und Effektivität, welche als die einzige Richtschnur der deutschen Gesetzgebung bezüglich des Unionsrecht existieren würde. Diesbezügliche Vorlageverfahren an den EuGH wären wohl häufiger zu erwarten, als bei einer unionsrechtlichen Kodifizierung. Dies ist vor dem Hintergrund der Rechtssicherheit genauso problematisch, wie eine Verschränkung des nationalen Rechts mit dem Unionsrecht. Insbesondere bei grenzüberschreitenden Leitungsvorhaben kann dies zu Bedenken führen, ob der jeweils andere ÜNB rechtzeitig eine bestandskräftige Vorhabenzulassung aufweisen kann und damit Investitionssicherheit besteht.

Als Mittelweg zwischen Vorgaben des Unionsrechts und weitgehend autonomen Regelungen der Mitgliedstaaten bietet sich eine unverbindliche Rechtsangleichung an. Dies wäre zudem überlegenswert, da harmonisierende Regelungen von Rechtsbehelfen und vor allem Fehlerfolgen in der Union noch weitgehend rudimentär sind. Als Handlungsinstrument kämen unverbindliche Stellungnahmen oder

---

202 Die Präklusionswirkung bei NABEG-Vorhaben ist in § 18 Abs. 3 S. 2 NABEG i.V.m. § 43 S. 7 EnWG, § 73 Abs. 4 S. 3 VwVfG geregelt. Im Anwendungsbereich der SeeAnlVO folgt dies aus § 2 Abs. 3 S. 1 SeeAnlVO i.V.m. § 73 Abs. 4 S. 3 VwVfG.

203 „5. Kapitel II. 3."

204 *Alexander*, in: Witte (Hrsg.), ZK-Kommentar, Vor Art. 243 ZK Rn. 4.

Empfehlungen[205] in Betracht.[206] Erstens hätte dies zur Folge, dass die Mitgliedstaaten eine gewisse Klarheit bekämen, wie sich die Rechtsbehelfe und Fehlerbehandlung ihrer nationalen Rechtsordnungen auf das europäische Recht ausrichten sollen und zweitens könnte die Kompatibilität zukünftiger verbindlicher Regelungen durch den EU-Gesetzgeber mit nationalem Recht geprüft und dadurch ein verbindlicher Rechtsakt angebahnt werden.[207] Zugleich wäre es der EU dadurch indirekt möglich, eine erste behutsame zeitliche Koordination der Planungen zu erreichen, da die mitgliedstaatlichen Behörden und Gerichte ähnliche Sachverhalte weitgehend identisch behandeln würden.[208] Insbesondere eine unionsweite Regelung von Fehlerfolgen dürfte für die Planungsumsetzung in zeitlicher Hinsicht bedeutsam sein, da ansonsten die Entdeckung von Verstößen gegen unionsrechtliche Verfahrensvorgaben zu einer vermehrten Wiederaufnahme des Planfeststellungsverfahrens (gegebenenfalls auch der Bundesfachplanung und des Bundesfachplan Offshore) durch die Verwaltung selbst führen könnte, um eine mögliche spätere gerichtliche Aufhebung zu verhindern. Das Energierecht könnte sodann als Vorreiter von verfahrensrechtlichen Regelungen für Verwaltung und Judikatur in anderen Rechtsbereichen der Union dienlich sein.

III. Fazit

In der Planungsdurchsetzung geben die vorhandenen Regelungen weitgehend ausreichende Möglichkeiten, den Leitungsausbau zu realisieren. Allerdings besteht eine Notwendigkeit, die erforderliche behördliche Prüfungsexpertise aufzubauen, damit die Verwaltung von ihren Kompetenzen in effektiver Weise Gebrauch machen kann. Da die Planungsdurchsetzung mit erheblichen Kosten und räumlichen Auswirkungen verbunden ist, wird an diesem Punkt des Planungsrechts zugleich eine politische Unterstützung für die behördliche Forcierung des Leitungsvorhabens notwendig

205 Art. 288 UntAbs. 1, 5 AEUV.

206 Siehe zur bestehenden Praxis der Kommission, durch Mitteilungen ohne normativen Charakter einen Einfluss auf die nationalen Verwaltungen im Energiebereich auszuüben, *Gundel,* § 23 Europäisches Energieverwaltungsrecht, in: Terhechte (Hrsg.), VerwR der EU, Rn. 27.

207 Siehe zur Einordnung von unverbindlichen Stellungnahmen und Empfehlungen unter das sogenannte “soft law” bzw. zu den hier aufgeführten Gründen für die Anwendung dieses Instrumentes *Schwarze,* EuR 2011, 3 (4–7); dieser äußert sich allerdings durchaus kritisch zu dem Aspekt, durch ein solches Instrument den Weg für zukünftige Normen zu bereiten, *Schwarze,* EuR 2011, 3 (17).

208 Vgl. *Weiß,* Der Europäische Verwaltungsverbund, S. 36f., welcher unter anderem im Mittel unverbindlicher Rechtsakte eine Lenkung der mitgliedstaatlichen Verwaltung durch die EU-Kommission sieht und ein solches Vorgehen, hinsichtlich der primärrechtlich vorgegebenen Zuständigkeitsaufteilung der Verwaltungstätigkeit zwischen der EU und ihren Mitgliedstaaten, als „begründungsbedürftig“ einstuft.

sein. Überdies hat sich nunmehr auch im Rahmen des Rechtsschutzes gezeigt, dass die Behandlung von Übertragungsnetzen auf Bundesebene – vorliegend in der Gerichtszuständigkeit des BVerwG – gebündelt werden sollte und ein Verbleib der Verteilernetze auf Länderebene – im Wege der Eingangsinstanz der OVGs – erstrebenswert ist.

Ebenso sind die Vorgaben des Rechtsschutzes von § 3 UmwRG-Vereinigungen und Privatpersonen im Wesentlichen gelungen. Ähnliches gilt für die Fehlerfolgenlehre. Beide Bereiche hängen weniger von politischen Entscheidungen ab, als dies für die Bedarfs- und Fachplanung sowie das Planfeststellungsverfahren aufgezeigt worden ist. Die große Frage in diesem Bereich ist vielmehr, ob das nationale Recht mit den Vorgaben des Unionsrechts und insbesondere der Rechtsprechung des EuGH Schritt halten kann. Dabei hat sich auch gezeigt, dass dieses Problem nur bedingt durch Gesetzgebungsakte der Union gelöst werden kann. Denn ebenso bedeutsam ist die unionsrechtskonforme Richtlinienumsetzung von Verfahrensvorgaben des Umweltrechts sowie eine zunächst unverbindliche Rechtsangleichung. Dadurch geschaffene Rechtssicherheit bietet ein echtes Beschleunigungspotential des Übertragungsnetzausbaus.

Ergebnis

Die vorliegende Arbeit hat gezeigt, dass die vorhandenen nationalen und europäischen Vorgaben des Planungsrechts für Übertragungsnetze geeignet sind, den Leitungsausbau zu beschleunigen.

Dabei wurden zunächst für den Bundesgesetzgeber weitere notwendige Gesetzgebungsakte vorgeschlagen. Insbesondere zählt hierzu die Erweiterung des Anwendungsbereichs der Bundesfachplanung und Planfeststellung des NABEG auf sämtliche Übertragungsleitungen im Bundesgebiet und Küstenmeer wie auch eine diesbezügliche Zuständigkeitsbündelung bei der BNetzA. Dasselbe gilt hinsichtlich des Zulassungsregimes der SeeAnlVO für die AWZ, das umfassend für alle Übertragungsleitungen in diesem Gebiet bei gleichzeitiger Zuständigkeit der Bundesbehörden gelten sollte. Für die Landesbehörden wäre sodann eine Spezialisierung auf die Planung und Genehmigung der Verteilernetzebene möglich, bei welcher ein ebenso großer Ausbaubedarf herrscht. Eine ähnliche Aufteilung von Übertragungs- und Verteilernetzen zwischen dem Bund und den Ländern wurden im Rahmen dieser Arbeit auch bezüglich der gerichtlichen Eingangsinstanz (BVerwG bzw. OVG) empfohlen. Zugleich bedarf es einer verstärkten Einbindung der Stromerzeugung in die Netz- und Raumplanung, bei der hinsichtlich der Versorgungssicherheit die Ausschreibung von Erzeugungskapazitäten an Bedeutung gewinnen dürfte.

Überdies sind vorliegend Empfehlungen für eine stärkere Verzahnung der Planungen zwischen den EU-Mitgliedstaaten erarbeitet worden, welche durch weitere punktuelle unionsrechtliche Gesetzgebungsakte und eine verbesserte Koordinierungsfunktion der europäischen Institutionen zu verwirklichen wären. Ebenso wurde die gesteigerte Bedeutung der Unionsebene durch die TEN-E-VO 2013 aufgezeigt und es wurden Möglichkeiten erörtert, die Rolle der EU-Kommission im Planungs- und vor allem Koordinationsgefüge zu erweitern.

Ein zusätzliches und gleichermaßen bedeutsames Beschleunigungselement ist in der politischen Unterstützung des Netzausbaus zu sehen. Hierzu zählen verlässliche energiepolitische Zielsetzungen und die Einigkeit zwischen Bund und Ländern über die konkrete Art des Netzausbaus. Dies kann selbstverständlich nur teilweise durch gesetzgeberische Maßnahmen erfolgen und bedarf vielmehr eines Konsens der politischen Akteure.

Positiv zu erwähnen ist die Ausgestaltung des Rechtsrahmens für die ausbauverpflichteten ÜNBs. Denn die Regelungen der ARegV ermöglichen einen gesicherten und zeitnahen Mittelrückfluss der Investitionsmaßnahmen, welche im Übertragungsnetz vorgenommen werden. Dadurch sind die Befürchtungen einer betrieblichen Gewinnsteigerung durch die Beibehaltung von Kapazitätsmängeln im Netz weitgehend obsolet geworden. Vielmehr besteht nunmehr für ÜNBs ein erheblicher Anreiz, den Netzausbau verwirklichen zu wollen.

Bei Anwendung der vorhandenen und Umsetzung der zusätzlich notwendigen Instrumente des Planungsrechts ist damit im Ergebnis eine zügige Realisierung des Netzausbaus tatsächlich erreichbar.

Quellenverzeichnis

Amtliche Dokumente

50Hertz Transmission GmbH / Amprion GmbH / TenneT TSO GmbH / TransnetBW GmbH, Netzentwicklungsplan Strom 2012, 1. Entwurf der Übertragungsnetzbetreiber, 30. Mai 2012, http://www.netzentwicklungsplan.de/sites/default/files/NEP_2012/NEP_2012_Kapitel_1_bis_8.pdf (besucht am 31.05.2012), [zitiert: 50Hertz Transmission GmbH u.a., NEP 2012, 1. Entwurf der ÜNBs].

50Hertz Transmission GmbH / Amprion GmbH / TenneT TSO GmbH / TransnetBW GmbH, Netzentwicklungsplan Strom 2012, 2. Überarbeiteter Entwurf der Übertragungsnetzbetreiber, 15. August 2012, http://www.netzausbau.de/cln_1912/DE/Bedarfsermittlung/Netzentwicklungsplan%202012/netzentwicklungsplan2012_node.html (besucht am 01.11.2012), [zitiert: 50Hertz Transmission GmbH u.a., NEP 2012, 2. Entwurf der ÜNBs].

50Hertz Transmission GmbH / Amprion GmbH / TenneT TSO GmbH / TransnetBW GmbH, Netzentwicklungsplan Strom 2013, Erster Entwurf der Übertragungsnetzbetreiber, 2. März 2013, http://www.netzentwicklungsplan.de/_NEP_file_transfer/NEP_2013_Teil_I.pdf (besucht am 17.04.2014), [zitiert: 50Hertz Transmission GmbH u.a., NEP 2013, 1. Entwurf der ÜNBs].

Adamowitsch, Georg Wilhelm, Abschlussbericht des europäischen Koordinators, „Salzburgleitung", Vorhaben von europäischem Interesse EL2., Brüssel, Juli 2009, http://ec.europa.eu/energy/infrastructure/tent_e/doc/salzburg/2009_07_23_abschlussbericht_final.pdf (besucht am 29.04.2014), [zitiert: *Adamowitsch,* Abschlussbericht des europäischen Koordinators zur „Salzburgleitung", Juli 2009].

Adamowitsch, Georg Wilhelm, Dritter Jahresbericht des europäischen Koordinators, Vorhaben von europäischem Interesse, „Anbindung der Offshore-Windenergie in Nordeuropa (Nordsee – Ostsee)" & „Verbindungsleitung Salzach (AT) – Tauern (AT)", Dezember 2009 – Oktober 2010, Brüssel, 15.11.2010, http://ec.europa.eu/energy/infrastructure/tent_e/doc/off_shore_wind/2010_annual_report_de.pdf (besucht am 29.04.2014), [zitiert: *Adamowitsch,* Dritter Jahresbericht des europäischen Koordinators, Dezember 2009 – Oktober 2010].

Balla, Stefan / Peters, Heinz-Joachim / Wulfert, Katrin, Leitfaden zur Strategischen Umweltprüfung (Langfassung), Forschungsvorhaben 206 13 100 im Auftrag des Umweltbundesamtes, März 2010, http://www.bmub.bund.de/fileadmin/Daten_BMU/Download_PDF/Umweltpruefungen/sup_leitfaden_lang_bf.pdf (besucht am 14.03.2014), [zitiert: *Balla u.a.,* Leitfaden zur Strategischen Umweltprüfung, März 2010]

Bayerische Staatsregierung, Begründung zum Landesentwicklungsprogramm Bayern (LEP) 2006, http://www.landesentwicklung-bayern.de/instrumente/

landesentwicklungsprogramm/download-lep-2006/ (besucht am 26.09.2014), [zitiert: Bayerische Staatsregierung, Begründung zum Landesentwicklungsprogramm Bayern (LEP) 2006].

Bayerische Staatsregierung, Begründung zum Landesentwicklungsprogramm Bayern (LEP) 2013, http://www.landesentwicklung-bayern.de/fileadmin/user_upload/landesentwicklung/Bilder/Instrumente/Landesentwicklungsprogramm_Bayern.pdf (besucht am 26.09.2014), [zitiert: Bayerische Staatsregierung, Begründung zum Landesentwicklungsprogramm Bayern (LEP) 2013].

Bayerische Staatsregierung, Seehofer spricht im Landtag zu den bayerischen Leitlinien bei der Energiewende, Pressemitteilung, 05.02.2014, http://www.bayern.de/Pressemitteilungen-.1255.10489163/index.htm (besucht am 26.02.2014), [zitiert: Bayerische Staatsregierung, Seehofer spricht zu bayerischen Leitlinien bei der Energiewende, Pressemitteilung vom 05.02.2014].

Bayerischer Landtag – Plpr. 17/10, 10. Sitzung, 5. Februar 2014, [zitiert: Bayerischer Landtag – Plpr. 17/10].

Bezirksregierung Münster, Raumordnungsverfahren für die 380kV-Hochspannungsleitung Wesel (Umspannwerk Niederrhein) bis zur Bundesgrenze (Stadt Isselburg / Gemeente Oude-Ijsselstreek), Raumordnerische Beurteilung einschließlich Begründung vom 24. August 2011, Az.: 32.1.2.3, http://www.bezreg-muenster.de/startseite/Dez_32_Regionalrat-2012/100/Sitzungen/Archiv_der_Sitzungen/20110926_RR/TOP08_SV50.pdf (besucht am 08.03.2014), [zitiert: Bezirksregierung Münster, Raumordnerische Beurteilung für die 380kV-Hochspannungsleitung Wesel bis zur Bundesgrenze vom 24. August 2011].

BMVBS, Leitfaden zur FFH-Verträglichkeitsprüfung an Bundeswasserstraßen, Bonn, April 2008, http://www.bafg.de/DE/08_Ref/U1/02_Arbeitshilfen/03_FFH_Leitfaden/ffh-leitfaden.pdf?__blob=publicationFile (besucht am 26.09.2014), [zitiert: BMVBS, Leitfaden zur FFH-Verträglichkeitsprüfung an Bundeswasserstraßen, April 2008].

BMVBS, Errichtungserlass zur Gründung der Generaldirektion Wasserstraßen und Schifffahrt, Az.: Z 32/2215.17/29, Berlin, 19.04.2013, [zitiert: BMVBS, Errichtungserlass zur Gründung der GD Wasserstraßen und Schifffahrt vom 19.04.2013].

BMVBS / BSH, Umweltbericht zum Raumordnungsplan für die deutsche ausschließliche Wirtschaftszone (AWZ) in der Nordsee, Stand: 21.08.2009, http://www.bsh.de/de/Meeresnutzung/Raumordnung_in_der_AWZ/Dokumente_05_01_2010/Umweltbericht_Nordsee.pdf (besucht am 13.03.2014), [zitiert: BMVBS/BSH, Umweltbericht zum Raumordnungsplan für die AWZ-Nordsee, Stand: 21.08.2009].

BMVBS / BSH, Umweltbericht zum Raumordnungsplan für die deutsche ausschließliche Wirtschaftszone (AWZ) in der Ostsee, Stand: 31.10.2009, http://www.bsh.de/de/Meeresnutzung/Raumordnung_in_der_AWZ/Dokumente_05_01_2010/Umweltbericht_Ostsee.pdf (besucht am 13.03.2014), [zitiert: BMVBS/BSH, Umweltbericht zum Raumordnungsplan für die AWZ-Ostsee, Stand: 31.10.2009].

BMWi, Das Kraftwerksforum des BMWi, http://www.bmwi.de/DE/Themen/Energie/Kraftwerke/kraftwerksforum-des-bmwi.html (besucht am 28.09.2013), [zitiert: BMWi, Das Kraftwerksforum des BMWi].

BNetzA, Bestätigung des Netzentwicklungsplans Strom 2012 gemäß § 12c Abs. 4 Satz 1 EnWG vom 25.11.2012, http://data.netzausbau.de/Alfa/NEP/NEP2022_Bestaetigung.pdf (besucht am 29.12.2014), [zitiert: BNetzA, Bestätigung des NEP 2012].

BNetzA, Bestätigung des Netzentwicklungsplans Strom 2013 gemäß § 12c Abs. 1 Satz 1 i.V.m. § 12b Abs. 1, 2 und 4 EnWG vom 19.12.2013, http://data.netzausbau.de/Bravo/NEP/NEP2023_Bestaetigung.pdf (besucht am 29.12.2014), [zitiert: BNetzA, Bestätigung des NEP 2013].

BNetzA, Bestätigung des Offshore-Netzentwicklungsplans 2013 gemäß § 17c S. 2 in Verbindung mit § 12c Abs. 4 Satz 1 EnWG vom 19.12.2013, http://www.netzausbau.de/SharedDocs/Downloads/DE/Bravo/NEP/O-NEP2023_Bestaetigung.pdf?__blob=publicationFile (besucht am 29.12.2014), [zitiert: BNetzA, Bestätigung des Offshore-NEP 2013].

BNetzA, Genehmigung des Szenariorahmens für die Netzentwicklungsplanung gemäß § 12a Abs. 3 EnWG vom 20.12.2012, Az.: 8121–12/Szenariorahmen 2011, http://www.netzausbau.de/SharedDocs/Downloads/DE/Alfa/Szenariorahmen/Szenariorahmen2022_Genehmigung.pdf?__blob=publicationFile (besucht am 29.12.2014), [zitiert: BNetzA, Genehmigung des Szenariorahmens für den NEP 2012].

BNetzA, Genehmigung des Szenariorahmens für die Netzentwicklungsplanung und Offshore- Netzentwicklungsplanung gemäß § 12a Abs. 3 EnWG vom 30. August 2013, Az.: 6.00.03.05/13-08-30/Szenariorahmen 2013, http://www.netzausbau.de/SharedDocs/Downloads/DE/Charlie/Szenariorahmen/Szenariorahmen2024_Genehmigung.pdf?__blob=publicationFile (besucht am 29.12.2014), [zitiert: BNetzA, Genehmigung des Szenariorahmens für den NEP 2014 und Offshore-NEP 2014].

BNetzA, Genehmigung des Szenariorahmens für die Netzentwicklungsplanung und Offshore-Netzentwicklungsplanung gemäß § 12a Abs. 3 EnWG vom 19. Dezember 2014, Az.: 6.00.03.05/14-12-19/Szenariorahmen 2025, https://www.netzausbau.de/SharedDocs/Downloads/DE/2025/SR/Szenariorahmen_2025_Genehmigung.pdf;jsessionid=6195F1E3D8B0C7B1019E1A8C9971D9A5?__blob=publicationFile (besucht am 05.03.2017), [zitiert: BNetzA, Genehmigung des Szenariorahmens für den NEP 2015 und Offshore-NEP 2015].

BNetzA, Monitoringbericht 2011, Monitoringbericht gemäß § 63 Abs. 4 EnWG i.V.m. § 35 EnWG, http://www.bundesnetzagentur.de/SharedDocs/Downloads/DE/Allgemeines/Bundesnetzagentur/Publikationen/Berichte/2011/MonitoringBericht2011.pdf?__blob=publicationFile&v=2 (besucht am 21.01.2014), [zitiert: BNetzA, EnWG-Monitoringbericht 2011].

BNetzA, Umweltbericht zum Bundesbedarfsplan-Entwurf, 2012, http://data.netzausbau.de/Alfa/UB/Umweltbericht_2012.pdf (besucht am 29.12.2014), [zitiert: BNetzA, Umweltbericht zum Bundesbedarfsplan-Entwurf 2012].

BNetzA, Begleitdokument zur Konsultation des überarbeiteten Netzentwicklungsplans Strom 2012 der Übertragungsnetzbetreiber durch die Bundesnetzagentur mit dem derzeitigen Stand der Prüfung, Stand: 03.09.2012, http://data.netzausbau.de/Alfa/NEP/Begleitdokument_NEP2022.pdf (besucht am 29.12.2014), [zitiert: BNetzA, Begleitdokument zur Konsultation des überarbeiteten NEP 2012].

BNetzA, Umweltbericht 2013 (zum Netzentwicklungsplan Strom 2013 und dem Offshore-Netzentwicklungsplan 2013), Dezember 2013, http://data.netzausbau.de/Bravo/UB/Umweltbericht_2013.pdf (besucht am 29.12.2014), [zitiert: BNetzA, Umweltbericht 2013 zum NEP 2013 und Offshore-NEP 2013].

BNetzA, Leitfaden zum EEG-Einspeisemanagement – Abschaltrangfolge, Berechnung von Entschädigungszahlungen und Auswirkungen auf die Netzentgelte, Version 2.1, Stand: 07.03.2014, http://www.bundesnetzagentur.de/SharedDocs/Downloads/DE/Sachgebiete/Energie/Unternehmen_Institutionen/ErneuerbareEnergien/Einspeisemanagement/Leitfaden_2_1/LeitfadenEEG_Version2_1.pdf?__blob=publicationFile&v=3 (besucht am 26.09.2014), [zitiert: BNetzA, Leitfaden zum EEG-Einspeisemanagement, 07.03.2014].

BNetzA / Bundeskartellamt, Monitoringbericht 2012, Monitoringbericht gemäß § 63 Abs. 3 i.V.m. § 35 EnWG und § 48 Abs. 3 i.Vm. § 53 Abs. 3 GWB, Stand: 05.02.2013, http://www.bundesnetzagentur.de/SharedDocs/Downloads/DE/Allgemeines/Bundesnetzagentur/Publikationen/Berichte/2012/MonitoringBericht2012.pdf?__blob=publicationFile&v=2 (besucht am 24.04.2014), [zitiert: BNetzA / Bundeskartellamt, EnWG- und GWB-Monitoringbericht 2012].

BNetzA / Bundeskartellamt, Monitoringbericht 2013, Monitoringbericht gemäß § 63 Abs. 3 i. V. m. § 35 EnWG und § 48 Abs. 3 i. V. m. § 53 Abs. 3 GWB, Stand: Dezember 2013, http://www.bundesnetzagentur.de/SharedDocs/Downloads/DE/Allgemeines/Bundesnetzagentur/Publikationen/Berichte/2013/131217_Monitoringbericht2013.pdf?__blob=publicationFile&v=14 (besucht am 24.04.2014), [zitiert: BNetzA / Bundeskartellamt, EnWG- und GWB-Monitoringbericht 2013].

BNetzA / Bundeskartellamt, Monitoringbericht 2016, Monitoringbericht gemäß § 63 Abs. 3 i.V.m. § 35 EnWG und § 48 Abs. 3 i.Vm. § 53 Abs. 3 GWB, Stand: 30.11.2016, https://www.bundesnetzagentur.de/SharedDocs/Downloads/DE/Sachgebiete/Energie/Unternehmen_Institutionen/DatenaustauschUndMonitoring/Monitoring/Monitoringbericht2016.pdf?__blob=publicationFile&v=2 (besucht am 17.02.2017), [zitiert: BNetzA / Bundeskartellamt, EnWG- und GWB-Monitoringbericht 2016].

BRat-Drucks. 157/14, Gesetzentwurf der Bundesregierung, Entwurf eines Gesetzes zur grundlegenden Reform des Erneuerbare-Energien-Gesetzes und zur Änderung weiterer Bestimmungen des Energiewirtschaftsrechts, [zitiert: BRat-Drucks.

157/14, Gesetzentwurf zur Reform des EEG und Änderung des Energiewirtschaftsrechts].

BRat-Drucks. 860/11, Verordnung der Bundesregierung, Verordnung zur Änderung der Anreizregulierungsverordnung, [zitiert: BRat-Drucks. 860/11, Verordnung zur Änderung der Anreizregulierungsverordnung].

BRat-Plpr. 901, Stenografischer Bericht, 901. Sitzung, 12. Oktober 2012, [zitiert: BRat-Plpr. 901, Stenografischer Bericht].

BSH, Genehmigung für die Konverterplattform „DolWin alpha", das Seekabelsystem „DolWin1" und Seekabelsysteme für den Netzanschluss der Offshore-Windparks „Borkum West II", „MEG Offshore 1" und „Borkum Riffgrund 1" vom 06.09.2012, http://www.bsh.de/de/Meeresnutzung/Wirtschaft/Windparks/Genehmigungsbescheide/Nordsee/DolWin/Genehmigungsbescheid_DolWin_1_DolWin_alpha.pdf (besucht am 29.12.2014), [zitiert: BSH, Genehmigung für die Konverterplattform „DolWin alpha", das Seekabelsystem „DolWin1" und weitere Seekabelsysteme vom 06.09.2012].

BSH, Entwurf Offshore-Netzplan für die deutsche ausschließliche Wirtschaftszone der Nordsee, Stand: September 2012, http://www.bsh.de/de/Meeresnutzung/BFO/Dokumente/Entwurf_ONPN_final.pdf (besucht am 05.03.2014), [zitiert: BSH, Entwurf Offshore-Netzplan für die AWZ-Nordsee 2012].

BSH, Bundesfachplan Offshore für die deutsche ausschließliche Wirtschaftszone der Nordsee 2012, 22. Februar 2013, http://www.bsh.de/de/Meeresnutzung/BFO/Dokumente/BSH_BFO-Nordsee2012-Netzplan_Internet.pdf (besucht am 29.12.2014), [zitiert: BSH, Bundesfachplan Offshore für die AWZ-Nordsee 2012].

BT-Ausschussdrucks. 17/(9)1151, Stellungnahme der TenneT TSO GmbH zur Öffentlichen Anhörung (101. Sitzung) zum Thema: „Beschleunigung des Netzausbaus Elektrizitätsnetze" im Ausschuss für Wirtschaft und Technologie, [zitiert: BT-Ausschussdrucks. 17/(9)1151, TenneT-Stellungnahme zu: „Beschleunigung des Netzausbaus Elektrizitätsnetze"].

BT-Ausschussdrucks. 17/(9)589, Stellungnahme zum Arbeitsentwurf des Netzausbaubeschleunigungsgesetz (NABEG) vom 27. Mai 2011 und zum Entwurf des Energiewirtschaftsgesetzes EnWG vom 6. Juni 2011, Bund für Umwelt und Naturschutz Deutschland e.V., [zitiert: BT-Ausschussdrucks. 17/(9)589, BUND Stellungnahme zum NABEG und zur EnWG-Reform].

BT-Drucks. 13/193, Entwurf eines Gesetzes zur Ausführung des Seerechtsübereinkommens der Vereinten Nationen vom 10. Dezember 1982 sowie des Übereinkommens vom 29. Juli 1994 zur Durchführung des Teils XI des Seerechtsübereinkommens (Ausführungsgesetz Seerechtsübereinkommen 1982/1994), [zitiert: BT-Drucks. 13/193].

BT-Drucks. 15/3441, Gesetzentwurf der Fraktionen SPD und BÜNDNIS 90/DIE GRÜNEN, Entwurf eines Gesetzes zur Einführung einer Strategischen Umweltprüfung und zur Umsetzung der Richtlinie 2001/42/EG (SUPG), [zitiert: BT-Drucks. 15/3441, Gesetzentwurf zur Einführung einer Strategischen Umweltprüfung].

BT-Drucks. 16/10292, Gesetzentwurf der Bundesregierung, Entwurf eines Gesetzes zur Neufassung des Raumordnungsgesetzes und zur Änderung anderer Vorschriften (GeROG), [zitiert: BT-Drucks. 16/10292, Gesetzentwurf zur Neufassung des ROG].

BT-Drucks. 16/10491, Gesetzentwurf der Bundesregierung, Entwurf eines Gesetzes zur Beschleunigung des Ausbaus der Höchstspannungsnetze, [zitiert: BT-Drucks. 16/10491, Gesetzentwurf zum EnLAG].

BT-Drucks. 16/2495, Gesetzentwurf der Bundesregierung, Entwurf eines Gesetzes über ergänzende Vorschriften zu Rechtsbehelfen in Umweltangelegenheiten nach der EG-Richtlinie 2003/35/EG (Umwelt-Rechtsbehelfsgesetz), [zitiert: BT-Drucks. 16/2495, Gesetzentwurf zum UmwRG].

BT-Drucks. 17/10754, Gesetzentwurf der Bundesregierung, Entwurf eines Dritten Gesetzes zur Neuregelung energiewirtschaftlicher Vorschriften, [zitiert: BT-Drucks. 17/10754, Gesetzentwurf eines Dritten Gesetzes zur Neuregelung energiewirtschaftlicher Vorschriften].

BT-Drucks. 17/10957, Gesetzentwurf der Bundesregierung, Entwurf eines Gesetzes zur Änderung des Umwelt-Rechtsbehelfsgesetzes und anderer umweltrechtlicher Vorschriften, [zitiert: BT-Drucks. 17/10957, Gesetzentwurf zur Änderung des UmwRG].

BT-Drucks. 17/11269, Unterrichtung durch die Bundesregierung, Entwurf eines Dritten Gesetzes zur Neuregelung energiewirtschaftlicher Vorschriften – Drucksache 17/10754 -, Stellungnahme des Bundesrates und Gegenäußerung der Bundesregierung, [zitiert: BT-Drucks. 17/11269, Stellungnahme des Bundesrates und Gegenäußerung der Bundesregierung zum Entwurf des Dritten Gesetzes zur Neuregelung energiewirtschaftlicher Vorschriften].

BT-Drucks. 17/11394, Beschlussempfehlung und Bericht des Ausschusses für Umwelt, Naturschutz und Reaktorsicherheit (16. Ausschuss) zu dem Gesetzentwurf der Bundesregierung – Drucksache 17/10486 – Entwurf eines Gesetzes zur Umsetzung der Richtlinie über Industrieemissionen, [zitiert: BT-Drucks. 17/11394, Beschlussempfehlung des Umweltausschusses zum Gesetzentwurf zur Umsetzung der Richtlinie über Industrieemissionen].

BT-Drucks. 17/11871, Unterrichtung durch die Bundesregierung, Bericht nach § 3 des Energieleitungsausbaugesetzes, [zitiert: BT-Drucks. 17/11871, Bericht nach § 3 EnLAG].

BT-Drucks. 17/12638, Gesetzentwurf der Bundesregierung, Entwurf eines Zweiten Gesetzes über Maßnahmen zur Beschleunigung des Netzausbaus Elektrizitätsnetze, [zitiert: BT-Drucks. 17/12638, Gesetzentwurf zum zweiten Gesetz zur Beschleunigung des Netzausbaus].

BT-Drucks. 17/12681, Antrag der Abgeordneten Rolf Hempelmann u.a. und der Fraktion der SPD, Den Netzausbau bürgerfreundlich und zukunftssicher gestalten, [zitiert: BT-Drucks. 17/12681, Parlamentarischer Antrag zur Gestaltung des Netzausbaus].

BT-Drucks. 17/3051, Gesetzentwurf der Fraktionen der CDU/CSU und FDP, Entwurf eines Elften Gesetzes zur Änderung des Atomgesetzes, [zitiert: BT-Drucks. 17/3051, Gesetzentwurf zum Elften ÄnderungsG des AtomG].

BT-Drucks. 17/4890, Unterrichtung durch die Bundesregierung, Sondergutachten des Sachverständigenrates für Umweltfragen, Wege zur 100% erneuerbaren Stromversorgung, [zitiert: BT-Drucks. 17/4890, Sondergutachten des Sachverständigenrates für Umweltfragen].

BT-Drucks. 17/6072, Gesetzentwurf der Fraktionen der CDU/CSU und FDP, Entwurf eines Gesetzes zur Neuregelung energiewirtschaftsrechtlicher Vorschriften, [zitiert: BT-Drucks. 17/6072, Gesetzentwurf zur Neuregelung energiewirtschaftsrechtlicher Vorschriften].

BT-Drucks. 17/6073, Gesetzentwurf der Fraktionen der CDU/CSU und FDP, Entwurf eines Gesetzes über Maßnahmen zur Beschleunigung des Netzausbaus Elektrizitätsnetze, [zitiert: BT-Drucks. 17/6073, Gesetzentwurf zur Beschleunigung des Netzausbaus].

BT-Drucks. 17/6248, Gesetzentwurf der Bundesregierung, Entwurf eines Gesetzes zur Neuregelung energiewirtschaftsrechtlicher Vorschriften, [zitiert: BT-Drucks. 17/6248, Gesetzentwurf zur Neuregelung energiewirtschaftsrechtlicher Vorschriften].

BT-Drucks. 17/6249, Gesetzentwurf der Bundesregierung, Entwurf eines Gesetzes über Maßnahmen zur Beschleunigung des Netzausbaus Elektrizitätsnetze, [zitiert: BT-Drucks. 17/6249, Gesetzentwurf zur Beschleunigung des Netzausbaus].

BT-Drucks. 17/9666, Gesetzentwurf der Bundesregierung, Entwurf eines Gesetzes zur Verbesserung der Öffentlichkeitsbeteiligung und Vereinheitlichung von Planfeststellungsverfahren (PlVereinhG), [zitiert: BT-Drucks. 17/9666, Gesetzentwurf zum PlVereinhG].

BT-Drucks. 18/281, Unterrichtung durch die Bundesregierung, Sondergutachten des Sachverständigenrates für Umweltfragen, Den Strommarkt der Zukunft gestalten, [zitiert: BT-Drucks. 18/281, Sondergutachten des Sachverständigenrates für Umweltfragen].

BT-Drucks. 18/5927, Gesetzentwurf der Bundesregierung, Entwurf eines Gesetzes zur Änderung des Umwelt-Rechtsbehelfsgesetzes zur Umsetzung des Urteils des Europäischen Gerichtshofs vom 7. November 2013 in der Rechtssache C-72/12, [zitiert: BT-Drucks. 18/5927, Gesetzentwurf zur Änderung des UmwRG zur Umsetzung des EuGH-Urteils C-72/12].

BT-Drucks. 18/6383, Beschlussempfehlung und Bericht des Ausschusses für Wirtschaft und Energie (9. Ausschuss) zu dem Gesetzentwurf der Bundesregierung –

Drucksachen 18/5925, 18/6292 – Entwurf eines Ersten Gesetzes zur Änderung des Energieverbrauchskennzeichnungsgesetzes, [zitiert: BT-Drucks. 18/6383, Beschlussempfehlung zu BT-Drucks. 18/5925, 18/6292].

BT-Drucks. 18/7317, Gesetzentwurf der Bundesregierung, Entwurf eines Gesetzes zur Weiterentwicklung des Strommarktes (Strommarktgesetz), [zitiert: BT-Drucks. 18/7317, Gesetzentwurf zum Strommarktgesetz].

BT-Plpr. 17/117, Stenografischer Bericht, 117. Sitzung, 30. Juni 2011, [zitiert: BT-Plpr. 17/117, Stenografischer Bericht].

Bundesministerium für Wirtschaft und Energie, Struktur und Konzept der Plattform Erneuerbare Energien, http://www.bmwi.de/BMWi/Redaktion/PDF/S-T/struktur-und-konzept-der-plattform-erneuerbare-energien,property=pdf, bereich=bmwi2012,sprache=de,rwb=true.pdf (besucht am 04.04.2014), [zitiert: Bundesministerium für Wirtschaft und Energie, Struktur und Konzept der Plattform Erneuerbare Energien].

Bundesministerium für Wirtschaft und Energie (BMWi), Zweiter Monitoring-Bericht „Energie der Zukunft“, Stand: März 2014, http://www.bundesnetzagentur.de/SharedDocs/Downloads/DE/Sachgebiete/Energie/Unternehmen_Institutionen/MonitoringEnergiederZukunft/zweiterbericht.pdf?__blob=publicationFile&v=1 (besucht am 31.10.2014), [zitiert: Bundesministerium für Wirtschaft und Energie (BMWi), Zweiter Monitoring-Bericht „Energie der Zukunft“, März 2014].

ENTSO (Strom), A new regulatory framework for TSO R&D in ENTSO-E countries, 1. Juli 2011, https://www.entsoe.eu/fileadmin/user_upload/_library/position_papers/110701_ENTSO-E_PP_on_Regulatory_Framework_for_RD_vFINAL.pdf (besucht am 13.04.2014), [zitiert: ENTSO (Strom), A new regulatory framework for TSO R&D in ENTSO-E countries, 2011].

ENTSO (Strom), Research and Development Plan, European Grid: Towards 2020 Challenges and Beyond, 9. Dezember 2011, https://www.entsoe.eu/fileadmin/user_upload/_library/Key_Documents/121209_R_D_Plan_2011.pdf (besucht am 31.12.2014), [zitiert: ENTSO (Strom), Research & Development Plan, 2011].

ENTSO (Strom), 10-Year Network Development Plan 2012, 5. Juli 2012, https://www.entsoe.eu/fileadmin/user_upload/_library/SDC/TYNDP/2012/TYNDP_2012_report.pdf (besucht am 03.03.2014), [zitiert: ENTSO (Strom), Gemeinschaftsweiter Netzentwicklungsplan 2012].

EUA, Natura 2000: Birds and Habitats Directives, Stand: 14. Juli 2014, http://www.eea.europa.eu/data-and-maps/figures/natura-2000-birds-and-habitat-directives-5#tab-metadata (besucht am 09.11.2014), [zitiert: EUA, Darstellung von Natura 2000-Gebieten, Stand: 14. Juli 2014].

EuGH, Rechtsprechungsstatistiken 2013: Rekordzahlen, Pressemitteilung Nr. 34/14, 13. März 2014, http://europa.eu/rapid/press-release_CJE-14-34_de.htm (besucht am 31.10.2014), [zitiert: EuGH, Rechtsprechungsstatistiken 2013, Pressemitteilung Nr. 34/14 v. 13. März 2014].

EU-Kommission, Arbeitsunterlage der Kommissionsdienststellen, Gemeinsames Umweltinformationssystem der EU (SEIS), Perspektiven für die Umsetzung, SWD (2013) 18 final, [zitiert: EU-Kommission, Arbeitsunterlage der Kommissionsdienststellen zum Gemeinsamen Umweltinformationssystem der EU (SEIS), SWD (2013) 18 final].

EU-Kommission, Bericht der Kommission an das Europäische Parlament, den Rat, den Europäischen Wirtschafts- und Sozialausschuss und den Ausschuss der Regionen über die Realisierung der Transeuropäischen Energienetze im Zeitraum 2007–2009 gemäß Artikel 17 der Verordnung (EG) Nr. 680/2007 sowie Artikel 9 Absatz 2 und Artikel 15 der Entscheidung Nr. 1364/2006/EG, KOM (2010) 203 endg., [zitiert: EU-Kommission, Realisierungsbericht über die Transeuropäischen Energienetze von 2007–2009, KOM (2010) 203 endg.].

EU-Kommission, Beschluss der Kommission vom 15. November 2012 zur Einsetzung der Koordinierungsgruppe „Strom", ABl. EU C 353/2, [zitiert: EU-Kommission, Beschluss zur Einsetzung der Koordinierungsgruppe „Strom", ABl. EU C 353/2].

EU-Kommission, Communication from the Commission, Delivering the internal electricity market and making the most of public intervention, C (2013) 7243 final, [zitiert: EU-Kommission, Delivering the internal electricity market and making the most of public intervention, C (2013) 7243 final].

EU-Kommission, Guidance Document „Streamlining environmental assessment procedures for energy infrastructure ‚Projects of Common Interest' (PCIs)" [Leitlinien im Sinne von Art. 7 Abs. 4 TEN-E-VO 2013 – Anm. d. Verf.], http://ec.europa.eu/energy/infrastructure/doc/assessment/20130919_pci-en-guidance.pdf (besucht am 26.09.2014), [zitiert: EU-Kommission, Streamlining environmental assessment procedures for energy infrastructure Projects of Common Interest (PCIs)].

EU-Kommission, Leitlinien für staatliche Umweltschutz- und Energiebeihilfen 2014–2020, ABl. EU 2014 C 200/1, [zitiert: EU-Kommission, Leitlinien für staatliche Umweltschutz- und Energiebeihilfen 2014–2020, ABl. EU 2014 C 200/1].

EU-Kommission, Mitteilung der Kommission an das Europäische Parlament, den Rat, den Europäischen Wirtschafts- und Sozialausschuss und den Ausschuss der Regionen, Ein funktionierender Energiebinnenmarkt, COM (2012) 663 final, [zitiert: EU-Kommission, Ein funktionierender Energiebinnenmarkt, COM (2012) 663 final].

EU-Kommission, Mitteilung der Kommission an das Europäische Parlament, den Rat, den Europäischen Wirtschafts- und Sozialausschuss und den Ausschuss der Regionen, Energieinfrastrukturprioritäten bis 2020 und danach – ein Konzept für ein integriertes europäisches Energienetz, KOM (2010) 677 endg., [zitiert: EU-Kommission, Energieinfrastrukturprioritäten bis 2020 und danach, KOM (2010) 677 endg.].

EU-Kommission, Mitteilung der Kommission an das Europäische Parlament, den Rat, den Europäischen Wirtschafts- und Sozialausschuss und den Ausschuss der Regionen, Technologien und Innovationen im Energiebereich, COM (2013) 253 final, [zitiert: EU-Kommission, Technologien und Innovationen im Energiebereich, COM (2013) 253 final].

EU-Kommission, Stellungnahme der Kommission gemäß Artikel 6 Abs. 4 Unterabsatz 2 FFH-Richtlinie zum Neubau der A 44, Teilabschnitt Hessisch Lichtenau, B.2/AK D (2007) 13459, 23. Juli 2007, [zitiert: EU-Kommission, Stellungnahme vom 23. Juli 2007 gemäß Art. 6 Abs. 4 UntAbs. 2 FFH-RL: Neubau A 44, Teilabschnitt Hessisch Lichtenau].

EU-Kommission, Umweltpolitik: Europäische Kommission verklagt Deutschland wegen des Zugangs zu Gerichten, Pressemitteilung Nr. 13/967, 17. Oktober 2013, http://europa.eu/rapid/press-release_IP-13-967_de.htm (besucht am 08.04.2014), [zitiert: EU-Kommission, Europäische Kommission verklagt Deutschland wegen des Zugangs zu Gerichten, Pressemitteilung Nr. 13/967 v. 17. Oktober 2013].

EU-Kommission, Vertragsverletzung Nr. 2007/4267, Mit Gründen versehene Stellungnahme gemäß Artikel 258 des Vertrages über die Arbeitsweise der Europäischen Union gerichtet an die Bundesrepublik Deutschland wegen der Umsetzung des Artikels 11 der Richtlinie 2011/92/EU über die Umweltverträglichkeitsprüfung bei bestimmten öffentlichen und privaten Projekten und des Artikels 25 der Richtlinie 2010/75/EU über Industrieemissionen in deutsches Recht, C (2013) 2173 final, [zitiert: EU-Kommission, Vertragsverletzung Nr. 2007/4267, Mit Gründen versehene Stellungnahme, C (2013) 2173 final].

EU-Kommission, Vorschlag für Verordnung des Europäischen Parlaments und des Rates zu Leitlinien für die transeuropäische Energieinfrastruktur und zur Aufhebung der Entscheidung Nr. 1364/2006/EG, KOM (2011) 658 endg., [zitiert: EU-Kommission, Vorschlag für eine transeuropäische Energienetz-VO 2011, KOM (2011) 658 endg.].

Gerichtshof, Bekanntmachung, Klage, eingereicht am 21. März 2014 — Europäische Kommission/Bundesrepublik Deutschland, (Rechtssache C-137/14), ABl. EU 2014 C 159/16, [zitiert: Gerichtshof, Bekanntmachung über die Klageeinreichung der Rechtssache C-137/14, Kommission/Bundesrepublik Deutschland, ABl. EU 2014 C 159/16].

Froelich & Sporbeck Gmbh & Co. KG / Kieler Institut für Landschaftsökologie / White &. Case LLP, Netzausbau und Natura 2000/Artenschutz, Projekt 49/11, Rechtliche und naturschutzfachliche Analyse typischer genehmigungsrechtlicher Fragestellungen sowie Entwicklung von Ansätzen zu ihrer Lösung, Endbericht, Studie im Auftrag des Bundesministeriums für Wirtschaft und Technologie, Berlin, Stand: 15.06.2012, http://www.bmwi.de/BMWi/Redaktion/PDF/Publikationen/Studien/netzausbau-und-natura-2000,property=pdf,bereich=bmwi2012,sprache=de,rwb=true.pdf (besucht am 31.03.2014), [zitiert: Froelich & Sporbeck Gmbh & Co. KG u.a., Netzausbau und Natura 2000/Artenschutz, Studie im Auftrag des BMWi, Stand: 15.06.2012].

Ministerium für Energiewende, Landwirtschaft, Umwelt und ländliche Räume, Energiewendeminister Habeck setzt auf Seekabel zwischen Deutschland und Norwegen, Norwegischer Netzbetreiber reicht Antrag auf Planfeststellung ein, Pressemitteilung, 01.08.2012, http://www.schleswig-holstein.de/MELUR/DE/Service/Presse/PI/2012_neu/0812/MELUR_120801_nordlink.html (besucht am 07.03.2014), [zitiert: Ministerium für Energiewende, Landwirtschaft, Umwelt und ländliche Räume, Energiewendeminister Habeck setzt auf Seekabel zwischen Deutschland und Norwegen, Antrag auf Planfeststellung eingereicht, Pressemitteilung vom 01.08.2012].

Ministerium für Energiewende, Landwirtschaft, Umwelt und ländliche Räume, Seekabel nach Norwegen: Planfeststellungsbeschluss für ersten Abschnitt erlassen – Energiewendeminister Habeck: „NordLink wird Meilenstein für die europäische Energiewende“, Pressemitteilung, 03.07.2014, http://www.schleswig-holstein.de/MELUR/DE/Service/Presse/PI/2014/0714/MELUR_140703_Nordlink.html (besucht am 02.01.2015), [zitiert: Ministerium für Energiewende, Landwirtschaft, Umwelt und ländliche Räume, Seekabel nach Norwegen: Planfeststellungsbeschluss für ersten Abschnitt erlassen, Pressemitteilung vom 03.07.2014].

Ministerium für Infrastruktur und Umwelt der Niederlande und Bundesministerium für Umwelt, Naturschutz und Reaktorsicherheit der Bundesrepublik Deutschland unter Beteiligung der Umweltministerien des Landes Nordrhein-Westfalen und des Landes Niedersachsen, Gemeinsame Erklärung über die Zusammenarbeit bei der Durchführung grenzüberschreitender Umweltverträglichkeitsprüfungen sowie grenzüberschreitender Strategischer Umweltprüfungen im deutsch-niederländischen Grenzbereich zwischen dem Ministerium für Infrastruktur und Umwelt der Niederlande und dem Bundesministerium für Umwelt, Naturschutz und Reaktorsicherheit der Bundesrepublik Deutschland, 04.03./26.03./17.04./28.05.2013, [zitiert: Ministerium für Infrastruktur und Umwelt der Niederlande und Bundesministerium für Umwelt, Naturschutz und Reaktorsicherheit der Bundesrepublik Deutschland unter Beteiligung der Umweltministerien des Landes Nordrhein-Westfalen und des Landes Niedersachsen, Gemeinsame Erklärung zur grenzüberschreitenden UVP und SUP, 2013].

Ministerium für Wohnungswesen, Raumordnung und Umwelt des Königreichs der Niederlande und Bundesministerium für Umwelt, Naturschutz und Reaktorsicherheit der Bundesrepublik Deutschland unter Beteiligung der Umweltministerien des Landes Nordrhein-Westfalen und des Landes Niedersachsen, Gemeinsame Erklärung über die Zusammenarbeit bei der Durchführung grenzüberschreitender Umweltverträglichkeitsprüfungen im deutsch – niederländischen Grenzbereich zwischen dem Ministerium für Wohnungswesen, Raumordnung und Umwelt des Königreichs der Niederlande und dem Bundesministerium für Umwelt, Naturschutz und Reaktorsicherheit der Bundesrepublik Deutschland, MBl. NRW. 2007, S. 37, 22.05./20.06./30.06.2005, [zitiert: Ministerium für Wohnungswesen,

Raumordnung und Umwelt des Königreichs der Niederlande und Bundesministerium für Umwelt, Naturschutz und Reaktorsicherheit der Bundesrepublik Deutschland unter Beteiligung der Umweltministerien des Landes Nordrhein-Westfalen und des Landes Niedersachsen, Gemeinsame Erklärung zur grenzüberschreitenden UVP, 2005].

Ministerkonferenz für Raumordnung (MKRO), Umlaufbeschluss vom 06.02.2013, Verstärkte Nutzung regenerativer Energien und Ausbau der Netze (Positionspapier zu praxisorientierten Prüfmaßstäben für die Raumverträglichkeitsprüfung nach § 5 NABEG), www.bmvbs.de/SharedDocs/DE/Anlage/StadtUndLand/LaendlicherRaum/mkro-handlungsempfehlung-nabeg.pdf?__blob=publicationFile (besucht am 26.09.2014), [zitiert: Ministerkonferenz für Raumordnung (MKRO), Positionspapier zur Raumverträglichkeitsprüfung nach § 5 NABEG, 06.02.2013].

Mitteilung der dänischen Regierung gemäß Artikel 10 Absatz 2 der Richtlinie 2009/72/EG des Europäischen Parlaments und des Rates über gemeinsame Vorschriften für den Elektrizitätsbinnenmarkt („Elektrizitätsrichtlinie") in Bezug auf die Benennung von Energinet.dk als Übertragungsnetzbetreiber in Dänemark — Übertragungsnetzbetreiber, ABl. EU 2013 C 264/10, [zitiert: Mitteilung der dänischen Regierung gemäß Artikel 10 Absatz 2 der Richtlinie 2009/72/EG zur Benennung von Energinet.dk als Übertragungsnetzbetreiber, ABl. EU 2013 C 264/10].

Niedersächsische Landesbehörde für Straßenbau und Verkehr, Planfeststellungsbeschluss für die Netzanbindung der Offshore-Windkraftanlage Riffgat mittels einer 155kV-Wechselstromleitung der TenneT TSO GmbH, Seekabelabschnitt: Transformator-Plattform des Windparks bis zum Anlandungspunkt nordwestlich von Pilsum, 28.06.2011, Az.: 3317 – 05020 – 1 See, www.strassenbau.niedersachsen.de/download/59505/Netzanbindung_der_Offshore-Windkraftanlage_Riffgat_mittels_einer_155-kV-Wechselstromleitung_Seekabeltrasse_28.06.2011_.pdf (besucht am 17.04.2014), [zitiert: Niedersächsische Landesbehörde für Straßenbau und Verkehr, Planfeststellungsbeschluss vom 28.06.2011, Netzanbindung der Offshore-Windkraftanlage Riffgat mittels einer 155kV-Wechselstromleitung, Seekabelabschnitt].

Niedersächsische Landesbehörde für Straßenbau und Verkehr, Planfeststellungsbeschluss für die Netzanbindung DolWin1 der Offshore- Plattform DolWin alpha mittels einer 600kV- Gleichstromleitung, Seetrasse: 12 Seemeilen- Grenze bis zum Anlandungspunkt Hilgenriedersiel, 30.06.2011, Az.: 3330-05020-2 See, www.strassenbau.niedersachsen.de/download/59530/Netzanbindung_DolWin1_der_Offshore-Plattform_DolWin_alpha_mittels_einer_600-kV-Gleichstromleitung_Seetrasse_30.06.2011_.pdf (besucht am 17.04.2014), [zitiert: Niedersächsische Landesbehörde für Straßenbau und Verkehr, Planfeststellungsbeschluss vom 30.06.2011, Netzanbindung DolWin1 der Offshore- Plattform DolWin alpha mittels einer 600kV- Gleichstromleitung, Seetrasse].

Niedersächsische Landesbehörde für Straßenbau und Verkehr, Planfeststellungsbeschluss für die Netzanbindung DolWin 1 der Offshore- Plattform DolWin alpha mittels einer 600kV- Gleichstromleitung, Landtrasse: Anlandungspunkt Hilgenriedersiel bis zum Umspannwerk Dörpen West, 01.02.2012, Az.: 3331-05020-2 Land, www.strassenbau.niedersachsen.de/download/64339/Netzanbindung_DolWin1_der_Offshore-Plattform_DolWin_alpha_mittels_einer_600-kV-Gleichstromleitung_Landtrasse_01.02.2012_.pdf (besucht am 03.01.2015), [zitiert: Niedersächsische Landesbehörde für Straßenbau und Verkehr, Planfeststellungsbeschluss vom 01.02.2012, Netzanbindung DolWin 1 der Offshore-Plattform DolWin alpha mittels einer 600kV- Gleichstromleitung, Landtrasse].

Niedersächsisches Ministerium für Ernährung, Landwirtschaft und Verbraucherschutz, Stellungnahme der Niedersächsischen Landesregierung zum ersten Entwurf für den Offshore-Netzentwicklungsplan 2013 (O-NEP), 2013, http://www.netzentwicklungsplan.de/nep-consultation/files/931%E2%80%8E (besucht am 03.03.2014), [zitiert: Niedersächsisches Ministerium für Ernährung, Landwirtschaft und Verbraucherschutz, Stellungnahme zum ersten Entwurf für den Offshore-NEP 2013].

Planungsgruppe Landespflege im Auftrag der TenneT TSO GmbH, Modifizierte Trassenführung im Abschnitt Rohrbach – Redwitz, Unterlagen zum ergänzenden Raumordnungsverfahren, Bayreuth, 20.04.2012, http://www.tennet.eu/de/netz-und-projekte/onshore-projekte/altenfeld-redwitz/verfahrensstand.html (besucht am 05.10.2013), [zitiert: Planungsgruppe Landespflege im Auftrag der TenneT TSO GmbH, Unterlagen zum modifizierten Raumordnungsverfahren Rohrbach – Redwitz, 20.04.2012].

Plattform Erneuerbare Energien, Bericht der Plattform Erneuerbare Energien an die Bundeskanzlerin und die Ministerpräsidentinnen und Ministerpräsidenten der Länder, 2012, http://www.bmwi.de/BMWi/Redaktion/PDF/B/bericht-der-plattform-erneuerbare-energien,property=pdf,bereich=bmwi2012,sprache=de,rwb=true.pdf (besucht am 04.04.2014), [zitiert: Plattform Erneuerbare Energien, Bericht an die Bundeskanzlerin und die Ministerpräsidenten/innen, 2012].

Regierung von Niederbayern, Landesplanerische Beurteilung für die geplante 380-kV-Freileitung vom Umspannwerk Simbach am Inn bis zur Landesgrenze (- Umspannwerk St. Peter am Hart), 16.10.2012, http://www.regierung.niederbayern.bayern.de/media/aufgabenbereiche/2/raumordnung/labu_simbach121015.pdf (besucht am 21.02.2014), [zitiert: Regierung von Niederbayern, Landesplanerische Beurteilung für die geplante 380-kV-Freileitung vom Umspannwerk Simbach am Inn bis zur Landesgrenze (- Umspannwerk St. Peter am Hart) vom 16.10.2012].

Regierung von Oberfranken, Landesplanerische Beurteilung für den geplanten Neubau einer 380-kV-Leitung im Abschnitt Landesgrenze Thüringen – Umspannwerk Redwitz vom 9. Mai 2008, http://www.tennettso.de/site/binaries/content/assets/netzausbau/projekte/altenfeld-redwitz/lp beurteilung reg. ofr.pdf (besucht am 21.02.2014), [zitiert: Regierung von Oberfranken, Landesplanerische Beurteilung für den geplanten Neubau einer 380-kV-Leitung im Abschnitt Landesgrenze Thüringen – Umspannwerk Redwitz vom 9. Mai 2008].

Regierung von Oberfranken, Landesplanerische Beurteilung für die modifizierten Trassenführungen des geplanten Neubaus einer 380-kV-Leitung im Abschnitt Landesgrenze Thüringen – Umspannwerk Redwitz vom 17. August 2012, http://www.regierung.oberfranken.bayern.de/imperia/md/content/regofr/landesentwicklung/raumordnung_landesplanung/raumordnungsverfahren/rov_380kv_leitung.pdf (besucht am 21.02.2014), [zitiert: Regierung von Oberfranken, Landesplanerische Beurteilung für die modifizierten Trassenführungen des geplanten Neubaus einer 380-kV-Leitung im Abschnitt Landesgrenze Thüringen – Umspannwerk Redwitz vom 17. August 2012].

Thüringer Landesverwaltungsamt, Planfeststellungsbeschluss für die 380 kV-Leitung Vieselbach-Altenfeld einschließlich der 110 kV-Anbindung Umspannwerk Stadtilm, 31.01.2012, Az: 540.2-3861-01/09, https://www.thueringen.de/imperia/md/content/tlvwa2/540/2012_02_02_endfassung_pfb_380_kv_tlvwa.pdf (besucht am 03.10.2013), [zitiert: Thüringer Landesverwaltungsamt, Planfeststellungsbeschluss vom 31.01.2012, 380 kV-Leitung Vieselbach-Altenfeld].

Literatur

Abspacher, P., „16 plus 1 Konzepte – so wird das nichts", Bei der Energiewende fehlt eine ordnende Hand – Städte rufen ausnahmsweise nach Führung von oben, Nürnberger Nachrichten vom 19. Oktober 2012, [zitiert: *Abspacher,* „16 plus 1 Konzepte – so wird das nichts", NN v. 19. Oktober 2012].

AG Beschleunigung Offshore-Netzanbindung, Stiftung Offshore Windenergie, Lösungsvorschläge für die Netzanbindung von Offshore-Windparks der AG Beschleunigung Offshore-Netzanbindung, Berlin, 22.03.2012, http://www.offshore-stiftung.com/Offshore/447/51/51/60005/design1.html (besucht am 09.10.2013), [zitiert: AG Beschleunigung Offshore-Netzanbindung, Lösungsvorschläge für die Netzanbindung von Offshore-Windparks, 22.03.2012].

Ahner, Nicole / Hauteclocque, Adrien de / *Glachant, Jean-Michel,* Differentiated Integration Revisited: EU Energy Policy as Expiremental Ground for a Schengen Successor?, 39 LIEI 2012, 249–272.

Antweiler, Clemens, Bedarfsplanung für den Stromnetzausbau – Rechtsverstöße und Rechtsfolgen, NZBau 2013, 337–341.

Appel, Markus, Die Bindungswirkung des Raumordnungsrechts für nachfolgende Planungs- und Genehmigungsverfahren – zugleich Anmerkung zur Datteln-Entscheidung des OVG Münster, UPR 2011, 161–169.

Appel, Markus, Neues Recht für neue Netze – das Regelungsregime zur Beschleunigung des Stromnetzausbaus nach EnWG und NABEG, UPR 2011, 406–416.

Appel, Markus, Bundesfachplanung versus landesplanerische Ziele der Raumordnung, Was hat Vorrang?, NVwZ 2013, 457–462.

Bader, Johann / Ronellenfitsch, Michael (Hrsg.), Verwaltungsverfahrensgesetz, Kommentar, 2. Aufl., München 2016 [zitiert: *Bearbeiter*, in: Bader / Ronellenfitsch (Hrsg.), VwVfG-Kommentar].

Beckmann, Klaus, Kritische Anmerkungen zum NABEG hinsichtlich des Beschleunigungspotentials und des Sanktionsregimes, UPR 2013, 331–337.

Böll, Sven / Schindler, Jörg / Traufetter, Gerald, Kleinkrieg ums Große, Stromsteuer, Strompreissicherung, Strompreisbremse: Bei der Energiewende streiten mehrere Behörden um den richtigen Kurs. Hilft am Ende nur die Einrichtung eines Super-Ministeriums?, Der Spiegel vom 9. Februar 2013, 28–29.

Britz, Gabriele, § 9 – Energierecht, in: Fehling, Michael / Ruffert, Matthias (Hrsg.), Regulierungsrecht, Tübingen 2010, S. 429–499.

Britz, Gabriele / Hellermann, Johannes / Hermes, Georg (Hrsg.), Energiewirtschaftsgesetz, Kommentar, 2. Aufl., München 2010 [zitiert: *Bearbeiter*, in: Britz u.a. (Hrsg.), EnWG-Kommentar, 2. Aufl.].

Britz, Gabriele / Hellermann, Johannes / Hermes, Georg (Hrsg.), Energiewirtschaftsgesetz, Kommentar, 3. Aufl., München 2015 [zitiert: *Bearbeiter*, in: Britz u.a. (Hrsg.), EnWG-Kommentar, 3. Aufl.].

Büllesfeld, Dirk / Koch, Nina / Stackelberg, Felix von, Das neue Zulassungsregime für Offshore-Windenergieanlagen in der ausschließlichen Wirtschaftszone (AWZ), ZUR 2012, 274–280.

Bunge, Thomas, Beitrag 0540, Umweltprüfungen bei Höchst- und Hochspannungsleitungen: Neuerungen aufgrund des Energiewirtschaftsgesetzes und des Netzausbaubeschleunigungsgesetzes Übertragungsnetz, in: Storm, Peter-Christoph / Bunge, Thomas (Hrsg.), Handbuch der Umweltverträglichkeitsprüfung (HdUVP), Ergänzbare Sammlung der Rechtsgrundlagen, Prüfungsinhalte und -methoden der Umweltverträglichkeitsprüfung (UVP) und der Strategischen Umweltprüfung (SUP) für Behörden, Unternehmen, Sachverständige und die juristische Praxis – Mit Kommentar zum Gesetz über die Umweltverträglichkeitsprüfung (UVPG), Berlin Stand: IV/2016.

Bunge, Thomas, Zur Klagebefugnis anerkannter Umweltverbände, Das Urteil des Bundesverwaltungsgerichts vom 5. September 2013, ZUR 2014, 3–13.

Busch, Martin, Änderungen des EnWG 2011 zur Umsetzung des dritten EU-Energiebinnenmarktpakets aus netzwirtschaftsrechtlicher Perspektive, N&R 2011, 226–232.

Calliess, Christian / Dross, Miriam, Alternativenprüfungen im Kontext des Netzausbaus – Überlegungen mit Blick auf die Strategische Umweltprüfung des Bundesbedarfsplans Übertragungsnetze, ZUR 2013, 76–82.

Cholewa, Werner / Dyong, Hartmut / von der Heide, Hans-Jürgen / Arenz, Willi, Raumordnung in Bund und Ländern, Kommentar zum Raumordnungsgesetz des Bundes und Vorschriftensammlung aus Bund und Ländern, Band 1: Kommentar,

Loseblattsammlung, 4. Aufl., Stuttgart, Stand: April 1998 [zitiert: *Bearbeiter*, in: Cholewa u.a., Raumordnung, Bd. 1, 4. Aufl.].

Cholewa, Werner / Dyong, Hartmut / von der Heide, Hans-Jürgen / Arenz, Willi, Raumordnung in Bund und Ländern, Kommentar zum Raumordnungsgesetz des Bundes und Vorschriftensammlung aus Bund und Ländern, Band 1: Kommentar, Loseblattsammlung, 5. Aufl., Stuttgart, Stand: Juli 2016 [zitiert: *Bearbeiter*, in: Cholewa u.a., Raumordnung, Bd. 1, 5. Aufl.].

Crusius, Martin, Anmerkung zu BVerwG, Urteil vom 18. Juli 2013, 7 A 4/12, NVwZ 2013, 1613–1614.

Danner, Wolfgang / Theobald, Christian (Hrsg.), Energierecht, Kommentar, Energiewirtschaftsgesetz mit Verordnungen, EU-Richtlinien, Gesetzesmaterialien, Gesetze und Verordnungen zu Energieeinsparung und Umweltschutz sowie andere energiewirtschaftlich relevante Rechtsregelungen, Loseblattsammlung, Bd. 1, München, Stand: Mai 2016 [zitiert: *Bearbeiter*, in: Danner / Theobald (Hrsg.), EnergieR-Kommentar, Bd. 1].

Danner, Wolfgang / Theobald, Christian (Hrsg.), Energierecht, Kommentar, Energiewirtschaftsgesetz mit Verordnungen, EU-Richtlinien, Gesetzesmaterialien, Gesetze und Verordnungen zu Energieeinsparung und Umweltschutz sowie andere energiewirtschaftlich relevante Rechtsregelungen, Loseblattsammlung, Bd. 2, München, Stand: Mai 2016 [zitiert: *Bearbeiter*, in: Danner / Theobald (Hrsg.), EnergieR-Kommentar, Bd. 2].

Danner, Wolfgang / Theobald, Christian (Hrsg.), Energierecht, Kommentar, Energiewirtschaftsgesetz mit Verordnungen, EU-Richtlinien, Gesetzesmaterialien, Gesetze und Verordnungen zu Energieeinsparung und Umweltschutz sowie andere energiewirtschaftlich relevante Rechtsregelungen, Loseblattsammlung, Bd. 3, München, Stand: Mai 2016 [zitiert: *Bearbeiter*, in: Danner / Theobald (Hrsg.), EnergieR-Kommentar, Bd. 3].

Danwitz, Thomas von, Der europäische Elektrizitätsbinnenmarkt zwischen Wettbewerbsorientierung und Wettbewerbsbeschränkung, in: Löwer, Wolfgang (Hrsg.), Wettbewerb und Versorgungssicherheit, Göttingen 2007, S. 15–32.

Däuper, Olaf / Voß, Jan Ole, Rechtliche Ausgestaltungsmöglichkeiten von Kapazitätsmechanismen auf dem Stromerzeugungsmarkt, ZNER 2012, 119–123.

Durner, Wolfgang, Konflikte räumlicher Planungen, Verfassungs-, verwaltungs- und gemeinschaftsrechtliche Regeln für das Zusammentreffen konkurrierender planerischer Raumansprüche, Tübingen 2005 [zitiert: *Durner*, Konflikte räumlicher Planungen].

Durner, Wolfgang, Die aktuellen Vorschläge für ein Netzausbaubeschleunigungsgesetz (NABEG) – Bewertung der Verfassungsmäßigkeit und des Beschleunigungspotentials, DVBl. 2011, 853–862.

Durner, Wolfgang, Vollzugs- und Verfassungsfragen des NABEG, NuR 2012, 369–377.

Ehricke, Ulrich (Hrsg.), Energiewirtschaftsrecht im Spannungsfeld von marktlicher Freiheit und hoheitlichen Einschränkungen, Baden-Baden 2011 [zitiert: *Bearbeiter*, in: Ehricke (Hrsg.), Energiewirtschaftsrecht im Spannungsfeld von marktlicher Freiheit und hoheitlichen Einschränkungen].

Ehricke, Ulrich / Hackländer, Daniel, Europäische Energiepolitik auf der Grundlage der neuen Bestimmungen des Vertrags von Lissabon, ZEuS 2008, 579–600.

Eisenmenger, Sven, Realisierungsgesetze zur Durchsetzung von Infrastrukturprojekten, Zur besonderen Renaissance der „Stendal-Entscheidung" des BVerfG, NVwZ 2013, 621–624.

Ekardt, Felix, Das Umweltrechtsbehelfsgesetz vor dem EuGH und dem BVerwG, Ende der reduktionistischen Debatte um Verbandsklage, verwaltungsrechtliche Fehlerlehre und Vorsorgeprinzip?, NVwZ 2012, 530–535.

Engelmann, Ulrich, Zielkonflikte in der Energiewirtschaft – Sichere und billige oder sparsame Versorgung?, in: Harms, Wolfgang (Hrsg.), Zielkonflikte in der Energiewirtschaft, Sichere und billige oder sparsame Versorgung? Probleme des Gebietsschutzes und seiner Beendigung. Zur Regulierung der Elektrizitätswirtschaft in den USA., Vorträge und Diskussionen des Energierechts-Gesprächs am 2./3. Februar 1986, Köln u.a. 1987, S. 21–32.

Erbguth, Wilfried, Energiewende: großräumige Steuerung der Elektrizitätsversorgung zwischen Bund und Ländern, NVwZ 2012, 326–332.

Erbguth, Wilfried, Kraftwerkssteuerung durch räumliche Gesamtplanung, NVwZ – Extra 15/2013, 1–9, http://rsw.beck.de/rsw/upload/NVwZ/NVwZ-Extra_2013_15.pdf.

Falk, Thorsten / Wagner, Andreas, Politische, rechtliche und energiewirtschaftliche Rahmenbedingungen der Offshore-Nutzung, in: Böttcher, Jörg (Hrsg.), Handbuch Offshore-Windenergie, Rechtliche, technische und wirtschaftliche Aspekte, München 2013, S. 33–54.

Fest, Phillip, Der Netzausbau im Recht der Energiewende, NVwZ 2013, 824–830.

Fischer, Severin, Die Energiewende in Europa, Geduld und ein langer Atem, in: Hanns-Seidel-Stiftung (Hrsg.), Politische Studien, München Juli-August 2012, S. 70–79.

Frenz, Walter, Notwendige Unterscheidung von Umweltverbands- und Individualklage, – Besprechung des BVerwG-Urteils vom 5.9.2013 (7 C 21.12), UPR 2014, 1–3.

Frey, Christopher, Grundrechtliche Probleme bei einem beschleunigten Ausbau der transeuropäischen Energienetze, ZEuS 2013, 19–52.

Führ, Martin / Bizer, Kilian / Dopfer, Jaqui / Schlagbauer, Susanne / Bedke, Nils / Belzer, Frank / Mengel, Andreas / Kampen, Simone von / *Detlef, Kober,* Evaluation des UVP-Gesetzes des Bundes, Auswirkungen des UVPG auf den Vollzug des Umweltrechts und die Durchführung von Zulassungsverfahren für Industrieanlagen und Infrastrukturmaßnahmen, Darmstadt 2009 [zitiert: *Führ u.a.*, Evaluation des UVP-Gesetzes des Bundes].

Gärditz, Klaus Ferdinand (Hrsg.), Verwaltungsgerichtsordnung (VwGO) mit Nebengesetzen, Kommentar, Köln 2013 [zitiert: *Bearbeiter*, in: Gärditz (Hrsg.), VwGO-Kommentar].

Gärditz, Klaus Ferdinand, Verwaltungsgerichtlicher Rechtsschutz im Umweltrecht, NVwZ 2014, 1–10.

Geber, Frederic, Die Netzanbindung von Offshore-Anlagen im europäischen Supergrid, Eine Untersuchung der §§ 17a ff. EnWG und ihrer völkerrechtlichen, europarechtlichen und verfassungsrechtlichen Einbettung, Tübingen 2014 [zitiert: *Geber,* Die Netzanbindung von Offshore-Anlagen im europäischen Supergrid].

Giesberts, Ludger / Tiedge, Andreas, Die Verordnung zu Leitlinien für die transeuropäische Energieinfrastruktur, NVwZ 2013, 836–841.

Grabitz, Eberhard / Hilf, Meinhard / Nettesheim, Martin, Das Recht der Europäischen Union, Kommentar, Loseblattsammlung, Bd. II: EUV/AEUV, München, Stand: Oktober 2016 [zitiert: *Bearbeiter*, in: Grabitz / Hilf / Nettesheim, EUV/AEUV-Kommentar, Band II].

Gramlich, Ludwig, „Sonst gehen bald die Lichter aus" – Rechtsfragen des Ausbaus von Hochspannungsnetzen im Lichte des Verfassungsrechts, LKV 2008, 530–536.

Greinacher, Dominik, Energieleitungsausbau: Tatsächliche Herausforderungen und rechtliche Lösungen, ZUR 2011, 305–311.

Greinacher, Dominik / Freitag, Peter, Anmerkung zum Beschluss des BVerwG vom 22. Juli 2010 – Az. 7 VR 4.10, Erstes Verfahren zum EnLAG – BVerwG bestätigt Planfeststellung, N&R 2011, 39–41.

Gundel, Jörg, Nachhaltigkeit und Energieversorgung, in: Kahl, Wolfgang (Hrsg.), Nachhaltigkeit als Verbundbegriff, Tübingen 2008, S. 443–470.

Gundel, Jörg, Die Regulierung der europäischen Energiemärkte – Perspektiven nach dem Dritten Binnenmarktpaket, WiVerw 2010, 127–134.

Gundel, Jörg, § 23 Europäisches Energieverwaltungsrecht, in: Terhechte, Jörg Philipp (Hrsg.), Verwaltungsrecht der Europäischen Union, Baden-Baden 2011, S. 837–880.

Gundel, Jörg, Die energiepolitischen Kompetenzen der EU nach dem Vertrag von Lissabon: Bedeutung und Reichweite des neuen Art. 194 AEUV, EWS 2011, 25–33.

Gundel, Jörg, Anmerkung zu EuGH, Urteil vom 06.09.2012 – C-490/10, EnZW 2012, 30–31.

Gundel, Jörg, Die Vorgaben der Warenverkehrsfreiheit für die Förderung erneuerbarer Energien – Neue Lösungen für ein altes Problem?, EnZW 2014, 99–106.

Gundel, Jörg, Anmerkung zu EuGH, Urteil vom 29.09.2016 – C-492/14, RdE 2016, 511–512.

Gundel, Jörg / Germelmann, Claas Friedrich, Kein Schlussstein für die Liberalisierung der Energiemärkte: Das Dritte Binnenmarktpaket, EuZW 2009, 763–770.

Hackländer, Daniel, Die allgemeine Energiekompetenz im Primärrecht der Europäischen Union, Eine Analyse des Artikels 194 des Vertrags über die Arbeitsweise der Europäischen Union in der Fassung des Vertrags von Lissabon unter Berücksichtigung der historischen Entwicklung der Energiekompetenz, Frankfurt a. M. u.a. 2010 [zitiert: *Hackländer,* Die allgemeine Energiekompetenz im Primärrecht der Europäischen Union].

Hellriegel, Mathias, Rechtsrahmen für eine Raumordnung zur Steuerung unterirdischer Nutzungen, Konkurrenzkampf unter der Erde, NVwZ 2013, 111–116.

Henke, Peter, Änderung und Ergänzung von Planfeststellungsbeschlüssen, in: Ziekow, Jan (Hrsg.), Planung 2000 – Herausforderungen für das Fachplanungsrecht, Vorträge auf den Zweiten Speyerer Planungsrechtstagen vom 29. bis 31. Mai 2000 an der Deutschen Hochschule für Verwaltungswissenschaften Speyer, Berlin 2001, S. 177–196.

Hermes, Georg, Staatliche Infrastrukturverantwortung: rechtliche Grundstrukturen netzgebundener Transport- und Übertragungssysteme zwischen Daseinsvorsorge und Wettbewerbsregulierung am Beispiel der leitungsgebundenen Energieversorgung in Europa, Tübingen 1998 [zitiert: *Hermes,* Staatliche Infrastrukturverantwortung].

Hermes, Georg, § 7. Planung von Erzeugungsanlagen und Transportnetzen, in: Schneider, Jens-Peter / Theobald, Christian (Hrsg.), Recht der Energiewirtschaft, Praxishandbuch, 2. Aufl., München 2008, S. 285–337.

Hermes, Georg, § 7. Planung von Erzeugungsanlagen und Transportnetzen, in: Schneider, Jens-Peter / Theobald, Christian (Hrsg.), Recht der Energiewirtschaft, Praxishandbuch, 3. Aufl., München 2011, S. 315–374.

Hermes, Georg, Das neue System der Energienetzplanung – verfassungsrechtliche und planungsrechtliche Grundfragen und weiterer Handlungsbedarf, EnZW 2013, 395–402.

Hermes, Georg, Planungsrechtliche Sicherung einer Energiebedarfsplanung – ein Reformvorschlag, ZUR 2014, 259–269.

Heuck, Klaus / Dettmann, Klaus-Dieter / Schulz, Detlef, Elektrische Energieversorgung, Erzeugung, Übertragung und Verteilung elektrischer Energie für Studium und Praxis, 8. Aufl., Wiesbaden 2010 [zitiert: *Heuck u.a.,* Elektrische Energieversorgung].

Hofmann, Holger, Aktuelle Entwicklungen auf dem Stromerzeugungsmarkt im Jahr 2013, EnZW 2014, 51–57.

Hömig, Dieter / Wolff, Heinrich Amadeus (Hrsg.), Grundgesetz für die Bundesrepublik Deutschland, Handkommentar, 11. Aufl., Baden-Baden 2016 [zitiert: *Bearbeiter,* in: Hömig / Wolff (Hrsg.), GG-Kommentar].

Hoppe, Werner / Beckmann, Martin, Gesetz über die Umweltverträglichkeitsprüfung (UVPG), Kommentar mit Kommentierung des Umwelt-Rechtsbehelfsgesetzes (UmwRG) und Erläuterungen zum Öffentlichkeitsbeteiligungsgesetz und zum Gesetz zur Beschleunigung von Planungsverfahren für Infrastrukturvorhaben, 4. Aufl., Köln u.a. 2012 [zitiert: *Bearbeiter,* in: Hoppe / Beckmann, UVPG-Kommentar].

International Electrotechnical Commission, Electrical Energy Storage, White Paper, Dezember 2011, http://www.iec.ch/whitepaper/pdf/iecWP-energystorage-LR-en.pdf (besucht am 02.01.2015), [zitiert: International Electrotechnical Commission, Electrical Energy Storage, White Paper, Dezember 2011].

Jesse, Sven, Die Entwicklung des Instrumentenverbundes im Energieeffizienzrecht, in: Britz, Gabriele / Eifert, Martin / Reimer, Franz (Hrsg.), Energieeffizienzrecht, Perspektiven und Probleme, Baden-Baden 2010, S. 15–61.

Kadelbach, Stefan, Der Einfluß des Europarechts auf das deutsche Planungsrecht, in: Erbguth, Wilfried / Oebbecke, Janbernd / Rengeling, Hans-Werner / Schulte, Martin (Hrsg.), Planung, Festschrift für Werner Hoppe zum 70. Geburtstag, München 2000, S. 897–912.

Kahl, Wolfgang, Lücken und Ineffektivitäten im Europäischen Verfahrensverbund am Beispiel des Rechts auf Anhörung, DVBl. 2012, 602–608.

Kaiser, Reinhard, Auf dem Weg zu einem Energiewende-Ministerium, ZNER 2013, 107–113.

Kment, Martin, Vorbote der Energiewende in der Bundesrepublik Deutschland: das Netzausbaubeschleunigungsgesetz, RdE 2011, 341–347.

Kment, Martin, Der ewige Patient: die Umweltverbandsklage – Einblicke in eine lange Krankenakte und neue Therapieansätze, UPR 2013, 41–47.

Koenig, Christian / Scholz, Michael, Die Förderung transeuropäischer Netzinfrastrukturen, EWS 2003, 223–229.

Kopp, Ferdinand O./ Ramsauer, Ulrich, Verwaltungsverfahrensgesetz, Kommentar, 17. Aufl., München 2016 [zitiert: *Bearbeiter,* in: Kopp / Ramsauer, VwVfG-Kommentar].

Kügel, J. Wilfried, Der Planfeststellungsbeschluß und seine Anfechtbarkeit, Zugleich ein Beitrag zur Auslegung der §§ 74, 75 VwVfG, Berlin 1985 [zitiert: *Kügel,* Der Planfeststellungsbeschluß und seine Anfechtbarkeit].

Kühling, Jürgen, Anforderungen an ein zukunftsfähiges Infrastrukturrecht, DVBl. 2013, 1093–1102.

Kühling, Jürgen / Pisal, Ruben, Investitionspflichten beim Ausbau der Energieinfrastrukturen zwischen staatlicher Regulierung und nachfrageorientierter Netzbewirtschaftung, ZNER 2011, 13–23.

Kühne, Gunther / Scholtka, Boris, Das neue Energiewirtschaftsrecht, NJW 1998, 1902–1909.

Kurth, Matthias, Ausbau der Stromnetze als zentrales Element der zukünftigen Energieversorgung, in: Ehricke, Ulrich (Hrsg.), 40. Energierechtliche Jahrestagung, Rückblick und Ausschau, Baden-Baden 2012, S. 11–25.

Kuxenko, Michael, Zum Verhältnis von Wettbewerb und Gemeinwohlzielen im Energiewirtschaftsgesetz, UPR 2003, 373–377.

Ladeur, Karl-Heinz / Gostomzyk, Tobias, Vom Benehmen zum Einvernehmen?, Mischverwaltungsverbot und Absicherung rundfunkbezogener Belange im TK-Recht, MMR 2012, 80–85.

Landmann, Robert von / *Rohmer, Gustav,* Umweltrecht, Band I, Kommentar, Loseblattsammlung, Bd. I, München, Stand: Mai 2016 [zitiert: *Bearbeiter,* in: Landmann / Rohmer, UmweltR-Kommentar, Bd. I].

Lecheler, Helmut, Das ungeklärte Verhältnis zwischen der unionsrechtlichen Verpflichtung zur Gewährleistung der Versorgungssicherheit und der unionsrechtlichen Pflicht zum Schutz der Umwelt – dargestellt anhand von Kollisionen beim Leitungsbau, in: Hecker u.a. (Hrsg.), Jahrbuch des Umwelt- und Technikrechts 2011, Berlin 2011, 177–207, [zitiert: *Lecheler,* Das ungeklärte unionsrechtliche Verhältnis von Versorgungssicherheit und Umweltschutz im Leitungsbau, in: Hecker u.a. (Hrsg.), Jahrbuch des Umwelt- und Technikrechts 2011].

Lecheler, Helmut / Recknagel, Henning, Das Netzwerk der Regulierungsbehörden in Europa nach dem 3. Binnenmarktpaket, in: Gundel, Jörg / Lange, Knut Werner (Hrsg.), Die Umsetzung des 3. Energiebinnenmarktpakets, Tagungsband der Zweiten Bayreuther Energierechtstage 2011, Tübingen 2011, S. 77–89.

Lenz, Carl Otto / Borchardt, Klaus-Dieter (Hrsg.), EU-Verträge Kommentar, EUV • AEUV • GRCh, 6. Aufl., Köln / Wien 2013 [zitiert: *Bearbeiter,* in: Lenz / Borchardt (Hrsg.), EU-Verträge Kommentar].

Linßen, Ronja Maria / Aubel, Claudia, (Noch) schnellerer Netzausbau durch neue TEN-E VO?, DVBl. 2013, 965–971.

Ludwigs, Markus, Grenzen für eine nationale Energiepolitik im EU-Binnenmarkt, EnZW 2013, 483–488.

Marschall, Ernst Anton, Bundesfernstraßengesetz, Kommentar, 6. Aufl., Köln 2012 [zitiert: *Bearbeiter,* in: Marschall, FStrG-Kommentar].

Maunz, Theodor / Dürig, Günter, Grundgesetz, Kommentar, Loseblattsammlung, Bd. III, München, Stand: September 2016 [zitiert: *Bearbeiter,* in: Maunz / Dürig, GG-Kommentar, Bd. III].

Maunz, Theodor / Dürig, Günter, Grundgesetz, Kommentar, Loseblattsammlung, Bd. VI, München, Stand: September 2016 [zitiert: *Bearbeiter,* in: Maunz / Dürig, GG-Kommentar, Bd. VI].

Maurer, Christoph / Tersteegen, Bernd / Jasper, Jörg, Kapazitätsmechanismen in Deutschland und Europa: Wann gibt es wirklich einen Bedarf?, ET 2012, 32–37.

Meier-Weigt, Bernhard, Die Vorhaben von europäischem Interesse nach den Transeuropäischen Energienetze-TEN-E Leitlinien und ihre Umsetzung in den europäischen Mitgliedstaaten, IR 2007, 7–8.

Meitz, Christoph, Anmerkung zum Urteil des EuGH vom 7. November 2013 – Rs. C-72/12 (Altrip), ZUR 2014, 40–44.

Moench, Christoph / Ruttloff, Marc, Netzausbau in Beschleunigung, NVwZ 2011, 1040–1045.

Moench, Christoph / Ruttloff, Marc, Enteignung zur „Vorzeit" bei Netzausbauprojekten?, Verfassungsfragen und Beschleunigungspotential eines zweifelhaften Rechtsinstituts, NVwZ 2013, 463–467.

Müller, Hannah Katharina, Legal Bases for Offshore Grid Development under International and EU Law: Why National Regimes Remain the Determining Factor, E.L. Rev. 38 (2013), 618–637.

Naujoks, Marco, Aktuelle Problemstellungen der Planfeststellung von Hochspannungsfreileitungen – Anmerkung zu BVerwG, Beschluss vom 22.7.2010, 7 VR 4.10 (7 A 7.10) = DVBl 2010, S. 1300 ff., DVBl. 2010, 1450–1452.

Pawlik, Martin, Das REACH-System und die *Meroni*-Doktrin, Ein imperfekter Quantensprung im Europäischen Verwaltungsverbund, Baden-Baden 2013 [zitiert: *Pawlik,* Das REACH-System und die Meroni-Doktrin].

Rengeling, Hans-Werner / Middeke, Andreas / Gellermann, Martin (Hrsg.), Handbuch des Rechtsschutzes in der Europäischen Union, 3. Aufl., München 2014 [zitiert: *Bearbeiter,* in: Rengeling u.a. (Hrsg.), Rechtsschutz in der EU].

Repasi, René, Völkervertragliche Freiräume für EU-Mitgliedstaaten, EuR 2013, 45–74.

Ronellenfitsch, Michael, Transeuropäische Netze, in: Blümel, Willi / Kühlwetter, Hans-Jürgen / Schweinsberg, Ralf (Hrsg.), Aktuelle Probleme des Eisenbahnrechts IV, Vorträge und Diskussionsbeiträge im Rahmen des Forschungsseminars am 16.–18. September 1998, Hamburg 2000, S. 111–135.

Rösler, Philipp, Wir müssen Markt und Wettbewerb stärken, damit die Energiewende gelingt, Editorial, EnZW 2013, 193–194.

Säcker, Franz Jürgen, Der beschleunigte Ausbau der Höchstspannungsnetze als Rechtsproblem, Erläutert am Beispiel der 380kV-Höchstspannungsleitung Leuchstädt – Redwitz – Grafenrheinfeld mit Querung des Rennsteigs im Naturpark Thüringer Wald, Frankfurt a. M. u.a. 2009 [zitiert: *Säcker,* Der beschleunigte Ausbau der Höchstspannungsnetze als Rechtsproblem].

Salje, Peter, Energiewirtschaftsgesetz, Gesetz über die Elektrizitäts- und Gasversorgung vom 7. Juli 2005 (BGBl. I S. 1970), Kommentar, Köln u.a. 2006 [zitiert: *Salje,* EnWG-Kommentar].

Salje, Peter, „Energiewende" und Wettbewerb – Der Vorschlag zur Gründung einer Deutschen Gleichstrom-Netzgesellschaft, RdE 2012, 359–366.

Sauthoff, Michael, Die Strategische Umweltprüfung im Straßenrecht, ZUR 2006, 15–20.

Schadtle, Kai, Neue Leitungen braucht das Land – und Europa!, – Die Neuregelung der TEN-E-Leitlinien und deren Konsequenzen für das deutsche Planungs- und Genehmigungsrecht für Höchstspannungsleitungen unter besonderer Berücksichtigung der Vorschriften über die Öffentlichkeitsbeteiligung –, ZNER 2013, 126–132.

Schalast, Christoph, Der fortdauernde Zielkonflikt zwischen Umweltschutz und Wettbewerb im deutschen Energierecht, RdE 2001, 121–128.

Schiller, Gernot, Praxisprobleme bei der Planfeststellung von Energiefreileitungen, UPR 2009, 245–253.

Schiller, Gernot, Die Pflicht zur Erdverkabelung von Hochspannungsleitungen nach § 43h EnWG, RdE 2012, 423–429.

Schiller, Gernot, Das Verhältnis der Bundesfachplanung zur Planfeststellung nach dem NABEG, EurUP 2013, 178–184.

Schirmer, Benjamin, Das Gesetz zur Beschleunigung des Ausbaus der Höchstspannungsnetze, DVBl. 2010, 1349–1358.

Schirmer, Benjamin / Seiferth, Conrad, Energiewende und die Zulassung von Netzausbauprojekten, ZUR 2013, 515–525.

Schlacke, Sabine, Die Novelle des Umwelt-Rechtsbehelfsgesetzes – EuGH ante portas?, ZUR 2013, 195–202.

Schlacke, Sabine, Zur fortschreitenden Europäisierung des (Umwelt-) Rechtsschutzes, Schutznormdoktrin und Verfahrensfehlerlehre erneut unter Anpassungsdruck, NVwZ 2014, 11–18.

Schmidhuber, Peter M. / Hitzler, Gerhard, Die Planungskompetenz der Europäischen Gemeinschaft beim Ausbau der europäischen Infrastrukturen, DÖV 1991, 271–278.

Schmidt, Alexander, Zur Diskussion über erweiterte Klagebefugnisse im Umweltschutzrecht – auch auf vorgelagerten Planungsebenen, ZUR 2012, 210–219.

Schmitz, Heribert / Prell, Lorenz, Planungsvereinheitlichungsgesetz, Neue Regelungen im Verwaltungsverfahrensgesetz, NVwZ 2013, 745–754.

Schmitz, Holger, Förderung des Strom- und Glasfasernetzausbaus durch Regulierung oder durch Regulierungsverzicht?, N&R Beilage 3/2011, 1–11.

Schmitz, Holger / Jornitz, Philipp, Regulierung des deutschen und des europäischen Energienetzes: Der Bundesgesetzgeber setzt Maßstäbe für den kontinentalen Netzausbau, NVwZ 2012, 332–337.

Schneider, Jens-Peter, Planungs- und Genehmigungsverfahren zum Ausbau des Stromübertragungsnetzes, EnZW 2013, 339–343.

Schneller, Christian, Beschleunigter Ausbau des Stromtransportnetzes, – Chancen und Defizite des „Infrastrukturplanungsbeschleunigungsgesetzes" –, DVBl. 2007, 529–537.

Schoch, Friedrich / Schneider, Jens-Peter / Bier, Wolfgang (Hrsg.), Verwaltungsgerichtsordnung, Kommentar, Loseblattsammlung, München, Stand: Juni 2016 [zitiert: *Bearbeiter,* in: Schoch u.a. (Hrsg.), VwGO-Kommentar].

Schröer, Thomas / Kullick, Christian, Umweltverbände auf dem Weg zur objektiven Kontrollinstanz, NZBau 2013, 690–691.

Schulenberg, Sebastian, Die Energiepolitik der Europäischen Union, Eine kompetenzrechtliche Untersuchung unter besonderer Berücksichtigung finaler Kompetenznormen, Baden-Baden 2009 [zitiert: *Schulenberg,* Die Energiepolitik der EU].

Schulte-Beckhausen, Sabine / Schneider, Carmen / Kirch, Thorsten, Unionsrechtliche Aspekte eines „EEG 2.0", RdE 2014, 101–107.

Schulze, Reiner / Zuleeg, Manfred / Kadelbach, Stefan (Hrsg.), Europarecht, Handbuch für die deutsche Rechtspraxis, 2. Aufl., Baden-Baden 2010 [zitiert: *Bearbeiter,* in: Schulze u.a. (Hrsg.), EuropaR].

Schumacher, Jochen / Fischer-Hüftle, Peter (Hrsg.), Bundesnaturschutzgesetz, Kommentar, 2. Aufl., Stuttgart 2011 [zitiert: *Bearbeiter,* in: Schumacher / Fischer-Hüftle (Hrsg.), BNatSchG-Kommentar].

Schwarze, Jürgen, Soft Law im Recht der Europäischen Union, EuR 2011, 3–18.

Schwarze, Jürgen (Hrsg.), EU-Kommentar, 3. Aufl., Baden-Baden 2012 [zitiert: *Bearbeiter,* in: Schwarze (Hrsg.), EU-Kommentar].

Sellner, Dieter / Fellenberg, Frank, Atomausstieg und Energiewende 2011 – das Gesetzespaket im Überblick, NVwZ 2011, 1025–1035.

Sodan, Helge (Hrsg.), Grundgesetz, Beck'scher Kompakt-Kommentar, 3. Aufl., München 2015 [zitiert: *Bearbeiter,* in: Sodan (Hrsg.), GG-Kommentar].

Sörries, Bernd, Konvergente Enwicklungen im Telekommunikations- und Energiemarkt, Was haben „Smart Grids", „Smart Markets" und der Breitbandausbau gemeinsam?, N&R 2012, 58–64.

Sösemann, Fabian, Umweltverträgliche Energienetze, Bedeutung und Anwendungsmöglichkeiten der Zweckbestimmung des EnWG, Baden-Baden 2009 [zitiert: *Sösemann,* Umweltverträgliche Energienetze].

Spannowsky, Willy, Aufgabe und Kompetenz des Bundes zur Konkretisierung der bundesgesetzlichen Grundsätze der Raumordnung durch einen Raumordnungsplan nach § 17 Abs. 1 ROG, UPR 2013, 54–60.

Spannowsky, Willy, Der Ausbau der erneuerbaren Energien in der Raumordnungs- und Bauleitplanung, NuR 2013, 773–785.

Spannowsky, Willy / Runkel, Peter / Goppel, Konrad (Hrsg.), Raumordnungsgesetz (ROG), Kommentar, München 2010 [zitiert: *Bearbeiter,* in: Spannowsky u.a. (Hrsg.), ROG-Kommentar].

Spieler, Martin, Anmerkung zu BVerwG 7. Senat, Urteil vom 05.09.2013 – 7 C 21/12, Erweiterte Rechtsschutzmöglichkeiten von Umweltvereinigungen, jurisPR-UmwR 3/2013 Anm. 2.

Stadermann, Michael / Seemann, Verena, Systemintegration Erneuerbarer Energien: Rechtliche Steuerung von Netzausbau und Speicherung, 9. Bremer Umweltrechtsgespräch 2011, Tagungsbericht, ZUR 2012, 66–68.

Steinbach, Armin (Hrsg.), NABEG/EnLAG/EnWG, Kommentar zum Recht des Energieleitungsbaus, Berlin/Boston 2013 [zitiert: *Bearbeiter*, in: Steinbach (Hrsg.), NABEG/EnLAG/EnWG-Kommentar].

Steinberg, Rudolf / Wickel, Martin / Müller, Henrik, Fachplanung, 4. Aufl., Baden-Baden 2012 [zitiert: *Steinberg u.a.,* Fachplanung].

Stelkens, Paul / Bonk, Heinz Joachim / Sachs, Michael (Hrsg.), Verwaltungsverfahrensgesetz, Kommentar, 8. Aufl., München 2014 [zitiert: *Bearbeiter*, in: Stelkens / Bonk / Sachs (Hrsg.), VwVfG-Kommentar].

Stelkens, Ulrich, Von der umweltgerechten zur umweltbestimmten Planung, -Gemeinschaftsrechtliche Zwänge zur anlassunabhängigen Umweltkartierung und ihre Auswirkungen auf das Planungsrecht-, NuR 2005, 362–369.

Stiftung Offshore Windenergie / Offshore Forum Windenergie, Stellungnahme des Offshore Forums Windenergie und der STIFTUNG OFFSHORE WINDENERGIE zum zweiten Entwurf eines Offshore-Netzplanes des BSH, Hamburg, 29.11.2012, http://www.offshore-stiftung.com/60005/Uploaded/Offshore_Stiftung|121129_ONP_Stellungnahme_Offshore-Netzplan.pdf (besucht am 05.01.2015), [zitiert: Stiftung Offshore Windenergie / Offshore Forum Windenergie, Stellungnahme zum zweiten Entwurf eines Offshore-Netzplanes des BSH, 29.11.2012].

Streinz, Rudolf (Hrsg.), EUV/AEUV, Vertrag über die Europäische Union und Vertrag über die Arbeitsweise der Europäischen Union, Kommentar, 2. Aufl., München 2012 [zitiert: *Bearbeiter*, in: Streinz (Hrsg.), EUV/AEUV-Kommentar].

Strobel, Tobias, Die Verordnung zu Leitlinien für die transeuropäische Energieinfrastruktur: Primärrechtliche Einordnung und genehmigungsrechtliche Implikationen, ZEuS 2013, 167–217.

Trost, Tobias / Horn, Sönke / Jentsch, Mareike / Sterner, Michael, Erneuerbares Methan: Analyse der CO_2-Potenziale für Power-to-Gas Anlagen in Deutschland, Erneuerbare Energien im Gasnetz speichern, ZfE (2012) 36, 173–190.

Vedder, Christoph / Heinegg, Wolff Heintschel von (Hrsg.), Europäisches Unionsrecht, EUV, AEUV, Grundrechte-Charta, Handkommentar mit den vollständigen Texten der Protokolle und Erklärungen und des EAGV, Baden-Baden 2012 [zitiert: *Bearbeiter*, in: Vedder / von Heinegg (Hrsg.), UnionsR-Kommentar].

Vogt, Matthias / Maaß, Volker, Leitlinien für die transeuropäische Energieinfrastruktur – Netzausbau die Zweite, RdE 2013, 151–159.

Vrana, Nina, Interkonnektoren im Europäischen Binnenmarkt, Baden-Baden 2012 [zitiert: *Vrana,* Interkonnektoren im Europäischen Binnenmarkt].

Wagner, Jörg, Bundesfachplanung für Höchstspannungsleitungen – rechtliche und praktische Belange, DVBl. 2011, 1453–1460.

Wegner, Matthias, Regulierungsfreistellungen für neue Elektrizitäts- und Erdgasinfrastrukturen Gemäß Art. 17 der Verordnung (EG) Nr. 714/2009 und gemäß Art. 36 der Richtlinie 2009/73/EG, Tübingen 2010 [zitiert: *Wegner,* Regulierungsfreistellungen für neue Elektrizitäts- und Erdgasinfrastrukturen].

Weiß, Wolfgang, Der Europäische Verwaltungsverbund, Grundfragen, Kennzeichen, Herausforderungen, Berlin 2010 [zitiert: *Weiß,* Der Europäische Verwaltungsverbund].

Wemdzio, Marcel / Roßegger, Ulf / Ramin, Ralf, Rechtliche Rahmenbedingungen bei der Hochspannungs-Gleichstrom-Übertragung in der Ausschließlichen Wirtschaftszone am Beispiel der Kabelverbindung NorGer, NuR 2012, 239–247.

Weyer, Hartmut, Wer plant die Energienetze?, in: Baur, Jürgen F. / Sandrock, Otto / Scholtka, Boris / Shapira, Amos (Hrsg.), Festschrift für Gunther Kühne zum 70. Geburtstag, Frankfurt a. M. 2009, S. 423–437.

Weyer, Hartmut, Europäisierte Planung der Übertragungsnetze, in: Gramlich, Ludwig / Manger-Nestler, Cornelia (Hrsg.), Europäisierte Regulierungsstrukturen und -netzwerke, Basis einer zukünftigen Infrastrukturvorsorge, Baden-Baden 2011, S. 261–270.

Weyer, Hartmut (Hrsg.), Energienetze, EEG und Energiewende, 50 Jahre Institut für deutsches und internationales Berg- und Energierecht der TU Clausthal, Baden-Baden 2014 [zitiert: *Bearbeiter,* in: Weyer (Hrsg.), Energienetze, EEG und Energiewende].

Willbrand, Jens, Kapitel 4, Bundesfachplanung nach §§ 4 ff. NABEG, in: Posser, Herbert / Faßbender, Kurt (Hrsg.), Praxishandbuch Netzplanung und Netzausbau, Die Infrastrukturplanung der Energiewende in Recht und Praxis, Berlin/Boston 2013, S. 151–196.

Witt, Siegfried de / *Scheuten, Frank-Jochen* (Hrsg.), NABEG, Netzausbaubeschleunigungsgesetz Übertragungsnetz mit Energieleitungsausbaugesetz (EnLAG), Kommentar, München 2013 [zitiert: *Bearbeiter,* in: de Witt / Scheuten (Hrsg.), NABEG-Kommentar].

Witte, Peter (Hrsg.), Zollkodex mit Durchführungsverordnung und Zollbefreiungsverordnung, Kommentar, 6. Aufl., München 2013 [zitiert: *Bearbeiter,* in: Witte (Hrsg.), ZK-Kommentar].

Wolfers, Benedikt / Wollenschläger, Burkhard, Zwang zum Erhalt von Kraftwerken, Zur Verfassungsmäßigkeit der neuen Regulierung der Energieerzeugung, N&R 2013, 251–256.

Zabel, Lorenz, Die Novelle der Seeanlagenverordnung – Auswirkungen auf die Zulassung von Offshore-Windparks und Netzanschlussvorhaben, NordÖR 2012, 263–268.

Ziekow, Jan, Frühe Öffentlichkeitsbeteiligung, Der Beginn einer neuen Verwaltungskultur, NVwZ 2013, 754–760.

Zinow, Bernd-Michael, Rechtsprobleme der grenzüberschreitenden Durchleitung von Strom in einem EG-Binnenmarkt für Energie, Frankfurt a. M. u.a. 1991 [zitiert: *Zinow,* Rechtsprobleme der grenzüberschreitenden Durchleitung von Strom in einem EG-Binnenmarkt für Energie].

Veröffentlichungen des Instituts für deutsches und europäisches Wirtschafts-, Wettbewerbs- und Regulierungsrecht der Freien Universität Berlin

Herausgegeben von Franz Jürgen Säcker

Band 1 Franz Jürgen Säcker (Hrsg.): Deutsch-russisches Energie- und Bergrecht im Vergleich. Ergebnisse einer Arbeitstagung vom 31. März/1. April 2006. 2007.

Band 2 Franz Jürgen Säcker/Walther Busse von Colbe (Hrsg.): Wettbewerbsfördernde Anreizregulierung. Zum Anreizregulierungsbericht der Bundesnetzagentur vom 30. Juni 2006. 2007.

Band 3 Dirk Zschenderlein: Die Gleichbehandlung der Aktionäre bei der Auskunftserteilung in der Aktiengesellschaft. Zum Problem der Zulässigkeit der Weitergabe von Informationen an einzelne Aktionäre und Dritte. 2007.

Band 4 Simone Kirchhain: Die Anwendung der Vertikal-GVO auf innerstaatliche Wettbewerbsbeschränkungen nach der 7. GWB-Novelle. 2007.

Band 5 Franz Jürgen Säcker: Der Independent System Operator. Ein neues institutionelles Design für Netzbetreiber? 2007.

Band 6 Stefanie Otto: Allgemeininteressen im neuen UWG. § 1 S. 2 UWG und die wettbewerbsfunktionale Auslegung. 2007.

Band 7 Jochen Eichler: Vertragliche Dritthaftung. Eine Auseinandersetzung mit der Frage der Dritthaftung von sogenannten Experten und anderen Auskunftspersonen im Rahmen des § 311 Abs. 3 BGB. 2007.

Band 8 Markela Stamati: Die Anforderungen der operationellen Entflechtung nach den Beschleunigungsrichtlinien der Europäischen Kommission. Umsetzung in Deutschland und Griechenland. 2008.

Band 9 Franz Jürgen Säcker: The Concept of the Relevant Product Market. Between Demand-Side Substitutability and Supply-Side -Substitutability in Competition Law. 2008.

Band 10 Renate Rabensdorf: Die Durchgriffshaftung im deutschen und russischen Recht der Kapitalgesellschaften. Eine rechtsvergleichende Untersuchung. 2009.

Band 11 Franz Jürgen Säcker: Der beschleunigte Ausbau der Höchstspannungsnetze als Rechtsproblem. Erläutert am Beispiel der 380-kV-Höchstspannungsleitung Lauchstädt – Redwitz – Grafenrheinfeld mit Querung des Rennsteigs im Naturpark Thüringer Wald. 2009.

Band 12 Helen Mahne: Eigentum an Versorgungsleitungen. 2009.

Band 13 Franz Jürgen Säcker (Hrsg.): Russisches Energierecht – Gesetzessammlung. 2009.

Band 14 Franz Jürgen Säcker/Maik Wolf: Integrierte Energieversorgung in geschlossenen Verteilernetzen. Zum Gestaltungsspielraum des Gesetzgebers zur Neuregelung des § 110 EnWG im Lichte des Dritten EG-Energiepakets. 2009.

Band 15 Franz Jürgen Säcker (Hrsg.): Das Dritte Energiepaket für den Gasbereich. Deutsch-Englische Textausgabe mit einer Einführung. 2009.

Band 16 Franz Jürgen Säcker (Hrsg.): Das Dritte Energiepaket für den Elektrizitätsbereich. Deutsch-Englische Textausgabe mit einer Einführung. 2009.

Band 17 Thomas Dörmer: Die Unternehmenspacht. Rechtsstellung der Vertragsparteien unter besonderer Berücksichtigung der Pflicht des Unternehmenspächters zur ordnungsgemäßen Unternehmensführung sowie der Rechtslage bei Vertragsbeendigung. 2010.

Band 18 Klaas Bosch: Die Kontrolldichte der gerichtlichen Überprüfung von Marktregulierungsentscheidungen der Bundesnetzagentur nach dem Telekommunikationsgesetz. 2010.

Band 19 Geng-Sook Leem: Einheitliche Corporate Governance-Grundsätze für die Europäische Aktiengesellschaft (SE). Eine rechtsvergleichende Untersuchung anhand der Ausgestaltung der SE im deutschen und britischen Recht. 2010.

Band 20 Wiebke Gebhardt: Gentechnik und Koexistenz nach der Gesetzesnovelle von 2008: Zivilrechtliche Haftung im Vergleich Deutschland und USA. 2010.

Band 21 Cathrin Isenberg: Die Geruchsmarke als Gemeinschaftsmarke. Schutzfähigkeit und Einsatzmöglichkeiten. 2010.

Band 22 Franz Jürgen Säcker/Jochen Mohr/Maik Wolf: Konzessionsverträge im System des europäischen und deutschen Wettbewerbsrechts. 2011.

Band 23 Judith Antonia Loeck: Die unzumutbare Belästigung nach der UWG Novelle 2008 und dem Gesetz zur Bekämpfung unerlaubter Telefonwerbung und zur Verbesserung des Verbraucherschutzes bei besonderen Betriebsformen. 2011.

Band 24 Jörg Jaecks: Konzernverrechnungsklauseln und verwandte einseitige Verrechnungsbefugnisse im Mehrpersonenverhältnis. 2011.

Band 25 Franz Jürgen Säcker: Marktabgrenzung, Marktbeherrschung, Markttransparenz und Machtmissbrauch auf den Großhandelsmärkten für Elektrizität. 2011.

Band 26 Susanne Wende: Die einheitliche Auslegung von Beihilfen- und Vergaberecht als Teilgebiete des europäischen Wettbewerbsrechts. 2011.

Band 27 Leonie Kempel: Die Anwendung von Art. 102 AEUV auf geistiges Eigentum und Sacheigentum. Die Voraussetzungen des Kontrahierungszwangs nach Art. 102 AEUV und der Essential-Facility-Doktrin unter besonderer Berücksichtigung der Unterschiede zwischen geistigem Eigentum und Sacheigentum. 2011.

Band 28 Christoph Schuldt: Werbejingles – schützenswerte Kompositionen!? Die urheberrechtliche und markenrechtliche Schutzfähigkeit von Werbejingles vor unbefugter Nachahmung. 2012.

Band 29 Lydia Scholz: Die Rechtfertigung von diskriminierenden umweltpolitischen Steuerungsinstrumenten. Eine Untersuchung der Reichweite der Warenverkehrsfreiheit und ihrer Begrenzung durch den Umweltschutz als Vertragsziel am Beispiel der deutschen Energiefördergesetze EEG und KWKModG. 2012.

Band 30 Franz Jürgen Säcker: Investitionen in Kraftwerke zur Sicherung einer zuverlässigen Elektrizitätsversorgung nach der Energiewende. Rechtliche und ökonomische Rahmenbedingungen. 2012.

Band 31 Florian Leib: Kartellrechtliche Durchsetzungsstrategien in der Europäischen Union, den USA und Deutschland. Eine rechtsvergleichende Darstellung. 2012.

Band 32 Holger Hoch: Marktverschlusseffekte und Effizienzen vertikaler Zusammenschlüsse. Kartellrechtliche Beurteilung nach europäischem und deutschem Recht. 2012.

Band 33 Sebastian Kemper: Gasnetzzugang in Deutschland und in Spanien. 2012.

Band 34 Elena Timofeeva: Unbundling in der russischen Elektrizitätswirtschaft im Vergleich zum deutschen und europäischen Energierecht. 2012.

Band 35 Gisela Drozella/Harald Krebs: Marktbeherrschung im Bereich Stromerzeugung/Stromgroßhandel. Eine kritische Analyse der neueren Sicht des Bundeskartellamts. 2013.

Band 36 Christian Rehm: Die Einzel- und Gesamtverantwortung der Vorstandsmitglieder der Aktiengesellschaft. Die Verantwortung für die Leitung und Geschäftsführung im mehrköpfigen Vorstand in der unabhängigen und der herrschenden AG. 2013.

Band 37 Ann-Christin Richter: Mengen- und umsatzbezogene Rabatte marktbeherrschender Unternehmen in den Grenzen des Art. 102 AEUV. 2013.

Band 38 Nikolaos Pitsos: Die erhebliche Behinderung des wirksamen Wettbewerbs (SIEC-Test) im Fusionskontrollrecht. Zugleich ein Beitrag zur Problematik der oligopolistischen Marktbeherrschung unter Vergleich mit dem amerikanischen SLC-Test. 2013.

Band 39 Mirko Heinemann: Das Markenzeichen als Anknüpfungspunkt des Markenimages. 2013.

Band 40 Sylvia Lorenz: Der Immaterialgüterschutz virtueller Ladengeschäfte. Ein Vorschlag für die rechtliche Erfassung virtueller Güter. 2014.

Band 41 Anke Reimers: Wettbewerbsrechtliche und regulatorische Analyse der Kapazitätenvergabe an Grenzkuppelstellen im Elektrizitätsbinnenmarkt. 2014.

Band 42 Franz Jürgen Säcker / Carsten König / Lydia Scholz: Der regulierungsrechtliche Rahmen für ein Offshore-Stromnetz in der Nordsee. 2014.

Band 43 David Preisendanz: Der Humor in der vergleichenden Werbung. 2014.

Band 44 Martin Gerig: Vollendung des EU-Energiebinnenmarktes vs. nationale Marktabschottungen. Europarechtskonformität mitgliedstaatlicher Fördermaßnahmen und Kapazitätsmärkte am Beispiel Deutschlands. 2014.

Band 45 Jan Patrick Ehinger: Dritthaftung für Kunstexpertisen und Aufnahmebestätigungen in den Catalogue raisonné. Ein Beitrag zur Expertenhaftung. 2014.

Band 46 Julia Gerzen: Das Recht der Gesellschafter-Fremdkapitalfinanzierung. Rechtsvergleichende Analyse der Behandlung von Gesellschafterdarlehen vor und in der Insolvenz der GmbH nach deutschem und russischem Recht. 2014.

Band 47 Laura Börger: Die gerichtliche Kontrolldichte bei der Überprüfung von Entscheidungen der Europäischen Kommission auf dem Gebiet der Fusionskontrolle. 2014.

Veröffentlichungen des Instituts für Energie- und Regulierungsrecht Berlin

Band 48 Daniel Simon Travers: Kopplungsangebote. Eine Studie zum Vertrags- und Lauterkeitsrecht. 2015.

Band 49 Anna Olbryś-Sobieszuk: EU-rechtliche Schranken der Glücksspielwerbung in Deutschland, Großbritannien und Polen. 2015.

Band 50 Franz Jürgen Säcker/Lydia Scholz/Thea Sveen: Renewable Energy Law in Europe. Challenges and Perspectives. 2015

Band 51 Lina Berezgova: Festlegung von Stromnetzentgelten in Deutschland und Russland. Eine rechtsvergleichende Untersuchung der anreizbasierten Regulierungsvorgaben. 2015.

Band 52 Fengliang Jin: Aufgreifkriterien in der Fusionskontrolle. Eine rechtsvergleichende Untersuchung des europäischen (Art. 3 FKVO), deutschen (§ 37 GWB), taiwanesischen (§ 6 FHG) und festlandchinesischen (§ 20 AMG) Rechts. 2015.

Band 53 Vasileios Triantafyllidis: Die Einordnung der Passing-On-Defense in das allgemeine Schadensersatzrecht. Eine rechtsvergleichende, dogmatische Studie. 2015.

Band 54 Peipei Liu: Die Inhaltskontrolle von Allgemeinen Geschäftsbedingungen und formularmäßigen Vertragsklauseln im deutsch-chinesischen Vergleich. 2016.

Band 55 Evelyn Kozak: Zur Notwendigkeit eines arbeitsrechtlichen und haftungsrechtlichen Whistleblowerschutzes. 2016.

Band 56 Genevieve Baker: Der bereicherungsrechtliche Nutzungsanspruch. 2017.

Band 57 Maria Zaykova: Der rechtliche Rahmen für den bergbaulichen Zugang zu den Erdöl- und Erdgaslagerstätten in der Russischen Föderation im Vergleich zum deutschen Bergrecht. 2017.

Band 58 Qian Luan: Geldschöpfungsprozess und Geld als abstraktes Schuldversprechen. Die europäisch-verwaltungsrechtliche Betrachtung des Geldschöpfungsprozesses der EZB und die Rechtsnatur von Zentralbankgeld und Geschäftsbankengiralgeld. 2017.

Band 59 Sára Gabriella Hoffman: Regulation of Cloud Services under US and EU Antitrust, Competition and Privacy Laws. 2017.

Band 60 Matthias Schöpf: Das neue Planungsrecht der Übertragungsnetze: Vorgaben des deutschen und europäischen Rechts. 2017.

www.peterlang.com

www.ingramcontent.com/pod-product-compliance
Ingram Content Group UK Ltd.
Pitfield, Milton Keynes, MK11 3LW, UK
UKHW041823031026
15587UKWH00002B/516

9 783631 725245